教育部高职高专规划教材

无机化工生产技术

张志华　郑广俭　主编　　　李 森　副主编

化学工业出版社

·北京·

内 容 简 介

本书全面贯彻党的教育方针，落实立德树人根本任务，在教材中有机融入党的二十大精神。全书主要介绍典型无机化工产品的生产技术。第一篇为“合成氨”，包括合成氨原料气的生产、合成氨原料气的净化、氨的合成和联醇技术。第二篇为“主要的氨加工产品”，包括尿素、硝酸。第三篇为“其他典型无机化工产品”，包括硫酸、磷酸与磷肥、复合肥料与复混肥料、氨碱法制纯碱、联合法生产纯碱和氯化铵、电解法生产烧碱和无机精细化学品生产。

全书在介绍产品的生产原理、工艺条件的选择、工艺流程和典型设备的同时，重点突出化工生产工艺分析，还介绍了有关产品生产的新工艺、新技术、新设备以及能量回收、“三废”处理等。

本书可作为高等职业院校应用化工技术及相关专业的教材，也可供从事无机化工生产的技术人员和操作人员参考。

图书在版编目（CIP）数据

无机化工生产技术/张志华，郑广俭主编．—3 版．—北京：化学工业出版社，2021.9 （2024.7重印）

ISBN 978-7-122-40048-2

Ⅰ.①无… Ⅱ.①张…②郑… Ⅲ.①无机化工-生产工艺-高等职业教育-教材 Ⅳ.①TQ110.6

中国版本图书馆 CIP 数据核字（2021）第 206222 号

责任编辑：提 岩 窦 臻　　文字编辑：曹 敏 向 东
责任校对：王鹏飞　　装帧设计：王晓宇

出版发行：化学工业出版社（北京市东城区青年湖南街 13 号 邮政编码 100011）
印 装：河北延风印务有限公司
787mm×1092mm 1/16 印张 20 字数 528 千字 2024 年 7 月北京第 3 版第 4 次印刷

购书咨询：010-64518888　　售后服务：010-64518899
网 址：http://www.cip.com.cn
凡购买本书，如有缺损质量问题，本社销售中心负责调换。

定 价：58.00 元

前言

《无机化工生产技术》教材自第一版、第二版出版以来，受到读者好评，印数不断增加，较好地满足了化工人才培养的需求。随着国家高质量发展的需要，为应对化工行业转型升级、绿色化工、智能化工及可持续发展的需要，特对本教材进行修订完善。

本次修订充分落实党的二十大报告中关于“实施科教兴国战略”“着力推动高质量发展”“加快发展方式绿色转型”等要求，对新标准、新知识、新技术等进行了更新和补充。本次修订力求技术先进、资源丰富，着力体现“互联网＋”职业教育的信息化要求，突出现代化工的新技术，突破化工生产技能培养难点，加强对学生工程实践能力和安全环保生产意识的培养。

修订后的教材特点如下：

(1) 教材编写体现高等职业教育培养高素质复合型技术技能人才的要求，进一步突出应用性、实用性、综合性和先进性的原则。

(2) 教材主要内容模块基本不变，但突出新工艺、新技术、绿色化工、生态环保，删除了已淘汰、落后的工艺。

(3) 为扩大知识容量和方便读者学习，通过二维码的形式配套了数字资源，将教材改造成立体化教材。对重点、难点内容增设数字资源二维码，更加生动、直观，有利于学生对复杂工艺设备和原理的理解与掌握。

为了深入贯彻党的二十大精神，落实立德树人根本任务，在重印时继续不断完善，有机融入工匠精神、绿色发展、文化自信等理念，弘扬爱国情怀，树立民族自信，培养学生的职业精神和职业素养。

本教材由河北化工医药职业技术学院张志华和广西师范学院郑广俭共同主编。张志华编写绪论、第一章、第三章和第十二章并统稿，福维工程科技有限公司刘林英高级工程师编写第二章1～2节，河北化工医药职业技术学院李森编写第二章3～4节和第四章，郑广俭编写第五章～第八章和第十一章，河北化工医药职业技术学院孙娜编写第九章，广西工业职业技术学院李俊编写第十章，河北化工医药职业技术学院黄永茂编写第十三章。

本教材由山东华鲁恒升化工股份有限公司吴广强高级工程师主审，石家庄金石化肥有限责任公司周奎华高级工程师、福维工程科技有限公司邱永清高级工程师、河北华飞科技咨询有限公司高东高级工程师对本教材的编写也给予了帮助和支持，在此一并表示感谢。

由于编者水平所限，书中不足之处在所难免，敬请广大读者批评指正。

编者

第一版前言

本书是根据全国高等职业教育化工教学指导委员会通过的“无机化工生产技术”教学大纲编写的，适合全日制高职高专学校化工工艺专业作为专业选修的方向课教材使用。

本书主要阐述典型无机化工产品的生产技术。全书力求贯彻应用性、实用性、综合性、先进性的原则，力图加强理论与现场实际的联系。在论述时注意点面结合，针对重点产品、重点过程进行详尽的探究，其他内容尽量搭建起知识的构架。书中重点放在论述和分析生产的基本原理、工艺条件的确定、生产工艺流程、主要设备的结构特点及生产操作的控制分析等；同时介绍了有关产品生产的新工艺、新技术、新设备、发展动态以及能量回收、“三废”处理等。

本书由吉林工业职业技术学院郑广俭和河北化工医药职业技术学院张志华共同编写。张志华编写第一章～第三章和第十二章，郑广俭编写绪论、第四章～第十一章并统稿。全书由焦作大学符德学教授主审，同时特邀天津渤海职业技术学院高级讲师黄震参加并主持审稿。在此表示由衷的谢意！

本书在编写过程中，得到了编者所在学校领导和同事的关心和帮助，同时也得到了社会同仁的大力支持。吉林工业职业技术学院胡宗文老师和吕守信老师对本书的编写给予了热情的指导和帮助，曹喜民老师和黄耀东老师做了大量的绘图、扫图等工作；河北化工医药职业技术学院于文国老师和李丽娟老师对书稿内容提出了许多宝贵建议；吉林化学工业公司研究院韩占军先生提供了部分资料。在此一并表示感谢！

由于编者水平所限，书中的错误和不妥之处，恳请各位专家及使用本书的广大师生批评指正。

编者

2002 年 9 月

第二版前言

本教材自2003年由化学工业出版社出版以来，受到读者好评，印数不断增加。随着科学技术的快速发展，无机化工生产的新技术也不断涌现，为了及时反映本学科国内外科学研究、教学研究和生产技术的先进成果，针对学生文化基础和就业岗位实际需要，顺应高职理论与实践教学一体化的趋势，特修订完善本教材。

本次修订在第一版的基础上，听取和研究各方面的反馈意见和建议，进一步贯彻“应用性、实用性、综合性和先进性”的原则，重点加强理论与现场实际的联系，力求既兼顾化工生产的基本知识和基本理论，又有助于加强工业现场实际工作能力的训练与提高。

修订时着重做了以下工作：

(1) 为了进一步体现高职高专教材的特点，在原有化工生产操作分析内容的基础上，拓展其范围，增加了化工生产操作部分内容，使学生能更深刻地理解化工操作的综合性及复杂性。

(2) 由于无机精细化学品的产品数量增加迅速，增设无机精细化学品生产一章。

(3) 随着科学技术的快速发展，无机化工生产的新技术不断涌现，增加部分新技术、新方法、新工艺介绍。

(4) 对某些过多的理论内容及逐渐淘汰的技术进行了删减。

(5) 在每章的“本章学习目标”中，对“能力与素质目标”提出了要求。

全书由广西师范学院郑广俭和河北工程技术高等专科学校张志华主编。郑广俭编写绪论、第四章～第八章和第十一章并统稿，张志华编写第一章～第三章和第十二章，吉林工业职业技术学院宋艳玲编写第十三章，松原职业技术学院郑春艳编写第九章，广西工业职业技术学院李俊编写第十章，石焦集团滹沱河化肥有限责任公司王妹文参与了第二章的部分编写工作，晋城职业技术学院吉晋兰参与了第四章的部分编写工作。

本书由广西大学博士生导师崔学民教授和中国石油吉林石化公司化肥厂贾洪义高级工程师主审，他们提出了许多中肯的修改意见和建议，有力地提高了书稿质量，编者深表感谢。

在修订过程中，得到了编者所在学校领导和同事的关心和帮助，同时也得到了社会同仁的大力支持。石家庄金石化肥有限责任公司周奎华高级工程师提供了部分资料，并对书稿的修改提出了一些意见。在此一并致谢。

由于编者水平所限，书中难免有不妥之处，恳请读者批评指正。

编者

2010年4月

目录

第一篇　合成氨

第二篇 主要的氨加工产品

第三篇 其他典型无机化工产品

二维码资源目录

续表

序号	资源名称	资源类型	页码
34	硝酸虚拟仿真实训项目	PDF	175
35	中国硝酸工业的发展	PDF	178
36	中国硫酸工业的发展	PDF	182
37	电子级硫酸的技术发展	PDF	184
38	徐寿翻译元素周期表	PDF	189
39	催化氧化技术的新应用	PDF	196
40	填料塔	动画	199
41	硫酸虚拟仿真实训项目	PDF	199
42	磷酸虚拟仿真实训项目	PDF	204
43	中国磷肥工业发展	PDF	215
44	中国复合肥工业发展	PDF	223
45	农作物的多元营养元素	PDF	229
46	浮头式换热器	动画	230
47	板式换热器	动画	230
48	纯碱一词的由来	PDF	232
49	《纯碱制造》打破索尔维公会技术垄断	PDF	233
50	氨碱法节能降耗技术	PDF	236
51	碳酸饮料中的碳酸来源	PDF	246
52	余热回收利用技术	PDF	248
53	蒸发结晶器	动画	250
54	真空结晶器	动画	250
55	氨碱法制纯碱虚拟仿真实训项目	PDF	252
56	侯氏制碱法的创始人——侯德榜	PDF	259
57	天津永利塘沽碱厂	PDF	261
58	侯氏制碱法艰难试验研究过程	PDF	264
59	中国氯碱工业发展	PDF	266
60	《危险化学品企业特殊作业安全规范》简介	PDF	268
61	离子交换膜电解槽	动画	271
62	离子膜电解虚拟仿真实训项目	PDF	273
63	我国氯碱工业的创始人——吴蕴初	PDF	278
64	中国涂料工业泰斗——陈调甫	PDF	288
65	新型航空航天材料	PDF	292
66	精细陶瓷的发展	PDF	299
67	富勒烯的前世今生	PDF	303
68	固定床	动画	305

绪论

化学工业是指生产过程中主要采用化学方法，由天然资源、化工原料、其他工业部门副产品制造化工产品的制造工业。化工生产技术，是指将原料物质主要经过化学反应转变为化工产品的方法和过程，也包括为得到产品所进行的物理过程。

一、无机化学工业的地位和作用

我国化学工业经过多年的建设，已形成门类比较齐全的化学工业体系，为国民经济的发展做出了巨大贡献。无机化学工业又分为化学肥料工业、硫酸工业、氯碱工业、纯碱工业、煤化学工业、无机盐工业等。

化学肥料工业是以矿物、水和空气等为原料，经过化学和机械加工制造化学肥料的工业生产部门，是化学工业的重要组成部分之一。化肥工业的产品大多是无机肥料，特点是：成分较单纯、养分含量高、肥效快、施用和贮运方便。施用化肥，对于提高农作物产量和质量，其效果非常显著，国内外公认化肥对农业增产的贡献约占40%，使用化肥已经成为发展农业的最重要措施之一。我国是一个拥有14亿人口的大国，占世界总人口约1/5，但耕地面积却只占世界耕地面积的7%。加上耕地逐年减少、人口逐年增加，特别是随着我国工业化、城镇化的进一步推进，耕地总量将会减少，人地矛盾突出，人均耕地面积和人均粮食播种面积将会下降，保证粮食的供给，提高粮食单产是最有效的措施之一。因此，化学肥料工业对于我国粮食安全尤为重要。2018年，世界化肥消费量约2.5亿吨（折纯），其中农业消费为1.9亿吨，少量为工业等其他领域消费。“十三五”期间，我国粮食产量五年稳定在13000亿斤（1斤＝500g）以上。

硫酸是一种十分重要的基本化工原料，工业生产已有270多年历史，曾被誉为“工业之母”。我国生产的硫酸多以硫铁矿为原料，也有用有色金属冶炼烟气和硫黄为原料。它不仅是化学工业许多产品的原料，而且还广泛应用于其他各个工业部门。在化肥生产中，某些磷肥、氮肥和多元复合肥料，都需用大量的硫酸。硫酸用于生产多种无机盐、无机酸、有机酸、化学纤维、塑料、农药、医药、颜料、染料及中间体等，它还是重要的化学试剂。在石油炼制、冶金、国防、能源、材料科学和空间科学中，硫酸用作洗涤剂，用于制造炸药、提取铀、生产钛合金的原料二氧化钛、合成高能燃料等。

氯碱工业也是重要的基础原料工业，是生产烧碱、氯气和氢气的基本化学工业。氯碱产品广泛应用于国民经济的各个部门，是人们生活衣、食、住、行不可缺少，与国民经济息息相关的重要基本化工原料。在化学工业领域，以氯碱工业产品为原料生产的产品现有千余种，氯碱产品广泛应用于化学工业的各个领域。在医药工业领域，现有300种左右的药品以氯碱产品为原料。在轻工业领域，造纸行业用碱量居各行业之首，其他如油脂化工、感光材料等的生产均离不开烧碱和氯气，在纺织工业中，各种纺织产品的生产也大多使用氯碱产品。另外，在农业、建材、冶金、电力、电子、国防、石油、食品加工等行业部门也均需用氯碱产品。

纯碱是一种基本化工原料，广泛用于轻工、纺织、建筑材料、冶金、化工和食品工业等方面，与国民经济和人民生活都有着十分密切的关系。我国生产纯碱的方法，主要是氨碱法（即索尔维法，Solvay Process）和联合制碱法（侯氏制碱法）。

煤化学工业是指以煤为原料，经过化学加工以生产化工产品的工业。首先以煤为原料进行气化或焦化，生产合成气、城市煤气、工业燃料用气、焦炭、焦炉气等，再用这些产品为原料，进行化学深度加工，以生产合成氨、甲醇、电石、油料、芳烃和种类繁多的化肥、农药、燃料、医药、炸药、有机原料、塑料、涂料、合成纤维、合成橡胶等产品。我国生产的合成氨，有 2/3 是以煤为原料生产的，主要用以制造化学肥料，小部分用以制造硝酸及其他无机和有机化工产品。

无机盐工业产品品种多，应用范围广。其中用量最大的是轻工、纺织、石油化工、电子、机械和冶金等行业。此外核能、水利、采矿、农业、畜牧、气象、航空、建筑、交通运输等行业，均要用到无机盐。

二、现代无机化学工业的特点

（一）单系列大型化

单系列大型化具有投资省、成本低、能量利用效率高、占地少、劳动生产率高的特点。20 世纪 50 年代以前，受高压设备制作的限制，氨合成塔单塔最大生产能力为 200t/d，60 年代初期也仅为 400t/d。20 世纪 70 年代以后投产的世界级合成氨装置产量均达到 1000t/d 以上，而 21 世纪初投产的世界级合成氨装置的产量已接近 2000t/d，且主要按照现有技术进行放大。至今，伍德（Uhde）公司已经推出了 3300t/d 合成氨技术，KBR、托普索（Topsoe）、鲁奇（Lurgi）公司均推出了 2000t/d 合成氨技术，大都采用单系列的大型装置。

大型的单系列合成装置要求保持长周期运行，必须保证原料供应充足、稳定，才能显示其经济上的优越性。当超过一定规模以后，优越性则不明显了。生产规模和工程投资、操作费用的关系见图 0-1 和图 0-2。

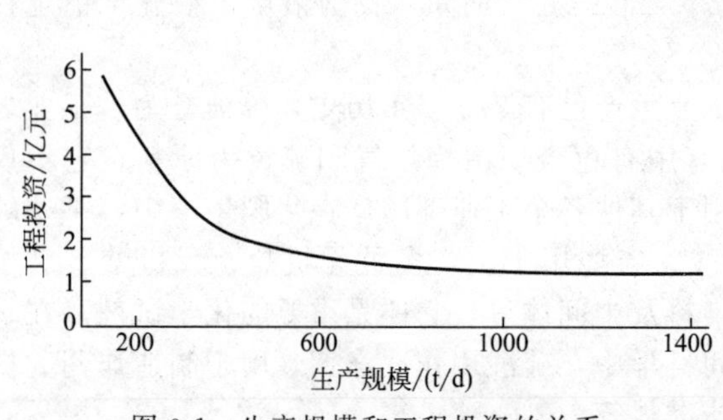

图 0-1　生产规模和工程投资的关系

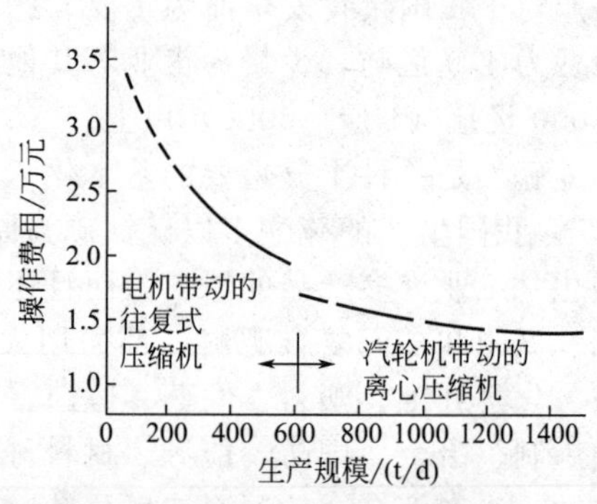

图 0-2　生产规模和操作费用的关系

（二）原料生产方法的多样性

同一种产品，可采用不同的原料，合成氨的生产可用煤、天然气、焦炉气等为原料，原料不同，工艺生产路线亦不同。图 0-3、图 0-4 是以煤、天然气为原料的合成氨生产工艺。同一种原料因物理性质的差异，采用的生产工艺也不同。合成氨生产以块煤为原料和以煤粉为原料，其生产工艺差异也很大。

（三）生产的综合化

生产的综合化可以使资源得到充分合理的利用，既减少了有害物质的排放，又把废弃物转化为有用的产品。联合制纯碱不仅得到了所需产品碳酸钠，又得到副产品氯化铵。合成氨联产甲醇，通过调节氨和甲醇的产量，较好地满足了市场需求，降低了生产成本，经济效益良好。同时利用一氧化碳、氢气、氮气为原料，可生产一甲胺、乙二醇等多种产品，市场适应能力增强。

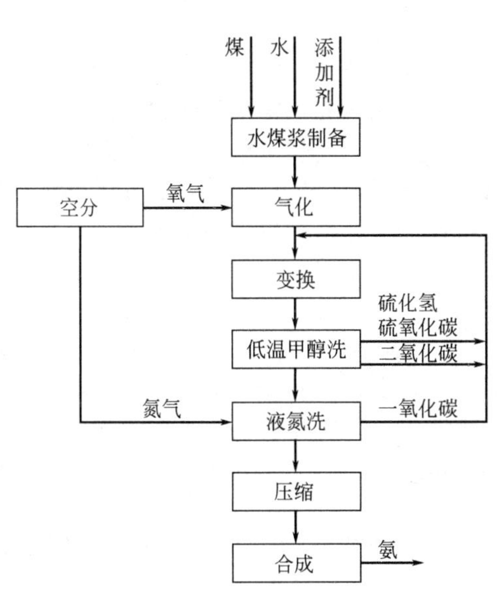

图 0-3 以煤为原料的德士古煤气化合成氨流程

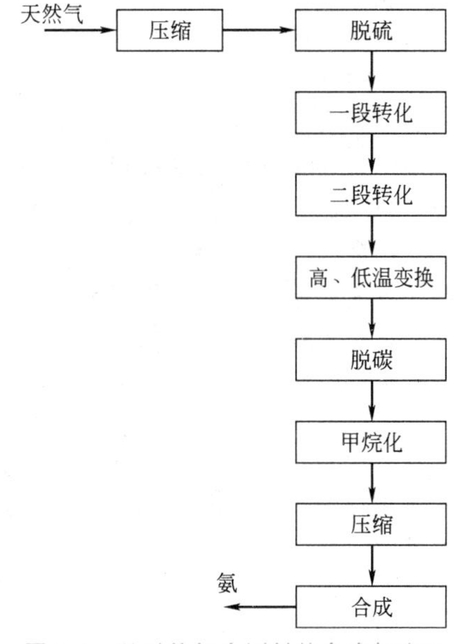

图 0-4 以天然气为原料的合成氨流程

（四）能量综合利用

离心式压缩机

化工生产是由原料物质经过化学反应转变为产品的过程，同时伴有能量的传递和转换。无机化工生产是能耗大户，合理用能对降低生产成本、保护环境极为重要。合成氨为高能耗过程，20 世纪 60 年代以前，以天然气为原料的合成氨厂，每吨氨消耗电 1000kW·h 左右。随着装置的大型化和蒸汽透平驱动的高压离心式压缩机研制成功，把生产产品和生产动力结合起来，利用系统余热生产高压蒸汽，经透平驱动离心式压缩机泵，乏汽作为工艺蒸汽和加热介质，使能耗大大下降，每吨氨消耗电 6kW·h 左右。传统的石棉隔膜法电解制烧碱能耗大，且生产效率低，已被先进的离子膜法取代。一些节约能源和生产效率高的新技术、新工艺正在不断应用到工业生产中。

（五）高度自动化

现代无机化学工业装备复杂，属知识技术密集型产业，是高度自动化和机械化的生产部门。随着信息技术高水平的发展，化工生产已经实现了远程自动化控制，生产人员在总控室，就可实现开停车、正常操作、事故处理。随着现代大型工业生产自动化的不断兴起，装置单系列、长周期运行对过程控制要求不断提高。20 世纪 60 年代，将全流程控制点的二次仪表全部集中于主控制室显示并监视控制已经完成。进入 70 年代后，随着计算机控制技术在化工行业的广泛应用，合成氨生产过程的控制技术产生了极大的飞跃。大型合成氨生产企业都采用集散控制系统（distributed control system，DCS）。

DCS，是现代计算机技术、控制技术、数字通信技术相结合的产物。运用该系统在操作台上可以完成多种数据和画面的存取显示，包括带控制点的流程、全部过程变量及参数的动态数值和趋势图，实现了对生产过程的集中监控。操作人员可随时对任一控制点、控制单元、生产设备、车间及全厂的运行情况进行监控，并可通过键盘操作调出相应画面，把所需监控的某些内容显示在电脑屏幕上，并完成相应的调整，改变了几十年来合成氨生产控制的方式，充分表明合成氨生产自动化技术已经进入了一个新的阶段。

进入 21 世纪，随着工业化＋信息化＋智能化的不断发展，化工自动化生产水平有了更进一步的发展，互联网、大数据使得化工生产更加安全、生产成本进一步降低、一线人员的工作环境大幅度改善。化工生产中危险与可操作分析的应用，实现了异常工况诊断，使生产安全可控。在线实时监测、预测产品、检验与质量管理等技术的运用，提高了产品质量；能耗实时监控，提升了生产效率和产品质量，减少了生产成本和资源消耗。化工生产易燃、易爆、易中毒、污染环境的情况已大为改观。

随着我国进入中国特色社会主义新时代，我国经济实力历史性跃升，进入了创新型国家行列。我们提出并贯彻新发展理念，着力推进高质量发展，推动构建新发展格局，实施供给侧结构性改革，制定了一系列具有全局性意义的区域重大战略。

党的二十大在谋划未来的目标任务和行动纲领时，深刻分析了我国发展面临新的历史特点，进一步对2035年和本世纪中叶的发展作出了宏观展望，重点部署了今后5年的战略任务和重大举措。未来5年是全面建设社会主义现代化国家开局起步的关键时期，搞好这5年的发展对于实现第二个百年奋斗目标至关重要。我们要紧紧抓住解决不平衡不充分的发展问题，着力在补短板、强弱项、固底板、扬优势上下功夫，作出一系列战略部署，提出一系列创新举措。

在经济建设方面，高质量发展是全面建设社会主义现代化国家的首要任务，必须完整、准确、全面贯彻新发展理念，坚持社会主义市场经济改革方向，坚持高水平对外开放，加快构建以国内大循环为主体、国内国际双循环相互促进的新发展格局。围绕加快构建新发展格局、着力推动高质量发展，从5个方面作出部署：构建高水平社会主义市场经济体制，建设现代化产业体系，全面推进乡村振兴，促进区域协调发展，推进高水平对外开放。

在生态文明建设方面，尊重自然、顺应自然、保护自然，是全面建设社会主义现代化国家的内在要求，必须牢固树立和践行绿水青山就是金山银山的理念，坚持山水林田湖草沙一体化保护和系统治理，统筹产业结构调整、污染治理、生态保护、应对气候变化，协同推进降碳、减污、扩绿、增长，推进生态优先、节约集约、绿色低碳发展。围绕推动绿色发展、促进人与自然和谐共生，从4个方面作出部署：加快发展方式绿色转型，深入推进环境污染防治，提升生态系统多样性、稳定性、持续性，积极稳妥推进碳达峰碳中和。

三、无机化学工业未来发展趋势

（一）化肥行业发展分析

“十三五”以来，化肥行业经历了国际能源价格波动、国外低成本产能竞争、国内化肥需求零增长和安全环保要求趋严等诸多困难。化肥行业扎实推进供给侧改革，实现了产业结构升级，经受住了市场考验，在化肥用量零增长甚至负增长情况下，实现了行业健康成长、环境生态和谐发展。

未来我国化肥行业将产业质量提升、助力农业现代化、提高国际竞争力作为高质量发展的战略方向。以减肥增效、转型创新、绿色环保为高质量发展的核心，以生产技术升级、产品结构调整、跨界联合发展为行业发展突破口，为农业现代化和国民经济发展做出贡献。化肥行业高质量发展的根本，是以消费为导向的供给侧结构性改革，重点内容包括化肥产品的增值、发展领域的转型、生产模式的升级、战略布局的拓展，重点包括以下方向：

1. 肥料产品增值和增效

农业现代化发展，对肥料的要求越来越科学化，更加重视环境友好、科技进步、生产效率提高，对有机肥、土壤改良肥、测土配方施肥的需求将进一步提高。化肥企业应大力调整产品结构，将基础肥更多地用于生产增值增效的专用肥，适应农业现代化和环境友好的发展要求。一批具有特殊功能的肥料产品赢得发展机遇，包括缓控释肥、水溶肥等。

2. 以化养肥延伸联产

降低肥化比例，探索扩张化肥新产能。近年来，已有多家传统氮肥企业尝试化工产品的生产，以合成氨、氢气为纽带，拓展生产多种化工产品，改变以化肥为主的单一产品结构。一类是生产合成氨下游的非化肥产品，包括硝酸盐类、酰胺类等，以及尿素下游的三聚氰胺等；另一类是生产合成气下游，包括双氧水、甲醇、丁辛醇、乙二醇等；其次是这些产品生产的进一步延伸，涉及树脂、化纤、清洁能源等领域。在洁净煤气化基础上开展合成气综合利用、煤基多联产，在不降低气化强度的前提下，有效分担合成氨和尿素产能，是氮肥企业高质量发展的另一重要方向。通过向关联产业和领域进军，实现由化肥生产向化工原料、能源产品、新材料产品生产的成功转型发展。

磷肥行业调整产品结构的最重要方向是以湿法磷酸精制代替热法磷酸，实施肥化跨界结合，发展湿法磷酸精制的磷化工和氟硅碘等伴生资源高效利用的氟化工，把磷肥企业由单纯的肥料制造企业向包括肥料在内的磷酸盐化学品生产商转变。

钾肥企业扩产工业级钾盐产品如氢氧化钾、碳酸钾等，同时考虑高附加值钾盐产品的开发生产，如电子级硝酸钾系列产品、食品级氯化钾系列产品等，打造农业级钾肥、具有较强竞争力的工业级钾盐和高附加值电子级钾盐的梯级加工模式。

化肥行业现有产能已经能够满足生产需求，行业竞争激烈。经过产能更替，原料价格、运营成本、储运费用等不具优势的企业将被淘汰。未来，除了基本的成本要素竞争，化肥的优质产能将重点体现在清洁、绿色、园区化、循环经济等先进的生产模式。

3. 新工艺新技术

推动科研创新与技术改造升级，提高研发投入比例。集中力量突破一批制约行业转型升级的重大关键技术，建成一批创新型示范企业。

磷肥行业要加强半水法磷酸装置推广，降低能耗，强化磷石膏的综合利用，同时重点推进磷肥副产无水氟化氢装置建设、提碘装置建设，以及大力开发磷石膏综合利用技术等。

钾肥行业重点开展利用盐湖低品位钾矿、海水钾、不溶性钾矿、井盐钾等资源的自主产业化成套技术与装备的研发，优化传统盐湖钾肥生产工艺，建立盐湖资源综合开发产业化示范基地，形成钾、硼、锂、镁综合开发的工程技术体系，为建成我国自主保障的钾肥产业提供技术支撑和工程示范。

（二）现代煤化工的发展

当前煤化工产业面临形势错综复杂。世界能源格局处在重塑阶段，国际油价波动程度和整体走势很难用技术手段估量，能源及石化化工产品进出口不确定性加大。我国能源格局正处于深化调整期，中长期能源仍以煤为主，但原油、天然气、轻烃、可再生能源的消费占比不断提高，油、煤、气供需结构和比价关系从供给和需求两侧对现代煤化工产生影响。煤基清洁燃料面临与传统燃料升级、新能源快速发展的多重竞争。

对于现代煤化工，要做到短流程、高收率，发展方向就是将合成气组分优化利用，尽量减少中间转化环节，再结合市场需求，做到宜气则气、宜醇则醇、宜油则油。“一步法”技术是最短的流程，例如合成气一步法制烯烃技术、合成气一步法制乙二醇技术、合成气一步法制二甲醚技术等，需要加快技术研发和产业化，争取尽早实现产业层面的大跨越。

在“一步法”技术还不能实现产业化之前，可以重点进行现有技术路线的再优化。例如DMTO二代技术完善和三代技术开发，高温费-托合成技术与低温费-托合成技术相结合，多联产化学品或特色油品等。在产业层面，通过与其他产业结合，以多联产的方式降低或取消变换单元比例，或对中间物料进行组合优化利用，也是现代煤化工提升产业价值的有效途径。

1. 煤制天然气

煤制天然气是煤炭利用中生产环节能效最高的路线，从全生命周期角度来看，煤制天然气在民用领域和工业燃料领域均具有高能效优势，其发展价值值得肯定。煤制天然气作为常规天然气的必要补充，有利于形成国内天然气供应多渠道格局，对于调控天然气进口依存度和平抑天然气进口价格均具有积极意义。合成气的优化利用，可将煤气化装置生产的甲烷直接作为天然气燃料，一氧化碳和氢气用于生产化学品，做到"宜气则气、宜化则化"，提高产业的盈利能力。进行组合气化生产，来适应区域煤矿块煤和粉煤的平衡生产与销售。

2. 煤制油

煤制油产业宜将直接液化工艺与间接液化工艺相结合，统筹安排空分、煤气化、净化单元，使合成气和氢气制备更加经济；统筹油品加工单元，生产更高品质的柴油、汽油或特种用途油品。直接液化柴油具有密度大、馏程较轻、体积热值高、超低凝点、硫氮的质量分数低、环烷烃的质量分数较高、十六烷值低的特点；间接液化柴油具有高十六烷值（70 以上），硫的质量分数、芳烃的质量分数低（小于 $1\mu g/g$），密度较低的特点；二者结合可具有更好的油品指标。将低温费-托合成技术和高温费-托合成技术组合，规模化生产 PAO、溶剂油、润滑油基础油、费托蜡等高附加值产品。

3. 煤制甲醇

2010 年以来，甲醇制烯烃和醇醚燃料快速应用拉动了甲醇的消费，也促使甲醇生产快速增长。当前甲醇在清洁锅炉燃料、清洁船舶动力燃料等领域的应用还在不断开拓，而甲醇或其再加工产品作为车用燃料，已到了面临方向性选择的阶段。

甲醇作为车用燃料，有直接使用和间接使用两种途径。直接使用包括 M100 汽油、M85 汽油、汽油甲醇双燃料、柴油甲醇双燃料等方式。

煤制甲醇产业为满足我国甲醇市场需求起到了积极作用。

（三）绿色发展是化工行业高质量发展的关键

根据近年来我国发布的环境统计年报的相关数据分析，在主要工业行业中，石油和化学工业污染物排放量统计如下：废水量第一、化学需氧量第二、氨氮排放第一、石油类排放第一、挥发酚第一、氰化物排放第一。除化学需氧量、氨氮等常规污染物排放量大外，对生态环境影响较大的石油类、挥发酚、氰化物等特征污染物同样排放量巨大。除此之外，我国制定的水中优先控制污染物名单共 68 种，除 9 类重金属污染物外，石油和化学工业均有排放。

化工园区是我国石油和化学工业发展的主要载体，近十余年来，随着化工园区的发展，我国石油和化学工业由粗放发展逐渐向集约化发展，有力地促进了行业水平的提升；另外，化工园区发展过程中也逐渐出现了一些与行业未来高质量发展不相适应的问题，推动化工产业高端化、绿色化、集群化发展，已经成为全球化工产业发展的潮流。

园区水系统需要统筹考虑，制定整体解决方案，实现饮用水、工业给水、海水淡化、中水回用、高难度工业污水处理、污水处理厂生物除臭、水系统运营管理等技术的整体优化，这是解决化工园区水资源利用应重点关注的问题。当前，建立绿色化工园区，要做好智慧水务、源头治理、嵌入处理、入水监管等四个方面的工作。

建立"大污水厂"概念，污水处理厂有职责对企业外排水水质进行控制。为达到预期的污水处理效果，污水处理厂必须能够对上游来水进行控制，对影响系统整体运行的重点企业及重点污染物进行统筹考虑，如果不加以控制，后续处理的混合废水很难达到预期效果。

再生水回用要与实际结合，并需要考虑尾水达标排放问题。目前国家尚未对化工园区的再生水回用提出统一要求，但从节约水资源、降低污染排放的角度出发，发展再生水回用有利于节约资源与保护环境。

能源方面：实现能源的消费总量与单位耗能双重控制。石油和化工企业的能源消耗较大。作为化学工业主要载体的化工园区，实现热力和电力的集中供应与多能互补集成工程，构建“清洁低碳、安全高效”的能源供应体系，对于实现能源的消费总量与单位耗能双重控制，具有重要的现实意义和深远的战略意义。

（四）智能工厂是未来发展的方向

化工行业生产工艺复杂、工艺流程繁多、产业链长，主要原料和产品均属于危险化学品，安全环保风险高。建立全流程优化平台，可以实现采购、计划、调度、操作的全过程优化，形成自上而下、由下到上的协同生产新模式。基于云计算、物联网、大数据、人工智能和混合现实等数字化新技术，探索流程自动化、生产数据可视化和运营调度智能化，提高生产过程可控性，减少生产线人工干预。建设自动化、透明化、实时化的智能数字化工厂，对石油化工行业生产过程的安全、高效有着重要影响。以智能制造助力园区高质量发展，智能工厂是产业升级的必然选择。智能工厂建设总体框架由基础工艺层、智能装备层、智能生产系统、智能管理系统四个部分组成，充分运用工业互联网、人工智能等先进技术与装备，逐步实现生产经营自动化、数字化、可视化、模型化、集成化。

以 MES（制造执行系统）为核心的生产运行管理体系，涵盖物料、能源、设备等管理模块，实现了从原料进厂到产品出厂全流程管控，实时监测物料能耗和化验分析数据，做到了动态优化操作及生产数据的“班跟踪、日平衡、月结算”，实现了电子交接班，使班组运行更加规范高效。初步实现了感知实时化、装备数字化、管理流程化。智能巡检系统实现时间和空间无盲区巡检，集成人脸和图像识别、智能摄像头、无线仪表等智能技术，从而使监控人员能够实时掌握装置现场画面、气体浓度、设备振动等数据，实现虚拟巡检代替人工巡检，发现设备异常自动报警，颠覆传统的巡检模式。

智能专家系统是指对化工企业的核心设备、大型机组及关键生产过程建立远程监控管理，将互联网与大数据技术相结合，将实际运行趋势与拟合趋势图做比较分析，偏离正常范围的数据将自动发出报警，保证生产正常安全运行。

智能化工园区建设，以新一代信息技术为手段，以智慧应用为支撑，全面整合园区内外资源，实现园区基础设施智能化、公共管理精细化、公共服务便捷化、资源利用绿色化、产业发展智能化，促进园区发展向产业集聚型、生态环保型转变。

智能化工园区建设的主要意义可以分为两个层面：一是直接为园区管委会服务，进一步提升园区内部的政务管理能力，丰富管理者的决策依据，实现园区内企业、项目、人才以及安全、环保、消防、应急、医疗防护等信息共享；二是通过与企业、城市各相关信息系统的连通，为城市、园区、企业运营做好统计分析、监测预警、循环经济、战略发展等决策服务，加强环境保护、风险防控与事故应急响应能力，促进园区更通畅地和周边社区连接，为提升入园企业的竞争力、园区的综合管理能力和监控与应急处置能力提供信息化支撑。

（五）化工行业高质量发展是实现中国式现代化的重要组成

以中国式现代化全面推进中华民族伟大复兴，到 2035 年，我国要实现高水平科技自立自强，进入创新型国家前列；建成现代化经济体系，形成新发展格局，基本实现新型工业化、信息化、城镇化、农业现代化；广泛形成绿色生产生活方式，碳排放达峰后稳中有降，生态环境根本好转，美丽中国目标基本实现。

高质量发展是全面建设社会主义现代化国家的首要任务。化工行业是国民经济支柱产业，经济总量大、产业链条长、产品种类多，要贯彻新发展理念，着力推进高质量发展，加快 5G、大数据、人工智能等新一代信息技术与化工行业融合，不断增强化工过程数据获取能力，丰富企业生产管理、工艺控制、产品流向等方面数据，畅联生产运行信息数据“孤岛”，构建生产经营、市场和供应链等分析模型，强化全过程一体化管控，推进数字孪生创新应用，加快数字化转型，推动化工企业向高端化、智能化、绿色化发展。

同时，还要坚持绿水青山就是金山银山的理念，全方位、全地域、全过程加强生态环境保护，污染防治攻坚向纵深推进，采用清洁生产技术装备改造提升，从源头促进工业废物"减量化"。推进全过程挥发性有机物污染治理，加大含盐、高氨氮等废水治理力度，推进废渣、废液的环保整治，提升废催化剂、废酸、废盐等危险废物利用处置能力。深入推进能源革命，加强煤炭清洁高效利用，加快节能降碳先进技术研发和推广应用，有序推动化工行业重点领域节能降碳，提高行业能效水平。提升中低品位热能利用水平，推动用能设施电气化改造，合理引导燃料"以气代煤"，适度增加富氢原料比重。鼓励化工企业因地制宜、合理有序开发利用"绿氢"，推进炼化、煤化工与"绿电""绿氢"等产业耦合示范，利用炼化、煤化工装置所排二氧化碳纯度高、捕集成本低等特点，开展二氧化碳规模化捕集、封存、生产化学品等示范，积极稳妥推进碳达峰碳中和。

四、本课程的基本要求

本课程是理论与实践密切结合的化工技术专业核心课程，既要掌握基础理论知识，又要具备较强的工程实践能力和技术经济分析能力，以解决实际生产问题。在学习时，应主要从如下几方面考虑：原料的选择和预处理，生产方法的选择及方法原理，设备（反应器等）的作用、结构和操作，催化剂的选择和使用，影响操作条件的因素和操作条件的选择，正常生产控制与事故处理，产品规格和副产物的分离与利用，能量的回收和利用，对不同工艺路线和流程的技术经济评价等问题。

数字化、智能化在工厂的应用，要求化工技术类学生不仅要掌握化工生产的基本原理、基本工艺，还要掌握企业数字化生产管理、自动化运行方法，熟悉数字化工具、技术的使用，成为具有生产控制、智能信息、大数据分析等技术的复合型技能人才。

由于本课程的知识面广，在学习时要注意点面结合，重点内容应深入细致地研究，其他内容要建立起知识的构架。对于典型反应过程，要求理解并掌握工艺原理、选定工艺条件的依据、流程的组织和特点、各类反应设备的结构特点和优缺点等；对典型产品的各种原料来源、不同工艺路线及其技术经济指标、能量回收利用方法、副产物回收利用和废料处理方法等，应进行分析比较，找出它们的优缺点。由于本课程的综合性和实践性，应注重培养学生分析问题和解决问题的能力，应注重理论知识的综合运用，特别强调理论和实践相结合。

新中国化学工业发展大事记

第一篇　合成氨

合成氨生产，除电解法外，不管用何种原料制得的粗原料气中都含有硫化物、一氧化碳、二氧化碳，这些物质都是氨合成催化剂的毒物，在进行合成之前，需将其彻底清除。因此，合成氨的生产过程包括以下三个主要步骤。

原料气的制取　制备含有氢气、一氧化碳、氮气的粗原料气。

原料气的净化　除去原料气中氢气、氮气以外的杂质。一般由原料气的脱硫，一氧化碳的变换，二氧化碳的脱除，原料气的精制等组成。

原料气压缩与合成　将符合要求的氢氮混合气压缩到一定的压力，在催化剂与高温条件下合成为氨。

合成氨生产常用的原料包括：焦炭、煤、焦炉气、天然气、石脑油和重油。

各种原料制氨的典型流程见图 1～图 3。

(1) 以煤为原料的合成氨流程　我国在哈伯-博施流程基础上于 20 世纪 50 年代末、60 年代初开发了三催化剂净化流程和碳化工艺。工艺流程如图 1、图 2 所示。

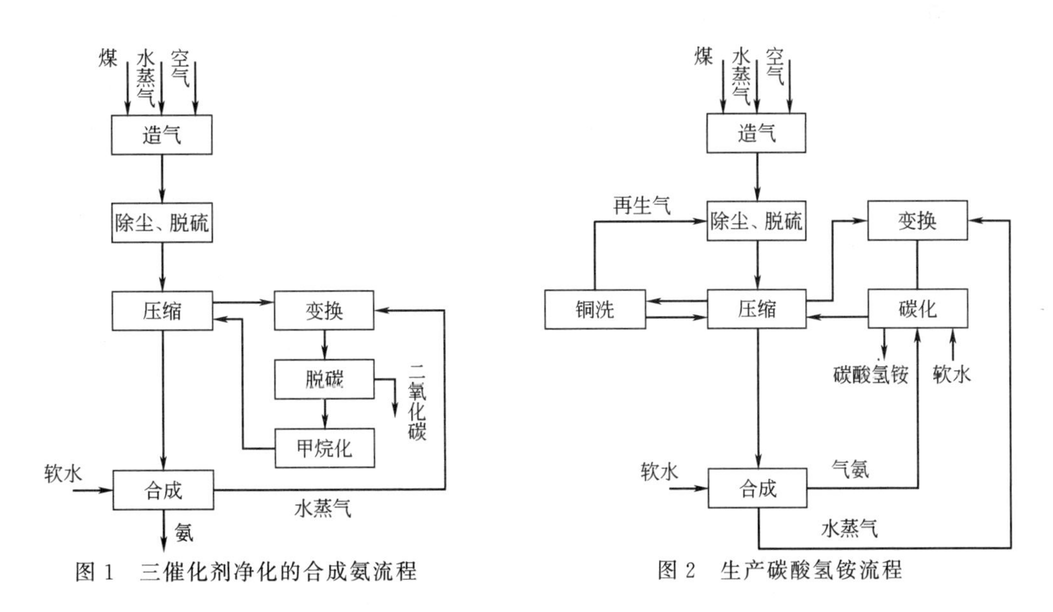

图 1　三催化剂净化的合成氨流程　　图 2　生产碳酸氢铵流程

(2) 以天然气为原料的合成氨流程　天然气、炼厂气等气体原料制氨的工艺流程如图 0-4 所示，其稍加改进也可以用于石脑油为原料。流程中使用了七八种催化剂，需要有高净化度的气体净化技术配合。

（3）以重油为原料的合成氨流程　以重油为原料制氨时，采用部分氧化法制气。从气化炉出来的原料气先清除炭黑，经一氧化碳耐硫变换，低温甲醇洗和液氮洗，再压缩，合成得到氨。该流程中需设置空分装置，提供氧气将油气化，氮气用于液氮洗涤脱除残余一氧化碳组分。其工艺流程如图3所示。

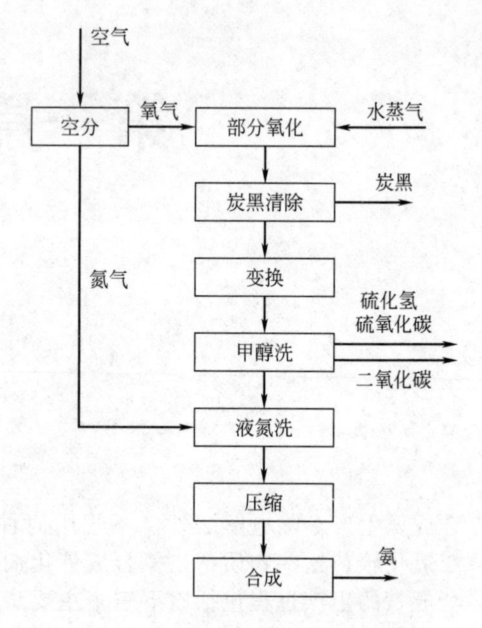

图3　以重油为原料的合成氨流程

合成氨生产具有传统产业和现代技术的双重特征，其生产工艺有如下特点。

① 能量消耗高　合成氨工业是能耗较高的行业，由于原料品种、生产规模和技术先进程度的差异，吨氨能耗在28～66GJ。因此，当原料路线确定后，生产规模和所采用的先进技术应以总体生产节能为目标，即能耗是评价合成氨工艺先进性的重要指标之一。

② 技术要求高　一方面由于制取粗原料气比较困难，另一方面粗原料气净化过程比较长，而且高温高压操作条件对氨合成设备要求也比较高。因此，合成氨工业是技术要求很高的系统工程。

③ 高度连续化　合成氨工业还具有高度连续化大生产的特点，它要求原料供应充足连续，有比较高的自动控制水平和科学管理水平，确保长周期运行，以获得较高的生产效率和经济效益。

④ 生产工艺典型　合成氨生产中既有气固相、气液相非催化反应，又有气固相、气液相催化反应等过程，同时工艺中还包括了流体输送、传热、传质、分离、冷冻等化工单元操作，是比较典型的化学工艺过程。

第一章
合成氨原料气的生产

本章教学目标

能力与素质目标

1. 具有编制开停车方案的初步能力。
2. 具有识读和绘制生产工艺流程图的初步能力。
3. 具有根据原料煤的性能选择煤气化适宜生产工艺的能力。
4. 具有查阅文献资料的能力。
5. 具有节能减排、降低能耗的意识。
6. 具有安全生产的意识。
7. 具有环境保护意识。

知识目标

1. 掌握：煤气化、气态烃类蒸汽转化的基本原理、工艺条件的选择及工艺流程。

2. 理解：甲烷蒸汽转化催化剂的组成、还原与使用，主要设备的基本结构。

3. 了解：煤气化、气态烃类蒸汽转化的反应机理及动力学方程，劣质煤的制气方法，气态烃类蒸汽转化的新技术。

第一节 煤 气 化

煤气化是用气化剂对煤或焦炭等固体燃料进行热加工，使其转变为可燃性气体的过程，简称造气。气化剂主要是水蒸气、空气（或氧气）及它们的混合气。气化后所得可燃性气体称为煤气。进行气化的设备称为煤气发生炉。

煤气的成分取决于燃料、气化剂种类以及进行气化的条件。工业上根据所用气化剂不同可得到以下几种煤气。

空气煤气 以空气为气化剂制取的煤气，其成分主要为氮气和二氧化碳。合成氨生产中也称为吹风气。

水煤气 以水蒸气为气化剂制得的煤气，主要成分为氢气和一氧化碳。

混合煤气 以空气和适量的水蒸气为气化剂制取的煤气。

半水煤气 以适量空气（或富氧空气）与水蒸气作为气化剂，所得气体组成符合($[CO]+[H_2])/[N_2]=3.1\sim3.2$ 的混合煤气，即合成氨原料气。生产上也可用水煤气与吹风气混合配制。

一、气化原理

煤在煤气发生炉中由于受热分解放出低分子量的碳氢化合物，而煤本身逐渐焦化，此时可将煤近似看作碳。碳与气化剂空气或水蒸气发生一系列的化学反应，生成气体产物。

1. 煤的组成与性质

（1）煤的化学组成 煤的组成极其复杂，主要是由无机矿物质和水以及含碳、氢、氧、氮、硫等元素的高分子有机化合物组成。在工业实际中，主要采用工业分析、元素分析、灰成分分析等方法确定煤的组成。

① 煤的工业分析 工业分析是确定煤化学组成的最基本方法，将煤的组成划分为水分、灰分、挥发分、固定碳。依据《煤的工业分析方法》(GB/T 212—2008)，对水分、灰分、挥发分进行测定，并对固定碳进行计算。

煤中水分可以分为游离水和化合水，游离水是指与煤呈物理态结合的水，它吸附在煤的外表面和内部空隙中。游离水又分为外在水分和内在水分，外在水分是指在大气中易失去的水分，内在水分是存在于较小空隙中，在大气中不易失去的水分。工业分析中的水分指煤的内在水分。

煤的灰分是指煤在一定条件下完全燃烧后得到的残渣，它不是煤的固有组成，而是由煤中矿物质在高温条件下转化而来的。在作为能源和化工原料时，煤中的灰分是不利的甚至有害的。

煤在高温条件（900℃）下隔绝空气加热一段时间，煤中的有机物发生热解反应，形成部分小分子化合物，成气态析出，其余的有机物以固体形式残留下来。由有机物热解形成的并呈气态析出的化合物称为挥发物，该挥发物占煤样质量的百分数称为挥发分。以固体形式残留下来的有机质占煤样质量的百分数称为固定碳。实际上，固定碳不能单独存在，它与煤中的灰分一起形成焦渣。煤的挥发分随煤化程度的提高而下降。褐煤的挥发分最高，通常大于40%；无烟煤的挥发分最低，通常小于10%。

② 煤的元素分析 煤中的有机物主要是由碳、氢、氧、氮、硫五种元素组成，煤的元素分析就是对这五种元素的分析。依据《煤的元素分析》(GB/T 31391—2015)、《煤中全硫的测定方法》(GB/T 214—2007) 对煤进行元素分析。

碳是构成煤大分子骨架最重要的元素，随煤化程度的提高，煤中的碳元素含量逐渐增加，从褐煤的60%左右一直增加到年老无烟煤的98%。

氢元素是煤中第二重要的元素，主要存在于煤分子的侧链和官能团上，在有机质中的含量为2.0%～6.5%，随煤化程度的提高而呈下降趋势。从低煤化程度到中等煤化程度阶段，氢含量变化不太明显，但在高变质无烟煤阶段，氢元素的降低较为明显且均匀，从年轻无烟煤的4%下降到年老无烟煤的2%左右。因此，我国无烟煤分类中采用氢元素含量作为分类指标。

氧也是组成煤有机质的重要元素，主要存在于煤分子的含氧官能团上，$-OCH_3$、$-COOH$、$-OH$、羰基等基团上均含有氧原子。随煤化程度的提高，煤中的氧含量迅速下降，从褐煤的23%左右下降到中等变质程度肥煤的6%左右，此后氧含量下降速度趋缓，到无烟煤时大约只有2%。

煤中的氮元素含量较少，一般为0.5%～1.8%，与煤化程度无关。它主要来自成煤植物的蛋白质。煤中的硫分为有机硫和无机硫，无机硫又分为硫化物硫和硫酸盐硫。硫是煤中最主要的有害元素，在燃烧过程中形成 SO_2，污染空气；在气化过程中主要形成 H_2S、COS，不仅腐蚀设备管道，还导致部分催化剂中毒失活。

（2）煤的工艺性质

① 煤灰的高温性质　煤灰熔融性是指煤灰在高温下软化、熔融、流动时的温度特性。由于煤灰是由多种矿物质组成的混合物，这种混合物没有一个固定的熔点，而只有一个熔化温度的范围。

煤灰熔融性采用角锥法测定，执行标准是《煤灰熔融性的测定方法》（GB/T 219—2008）。角锥法是将煤灰制成一定尺寸的锥体，将灰锥放入一定气体介质的高温炉中，以一定的升温速度加热，观察并记录特征温度。一般采用三个特征温度，即变形温度DT、软化温度ST和流动温度FT。变形温度是锥体尖端开始弯曲和变圆时的温度；软化温度是锥体弯曲至锥尖触及托板的温度；流动温度是灰样完全熔化展开成高度小于1.5mm薄层时的温度。

煤灰熔化性是气化用煤的一项重要指标。在固态排渣的气化炉中，由于灰熔点低而产生结渣，将使煤气质量下降，影响气化炉的正常操作，因此要求原料煤的灰熔点较高为好。反之，对于液态排渣的气化炉，则要求采用灰熔点较低的煤为原料。

煤灰的黏度是指煤灰在熔融状态下的内摩擦因数，是灰渣在熔化状态时的流动性能的重要指标。对于液态排渣气化炉，不仅要求原料煤具有低的灰熔点，而且要求煤灰有较好的流动性。

煤的结渣性是指煤在气化时烧结成渣的性能。易于结渣的煤高温时容易软化熔融而生成熔渣块。对于固态排渣的气化炉，将影响气化剂的均匀分布，并使正常排灰发生困难。

② 煤的气化反应活性　煤的反应性又称煤的反应活性，是指在一定温度条件下，煤炭与二氧化碳、水蒸气或氧气相互作用的反应能力。

煤的化学反应性对煤的气化、燃烧等工艺过程有着很大的影响。反应性强的煤，在气化和燃烧过程中反应速度快、效率高。化学反应性越高的煤，发生反应的起始温度低，其气化温度也低，气化时消耗的氧气量也低。

表示煤的化学反应性的方法很多，但通常采用的是用二氧化碳与煤焦进行反应，以二氧化碳的还原率来表示煤的化学反应性，根据《煤对二氧化碳化学反应性的测定方法》（GB/T 220—2018）进行测定。二氧化碳还原率越高的煤，其化学反应性越强。

煤的化学反应性与煤的变质程度有关。一般褐煤的化学反应性最强，烟煤居中，无烟煤最差。各种煤的化学反应性，在温度比较低的条件下差别显著，而在很高的温度条件下，温度对反应速度的影响显著加强，从而相对降低了化学反应性对气化过程影响的程度。因此在常压气化炉或液态排渣的气化炉中，煤的化学反应性影响较小，而在加压固态排渣气化炉中，由于气化温度较低，煤的化学反应性对气化过程的影响较大。

（3）气化用煤的质量要求

① 粒度、机械强度和热稳定性　以块煤为原料的气化过程，要求炉内气流阻力小、气体分布均匀，从而有利于提高气化炉的生产能力，并可减少带出物的损失。因此不论常压和加压，以块煤为原料的气化炉，都要求原料煤的粒度均匀，有较好的机械强度和热稳定性。在粉煤气化炉中，煤的机械强度和热稳定性差，一般不会不利于操作的进行，反而可以节省磨煤的电耗。在固定床气化炉中原料的粒度组成应尽量均匀而合理。如含大量粉和细粒，易使气化时分布不均而影响正常操作。流化床气化炉一般使用35mm的原料煤，要求煤的粒度十分接近，以避免带出物过多。气流床气化炉，采用粉煤进料，需使用粒度≤90μm占90%（质量分数）、粒度≤5μm占10%（质量分数）的煤粉；采用水煤浆进料时，要求有一定的粒度配比，以提高水煤浆中煤的浓度。

② 水分　对固定床气化炉，煤的水分必须保证气化炉顶部出口煤气温度高于气体露点温度，否则需将入炉煤进行干燥。煤中含水量过多而加热速度太快时，易导致原料煤破裂，使煤气带出大量煤尘。同时水分含量多的煤，在固定床气化炉中气化所产生的煤气，冷却时会产生大量废液，增加废水处理量；对于气流床气化法，采用粉煤加料时，要求原料的水分必须<2%，以便于粉煤的气动输送。

③ 灰熔融性和结渣性　不同排渣方式的气化炉对灰熔融点有不同的要求。气化炉的排渣方式有固态排渣与液态排渣两类。固态排渣多用于以块煤为原料的气化炉。要求气化炉的操作温度低于煤的灰熔融点软化温度。

液态排渣多用于水煤浆或粉煤连续气化的过程，关键是液态渣在正常生产操作条件下有一定的流动性，使液态渣能顺利地连续排出气化炉。因此，要求气化炉的操作温度大于煤的灰熔点流动温度。

灰熔融点是液态排渣重要参数，但同样重要的还有灰渣黏度与温度的关系。灰熔融点与结渣性有一定关系，但灰熔融点低不一定代表结渣性强。

④ 黏结性和反应活性　一般固定床气化炉，应使用不黏性煤或焦炭，带有搅拌装置时可使用弱黏性煤。气流床气化炉可以使用黏结性煤，但不应使用黏结性较强的煤作为原料。

原料煤对气化介质应有足够的化学反应性，以保证较高的气化效率。对于气化温度较低的气化炉，反应性的影响更大。

2. 化学平衡

(1) 以空气为气化剂　以空气为气化剂时，碳氧之间的化学反应如下：

$$C+O_2 = CO_2 \qquad \Delta H_{298}^{\ominus}=-393.770\text{kJ/mol} \tag{1-1}$$

$$C+\frac{1}{2}O_2 = CO \qquad \Delta H_{298}^{\ominus}=-110.595\text{kJ/mol} \tag{1-2}$$

$$C+CO_2 = 2CO \qquad \Delta H_{298}^{\ominus}=172.284\text{kJ/mol} \tag{1-3}$$

$$CO+\frac{1}{2}O_2 = CO_2 \qquad \Delta H_{298}^{\ominus}=-283.183\text{kJ/mol} \tag{1-4}$$

在同时存在多个反应的平衡系统，系统的独立反应数应等于系统中的物质数减去构成这些物质的元素数。考虑惰性气体氮，则此系统中含有 O_2、C、CO、CO_2、N_2 五种物质，由C、O、N三种元素构成，故系统的独立反应数为：5－3＝2。一般可选式(1-1) 和式(1-3) 计算平衡组成。由于氧气的平衡含量甚微，为简化起见仅用式(1-3) 即可。有关反应的平衡常数如表1-1所示。

表 1-1　反应式 (1-1) 和式 (1-3) 的平衡常数

温度/K	$C+O_2 = CO_2$ $K_{p_1}=p_{CO_2}/p_{O_2}$	$C+CO_2 = 2CO$ $K_{p_3}=p_{CO}^2/p_{CO_2}$
298.16	1.233×10^{69}	1.023×10^{-22}
600	2.516×10^{34}	1.892×10^{-7}
700	3.182×10^{29}	2.709×10^{-5}
800	6.708×10^{25}	1.509×10^{-3}
900	9.257×10^{22}	1.951×10^{-2}
1000	4.751×10^{20}	1.923×10^{-1}
1100	6.345×10^{18}	1.236
1200	1.737×10^{17}	5.772
1300	8.251×10^{15}	2.111×10
1400	6.048×10^{14}	6.285×10
1500	6.290×10^{13}	1.644×10^{2}

假设 O_2 首先全部生成 CO_2，然后按式(1-3) 部分转化为CO，其平衡转化率为 α，空气中 $n_{N_2}/n_{O_2}=3.76$（摩尔比），反应前后各组分的数量关系如表 1-2 所示。

表 1-2　碳氧反应前后各组分的数量关系

组　　分	O_2	N_2	CO_2	CO	合计
反应前物质的量/mol	1	3.76	0	0	4.76
平衡时物质的量/mol	0	3.76	$1-\alpha$	2α	$4.76+\alpha$
平衡组成	0	$3.76/(4.76+\alpha)$	$(1-\alpha)/(4.76+\alpha)$	$2\alpha/(4.76+\alpha)$	1

$$K_{p_3}=\frac{p_{CO}^2}{p_{CO_2}}=p\times\frac{y_{CO}^2}{y_{CO_2}}=p\times\frac{4\alpha^2}{(4.76+\alpha)(1-\alpha)}$$

整理得：$(4p+K_{p_3})\alpha^2+3.76K_{p_3}\alpha-4.76K_{p_3}=0$

$$\alpha=\frac{-3.76K_{p_3}+\sqrt{33.18K_{p_3}^2+76.16K_{p_3}p}}{8p+2K_{p_3}} \tag{1-5}$$

不同温度下的 K_{p_3} 值及总压 p 代入上式可解出 α，从而求得系统的平衡组成。表 1-3 是总压为 0.1013MPa 时空气煤气的平衡组成。

由表 1-3 可见，随着温度的升高，CO 的平衡含量增加，CO_2 的平衡含量下降。当温度高于 900℃时，气体中 CO_2 的平衡含量甚少。据式(1-5)，随着压力的提高，CO 含量降低，CO_2 含量增加。

表 1-3　总压为 0.1013MPa 时空气煤气的平衡组成　　单位：%

温度/℃	CO_2	CO	N_2	$CO/(CO+CO_2)$
650	10.8	16.9	72.3	61.0
800	1.6	31.9	66.5	95.2
900	0.4	34.1	65.5	98.8
1000	0.2	34.4	65.4	99.4

（2）以水蒸气为气化剂　以水蒸气为气化剂时，化学反应如下：

$$C+H_2O \longrightarrow CO+H_2 \qquad \Delta H_{298}^{\ominus}=131.39\text{kJ/mol} \tag{1-6}$$

$$C+2H_2O \longrightarrow CO_2+2H_2 \qquad \Delta H_{298}^{\ominus}=90.20\text{kJ/mol} \tag{1-7}$$

$$CO+H_2O \longrightarrow CO_2+H_2 \qquad \Delta H_{298}^{\ominus}=-41.19\text{kJ/mol} \tag{1-8}$$

$$C+2H_2 \longrightarrow CH_4 \qquad \Delta H_{298}^{\ominus}=-74.90\text{kJ/mol} \tag{1-9}$$

上述反应系统中，独立反应数为 3。计算系统平衡组成时，一般可选式(1-6)、式(1-8)、式(1-9)，其平衡常数见表 1-4。

表 1-4　反应式(1-6)、式(1-8)和式(1-9) 的平衡常数

温度/K	K_{p_6}	K_{p_8}	K_{p_9}
298.16	1.014×10^{-17}	9.926×10^4	7.812×10^9
600	5.117×10^{-6}	27.08	9.869×10^2
700	2.439×10^{-4}	9.017	8.854×10
800	4.456×10^{-3}	4.038	1.394×10
900	4.304×10^{-2}	2.204	3.207
1000	2.654×10^{-1}	1.374	9.7×10^{-1}
1100	1.172	0.944	3.629×10^{-1}

已知温度 T，压力 p，则有如下关系：

$$K_{p_6}=\frac{p_{CO}p_{H_2}}{p_{H_2O}} \tag{1-10}$$

$$K_{p_8}=\frac{p_{CO_2}p_{H_2}}{p_{CO}p_{H_2O}} \tag{1-11}$$

$$K_{p_9}=\frac{p_{CH_4}}{p_{H_2}^2} \tag{1-12}$$

$$p=p_{CO}+p_{CO_2}+p_{H_2}+p_{CH_4}+p_{H_2O} \tag{1-13}$$

由系统的水平衡

$$p_{H_2}+2p_{CH_4}=p_{CO}+2p_{CO_2} \tag{1-14}$$

由上述五式可求得不同温度、不同压力下系统的平衡组成。图 1-1 和图 1-2 给出了压力为 0.1013MPa 和 2.026MPa 时不同温度下的平衡组成。

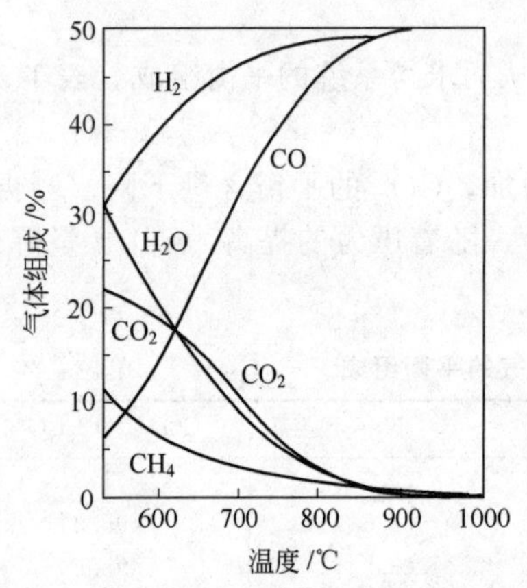

图 1-1　0.1013MPa 下碳-蒸汽反应的平衡组成

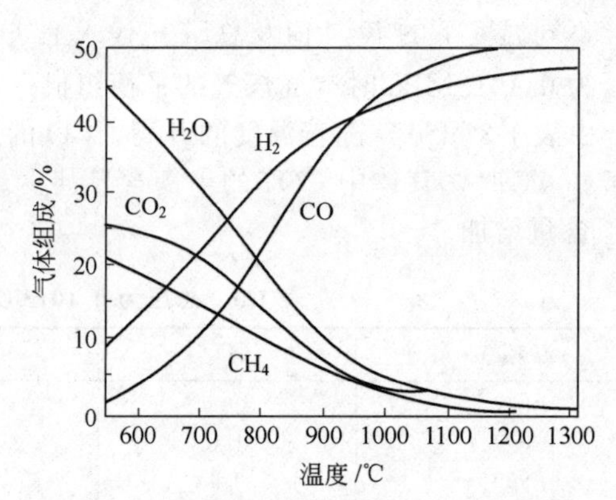

图 1-2　2.026MPa 下碳-蒸汽反应的平衡组成

由图 1-1 可见，0.1013MPa 下，温度高于 900℃时，平衡产物中 H_2 与 CO 的含量均接近于 50%，其他组分的含量接近于零。所以在高温下进行水蒸气与碳的反应，平衡时残余水蒸气量少，水煤气中 H_2 及 CO 的含量高。比较图 1-1 及图 1-2 可见，在相同的温度下，随着压力的提高，气体中水蒸气、二氧化碳及甲烷的含量增加，而 H_2 及 CO 的含量减少。所以，欲制得 H_2 及 CO 含量高的水煤气要在高温、低压下进行，而欲制得甲烷含量高的高热值煤气，应在低温、高压下进行。

3. 反应速率

气化剂与碳在煤气发生炉中的反应属于气-固相非催化反应。随着反应的进行，碳的粒度逐渐减小，不断生成气体产物。其反应过程一般由气化剂的外扩散、吸附、与碳的化学反应及产物的脱附、外扩散等组成。若其中某一步骤的阻止作用最大，则总的反应速率取决于这个步骤的速率。此步骤称为控制步骤。提高控制步骤的速率是提高总反应速率的关键。

(1) $C+O_2 = CO_2$ 的反应速率　研究表明，当温度在 775℃以下时，其反应速率大致可表示为：

$$r=ky_{O_2} \tag{1-15}$$

式中　r——碳与氧生成二氧化碳的反应速率；

k——反应速率常数；

y_{O_2}——氧气的浓度。

反应速率常数与温度及活化能的关系符合阿伦尼乌斯方程。气化剂一定，反应的活化能取决于燃料的种类、结构等。反应的活化能数值一般按无烟煤、焦炭、褐煤的顺序递减。

如在高温（900℃以上）进行反应，k 值相当大，此时，反应为扩散控制，总的反应速率取决于氧气的传递速率。一般而言，提高空气流速是强化以扩散为主反应的行之有效措施。

图 1-3 为碳燃烧反应速率与温度、氧含量及流速的关系。由图可见，在较低的温度下，气化反应处于化学反应控制，受温度影响较大，提高温度可加快反应速率，加大气流速率不能明显提高反应速率。当温度达到一定值后，气化反应处于扩散控制区，提高气流速率是提高反应速率的关键，温度对反应速率的影响不太明显。

（2）$C+CO_2 \longrightarrow 2CO$ 的反应速率　此反应的反应速率比碳的燃烧速率慢得多，在 2000℃以下属于化学反应控制，反应速率大致是 CO_2 的一级反应。

（3）$C+H_2O \longrightarrow CO+H_2$ 的反应速率　碳与水蒸气之间的反应，在 400～1000℃的温度范围内，速率仍较慢，因此为动力学控制，在此范围内，提高温度是提高反应速率的有效措施。图 1-4 为水蒸气分解率与温度、反应时间和燃料性质的关系。

$$\text{水蒸气分解率}=\frac{\text{水蒸气分解量}}{\text{分解前的水蒸气量}}\times 100\%$$

由图 1-4 可见，当温度为 1100℃时，在相同的时间内水蒸气与木炭反应的分解率高于与焦炭反应的分解率，这说明木炭活性高，与水蒸气的反应速率快。对焦炭而言，随着温度的提高，达到同一分解率所用的时间减少，说明温度提高，反应速率提高。当温度达到 1300℃时，水蒸气分解率高达 100%，反应时间为 3s。因此，提高温度有利于碳与水蒸气的反应。

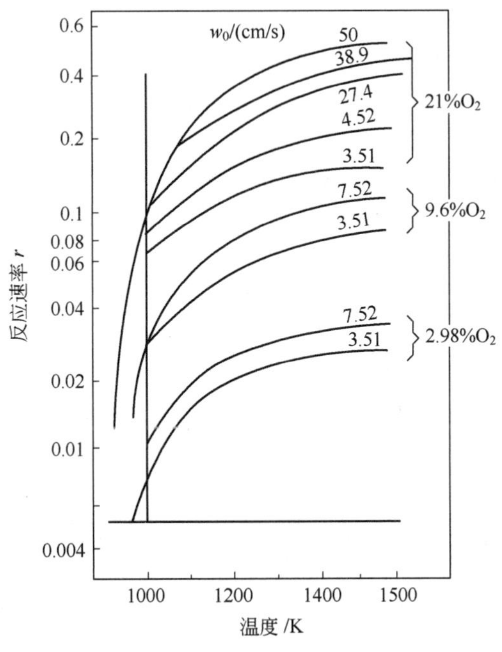

图 1-3　碳燃烧反应速率与温度、氧含量及流速的关系

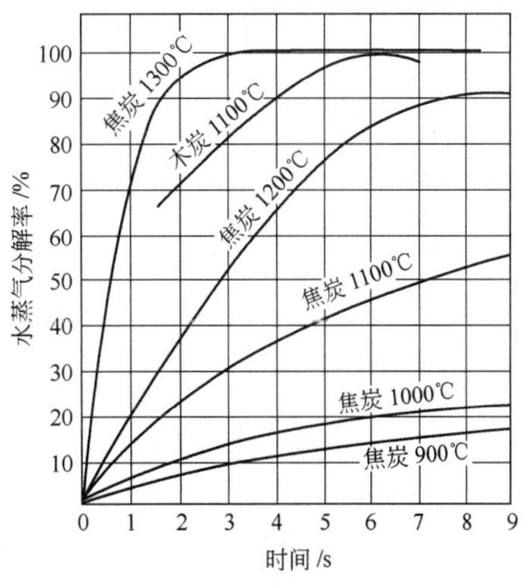

图 1-4　水蒸气分解率与温度、反应时间和燃料性质的关系

二、间歇式生产半水煤气

煤的气化技术有多种分类方法，按反应器类型分为固定（移动）床气化、流化床气化、气流床气化、熔融床气化；按原料分为碎煤（块煤）气化、水煤浆气化、粉煤气化；按生产过程连续性分为间歇气化和连续气化。

工业上间歇式生产半水煤气是在固定层移动床煤气发生炉中进行的。如图 1-5 所示。块状燃料由顶部间歇加入，气化剂通过燃料层进行气化反应，灰渣落入灰箱排出炉外。

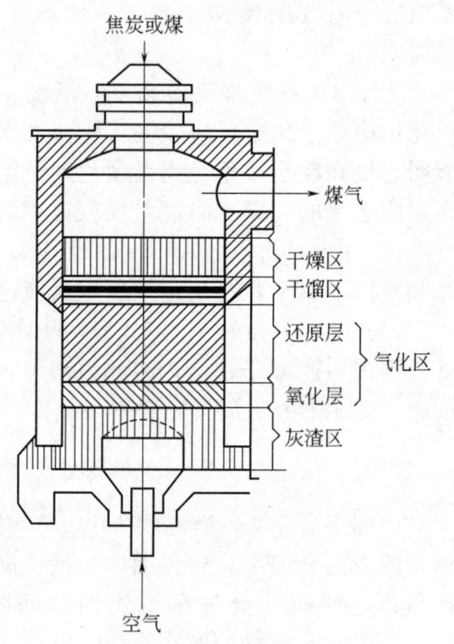

图 1-5　间歇式固定层煤气发生炉燃料层分区示意图

在稳定的气化条件下，燃料层大致可分为几个区域：最上部燃料与温度较高的煤气相接触，水分被蒸发，这一区域称为干燥区。燃料下移继续受热，释放出低分子烃类，燃料本身逐渐焦炭化，这一区域称为干馏区。而气化反应主要在气化区中进行。当气化剂为空气时，在气化区的下部主要进行碳的燃烧反应，称为氧化层，其上部主要进行碳与二氧化碳的反应，称为还原层。

燃料层底部为灰渣区，它可预热从炉底部进入的气化剂，同时，灰渣被冷却可保护炉箅不致过热变形。干燥区上部是没有燃料的空间，起到聚集气体的作用。

燃料的分区和各区的高度，随燃料的种类、性质以及气化条件的不同而不同。例如，干燥和干馏这两个区域，只有在气化含水量及挥发分高的燃料时才明显存在。当燃料中固定碳含量高时，气化区必然高；燃料中挥发分较高时，相应的灰渣区比较高。在生产中由于燃料颗粒不均、气体偏流等原因，导致发生炉径向温度不同。上述各区域可能交错，界限并不明显。

理论上间歇式生产半水煤气，只需交替进行吹风和制气两个阶段。而实际过程由于考虑到热量的充分利用、燃料层温度均衡和安全生产等原因，通常分五个阶段进行。

吹风阶段　空气从炉底吹入，进行气化反应，提高燃料层温度（积蓄热量），大部分吹风气进入余热回收系统或放空，部分吹风气回收送入气柜。

一次上吹制气阶段　水蒸气从炉底送入，经灰渣区预热进入气化区，生成的水煤气送入气柜。

在一次上吹制气阶段制气过程中，由于水蒸气温度较低，加上气化反应大量吸热，使气化层温度逐渐下降，而燃料层上部却因煤气的通过，温度有所上升，气化区上移，煤气带走的显热损失增加，因而在上吹制气进行一段时间后，应改变气体流向。

下吹制气阶段　水蒸气从炉顶自上而下通过燃料层，生成的煤气也送入气柜。水蒸气下行时，吸收炉面热量可降低炉顶温度，使气化区恢复到正常位置。同时，使灰层温度提高，有利于燃尽残炭。

二次上吹制气阶段　下吹制气后，如立即进行吹风，空气与下行煤气在炉底相遇，可能导致爆炸。所以再做第二次蒸汽上吹，将炉底及下部管道中煤气排净。

空气吹净阶段　二次上吹后，煤气发生炉上部空间，出气管道及有关设备都充满了煤气，如吹入空气立即放空或送预热回收系统将造成很大的浪费，且当这部分煤气排至烟囱和空气接

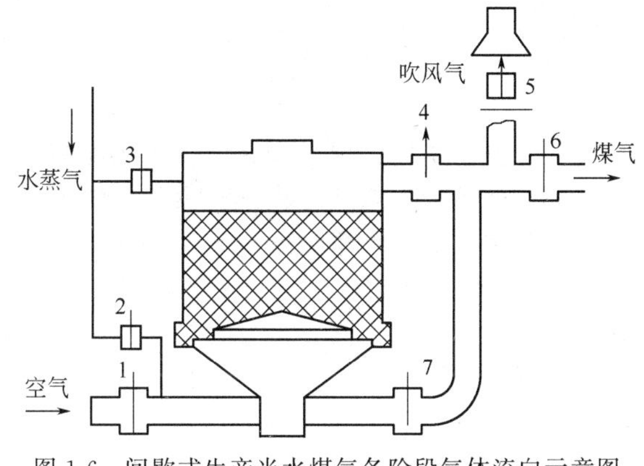

图 1-6　间歇式生产半水煤气各阶段气体流向示意图

触，遇到火星也可能引起爆炸。因此，在转入吹风阶段之前，从炉底部吹入空气，使所产生的空气煤气与原来残留的水煤气一并送入气柜。

这种自上一次开始送入空气至下一次再送入空气为止，称为一个工作循环。因而，所生成煤气成分也呈周期性的变化，这是间歇式制气的特征。

图 1-6 为间歇式生产半水煤气各阶段气体流向示意图，表 1-5 为间歇式生产半水煤气各阶段气体流向示意。

表 1-5　间歇式生产半水煤气各阶段气体流向示意

阶　段	阀门开闭情况						
	1	2	3	4	5	6	7
吹风	○	×	×	○	○	×	×
一次上吹	×	○	×	○	×	○	×
下吹	×	×	○	×	×	○	○
二次上吹	×	○	×	○	×	○	×
空气吹净	○	×	×	○	×	○	×

注：○表示阀门开启；×表示阀门关闭。

三、水煤浆气化法

水煤浆气化是指煤或石油焦等碳氢化合物以水煤（炭）浆的形式与气化剂一起通过喷嘴，气化剂高速喷出与料浆并流混合雾化，在气化炉内进行火焰型非催化部分氧化反应的工艺过程。

水煤浆气化是一复杂的物理和化学反应过程，水煤浆和氧气喷入气化炉后瞬间经历煤浆升温及水分蒸发、煤热解挥发、残炭气化和气体间的化学反应等过程，最终生成以 CO、H_2 为主要成分的粗煤气，灰渣采用液态排渣。

水煤浆气化有如下优点：

① 可用于气化的原料范围比较宽，对煤的活性没有严格的限制，几乎从褐煤到无烟煤的大部分煤种都可采用该项技术进行气化，但对煤的灰熔点有一定要求，一般要低于1400℃，还可气化石油、煤液化残渣、沥青等原料；

② 与干粉进料比较，具有安全并容易控制的优点；

③ 操作弹性大，气化过程碳转化率比较高，可达 95%～99%；

④ 粗煤气质量好，有效成分（$CO+H_2$）可达 80%左右，除含少量甲烷外，不含其他烃类、酚类和焦油等物质，粗煤气后续过程无须特殊处理且可采用传统气体净化技术；

⑤ 可供选择的气化压力范围宽，操作压力等级在 2.6～8.5MPa 之间；

⑥ 气化过程污染少，环保性能好。

德士古水煤浆加压气化技术是美国德士古公司开发的煤气化技术，它是将一定粒度的煤粒及少量添加剂与水在磨煤机中磨成可以用泵输送的非牛顿流体，与氧气或富氧在加压及高温状态下发生不完全燃烧反应制得高温合成气，高温合成气经辐射锅炉与对流锅炉间接换热回收热量（废锅流程），或直接在水中冷却（激冷流程）。经废锅流程的气体进一步冷却除尘后，通过燃气轮机与其副产的高压蒸汽实现洁净的煤气化联合发电技术；激冷流程的气体用于制造碳一化学品和合成氨。

我国自行研制的水煤浆加压气化技术有了长足发展，从设备规模到技术的先进性都达到世界水平，目前，国内已开发了多种水煤浆气化炉，包括由华东理工大学开发的新型多喷嘴对置式水煤浆气化炉和由清华大学山西清洁能源研究院研发的晋华炉水煤浆煤气化炉。

1. 德士古水煤浆气化技术

（1）工艺流程　水煤浆加压气化的工艺流程按热回收方式不同，可分为激冷流程（制氨制氢）和废热锅炉流程（制 CO、煤气化、联产）。在此只介绍激冷流程。水煤浆加压激冷流程分为水煤浆制备、水煤浆气化激冷和灰水处理三部分。

① 水煤浆制备工艺流程　如图 1-7 所示，煤料斗 1 中的原料煤，经称量给料器 2 加入磨煤机 9 中。向磨煤机加入软水，煤在磨煤机内与水混合，被湿磨成高浓度的水煤浆。添加剂通过添加剂槽 7 用添加剂泵 8 加到磨煤机。氢氧化钠贮槽 3 中的溶液，用氢氧化钠泵 4 加到磨煤机，将水煤浆的 pH 值调节到 7～8。石灰由贮斗 5 经给料输送机 6，送入磨煤机。磨煤机制备好的水煤浆，经过滤除去大颗粒料粒，流入磨煤机出口槽 10，再经磨煤机出口槽泵 11，送到气化炉。

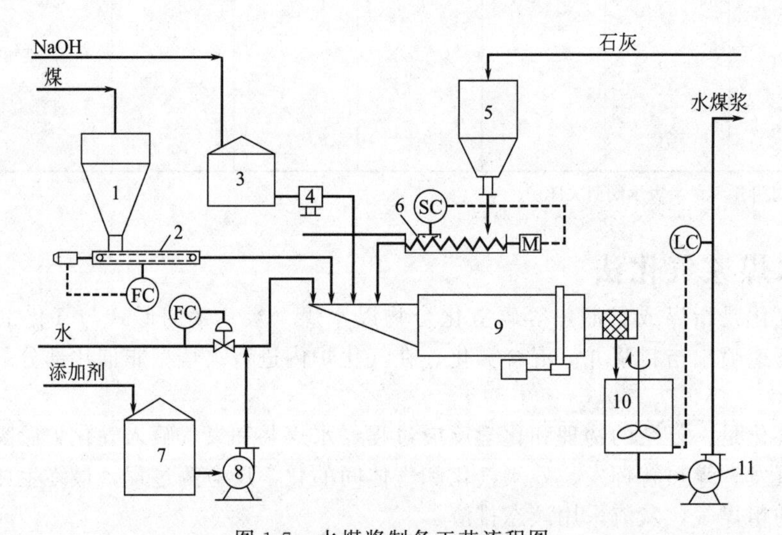

图 1-7　水煤浆制备工艺流程图

1—煤料斗；2—称量给料器；3—氢氧化钠贮槽；4—氢氧化钠泵；
5—石灰贮斗；6—石灰给料输送机；7—添加剂槽；8—添加剂泵；
9—磨煤机；10—磨煤机出口槽；11—磨煤机出口槽泵

② 水煤浆气化激冷工艺流程　如图 1-8 所示，浓度为 65%左右的水煤浆，经过浆振动器 1 除机械杂质进入煤浆槽 2，用煤浆泵 3 加压后送到德士古喷嘴 5。由空分来的高压氧气，经氧气缓冲罐 4，通过喷嘴 5，对水煤浆进行雾化后进入气化炉 6。氧煤比是影响气化炉操作的重要因素之一，通过自动控制系统控制。

水煤浆和氧气喷入反应室后，在压力为 6.5MPa 左右、温度为 1300～1500℃条件下，迅速完成气化反应，生成以氢和一氧化碳为主的水煤气。气化反应温度高于煤灰熔点，以便实现液态排渣。为了保护喷嘴免受高温损坏，设置有喷嘴冷却水系统。

离开反应室的高温水煤气进入激冷室，用由洗涤塔 8 来的水直接进行急速冷却，温度降到 210～260℃，同时激冷水大量蒸发，水煤气被水蒸气所饱和，以满足一氧化碳变换反应

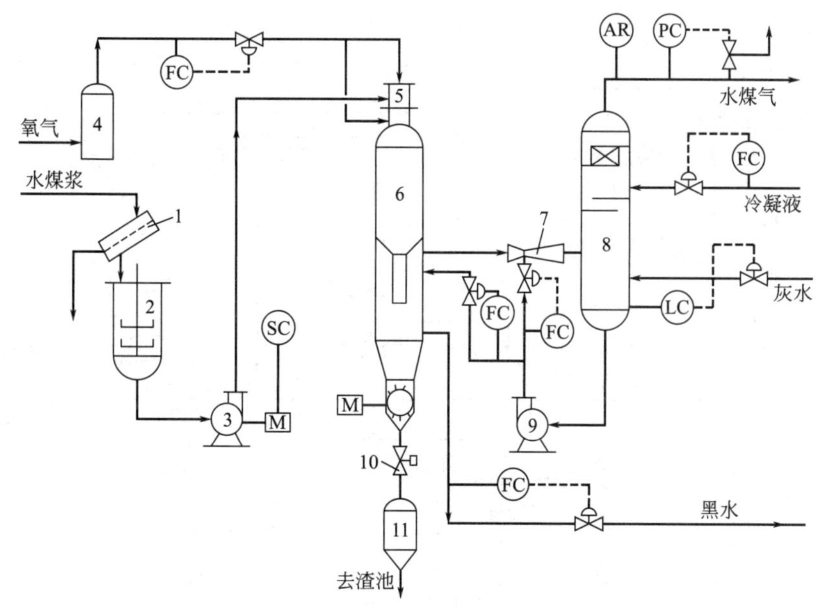

图 1-8　水煤浆气化激冷工艺流程

1—浆振动器；2—煤浆槽；3—煤浆泵；4—氧气缓冲罐；5—喷嘴；6—气化炉；
7—文丘里洗涤器；8—洗涤塔；9—激冷水泵；10—锁渣泵；11—锁渣罐

的需要。气化反应过程产生的大部分煤灰及少量未反应的碳，以灰渣的形式经锁渣泵 10 进入锁渣罐 11 排出。

离开气化炉激冷室的水煤气，依次通过文丘里洗涤器 7 及洗涤塔 8，用灰水处理工段送来的灰水及变换工段的工艺冷凝液进行洗涤，彻底除去煤气中细灰及未反应的炭粒。净化后的水煤气，离开洗涤塔，送到一氧化碳变换工序。为了保证气化炉安全操作，设置压力为 7.6MPa 的高压氮气系统。

③ 灰水处理工艺流程　如图 1-9 所示，由气化炉锁渣罐与水一起排出的粗渣，进入渣池 1，经链式输送机及皮带输送机 2，送入渣斗 3，排出厂区。渣池中分离出的含有细灰的水，用渣池泵 4 输送到沉淀池 13，进一步进行分离。

由气化工段激冷室排出的含有细灰的黑水，经减压阀进入高压闪蒸槽 5，高温液体在槽内突然降压膨胀，闪蒸出水蒸气及二氧化碳、硫化氢等气体。闪蒸气经灰水加热器 6 降温后，进入高压闪蒸气分离器 7，分离出来的二氧化碳、硫化氢等气体，送到变换工段，液体送到洗涤塔给料槽 11。

黑水经高压闪蒸后，送到低压灰浆闪蒸槽 8 进行第二级减压膨胀，闪蒸气进入洗涤塔给料槽，其中的水蒸气被冷凝，不凝气体分离后排入大气。黑水被进一步浓缩后，送到真空闪蒸槽 9 中，在负压下闪蒸出水蒸气及酸性气体。

从真空闪蒸槽排出的黑水，含固体量约 1%，用沉淀给料泵 10 输送到沉淀池 13。为了加快固体粒子在沉淀池中的重力沉降速率，在絮凝剂管式混合器中，加入阴、阳离子絮凝剂。黑水中的固体物质几乎全部沉降在沉淀池底部，沉降物含固体量 20%～30%，用沉淀池底泵 16 送到给过滤给料槽 17，再用过滤给料泵 18 送到压滤机 19，滤渣作为废料排出厂区，滤液返回沉淀池 13。

在沉淀池内澄清后的灰水，溢流进入立式灰水槽 14，大部分用灰水泵 15 送到洗涤塔给料槽。在去洗涤塔给料槽的灰水管线上，加入适量的分散剂，避免灰水在下游管线及换热器

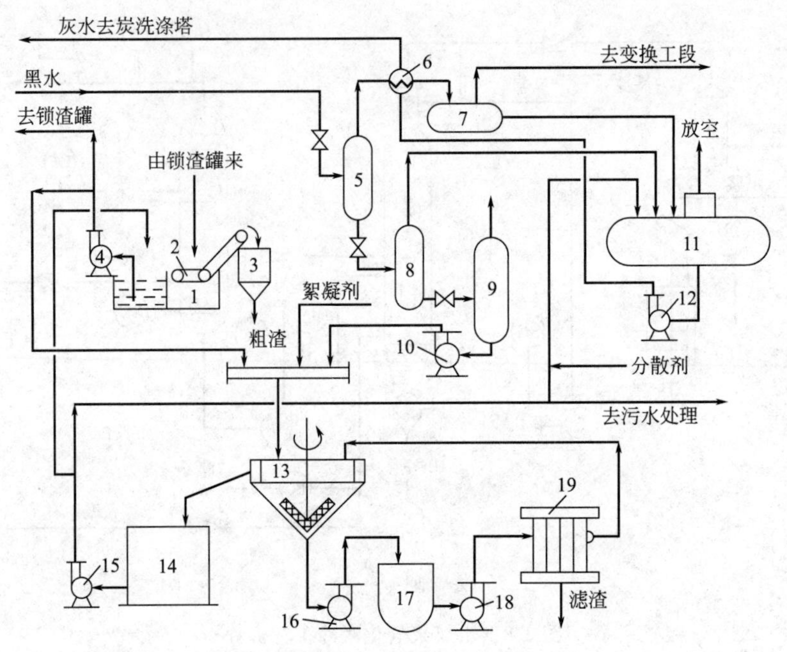

图 1-9　灰水处理工艺流程

1—渣池；2—输送机；3—渣斗；4—渣池泵；5—高压闪蒸槽；6—灰水加热器；7—分离器；8—低压灰浆闪蒸罐；9—真空闪蒸槽；10—沉淀给料泵；11—洗涤塔给料槽；12—洗涤给料泵；13—沉淀池；14—灰水槽；15—灰水泵；16—沉淀池底泵；17—过滤给料槽；18—过滤给料泵；19—压滤机

中沉积出固体。从洗涤塔给料槽出来的灰水，用洗涤塔给料泵送到灰水加热器，加热后作为洗涤用水，送入炭洗涤塔。一部分灰水循环进入渣池，另一部分灰水作为废水，送到污水处理工段，以防止有害物质在系统中积累。

(2) 水煤浆加压气化的主要影响因素及工艺条件的选择

① 煤质的影响及工艺条件的选择

a. 煤灰的黏温特性　煤灰的黏温特性是确定气化炉操作温度的重要依据。实践证明，为使煤灰从气化炉中能以液态顺利排出，熔融态煤灰的黏度以不超过25Pa·s为宜。图1-10所示为铜川焦坪煤和山东七五煤的灰渣黏温特性曲线。

从图1-10可看出，为了使煤灰的黏度不超过25Pa·s，铜川焦坪煤的操作温度应控制在1420℃以上，山东七五煤应控制在1500℃以上。

当以灰渣黏度较高的煤为原料时，为了改善灰渣的黏温特性，降低熔融态灰渣的黏度，使气化炉顺利排渣，在水煤浆中加入石灰石（或者 CaO）作为助熔剂，可以收到良好的效果。

图1-11所示为添加石灰石后对灰渣黏度的影响。由图可见，随着水煤浆中石灰石添加量的增加，不仅灰渣黏度随之降低，而且扩大了灰渣得以顺利流动的温度范围。这是由于CaO破坏了灰渣中硅聚合物的形成，从而使液态灰渣的黏度降低。这样以高灰熔点、高灰渣黏度的煤为原料时，加入石灰石后就可以降低操作温度，避免了因操作温度高给生产带来的不利影响。但当石灰石添加量超过30%时，灰渣中高熔点的正硅酸钙（熔点为2130℃）生成量增多，使灰渣的熔点升高，灰渣顺利流动的温度范围变小，灰渣黏度随添加量的增加而增大，因此石灰石的添加量应控制在20%以内。

水煤浆气化要求原料煤具有较好的反应活性、较高的发热值、较好的可磨性、较低的灰熔点、较好的黏温特性、较低的灰分及合适的煤料粒度等。一般选用年轻烟煤而不选用褐煤（成浆困难）。要求粉煤中50%的物料能过200目筛。因为煤粉粒度过细，水煤浆的黏度反而增大，流动性变差，无法制备浓度较高的水煤浆。

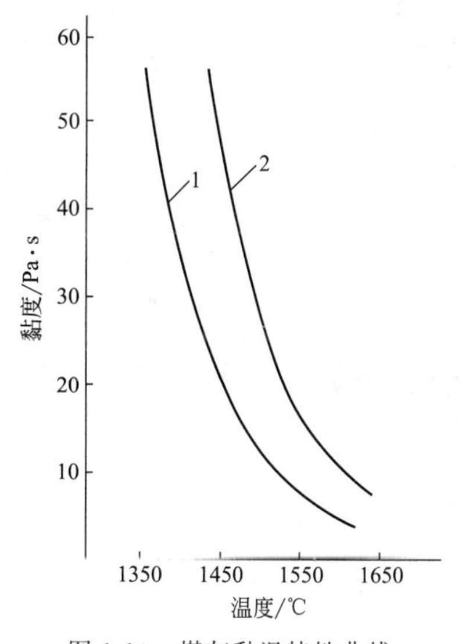

图 1-10　煤灰黏温特性曲线

1—铜川焦坪煤；2—山东七五煤

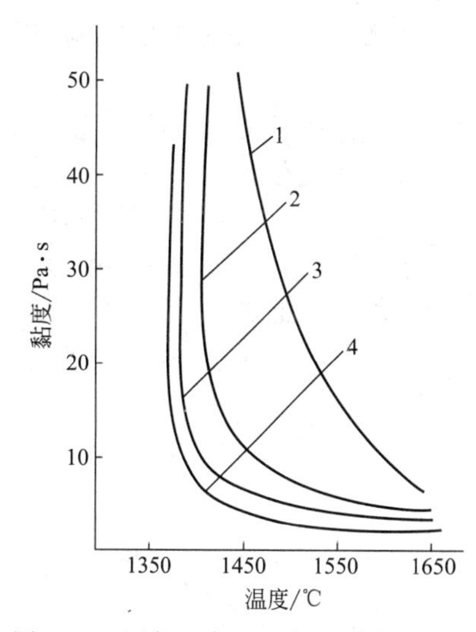

图 1-11　添加石灰石对灰渣黏度的影响

1—不加石灰石；2—加灰量10%；3—加灰量20%；4—加灰量30%

b. 煤的内在水分含量　煤的内在水分含量是影响水煤浆质量的关键因素。煤的内在水分含量低，煤的内表面积小，吸附水的能力差，煤浆具有流动性的自由水分量相对增多，从而使水煤浆具有较好的流动性。因此，煤的内在水分含量越低，制成的水煤浆黏度越小，流动性能越好，制成的水煤浆浓度越高。

c. 粉煤粒度　粉煤的粒度将直接影响煤浆黏度。在实际制得的水煤浆中必须控制最大粒度和最小粒度。对最大粒度的控制，应满足使用要求。煤粒度过大，会降低碳的转化效率，也会造成输送过程中的沉降，一般最大粒度限制在0.4～0.5mm。对最小粒度的控制，应满足输送要求。增加细煤粒（<40μm）可以改善煤浆的稳定性，停车时容易保持煤浆的悬浮状态，沉降堵塞也较少。

② 水煤浆浓度　水煤浆浓度是指水煤浆中固体的含量，以质量分数表示。水煤浆浓度及性能对气化效率、煤气质量、原料消耗、水煤浆的输送及雾化等均有很大的影响。水煤浆浓度过低，则随煤浆进入气化炉内的水含量过多，自由水分的蒸发吸收了较多的热量，降低了气化炉的温度，使气化效率和煤气中（$CO+H_2$）含量降低；水煤浆浓度过高，黏度急剧增加，流动性变差，不利于输送和雾化。同时，由于水煤浆为粗分散的悬浮体系，存在着分散相因重力作用而引起沉降，发生分层现象。因此，在保证不沉淀、流动性能好、黏度小的条件下，尽可能提高水煤浆的浓度。

在水煤浆制备过程中，通过加入木质素磺酸钠、腐殖酸钠、硅酸钠或造纸废液等添加剂来调节水煤浆的黏度、流动性和稳定性。因为所加入的添加剂具有提高煤粒的亲水性作用，使煤粒表面形成一层水膜，从而容易引起相对运动，提高煤浆的流动性。但是添加剂的加入往往会影响煤浆的稳定性，在实际制备过程中，有时添加两种添加剂，能同时兼顾降低黏度和保持稳定性的双重目的。由于水煤浆黏度及各种流变特性与煤种有密切的关系，在确定选用何种添加剂前，必须根据具体煤种通过试验方可选定。

③ 氧煤比　理论氧煤比是指气化1kg干煤在标准状态下所需氧气的体积（m^3），单位

m^3/kg。

煤中碳含量不同，理论氧煤比也不相同。在实际生产中，由于碳与氧完全燃烧生成二氧化碳、氢与氧反应生成水、热损失等原因，氧煤比均高于理论用量。在气化反应中，氧煤比是影响气化反应的重要工艺操作条件之一。

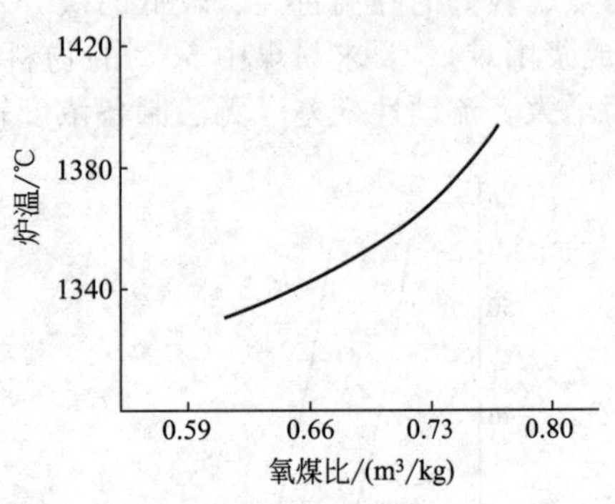

图 1-12　氧煤比与炉温的关系

由图 1-12、图 1-13 可以看出，氧煤比增加，反应放出热量增加，气化炉温度升高，煤气中 CO 和 H_2 含量增加，碳转化率显著升高。由图 1-14 可看出，氧煤比超过一定值后，随着氧煤比提高，冷煤气效率下降。氧煤比过低碳转化率及冷煤气效率都降低。因此，在实际生产中需确定一个最适宜的氧煤比。在生产中氧煤比一般控制在 0.68～0.71m^3/kg 范围内。

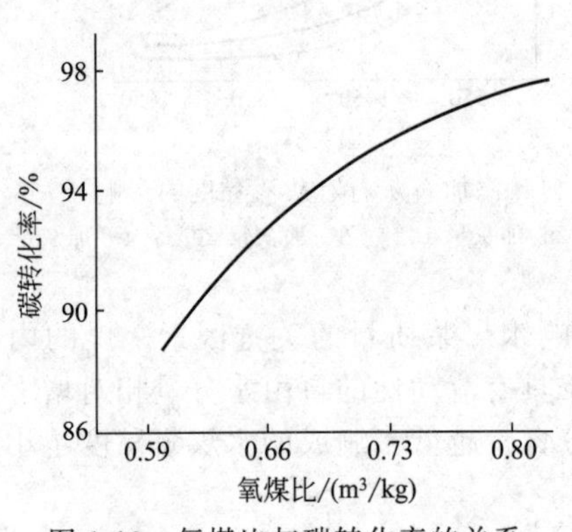

图 1-13　氧煤比与碳转化率的关系

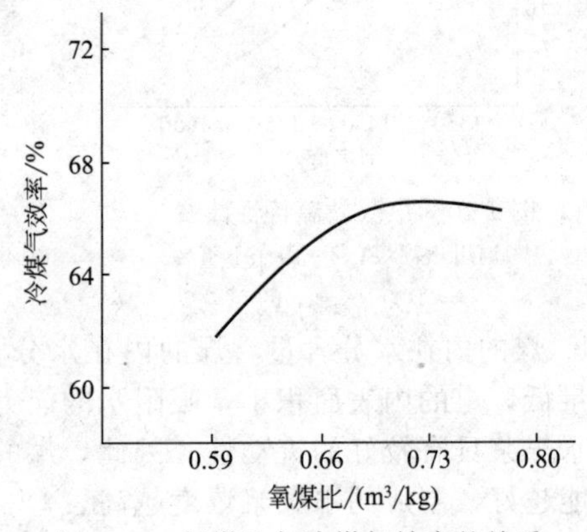

图 1-14　氧煤比与冷煤气效率的关系

④ 气化反应温度　煤、甲烷、碳与水蒸气、二氧化碳的气化反应均为吸热反应，气化反应温度高，有利于这些反应的进行。若维持高炉温，则须提高氧煤比。氧用量增加，氧耗增大，冷煤气效率下降。因而，气化反应温度不能过高。气化反应温度过低，则影响液态排渣。气化温度选择的原则是保证液态排渣的前提下，尽可能维持较低的操作温度。最适宜的操作温度是使液态灰渣的黏度低于 25Pa·s 的温度。由于煤灰的熔点和灰渣黏温特性不同，操作温度也不相同，工业生产中，气化温度一般控制在 1300～1500℃。

⑤ 气化压力　水煤浆气化反应是体积增大的反应，压力升高对气化反应的化学平衡不利；但是由于加压气化增加了反应物浓度，加快了反应速率，提高了气化效率，有利于提高水煤浆的雾化质量；同时可使设备体积减小，单炉产气量增大，并降低后工序气体压缩功耗，所以在生产中广泛采用加压操作。但压力过高，压缩功的降低不明显并对设备的材质要求提高，所以压力不能太高，一般为 3～4MPa。

(3) 主要设备及操作控制要点

① 气化炉及其操作要点　水煤浆气化炉是德士古气化工艺的核心设备。图 1-15 为德士古激冷型加压气化炉结构简图。气化炉燃烧室和激冷室外壳连成一体，上部燃烧室为一中空圆形筒体，带拱形顶部和锥形下部的反应空间，内衬耐火保温材料。顶部喷嘴口供设置工艺喷嘴用，下部为生成气体去激冷室的出口。激冷室内紧接上部气体出口设有激冷环，喷出的水沿下降管流下，形成一层降水膜，这层水膜可避免由燃烧室来的高温气体中夹带的熔融渣

粒附着在下降管壁上，激冷室内保持较高的液位。夹带着大量熔融渣粒的高温气体，通过下降管直接与水汽接触，气体得到冷却，并为水汽所饱和。熔融渣粒淬冷成粒化渣，从气体中分离出来，被收集在激冷室下部，激冷室底部设有旋转式灰渣破碎机将大块灰渣破碎，由锁斗定期排出。饱和水的粗煤气，进入上升管到激冷室上部，经挡板除沫后由侧面气体出口管去洗涤塔，进一步冷却除尘。气体中夹带的渣粒约有95%从锁斗排出。

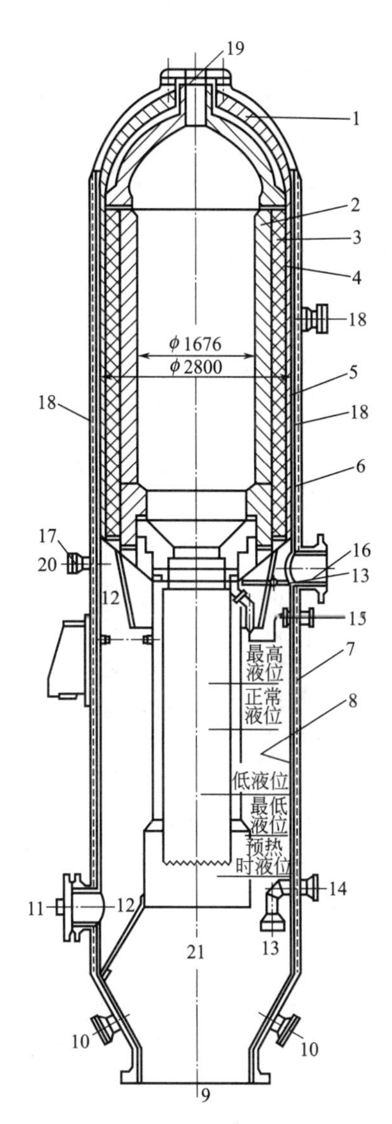

图 1-15 德士古激冷型加压气化炉结构简图

1—浇注料；2—向火面砖；3—支撑砖；4—隔热砖；5—可压缩耐火塑料；6—燃烧室段炉壳；7—激冷段炉壳；8—堆焊层；9—渣水出口；10—锁斗再循环；11—人孔；12—液位指示联箱；13—仪表孔；14—排放水出口；15—激冷水入口；16—出气口；17—锥底温度计；18—热电偶口；19—喷嘴口；20—吹氮口；21—再循环口

炉膛圆筒部分衬里由里向外分四层：第一层为向火面砖，要求能抗侵蚀和磨蚀。第二层为支撑砖，主要用作支撑拱顶的衬里，也具有抗渣能力。第三层为隔热砖。第四层为可压缩的塑性耐火材料，其作用是吸收原始烘炉时的热膨胀量及砌注误差。

从气化炉结构图中可以看出，炉内的气化反应区为一空间，无任何机械部分，在此空间内，反应物瞬间进行气化反应。氧与煤的进料顺序为煤浆先入炉，通过氧煤比来控制炉温。氧煤比高，则炉温高，对气化反应有利。但氧煤比过高，煤气中二氧化碳含量增加，冷煤气效率下降。如果投料时煤浆未进炉而氧气先入炉，或者因氮气吹除和置换不完全，使炉内可燃性气体与氧混合将发生爆炸。炉温过高，易使耐火衬里及插入炉内的热电偶烧坏，氧煤比过低，则影响液态排渣。因此正常操作时需精心调节氧气流量，保持合适的氧煤比，将炉温控制在规定的范围内，保证气化过程正常进行。经常检查炉渣排放情况，确保气化炉顺利排渣，无堵塞现象。

为了及时掌握炉内衬里的损坏情况，在炉壳外表面装设表面测温系统。这种测温系统，将包括拱顶在内的整个燃烧室外表面分成若干个测温区，在炉壁外表面焊上数以千计的螺钉，来固定测温导线。通过每一小块面积上的温度测量，可以迅速地指出壁外表面上任何一个热点温度，从而可示炉内衬的侵蚀情况。在气化炉的操作中要密切注意这些热点温度，及时掌握炉内衬的侵蚀情况。

② 喷嘴及其操作要点　喷嘴也称烧嘴，喷嘴是水煤浆气化工艺的核心设备。主要功能是借高速氧气流的动能，将水煤浆雾化并充分混合，在炉内形成一股有一定长度黑区的稳定火焰，为气化创造条件。

图 1-16 是工业化使用的三流式工艺喷嘴外形示意图。喷嘴头部结构如图 1-17 所示。由图可见，喷嘴系三流通道，氧气分为两路，一路为中心氧，由中心管喷出，水煤浆由内环道流出，并与中心氧在出喷嘴口前已预先混合，另一路为主氧通道，在外环道喷嘴口处与煤浆和中心氧再次混合。

水煤浆未与中心氧接触前，在环隙通道为厚达十余毫米的一圈膜，流速约 2m/s。中心氧占总氧量的 15%～20%，流速约 80m/s。环隙主氧占总氧量的 80%～85%，气速约

120m/s，氧气在喷嘴入口处的压力与炉压之比为1.2～1.4。

喷嘴头部最外侧为水冷夹套。冷却水入口直抵夹套，再由缠绕在喷嘴头部的数圈盘管引出。当喷嘴冷却水供应量不足时，气化炉会自动停车。

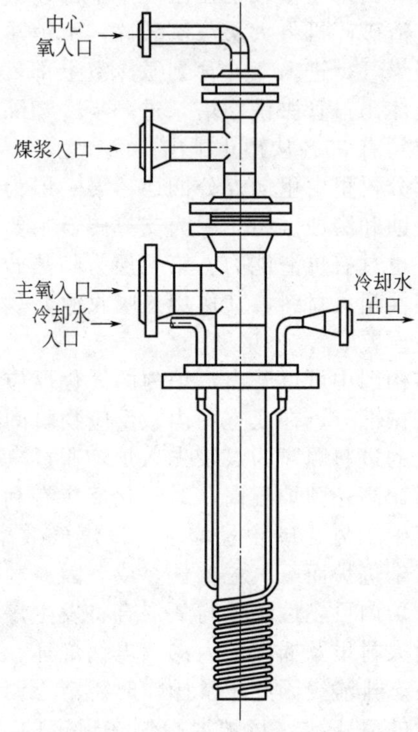

图1-16　三流式工艺喷嘴外形示意图

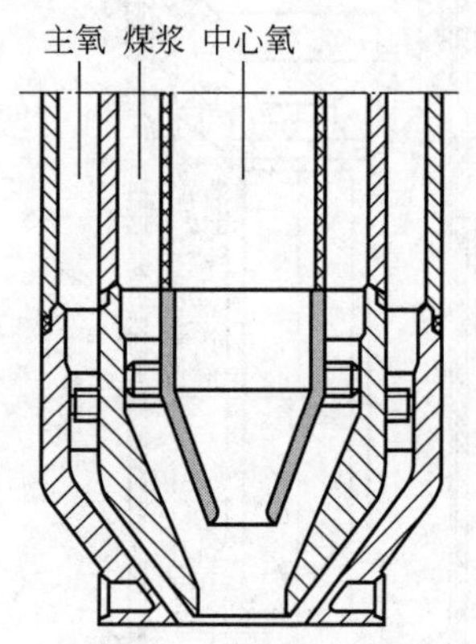

图1-17　三流式工艺喷嘴头部剖面示意图

在生产中要求喷嘴使用寿命长、雾化效果好，特别是要设计好雾化角，防止火焰直接喷射到炉壁上，或者火焰过长，燃烧中心向出渣口方向偏移，使煤燃烧不完全。雾化了的水煤浆与氧气混合的好坏，直接影响气化效果。局部过氧，会导致局部超温，对耐火内衬不利；局部欠氧，会导致碳气化不完全，增加带出物中碳的损失。由于反应在有限的炉内空间进行，因此炉子结构尺寸要与喷嘴的雾化角和火焰长度相匹配，以达到有限炉子空间的充分和有效的利用。在正常运行期间，喷嘴头部煤浆通道出口处的磨损是不可避免的。当煤浆通道因磨损而变宽以后，工艺指标变差，就必须更换新的工艺喷嘴，这个运行周期就是工艺喷嘴的连续运行天数。一般每隔45d就应定期检查更换。所以，生产过程中气化炉需要定期停车检查，为保证连续生产一定要设置备用气化炉。

2. 多喷嘴对置式水煤浆气化技术

动画扫一扫

多喷嘴对置式气化炉

新型多喷嘴对置式水煤浆气化技术由华东理工大学、兖矿鲁南化肥厂、天辰化学工程公司共同开发，是我国自主知识产权的煤气化技术。工艺流程与德士古气化工艺基本一致，在文丘里洗涤器和洗涤塔之间增加了旋风分离器，在渣水处理系统增加了蒸发热水塔来代替高压闪蒸罐（见图1-18）。

技术特点：

① 四个对置预膜式喷嘴高效雾化＋撞击三相混合好，无短路物流，平推流段长，比氧耗和比煤耗低，气化反应完全，转化率高；

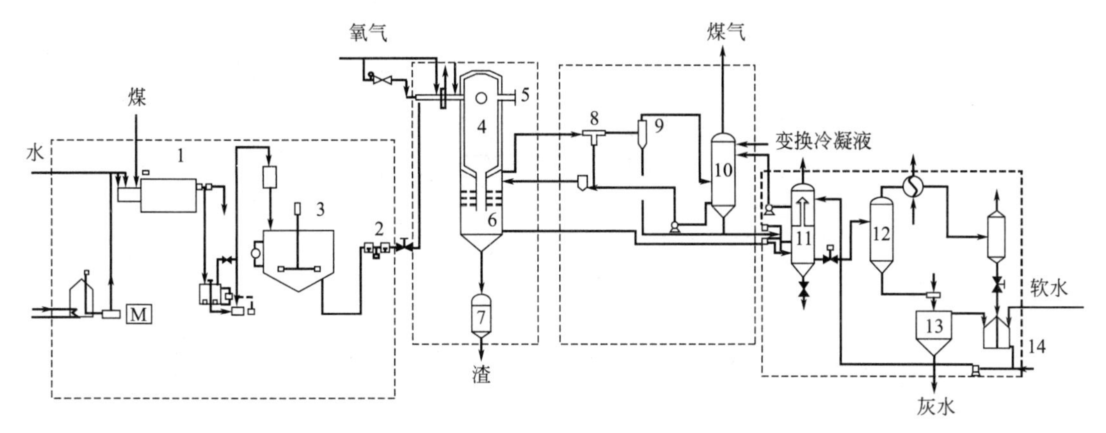

图 1-18　多喷嘴对置式水煤浆气化工艺流程图

1—磨煤机；2—煤浆泵；3—煤浆槽；4—多喷嘴对置气化炉；5—烧嘴；6—激冷室；7—渣锁斗；8—文丘里洗涤器；9—旋风分离器；10—洗涤塔；11—蒸发热水塔；12—真空闪蒸槽；13—澄清槽；14—灰水槽

② 多喷嘴使气化炉负荷调节范围大，适应能力强，有利于装置的大型化；

③ 激冷室为喷淋＋鼓泡复合床，没有黑水腾涌现象，液位平稳，避免了带水带灰；

④ 合成气和黑水温差小，提高了热能传递效果；

⑤ 粗煤气混合＋旋风分离＋水洗塔分级净化，压降小、节能、分离洗涤效果好；

⑥ 渣水直接换热，热回收效率高，没有结垢和堵灰现象；

⑦ 在充分研究剖析国外水煤浆气化的不足之处的基础上，全过程完全自主创新，整套技术均具有自主知识产权，技术转让费大大低于国外技术。

四、粉煤气化法

干粉煤气化是以粉煤为原料，由气化剂夹带入炉，煤和气化剂进行部分氧化反应。为弥补反应时间短的缺陷，要求入炉煤的粒度很细（<0.1mm）和高的反应温度（火焰中心温度在 2000℃以上），因此必须液态排渣。

Shell 粉煤气化工艺是由壳牌公司开发的粉煤气流床气化技术。该技术采用膜式水冷壁代替了耐火砖，采用纯氧加压气化，气化温度高，碳转化率高，合成气中有效气（$CO+H_2$）体积分数超过 90%，设备结构紧凑，气化强度大。国内企业相继开发了航天炉气化技术、东方炉气化技术和神宁炉气化技术等粉煤气化技术。

1. Shell 粉煤气化技术

（1）Shell 粉煤气化工艺流程　煤粉和石灰石按一定比例混合后，进入磨煤机进行混磨，并由热风带走煤中的水分，再经过袋式过滤器过滤，干燥的煤粉进入煤粉仓中贮存。从煤粉仓中出来的煤粉通过锁斗装置，由氮气加压到 4.2MPa，并以氮气作为动力送至气化炉前和蒸汽、氧气按一定的比例混合后进入气化炉进行气化，反应温度为 1400～1700℃。出气化炉的气体在气化炉顶部被循环压缩机送来的冷煤气进行混合激冷到 900℃，然后经过输气管换热器、合成气换热器回收热量后，温度降至 300℃，再进入高温高压过滤器除去合成气中 99%的飞灰。出高温高压过滤器的气体分为两股，其中一股进入激冷器压缩机作为激冷气，另一股进入文丘里洗涤器和洗涤塔用高压工艺水除去合成气中的灰并将合成气温度降到 150℃左右进入净化系统的变换工序。

在气化炉内产生的熔渣顺气化炉内壁流进气化炉底部的渣池，遇水固化成玻璃状炉渣，然后通过收集器、渣锁斗，定期排放到渣脱水槽。工艺流程见图 1-19。

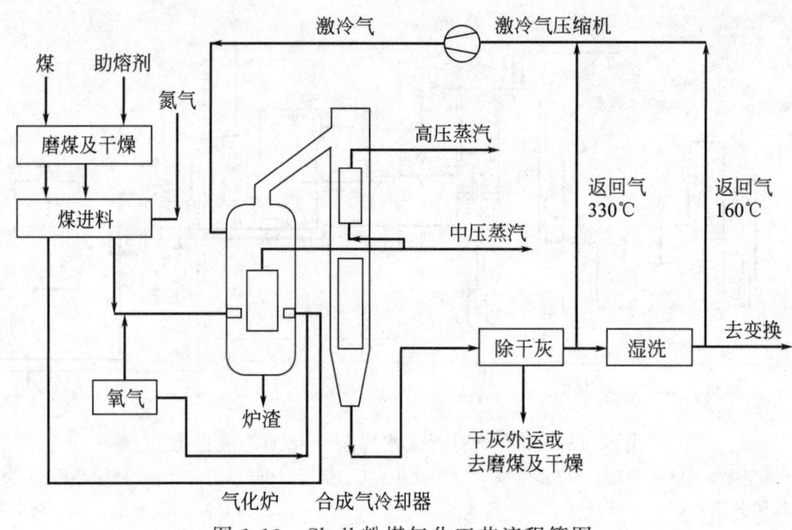

图 1-19　Shell 粉煤气化工艺流程简图

工艺特点如下：

① 可以使用褐煤、烟煤和沥青砂等多种煤，碳转化率达 98%以上。煤中的硫氧含量、灰分及结焦性差异对过程均无显著影响；

② 煤气中 $CO+H_2$ 含量高达 90%以上，特别是煤气中 CO_2 相当少，可以大大减少酸性气体处理的费用，气化产物中无焦油等；

③ 单炉生产能力大，装置处理能力可达 3000t/d；

④ 符合环保的要求，煤中大部分灰分变成玻璃状的固体，可做建筑材料。

(2) 工艺及操作特性分析

① 原料　Shell 粉煤气化炉对煤种有广泛的适应性，它几乎可气化从无烟煤到褐煤的各种煤，但也不是万能气化炉，从技术经济角度考虑对煤种还是有一定的要求。

② 水分　Shell 粉煤气化是干粉进料，要求含水量＜2%。水分含量的高低直接关系到运输成本和制粉的能耗。

③ 灰熔点　Shell 粉煤气化属熔渣、气流床气化，为保证气化炉能顺利排渣，气化操作温度要高于灰熔点流动温度 100～150℃。如灰熔点过高，势必要求提高气化操作温度，从而影响气化炉运行的经济性，因此灰熔点流动温度低对气化排渣有利。

④ 灰分　灰分含量的高低对气化反应影响不大，但对输煤、气化炉及灰处理系统影响较大。灰分越高，气化煤耗、氧耗越高，气化炉及灰渣处理系统的负担也就越重。

⑤ 挥发分、粒度及反应活性　一般挥发分越高，煤化程度越浅，煤质越年轻，反应活性越好，对气化反应越有利。由于 Shell 粉煤气化采用的是高温气化，气化停留时间短，这时气固之间的扩散、反应是控制碳转化的重要因素，因此对煤粉粒度要求比较细，而对挥发分和反应活性的要求不像固定床要求那样严格。因煤粉粒度直接影响制粉电耗和成本，因此在保证碳转化率的前提下，对挥发分含量高、反应活性好的煤可适当放宽煤粉粒度，对于低挥发分、反应活性差的煤，煤粉粒度应越细越好。

⑥ 氧煤比对气化性能的影响　氧煤比是煤气化工艺过程中重要的操作参数。氧煤比对气化性能的影响见图 1-20、图 1-21。

图 1-20 表明了氧煤比与气化温度的关系。随着氧煤比的提高，气化温度升高。图 1-21 示出了氧煤比与碳转化率和冷煤气效率的关系。碳的转化率随着氧煤比的提高而提高，冷煤气效率则随着氧煤比的变化存在着最佳值。一般情况下，氧煤比在保证冷煤气效率最高范围

选择最为有利。氧煤比过低，由于碳的转化率低，而使冷煤气效率降低；氧煤比过高，进入气化炉中氧气与碳及有效气（CO 和 H_2）进行燃烧反应，生成了 CO_2 和 H_2O，从而使冷煤气效率降低。

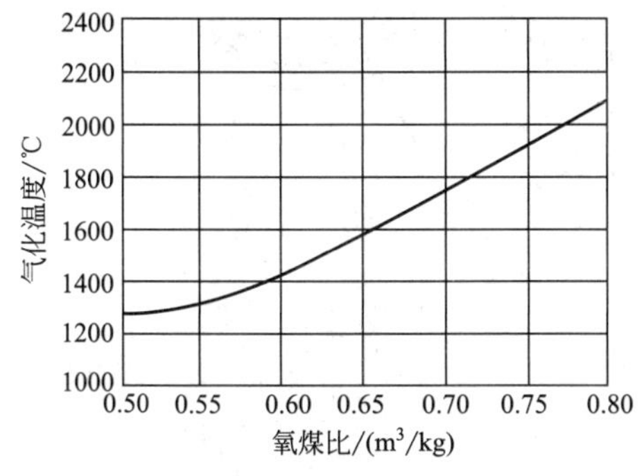

图 1-20 氧煤比与气化温度的关系图

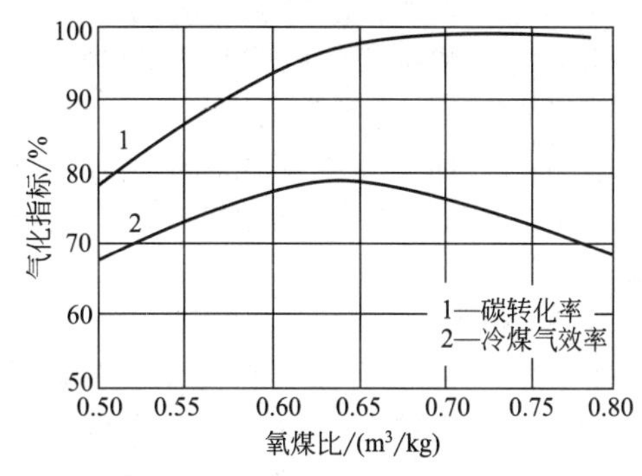

图 1-21 氧煤比与气化指标的关系

图 1-22 示出了氧煤比与煤气组成的关系。随着氧煤比的提高，煤气中 CO 含量增高，H_2 含量降低。CO_2 随着氧煤比变化存在着最小值。图 1-23 示出了氧煤比与氧耗和煤耗的关系。随着氧煤比的变化，有效气（$CO+H_2$）($1000m^3/kg$) 的氧气和原料煤消耗均存在着最小值。

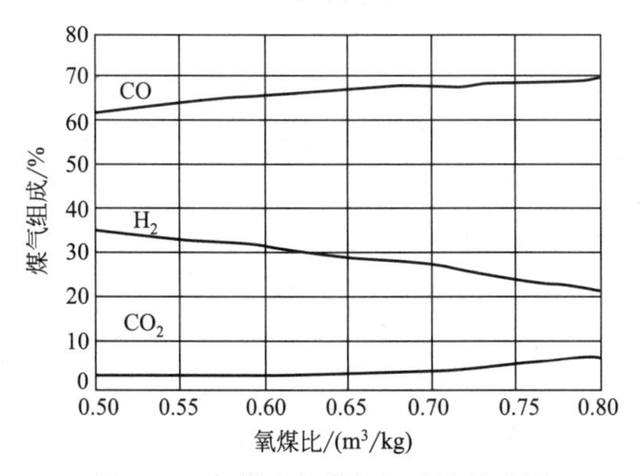

图 1-22 氧煤比与煤气组成的关系图

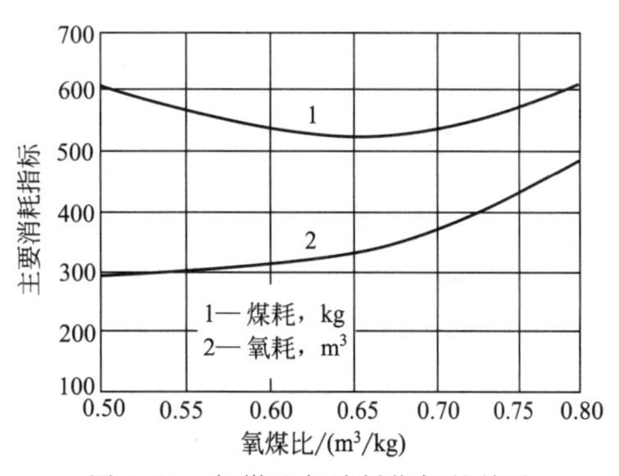

图 1-23 氧煤比与消耗指标的关系

[以标态下 $1000m^3$（$CO+H_2$）为基准]

（3）气化炉 Shell 粉煤气化炉如图 1-24 所示。该炉主要由内筒和外筒组成。内筒上部为燃烧室，下部为熔渣激冷室。因炉温高达 1800℃左右，为了避免高温、熔渣腐蚀及开停车产生应力对耐火材料的破坏而导致气化炉无法长周期运行，壳牌气化炉内筒采用水冷壁结构，仅在向火面有一层薄的耐火材料涂层，正常操作时依靠挂在水冷壁上的熔渣层保护金属水冷壁，气化炉内筒与外筒之间有空隙气层，内筒仅承受微小压差。与其他气化炉不同，壳牌气化炉采用侧壁烧嘴，并且可根据气化炉能力由 4～8 个烧嘴中心对称分布。

壳牌煤气化炉包括膜式水冷壁、环形空间和压力壳体等，下部装有破渣机及锁渣罐，膜式水冷壁悬挂在压力壳体中。

① 膜式水冷壁 即使最先进的耐火砖在高温、高热负荷和熔渣不断侵蚀的环境下，也难以保证高强度和长寿命运行。所以，在气化炉的高压壳体中安装用沸水冷却的膜式水冷壁（以下简称“膜式壁”），使工艺过程（即氧化反应）在膜式壁围成的空腔内进行。气化压力由外部的高压壳体承受，内件只承受压差，属低压设备。膜式壁不需要外加蒸汽，并可副产

中、高压蒸汽；同时也增强了工艺操作强度，但膜式壁增加了工程设计的难度和制造的复杂程度。

② 环形空间　环形空间位于压力容器和膜式壁之间。设计环形空间是为了容纳水、蒸汽的输出、输入和集气，而且便于检查和维修。膜式壁作为悬挂系统放在气化炉内，很好地解决了热补偿问题。

③ 压力壳体　壳牌煤气化炉的压力壳体采用标准化设计，可按一般压力容器标准进行设计制造，材料一般用低铬钢。国内设计、制造时，可采用国内生产的15CrMoR材料。

④ 内件　为了确保材料能承受实际的工艺条件，又考虑易于制造和维修、便于安装和焊接，内件材料采用IN625及DINl.7335，高速激冷器及激冷环采用IN825。

⑤ 烧嘴　工程设计不仅要考虑烧嘴的基本机械设计要求，还要考虑制造上的要求。烧嘴的可靠性和寿命不低于连续一年以上运转。气化炉烧嘴安放在气化炉下部，对列式布置，数量一般为4～6个。

⑥ 破渣机　壳牌原设计气化炉底部无破渣机，在生产操作过程中曾发生锁斗阀堵塞。现增设破渣机，不会再出现大渣堵塞情况。

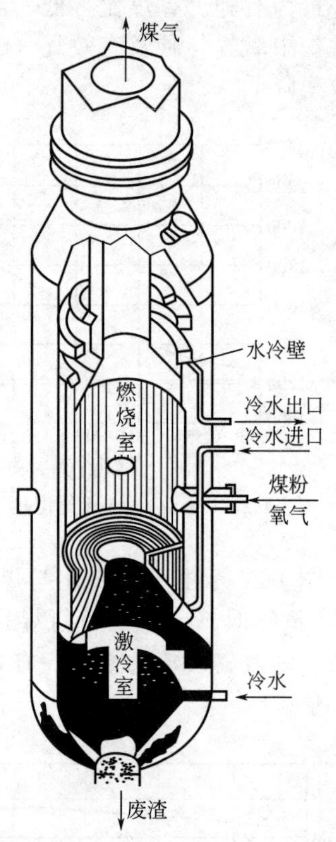

图1-24　Shell粉煤气化炉示意图

2. 航天粉煤气化技术

HT-L航天粉煤气化工艺是借鉴荷兰壳牌、德国GSP、美国德士古煤气化工艺中先进技术，由北京航天万源煤化工工程技术有限公司自主开发，具有独特创新的新型粉煤加压气化技术。它是以干煤粉为原料，采用激冷流程生产粗合成气的工艺。此工艺采用了盘管式水冷壁气化炉，顶喷式单烧嘴，干法进料及湿法除渣，在较高温度（1400～1700℃）及压力（4.0MPa左右）下，在纯氧及少量蒸汽为气化剂的气化炉中对粉煤进行部分气化，产生以CO、H_2为主的湿合成气，经激冷和洗涤后，生产出饱和了水蒸气并除去细灰的合成气，送入变换系统（见图1-25）。

（1）工艺流程

① 磨煤及干燥单元　本单元主要是将贮存和运输系统送来的粒度小于30mm的原料煤，以每小时60t的负荷贮存在原料煤贮仓1中，运输系统间断运行，来自原料煤贮仓的碎煤经振动料斗、称重给煤机2计量以46.48t/h（根据生产负荷进行调整）的量送入到磨煤机3中，被轧辊在研磨台上将原煤磨成粉状，并由来自惰性气体发生器4（56000m^3/h、260℃）的高温惰性气体进入磨煤机进行干燥和输送，出磨煤机的温度为104～110℃。由惰性气体输送干燥的粉煤进入粉煤袋式过滤器5进行风粉分离后，每小时约38.735t、104～110℃的粉煤经旋转卸料阀、粉煤振动筛、电动纤维分离器6、粉煤螺旋输送机7送至粉煤加压及输送单元的粉煤贮罐8中；分离出的惰性气体部分排放至大气，剩余部分经循环风机9进入惰性气体发生器循环使用。惰性气体发生器的燃料气正常情况下来自合成驰放气（燃料气0.3～0.5MPa）与助燃空气（由燃烧鼓风机送入）按一定比例进行燃烧反应。

② 粉煤加压及输送单元　该单元接受来自磨煤及干燥单元的粉煤，采用锁斗来完成粉煤的连续加压及输送。在一次加料过程中，常压粉煤贮罐内的粉煤通过重力作用进入粉煤锁斗10。粉煤锁斗内充满粉煤后，即与粉煤贮罐及所有低压设备隔离，然后用高压N_2(CO_2)对粉煤锁斗进行加压，当其压力升至与粉煤给料罐11内的压力基本相同时，打开粉煤锁斗与

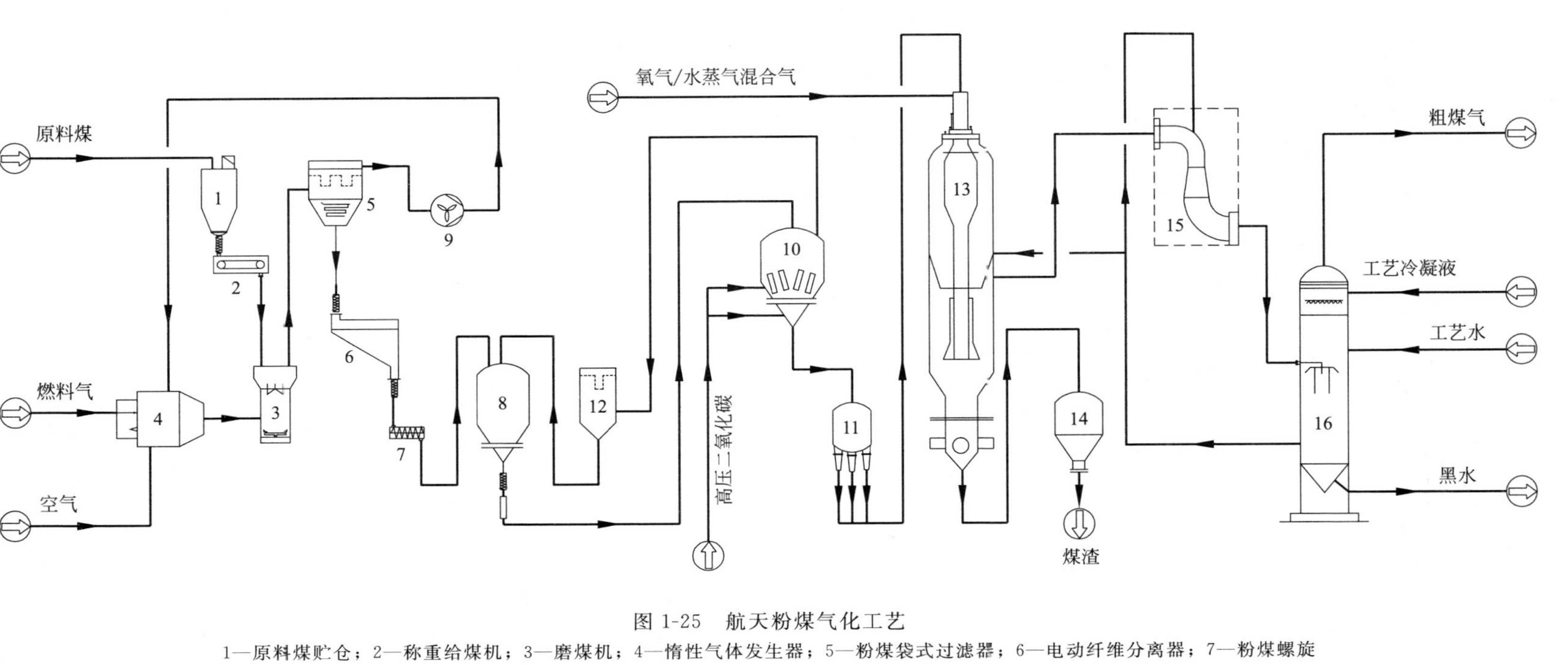

图 1-25　航天粉煤气化工艺

1—原料煤贮仓；2—称重给煤机；3—磨煤机；4—惰性气体发生器；5—粉煤袋式过滤器；6—电动纤维分离器；7—粉煤螺旋输送机；8—粉煤贮罐；9—循环风机；10—粉煤锁斗；11—粉煤给料罐；12—粉煤贮罐过滤器；13—气化炉；14—渣锁斗；15—文丘里洗涤器；16—合成气洗涤塔

粉煤给料罐之间的平衡阀门进行压力平衡，当粉煤给料罐料位降低到足以接收一批粉煤时，然后依次打开粉煤锁斗和粉煤给料罐之间的两个切断阀，粉煤通过重力作用进入粉煤给料罐。粉煤锁斗卸料完成后，通过将气体排放至粉煤贮罐过滤器 12 进行泄压，泄压完成后重新与粉煤贮罐经压力平衡后连通，此时，一次加料完成。

③ 气化及合成气洗涤单元　粉煤和氧气/蒸汽混合气经粉煤烧嘴喷入气化炉 13 中混合，进行部分氧化反应，反应在 4.0MPa、1500℃左右下进行，反应生成合成气，其主要成分为 CO、H_2、CO_2 以及少量的 H_2S、COS、N_2、Ar、CH_4 等。未反应的呈熔融状态的灰渣与粗合成气一起进入均布激冷水的激冷环，合成气被激冷水冷却并饱和后，向上穿过多层破泡条和旋流板分离器进行气流分离，分离后的合成气由激冷室上部的合成气出口管线导出去文丘里洗涤器 15 进一步洗涤；而灰渣被水激冷后沿下降管进入激冷室的水浴中冷却。熔融状态的灰渣经过冷却固化，落入激冷室底部，经破渣机破碎除去大块渣后排入渣锁斗 14。

合成气从激冷室上部合成气管线导出进入文丘里洗涤器，在这里与洗涤塔给料泵来的工艺水混合，水/合成气混合物进入合成气洗涤塔 16，使合成气含尘量达到$<1mg/m^3$ 要求。

(2) 航天气化炉结构　航天气化炉由烧嘴、气化炉燃烧室、激冷室及承压外壳组成（见图 1-26），其中烧嘴为点火烧嘴、开工烧嘴和粉煤烧嘴组成的组合式烧嘴。气化炉燃烧室内部设有水冷壁，其主要作用是抵抗 1450～1700℃高温及熔渣的侵蚀。为了保护气化炉压力容器及水冷壁盘管，水冷壁盘管内通过中压锅炉循环泵维持强制水循环。盘管内流动的水吸收气化炉内反应产生的热量并发生部分汽化，然后在中压汽包内进行汽液分离，产出 5.0MPa（表压）的中压饱和蒸汽送入蒸汽管网。水冷壁盘管与承压外壳之间有一个环腔，环腔内充入流动的 CO_2(N_2) 作为保护气。激冷室为一承压空壳，外径与气化炉燃烧室的直径相同，上部设有激冷环，激冷水由此喷入气化炉内。下降管将合成气导入激冷水中进行水浴，并设有破泡条及旋风分离装置，这种结构可有效解决气化炉带水问题。

航天气化炉

(3) 航天气化炉烧嘴　航天气化炉烧嘴采用点火烧嘴、开工烧嘴、粉煤烧嘴的组合式烧嘴，点火烧嘴在中心，使用 0.2MPa 的天然气，开工烧嘴采用天然气压缩机出口的 1.7MPa 的天然气，炉膛升压到 1.0MPa 后，三条煤粉管线同时投煤（由于氧管线只有一条，氧煤比按总量控制），投煤后，开工点火烧嘴退出。

特点：燃烧负荷调节范围大，负荷调节范围为 60%～120%；喷嘴结构设计合理，具有良好的燃烧性能，中心氧与旋流煤粉混合充分，煤粉反应完全，火焰形状、稳定性好；安装、调试、维护方便，集高能电点火装置、液化气（柴油）点火喷嘴、火检为一体，独立冷却水外盘管，拆装维护方便；喷嘴的设计寿命大大延长，夹套式水冷喷嘴冷却方案，可保证喷嘴长周期运行稳定可靠。设计寿命 20 年，喷嘴头部局部维护时间 6 个月一次。

五、航天粉煤气化技术开停车的原则步骤——化工生产操作之一

1. 公用工程

(1) 将各物料接至界区内，介质压力、流量符合开车要求。公用工程系统运行正常。

(2) 检查进热风炉燃料气手阀关闭，盲板导通，磨煤系统处在热备机状态。粉煤给料罐、粉煤锁斗料位满，粉煤贮罐料位 70%左右。粉煤给料罐压力设定在 1.85MPa(G) 自动控制。

(3) 启动密封冲洗水泵向各个运转设备及仪表点加密封水，通过现场调节密封冲洗水泵的出口阀开度来调节密封冲洗水出口压力。

(4) 检查各设备仪表吹扫气流量正常。各机泵检查确认正常，除氧器、灰水槽、密封水

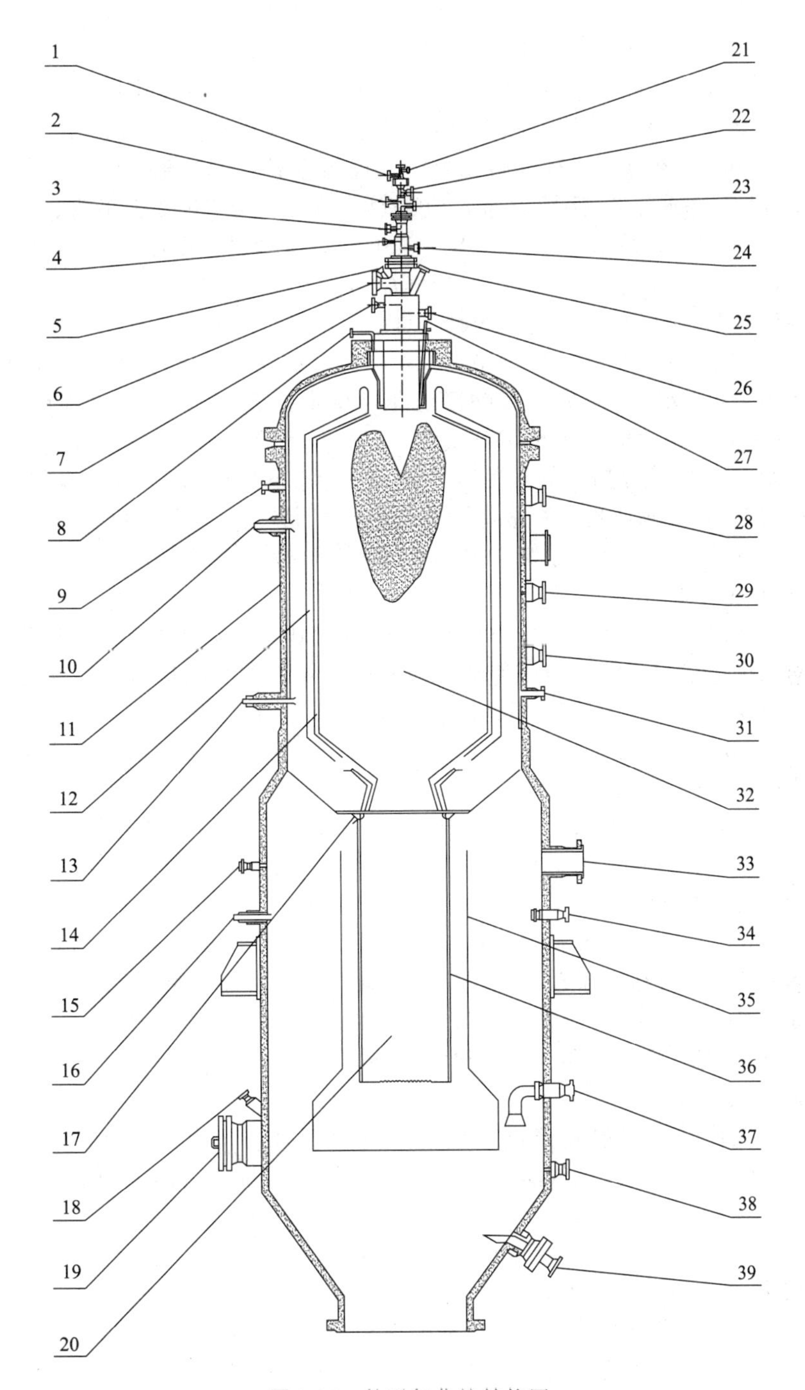

图 1-26　航天气化炉结构图

1—点火氧入口；2—内冷套冷却水出口；3—开工氧入口；4—中冷套冷却水出口；5,25—粉煤入口；6—主氧入口；7—外冷套冷却水出口；8—炉盖冷却水进/出口；9—环腔保护气入口；10—主盘管冷却水出口；11—炉壳；12—冷却盘管渣钉；13—主盘管冷却水入口；14—耐火材料；15—激冷室液位测量孔；16—渣口冷却水进/出口；17—激冷环；18—激冷室液位测量孔；19—人孔；20—激冷室；21—点火装置接孔；22—点火可燃气入口；23—内冷套冷却水入口；24—中冷套冷却水入口；26—外冷套冷却水入口；27—火焰检测装置；28～30—气化室测温/测压孔；31—环腔保护气入口；32—气化室；33—合成气出口；34—激冷水入口；35—上升管；36—下降管；37—黑水出口；38—气化炉预热水出口；39—渣锁斗循环水入口槽、沉降槽液位稳定，确认灰水、黑水管线畅通，所有调节阀已经调试合格备用。

（5）气化炉炉膛，环腔、盘管外壁、火检管表面热电偶已安装并检查合格备用。气化炉烧嘴安装就位，烧嘴冷却水缓冲罐液位正常，建立生产烧嘴工艺冷却水循环，设定烧嘴冷却水缓冲罐与气化炉压差在0.3MPa并自动控制，控制烧嘴冷却水流量。

（6）中压锅炉给水系统运行正常，汽包注入蒸汽，系统预热正常，汽包压力升至0.5MPa(G)。气化炉盘管总水量≥308t/h；打开氧气预热器、保护气加热器和中压锅炉给水上、回水手阀；要求将氧气预热器、保护气加热器也同时预热，系统试压时用汽包充氮气阀来控制，控制其与气化炉压差在0.5MPa以内。

（7）确认清洁氮气缓冲罐压力≥7.0MPa；空分清洁氮气送出压力≥5.1MPa；高压二氧化碳缓冲罐压力≥6.0MPa；对氧气缓冲罐泄压，稳定在2.4MPa；点火驰放气压力稳定在0.4MPa，开工驰放气压力稳定在5.0MPa。

（8）去火炬放空管线吹扫（低压氮气小流量100～200m^3/h），高压闪蒸系统置换，氧含量≤0.5%，按盲板表确认现场盲板实际状态已经完成，安全阀手阀已经打开，盲板导通。系统投料前阀门确认，紧急停车系统（ESD）强制信号检查结束。

2. 启动水系统大循环

（1）真闪系统启动真空泵建立压力控制（−0.06MPa），确认去真闪前后手阀打开。

（2）启动汽提塔给料泵向汽提塔加水，同时向锁斗冲洗水罐加水。启动洗涤塔给料泵、启动激冷泵，建立水系统大循环，激冷水走真闪排放。根据气化炉液位情况开启副线手阀，保证激冷水量≥75t/h，液位在5%以下。渣池泵出口水送真闪，启动渣锁斗系统循环运行；破渣机投入使用，运行良好。

（3）气化炉、合成气洗涤系统气密试验完成，降压吹扫置换火炬系统后，再置换气化至变换的合成气管线，并分析是否合格。

3. 启动气化炉吹扫程序

确认火炬水封、分离器液位正常。选择“自动”位置，启动气化炉吹扫程序，执行完全吹扫。在程序最后一次降压前手动在洗涤塔出口取样，分析氧含量在0.5%以下。洗涤塔低压氮气小流量置换（洗涤塔必须处于低液位），确认保护气流量400m^3/h（预设阀位开度25%），投入保护气温度控制回路，温度设定在200℃。

4. 启动氧气供应程序

（1）确认气化炉开工引射器蒸汽已经引入并暖管合格。确认空分送出的氧气压力为2.3～2.4MPa，缓慢打开空分氧气送出手阀，手阀打开后打开送出调节阀并保持氧气压力稳定。

（2）操作员手动启动，氧气阀门预设30%开度。

5. 启动点火/开工烧嘴点火程序

（1）确认烧嘴点火棒送电、火检摄像系统正常。确认烧嘴火检管线已清理畅通，火检吹扫微开。确认火炬长明灯已经点燃，确认火检信号已强制完成。

（2）确认点火氧气及开工氧气压力正常（2.4MPa）。确认开工烧嘴阀位预设开度22.5%，预设阀位30%（开工燃料气压力：4.5MPa，流量155m^3/h；开工氧气压力：2.4MPa，流量75.6m^3/h）。

（3）启动点火程序。通知工程师站，在点火程序执行到第8步后ESD给出火焰信号。点着火后，全开火检吹扫气，便于火焰检测。确认点火程序执行到第14步延时10min自动停止，等待气化炉系统升压操作。

6. 系统升压

（1）确认氧气分析仪≤0.5%，缓慢关闭副线手阀或调整调节阀开度将气化炉液位提高至正常液位，按下程序“确认黑水已经切换至真闪”按钮，保护气流量调整至 $800m^3/h$。

（2）检查开工烧嘴氧气流量随气化炉压力变化情况，检查开工烧嘴燃料气流量随开工氧气流量变化情况，根据比值变化采用手动控制（氧气实际流量应尽量靠近炉压-氧气流量曲线）。

（3）确认烧嘴冷却水缓冲罐压力随气化炉压力等差 0.3MPa 增加，气化炉压力≥0.4MPa，检查粉煤给料罐压力控制器切换至气化炉压差控制。

（4）当气化炉压力升至 0.4MPa 时，空分按 0.2MPa/min 速率将气化氧压升至 5.0MPa（氧压和炉压可同时升）。当气化炉压力升至 0.5MPa(G) 时气化炉黑水切换至高闪，建立高闪汽提塔压力控制，通知现场冲洗气化炉去真闪黑水管线，当气化炉压力升至 0.5MPa(G) 时洗涤塔黑水排放至高闪。当气化炉压力升至 0.7MPa 时，燃料气压力升至 5.0MPa。

（5）合成气管线、文丘里洗涤器加水，停止汽包开工蒸汽的加入，控制汽包压力稳定，汽包补水及连排正常控制，确认汽包压力随气化炉压力等差增加。

（6）继续气化炉升压至 1.0MPa，投入自动控制；确认“烧嘴检漏完成”，除氧器热态运行；入炉主蒸汽管路暖管。

（7）投入事故冷却水泵、密封冲洗水泵、激冷泵、烧嘴冷却水泵、中压锅炉给水泵紧急电力供给（EPS）系统；打开事故冷却水泵、激冷水泵、洗涤塔给料泵、烧嘴冷却水泵、中压锅炉给水泵进出口阀，5 台备用泵投入自启动。

7. 气化炉投料

（1）仪表工程师检查安全联锁状态，确认可以进行气化炉投料。通过粉煤烧嘴启动程序，启动粉煤烧嘴粉煤循环，启动粉煤循环后手动调整粉煤每支流量为 4.5t/h。粉煤流量调整稳定后，设定在“自动位置”控制。

（2）确认气化炉压力 1.0MPa 自动控制，手动分析洗涤塔塔后氧含量≤0.5%，检查预设阀位为 29.5%（初始氧流量 $6124m^3/h$）。操作员通过集散控制系统（DCS）界面上阀门检查表确认系统阀门位置。

（3）将粉煤烧嘴从“循环”切换到“烧嘴”程序自动执行如下步骤：确认粉煤烧嘴投料成功后，自动复位“等待开启粉煤烧嘴”状态；将氧气温度控制回路置 180℃“自动控制”。气化炉投料成功 1min 内，通知调度停用开工燃料气。

（4）合成气在线分析仪投入运行，通过气化炉炉膛热电偶测量值、合成气甲烷及 CO_2 含量、汽包副产蒸汽流量及给水流量、盘管出口汽化率、渣口压差等数值估算气化炉的实际温度，调整氧实际流量（始终在手动位置，操作员可根据总氧煤比直接调整阀门开度）。

8. 烧嘴投入蒸汽

（1）在气化炉投料前，通过蒸汽过滤器疏水对气化炉开工蒸汽（4.9MPa 过热蒸汽管网）进行暖管。在气化炉投料成功 1min 后，启动蒸汽加入程序。待蒸汽温度满足后，确认显示器显示“允许蒸汽加入”信息。按下按钮，程序应能自动进行下列步骤：关闭蒸汽放空；置手动并预设阀位 15%；打开切断阀，将其置手动控制（H_2O/O_2 控制在 0.06～0.1）。

（2）蒸汽投入后 2min，投开工氧气吹扫。手动进行合成气全分析，与自动分析仪表值进行对照。

9. 投料后确认

（1）检查气化炉工艺趋势：气化炉壁温、环形空间温度、气化炉炉膛温度及其出口合成气温度、传导段汽水密度差、渣口及文丘里洗涤器压差。

（2）进行气化炉升压及升负荷操作，气化炉及合成气洗涤系统 1.0MPa、2.0MPa、3.0MPa、4.0MPa 查漏。气化炉升压期间，调整汽包压力随气化炉压力等差增加；汽包压力升至额定压力后，投入自动控制将蒸汽并入外管网，同时蒸汽放空阀设定值增加 0.1MPa

自动控制。

（3）进行捞渣机卸渣操作，根据渣形态调整实际氧煤比。启动絮凝剂、分散剂添加系统，开启真空过滤机系统。分析激冷室出口黑水 pH 值，根据分析向系统加注酸液、碱液。系统升压至 4.0MPa 后，密封冲洗水泵自启动，将渣锁斗激冷水充压改为洗涤塔给料泵出口水充压。

水煤浆气化虚拟仿真实训项目

第二节 烃类制气

作为合成氨原料的烃类，按照物理状态可分为气态烃和液态烃。气态烃包括天然气、油田气、炼厂气、焦炉气及裂化气等；液态烃包括原油、轻油和重油。其中除原油、天然气和油田气是地下蕴藏的天然物外，其余皆为石油炼制工业和基本有机合成工业的产品或副产品。烃类制取合成氨原料气主要有蒸汽转化法和部分氧化法，本节主要介绍气态烃类蒸汽转化法。

一、气态烃类蒸汽转化法

气态烃类蒸汽转化法多采用天然气作为原料气，天然气中甲烷含量一般在 90％以上。而甲烷在烷烃中是热力学最稳定的物质，而其他烃类的水蒸气转化过程都需要经过甲烷转化这一阶段。因此在讨论气态烃类蒸汽转化时，首先从甲烷蒸汽转化开始研究。

1. 甲烷蒸汽转化反应的基本原理

甲烷蒸汽转化过程的主要反应有

$$CH_4 + H_2O \rightleftharpoons CO + 3H_2 \qquad \Delta H_{298}^{\ominus} = 206\text{kJ/mol} \tag{1-16}$$

$$CH_4 + 2H_2O \rightleftharpoons CO_2 + 4H_2 \qquad \Delta H_{298}^{\ominus} = 165\text{kJ/mol} \tag{1-17}$$

$$CO + H_2O \rightleftharpoons CO_2 + H_2 \qquad \Delta H_{298}^{\ominus} = -41.2\text{kJ/mol} \tag{1-18}$$

可能发生的副反应主要是析炭反应

$$CH_4 \rightleftharpoons C + 2H_2 \qquad \Delta H_{298}^{\ominus} = 74.9\text{kJ/mol} \tag{1-19}$$

$$2CO \rightleftharpoons C + CO_2 \qquad \Delta H_{298}^{\ominus} = -172.5\text{kJ/mol} \tag{1-20}$$

$$CO + H_2 \rightleftharpoons C + H_2O \qquad \Delta H_{298}^{\ominus} = -131.4\text{kJ/mol} \tag{1-21}$$

上述平衡系统中共有 6 种物质，而它们由三种元素构成，故独立反应数为 3。一般选择式(1-16)、式(1-18)、式(1-19) 为独立反应，如无析炭反应则独立反应数为 2。

（1）化学平衡

$$CH_4 + H_2O \rightleftharpoons CO + 3H_2 \qquad \Delta H_{298}^{\ominus} = 206\text{kJ/mol}$$

$$CO + H_2O \rightleftharpoons CO_2 + H_2 \qquad \Delta H_{298}^{\ominus} = -41.2\text{kJ/mol}$$

两反应均为可逆反应，反应的平衡常数分别为

$$K_{p_{16}} = \frac{p_{CO} p_{H_2}^3}{p_{CH_4} p_{H_2O}} = \frac{y_{CO} y_{H_2}^3}{y_{CH_4} y_{H_2O}} \times p^2 \tag{1-22}$$

$$K_{p_{18}} = \frac{p_{CO_2} p_{H_2}}{p_{CO} p_{H_2O}} = \frac{y_{CO_2} y_{H_2}}{y_{CO} y_{H_2O}} \tag{1-23}$$

其平衡常数大小见表 1-6。另外，平衡常数也可由下列经验式计算。

$$\lg K_{p_{16}} = \frac{-9865.75}{T} + 8.3666\lg T - 2.0814 \times 10^{-3} T + 1.8737 \times 10^{-7} T^2 - 13.882 \tag{1-24}$$

$$\lg K_{p_{18}} = \frac{2183}{T} - 0.09361\lg T + 0.632 \times 10^{-3} T - 1.08 \times 10^{-7} T^2 - 2.298 \tag{1-25}$$

式中 T——转化温度，K。

表 1-6　反应式(1-16)和式(1-18) 的平衡常数

温度/℃	$K_{p_{16}}=p_{CO}p_{H_2}^3/(p_{CH_4}p_{H_2O})$	$K_{p_{18}}=p_{CO_2}p_{H_2}/(p_{CO}p_{H_2O})$
200	4.735×10^{-14}	2.279×10^{2}
250	8.617×10^{-12}	8.651×10
300	6.545×10^{-10}	3.922×10
350	2.548×10^{-8}	2.034×10
400	5.882×10^{-7}	1.170×10
450	8.942×10^{-6}	7.311
500	9.689×10^{-5}	4.878
550	7.944×10^{-4}	3.434
600	5.161×10^{-3}	2.527
650	2.756×10^{-2}	1.923
700	1.246×10^{-1}	1.519
750	4.877×10^{-1}	1.228
800	1.687	1.015
850	5.234	8.552×10^{-1}
900	1.478×10	7.328×10^{-1}
950	3.834×10	6.372×10^{-1}
1000	9.233×10	5.750×10^{-1}

由平衡常数可计算平衡组成。

已知条件 z——原料气中的水碳比（$z=n_{H_2O}/n_{CH_4}$）；

p——系统压力，MPa；

T——转化温度，K。

假设没有炭黑析出。

计算基准：1mol CH_4。

当甲烷转化反应达到平衡时，设 x 为按式(1-16) 转化了的甲烷的物质的量，y 为按式(1-18) 变换了的一氧化碳的物质的量。各组分反应前后的物质的量和平衡组成列于表 1-7。

表 1-7　各组分反应前后的物质的量和平衡组成

组　分	CH_4	H_2O	CO	H_2	CO_2	合计
反应前物质的量	1	z	0	0	0	$1+z$
反应后物质的量	$1-x$	$z-x-y$	$x-y$	$3x+y$	y	$1+z+2x$
平衡组成	$\frac{1-x}{1+z+2x}$	$\frac{z-x-y}{1+z+2x}$	$\frac{x-y}{1+z+2x}$	$\frac{3x+y}{1+z+2x}$	$\frac{y}{1+z+2x}$	1

将表 1-7 中各组分的平衡组成代入式(1-22) 和式(1-23) 得

$$K_{p_{16}}=\frac{(x-y)(3x+y)^3}{(1-x)(z-x-y)}\times\frac{p^2}{(1+z+2x)^2} \tag{1-26}$$

$$K_{p_{18}}=\frac{y(3x+y)}{(x-y)(z-x-y)} \tag{1-27}$$

利用式(1-26) 和式(1-27) 可求得已知转化温度、压力和水碳比时各气体的平衡组成。

以上仅以甲烷为例进行计算，若要计算其他烃类原料蒸汽转化的平衡组成时，可将其他烃类依碳数折算成甲烷的碳数，即各种烃所占的摩尔分数乘以它所含碳原子数。例如：

已知某天然气组成为（摩尔分数/%）

CH_4	C_2H_6	C_3H_8	C_4H_{10}	C_5H_{12}	N_2	H_2
81.6	5.7	5.6	2.3	0.3	1.5	3.0

折合碳数应为：81.6%＋5.7%×2＋5.6%×3＋2.3%×4＋0.3%×5＝1.205
即1mol的天然气中相当于含有甲烷1.205mol。

式(1-26)和式(1-27)为非线性联立方程式，无法直接求解，可以用图解法或迭代法求出x和y。

不同温度、压力和水碳比下，平衡时甲烷的干基含量示于图1-27，由此可以讨论影响甲烷平衡含量的各种因素。

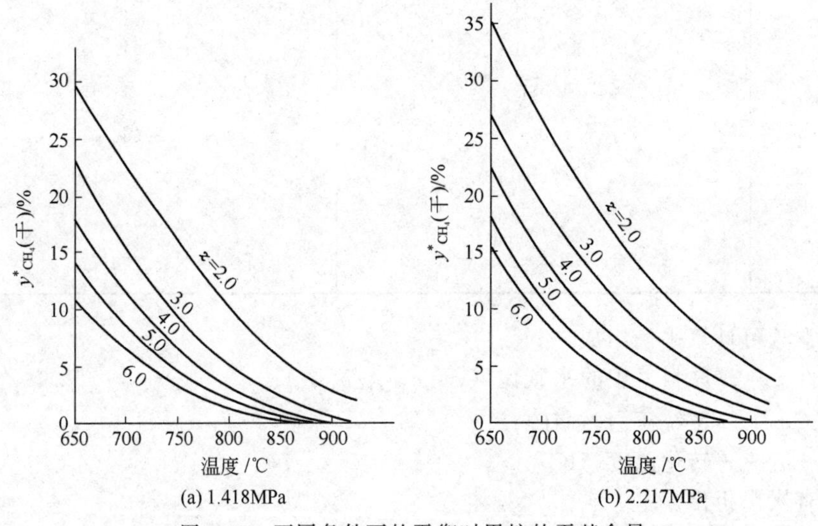

图1-27　不同条件下的平衡时甲烷的干基含量

① 温度　甲烷蒸汽转化反应是可逆吸热反应，提高温度，甲烷平衡含量下降；反之，甲烷平衡含量增加。转化温度每提高10℃，甲烷平衡含量约降低1.0%～1.3%。

② 压力　甲烷蒸汽转化反应为体积增大的可逆反应，提高压力，甲烷平衡含量提高。由图1-27可见，当$z=4.0$，$T=800$℃时，压力从1.418MPa增加到2.217MPa，甲烷平衡含量从3.5%增加到8%。

③ 水碳比　水碳比是指进口气体中水蒸气与烃原料中所含碳的摩尔比。在给定条件下，水碳比越高，甲烷平衡含量越低。由图1-27可见，$p=2.217$MPa，$T=800$℃时，水碳比由2增加到4，甲烷平衡含量由约13%降到6%，但水碳比不可过大，过大不仅经济上不合算，而且也影响生产能力。

总之，从化学平衡角度，提高转化温度，降低转化压力和增大水碳比有利于转化反应的进行。

(2) 反应速率　甲烷蒸汽转化的机理众说不一。而苏联学者波特罗夫和捷姆金提出的机理最引人注目，即在镍催化剂表面甲烷和水蒸气离解成次甲基和原子态氧，并在催化剂表面相互作用，最后形成氢气、一氧化碳和二氧化碳。其机理可分五个步骤。

$$CH_4+[\quad]=\!=\!=[CH_2]+H_2 \tag{1}$$

$$[CH_2]+H_2O(g)=\!=\!=[CO]+2H_2 \tag{2}$$

$$[CO]=\!=\!=[\quad]+CO \tag{3}$$

$$H_2O(g)+[\quad]=\!=\!=[O]+H_2 \tag{4}$$

$$CO+[O]=\!=\!=CO_2+[\quad] \tag{5}$$

式中　　　　　[　]——镍催化剂表面活性中心；

$[CH_2]$，$[CO]$，$[O]$——化学吸附态的亚甲基、一氧化碳和氧原子。

式(1)～式(3) 相加得

$$CH_4+H_2O(g)=\!=\!=CO+3H_2$$

式(4)、式(5) 相加得

$$CO+H_2O(g)=\!=\!=CO_2+H_2$$

按上述机理，假定式(1) 为控制步骤，按照均匀表面的吸附理论，可导出其本征动力学方程式

$$r=k\times\frac{p_{CH_4}}{1+\frac{ap_{H_2O}}{p_{H_2}}+bp_{CO}} \tag{1-28}$$

式中　a，b——与催化剂和温度有关的常数；

　　　k——反应速率常数。

以镍箔为催化剂时根据实验有：

700℃时，$a=0.5$，$b=1.0$；

800℃时，$a=0.5$，$b=2.0$；

900℃时，$a=2.0$，$b=0$。

当 a、b 值很小时，甲烷蒸汽转化的本征动力学速率可按一级反应处理。

$$r=kp_{CH_4} \tag{1-29}$$

甲烷蒸汽转化反应，属于气固相催化反应。因此，在进行化学反应的同时，还存在着气体的扩散过程。计算与实践表明，在工业生产条件下，转化管内气体流速较大，外扩散对甲烷转化的影响较小，可以忽略。然而，内扩散影响很大，是甲烷转化反应的控制步骤。

鉴于反应为扩散控制，为了提高内表面利用率，工业催化剂应具有合适的孔结构。同时，采用环形、带沟槽的柱状以及车轮状催化剂，既减少了扩散的影响，又不增加床层阻力，且保持了催化剂较高的强度。

(3) 析炭与除炭　在工业生产中要防止转化过程中有炭黑析出。因为炭黑覆盖在催化剂表面，不仅堵塞微孔，降低催化剂活性，还会影响传热，使一段转化炉炉管局部过热而缩短使用寿命。甚至还会使催化剂破碎而增大床层阻力，影响生产能力。所以，转化过程有炭析出是十分有害的。

可能析炭的反应

$$CH_4=\!=\!=C+2H_2 \qquad \Delta H^{\ominus}_{298}=74.9\text{kJ/mol}$$

$$2CO=\!=\!=C+CO_2 \qquad \Delta H^{\ominus}_{298}=-172.5\text{kJ/mol}$$

$$CO+H_2=\!=\!=C+H_2O \qquad \Delta H^{\ominus}_{298}=-131.4\text{kJ/mol}$$

三个反应的平衡常数见表 1-8。

以上三个反应各有特点，温度、压力对它们有着不同的影响。高温有利于甲烷的裂解析炭，不利于一氧化碳的歧化和还原析炭；而水蒸气比例的提高，有利于消炭反应的进行。因此，究竟能否析炭，取决于此复杂反应的平衡。

表 1-8　式(1-19)～式(1-21) 的平衡常数

温度/K	$K_{p_{19}}=p_{H_2}^2/p_{CH_4}$	$K_{p_{20}}=p_{CO_2}/p_{CO}^2$	$K_{p_{21}}=p_{H_2O}/(p_{CO}p_{H_2})$
298	1.279×10^{-10}	9.752×10^{21}	9.852×10^{16}
500	3.793×10^{-5}	5.582×10^{9}	4.429×10^{7}
600	1.013×10^{-3}	5.283×10^{6}	1.951×10^{5}
700	1.130×10^{-2}	3.697×10^{4}	4.100×10^{3}
800	7.181×10^{-2}	8.989×10^{2}	2.244×10^{2}
900	3.118×10^{-1}	5.124×10	2.326×10^{1}
1000	1.030	5.195	3.782
1100	2.755	8.009×10^{-1}	8.525×10^{-1}
1200	6.301	1.727×10^{-1}	2.481×10^{-1}
1300	12.78	4.745×10^{-2}	8.696×10^{-2}
1400	23.44	1.576×10^{-2}	3.563×10^{-2}
1500	39.67	6.524×10^{-3}	1.641×10^{-2}

由热力学第二定律可知，在恒温恒压条件下，可由吉氏函数的变化来判断化学反应自发进行的方向。

吉氏函数的变化表达式为：

$$\Delta G=-RT\ln K_p+RT\ln J_p=RT\ln J_p/K_p \tag{1-30}$$

式中　ΔG——反应吉氏函数的变化；

T——反应温度，K；

K_p——平衡常数；

J_p——在某指定状态时产物和反应物的实际压力商。

若 $J_p<K_p$，则 $\Delta G<0$，反应可自发进行。

已知温度、压力、实际气体组成。先根据温度、压力查出 K_p，再根据实际组成和总压计算 J_p，经比较即可判断各反应是否析炭。

$$J_{p_{19}}=p_{H_2}^2/p_{CH_4}>K_{p_{19}} \tag{1-31}$$

$$J_{p_{20}}=p_{CO_2}/p_{CO}^2>K_{p_{20}} \tag{1-32}$$

$$J_{p_{21}}=p_{H_2O}/(p_{CO}p_{H_2})>K_{p_{21}} \tag{1-33}$$

满足上述条件不会析炭，反之，则会析炭。

由独立反应数概念可知，增加一种物质，仅需增加一个独立反应。因此，判断有无析炭时，仅需利用式(1-31)～式(1-33) 中的任一个即可。

增大水碳比可抑制析炭反应的进行。通过甲烷蒸汽转化反应平衡组成的计算，加之析炭条件判别式，可求得开始析炭时所对应的水碳比，称为热力学最小水碳比。在实际生产中所采用的水碳比应高于热力学最小水碳比。

烃类原料不同，蒸汽转化条件不同，热力学最小水碳比亦不同，图 1-28 给出了甲烷、石脑油在各温度和压力下的最小水碳比。

在实际甲烷蒸汽转化过程中，能否有炭析出，不仅取决于热力学析炭，还需研究析炭与消炭的速率。在以上三个析炭反应中，如果甲烷裂解反应不析炭，其他析炭反应则不会发生。甲烷析炭和消炭速率表示如下：

$$CH_4 \underset{r_2}{\overset{r_1}{\rightleftharpoons}} C(s)+2H_2$$

式中，r_1 代表析炭速率；r_2 代表消炭速率。

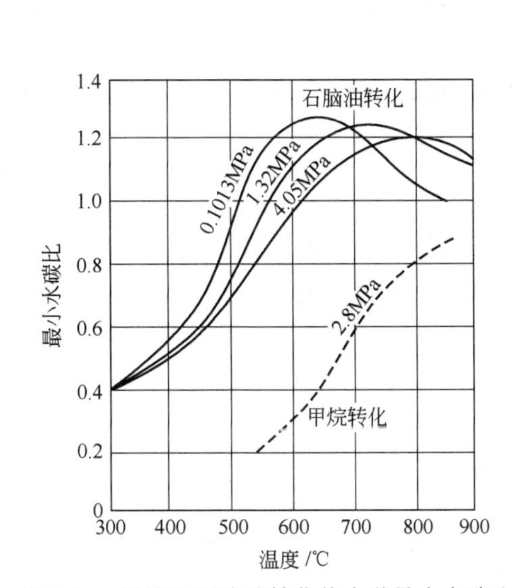

图 1-28 甲烷和石脑油转化热力学最小水碳比

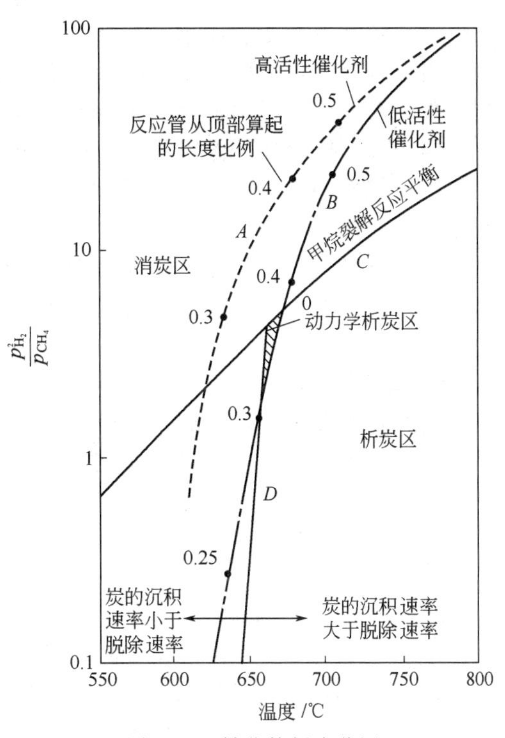

图 1-29 转化管析炭范围

图 1-29 给出了转化管析炭范围。曲线 A、B 分别代表高活性催化剂和低活性催化剂在转化管不同高度的气体组成线，曲线 C 为甲烷裂解的平衡线，曲线 D 为炭的沉积速率与脱除速率相等时的气体组成线。图中等速线 D 的右侧 $r_1>r_2$ 属于析炭区；而左侧 $r_1<r_2$ 属于消炭区。

从图 1-29 看出：

① 用高活性的催化剂虽然热力学上可能析炭，但因处在动力学的消炭区，所以实际上不会有炭析出；

② 用低活性的催化剂时，存在动力学析炭问题。需要指出的是析炭部位不是在转化管进口处，而是在距进口 30%～40%的一段。因为进口处虽然气体中甲烷含量高，但温度较低，这时炭的沉积速率 r_1 小于脱除速率 r_2。只是到距进口 30%～40%这一段，由于温度升高，炭的沉积速率 r_1 大于脱除速率 r_2，因而有炭析出。由于炭沉积在催化剂表面对传热不利，阻止甲烷蒸汽转化反应的进行，因此在管壁会出现高温区或热带。

既然甲烷蒸汽转化过程有可能会因甲烷裂解而析炭，对碳数更多的烃类析炭就会更为容易。工业生产中可采取如下措施防止炭黑生成。

第一，实际水碳比大于理论最小水碳比，这是不会有炭黑生成的前提。

第二，选用活性好、热稳定性好的催化剂，以避免进入动力学可能析炭区。对于含有易析炭组分的炼厂气以及石脑油的蒸汽转化操作，要求催化剂应具有更高的抗析炭能力。

第三，防止原料气和水蒸气带入有害物质，保证催化剂具有良好的活性。

第四，选择适宜的操作条件。例如，原料烃的预热温度不要太高，当催化剂活性下降或出现中毒迹象时，可适当加大水碳比或减小原料烃的流量等。

检查反应管内是否有炭黑沉淀，可通过观察管壁颜色，如出现“热斑”“热带”，或由反应管的阻力变化加以判断。如果已有炭黑沉积在催化剂表面，就应设法除去。

当析炭较轻时，可采取降压、减量、提高水碳比的方法将其除去。

当析炭较重时，可采用蒸汽除炭，即 $C(s)+H_2O═══CO+H_2$。

首先停止送入原料烃，保留蒸汽，控制床层温度为 750～800℃，一般除炭需 12～24h。因为在无还原气体的情况下，温度在 600℃以上时，镍催化剂被氧化，所以用蒸汽除炭后，催化剂必须重新还原。

也可采用空气或空气与蒸汽混合物烧炭，将温度降低，控制转化管出口为 200℃，停止加入原料烃，然后加入少量空气，控制转化管壁温低于 700℃。出口温度控制在 700℃以下，大约烧炭 8h 即可。

2. 烃类蒸汽转化催化剂

烃类蒸汽转化反应是吸热的可逆反应，提高温度对化学平衡和反应速率均有利。但无催化剂存在时，温度为 1000℃反应速率还很低，因此需要催化剂来加快反应速率。

由于烃类蒸汽转化是在高温下进行的，并存在着析炭问题，因此，除了要求催化剂有高活性和高强度外，还要求有较高的耐热性和抗析炭性。

（1）催化剂的组成

① 活性组分　在元素周期表上第Ⅷ族的过渡元素对烃类蒸汽转化都有活性，但从性能和经济上考虑，以镍为最佳。在催化剂中，镍以氧化镍形式存在，含量为 4%～30%（质量分数），使用时还原成金属镍。金属镍是转化反应的活性组分，一般而言镍含量高，催化剂的活性高。一段转化催化剂要求有较高的活性、良好的抗析炭性、必要的耐热性和机械强度，其镍含量较高。二段转化催化剂要求有较高的耐热性和耐磨性，其镍含量较低。

② 促进剂和载体　为提高催化剂的活性、延长寿命和增加抗析炭能力，可在催化剂中添加促进剂。镍催化剂的促进剂有氧化铝、氧化镁、氧化钾、氧化钙、氧化铬、氧化钛和氧化钡等。

镍催化剂的载体应具有使镍尽量分散、达到较大的比表面积并阻止镍晶体熔结的特性。镍的熔点为 1445℃，而其转化温度都在熔点温度的一半以上，分散的镍微晶在这样高的温度下很容易靠近而熔结。这就要求载体耐高温，并具有较高的机械强度，所以，转化催化剂的载体都是熔点在 2000℃以上的难熔金属氧化物或耐火材料。常用的载体有烧结型耐火氧化铝、黏结型铝酸钙等。表 1-9 为国产催化剂的主要组成和性能。

（2）催化剂的还原　转化催化剂大都是以氧化镍形式提供的，使用前必须还原成为具有活性的金属镍，其反应为

$$NiO+H_2 ═══ Ni+H_2O(g) \qquad \Delta H_{298}^{\ominus}=-1.26kJ/mol \qquad (1\text{-}34)$$

工业生产中一般不采用纯氢气还原，而是通入水蒸气和天然气的混合物，只要催化剂局部产生极少量的氢就可进行还原反应，还原的镍立即具有催化能力而产生更多的氢。为使顶部催化剂得到充分还原，也可在天然气中配入一些氢气。

还原了的催化剂不能与氧气接触，否则会产生强烈的氧化反应，即

$$Ni+\frac{1}{2}O_2 ═══ NiO \qquad \Delta H_{298}^{\ominus}=-240kJ/mol \qquad (1\text{-}35)$$

如果水蒸气中含有 1%的氧气，就可产生 130℃的温升；如果氮气中含有 1%的氧气，就可产生 165℃的温升。所以在系统停车、催化剂需氧化时，应严格控制载气中的氧含量，还原态的镍在高于 200℃时不得与空气接触。催化剂中活性组分的氧化过程，生产上称为钝化。

表 1-9　国产催化剂的主要组成和性能

型号	形状及尺寸（外径×高×内径）/mm	堆密度/(kg/L)	主要组成/%	操作条件		用　途
				温度/℃	压力/MPa	
Z_{107}	短环 16×8×6 长环 16×16×6	1.2 1.17	NiO 14～16 Al_2O_3 84	400～850	约 3.6	天然气一段转化
Z_{110Y}	五筋车轮状 短环 16×9 长环 16×16	1.16～1.22 1.14～1.18	NiO≥14 Al_2O_3 84	450～1000	4.5	天然气一段转化
Z_{111}	短环 16×8×6 长环 16×16×6	1.22 1.21	NiO≤14	450～1000	4.5	天然气低水碳比一段转化
Z_{203}	环状 19×19×19	1	NiO 8～9 Al_2O_3 69～70	450～1300	≤4	二段转化
Z_{204}	环状 16×16×6	1.1～1.2	NiO≤14 Al_2O_3≈55 CaO≈10	500～1250	约 3.6	二段转化
Z_{205}	环状 25×17×10	1.1～1.15	NiO≈6 Al_2O_3≈90 CaO≈3.5			二段转化热保护剂
Z_{402}	环状 16×16×6	1.1～1.2	NiO≈17 Al_2O_3≈30 CaO≈7 MgO 11.85 SiO_2 12.88			石脑油一段转化管上半部用
Z_{403}	环状 16×16×6	1～1.1	NiO≈11 Al_2O_3≈76 CaO≈13			石脑油一段转化管下半部用

（3）催化剂的中毒与再生　当原料气中含有硫化物、砷化物、氯化物等杂质时，都会使催化剂中毒而失去活性。催化剂中毒分为暂时性中毒和永久性中毒。所谓暂时性中毒，即催化剂中毒后经适当处理仍能恢复其活性。永久性中毒是指催化剂中毒后，无论采取什么措施，再也不能恢复活性。

镍催化剂对硫化物十分敏感，无论是无机硫还是有机硫化物都能使催化剂中毒。硫化氢与金属镍作用生成硫化镍而使催化剂失活。有机硫能与氢气或水蒸气作用生成硫化氢而使催化剂中毒。中毒后的催化剂可以用过量蒸汽处理，并使硫化氢含量降到规定标准以下，催化剂的活性就可逐渐恢复。为确保催化剂的活性和使用寿命，要求原料气中的总硫含量的体积分数小于 0.5×10^{-6}。

氯及其化合物对镍催化剂的毒害和硫相似，也是暂时性中毒。一般要求原料气中含氯的体积分数小于 0.5×10^{-6}。氯主要来源于水蒸气。因此，生产中要始终保持锅炉给水的质量。

砷中毒是不可逆的永久中毒，微量的砷都会在催化剂上积累而使催化剂失去活性。

3. 工业生产方法

气态烃类转化是一个强烈的吸热过程，按照热量供给方式的不同可分为部分氧化法和二段转化法。

部分氧化法是把富氧空气、天然气以及水蒸气通入装有催化剂的转化炉中，在转化炉中同时进行燃烧和转化反应。

二段转化法是目前国内外大型氨厂普遍采用的方法。在一段转化炉中，将蒸汽和天然气通入装有转化催化剂的管式炉内进行转化反应，制取一氧化碳和氢气，所需热量由天然气在管外燃烧供给，此方法也称外热法。一段转化将甲烷转化到一定深度后，再在二段转化炉中通入适量空气进一步转化。空气和一段转化气中部分可燃气反应，以提供转化反应所需热量和合成氨所需氮气。以下重点介绍二段转化法。

4. 二段转化法

（1）转化过程的分段　烃类作为制氨原料，要求尽可能转化完全。同时，甲烷为氨合成过程的惰性气体，它在合成回路中逐渐积累，不利于氨合成反应。因此，理论上转化气中甲烷含量越低越好。但残余甲烷含量越低，要求水碳比及转化温度越高，蒸汽消耗量增加，对设备材质要求提高，一般要求转化气中甲烷含量小于 0.5%（干基）。为了达到这项指标，在加压操作条件下，转化温度需在 1000℃以上。由于目前耐热合金钢管一般只能在 800～900℃下工作，为了满足工艺和设备材质的要求，工业上采用了转化过程分段进行的流程。

首先，于较低温度下在外热管式的转化管中进行烃类的蒸汽转化反应。然后，于较高温度下在耐火砖衬里的二段转化炉中加入空气，利用反应热继续进行甲烷转化反应。

二段转化炉内的化学反应如下：

a. 催化剂床层顶部空间燃烧反应

$$2H_2+O_2 \longrightarrow 2H_2O(g) \qquad \Delta H_{298}^{\ominus}=-484kJ/mol \tag{1-36}$$

$$2CO+O_2 \longrightarrow 2CO_2 \qquad \Delta H_{298}^{\ominus}=-566kJ/mol \tag{1-37}$$

$$2CH_4+O_2 \longrightarrow 2CO+4H_2 \qquad \Delta H_{298}^{\ominus}=-71kJ/mol \tag{1-38}$$

$$CH_4+2O_2 \longrightarrow CO_2+2H_2O \qquad \Delta H_{298}^{\ominus}=-802.5kJ/mol \tag{1-39}$$

b. 催化剂床层中部进行甲烷转化和变换反应

$$CH_4+H_2O \longrightarrow CO+3H_2 \qquad \Delta H_{298}^{\ominus}=206kJ/mol$$

$$CO+H_2O \longrightarrow CO_2+H_2 \qquad \Delta H_{298}^{\ominus}=-41.2kJ/mol$$

由于氢的燃烧反应比其他燃烧反应的速率要快 $1\times10^3\sim1\times10^4$ 倍，因此，二段转化炉顶部主要进行氢的燃烧反应，最高温度可达 1200℃，随后由于甲烷转化反应吸热，沿着催化剂床层温度逐渐降低，到二段转化炉的出口处为 1000℃左右。

（2）工艺条件

① 压力　虽然从转化反应的化学平衡考虑，宜在低压下进行，但是，目前工业上均采用加压蒸汽转化。一般压力控制在 3.5～4.0MPa，最高已达 5MPa，其理由如下。

a. 可以降低压缩功耗。气体压缩功与被压缩气体的体积成正比。烃类蒸汽转化为体积增大的反应，压缩含烃原料气和二段转化炉所需空气的功耗远较压缩转化气为低。

b. 提高过量蒸汽的回收价值。转化反应是在水蒸气过量的条件下进行的。操作压力越高，反应后剩余的水蒸气的分压越高，相应的冷凝温度越高，过量蒸汽的余热利用价值越大。另外，压力高，气体的传热系数大，热量回收设备的体积也可以减小。

c. 可以减少设备投资。加压操作后，减小了设备管道的体积。同时，加压操作可提高转化、变换的反应速率，从而减少催化剂用量。

但是，转化压力过高对平衡不利，为满足转化深度的要求，只有提高温度。而过高的转化温度又受设备材质的限制，因此，转化压力也不宜过高。

② 温度　无论从化学平衡还是从反应速率角度来考虑，提高温度均有利于转化反应。但一段转化炉的温度受管材耐温性能的限制。

一段转化炉出口温度是决定转化气出口组成的主要因素。提高出口温度及水碳比，可降低残余甲烷含量。为降低工艺蒸汽的消耗，希望降低一段转化的水碳比，在残余甲烷含量不变的情况下，只有提高温度。但温度对转化管的寿命影响很大，例如，牌号为 HK-40 的耐热合金钢管，当管壁温度为 950℃时，管子寿命为 84000h，若再增加 10℃，寿命就要缩短到 60000h。所以，在可能的条件下，转化管出口温度不要太高，需视转化压力不同而有所区别。大型合成氨厂转化操作压力为3.2MPa，出口温度约800℃。

二段转化炉的出口温度在二段压力、水碳比、出口残余甲烷含量确定后，即可确定下来。例如，压力为3.0MPa，水碳比为3.5，二段出口转化气残余甲烷含量小于0.5%，出口温度在1000℃左右。

工业生产表明，一、二段转化炉的实际出口温度都比出口气体相对应的平衡温度高，这两个温度之差称为平衡温距。即

$$\Delta T = T - T_p$$

式中 T——实际出口温度；

T_p——与出口气体压力相对应的平衡温度。

平衡温距与催化剂的活性和操作条件有关，一般其值越低，说明催化剂的活性越好。工业设计中，一、二段转化炉的平衡温距通常分别在10～15℃与15～30℃之间。

③ 水碳比　水碳比是操作变量中最便于调节的一个条件。提高水碳比，不仅有利于降低甲烷平衡含量，也有利于提高反应速率，还可抑制析炭的发生。但水碳比的高低直接影响蒸汽耗量，因此，从降低汽耗考虑，应降低水碳比。目前，节能型的合成氨流程水碳比的控制指标已从3.5降至2.5～2.75，但需采用活性更好、抗析炭性更强的催化剂。

④ 空间速率　空间速率表示单位体积催化剂每小时处理的气量，简称空速。空速有多种不同的表示方法。用含烃原料标准状态下的体积来表示，称为原料气空速；用烃类中含碳的物质的量表示，称为碳空速；将烃类气体折算成理论氢（按 $1m^3 CO \triangleq 1m^3 H_2$，$1m^3 CH_4 \triangleq 4m^3 H_2$）的体积来表示，称为理论氢空速；液态烃可以用所通过液态烃的体积来表示，称为液空速。一般而言，空速表示转化催化剂的反应能力。压力高时，可采用较高的空速。但空速不能过大，否则，床层阻力过大，能耗增加。加压下，进入转化炉的碳空速控制在1000～2000h^{-1}之间。

(3) 工艺流程　由烃类制取合成氨原料气，目前采用的蒸汽转化法有美国凯洛格（Kellogg）法、丹麦托普索（Topsφe）法、英国帝国化学公司（ICI）法等。但是，除一段转化炉炉型、烧嘴结构、是否与燃气透平匹配等方面各具特点外，在工艺流程上均大同小异，都包括一、二段转化炉，原料气预热，余热回收与利用等。图1-30是日产1000t氨的二段转化的凯洛格传统工艺流程。

原料天然气经压缩机加压到4.15MPa后，配入3.5%～5.5%的氢（氨合成新鲜气）于一段转化炉对流段3盘管加热至400℃，进入钴钼加氢反应器1进行加氢反应，将有机硫转化为硫化氢，然后进入氧化锌脱硫槽2脱除硫化氢，出口气体中硫的体积分数低于0.5×10^{-6}、压力为3.65MPa、温度为380℃左右，然后配入中压蒸汽，使水碳比达3.5左右，进入对流段盘管加热到500～520℃，送到辐射段4顶部原料气总管，再分配进入各转化管。气体自上而下流经催化床，一边吸热一边反应，离开转化管的转化气温度为800～820℃、压力为3.14MPa、甲烷含量约为9.5%汇合于集气管，并沿着集气管中间的上升管上升，继续吸收热量，使温度达到850～860℃，经输气总管送往二段转化炉5。

工艺空气经压缩机加压到3.34～3.55MPa，也配入少量水蒸气进入对流段盘管加热到450℃左右，进入二段炉顶部与一段转化气汇合，在顶部燃烧区燃烧，温度升到1200℃左右，再通过催化剂床层反应。离开二段炉的气体温度为1000℃、压力为3.04MPa、残余甲烷含量0.3%左右。

为了回收转化气的高温热能，二段转化炉通过两台并联的第一废热锅炉6后，接着又进入第二废热锅炉7，这三台废热锅炉都产生高压蒸汽。从第二废热锅炉出来的气体温度约370℃左右，可送往变换工段。

燃料天然气在对流段预热到190℃，与氨合成驰放气混合，然后分为两路。一路进入辐

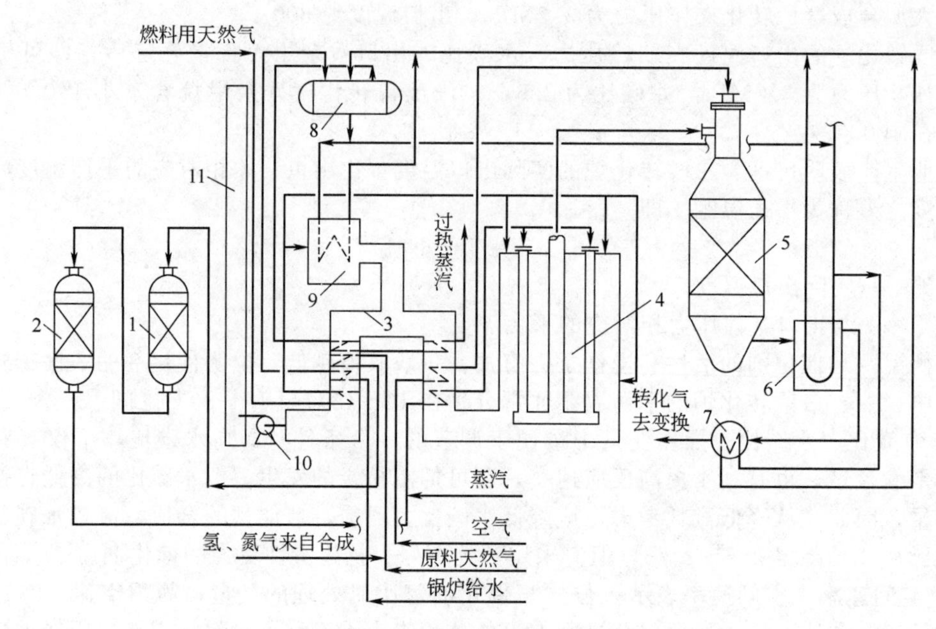

图 1-30　天然气蒸汽二段转化的凯洛格传统工艺流程

1—钴钼加氢反应器；2—氧化锌脱硫槽；3—对流段（一段炉）；4—辐射段（一段炉）；
5—二段转化炉；6—第一废热锅炉；7—第二废热锅炉；
8—汽包；9—辅助锅炉；10—排风机；11—烟囱

说明：对流段七组盘管自左向右按顺时针方向排布如下。

燃料气预热盘管→锅炉给水预热盘管→原料气预热盘管→蒸汽过热盘管→空气预热盘管→混合原料气预热盘管

射段顶部烧嘴燃烧为转化反应提供热量，出辐射段的烟气温度为1005℃左右，再进入对流段，依次通过混合气预热器、空气预热器、蒸汽过热器、原料气预热器、锅炉给水预热器和燃料气预热器，回收热量后温度降至250℃，用排风机10送入烟囱11排放。另一路进对流段入口烧嘴，燃烧产物与辐射段来的烟气汇合。该处设置烧嘴的目的是保证对流段各预热物料的温度指标。此外，还有少量天然气进辅助锅炉9燃烧，其烟气在对流段中部并入，与一段炉共用一段对流段。

为平衡全厂蒸汽用量而设置一台辅助锅炉，和其他几台锅炉共用一个汽包8，产生10.5MPa的高压蒸汽。

(4) 主要设备

① 一段转化炉　一段转化炉是烃类蒸汽制氨的关键设备，它由包括若干根转化管与加热室的辐射段以及回收热量的对流段两个部分组成。转化管竖直排放在辐射段炉内，总共有300～400根内径70～120mm、总长10～12m的转化管。多管形式能提供大的比传热面积，而且管径小更有利于横截面上温度分布均匀，可提高反应效率。转化炉管的排布要着眼于辐射传热的均匀性，故应有合适的管径、管心距和排间距。此外，还应形成工艺期望的温度分布，要求烧嘴有合理布置及热负荷的恰当控制。图1-31为凯洛格顶部烧嘴排管式转化炉。

排管式转化炉是若干根炉管排成多排，整个管排都放在炉膛内用猪尾管连接上集气管和炉管，每根炉管用弹簧悬挂于钢架上，受热后可以自由向下延伸。另外，排管式的下集气管放在辐射段内，整排炉管汇合后，由中间升气管引到炉顶，温度可升高30～35℃。因而带入二段转化炉的热能多。但是升气管下部与集气管连接，上部则焊在输气总管上。而炉管底

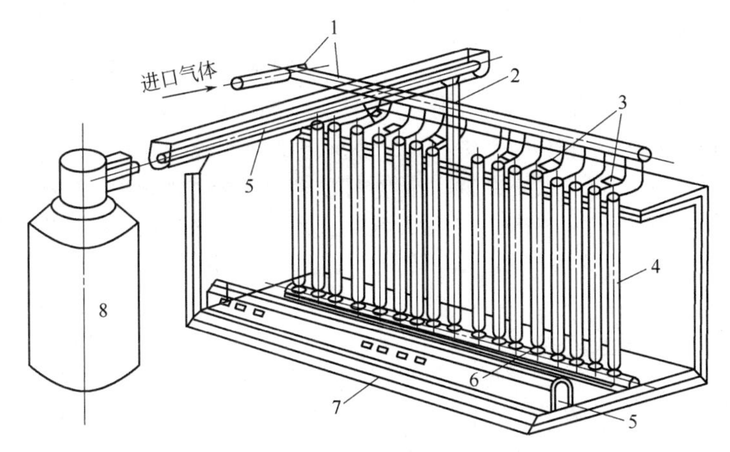

图 1-31 凯洛格顶部烧嘴排管式转化炉

1—进气总管；2—升气管；3—顶部烧嘴；4—炉管；5—烟道气出口；6—下集气管；7—耐火砖炉体；8—二段转化炉

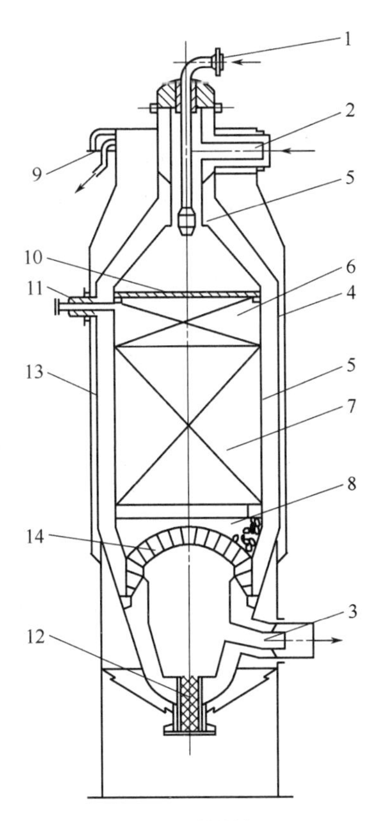

(a) 二段转化炉

1—空气蒸汽入口；2—一段转化气入口；3—二段转化气出口；4—壳体；5—耐火材料衬里；6—耐高温的铬基催化剂；7—转化催化剂；8—耐火球；9—夹套溢流水出口；10—六角形砖；11—温度计套管；12—人孔；13—水夹套；14—拱形砌体

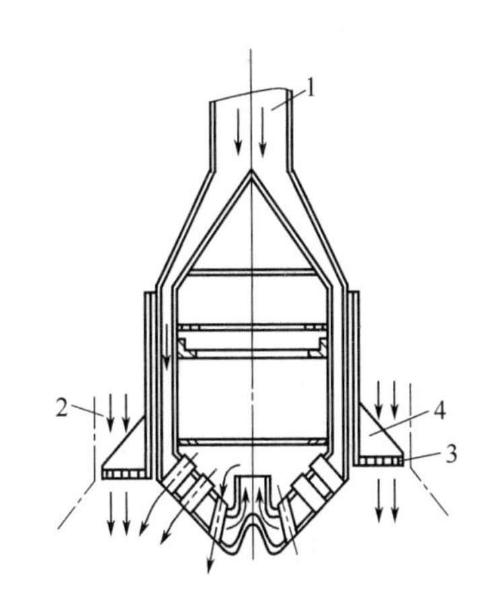

(b) 夹层式空气分布器

1—空气蒸汽入口；2—一段转化气入口；3—多孔形环板；4—筋板

图 1-32 凯洛格型二段转化炉

部又焊在下集气管上，都是属于刚性连接，下集气管的热膨胀会使升气管倾斜。顶部烧嘴安装在炉顶，每排炉管两侧有一排烧嘴，烟道气从下烟道排出。炉管与烧嘴相间排列，因此沿炉管圆周方向的温度分布比较均匀。烧嘴数量少，操作管理方便，炉管的排数可按需要增减。但轴向烟道气温度变化较大，操作调节较困难。

② 二段转化炉　二段转化炉是合成氨生产中温度最高的催化反应设备。与一段转化炉不同的是，这里加入空气燃烧一部分转化气以实现内部自热，同时，也补入了必要的氮。炉顶部空间的理论燃烧温度为1200℃。图1-32为凯洛格型二段转化炉。

凯洛格型二段转化炉为一立式圆筒，壳体材质是碳钢，内衬耐火材料，炉外有水夹套。一段转化气从顶部的侧壁进入炉内，空气从炉顶进入空气分布器，混合燃烧后，高温气体自上而下经过催化床反应。凯洛格型二段转化炉，添加的空气量是按氨合成所需氢氮比加入的。

对采用过量空气的Braun型、ICIAMV型流程，理论燃烧温度可达1350℃，为防止局部温度过高，导致镍催化剂烧毁和设备损坏，其二段转化炉的结构如图1-33所示。一段转化气从炉底部进入，经中心管上升，由气体分布器入炉顶部空间，然后与从空气分布器出来的空气相混合以进行燃烧反应，这样的结构简单。

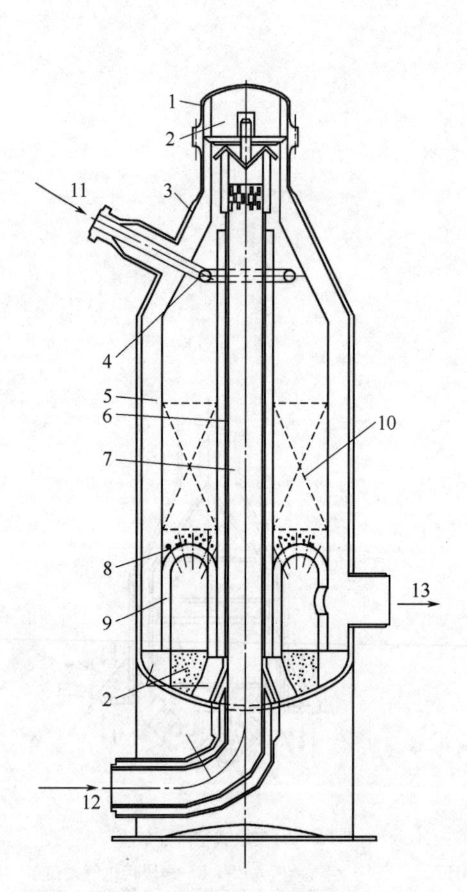

图1-33　ICI二段转化炉

1—上封头；2—耐火材料；3—钢壳；4—空气分布器；5—耐火衬里；6—耐火砖；7—中心管；8—耐火球；9—耐火砖拱；10—催化剂层；11—工艺空气入口；12—转化气入口；13—转化气出口

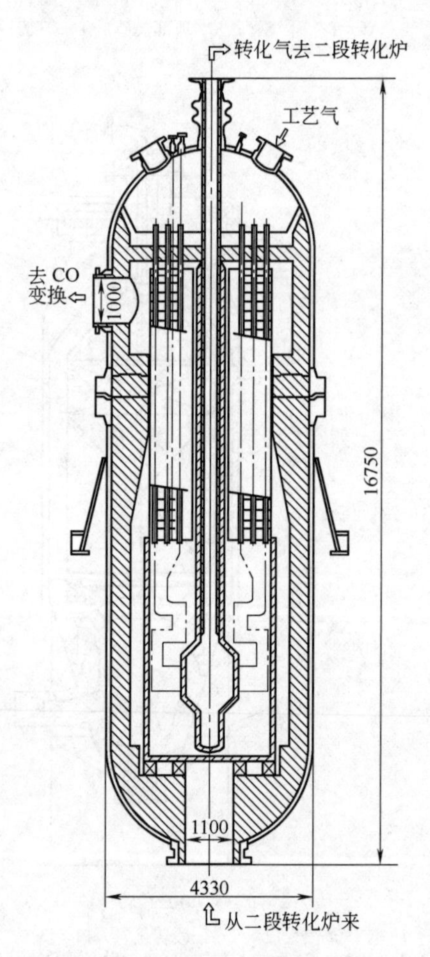

图1-34　换热型转化器

5. 天然气蒸汽转化的新技术

转化工段的能量消耗主要是原料天然气和燃料天然气两部分。原料天然气的消耗已接近理论值。因此，转化工段的能耗关键在于降低燃料天然气的用量。目前已开发的节能技术主要如下。

① 调整一、二段转化炉，减少燃料天然气的用量。降低一段转化炉的负荷，残余甲烷含量由传统流程的10%提高到30%左右，使较多的甲烷转移到二段炉转化。在二段转化炉中加入过量空气或富氧空气，过剩的氮采用深冷分离法在合成工段前（布朗流程）或合成回路中（ICIAMV 流程）除去。这样使一段转化炉操作温度降低，燃料气消耗减少。

② 降低烟道气排放温度。传统转化流程中，烟道气排放温度为250℃，为回收烟道气的显热，可采用旋转蓄热换热器或热管换热器来加热助燃空气，把烟道气的排放温度降到140℃。

③ 采用低水碳比操作。通过使用高活性及抗析炭的新型催化剂，使进料气中的水碳比由传统流程的3.5降到2.75或更低，有效地降低了一段转化炉的热负荷，燃料气的消耗大大降低。

④ 采用换热型转化器。换热型转化器是取消传统的一段炉，而将一段转化在立式的管式换热器中进行，如图1-34所示。管内充填催化剂，管外热源由二段炉高温出口气提供，从而降低燃料烃的消耗，并取消了现有分为辐射段和对流段、结构复杂、昂贵而庞大的一段炉。

二、石脑油蒸汽转化法

石脑油是轻油的一种，其组成随原油的类型、产地以及馏分切割范围不同而有差异，属于高分子量的液态烃，碳氢比高于甲烷，一般含有烷烃、环烷烃、芳香烃和少量烯烃。石脑油蒸汽转化法的要害问题是析炭，必须选择抗析炭性能较强的催化剂。石脑油虽然与天然气成分差别很大，但工艺流程大同小异，区别如下。

① 石脑油需先气化，再以气态形式与水蒸气在镍催化剂作用下进行转化反应。研究表明：石脑油中的烷烃和芳香烃的转化历程是不一样的。烷烃的热裂解和催化裂解同时进行，在低于650℃时发生热裂解，生成低级饱和烃与不饱和烃。然后，甲烷、低碳烃与水蒸气反应，生成氢气、一氧化碳、二氧化碳。芳香烃则直接催化裂解成氢气、一氧化碳、二氧化碳。

② 石脑油中硫含量一般比气态烃类原料要高，在蒸汽转化之前需经严格脱硫。

③ 石脑油中所含烃类的碳原子数多，除烷烃外，还有芳香烃；除饱和烃之外，还有不饱和烃，转化过程更易析炭，必须采用抗析炭的催化剂。

图1-35是日产1000t氨的托普索石脑油蒸汽转化工艺流程。

原料油中配入一定量的含氢气体，并满足氢油比为0.65（摩尔比），在气化器1中预热到400℃并气化后进入脱硫槽2，脱除硫化物后进一段转化炉4。出一段炉的转化气压力约为3.034MPa，温度在790～800℃之间。典型组成如下：

组　分	CO	CO_2	CH_4	H_2	N_2
y_i/%	11.05	15.91	8.15	64.11	0.78

往二段转化炉5中加入适量空气，出口气体压力约3.1MPa，温度约960℃。典型组成如下：

组　分	CO	CO_2	CH_4	H_2	N_2	Ar
y_i/%	13.45	11.90	0.306	52.75	21.35	0.244

经废热锅炉6回收热量后，气体温度降到370℃左右，进中温变换炉。

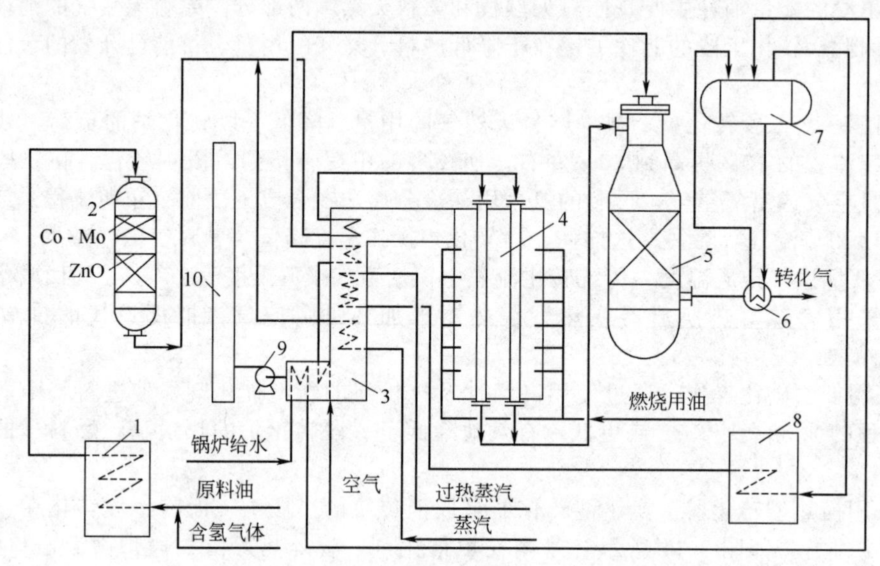

图1-35　托普索石脑油蒸汽转化工艺流程

1—气化器；2—脱硫槽；3—对流段；4——段转化炉；5—二段转化炉；
6—废热锅炉；7—汽包；8—辅助蒸汽预热器；9—引风机；10—烟囱

思考与练习

1. 煤气化制取合成氨原料气的方法有哪几种？各有什么特点？

2. 煤气化大多采用间歇制气的原因是什么？如何才能使生产连续化？

3. 间歇式制半水煤气为什么要把一个制气循环分成若干步骤？

4. 德士古气化法的特点是什么？需要解决哪些方面的技术问题？对原料煤有什么要求？

创新驱动煤炭高效清洁利用

5. 甲烷转化催化剂在使用之前为什么要进行还原？已还原的催化剂若与空气接触为何要钝化？

6. 什么是析炭现象？有何危害？如何防止析炭？发生析炭后应如何处理？

7. 甲烷蒸汽转化为什么要分两段转化？二段转化炉所发生的主要化学反应有哪些？

8. 天然气蒸汽转化的凯洛格传统的工艺流程由哪几部分组成？其新技术有哪几项？

9. 已知入炉煤含碳78.01%，灰分13.76%；灰渣中含碳13.78%，灰分84.02%；吹出物中含碳82.20%，灰分14.51%，吹出物损失的碳量占入炉煤总碳量的4.5%；如入炉煤量为40000t/a，试求：

(1) 每年排出的灰渣量；

(2) 灰渣和吹出物每年损失的碳量。

10. 已知造气工段工艺条件：空气流量3800m^3/h，蒸汽流量1.2t/h，循环时间3min，各阶段时间分配如下：

阶　段	吹风	上吹、下吹、二次上吹	回收
时间分配/%	18	75	7

气体组成如下：

组　分	CO_2	CO	O_2	H_2	N_2	CH_4	合计
$y_{i吹风气}$/%	16	7.8	0.5	—	73.5	2.2	100

续表

组　分	CO_2	CO	O_2	H_2	N_2	CH_4	合计
$y_{i水煤气}$/%	14	31	—	55	—	—	100

蒸汽分解率37%，试求：

(1) 每小时产生的吹风气量（不含回收）、水煤气量、半水煤气量；

(2) 每小时消耗于吹风、回收和制气的标准煤量及每标准立方米半水煤气耗标准煤量（以kg计）；

(3) 计算半水煤气组成。

11. 已知进一段炉天然气组成如下：

组　分	CH_4	C_2H_6	C_3H_8	C_4H_{10}	N_2	CO_2	H_2	合计
y_i/%	96.23	1.16	0.30	0.10	2.00	0.01	0.20	100

当蒸汽混合气中 $z=3.5$，一段炉出口压力为3MPa，温度为820℃，出口甲烷含量为10%（干）时，试计算：

(1) 该条件下一段炉出口气体的平衡组成及平衡温距；

(2) 当 z 分别为2、6时，试计算反应达平衡时的甲烷含量；

(3) 当出口温度为750℃、900℃时，试计算反应平衡时的甲烷含量；

(4) 综合上述问题的计算结果，试分析影响甲烷蒸汽转化的因素；

(5) 从热力学角度判断在(1)条件下是否有析炭现象发生？并计算析炭的平衡温度。

12. 已知一段炉进口气体组成如下：

组　分	CH_4	C_2H_6	C_3H_8	C_4H_{10}	C_5H_{12}	N_2	CO_2	H_2	合计
y_i/%	81.18	7.31	3.37	1.10	0.15	1.86	0.01	5.02	100

进入一段炉的干气量为1164.69kmol/h，催化剂总装填量为15.2m^3，试计算进一段炉的原料气空速、碳空速及理论氢空速。

13. 一段转化炉进出口气体湿基组成（%）见下表。并已知一段转化炉进口温度为510℃，出口温度为798℃，试求处理1kmol进口气，炉管所需要的热负荷。

组　分	CH_4	C_2H_6	C_3H_8	C_4H_{10}	N_2	CO_2	H_2	CO	H_2O	合计
一段炉进口	20.15	0.242	0.063	0.026	0.77	0.105	1.094	—	77.55	100
一段炉出口	5.457	—	—	—	0.603	5.964	39.086	43.872	5.018	100

第二章
合成氨原料气的净化

本章教学目标

能力与素质目标

1. 具有编制催化剂升温还原方案的初步能力。
2. 具有识读和绘制生产工艺流程图的初步能力。
3. 具有分析选择工艺条件的初步能力。
4. 具有查阅文献资料的能力。
5. 具有节能减排、降低能耗的意识。
6. 具有安全生产的意识。
7. 具有环境保护意识。

知识目标

1. 掌握：原料气脱硫、一氧化碳变换、二氧化碳脱除和原料气精制的基本原理、工艺条件的选择及工艺流程的分析；有关的物料衡算和热量衡算。

2. 理解：一氧化碳变换催化剂的分类、特点、组成及使用；气固相催化反应、气固相非催化反应、气液相反应的特点；不同情况下净化方法的选择。

3. 了解：原料气净化的反应机理及动力学方程；冷法净化与热法净化的工艺组合；甲醇洗及液氮洗。

第一节　原料气脱硫

原料气中的硫化物分为无机硫（H_2S）和有机硫（CS_2、COS、硫醇、噻吩、硫醚等）。原料气中硫化物的含量与原料的种类、含硫量及加工方法有关。以煤为原料时，每立方米的原料气中含硫化氢一般为几克；用高硫煤时，硫化氢含量可高达 20～30g/m^3，有机硫含量为 1～2g/m^3。天然气、石脑油、重油中的硫化物含量因产地不同差异很大。

硫化物是各种催化剂的毒物。对甲烷转化和甲烷化催化剂、中温变换催化剂、低温变换催化剂、甲醇合成催化剂、氨合成催化剂等的活性有显著的影响。硫化物还会腐蚀设备和管道，给后续工段的生产带来许多危害。因此，对原料气中硫化物的清除是十分必要的。同时，在净化过程中还可得到副产品硫黄。

由于合成氨生产原料品种多、流程长、原料气中硫化物的状况及含量不同，各种过程对气体净化度的要求不同，用同一种方法在同一部位一次性地从含硫气体中高精度地脱除硫化物是困难的。因此，在流程中何处设置脱硫、用什么方法脱硫是没有绝对标准的，应根据原料及流程的特点来决定。

脱硫方法很多，通常按脱硫剂的形态把它们分为干法脱硫和湿法脱硫。

一、干法脱硫

采用固体吸收剂或吸附剂来脱除硫化氢或有机硫的方法称为干法脱硫。干法脱硫具有脱硫效率高、操作简便、设备简单、维修方便等优点。但干法脱硫剂的硫容（单位质量或体积的脱硫剂所能脱除硫的最大数量）有限，且再生较困难，需定期更换脱硫剂，劳动强度较大。因此，干法脱硫一般用在硫含量较低、净化度要求较高的场合。

目前，常用的干法脱硫有：钴钼加氢-氧化锌法、活性炭法、氧化铁法、分子筛法等。

1. 钴钼加氢-氧化锌法

钴钼加氢是一种含氢原料气中有机硫的预处理措施。有机硫化物脱除一般比较困难，但将其加氢转化成硫化氢后就容易脱除。采用钴钼加氢可使天然气、石脑油原料中的有机硫几乎全部转化成硫化氢，再以氧化锌法便可将硫化氢脱除到 2×10^{-8}（体积分数）以下。

（1）钴钼加氢转化　氧化钴、氧化钼、氧化镍等一些过渡金属氧化物对有机硫加氢均有活性。目前常用的催化剂有钴钼型、钴镍型。在催化剂作用下有机硫的加氢反应如下：

$$CS_2+4H_2 = 2H_2S+CH_4 \tag{2-1}$$

$$COS+H_2 = CO+H_2S \tag{2-2}$$

$$RCH_2SH+H_2 = RCH_3+H_2S \tag{2-3}$$

$$C_6H_5SH+H_2 = C_6H_6+H_2S \tag{2-4}$$

$$R^1SSR^2+3H_2 = R^1H+R^2H+2H_2S \tag{2-5}$$

$$R^1SR^2+2H_2 = R^1H+R^2H+H_2S \tag{2-6}$$

$$C_4H_8S+2H_2 = C_4H_{10}+H_2S \tag{2-7}$$

$$C_4H_4S+4H_2 = C_4H_{10}+H_2S \tag{2-8}$$

在有机硫加氢反应的同时还有烯烃加氢生成饱和烃，有机氮化物在一定程度上转化成氨和烃的副反应。此外，当原料气中有氧存在时，发生脱氧反应；有一氧化碳和二氧化碳存在时，发生甲烷化反应。

钴钼催化剂系列以氧化铝为载体，由氧化钼和氧化钴组成。氧化态的钴钼加氢活性不大，须经硫化后才具有相当的活性。硫化后的活性组分是 MoS_2 和 Co_9S_8。通常认为 MoS_2 提供催化活性，而 Co_9S_8 的主要作用是保持 MoS_2 具有活性的微晶结构，以阻止 MoS_2 活性衰退时进行微晶集聚过程的发生。

工业上钴钼加氢转化的操作条件为：温度 350～430℃、压力 0.7～7.0MPa，气态烃空速 $500\sim2000h^{-1}$，液态烃空速 $0.5\sim6h^{-1}$。所需的加氢量根据气体中含硫量多少来确定。

（2）氧化锌脱硫　氧化锌脱硫可单独使用，也可与湿法脱硫串联，有时还放在对硫敏感的催化剂前面作为保护剂。

氧化锌能直接吸收硫化氢和硫醇。其反应如下：

$$ZnO+H_2S = ZnS+H_2O \quad \Delta H_R^{\ominus}=-76.62kJ/mol \tag{2-9}$$

$$C_2H_5SH+ZnO = ZnS+C_2H_4+H_2O \quad \Delta H_R^{\ominus}=-0.58kJ/mol \tag{2-10}$$

$$H_2+C_2H_5SH+ZnO = ZnS+C_2H_6+H_2O \quad \Delta H_R^{\ominus}=-137.83kJ/mol \tag{2-11}$$

而COS和CS_2是先被加氢转化成硫化氢，再由氧化锌吸收。氧化锌对噻吩加氢转化的能力很低，单独用氧化锌不能全部将有机硫脱除。

氧化锌吸收硫化氢为放热反应，平衡常数相当大，如表2-1所示。

表2-1　不同温度下氧化锌脱除硫化氢反应的平衡常数

温度/℃	200	300	350	400
$K_p=\frac{p_{H_2O}}{p_{H_2S}}$	2×10^8	6.25×10^6	1.73×10^6	5.55×10^5

降低温度及水蒸气量可降低硫化氢的平衡含量，见表2-2。

表2-2　不同温度及水蒸气含量时的硫化氢平衡含量（体积分数）　单位：10^{-6}

入口气体中水蒸气含量/%	200℃		300℃		350℃		400℃	
	干气	湿气	干气	湿气	干气	湿气	干气	湿气
0.5	0.000025	0.000025	0.0008	0.0008	0.0029	0.0029	0.009	0.009
5	0.00027	0.00025	0.008	0.008	0.030	0.029	0.095	0.09
10	0.00055	0.0005	0.018	0.016	0.065	0.058	0.20	0.180
20	0.00125	0.0010	0.040	0.032	0.145	0.116	0.45	0.360
30	0.0021	0.0015	0.070	0.048	0.250	0.174	0.77	0.540
40	0.0033	0.0020	0.107	0.064	0.387	0.232	1.20	0.720
50	0.005	0.0025	0.160	0.080	0.580	0.290	1.80	0.900

从表2-2可以看出，在温度为400℃，水蒸气高达50%时，出口气体中硫化氢含量为1.80×10^{-6}（干基）。实际上烃原料气的水蒸气含量很低，如按0.5%计，于400℃下脱硫，硫化氢含量为9×10^{-9}（干基）。在用作低变催化剂的保护剂时，尽管气体中水蒸气含量高，但因温度低，仍可满足要求。例如，温度200℃，水蒸气含量按50%计算，硫化氢的平衡含量为5×10^{-9}（干基）。

氧化锌脱硫剂是以氧化锌为主体，其余为三氧化二铝，可加入氧化铜、氧化钼等以增进脱硫效果。氧化锌含量在80%～90%，一般制作成3～6mm的球状、片状或条状，呈灰白和浅黄色。常用的型号有T302、T304、T305等。

工业生产中，氧化锌脱硫的操作温度较高，一般为200～400℃。这主要是由于普通氧化锌脱硫剂在常温下反应速率慢，吸收硫化氢的效果较差。英国ICI公司新开发了常温型氧化锌脱硫剂，在常温下脱除硫化氢的硫容可达10%，出口气硫化氢含量可降到5.0×10^{-8}（干基）。国内也已完成了KT310常温氧化锌脱硫剂的开发，其性能指标已达到ICI常温脱硫剂的水平。常温氧化锌脱硫剂的开发较好地克服了工艺上的“冷热病”，达到节能的目的。

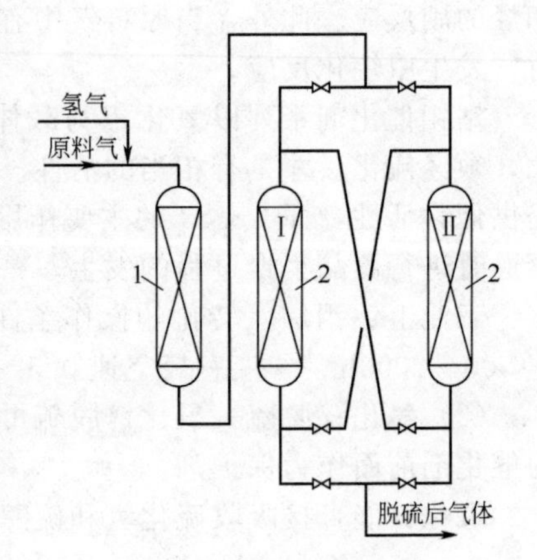

图2-1　天然气加氢串氧化锌脱硫流程图
1—加氢槽；2—氧化锌槽

图2-1是天然气加氢串氧化锌脱硫流程。含有有机硫$40mg/m^3$的原料气压缩到4～4.5MPa，加入氢氮混合气使天然气含氢气15%，在一段转化炉对流段加热到400℃进入加氢槽1，通过钴钼催化加氢使有机硫转化为硫化氢，使转化气中含有机硫≤$1mg/m^3$，然后送入两个串联的氧化锌槽2将硫化氢吸收除去。脱硫过程主要在Ⅰ槽中进行，Ⅱ槽把关。当Ⅰ槽出口

硫含量接近入口硫含量时，将Ⅰ槽从系统中切换出来，更换脱硫剂后两槽倒换操作。

2. 活性炭法

活性炭常用于脱除天然气、油田气以及经湿法脱硫后气体中的微量硫。根据反应机理不同，可分为吸附、氧化和催化三种方式。

吸附脱硫是由于活性炭具有很大的比表面积，对某些物质具有较强的吸附能力。如吸附有机硫中的噻吩很有效，而对挥发性大的硫氧化碳（COS）的吸附很差；对原料气中二氧化碳和氨的吸附强，而对挥发性大的氧和氢较差。氧化脱硫是指在活性炭表面上吸附的硫化氢在碱性溶液的条件下和气体中的氧反应生成硫和水。催化脱硫是指在活性炭上浸渍铁、铜等的盐类，可催化有机硫转化为硫化氢，然后被吸附脱除。活性炭可在常压和加压下使用，温度不宜超过 50℃。

活性炭层经过一段时间的脱硫，反应生成的硫黄和铵盐达到饱和而失去活性，需进行再生。再生通常是在 300～400℃下，用过热蒸汽或惰性气体提供足够的热量将吸附的硫黄升华并带出，使活性炭得以再生，再生出的气体冷凝后即得到固体硫黄。

二、湿法脱硫

虽然干法脱硫净化度高，并能脱除各种有机硫化物，但脱硫剂难于或不能再生，且系间歇操作、硫容低，因此不适于用作对大量硫化物的脱除。

以溶液作为脱硫剂吸收硫化氢的脱硫方法称为湿法脱硫。湿法脱硫具有吸收速率快、生产强度大、脱硫过程连续、溶液易再生、硫黄可回收等特点，适用于硫化氢含量较高、净化度要求不太高的场合。当气体净化度要求较高时，可在湿法脱硫之后串联干法，使脱硫在工艺上和经济上更合理。

湿法脱硫的方法很多，根据吸收原理的不同可分为物理法、化学法和物理化学法。物理法是利用脱硫剂对原料气中硫化物的物理溶解作用将其吸收，如低温甲醇法；化学法是利用了碱性溶液吸收酸性气体的原理吸收硫化氢，如氨水液相催化法；物理化学法是指脱硫剂对硫化物的吸收既有物理溶解又有化学反应，如环丁砜烷基醇胺法。

化学吸收法又分为中和法和湿式氧化法。两者区别于再生原理的不同。中和法脱硫剂的再生是通过升温和减压使吸收过程中生成的化合物分解并释放出硫化氢；湿式氧化法脱硫剂的再生则是以催化剂作为载氧体将溶液中被吸收下来的硫化氢氧化为单质硫。由于湿式氧化法具有脱硫效率高、易于再生、副产硫黄等特点，因而被合成氨厂广泛采用。

1. 湿式氧化法脱硫的基本原理

湿式氧化法脱硫包括两个过程。一是脱硫液中的吸收剂将原料气中的硫化氢吸收；二是吸收到溶液中的硫化氢的氧化及吸收剂的再生。

（1）吸收的基本原理与吸收剂的选择　硫化氢是酸性气体，因此，吸收剂应为碱性物质。而且 pH 值越大，对硫化氢的吸收效果越好。但 pH 值过大，再生困难，溶液黏度增加，动力消耗增大。为稳定操作条件，吸收剂一般应选择 pH 值 8.5～9 的碱性缓冲溶液。工业中一般用碳酸盐、硼酸盐以及氨和乙醇胺的水溶液。

（2）再生的基本原理与催化剂的选择　碱性吸收剂只能将原料气中的硫化氢吸收到溶液中，不能使硫化氢氧化为单质硫。但在溶液中添加催化剂作为载氧体后，氧化态的催化剂将硫化氢氧化为单质硫，其自身呈还原态。还原态的催化剂在再生时被空气中的氧氧化后恢复氧化能力，如此循环使用。此过程可表示为：

$$\text{载氧体(氧化态)} + H_2S = S + \text{载氧体(还原态)} \tag{2-12}$$

$$\text{载氧体(还原态)} + \frac{1}{2}O_2\text{(空气)} = H_2O + \text{载氧体(氧化态)} \tag{2-13}$$

总反应为：

$$H_2S+\frac{1}{2}O_2(\text{空气})=S+H_2O \tag{2-14}$$

显然，选择适宜的催化剂是湿式氧化法的关键。这种催化剂必须既能氧化硫化氢，又能被空气中的氧所氧化。下面用电化学理论分析氧化态催化剂所应具备的条件。

用Q代表醌态（氧化态）催化剂，用 H_2Q 代表酚态（还原态）催化剂。式(2-12) 可表示为如下氧化还原过程

$$H_2S=2e^-+2H^++S \tag{2-15}$$

$$Q+2H^++2e^-=H_2Q \tag{2-16}$$

式(2-13) 可表示为如下氧化还原过程

$$H_2Q=Q+2H^++2e^- \tag{2-17}$$

$$\frac{1}{2}O_2+2H^++2e^-=H_2O \tag{2-18}$$

根据能斯特（Nernst）方程式(2-15)、式(2-16) 的电极电位为

$$E_{S/H_2S}=E^{\ominus}_{S/H_2S}+\frac{0.059}{2}\lg\frac{a^2_{H^+}}{a_{H_2S}} \tag{2-19}$$

$$E_{Q/H_2Q}=E^{\ominus}_{Q/H_2Q}+\frac{0.059}{2}\lg\frac{a_Q a^2_{H^+}}{a_{H_2Q}} \tag{2-20}$$

当反应达平衡时 $E_{S/H_2S}=E_{Q/H_2Q}$

$$E^{\ominus}_{Q/H_2Q}-E^{\ominus}_{S/H_2S}=\frac{0.059}{2}\times\left(\lg\frac{a^2_{H^+}}{a_{H_2S}}-\lg\frac{a_Q a^2_{H^+}}{a_{H_2Q}}\right)$$

$$=0.0295\lg\frac{a_{H_2Q}}{a_{H_2S}a_Q} \tag{2-21}$$

根据实验，欲使反应进行完全，必须满足 $\frac{a_{H_2Q}}{a_{H_2S}a_Q}\geqslant 100$ 的条件，且 $E^{\ominus}_{S/H_2S}=0.14V$。将以上数据代入式(2-21)

$$E^{\ominus}_{Q/H_2Q}=0.059+0.14=0.2(V)$$

可见，氧化态的催化剂的 $E^{\ominus}$ 只有大于0.2V，才能将硫化氢氧化为单质硫。$E^{\ominus}=0.2V$ 是其下限。上限如何呢？因为还原态的催化剂要被空气氧化，而 $E^{\ominus}_{O_2/H_2O}=1.23V$，由式(2-17)、式(2-18)，并根据能斯特方程确定催化剂标准电极电位的上限。

$$E^{\ominus}_{Q/H_2Q}=E^{\ominus}_{O_2/H_2O}-0.0295\lg 100=1.17(V)$$

为避免硫化氢过度氧化成 SO_4^{2-} 和 $S_2O_3^{2-}$，一般选择上限 $E^{\ominus}_{Q/H_2Q}=0.75V$。因此，被选用的催化剂的 $E^{\ominus}$ 范围是：

$$0.2V<E^{\ominus}_{Q/H_2Q}<0.75V \tag{2-22}$$

式(2-22) 是选择催化剂的重要依据，但同时还应考虑原料的来源、用量、价格、化学性质等。表2-3为几种催化剂的 $E^{\ominus}$ 值。

表 2-3　几种催化剂的 $E^{\ominus}$ 值

类　别	有机			无机	
方法	氨水催化	改良 ADA	萘醌	改良砷碱	络和铁盐
催化剂	对苯二酚	蒽醌二磺酸钠	1,4-萘醌	As^{3+}/As^{5+}	Fe^{2+}/Fe^{3+}
$E^{\ominus}$	0.699	0.228	0.535	0.670	0.770

2. 典型方法——改良 ADA 法

ADA 是蒽醌二磺酸钠（anthraquinone disulphonic acid）的英文缩写，这里借用它代表该法。它是 2,6-蒽醌二磺酸钠或 2,7-蒽醌二磺酸钠的一种混合体。两者结构式如下：

2,6-蒽醌二磺酸钠　　　　2,7-蒽醌二磺酸钠

早期的 ADA 法是以碳酸钠溶液为吸收剂，ADA 为催化剂。由于析硫过程缓慢，生成的硫代硫酸盐较多。后来发现溶液中添加偏钒酸钠后，使氧化析硫速率大大加快，从而发展为当今的改良 ADA 法。

（1）基本原理

① 脱硫塔中的反应　以 pH 值为 8.5～9.2 的碱性溶液吸收原料气中的硫化氢生成硫氢化物。

$$Na_2CO_3 + H_2S \longrightarrow NaHS + NaHCO_3 \tag{2-23}$$

脱硫液中的偏钒酸钠氧化硫氢化物生成单质硫，自身被还原为焦钒酸钠。

$$2NaHS + 4NaVO_3 + H_2O \longrightarrow Na_2V_4O_9 + 4NaOH + 2S \tag{2-24}$$

焦钒酸钠再被脱硫液中的氧化态 ADA 氧化成偏钒酸钠，恢复其氧化硫化氢的能力，ADA 呈还原态。

$$Na_2V_4O_9 + 2ADA(\text{氧化态}) + 4NaOH + H_2O \longrightarrow 4NaVO_3 + 2ADA(\text{还原态}) \tag{2-25}$$

还原态的 ADA 在再生塔中又被加入的空气氧化成氧化态，从而完成一个氧化还原循环。在此循环中由 ADA 输氧、钒酸盐氧化硫氢化物，反应速率比早期 ADA 直接氧化硫化氢快得多。又由于钒酸盐可以在脱硫塔被氧化态 ADA 反复氧化，故溶液的硫容较大。只要氧化态 ADA 量足够，脱硫就可以进行完全。因此，在工业生产中必须注意根据原料气中的硫化氢含量来调整脱硫液中的 ADA 含量。此外，由于析硫反应在脱硫塔内完成，因而改良 ADA 法极易出现硫堵问题。

② 再生塔中的反应　富液中还原态的 ADA 被空气中的氧氧化恢复氧化态，分离硫颗粒后溶液循环使用。

$$ADA(\text{还原态}) + \frac{1}{2}O_2 \longrightarrow ADA(\text{氧化态}) + H_2O \tag{2-26}$$

③ 副反应　原料气中若有氧存在则要发生过氧化反应

$$2NaHS + 2O_2 \longrightarrow Na_2S_2O_3 + H_2O \tag{2-27}$$

由此可见，一定要防止硫以硫氢化物形式进入再生塔，即反应式(2-24) 须在溶液进入再生塔与空气接触前完成。为此，脱硫塔出口设置一反应罐，使溶液停留一定时间，保证该反应进行完全。

（2）工艺条件

① 溶液的 pH 值　提高溶液的 pH 值对硫化氢的吸收是有利的，而对于 ADA-钒酸盐溶液氧化硫氢化物使之成为单质硫是不利的，因为 pH 值超过 9.6 以后，ADA-钒酸盐与硫化氢的反应速率急剧下降。故选择溶液的 pH 值要两者兼顾，一般 pH 值为 8.5～9.5。

② 钒酸盐的含量　硫氢化物被钒酸盐氧化的速率是很快的，但为了防止硫化氢局部过量而生成的钒-氧-硫黑色复合沉淀，并抑制副反应的发生，应使偏钒酸钠用量比理论用量略微多一些。常用的典型组成见表 2-4。酒石酸钾钠的加入是防止生成钒-氧-硫沉淀。

表 2-4　典型的 ADA 溶液的组成

组　　成	Na_2CO_3/(mol/L)	ADA/(g/L)	$NaVO_3$/(g/L)	$KNaC_4H_4O_6$/(g/L)
Ⅰ(加压,高硫化氢)	1	10	5	2
Ⅱ(常压,低硫化氢)	0.4	5	2～3	1

③ 温度　吸收和再生过程对温度均无严格的要求。但温度提高使生成硫代硫酸盐的副反应加剧。因此，一般控制吸收温度为 20～30℃。

(3) 工艺流程　湿式氧化法工艺流程根据再生工艺的不同，可分为喷射氧化再生和高塔鼓泡再生，如图 2-2、图 2-3 所示。

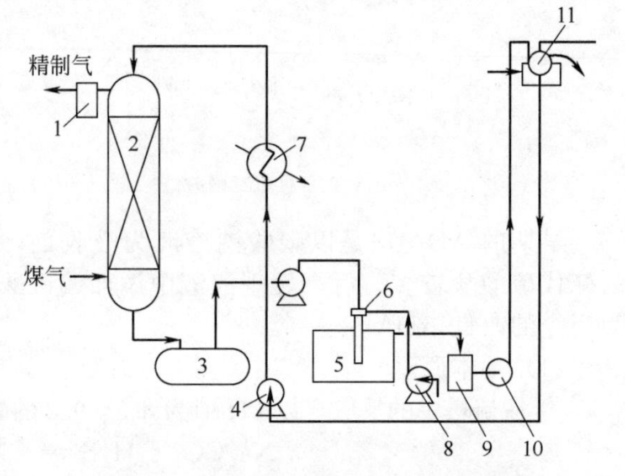

图 2-2　喷射氧化再生法脱硫工艺流程

1—分离器；2—吸收塔；3—反应罐；4—进料泵；5—氧化器；6—喷射器；7—预热器；8—风机；9—悬浮液槽；10—悬浮液泵；11—过滤器

喷射氧化再生是利用溶液在喷射器内的高速流动形成的负压以自吸空气，这省去了空气鼓风机。但是喷射器需要消耗溶液的静压能；高塔再生设备投资大，并需压缩机送入空气。

图 2-3 系高塔再生的加压 ADA 法脱硫工艺流程。原料气从吸收塔 1 下部进入，与塔上喷淋的脱硫液逆流接触，脱除其中的硫化氢，从塔顶引出，经气液分离器 2 分离夹带

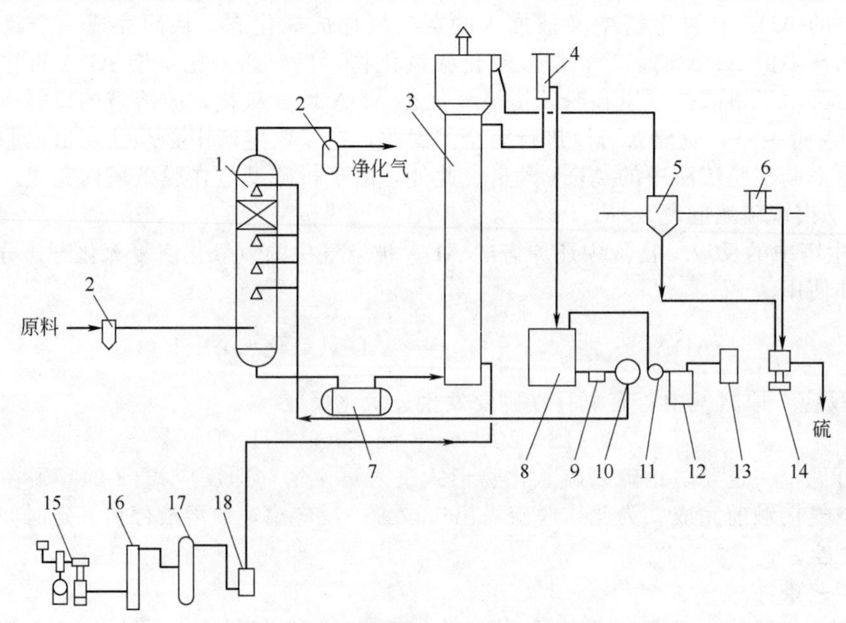

图 2-3　高塔再生法脱硫工艺流程

1—吸收塔；2—分离器；3—再生塔；4—液位调节器；5—硫泡沫槽；6—温水槽；7—反应槽；8—循环槽；9—溶液过滤器；10—循环泵；11—原料泵；12—地下槽；13—溶碱槽；14—过滤器；15—空压机；16—空气冷却器；17—缓冲罐；18—空气过滤器

的液滴后送往下一工段。吸收硫化氢的富液从塔底排入反应槽7继续反应使硫充分析出。富液从再生塔底部与同时从塔底送入的压缩空气自下而上并流接触氧化再生。由再生塔上部引出的贫液经液位调节器4、循环槽8、溶液过滤器9、循环泵10返回吸收塔循环使用。塔顶扩大部分悬浮的硫黄溢流至硫泡沫槽5、温水槽6澄清分层，硫黄颗粒经过滤器14后送至熔硫釜制成硫黄锭。

3. 典型方法——栲胶法

栲胶法为湿式氧化法脱硫。此法是中国广西化工研究所、广西林业科学研究所、百色栲胶厂于1977年联合研究成功的，是目前国内中型氮肥厂使用较多的一种，取代了改良ADA法脱硫。该法的优点是气体净化度高，溶液硫容大，硫回收率高，并且栲胶价廉，无硫黄堵塞脱硫塔的问题。

（1）栲胶的性质　栲胶是由植物的皮、果、叶和杆等与水的萃取液熬制而成，主要成分是丹宁，约占66%。其中以橡碗栲胶配制的脱硫液最佳，橡碗栲胶的主要成分是多种水解丹宁。丹宁的分子结构十分复杂，是具有酚式结构（THQ酚态）和醌式结构（TQ醌态）的多羟基化合物。在脱硫工艺中，酚态栲胶氧化为醌态栲胶，可将溶液中的HS^-氧化，析出单质硫，起载氧体的作用。由于高浓度的栲胶水溶液是典型的胶体溶液，尤其在低温下，其中的$NaVO_3$、$NaHCO_3$等盐类易沉淀，所以在配制前要进行预处理。

（2）基本原理　栲胶法脱硫是利用碱性栲胶水溶液脱除H_2S，栲胶可取代ADA。

① 脱硫塔中的反应　碱性栲胶水溶液吸收原料气中的H_2S生成硫氢化物。

$$Na_2CO_3 + H_2S \longrightarrow NaHS + NaHCO_3 \tag{2-28}$$

液相中，硫氢化钠与偏钒酸钠反应生成焦钒酸钠，并析出单质硫

$$2NaHS + 4NaVO_3 + H_2O \longrightarrow Na_2V_4O_9 + 4NaOH + 2S\downarrow \tag{2-29}$$

醌态栲胶在析出单质硫时被还原为酚态，而焦钒酸钠被氧化为偏钒酸钠

$$Na_2V_4O_9 + 2TQ(\text{氧化态}) + 2NaOH + H_2O \longrightarrow 4NaVO_3 + 2THQ(\text{还原态}) \tag{2-30}$$

② 再生塔中的反应　富液中酚态栲胶被空气中的O_2氧化恢复为醌态，分离硫颗粒后溶液循环使用。

$$THQ(\text{还原态}) + O_2 \longrightarrow TQ(\text{氧化态}) + 2H_2O \tag{2-31}$$

③ 副反应　当被处理气体中有CO_2、O_2时产生副反应：

$$Na_2CO_3 + CO_2 + H_2O \longrightarrow 2NaHCO_3 \tag{2-32}$$

$$2NaHS + 2O_2 \longrightarrow Na_2S_2O_3 + H_2O \tag{2-33}$$

由此可见，一定要防止硫以硫化物形式进入再生塔，即反应式（2-29）须在溶液进入再生塔与空气接触前完成，同时副反应消耗Na_2CO_3溶液，应尽量减少气体中的CO_2。当副反应进行到一定程度后，必须换掉一部分脱硫液，再补充新鲜的脱硫液以维持正常生产。再生后的脱硫液循环使用。

（3）工艺操作条件的选择

① 溶液的组成

a. 溶液的pH值。溶液的pH值与总碱度有关。总碱度为溶液中Na_2CO_3与$NaHCO_3$的浓度之和。提高总碱度是提高溶液硫容的有效手段。总碱度提高，溶液的pH值增大，对吸收有利，但对再生不利。所以栲胶法脱硫液的pH值在8.5～9.2较合适。

b. $NaVO_3$的含量。$NaVO_3$的含量取决于脱硫液的操作硫容，即富液中HS^-的浓度。$NaVO_3$的含量应符合化学计量关系，但配制溶液时常过量，过量系数为1.3～1.5。

c. 栲胶的浓度。要求栲胶浓度与钒浓度保持一定的比例，根据实际经验，适宜的栲胶与钒的比例为1.1～1.3。工业上典型的栲胶溶液的组成如表2-5所示。

表 2-5　工业上典型的栲胶溶液的组成

项目	总碱度/mol	Na_2CO_3/(g/L)	栲胶/(g/L)	$NaVO_3$/(g/L)
稀溶液	0.4	3～4	1.8	1.5
浓溶液	0.8	6～8	8.4	7

② 温度　通常吸收与再生在同一温度下进行，一般不超过 45℃。温度升高，吸收和再生速率都加快，但超过 45℃，生成 $Na_2S_2O_3$ 副反应也加快。

③ 压力　在常压（约 3MPa）范围内，吸收过程都能正常进行。提高吸收压力，气体净化度提高；加压操作可提高设备生产强度，减小设备的容积。但吸收压力增加，氧在溶液中的溶解度增大，加快了副反应速度，并且 CO_2 分压增大，溶液吸收 CO_2 量增加，生成 $NaHCO_3$ 量增大，溶液中 Na_2CO_3 量减少，影响对 H_2S 的吸收。因此吸收压力不宜太高，实际生产中吸收压力取决于原料气本身的压力。

④ 氧化停留时间　再生塔内通入空气主要是将酚态栲胶氧化为醌态栲胶，并使溶液中的悬浮硫以泡沫状浮在溶液表面，以便捕集回收。氧化反应速度除受 pH 值和温度影响外，还受再生停留时间的影响。再生时间长，对氧化反应有利，但时间过长会使设备庞大；时间太短，硫黄分离不完全，使溶液再生不完全。高塔再生氧化停留时间一般控制在 25～30min，喷射再生一般为 5～10min。

⑤ CO_2 的影响　气体中 CO_2 与溶液中的 Na_2CO_3 反应生成 $NaHCO_3$。当气体中 CO_2 含量高时，溶液中的 $NaHCO_3$ 量增大，而 Na_2CO_3 量减小，影响对 H_2S 的吸收。

(4) 栲胶法脱硫的工艺流程　如图 2-4 所示。来自造气工序的半水煤气，经焦炭过滤器 1 除去所含的部分粉尘、煤焦油等杂质后，由罗茨鼓风机 2 增压送入气体冷却塔 3 冷却，然后进入脱硫塔 4 与贫液接触吸收，半水煤气中的硫化氢被贫液吸收。脱硫后的半水煤气从脱硫塔出来，经清洗塔 5 洗去所带杂质后，再经静电除焦油塔 6 进一步除去焦油等杂质后，去压缩工序一段进口总水分离器。

吸收了硫化氢的富液流入富液槽 9，由富液泵 10 打入喷射再生槽 12 的喷射再生器 11，与喷射吸入的空气进行氧化反应。氧化反应后的溶液再进入再生硫泡沫浮选槽继续氧化再生，并浮选出硫泡沫。再生后的贫液经液位调节器流入贫液槽 7，再由贫液泵 8 打入脱硫塔循环使用。

富液在再生槽中氧化再生所析出的硫泡沫，由槽顶溢流入硫泡沫槽 13，再经离心机 14

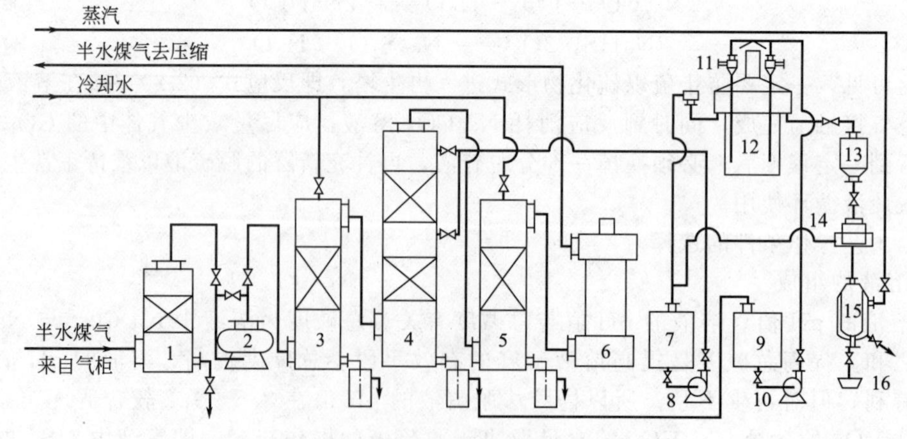

图 2-4　栲胶法脱硫工艺流程图

1—焦炭过滤器；2—罗茨鼓风机；3—气体冷却塔；4—脱硫塔；5—清洗塔；6—静电除焦油塔；7—贫液槽；8—贫液泵；9—富液槽；10—富液泵；11—喷射再生器；12—再生槽；13—硫泡沫槽；14—离心机；15—熔硫釜；16—硫锭模

分离得硫膏，硫膏放入熔硫釜15用蒸汽间接加热，经熔融精制，制成硫锭。分离得到的母液可直接放入贫液槽，循环使用。

连续熔硫釜工艺流程为硫泡沫从浮选再生槽上部溢流回收至硫泡沫槽，再用泵将硫泡沫打至连续熔硫釜。在熔硫釜内，硫泡沫经夹套蒸汽加热后温度由上而下逐渐升高至140℃左右，熔融态硫膏由底部放硫阀排出至硫锭模16，冷却后即成硫锭产品。硫泡沫夹带的脱硫液由上部溢流至回收槽，再回流至贫液槽，继续作脱硫液循环使用。

（5）工艺特点

① 栲胶资源丰富，价格低廉；

② 栲胶脱硫液组成简单，而且不存在硫黄堵塔问题；

③ 栲胶水溶液在空气中易被氧化，酚态栲胶易被空气氧化生成醌态栲胶，当pH值大于9时，丹宁的氧化能力特别显著；

酸雨与硫污染

④ 在碱性溶液中丹宁能与铜、铁反应并在材料表面上形成丹宁酸盐的薄膜，从而具有防腐作用；

⑤ 栲胶脱硫液特别是高浓度的栲胶溶液是典型的胶体溶液。

栲胶组分中含有相当数量的表面活性物质，导致溶液表面张力下降，发泡性增强。所以栲胶溶液在使用前要进行预处理，否则会造成溶液严重发泡。

4. 其他湿式氧化脱硫方法

（1）MSQ法　系以硫酸锰-水杨酸-对苯二酚和偏钒酸钠为混合催化剂，纯碱和氨水作为吸收剂的脱硫方法。对苯二酚代替ADA法中的ADA，水杨酸的存在可适当降低溶液的表面张力，增加硫泡沫的稳定性。与改良ADA法相比，具有所用原料成本低、硫黄颗粒不易团聚、不易堵塔的优点。

（2）螯合铁法　螯合铁法系采用Fe^{3+}/Fe^{2+}为氧化催化剂完成的HS^-析硫过程。为了防止铁离子在碱性溶液中沉淀析出，必须加入螯合剂使之稳定存在于液相。其反应原理如下：

$$HS^- + 2Fe^{3+}(螯) = 2Fe^{2+}(螯) + H^+ + S\downarrow$$

$$4Fe^{2+}(螯) + O_2 + 2H_2O = 4Fe^{3+}(螯) + 4OH^-$$

工业上使用的螯合剂有EDTA和磺基水杨酸等。螯合铁法具有脱硫效率高、成本低、生产稳定可靠等优点。

（3）PDS法　PDS是一种高效脱硫剂，其主要成分为双核酞菁钴磺酸盐。该法工艺简单，硫化氢的脱除率≥95%，有机硫为50%～60%，虽然催化剂价格较高，但使用浓度只有$(1\sim5)\times10^{-6}$（质量分数）。

（4）888脱硫法　888脱硫剂是东北师范大学实验化工厂在PDS基础上改进提高后的新产品，主要成分为三核酞菁钴磺酸盐金属有机化合物，是高分子络合物，具有很强的吸氧能力，能吸附H_2S、HS^-、S_x^{2-}，并与被吸附活化了的氧进行氧化反应析出硫，生成的单质硫脱离888后，在溶液中微小的硫颗粒互相靠近结合，颗粒增大，变成悬浮硫。

第二节　一氧化碳变换

不论用固体、液体或气体为原料，所得到的合成氨原料气中均含有一氧化碳。固体燃料气化所得半水煤气中一氧化碳含量为28%～30%，烃类蒸汽转化为12%～13%，焦炉转化气为11%～15%，重油部分氧化为44%～48%。一氧化碳的清除一般分为两次除去。大部分先通过一氧化碳的变换反应，即在催化剂存在的条件下，一氧化碳与水蒸气作用生成氢气和二氧化碳。通过变换反应，既能把一氧化碳变为易于清除的二氧化碳，同时，又可制得与反应了的一氧化碳相等物质的量的氢，而所消耗的只是廉价的水蒸气。因此，一氧化碳的变换既是原料气的净化过程，又是原料气制造的继续。最后，残余的一氧化碳再通过铜氨液洗涤法、液氮洗涤法或甲烷化等方法加以清除。

一、基本原理

1. 化学平衡

变换反应可用下式表示：

$$CO+H_2O \longrightarrow CO_2+H_2 \qquad \Delta H_R^{\ominus}=-41.2\text{kJ/mol} \tag{2-34}$$

此外，一氧化碳与氢之间还可发生下列反应

$$CO+H_2 \longrightarrow C+H_2O \tag{2-35}$$

$$CO+3H_2 \longrightarrow CH_4+H_2O \tag{2-36}$$

但是，由于变换所用催化剂对反应式(2-34)具有良好的选择性，从而抑制了其他副反应的发生。因此，仅需考虑反应式(2-34)的平衡。

常压下平衡常数见表1-4，热效应见表2-6。

表 2-6 变换反应的热效应

温度/℃	25	200	250	300	350	400	450	500	550
$-\Delta H$/(kJ/mol)	41.19	40.07	39.67	39.25	38.78	38.32	37.86	37.30	36.82

(1) 变换率 衡量一氧化碳变换程度的参数称为变换率，用 x 表示。定义为已变换的一氧化碳量与变换前的一氧化碳量之比。反应达平衡的变换率称为平衡变换率，用 x^* 表示。现将变换率的计算式推导如下。

① 计算平衡变换率 x^*

已知：n——汽气比（水蒸气与干原料气的摩尔比）；

T——反应温度；

a，b，c，d——反应前一氧化碳、二氧化碳、氢气和其他气体的含量（干基摩尔分数）。

计算基准：1kmol原料气（干基）。

假设变换率为 x 时，已变换的一氧化碳量为 ax kmol，反应前后的物料关系如表2-7所示。

表 2-7 一氧化碳变换反应前后的物料关系

组 分	反应前各组分物质的量/kmol	反应后各组分物质的量/kmol	变换气组成	
			干基	湿基
CO	a	$a-ax$	$(a-ax)/(1+ax)$	$(a-ax)/(1+n)$
H_2O	n	$n-ax$	—	$(n-ax)/(1+n)$
CO_2	b	$b+ax$	$(b+ax)/(1+ax)$	$(b+ax)/(1+n)$
H_2	c	$c+ax$	$(c+ax)/(1+ax)$	$(c+ax)/(1+n)$
其他气体	d	d	$d/(1+ax)$	$d/(1+n)$
干基气量	1	$1+ax$	—	—
湿基气量	$1+n$	$1+n$	—	—

若已知反应温度 T，则可求得反应的平衡常数，根据表2-7有如下关系

$$K_p=\frac{p_{CO_2}p_{H_2}}{p_{CO}p_{H_2O}}=\frac{y_{CO_2}y_{H_2}}{y_{CO}y_{H_2O}}=\frac{(b+ax^*)(c+ax^*)}{(a-ax^*)(n-ax^*)} \tag{2-37}$$

整理得：$(K_p-1)(ax^*)^2-[K_p(a+n)+(b+c)]ax^*+(K_p an-bc)=0$

令
$$W=K_p-1$$
$$U=K_p(a+n)+(b+c)$$
$$V=K_p an-bc$$

则得
$$W(ax^*)^2-Uax^*+V=0$$

$$x^*=\frac{U-\sqrt{U^2-4WV}}{2aW} \tag{2-38}$$

因此，已知温度 T、汽气比 n 及反应前各组分的干基组成，即可求得达平衡时的变换率。

上述中的 a、b、c 亦可以是原料气的湿基组成，但这时的 n 应为初始状态下的水蒸气含量。

② 实际变换率　在工业生产中由于受各种条件的制约，反应不可能达到平衡，故实际变换率小于平衡变换率。生产中通常从测量反应前后气体中一氧化碳的体积分数（干基）来计算变换率。

若干变换气中一氧化碳的摩尔分数为 a'，则有

$$a'=\frac{a-ax}{1+ax}$$

$$x=\frac{a-a'}{a(1+a')} \tag{2-39}$$

若　V_1、V'_1 为原料气的干、湿基体积，m^3；V_2、V'_2 为变换气的干、湿基体积，m^3。根据表 2-7 则有

$$V_2=V_1(1+ax) \tag{2-40}$$

$$V'_2=V'_1(1+n) \tag{2-41}$$

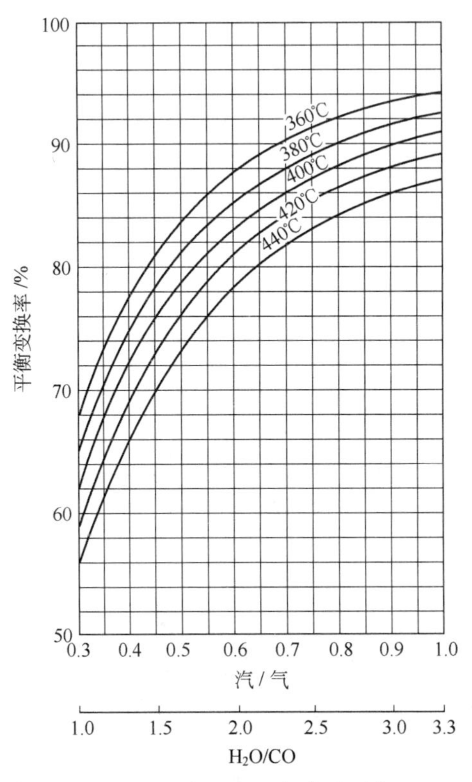

图 2-5　汽气比与一氧化碳平衡变换率的关系

（2）影响平衡变换率的因素　变换反应是可逆放热反应，对一定初始组成的原料气，温度降低，平衡变换率提高，变换气中一氧化碳的平衡含量减少，如图 2-5 所示。如 440℃ 汽气比为 1 时，平衡变换率为 87%，而 360℃ 时，平衡变换率为 94%，所以，变换反应应尽量在低温下进行。

H_2O/CO 指入变换炉原料气中水蒸气与一氧化碳的体积比，其比值可表示水蒸气用量的大小。由图 2-5 可见，在温度一定的情况下，一氧化碳平衡变换率是随 H_2O/CO 提高而增加，其趋势是先快后慢。在实际生产中适当提高 H_2O/CO，对提高一氧化碳变换率有利，但过高的 H_2O/CO 在经济上不合理。

一氧化碳变换反应是等体积的反应，压力对变换反应无显著影响。二氧化碳作为产物，其含量增加不利于变换反应，若能除去产物的二氧化碳，则可有利于反应向生成氢气的方向进行，从

而提高一氧化碳的变换率。实际生产过程中，除去二氧化碳可在两次变换之间，原料气经中温变换后进脱碳装置，出脱碳装置后进行低温变换。

2. 反应速率

(1) 机理与动力学方程　变换反应机理目前比较普遍的说法是：水蒸气分子首先被催化剂的活性表面吸附，并分解为氢气及吸附态的氧原子。当一氧化碳分子撞击到氧原子吸附层时，即被氧氧化为二氧化碳，并离开催化剂表面。可表示如下：

$$[K]+H_2O(g)=\!=\!=[K]O+H_2$$

$$[K]O+CO=\!=\!=[K]+CO_2$$

式中　[K]——催化剂；

O——吸附态氧。

实验证明，在这两个步骤中，第二步是过程的控制步骤。

变换反应速率不仅与变换系统的压力、温度及各组分的浓度等因素有关，还与催化剂的性质有关，常用的中低变换催化剂的本征动力学方程如下：

国产中变催化剂的本征动力学方程

B110-2　$$r_{CO}=\frac{1.604\times10^7}{0.101325^{0.5}}\times\exp\left(-\frac{105700}{8.314T}\right)\times p_{CO}p_{CO_2}^{-0.5}\left(1-\frac{p_{CO_2}p_{H_2}}{K_p p_{CO}p_{H_2O}}\right) \tag{2-42}$$

国产低变催化剂的本征动力学方程

B-205　$$r_{CO}=\frac{1.965\times10^6}{0.101325^{0.8}}\times\exp\left(-\frac{16730}{8.314T}\right)\times p_{CO}p_{CO_2}^{-0.6}p_{H_2O}^{0.4}\left(1-\frac{p_{CO_2}p_{H_2}}{K_p p_{CO}p_{H_2O}}\right) \tag{2-43}$$

式中各组分的分压均以 MPa 计。

(2) 影响反应速率的因素

① 温度　变换反应是一可逆放热反应，此类反应存在最佳反应温度，反应速率与温度的关系如图 2-6 所示。最佳温度可由下式求得：

$$T_m=\frac{T_e}{1+\frac{RT_e}{E_2-E_1}\ln\frac{E_2}{E_1}} \tag{2-44}$$

式中　T_m——最佳反应温度，K；

T_e——平衡温度，K；

E_1，E_2——正、逆反应的活化能，kJ/kmol；

R——气体常数，kJ/(kmol·K)。

最佳温度与气体的原始组成、转化率及催化剂有关。在原始组成和催化剂一定时，变换率增大、最佳温度下降，如图 2-7 所示。图中 CD 为最佳温度曲线，AB 为平衡温度曲线。如果操作温度随着反应的进行能沿着最佳温度变化，则整个过程速率最快，也就是说，在催化剂用量一定、变换率一定时，所需时间最短；或者说达到规定的转化率所需催化剂的用量最少，反应器的生产强度最高。

② 压力　由式(2-42) 可见，当气体组成和温度一定时，反应速率随压力的增大而增大。压力在 3.0MPa 以下，反应速率与压力的平方根成正比，压力再高，影响就不明显了。

③ H_2O/CO　水蒸气与一氧化碳之比对反应速率影响的规律与其对平衡转化率的影响相似，在 H_2O/CO 低于 4 时，提高其比值，反应速率增长较快；当 H_2O/CO 大于 4 后，反应速率随 H_2O/CO 的增长就不明显了。

④ 内扩散的影响　在工业条件下，变换反应的内扩散的影响是显著的，有时表现为强内扩散控制。图 2-8 示出中变催化剂的内表面利用率与温度、压力及催化剂颗粒大小的关系。

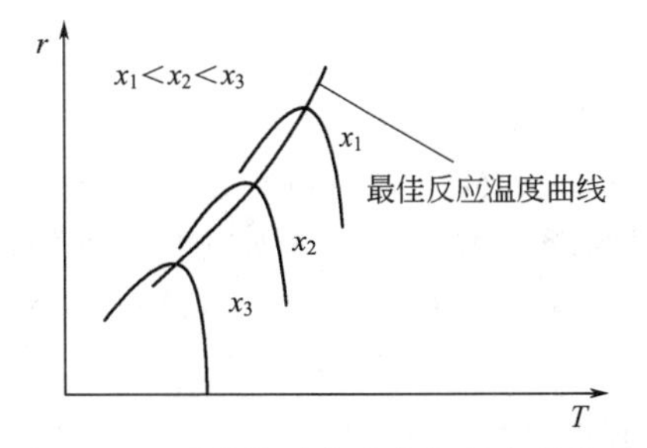

图 2-6 可逆放热反应速率与温度的关系

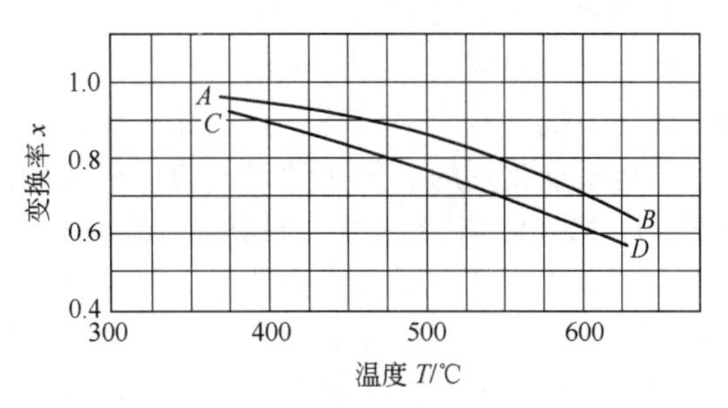

图 2-7 一氧化碳变换的 T-x 图

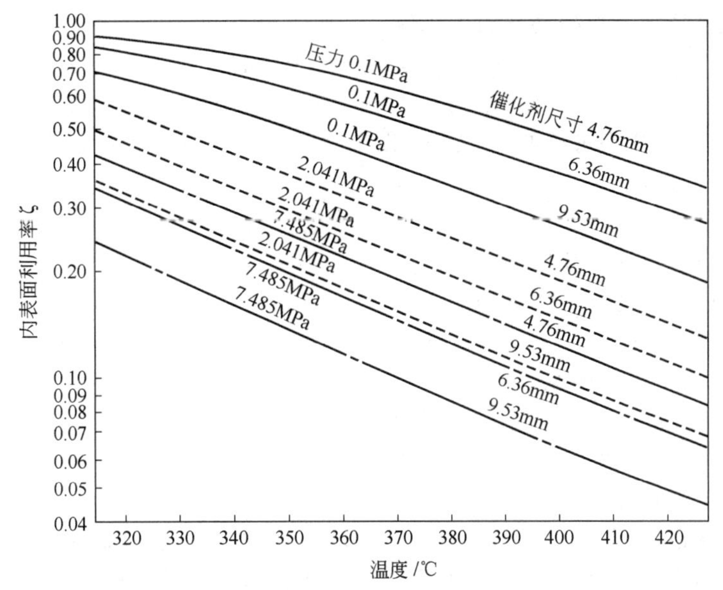

图 2-8 中变催化剂的内表面利用率与温度、压力及催化剂颗粒大小的关系

由图 2-8 可见，对同一尺寸的催化剂在相同压力下，由于温度升高，一氧化碳的扩散速率有所增加，而反应速率常数增加更为迅速，总的结果为内表面利用率降低；在相同的温度和压力下，小颗粒的催化剂具有较高的内表面利用率；而对同一尺寸的催化剂在相同的温度下，内表面的利用率随压力的增加而迅速下降。

二、变换催化剂

20 世纪 60 年代以前，一氧化碳变换的催化剂主要是铁铬系列，使用温度为 350～550℃，气体经变换后仍含有 3%（体积分数）左右的一氧化碳。60 年代以后，随着制氨原料、路线的改变和脱硫技术的发展，原料气中总硫含量可降低到 0.1×10^{-6}（体积分数）以下，为使用低温下更具活性但抗毒性能差的铜锌系催化剂提供了条件。铜锌系催化剂的操作温度为 200～280℃，残余一氧化碳可降到 0.3%左右。为区别上述两种温度范围的变化过程，国内外大型氨厂习惯上称前者为高温变换，国内中小型氨厂称中温变换；而后者被称为低温变换。

随着重油气化和煤气化的发展，制得的原料气含硫量较高，铁铬系催化剂不能适应耐高硫的要求，促使人们开发了钴钼耐硫系变换催化剂。

1. 铁铬系中温变换催化剂

铁铬系中温变换催化剂是以氧化铁为主体，氧化铬为主要促进剂的多组分催化剂，具有选择性高、抗毒能力强的特点。但存在操作温度高、蒸汽消耗量大的缺点。

铁铬系催化剂的一般化学组成为：Fe_2O_3 80%～90%，Cr_2O_3 7%～11%，并含有少量的 K_2O、MgO、Al_2O_3 等。四氧化三铁是铁铬系催化剂的活性组分，还原前以氧化铁的形态存在。氧化铬是重要的结构性促进剂。由于 Cr_2O_3 与 Fe_2O_3 具有相同的晶系，制成固熔体后，可高度分散于活性组分 Fe_3O_4 晶粒之间，稳定了 Fe_3O_4 的微晶结构，使催化剂具有更多的微孔和更大的比表面积，从而提高催化剂的活性和耐热性以及机械强度。添加 K_2O 可提高催化剂的活性，添加 MgO 和 Al_2O_3 可增加催化剂的耐热性，且 MgO 具有良好的抗硫化氢能力。

铁铬系催化剂能使有机硫转化为无机硫，其反应为：

$$CS_2 + H_2O \longrightarrow COS + H_2S$$

$$COS + H_2O \longrightarrow H_2S + CO_2$$

对 COS 而言，转化率可达 90%以上。以煤为原料的中小型氨厂主要靠变换来完成有机硫转化为硫化氢的过程。

铁铬系催化剂中，Fe_2O_3 需还原为 Fe_3O_4 才具有活性。生产上一般是用含氢气体或一氧化碳的原料气进行还原，反应如下：

$$3Fe_2O_3 + CO \longrightarrow 2Fe_3O_4 + CO_2 \qquad \Delta H^{\ominus}_{298} = -50.81\text{kJ/mol} \qquad (2\text{-}45)$$

$$3Fe_2O_3 + H_2 \longrightarrow 2Fe_3O_4 + H_2O\ (g) \qquad \Delta H^{\ominus}_{298} = -9.621\text{kJ/mol} \qquad (2\text{-}46)$$

当汽/干气比为 1 进行还原时，干气每消耗 1%的氢气温升为 1.5℃，每消耗 1%的一氧化碳温升为 7℃。因此，还原时气体中 CO 和 H_2 含量不宜过高。同时，应严格控制还原气中的氧含量，当汽/干气比为 1 时，每 1%的 O_2 可造成 70℃的温升。因此，当系统停车时，必须对催化剂进行钝化处理。

需要指出，铁铬系催化剂因制造原料的关系通常都含有少量的硫酸盐，在还原时以硫化氢的形式放出，称为“放硫”。对于中变串低变而低变采用铜锌系催化剂的流程，必须使中变催化剂放硫完毕（中变出口硫化氢含量符合低变气进口要求）后，工艺气才能串入低温变换炉，以避免硫化氢使低变催化剂中毒。

硫化氢使铁铬系催化剂暂时性中毒，增大水蒸气用量或使原料气中硫化氢含量低于规定指标，催化剂的活性能逐渐恢复。但是，这种暂时性中毒如果反复进行，也会引起催化剂的微晶结构发生变化，导致活性下降。

国产铁铬系中变催化剂的性能如表 2-8 所示。

表 2-8 国产铁铬系中变催化剂的性能

型　号	B104	B106	B109	B110	WB-2	BMC
化学组成	Fe_2O_3、MgO、Cr_2O_3、少量 K_2O	Fe_2O_3、MgO、Cr_2O_3、SO_3<0.7%	Fe_2O_3、MgO、Cr_2O_3、$SO_4^{2-}\approx$0.18%	Fe_2O_3、MgO、Cr_2O_3、S<0.06%	Fe_2O_3、MgO、Cr_2O_3、K_2O	Fe_2O_3、MoO_3
规格/mm	圆柱体 $\phi7\times(5\sim15)$	圆柱体 $\phi9\times(7\sim9)$	圆柱体 $\phi9\times(7\sim9)$	片剂 $\phi5\times5$	圆柱体 $\phi9\times(5\sim7)$	圆柱体 $\phi9\times(7\sim9)$
堆积密度/(kg/L)	1.0	1.4～1.5	1.5	1.6	1.3～1.4	1.5～1.6
400℃还原后的比表面积/(m^2/g)	30～40	40～45	>70	55	80～100	≈50

续表

型　号	B104	B106	B109	B110	WB-2	BMC
400℃还原后的孔隙率/%	40～50	≈50			45～50	20
使用温度范围(最佳活性温度)/℃	380～520 (450～500)	360～500 (375～450)	320～500 (350～450)	320～500 (350～450)	320～480 (350～450)	310～480 (350～450)
进口气体温度/℃	>380	>360	330～350	350～380	330～350	310～340
H_2O/CO(摩尔比)	3～5	3～4	2.5～3.5	原料气含CO 13%时 3.5～7	2.5～3.5	2.2～3.0
常压下干气空速/h^{-1}	300～400	300～500	300～500 800～1500 (1.0MPa以上)	原料气含CO 13%时2000～3000(3.0～4.0MPa)	300～500 800～1500 (1.0MPa以上)	300～500 800～1500 (1.0MPa以上)
H_2S允许含量/(g/m^3)	<0.3	<0.1	<0.05		<0.5	<1～1.5

2. 铜锌系低变催化剂

铜锌系低变催化剂是以CuO为主体，ZnO、Cr_2O_3、Al_2O_3为促进剂的催化剂，它具有低温活性好、蒸汽消耗量低的特点，但抗毒性能差，使用寿命短。

金属铜微晶是低变催化剂的活性组分，在使用前需使CuO还原为Cu。显然，较高的铜含量和较小尺寸的微晶，对提高反应活性是有利的。单纯的铜微晶，在操作温度下极易烧结，导致微晶增大，比表面积减小、活性降低和寿命缩短。因此，需要添加适宜的添加物，使之均匀地分散于铜微晶的周围，将微晶有效地分隔开，提高其热稳定性。常用的添加物有ZnO、Cr_2O_3、Al_2O_3等。

铜锌系催化剂的组成一般为：CuO 15.37%～31.2%（最高达42%），ZnO 32%～62.2%，Cr_2O_3 0～48%，Al_2O_3 0～40%。

低变催化剂对温度比较敏感，其升温还原要求较严格，可用氮气、天然气或过热蒸汽作为惰性气体配入适量的还原气体进行还原。生产上使用的还原性气体是含氢或一氧化碳的气体，反应如下：

$$CuO + H_2 \longrightarrow Cu + H_2O \qquad \Delta H_{298}^{\ominus} = -86.6kJ/mol \tag{2-47}$$

$$CuO + CO \longrightarrow Cu + CO_2 \qquad \Delta H_{298}^{\ominus} = -127.6kJ/mol \tag{2-48}$$

实践证明，还原温度高会使催化剂的活性降低。因此，生产中一定要把好升温还原关，要严格控制好升温、恒温、配氢三个环节。一般升温速率为20～30℃/h，从100℃升至180℃，可按12℃/h进行。为脱除催化剂中的水分，宜在70～80℃和120℃恒温脱水，在180℃时催化剂已进入还原阶段，此时应恒温2～4h，以缩小床层的径向和轴向温差，防止还原反应不均匀。氢气的配入量可从还原反应初期的0.1%～0.5%，逐步增至3%，还原后期可增至10%～20%，以确保催化剂还原彻底。

与中变催化剂相比，低变催化剂对毒物更为敏感。主要毒物有：硫化物、氯化物和冷凝水。硫化物能与低变催化剂中的铜微晶反应生成硫化亚铜，氧化锌变为硫化锌，属于永久性中毒，吸硫量越多、催化剂活性丧失越多。因此，低变气必须严格进行气体脱硫，使硫化氢含量在1×10^{-6}（体积分数）以下。氯化物对低变催化剂的危害更大，其毒性较硫化物大5～10倍，为永久性中毒。氯化物的主要来源是工艺蒸汽或冷激用的冷凝水。因此，改善工厂用水的水质是减少氯化物毒源的重要环节。采用脱盐水，严格控制水质。进气中的水蒸气在催化剂上冷凝不仅损害催化剂的结构和强度，而且水汽冷凝极易变成稀氨水与铜微晶形成铜氨配合物。因此，低温变换的操作温度一定要高于该条件下的气体露点温度。

几种国产低变催化剂的主要性能如表 2-9 所示。

表 2-9 国产低变催化剂的主要性能

型号	B201	B202	B204	EB-1
主要成分	CuO、ZnO、Cr_2O_3	CuO、ZnO、Al_2O_3	CuO、ZnO、Al_2O_3	CoS、MoS_2、Al_2O_3
规格/mm	片剂 $\phi 5\times 5$	片剂 $\phi 5\times 5$	片剂 $\phi 5\times(4\sim4.5)$	球形 $\phi 4$、$\phi 5$、$\phi 6$，片剂 $\phi 5\times 4$
堆积密度/(kg/L)	1.5～1.7	1.3～1.4	1.4～1.7	1.05，1.25
比表面积/(m^2/g)	63	61	69	
使用温度/℃	180～260	180～260	210～250	160～400，185～260
汽气比(摩尔比)	$H_2O/CO=6\sim10$	$H_2O/CO=6\sim10$	H_2O/干气$=0.5\sim1.0$	H_2O/干气$=1.0\sim1.2$ 入口 $H_2S>0.05g/m^3$
干气空速/h^{-1}	1000～2000 (2.0MPa)	1000～2000 (2.0MPa)	2000～3000 (3.0MPa)	625～2000 (0.71～0.86MPa)

3. 钴钼系耐硫变换催化剂

钴钼系耐硫变换催化剂是以 CoO、MoO_3 为主体的催化剂，它具有突出的耐硫与抗毒性，低温活性好，活性温区宽。在以重油、煤为原料的合成氨厂，使用钴钼系耐硫变换催化剂可以将含硫的原料气直接进行变换，再进行脱硫、脱碳，简化了流程，降低了能耗。

钴钼系耐硫变换催化剂的活性组分是 CoS、MoS_2，使用前必须硫化，为保持活性组分处于稳定状态，正常操作时，气体中应有一定的总硫含量，以避免反硫化现象。

对催化剂进行硫化，可用含氢的 CS_2，也可直接用硫化氢或含硫化物的原料气。硫化反应如下：

$$CS_2+4H_2 \longrightarrow 2H_2S+CH_4 \qquad \Delta H_{298}^{\ominus}=-240.6kJ/mol \tag{2-49}$$

$$MoO_3+2H_2S+H_2 \longrightarrow MoS_2+3H_2O \qquad \Delta H_{298}^{\ominus}=-48.1kJ/mol \tag{2-50}$$

$$CoO+H_2S \longrightarrow CoS+H_2O \qquad \Delta H_{298}^{\ominus}=-13.4kJ/mol \tag{2-51}$$

表 2-10 为国内外耐硫变换催化剂的组成及性能。

表 2-10 国内外耐硫变换催化剂的组成及性能

项目	德国	丹麦	美国	中国	
型号	K8-11	SSK	C25-2-02	B301	B302Q
化学组成	CoO、MoO_3、Al_2O_3	CoO、MoO_3、K_2O、Al_2O_3	CoO、MoO_3、K_2O、Al_2O_3 加稀土元素	CoO、MoO_3、K_2O、Al_2O_3	CoO、MoO_3、K_2O、Al_2O_3
规格/mm	条形 $\phi 4\times 10$	球形 $\phi 3\sim5$	条形 $\phi 5\times 5$	条形 $\phi 5\times 5$	球形 $\phi 3\sim5$
堆密度/(kg/L)	0.75	1.0	0.7	1.2～1.3	0.9～1.1
比表面积/(m^2/g)	150	79	122	148	173
使用温度/℃	280～500	200～475	270～500	210～500	180～500

三、工艺条件

1. 温度

变换反应存在最佳温度，如果整个反应过程能按最佳温度曲线进行，则反应速率最大，即相同的生产能力下所需催化剂用量最少。但是实际生产中完全按最佳温度曲线操作是不现实的。首先，在反应初期，x 很小，但对应的 T_m 很高，且已超过了催化剂的耐热温度。而此时，由于远离平衡，反应的推动力大，即使在较低温度下操作仍有较高的反应速率。其次，随着反应的进行，x 不断升高，反应热不断放出，床层温度不断提高，而依据最适宜曲线，T_m 却要求不断降低。因此，随着反应的进行，应从催化床中不断移出适当的热量，使床层温度符合 T_m 的要求。生产上确定变换反应温度的原则如下。

① 催化床温度应在催化剂的活性温度范围内操作。入口温度高于催化剂的起始活性温度 20℃左右，热点温度低于催化剂的耐热温度。在满足工艺条件的前提下，尽量维持低温操作。随着催化剂使用时间的增长，因催化剂活性下降，操作温度应适当提高。

② 催化床温度应尽可能接近最佳温度。为此，必须从催化床中不断移出热量，并且对移出的热量加以合理利用。

根据催化床与冷却介质之间换热方式的不同，移热方式可分为连续换热和多段换热式两大类。对变换反应，由于整个反应过程变换率较大，反应前期与后期单位催化床层所需排出的热量相差甚远，故主要采用多段换热式。此类变换炉的特点是反应过程与移热过程分开进行。多段换热式又可分为多段间接换热与多段直接换热。前者是在间壁式换热器中进行的；后者则是在反应气中直接加入冷流体以达到降温的目的，又称冷激式。变换反应可用的冷激介质有：冷原料气、水蒸气及冷凝水。

对于低变过程，由于一氧化碳反应量少，无需从床层移热。其温度控制除了必须在催化剂的活性温度范围内操作外，低限温度必须高于相应条件下的水蒸气露点温度约 30℃。

2. 压力

压力对变换反应的平衡几乎没有影响，而反应速率却随压力的增大而增大。故提高压力对变换反应是有利的。从能量消耗上来看，加压操作也是有利的。因为变换前干原料气的体积小于干变换气的体积，所以先压缩干原料气后再进行变换比常压变换后再压缩干变换气的功耗低。因原料气中一氧化碳含量的差异，功耗可降低 15%～30%。同时加压变换可提高过剩蒸汽的回收价值。当然，加压变换需要压力较高的蒸汽，对设备的材质要求相对要高。实际操作压力应根据大、中、小型氨厂的工艺特点，特别是工艺蒸汽的压力及压缩机各段压力的合理配置而定。一般小型氨厂为 0.7～1.2MPa；中型氨厂 1.2～1.8MPa；大型氨厂因原料及工艺的不同差别较大。

3. H_2O/CO

增加水蒸气用量，既有利于提高一氧化碳的变换率，又有利于提高变换反应的速率，为此，生产上均采用过量水蒸气。

但是，水蒸气用量是变换过程中最主要的消耗指标。工业上应在满足生产要求的前提下尽可能降低水蒸气的比例。首先，采用低温高活性催化剂是降低水蒸气用量行之有效的措施；其次，应将一氧化碳变换与后工序脱除残余一氧化碳的方法结合考虑，合理确定一氧化碳最终变换率。

四、工艺流程

变换工艺流程的设计，首先应依据原料气中的一氧化碳含量高低来加以确定。一氧化碳含量高，应采用中温变换。这是由于中变催化剂操作温度范围较宽，而且价廉易得，使用寿命长。当一氧化碳含量高于15%时，应考虑将反应器分为二段或三段变换，以使操作温度接近最佳温度。其次是根据进入系统的原料气温度和湿含量，考虑气体的预热和增湿，合理利用余热。最后应将一氧化碳变换和脱除残余一氧化碳的方法联合考虑，如果变换后残留一氧化碳量较高，则仅用中变即可。否则，需采用中变与低变串联，以降低变换气中的一氧化碳含量。

1. 中变-低变串联流程

对于以天然气为原料的大型氨厂，由于在蒸汽转化前脱硫已很彻底，而且加入了大量蒸汽，所以中温变换后可直接进行低温变换，流程比较简单，原料气精制一般采用甲烷化法。由于天然气转化所得到的原料气中一氧化碳含量较低，这样只需配置一段变换即可。如图2-9所示。将含有一氧化碳13%～15%的原料气经废热锅炉1降温至370℃左右进入高变炉2。因转化气中的水蒸气含量较高，一般无需另加蒸汽。经高变炉变换后的气体中一氧化碳含量可降至3%左右，温度为420～440℃。高变气进入高变废热锅炉3及甲烷化炉进气预热器4回收热量后进入低变炉5。低变炉绝热温升仅为15～20℃，此时出低变炉的低变气中一氧化碳含量在0.3%～0.5%。为提高传热效果，在饱和器6中喷入少量水，使低变气达到饱和状态，提高在贫液再沸器7中的传热系数。

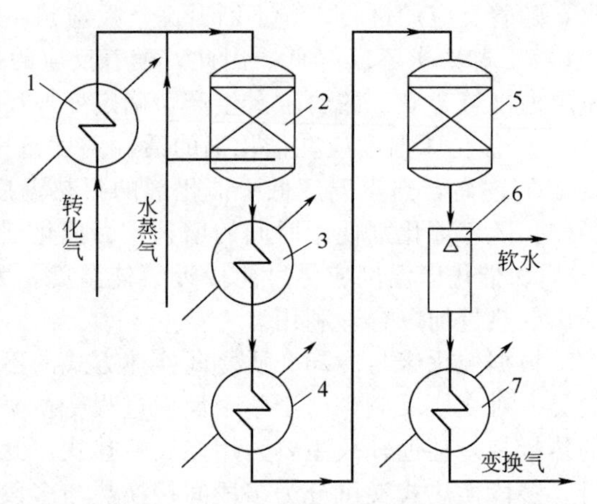

图2-9　一氧化碳中变-低变串联流程

1—废热锅炉；2—高变炉；3—高变废热锅炉；4—甲烷化炉进气预热器；5—低变炉；6—饱和器；7—贫液再沸器

2. 中低低流程

为进一步降低蒸汽消耗，减轻饱和塔负荷，提高变换率。有些合成氨厂在原有中变-低变串联的基础上，进行技术改造，成为中变-低变-低变串联（简称中低低）工艺流程。将原中变炉保留二段中温变换催化剂，把下段中变催化剂改装成钴钼低温催化剂，低变炉继续使用钴钼低变催化剂。

3. 全低变流程

全低变工艺是指全部使用宽温区的钴钼耐硫低温变换催化剂取代传统的铁铬系耐硫变换催化剂。并且由于催化剂的起始活性温度低，使全低变工艺变换炉的操作温度大大低于传统中变炉的操作温度，使变换系统处于较低的温度范围内操作，入炉的汽气比大大降低，蒸汽消耗量大幅度减少，在生产中得到越来越多的应用。一般分为设饱和热水塔全低温变换工艺流程和不设饱和热水塔全低温变换工艺流程。

设饱和热水塔全低温变换工艺流程如图2-10所示。

半水煤气经过饱和热水塔1、气水分离器3、热交换器4增湿提温后，温度达180～220℃进入变换炉6。经一段催化床反应后的气体温度在350℃左右，进入热交换器、蒸汽过热器冷却降温，并补入一定数量蒸汽后进入二段催化床层反应，反应后的气体经调温水加热器7降温后进入第三段催化床反应，出变换炉的变换气中一氧化碳含量在1.0%～1.5%。变换气经水加热器2、锅炉给水加热器8回收热量，最后经冷却器降至常温后，送至下一工序。

不设饱和热水塔全低温变换工艺流程如图2-11所示。

来自煤气化装置的粗煤气（213℃，3.72MPa），经1#气液分离器1分离冷凝液后进入

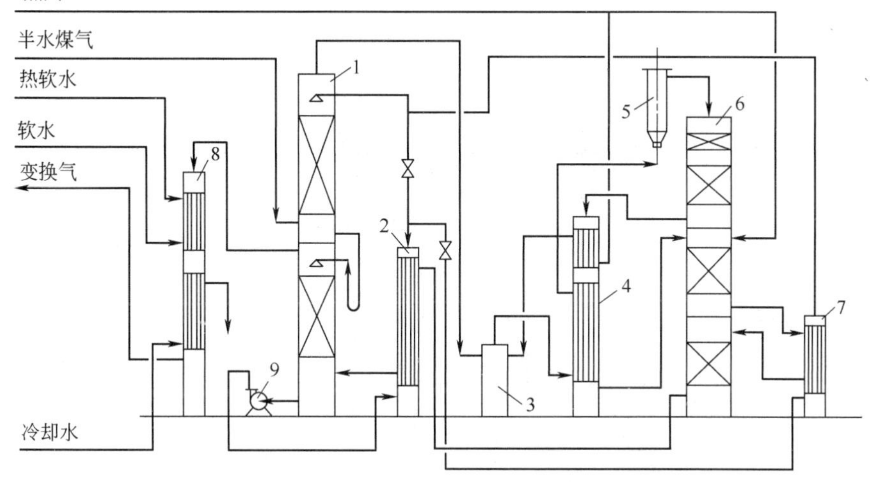

图 2-10　设饱和热水塔全低温变换工艺流程

1—饱和热水塔；2—水加热器；3—气水分离器；4—热交换器；5—电炉；
6—变换炉；7—调温水加热器；8—锅炉给水加热器；9—热水泵

变换炉进料换热器 2，预热升温到 260℃后进入脱毒槽 3，脱除对催化剂有害的成分。再与中压蒸汽混合进入 1＃变换炉 4，轴径向变换炉内装有耐硫变换催化剂，气体在变换炉中发生变换反应，出变换炉的变换气温度为 386℃，依次经变换炉进料换热器、2＃中压蒸发冷凝器 6 降温至 240℃。与中压蒸汽混合进入 2＃变换炉 5 进行变换反应，出变换炉的变换气温度为 399℃，依次经 1＃中压蒸发冷凝器 7、冷凝液加热器 8 降温至 220℃。变换气进入 3＃变换炉 9 进行变换反应，出变换炉的温度为 259℃，经过 1＃低压蒸发冷凝器 10 降温至 200℃。进入 4＃变换炉 11 进行变换反应，出变换炉的温度为 204℃，经过 2＃低压蒸发冷凝器 12 降温至 170℃。变换气进入 2＃气液分离器 15，分离冷凝液后依次经脱盐水预热器 13、锅炉给水预热器 14 降温冷却至 73℃。变换气进入 3＃气液分离器 19，分离冷凝液后经过变换气水冷器 18 降温至 40℃，进入 4＃气液分离器 20，分离冷凝液后的变换气去脱硫脱碳工段。2＃气液分离器分离出的冷凝液经 1＃冷凝液增压泵 16 升压至 4.55MPa，3＃气液分离器分离出的冷凝液经 2＃冷凝液增压泵 17 升压至 4.55MPa，两者混合后送至冷凝液加热器，与高温变换气进行换热后送至汽化装置。4＃气液分离器分离出的冷凝液与来自脱盐水槽的脱盐水混合后进入汽提塔 21，用中压蒸汽进行汽提，塔顶气去放空总管，塔底工艺冷凝液与 1＃气液分离器分离出的冷凝液混合，送去汽化装置。

五、变换反应器的类型

动画扫一扫
变换炉

绝热变换炉外壳是用钢板制成的圆筒形容器，内壁筑有保温层，以降低炉壁温度。为减少热量损失，设备外部有保温层。炉内有支架，支架上铺有箅子板和钢丝网及 5～50mm 的耐火球，在上面装填催化剂。炉内还有冷激喷头。典型的中温变换炉见图 2-12。

变换炉属于气固相催化反应器，工艺上一般要求为：

① 处理气量大；

② 气流的阻力小、气体在炉内分布均匀；

③ 热损失小——这是稳定生产、节能降耗的重要条件；

④ 结构简单，便于制造和维修，并尽可能接近最佳反应温度曲线。

资料扫一扫
一氧化碳等温变换技术节能显著

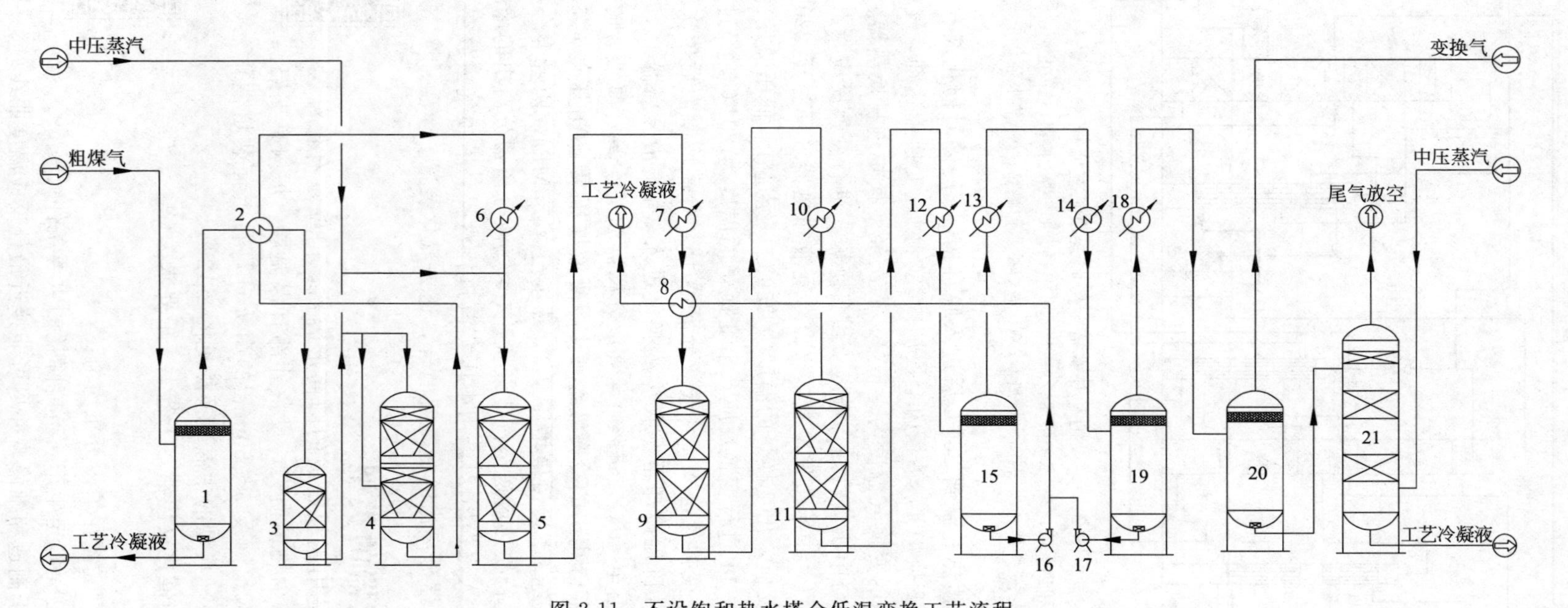

图 2-11 不设饱和热水塔全低温变换工艺流程

1—1＃气液分离器；2—变换炉进料换热器；3—脱毒槽；4—1＃变换炉；5—2＃变换炉；6—2＃中压蒸发冷凝器；7—1＃中压蒸发冷凝器；8—冷凝液加热器；9—3＃变换炉；10—1＃低压蒸发器；11—4＃变换炉；12—2＃低压蒸发冷凝器；13—脱盐水预热器；14—锅炉给水预热器；15—2＃气液分离器；16—1＃冷凝液增压泵；17—2＃冷凝液增压泵；18—变换气水冷器；19—3＃气液分离器；20—4＃气液分离器；21—汽提塔

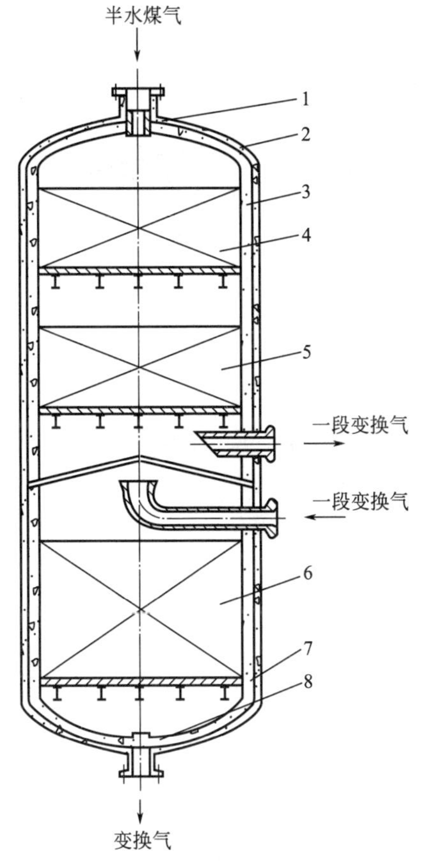

图 2-12　中温变换炉

1—气体入口；2—炉体；3—保温层；4—一段催化剂层；5—二段催化剂层；6—三段催化剂层；7—炉箅；8—气体出口

1. 多段间接换热式

这是一种催化床层反应为绝热反应（忽略设备的热损），段间采用间接换热器降低变换气温度的装置。绝热反应一段，间接换热一段是这类变换炉的特点，如图 2-13(a) 所示。图 2-13(b) 为实际操作温度变化线。图中 E 点是入口温度，一般比催化剂的起始活性温度高约 20℃，气体在第一段中绝热反应，温度直线上升。当穿过最佳温度曲线后，离平衡曲线越来越近，反应速率明显下降。所以，当反应进行到 F 点（不超过催化剂的活性温度上限时），将反应气体引至热交换器进行冷却，变换率不变，温度降低至 G，FG 为一平行于横轴的直线。从 G 点进入第二段床层反应，使操作温度尽快接近最佳温度。

床层的分段一般由半水煤气中的一氧化碳含量、转化率、催化剂的活性温度范围等因素决定。反应器分段太多，流程和设备太复杂，也不经济，一般为 2～3 段。

2. 多段原料气冷激式

图 2-14 为多段原料气冷激式反应器示意图。它与间接换热式不同之处在于段间的冷却过程采用直接加入冷原料气的方法使反应后气体温度降低。绝热反应一段，用冷原料气冷激一次是这类变换反应器的特点。由图 2-14(b) 可看出，图中 FG 是冷激线，冷激过程虽无反应，但因添加了原料气使反应后气体的变换率下降，反应后移，催化剂用量要比间接换热式多。但冷激式的流程简单，调温方便。

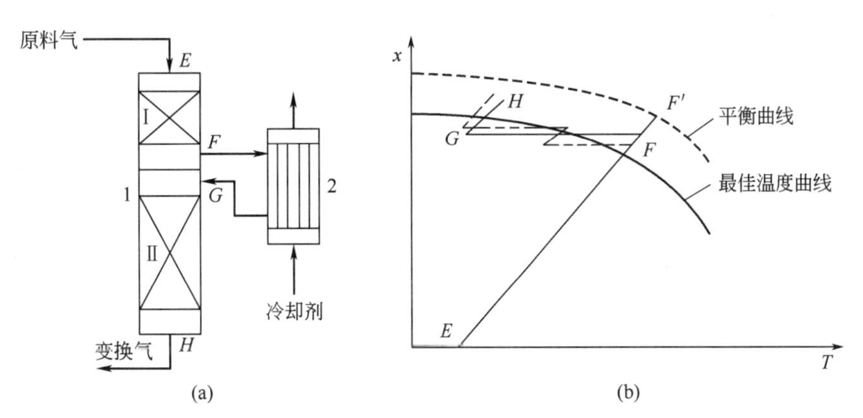

图 2-13　中间冷却式两段绝热反应器

1—反应器；2—热交换器；$EFGH$—操作温度线

3. 多段水冷激式

图 2-15 为多段水冷激式变换反应器示意图。它与原料气冷激式不同之处在于冷激介质改为冷凝水。操作状况见图 2-15(b)。由于冷激前后变换率不变，所以，冷激线 FG 是一水平线。但由于冷激后气体中水蒸气含量增加，达到相同的变换率，平衡温度升高。根据最佳

温度和平衡温度的计算公式，相同变换率下的最佳温度升高。因此，二段所对应的适宜温度和平衡温度上移。由于液态水的蒸发潜热很大，少量的水就可以达到降温的目的。调节灵敏、方便。并且水的加入增加了气体的湿含量，在相同的汽气比下，可减少外加蒸汽量，具有一定的节能效果。

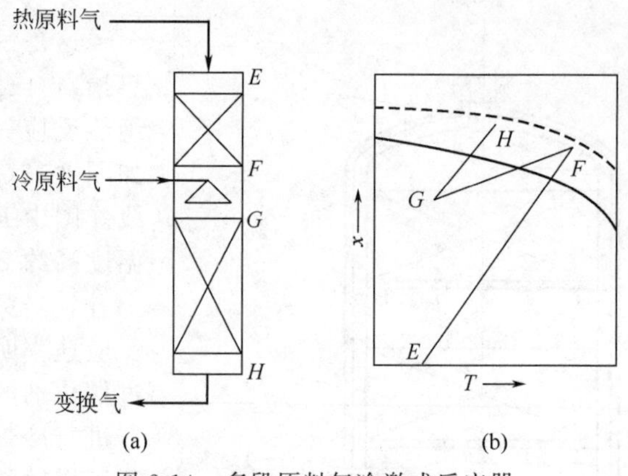

图 2-14　多段原料气冷激式反应器

以上分析了几种多段变换炉的工艺特征，从这些变换炉的 T-x 图来看，整个反应过程只有部分点在最佳温度曲线上，要使整个反应过程完全沿着最佳温度曲线进行，段数要无限多才能实现，显然这是不现实的。因此，工业生产中的多段变换炉只能接近而不能完全沿着最佳温度曲线进行反应。段数越多，越接近最佳温度曲线，但也带来不少操作控制上的问题。故工业变换炉及全低变换炉一般用 2～3 段。并且，根据工艺需要，变换炉的段间降温方式可以是上述介绍的单一形式，也可以是几种形式的组合。一般间接换热冷却介质多采用冷原料气或蒸汽。用冷原料气时由于与热源气体的热容、密度相差不大，故热气体的热量易被移走，调节温度方便，冷热气体温差较大，换热面积小。用蒸汽作冷却介质时可将饱和蒸汽变成过热蒸汽再补入系统可以减少主换热器的腐蚀。但蒸汽间接换热不宜单独使用，因在多数情况下系统补加的蒸汽量较少，常常只有热气体的 1/6，调温效果不理想，故常将蒸汽换热与其他换热方法在同一段间接降温中结合起来使用。对于原料气冷激、蒸汽冷激和水冷激三种直接降温方法中，前两种方法因冷激介质热容小，降温效果差。蒸汽冷激，不仅蒸汽消耗量大，且增加了系统阻力及热回收设备的负担。原料气冷激，由于未变换原料气的加入使反应后的气体变换率下降，反应后移，催化剂利用率降低。故蒸汽和原料气冷激降温目前很少采用。相反，水冷激降温在近年来被广泛采用。由于液态水的蒸发潜热很大，少量的水就可达到降温的目的，调节灵敏、方便。且水的加入增加了气体的湿含量，在相同的汽气比下，可减少外加蒸汽量，具有一定的节能效果。但是冷激用水要注意水质，否则会引起催化剂结块，降低活性。

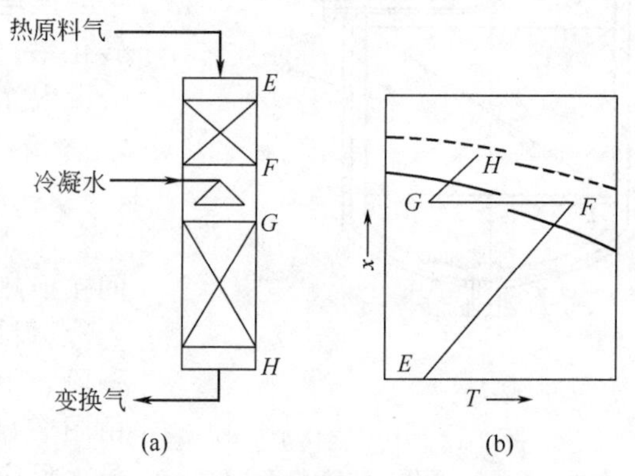

图 2-15　多段水冷激式变换反应器

4. 等温式

多段反应、多段换热的变换工艺存在流程长、变化率低、催化剂使用寿命短、换热体系复杂的问题，为了改变这种状况、简化变换工艺流程，提出了等温变换反应器。

等温变换工艺将换热器置于反应器中，通过锅炉给水吸收工艺余热副产蒸汽的方式移去反应热，保持催化剂床层基本恒温。这样，就可以省去相关的换热和热能回收设备，简化工艺流程，并降低设备的造价。由于温度降低，反应程度加深，变换率提高，反应热被及时移出使反应过程温和，并接近最适宜温度，延长了催化剂的寿命并且催化剂的性能也得到最大限度地发挥。

水移热管束式等温变换炉由壳体和内件组成，见图 2-16。壳体由筒体、上封头、下封头组成，上封头与筒体之间采用法兰连接，法兰之间采用“Ω”密封，上下封头分别设有气体进出口。内件由水移热管束、气体分布器、气体集气筒、密封板、支撑座等部件组成，水移热管束与进出水管之间采用管式联箱结构。内件与外筒可以拆卸，管内走水、管外装填催化剂，变换炉下部设有催化剂自卸口。

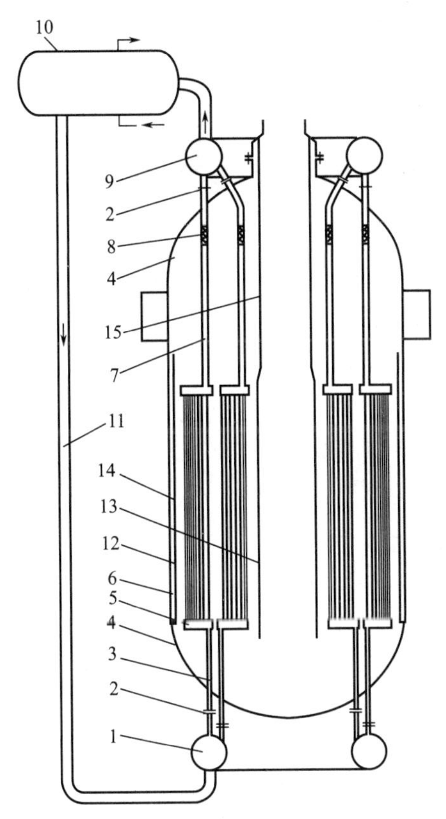

图 2-16　等温变换炉结构示意图

1—下联箱管；2—法兰；3—进口接管；4—封头；5—冷管束；6—反应器筒体；7—出口接管；8—膨胀节；9—上联箱管；10—汽包；11—进水总管；12,13—气孔；14—内筒；15—中心管

原料气从水移热等温变换炉上部进入后由侧面径向分布器进入催化剂床层，然后沿径向通过催化剂床层，反应的同时与埋设在催化剂床层内的水管换热，再经内部集气筒收集后由下部出水移热等温变换炉。来自汽包的不饱和水自水移热等温变换炉下部进水管进入水移热等温变换炉，再经下部大环管、分配管分配至各换热管内与反应气体换热，然后通过上环管或集水箱收集后经出水管去汽包，在汽包中分离出蒸汽去蒸汽缓冲器参加变换反应或外送其他工序使用，分离下来的水从汽包下部再次进入等温变换炉参与下一循环。

“等温变换技术”是利用内部水移热管束将反应热及时移出，确保催化剂床层温度可以控制在 180～350℃范围，操作温度通过副产蒸汽压力控制，易于操作，催化剂装填量不受超温限制，有效延长了催化剂使用寿命，副产蒸汽品位高，同时可以减少设备数量，降低设备投资。

六、降低能耗的方法

① 采用优质低温催化剂，降低蒸汽消耗量。低温下进行变换反应，完成相同变换率所需汽气比低。变换工艺从活性温度高的中变催化剂到活性温度低的中变催化剂，从单一中变流程到中变串低变以至全低变流程，其主要目的就是降低反应温度，降低汽气比，降低变换气中一氧化碳含量。此外，变换炉合理的分段，适宜的段间降温方法，以及催化剂的良好维护都是降低汽气比的有效措施。

② 加强余热回收，合理设置工艺流程。设置第二热水塔、二水加热器等换热设备，尽量降低入冷却器的变换气温度。设中间水加热器等设备，提高入饱和塔的热水温度，从而增加饱和塔回收蒸汽量，减少外供蒸汽量。

③ 采用新型、高效饱和热水塔，提高饱和塔出口半水煤气温度。在饱和塔入口热水温度一定的情况下，饱和塔回收蒸汽量的多少取决于塔内传热传质的状况。采用新型垂直筛板塔代替填料塔对改善气-液接触，提高传热、传质效率，保证安全生产收到了良好的效果。

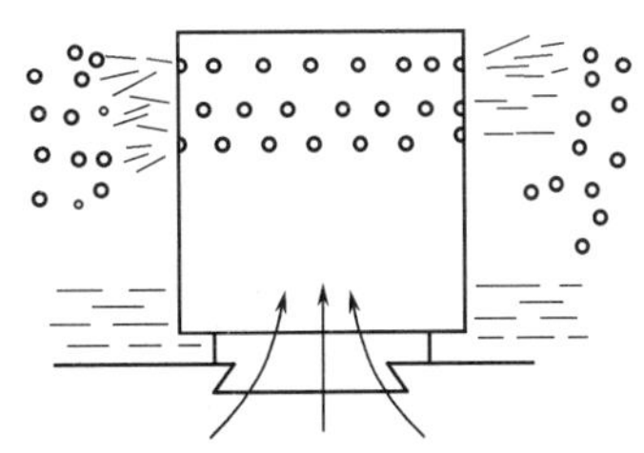
图 2-17　新型垂直筛板塔的筛板结构

新型垂直筛板塔的筛板结构如图 2-17 所示，它是由塔板上开有的升气孔及罩于其上的帽罩组成。采用该项

技术，在相同工艺条件下，能大大提高饱和塔半水煤气出口温度，饱和塔出口气液温差小于3℃，热水塔变换气出口温度可降到100℃左右，一塔一泵可满足变换工段热量回收的要求和铜洗再生所需的热量，简化了变换工段余热回收的流程。

七、耐硫低温变换原始开车及正常开停车的原则步骤——化工生产操作之二

1. 开车操作

（1）原始开车　原始开车步骤如下。

① 开车前的准备工作　设备安装完毕后，按照规定的程序和方法进行检查、清扫吹净、气密试验、催化剂装填及系统置换。

② 催化剂升温硫化　根据不同型号催化剂的性质，制订出合理的升温硫化方案，可根据工厂具体情况，选择气体一次通过法或气体循环硫化法进行硫化。B303Q型催化剂采用气体一次通过法硫化，其升温硫化控制指标见表2-11。

表2-11　B303Q型催化剂升温硫化控制指标

阶　段	时间/h	空速/h^{-1}	床层温度/℃	入炉 H_2S 含量/(g/m^3)	备　注
升温期	8～10	200	160～180	—	先置换后升温
硫化初期	10～12	200	200～300	10～20	出口 H_2S 含量>$3g/m^3$ 为穿透
强化期	8～10	200	300～350	10～20	出口 H_2S 含量>$10g/m^3$ 或进出口 CS_2 含量相近
			350～430	20～40	
降温置换期	4～8	200	—	—	出口 H_2S 含量<$1.0g/m^3$

催化剂升温硫化分为升温期、硫化初期、强化期和降温置换期四个阶段。升温前要用干煤气对低变炉进行置换，使低变炉出口取样分析 O_2 含量小于0.5%为合格。开启电炉加热煤气升温。当催化剂床层升温至180～200℃时，可加入 CS_2 转入硫化初期。

在硫化初期控制电炉出口温度在220～250℃，进催化剂床层的半水煤气中 H_2S 含量（标准状态）10～20g/m^3，当催化剂床层各段出口 H_2S 含量（标准状态）>$3g/m^3$，可以进入强化期。在强化期，将电炉出口温度逐渐提高到300～350℃，执行8h，然后逐步提高电炉出口温度和 CS_2 配入量，使催化剂温度升到350～430℃，维持8h，当床层各点温度均达到425℃左右，保持4h以上，同时尾气出口 H_2S 含量（标准状态）连续3次在10g/m^3 以上可认为硫化结束。硫化结束后，逐渐加大半水煤气循环量降温，开大放空排硫（如果采用脱硫后半水煤气硫化，在300℃以上时，需保持 CS_2 的继续加入，防止已硫化好的催化剂发生反硫化），当温度降至300℃以下，分析出口 H_2S 含量（标准状态）<1.0g/m^3 时，为排硫结束，可转入正常生产。

注意事项：a. 升温硫化过程，氧气含量一定控制在0.5%以下；b. 床层温度控制以调节电炉功率、煤气量（空速）为主，适当改变 CS_2 的配入量；c. 床层温度暴涨，要及时断电、停 CS_2、加大气量；d. 严禁蒸汽、油污进入系统；e. CS_2 易燃易爆，注意安全，防止放空着火。

（2）短期停车后的开车　若停车时间短，温度仍在催化剂活性温度范围，可直接开车。否则，打开电炉用干煤气升温，在低变炉入口处放空，待温度升至正常（至少高于露点温度）后投入运行，或用热变换气进行升温后投入系统。低变炉并入前，开进口、出口管道导淋阀，排净管道内积水。待中变炉调整稳定，且低变炉入口变换气温度到达该压力下的露点

温度 30℃以上时，硫化氢含量符合指标要求后，开副线阀进行充压。待低变压力充至与前系统一样后，开低变炉进出口阀，将低变炉并入系统，调整适当的汽气比，用副线阀将炉温调整到指标之内，逐渐加大生产负荷，转入正常生产。

（3）长期停车后开车　催化剂床层温度降到活性温度以下，需重新进行升温，升温方法与催化剂升温硫化相同。当催化剂升至活性温度时停止升温，其余步骤与短期停车后的开车相同。

2. 停车操作

（1）短期停车　关闭低变系统进出口阀、导淋阀、取样阀，保温、保压。如床层温度下降系统压力亦应降低，保证床层温度高于露点 30℃；当温度降至 120℃前，压力必须降至常压，然后以煤气、变换气或保存在钢瓶内的精炼气保持正压，严防空气进入。紧急停车同短期停车，关闭系统进出口阀、副线阀、导淋阀、取样阀，保持温度和压力，注意热水塔液位，以免液位过高倒入低变炉。

（2）长期停车　在系统停车前，将低变炉压力以 0.2MPa/min 的速率降至常压，并以干煤气或氮气将催化剂床层温度降至小于 40℃，降温速率为 30℃/h，关闭低变进出口阀及所有测压、分析取样点，并加盲板，把低变炉与系统隔开。并用氧含量小于 0.5%的惰性气体（煤气、变换气或氮气）保持炉内微正压（100～200Pa），严禁空气进入炉内。

必须检查催化剂床层时，先以氮气（O_2<0.1%）置换后，仅能打开人孔，避免产生气体对流使空气进入催化剂产生烟囱效应。

卸催化剂时，用干煤气将低变炉降至常温常压，并以 N_2 吹扫床层。打开卸料孔，将催化剂卸入塑料袋或桶内封存，24h 内再装填，可不硫化直接并气运行。

第三节　原料气中二氧化碳的脱除

合成氨原料气，经变换后都含有相当数量的二氧化碳，在合成之前必须清洗干净。此外二氧化碳又是生产尿素、碳酸氢铵和纯碱的重要原料，应加以回收利用。

工业上常用的脱除二氧化碳方法为溶液吸收法。一类是循环吸收法，即溶液吸收二氧化碳后在再生塔解吸出纯态的二氧化碳，再生后的溶液循环使用；另一类是联合吸收法，将吸收二氧化碳与生产产品联合起来同时进行，例如碳铵、联碱的生产过程。

循环吸收法根据吸收原理的不同，可分为物理、化学和物理化学吸收法三种。物理吸收法是利用二氧化碳能溶解于水或有机溶剂的特性。化学吸收法则是以碱性溶液为吸收剂，利用二氧化碳是酸性气体的特性进行化学反应将其吸收。物理化学吸收法是兼有物理吸收和化学吸收法，环丁砜和聚乙二醇二甲醚法属于此类方法。以下将对化学吸收法和物理吸收法的基本原理及基本工艺加以介绍。

一、化学吸收法

工业上化学吸收法脱碳主要有热碳酸钾、有机胺和氨水等吸收法。热碳酸钾法根据向溶液中添加活化剂的不同，分为改良热钾碱法或称本菲尔特法、催化热钾碱法或称卡特卡朋法。

本菲尔特法因具有吸收选择性好、净化度高、二氧化碳纯度和回收率高等特点，在以煤、天然气、油田气为原料的流程中广泛采用。化学吸收法将重点介绍本菲尔特法，并简单介绍低能耗的 MDEA（*N*-甲基二乙醇胺）法。

1. 本菲尔特法（改良热钾碱法）脱碳

早在 20 世纪初就有人提出用碳酸钾溶液吸收二氧化碳。1950 年本森（H. E. Benson）

和菲尔特（J. H. Field）成功地开发了热碳酸钾法，并用于工业生产。

（1）基本原理

① 化学平衡　碳酸钾水溶液与二氧化碳的反应如下

$$
\begin{array}{c} CO_2(g) \\ \| \\ CO_2(l)+K_2CO_3+H_2O \rightleftharpoons 2KHCO_3 \end{array} \tag{2-52}
$$

式(2-52)是一可逆反应。假定气相中的二氧化碳在溶液中的溶解度符合亨利定律，则由上述反应的化学平衡和气液平衡关系式可以得到

$$
p_{CO_2}^{*}=\frac{c_{KHCO_3}^{2}}{c_{K_2CO_3}}\times\frac{\alpha^2}{K_W H\beta\gamma} \tag{2-53}
$$

式中　$p_{CO_2}^{*}$——气相中二氧化碳的平衡分压，MPa；

K_W——化学反应的平衡常数；

α,β,γ——碳酸氢钾、碳酸钾、水的活度系数；

c_{KHCO_3}，$c_{K_2CO_3}$——碳酸氢钾、碳酸钾的摩尔浓度，kmol/m^3；

H——溶解度系数，kmol/(m^3·MPa)。

以 x 表示溶液的转化度，并定义为溶液中转化为碳酸氢钾的碳酸钾的摩尔分数。以 N 表示溶液中碳酸钾的原始浓度（即 $x=0$ 时溶液中碳酸钾的摩尔浓度），并令 $K=K_W H$，将各参数代入式(2-53)得

$$
p_{CO_2}^{*}=\frac{4Nx^2}{K(1-x)}\times\frac{\alpha^2}{\beta\gamma} \tag{2-54}
$$

式(2-54)表示某浓度碳酸钾水溶液上方的二氧化碳平衡分压与温度和转化度之间的关系。图 2-18 为本菲尔特脱碳溶液平衡数据的测定结果。由图可知，出塔溶液转化度越高，吸收的二氧化碳越多；若降低温度或增加二氧化碳分压，则出塔溶液的转化度增加；若降低温度或进塔溶液的转化度，出塔气体中二氧化碳的平衡分压降低，净化度高。

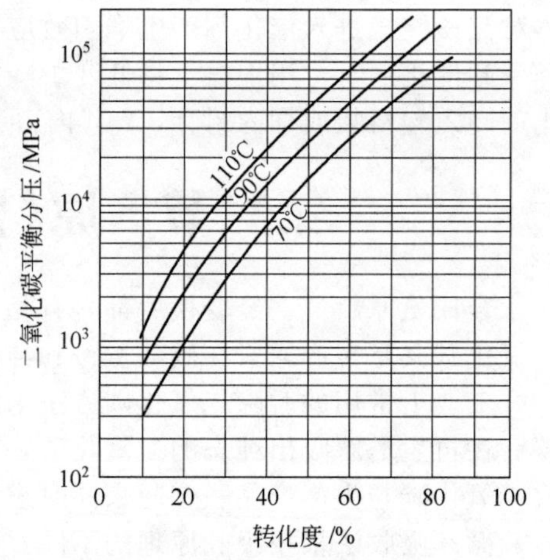

图 2-18　30%碳酸钾溶液的二氧化碳平衡分压

② 反应速率　常温下，纯碳酸钾水溶液与二氧化碳的反应速率较慢，提高反应温度可提高反应速率。但在较高的温度下，碳酸钾水溶液对碳钢设备有极强的腐蚀性。工业生产中，在碳酸钾水溶液中加入活化剂既可提高反应速率，又可减少对设备的腐蚀。

活化剂的加入改变了碳酸钾与二氧化碳的反应机理，从而提高了反应速率。本菲尔特法采用的活化剂为 DEA。其化学名称是 2,2-二羟基二乙胺，简写为 R_2NH。其反应机理如下：

$$
\begin{array}{c}
K_2CO_3 \rightleftharpoons 2K^{+}+CO_3^{2-} \\
R_2NH+CO_2(\text{液相}) \rightleftharpoons R_2NCOOH \\
R_2NCOOH \rightleftharpoons R_2NCOO^{-}+H^{+} \\
R_2NCOO^{-}+H_2O \rightleftharpoons R_2NH+HCO_3^{-} \\
H^{+}+CO_3^{2-} \rightleftharpoons HCO_3^{-} \\
K^{+}+HCO_3^{-} \rightleftharpoons KHCO_3
\end{array} \tag{2-55}
$$

以上各步反应以式(2-55) 最慢，为整个过程的控制步骤。该步骤的反应速率为

$$r=kc_{R_2NH}c_{CO_2} \tag{2-56}$$

式中　k——反应速率常数，L/(mol·s)；

c_{R_2NH}——液相中游离胺浓度，mol/L。

实验表明，在 $T=298K$ 时，k 值约为 1×10^4，总胺含量为 0.1mol/L 时，溶液中游离胺含量为 0.01mol/L，代入式(2-56) 得到反应速率为

$$r=100c_{CO_2} \tag{2-57}$$

由于加入 DEA，与纯碳酸钾水溶液吸收二氧化碳速率相比，增加了 10～1000 倍。为提高活化剂对反应过程的促进作用，目前国内正在开展对空间位阻胺活化剂的研究。所谓空间位阻胺，就是在氨基氮的邻碳位上接入一个较大的取代基团。由于空间位阻胺不会形成氨基甲酸盐，因而所有的胺都能发挥作用。

③ 碳酸钾溶液对其他组分的吸收　碳酸钾溶液在吸收二氧化碳的同时，还能吸收硫化氢、硫醇和氰化氢，并且能将硫氧化碳和二硫化碳转化为硫化氢，然后被吸收。硫氧化碳在纯水中很难进行上述反应，但在碳酸钾水溶液中却可以进行得很完全，其反应速率随温度升高而加快。反应如下：

$$COS+H_2O \xlongequal{} CO_2+H_2S \tag{2-58}$$

$$CS_2+2H_2O \xlongequal{} CO_2+2H_2S \tag{2-59}$$

$$K_2CO_3+RSH \xlongequal{} KHCO_3+RSK \tag{2-60}$$

$$K_2CO_3+HCN \xlongequal{} KCN+KHCO_3 \tag{2-61}$$

④ 溶液的再生　碳酸钾溶液吸收二氧化碳后，应进行再生以使溶液循环使用。再生反应为

$$2KHCO_3 \xlongequal{} K_2CO_3+H_2O+CO_2\uparrow \tag{2-62}$$

加热有利于碳酸氢钾的分解，因此，溶液的再生是在带有再沸器的再生塔中进行的。在再沸器内利用间接换热，将溶液煮沸促使大量的水蒸气从溶液中蒸发出来，水蒸气沿再生塔向上流动作为气体介质，降低了气相中二氧化碳的分压，提高了解吸的推动力，使溶液得到更好的再生。

再生后的溶液中仍残留有少量的碳酸氢钾，通常用转化度 x 表示。工业上也常用溶液的再生度来表示溶液的再生程度，再生度（f_c）的定义为

$$f_c=\frac{\text{溶液中总二氧化碳物质的量}}{\text{溶液中总氧化钾物质的量}}$$

并且有 $f_c=1+x$。

（2）工艺流程

① 流程选择　用碳酸钾溶液脱除二氧化碳的流程很多。其中最简单的是一段吸收一段再生流程，而工业上应用较多的是二段吸收二段再生的流程，如图 2-19 所示。二段吸收二段再生的流程特点是：在吸收塔的中下部，由于气相二氧化碳分压较大，用由再生塔中部取出的具有中等转化度的溶液（称为半贫液）吸收气体，就可保证有足够的吸收推动力。同时，由于温度较高，加快了二氧化碳和碳酸钾的反应速率，有利于吸收进行，可将气体中大部分二氧化碳吸收。但由于半贫液温度及转化度较高，经过洗涤后的气体中仍含有一定量的二氧化碳。为提高气体的净化度，在吸收塔的上部，用经过冷却的贫液进一步洗涤。由于贫液的温度和转化度都较低，洗涤后的气体中二氧化碳可脱至 0.1%以下。

通常贫液量仅为溶液总量的 1/5～1/4。大部分溶液作为半贫液直接由再生塔中部引入吸收塔。因此，二段吸收二段再生的流程基本上保持了吸收和再生等温操作的优点，节省了热能、简化了流程，又使气体达到较高的净化度。

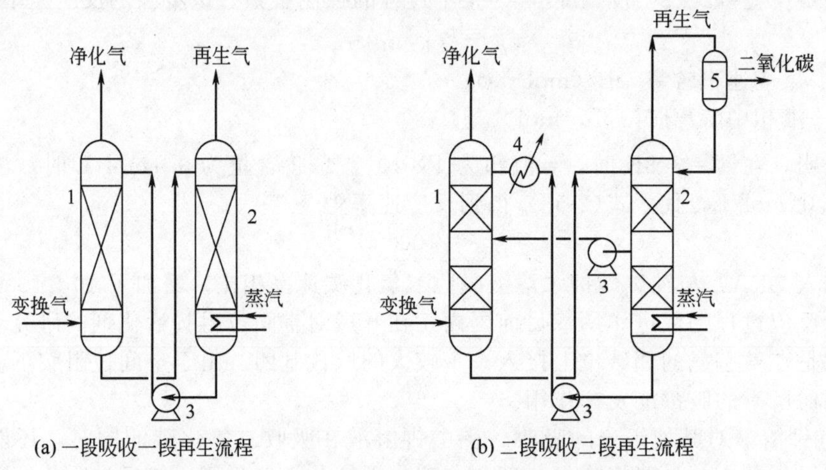

图 2-19　热钾碱法吸收二氧化碳的工艺流程

1—吸收塔；2—再生塔；3—溶液循环泵；4—冷却器；5—冷凝器

② 二段吸收二段再生的典型流程　图 2-20 为以天然气为原料的本菲尔特脱碳的工艺流程。含二氧化碳 18%左右的低变气于 2.7MPa、127℃下从吸收塔 1 底部进入。在塔内分别用 110℃的半贫液和 70℃左右的贫液进行洗涤。出塔净化气的温度约 70℃，二氧化碳低于 0.1%，经分离器 13 分离掉气体夹带的液滴后进入甲烷化工段。

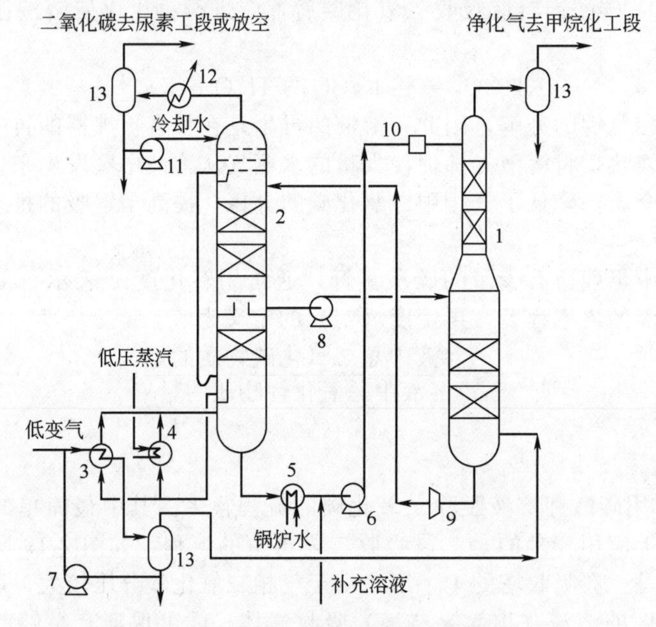

图 2-20　本菲尔特脱碳的工艺流程

1—吸收塔；2—再生塔；3—低变气再沸器；4—蒸汽再沸器；5—锅炉给水预热器；6—贫液泵；7—淬冷水泵；8—半贫液泵；9—水力透平；10—机械过滤器；11—冷凝液泵；12—二氧化碳冷却器；13—分离器

富液由吸收塔底引出。为了回收能量，富液进入再生塔 2 前先经过水力透平 9 减压膨胀，然后借助自身的残余压力流到再生塔顶部。在再生塔顶部，溶液闪蒸出部分水蒸气和二氧化碳后沿塔流下，与由低变气再沸器 3 加热产生的蒸汽逆流接触，被蒸汽加热到沸点并放出二氧化碳。由塔中部引出的半贫液，温度约为 112℃，经半贫液泵 8 加压进入吸收塔中部，再生塔底部贫液约为 120℃，经锅炉给水预热器 5 冷却到 70℃左右由贫液泵 6 加压进入吸收塔顶部。

低变气再沸器 3 所需热量主要来自低变气。由低变气回收的热量基本可满足溶液再生需要的热能。若热能不足而影响再生时，可使用与之并联的蒸汽再沸器 4，以保证贫液达到要求的转化度。

再生塔顶排出温度为 100～105℃的再生气。其中主要成分是蒸汽与二氧化碳，且蒸汽与二氧化碳的摩尔比为 1.8～2.0。再生气经二氧化碳冷却器 12 冷却至 40℃左右，经分离冷凝水后，几乎纯净的二氧化碳被送往尿素工段。

③ 低能耗的本菲尔特脱碳流程　上述本菲尔特法脱碳的能耗（以 CO_2 计）为（10.9～12.6）$\times 10^4$ kJ/kmol，能耗高的原因主要有以下两点：

a. 常压再生时，大量水蒸气随二氧化碳从再生塔顶部带出，因此在再生塔冷凝器中有大量的冷凝热损失；

b. 再生塔底部贫液温度为 120℃，需降温至 70℃才能进吸收塔上段，因此，需要冷却，这也造成了能量损失。为进一步降低脱碳的能耗，研制开发了带有蒸汽喷射泵的四级闪蒸流程。

带有蒸汽喷射泵的四级闪蒸流程是在传统流程的基础上改进而来的，如图 2-21 所示。来自变换工段的低变蒸汽通过低压蒸汽锅炉产生压力为 0.4MPa 的蒸汽，此低压蒸汽通过喷射泵，使贫液在负压下闪蒸，闪蒸出来的蒸汽和二氧化碳混合物返回再生塔 3 底部。从而降低了贫液温度，减少了冷却器的负荷，并使溶液再生更为完全。

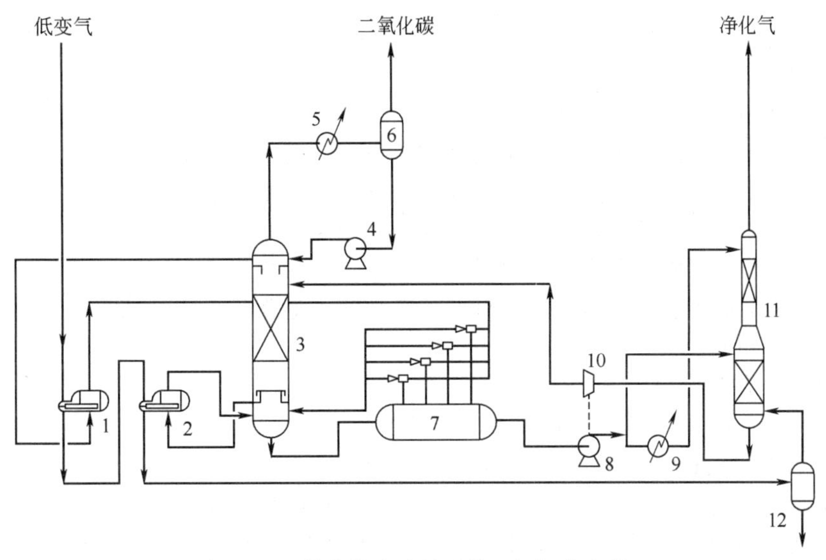

图 2-21　带有蒸汽喷射泵的四级闪蒸流程

1—低压蒸汽锅炉；2—再沸器；3—再生塔；4,8—泵；5,9—冷却器；6,12—分离器；7—闪蒸槽；10—水力透平；11—吸收塔

此流程的能耗（以 CO_2 计）为（7.5～8.9）$\times 10^4$ kJ/kmol，比传统的本菲尔特法脱碳能耗下降 36%左右。

（3）工艺条件

① 溶液的组成　脱碳溶液中，吸收组分为碳酸钾。提高碳酸钾的含量可增加溶液对二氧化碳的吸收能力，加快吸收二氧化碳的反应速率。但其浓度越高，对设备的腐蚀越严重。

溶液浓度还受到结晶溶解度的限制。若碳酸钾浓度太高，如操作不慎，特别是开停车时，容易生成结晶，造成操作困难和对设备的摩擦腐蚀。因此，通常碳酸钾浓度维持在27%～30%（质量分数）为宜，最高达40%。

溶液中除碳酸钾之外，还有一定量的活化剂DEA以提高反应速率，一般含量为2.5%～5%（质量分数），用量过高对吸收速率增加并不明显。

为减轻碳酸钾溶液对设备的腐蚀，大多以偏钒酸盐作为缓蚀剂。在系统开车时，为使设备表面生成牢固的钝化膜，溶液中总钒浓度应控制在0.7%～0.8%（以KVO_3计，质量分数）；而在正常操作中，溶液中的钒主要用于维持和“修补”已生成的钝化膜，溶液总钒含量保持在0.5%左右即可。其中五价钒的含量在10%以上。

② 吸收压力　提高吸收压力，可以增加吸收推动力，减少吸收设备的体积，提高气体净化度。但对化学吸收而言，溶液的最大吸收能力是受到化学反应计量数的限制，压力提高到一定程度，对吸收的影响将不明显。具体采用多大的压力，主要由原料气组成、气体净化度以及合成氨厂总体设计决定。如以天然气为原料的合成氨流程中，吸收压力多为2.74～2.8MPa，以煤炭为原料的合成氨流程中，吸收压力多为1.8～2.0MPa。

③ 吸收温度　提高吸收温度可以使吸收速率系数加大，但却使吸收推动力降低。通常在保持足够推动力的前提下，尽量将吸收温度提高到和再生温度相同或接近的程度，以降低再生的能耗。在二段吸收二段再生流程中，半贫液的温度为110～115℃，而贫液的温度通常为70～80℃。

④ 溶液的转化度　再生后贫液、半贫液的转化度大小是再生好坏的标志。从吸收角度而言，要求溶液的转化度越小越好。转化度越小，吸收速率越快，气体净化度越高。然而再生时，为了达到较低的转化度就要消耗更多的能量，再生塔和再沸器的尺寸要相应加大。

在二段吸收二段再生的本菲尔特法中，贫液的转化度为0.15～0.25，半贫液的转化度为0.35～0.45。

⑤ 再生温度和再生压力　在再生过程中，提高溶液的温度可以加快碳酸氢钾的分解速率，这对再生是有利的。但生产上再生是在沸点下操作的，当溶液的组成一定时，再生温度仅与操作压力有关。为了提高溶液的温度而去提高操作压力显然不经济，因为操作压力略微提高，将使解吸推动力明显下降，再生的能耗及溶液对设备的腐蚀明显加大，同时要求再沸器有更大的传热面积。所以生产上都尽量降低再生塔的操作压力，减少再生塔的阻力。由于再生出来的二氧化碳要送到下一个工段继续加工使用，通常再生压力略高于大气压力，一般控制在0.12～0.14MPa。

2. MDEA法脱碳

MDEA（methyl-di-ethanol-amine）即*N*-甲基二乙醇胺（R_2CH_3N），其结构简式为$HOCH_2CH_2NCH_3CH_2CH_2OH$。

MDEA脱碳法为德国BASF公司开发的一种脱碳方法。所用的吸收剂为45%～50%的MDEA水溶液，添加少量活化剂哌嗪以增加吸收速率。MDEA是一种叔胺，在水溶液中呈弱碱性，能与H^+结合生成$R_2CH_3NH^+$。因此，被吸收的二氧化碳易于再生，可以采用减压闪蒸的方法再生，而节省大量的热能。MDEA性能稳定，对碳钢设备基本不腐蚀。MDEA蒸汽分压较低，因此，净化气及再生气的夹带损失较少，即整个工艺过程的溶剂损失较小。

MDEA吸收二氧化碳的反应如下

$$R_2CH_3N+CO_2+H_2O = R_2CH_3NH^+ +HCO_3^- \tag{2-63}$$

MDEA吸收二氧化碳速率较慢，一般在溶液中添加1%～3%的活化剂$R_2'NH$，改变了MDEA溶液吸收二氧化碳的历程。活化剂在溶液表面吸收二氧化碳后，向液相传递，而本身被再生，起到了传递二氧化碳的作用，加快了吸收反应的速率，其反应如下：

$$R_2'NH+CO_2 \longrightarrow R_2'NCOOH \tag{2-64}$$

$$R_2'NCOOH+R_2CH_3N+H_2O \longrightarrow R_2'NH+R_2CH_3NH^+ + HCO_3^- \tag{2-65}$$

活性 MDEA 法脱碳的工艺流程如图 2-22 所示。压力为 2.8MPa 的低变气从底部进入吸收塔 1，与吸收剂逆流接触，下段用降压闪蒸后的半贫液进行洗涤，为了提高气体的净化度，上段再经过蒸汽加热再生的贫液进行洗涤。从吸收塔出来的富液依次通过两个闪蒸槽 3、4 而降低压力。溶液第一次降压的能量由水力透平 2 回收，用于驱动半贫液泵 5。富液在高压闪蒸槽 3 释放出的闪蒸气含有较多的氢气和氮气，可以回收。

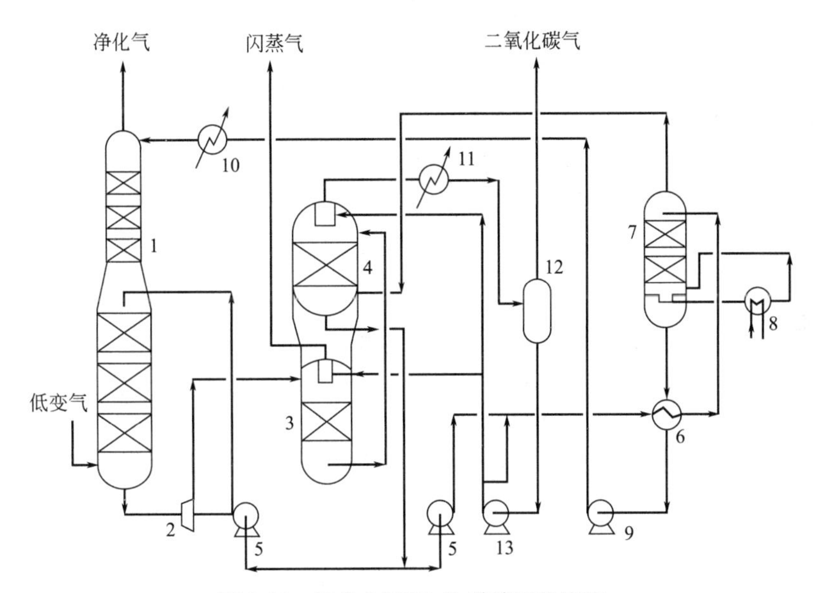

图 2-22　活性 MDEA 法脱碳工艺流程

1—吸收塔；2—水力透平；3—高压闪蒸槽；4—低压闪蒸槽；5—半贫液泵；6—换热器；7—再生塔；8—低压蒸汽再沸器；9—贫液泵；10,11—冷却器；12—分离器；13—回收液泵

高压闪蒸槽 3 出口溶液经降压后，进入低压闪蒸槽 4，解吸出绝大部分二氧化碳，半贫液从闪蒸槽底部离开，大部分经半贫液泵 5 加压送入吸收塔下段，少部分经换热器 6 预热后送到蒸汽加热的再生塔 7 再生，从塔底出来的贫液与进塔的半贫液换热后，经贫液泵 9 加压，再经冷却器 10 送入吸收塔上段。

由再生塔出来的气体进入低压闪蒸槽作为气体介质与热源，低压闪蒸槽出来的气体经冷却器 11 后进入分离器 12，经分离后含二氧化碳 99.0%左右的气体作为生产尿素的原料。

MDEA 法脱碳可使净化气中二氧化碳含量体积分数小于 100×10^{-6}，所耗热能（以 CO_2 计）为 4.3×10^4kJ/kmol，较蒸汽喷射的低能耗本菲尔特法降低 42%左右，故人们称为现代低能耗的脱碳工艺。

二、物理吸收法

1. 概述

物理吸收法由于选择性较差，且仅采用降压闪蒸再生，因此，二氧化碳回收率不高，但能耗较化学吸收法低，一般仅在二氧化碳有余的合成氨厂采用。

物理吸收法脱碳，按操作温度可分为常温吸收与低温洗涤法。由于所用的几种吸收剂对二氧化碳、硫化氢、硫氧化碳等酸性气体有较大的溶解度，而氢、氮、一氧化碳等气体在其中的溶解度较小。因而吸收剂能从原料气中选择吸收二氧化碳、硫化氢等酸性气体，而氢氮损失很小。常温吸收法所用的吸收剂有水、碳酸丙烯酯和聚乙二醇二甲醚，它们的溶解度系数见表 2-12。由表可知，碳酸丙烯酯对二氧化碳的溶解度比水大约 4 倍，而聚乙二醇二甲醚对二氧化碳的溶解度比前两者更大，特别是它对硫化氢的溶解度大。甲醇是吸收二氧化碳、硫化氢、硫氧化碳等极性气体的良好溶剂，尤其在低温下。当温度从 20℃降至－40℃时，二氧化碳的溶解度约增加 6 倍。

表 2-12　常用物理吸收剂在 25℃ 时的溶解度系数

溶解度系数/[$m^3/(m^3 \cdot MPa)$]	溶剂		
	水	碳酸丙烯酯	聚乙二醇二甲醚
H_{CO_2}	7.49	34.2	39.1
H_{H_2S}	22.27	118.4	361.8
H_{COS}	4.7	49.3	98.7
H_{H_2}	0.1731	0.296	—

低温洗涤法中低温甲醇洗除了具有良好的选择性外，还具有以下特点。

① 气体净化度高　净化气中总硫含量的体积分数在 0.1×10^{-6} 以下，二氧化碳的体积分数可达到 10×10^{-6} 以下。低温甲醇洗适于对硫含量有严格要求的化工生产过程。

② 甲醇的热稳定性和化学稳定性好　甲醇不会被有机硫、氰化物所降解。在生产操作中甲醇不起泡，纯甲醇也不腐蚀设备管道，因此，设备可以用碳钢和耐低温的低合金钢制造。甲醇的黏度小，在－30℃时，与常温水的黏度相当。

③ 低温甲醇洗串液氮洗涤是冷法净化流程的较佳选择　低温甲醇洗的操作温度为－70～－30℃，而液氮洗涤温度在－190℃左右，因此，低温甲醇洗既能净化气体，又能为液氮洗涤提供条件，起到预冷的作用。

2. 碳酸丙烯酯法

(1) 基本原理　碳酸丙烯酯（$C_4H_6O_3$），其结构简式为 $CH_3CHOCOOCH_2$。各种气体在碳酸丙烯酯中的溶解度如表 2-13 所示。在 25℃和 0.1MPa 下，二氧化碳在碳酸丙烯酯中的溶解度为 $3.47m^3/m^3$，而在同样条件下氢气的溶解度仅为 $0.03m^3/m^3$，因此，可用碳酸丙烯酯从气体混合物中选择吸收二氧化碳。同时也能吸收硫化氢和有机硫化物。

表 2-13　各种气体在碳酸丙烯酯中的溶解度

气　体	CO_2	H_2S	H_2	CO	CH_4	COS	C_2H_2
溶解度/(m^3/m^3)	3.47	12.0	0.03	0.5	0.3	5.0	8.6

烃类在碳酸丙烯酯中的溶解度也很大，因此，当原料气中含有较多的烃类时，在流程中应考虑采用多级膨胀再生等方法来回收被吸收的烃类。

碳酸丙烯酯吸收二氧化碳的动力学研究表明，在通常条件下，其吸收阻力以液膜扩散阻力为主。

(2) 工艺流程　碳酸丙烯酯的脱碳工艺流程，一般由吸收、闪蒸、气提和溶剂回收几部分组成。由于碳酸丙烯酯价格较高，净化气中饱和的溶剂蒸气和夹带的溶剂雾沫的回收在经济上十分重要。因此，流程设置上脱碳吸收过程简单，而溶剂再生过程比较复杂。以下分别介绍常压解吸-空气气提法和常压-真空解吸法。

① 常压解吸-空气气提再生工艺流程　图 2-23 是常压解吸-空气气提再生工艺流程。

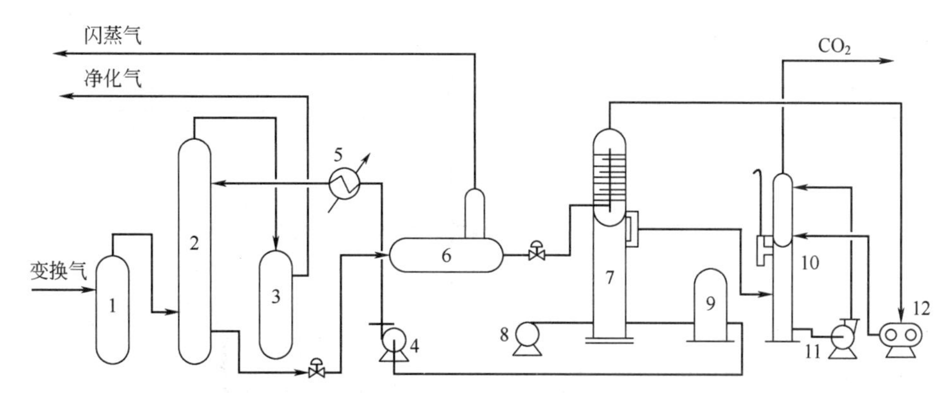

图 2-23　碳酸丙烯酯脱碳常压解吸-空气气提再生工艺流程图

1—油水分离器；2—脱碳塔；3—分离器；4—溶剂泵；5—溶剂冷却器；
6—闪蒸槽；7—常解再生塔；8—气提鼓风机；9—中间贮槽；
10—洗涤塔；11—洗涤液泵；12—罗茨鼓风机

由压缩工序来的约 1.62MPa 的变换气，经油水分离器 1 后，进入脱碳塔 2 底部，与塔顶喷淋的碳酸丙烯酯逆流接触，出脱碳塔后的净化气中含二氧化碳小于 0.5%。再经分离器 3 除去气体中夹带的雾沫后去压缩工段。

吸收二氧化碳后的富液从脱碳塔底引出，并减压进入闪蒸槽 6，闪蒸出溶解的氢气、氮气、一氧化碳及部分二氧化碳气体，闪蒸气送往氢氮气压缩工段予以回收。闪蒸后的液体进入常解再生塔 7 的上段常解塔进行二氧化碳的解吸，出塔的常解气中二氧化碳含量大于 98%补入防腐空气，经罗茨鼓风机 12 加压送至洗涤塔 10，经上塔洗去气体中夹带的碳酸丙烯酯雾沫后送往尿素工段。

常解后的碳酸丙烯酯溢流进入常解再生塔下塔，用空气进一步气提出残留于富液中的二氧化碳，气提气经洗涤塔下塔除去气体中夹带的雾沫后放空。再生好的溶液经中间贮槽 9，再由泵加压到约 2.0MPa，经溶剂冷却器 5 冷却后送入脱碳塔循环使用。

生产实践表明，上述流程中由于采用空气气提再生存在以下缺点：

第一，二氧化碳回收率低，仅为 70%左右；

第二，大量空气带走碳酸丙烯酯雾沫，造成溶剂损耗增加；

第三，贫液中溶解的氧使吸收后的净化气氧含量增加，影响了后工序的操作；

第四，在脱碳时，变换气中的硫化氢被吸收，经空气氧化后析出单质硫，堵塞填料和管道。

为了提高脱碳装置的二氧化碳回收率，减少碳酸丙烯酯损失，防止硫化氢对生产的影响，开发了常压-真空解吸再生的工艺流程。

② 常压-真空解吸再生工艺流程　图 2-24 为常压-真空解吸的工艺流程图。由氢氮压缩机三段来的变换气压力为 2.7MPa，经油水分离器 1 后，从脱碳塔 2 底部进入，与塔顶喷淋的碳酸丙烯酯逆流接触。出脱碳塔的净化气中二氧化碳体积分数在 0.8%以下，再经碳酸丙烯酯分离器 4 除去气体中夹带的碳酸丙烯酯雾沫后送到压缩工段。

吸收二氧化碳的碳酸丙烯酯富液，从脱碳塔底引出，经减压阀压力降至 0.8～0.9MPa，通过溶剂过滤器 6 进入真空再生塔 7 的下部闪蒸，闪蒸出溶解的氢气、氮气、一氧化碳及部分二氧化碳，闪蒸气中大约含二氧化碳 70%。闪蒸气经减压阀调节压力后返回氢氮压缩机三段入口予以回收。闪蒸后的富液由压力调节阀降至 0.11MPa 送入真空再生塔上部常压解

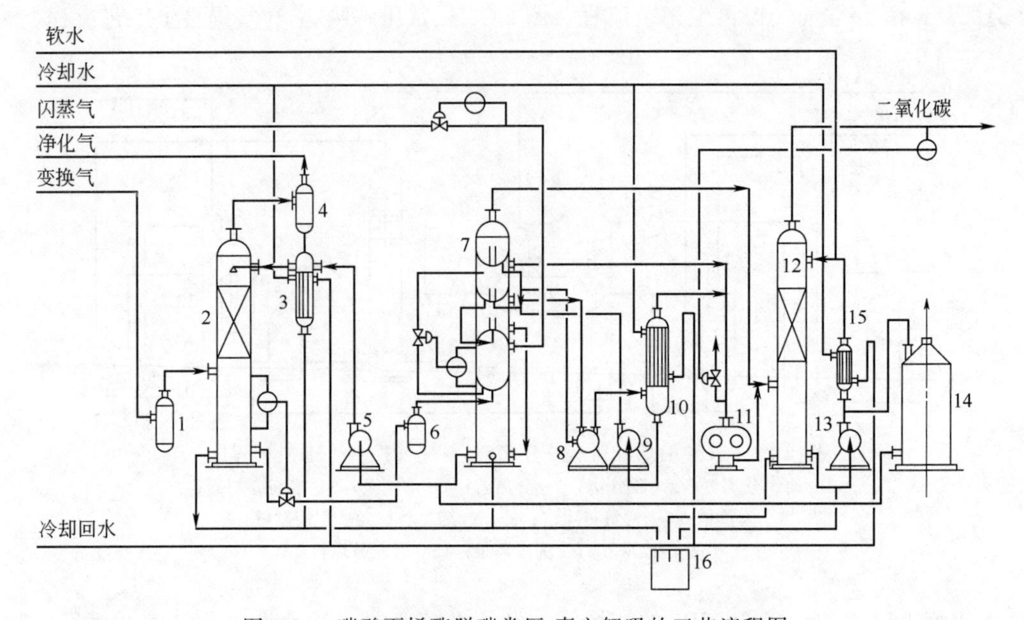

图 2-24　碳酸丙烯酯脱碳常压-真空解吸的工艺流程图

1—油水分离器；2—脱碳塔；3—溶剂冷却器；4—碳酸丙烯酯分离器；5—溶剂泵；6—溶剂过滤器；7—真空再生塔；8—真空泵；9—密封液泵；10—真空冷却分离器；11—罗茨鼓风机；12—洗涤塔；13—洗涤液泵；14—溶剂贮槽；15—洗涤液冷却器；16—地下槽

吸段进行解吸，其中90%以上的二氧化碳解吸出来，经常压解吸段解吸的半贫液下降经液封槽进入上段真空解吸段，此段采用罗茨鼓风机11提吸，其压力控制在0.04MPa左右，进一步使半贫液中的二氧化碳解吸。解吸后的液体再经液封槽后下降进入下段真空解吸段，此段采用液环真空泵8抽吸，压力控制在0.015～0.020MPa，富液经三段解吸后的二氧化碳含量一般控制在$0.5m^3/m^3$以下，贫液下降至贫液槽经溶剂泵5加压、溶剂冷却器3冷却后去脱碳塔。

上下段真空解吸气汇合，由罗茨鼓风机加压再与常解气汇合，进入二氧化碳洗涤塔12，用循环稀液洗涤并回收二氧化碳气体中的碳酸丙烯酯，二氧化碳送往尿素工段作原料。洗涤塔回收的碳酸丙烯酯经多次循环逐步提高浓度至10%～12%后送至溶剂贮槽14。

3. 低温甲醇洗法

(1) 基本原理

① 甲醇的性质　甲醇的分子式为CH_3OH，分子量为32，是一种无色、易发挥、易燃的液体。凝固点-97.8℃、沸点64.7℃(0.1MPa)，它能与水以任何比例混溶。甲醇有毒，人服10mL会使双目失明，服30mL可致死亡，在空气中的允许浓度为$50mg/m^3$。甲醇是一种具有极性的有机溶剂，化学性质稳定，不腐蚀设备。

② 吸收原理　二氧化碳、硫化氢、硫氧化碳等酸性气体在甲醇中有较大的溶解度，而氢气、氮气、一氧化碳在其中的溶解度很小。因而用甲醇吸收原料气中的CO_2、H_2S等酸性气体，而H_2、N_2的损失很小。

不同气体在甲醇中的溶解度如图2-25所示。

随着温度的降低，CO_2、H_2S等气体在甲醇中的溶解度增大，而H_2、N_2变化不大。因此，此法易在较低温度下操作。H_2S在甲醇中的溶解度比CO_2更大，所以用甲醇脱除CO_2的同时也能把气体中的H_2S一并脱除掉。

H_2S在纯甲醇中的溶解度可用下式估算：

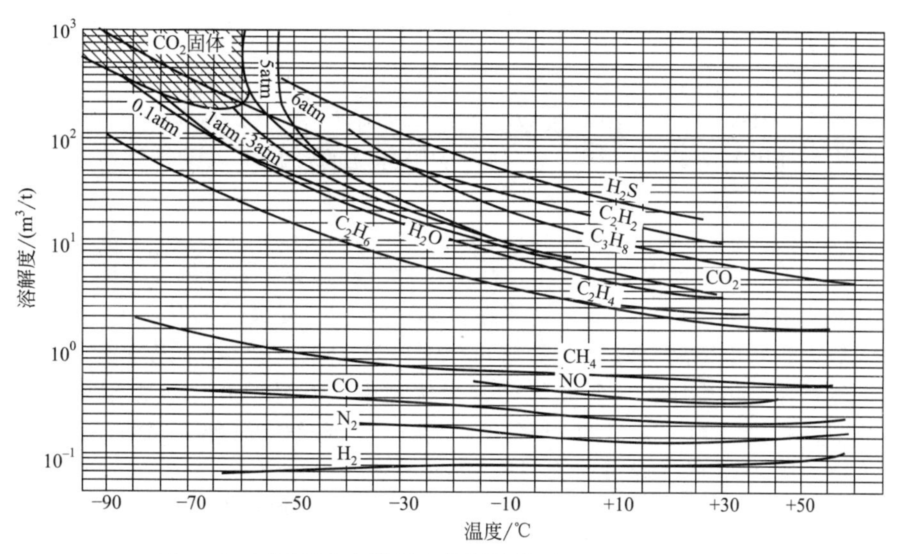

图 2-25　不同气体在甲醇中的溶解度（1atm＝101325Pa）

$$\lg S_{H_2S}=\frac{1020}{T}-D \tag{2-66}$$

式中　S_{H_2S}——H_2S 在甲醇中的溶解度；L/kg；

T——热力学温度，K；

D——随 H_2S 分压改变的系数。

CO_2 在甲醇中的溶解度还与吸收压力有关，不同温度和压力下 CO_2 在甲醇中的溶解度如表 2-14 所示。

表 2-14　不同温度和压力下 CO_2 在甲醇中的溶解度

$p(CO_2)$/MPa	溶解度/(cm³/g)			
	−26℃	−36℃	−45℃	−60℃
0.101	17.6	23.7	35.9	68.0
0.203	36.2	49.8	72.6	159.0
0.304	55.0	77.4	117.0	321.4
0.405	77.0	113.0	174.0	960.7
0.507	106.0	150.0	250.0	
0.608	127.0	201.0	362.0	
0.709	155.0	262.0	570.0	
0.831	192.0	355.0		
0.912	223.0	444.0		
1.013	268.0	610.0		
1.165	343.0			
1.216	385.0			
1.317	468.0			
1.418	617.0			
1.520	1142.0			

由表可知：压力升高，CO_2 在甲醇中的溶解度增大，而温度对 CO_2 溶解度的影响更大，尤其是当温度低于−30℃时，溶解度随温度降低而急剧增大。因此，用甲醇吸收 CO_2 宜在高压和低温下进行。

CO_2 在甲醇中的溶解度还与气体成分有关。当气体中有 H_2 时，由于总压一定，H_2 的存在会降低 CO_2 在气相中的分压，CO_2 在甲醇中的溶解度将会降低。当气体中同时含有 H_2S、CO_2 和 H_2 时，由于 H_2S 在甲醇中的溶解度大于 CO_2，而且甲醇对 H_2S 的吸收速度远大于 CO_2，所以 H_2S 首先被甲醇吸收。当甲醇中溶解有 CO_2 气体时，则 H_2S 在该溶液中的溶解度比在纯甲醇中降低 10%～15%。在甲醇洗的过程中，原料气体中的 COS、CS_2 等有机硫化物也能被脱除。

③ 再生原理　甲醇在吸收了一定量的 CO_2、H_2S、COS、CS_2 等气体后，为了循环使用，使甲醇溶液得到再生，通常在减压加热的条件下，解吸出所溶解的气体，使甲醇得到再生。由于在一定条件下，H_2、N_2 等气体在甲醇中的溶解度最小，其次 CO_2，H_2S 在甲醇中的溶解度最大。所以采用分级减压膨胀再生时，H_2、N_2 等气体首先从甲醇中解吸出来，予以回收；然后控制再生压力，使大量 CO_2 解吸出来，得到 CO_2 浓度大于 98%的气体，作为尿素、纯碱的生产原料；最后再用减压、气提、蒸馏等方法使 H_2S 解吸出来，得到含 H_2S 大于 25%的气体，送往硫黄回收工序，予以回收。

再生的另一种方法是用 N_2 气提，使溶于甲醇中的 CO_2 解吸出来，气提气量越大、操作温度越高或压力越低，溶液的再生效果越好。

（2）吸收操作条件选择

① 温度　甲醇的蒸气分压和温度的关系如表 2-15 所示。由表可见，常温下甲醇的蒸气分压很大。为了减少操作中甲醇损失，宜采用低温吸收。由表 2-14 可知，温度降低，CO_2 在甲醇中的溶解度增大，低温还可减少甲醇的损失。在生产中，吸收温度一般为 －70～－20℃。

由于 CO_2 等气体在甲醇中的溶解热很大，在吸收过程中溶液温度不断升高，使吸收能力下降。为了维持吸收塔的操作温度，在吸收大量 CO_2 部位设有一冷却器降温，或将甲醇溶液引出塔外冷却。

表 2-15　甲醇的蒸气分压和温度的关系

温度/℃	蒸气压/kPa	温度/℃	蒸气压/kPa	温度/℃	蒸气压/kPa
64.7	101.33	130	832.18	200	3959.78
70	123.62	140	1077.08	210	4765.31
80	178.74	150	1374.98	220	5692.44
90	252.71	160	1733.67	230	6755.34
100	349.77	170	2162.28	235	7343.02
110	475.01	180	2669.91	240	7971.24
120	633.79	190	3265.70		

② 压力　提高操作压力可使气相中 H_2S、CO_2 等酸性气体分压增大，增加吸收的推动力，从而减小吸收设备的尺寸，提高气体的净化度，同时也可增大溶剂的吸收能力，减少溶液循环量。但是，若压力过高会使受压设备投资增加，使有用气体组分 H_2、N_2 等的溶解损失也增加。具体采用多高压力，主要由原料气的组成、所要求的气体净化度以及前后工序的压力等来决定。目前低温甲醇洗涤法的操作压力一般为 2～8MPa。

③ 净化气中有害组分的含量　吸收净化后的气体中有害组分的浓度不仅取决于操作温度和压力，还与进塔溶液的再生度，即再生后溶液中有害组分的残留量有关。溶液的再生愈彻底，净化度愈高。经过低温甲醇洗涤后，要求原料气中 $CO_2 < 20\times10^{-6}cm^3/m^3$，$H_2S < 1\times10^{-6}cm^3/m^3$。

（3）工艺流程

① 原料气的预冷　来自变换工段的变换气，在 40℃、3.46MPa 的状态下进入脱硫脱碳工段（见图 2-26）。由于脱硫脱碳工段是在－70～－40℃的低温条件下操作的，为了防止变

换气中的饱和水分在冷却过程中结冰，在混合气体进入进料气冷却器之前，向其中喷入贫甲醇，然后再进入进料气冷却器1，与来自本装置的三种低温物料——汽提尾气、CO_2产品气和液氮洗合成气进行换热，被冷却至−21.5℃左右。冷凝下来的水与甲醇形成混合物，冰点降低，从而不会出现结冰现象。甲醇水混合物与气体一起进入水分离罐2进行气液分离，分离后的气体进入吸收塔底部，而分离下来的甲醇水混合物送往甲醇/水分离系统。

吸收塔

② 酸性气体（CO_2、H_2S等）的吸收　吸收塔分为上塔和下塔两部分，共四段，上塔三段，下塔一段。下塔主要是用来脱除H_2S和COS等硫化物。来自水分离罐2的原料气，首先进入吸收塔3的下塔，被自上而下的甲醇溶液洗涤，H_2S和COS等硫化物被吸收，含量降低至0.1mg/m^{3}以下，然后气体进入上塔进一步脱除CO_2。由于H_2S和COS等硫化物的含量比CO_2低得多，仅用出上塔底部吸收饱和了CO_2的甲醇溶液总量的一半左右来作为洗涤剂。此部分甲醇溶液吸收了硫化物后从底部排出，依次经过循环甲醇冷却器Ⅱ4、合成气/甲醇换热器5、富甲醇氨冷器Ⅰ6，温度由出塔底的−13.2℃依次降低至−23.6℃、−31.6℃、−34.9℃，然后经减压至1.1MPa，进入循环气闪蒸罐Ⅱ7进行闪蒸分离。

上塔的主要作用为脱除原料气中的CO_2。经下塔脱除硫化物后的原料气，通过升气管进入吸收塔。由于CO_2在甲醇中的溶解度比H_2S和COS等硫化物小，且原料气中的CO_2含量很高，所以上塔的洗涤甲醇量比下塔的大。吸收CO_2后放出的溶解热会导致甲醇溶液的温度上升，为了充分利用甲醇溶液的吸收能力，减少洗涤甲醇流量，在设计上采取了分段操作、段间降温的方法。甲醇吸收CO_2所产生的溶解热一部分转化为下游甲醇溶液的温升，另一部分被段间换热器装置取出。

来自热再生部分的贫甲醇，经冷却后，以−57℃的温度进入吸收塔的顶部，其甲醇含量为99.5%，水含量小于0.5%。出上塔顶段的甲醇溶液，温度上升至−21.9℃，经过吸收塔内冷器Ⅰ8、循环甲醇冷却器Ⅰ9，依次被冷却至−27.2℃、−38.4℃后，进入上塔中段继续吸收CO_2；出中段的甲醇溶液，温度上升至−21.4℃，依次经过吸收塔内冷器Ⅱ10、循环甲醇冷却器Ⅰ，被冷却至−27.2℃、−38.4℃后，进入上塔的第三段进一步吸收CO_2，温度上升至−17.3℃后出上塔。其中占总量41%的甲醇溶液，进入下塔作为洗涤剂，剩余部分依次在循环甲醇冷却器Ⅱ、尾气/甲醇换热器11、富甲醇氨冷器Ⅱ12中被冷却，温度分别降至−23.6℃、−27.1℃、−34.9℃，然后被减压至1.1MPa，进入循环气闪蒸罐Ⅰ13进行闪蒸分离。

出吸收塔顶部的净化气温度为−57℃、压力为3.32MPa，直接去液氮洗装置。

③ 氢气的回收　为了回收溶解在甲醇溶液中的H_2、N_2和CO等有效气体，提高装置的氢回收率，以及保证CO_2产品气的纯度，流程中设置了中间（减压）解吸过程即闪蒸过程。循环气闪蒸罐Ⅰ中闪蒸出来的闪蒸气，在循环气闪蒸罐Ⅱ的顶部，与循环气闪蒸罐Ⅱ中闪蒸出来的气体汇合，经循环气压缩机14加压至4.85MPa，然后经水冷器33冷却至42℃后，送至进料气冷却器前，汇入本工段的变换气中。

④ CO_2的解吸回收　CO_2产品塔的主要作用是将含有CO_2的甲醇溶液减压，使其中溶解的CO_2解吸出来，得到无硫的CO_2产品。CO_2产品的来源有如下三处。

a. 从循环气闪蒸罐Ⅰ底部流出的富含CO_2的无硫半贫甲醇溶液，温度为−35.5℃、压力为1.1MPa，分为两部分，一部分经减压至0.18MPa后，温度降至−50.6℃，进入CO_2产品塔16的上段进行闪蒸分离，解吸出CO_2，从上段底部流出的甲醇溶液，温度为−57℃，压力为0.08MPa，根据需要送往H_2S浓缩塔上段的顶部作为洗涤液。另一部分经减压至0.21MPa后，温度降至−50.1℃，进入CO_2产品塔中段的顶部，作为对下塔上升气的再洗液。

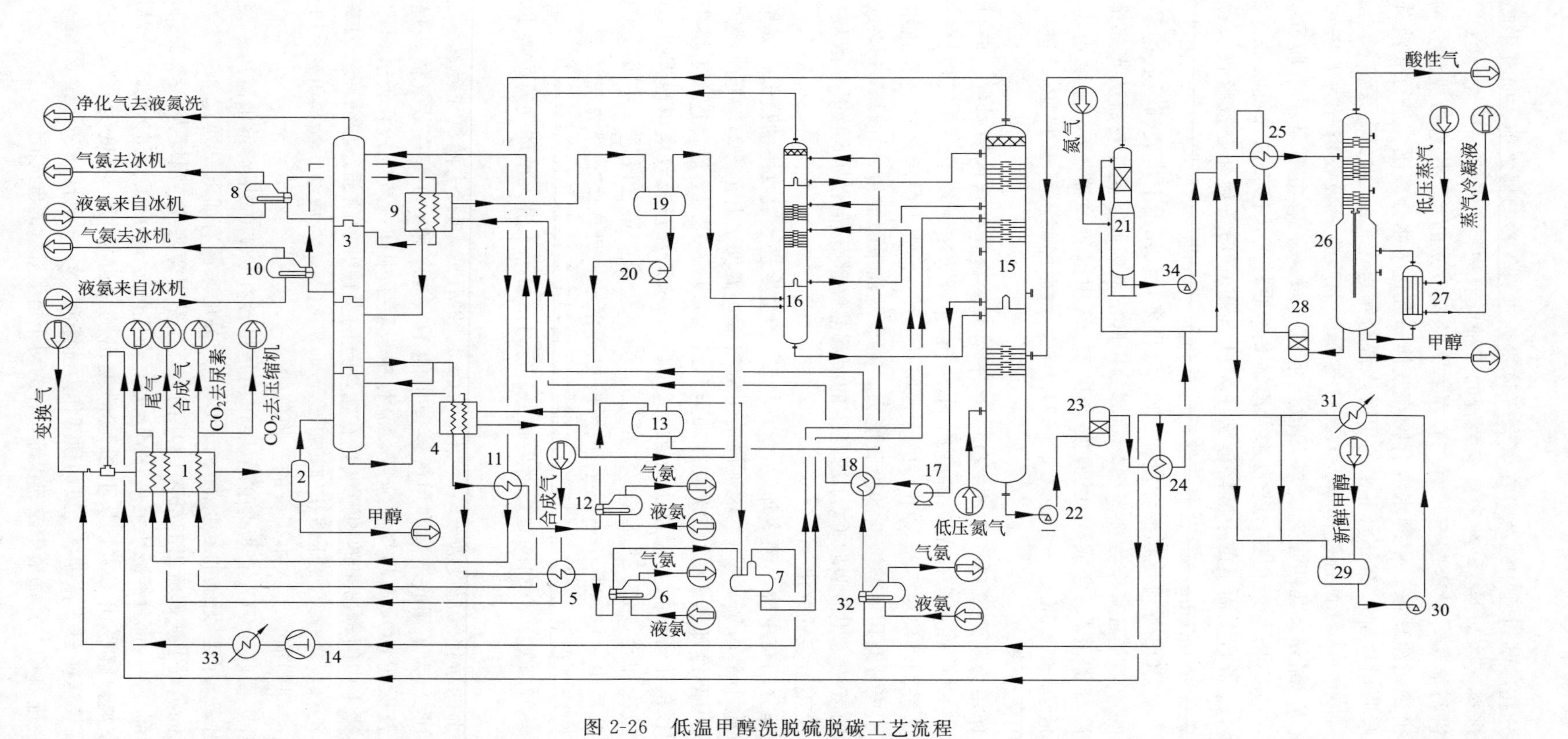

图 2-26　低温甲醇洗脱硫脱碳工艺流程

1—进料气冷却器；2—水分离罐；3—吸收塔；4—循环甲醇冷却器Ⅱ；5—合成气/甲醇换热器；6—富甲醇氨冷器Ⅰ；7—循环气闪蒸罐Ⅱ；8—吸收塔内冷器Ⅰ；9—循环甲醇冷却器Ⅰ；10—吸收塔内冷器Ⅱ；11—尾气/甲醇换热器；12—富甲醇氨冷器Ⅱ；13—循环气闪蒸罐Ⅰ；14—循环气压缩机；15—H_2S浓缩塔；16—CO_2产品塔；17—富甲醇泵Ⅰ；18—甲醇热交换器Ⅰ；19—甲醇闪蒸罐；20—富甲醇泵Ⅱ；21—N_2气提塔；22—富甲醇泵Ⅲ；23—甲醇过滤器Ⅰ；24—甲醇热交换器Ⅱ；25—甲醇热交换器Ⅲ；26—热再生塔；27—再沸器；28—甲醇过滤器Ⅱ；29—甲醇中间储罐；30—贫甲醇泵；31—甲醇水冷器；32—贫甲醇冷却器；33—水冷器；34—富甲醇泵Ⅳ

b. 从循环气闪蒸罐Ⅱ底部流出的含 H_2S 的富甲醇溶液，温度为－35.6℃，压力为1.1MPa。其中占总量62%的富甲醇经减压至0.31MPa后，温度降为－51.5℃，进入 CO_2 产品塔的中段进行闪蒸分离，解吸出 CO_2。从中段底部流出的甲醇溶液，温度为－56.7℃，压力为0.12MPa。

c. 出 H_2S 浓缩塔15上段底部的富甲醇溶液温度为－62.5℃，压力为0.14MPa，经富甲醇泵Ⅰ17加压至0.95MPa后，依次流经甲醇热交换器Ⅰ18、循环甲醇冷却器Ⅰ，温度分别上升至－44.5℃、－35℃，在压力为0.21MPa下进入甲醇闪蒸罐19进行闪蒸分离。从甲醇闪蒸罐顶部出来的气体直接进入 CO_2 产品塔的下段。出甲醇闪蒸罐底部的闪蒸甲醇溶液，经富甲醇泵Ⅱ20加压至0.864MPa，进入循环甲醇冷却器Ⅱ，温度上升至－28.8℃，然后进入 CO_2 产品塔底部进一步解吸所溶解的 CO_2。

出 CO_2 产品塔底部的甲醇溶液温度为－28.9℃，压力为0.22MPa，经减压至0.11MPa，温度降至－32℃，进入 H_2S 浓缩塔下段的顶部。

出 CO_2 产品塔顶部的 CO_2 产品气，温度为－51℃，压力为0.18MPa，经过进料气冷却器，温度上升为31.4℃后，送往尿素装置。

⑤ H_2S 的浓缩　H_2S 浓缩塔也叫作气提塔，主要作用是利用气提原理进一步解吸甲醇溶液中的 CO_2，浓缩甲醇溶液中的 H_2S，同时回收冷量。进入 H_2S 浓缩塔的物料主要有如下几部分。

a. 来自 H_2S 浓缩塔上段积液盘的 CO_2 未解吸完全的无硫半贫甲醇溶液，经减压后进入 H_2S 浓缩塔上段顶部，作为洗涤剂，洗涤从下部溶液中解吸出来的气体中的 H_2S 等，使出塔顶的气体中 H_2S 含量低于 7×10^{-6}，达到排放标准。

b. 来自 H_2S 浓缩塔中段积液盘上含有 CO_2 及少量 H_2S 的甲醇溶液，经减压阀减压后，进入 H_2S 浓缩塔上段中部。

c. 来自 N_2 气提塔21塔顶分离出的闪蒸气，回流至 H_2S 浓缩塔下段的中部。

d. 为了使进入 H_2S 浓缩塔的甲醇溶液中的 CO_2 进一步得到解吸，浓缩 H_2S，将低压氮气导入 H_2S 浓缩塔底部作为气提介质，用以降低气相中 CO_2 的分压，使甲醇溶液中的 CO_2 进一步解吸出来。气提氮气的温度为39.4℃，压力为0.14MPa。

出 H_2S 浓缩塔顶部的气提尾气温度为－62.7℃，压力为0.08MPa，依次经过尾气/甲醇换热器、进料气冷却器回收冷量，温度上升至－35.2℃、31.4℃后排放至大气。

出 H_2S 浓缩塔上段积液盘的甲醇溶液，经富甲醇泵Ⅰ加压后，送往前面的系统回收冷量复热后进入 CO_2 产品塔底部解吸出所需的 CO_2，然后依靠压力差进入 H_2S 浓缩塔底部，完成此股甲醇溶液的小循环。

⑥ 甲醇溶液的热再生　出 H_2S 浓缩塔下段底部浓缩后的甲醇溶液，温度为－42℃，压力为0.14MPa，经富甲醇泵Ⅲ22加压至1.422MPa，首先进入甲醇过滤器Ⅰ23，除去固体杂质后，进入甲醇热交换器Ⅱ24冷却贫甲醇，温度上升至35.6℃，然后进入 N_2 气提塔，N_2 气提塔塔顶闪蒸气回流到 H_2S 浓缩塔下段中部，N_2 气提塔塔底的甲醇溶液经富甲醇泵Ⅳ34进入甲醇热交换器Ⅲ25，温度上升至85℃，在0.65MPa下进入热再生塔的中部塔板上，进行加热气提再生，将其中所含的硫化物和残留的 CO_2 解吸出来。

热再生塔26的底部设置有热再生塔再沸器27，利用0.5MPa、159℃的低压蒸汽作为热源，为甲醇的热再生提供热量。

从热再生塔底部出来的贫甲醇，进入甲醇过滤器Ⅱ28进行过滤，除去其中的固体杂质。过滤后的贫甲醇进入甲醇热交换器Ⅲ，温度降低至46.4℃，然后进入甲醇中间储罐29。

收集在甲醇中间储罐中的贫甲醇，经贫甲醇泵30加压至5.29MPa后，进入甲醇水冷器被循环冷却水冷却至44℃。出甲醇水冷器31的贫甲醇，一小部分作为喷淋甲醇喷入进料气冷却器前的原料气管段内，其余的贫甲醇依次经过甲醇热交换器Ⅱ、贫甲醇冷却器32和甲醇热交换器Ⅰ，被冷却至−57℃，然后在3.53MPa下进入吸收塔的顶部作为洗涤剂。

三、脱碳方法的选择

碳排放与双碳目标

在合成氨的生产中，脱碳方法的选择取决于氨加工的品种、汽化所用原料和方法、后续工段气体精制方法以及各种脱碳方法的经济性等因素。

首先，氨加工的品种是选择脱碳方法最重要的限制条件。当加工成碳铵时，必须采用联产碳铵法；当加工成纯碱时，必须采用联产纯碱法；当加工成尿素时，可视汽化所用原料和方法的不同，选择不同的物理和化学吸收分离法。

其次，汽化原料和方法也是选择脱碳方法的重要因素。表2-16列出了生产尿素和碳酸氢铵（碳铵）对二氧化碳需求的平衡关系。

表2-16 总反应方程对二氧化碳的需求

制气方法	总反应方程式	CO_2/NH_3	生产尿素	生产碳铵
煤间歇制气	$0.885C + 1.5H_2O(l) + 0.5N_2 + 0.1346O_2 = NH_3 + 0.885CO_2$	0.885	余 $0.385CO_2/NH_3$	缺 $0.135CO_2/NH_3$
天然气蒸汽转化	$0.442CH_4 + 0.615H_2O(l) + 0.5N_2 + 0.1346O_2 = NH_3 + 0.442CO_2$	0.442	缺 $0.058CO_2/NH_3$	缺 $0.558CO_2/NH_3$

由表2-16可见，当用天然气蒸汽转化法制气生产尿素时，理论上生产1mol尿素缺二氧化碳0.058mol，考虑到低变余热的利用，通常采用二氧化碳回收率高的本菲尔特法较佳；当重油和煤部分氧化法制气生产尿素时，二氧化碳有余且空分装置又副产大量氮气，采用低温甲醇同时清除硫化氢和二氧化碳较为经济；当以煤为原料间歇式制气生产尿素时，由于二氧化碳有余，采用常温物理吸收法较好。

脱碳方法的选择与后工序气体精制的方法有关。如果精制方法采用甲烷化法，宜采用使脱碳气中二氧化碳降至0.1%的脱碳方法，如本菲尔特法和MDEA法；如果精制方法采用深冷液氮洗涤法，则通常宜采用低温甲醇洗法；如果精制方法为铜洗法，由于铜洗法能洗涤少量二氧化碳，通常采用净化度不高的常温物理吸收法（例如，碳酸丙烯酯法、聚乙二醇二甲醚法等）或变压吸附法。

脱碳方法的选择最终取决于技术经济指标，即取决于投资和操作费用的高低。但经济性的问题与合成氨的总流程、原料、制气方法及当时当地的条件有关，应针对具体情况，作出各种方法应用的经济性比较，才能正确地做出选择。

第四节 原料气的精制

经变换和脱碳后的原料气中尚有少量残余的一氧化碳和二氧化碳，为了防止对氨合成催化剂的毒害，原料气在送往合成工段以前，还需要进一步净化，此过程称为原料气的精制。精制后气体中一氧化碳和二氧化碳体积分数之和，大型厂控制在小于10×10^{-6}，中小型厂控制在小于30×10^{-6}。

由于一氧化碳在各种无机、有机液体中的溶解度很小，所以要脱除少量一氧化碳并不容易。目前常用的方法有甲烷化法、醇烃化法和液氮洗涤法。

(1) 甲烷化法　甲烷化法是20世纪60年代开发的气体净化方法。由于甲烷化反应不仅要消耗氢气，而且生成不利于氨合成反应的甲烷。所以，此法适用于脱碳气中碳氧化物含量甚少的原料气，一般与低温变换工艺相配套。

(2) 液氮洗涤法　液氮洗涤法是在低温下用液体氮把少量一氧化碳及残余的甲烷洗涤脱除。这是一个典型的物理低温分离过程，可以比铜氨液洗涤法和甲烷化法制得纯度更高的氢氮混合气，不含水蒸气，一氧化碳的体积分数低于 3×10^{-6}，甲烷体积分数低于 1×10^{-6}。此法主要用于重油部分氧化、煤富氧气化的制氨流程中。

一、甲烷化法

甲烷化法是在催化剂镍的作用下将一氧化碳、二氧化碳加氢生成甲烷而达到气体精制的方法。此法可将原料气中碳氧化物的总量脱至 1×10^{-5}（体积分数）以下。由于甲烷化过程消耗氢气而生成无用的甲烷，因此仅适用于气体中一氧化碳、二氧化碳含量低于 0.5%的工艺过程中。

1. 基本原理

(1) 化学平衡　碳氧化物加氢的反应如下：

$$CO+3H_2 \longrightarrow CH_4+H_2O \qquad \Delta H_{298}^{\ominus}=-206.16\text{kJ/mol} \tag{2-67}$$

$$CO_2+4H_2 \longrightarrow CH_4+2H_2O \qquad \Delta H_{298}^{\ominus}=-165.08\text{kJ/mol} \tag{2-68}$$

在一定条件下，还会有以下副反应发生

$$2CO \longrightarrow C+CO_2$$

$$Ni+4CO \longrightarrow Ni(CO)_4 \tag{2-69}$$

表 2-17 给出了反应式(2-67) 和式(2-68) 的热效应和平衡常数。

表 2-17　反应式(2-67) 和式(2-68) 的热效应和平衡常数

温度/K	$CO+3H_2 \longrightarrow CH_4+H_2O$		$CO_2+4H_2 \longrightarrow CH_4+2H_2O$	
	$-\Delta H_R^{\ominus}$/(kJ/mol)	K_p/MPa^{-2}	$-\Delta H_R^{\ominus}$/(kJ/mol)	K_p/MPa^{-2}
500	214.71	1.56×10^{11}	174.85	8.47×10^{9}
600	217.97	1.93×10^{8}	179.06	7.12×10^{6}
700	220.65	3.62×10^{5}	182.76	4.02×10^{5}
800	222.80	3.13×10^{3}	185.94	7.73×10^{2}
900	224.45	7.47×10	188.65	3.42×10
1000	225.68	3.68	190.88	2.67

由表可见，甲烷化反应的平衡常数随温度升高而下降。但工业生产上一般控制反应温度为 280～420℃，在该温度范围内，平衡常数值都很大。另外原料气中水蒸气含量很低及加压操作对甲烷化反应平衡有利，因此，甲烷化后的碳氧化物含量容易达到要求。

(2) 反应速率　甲烷化反应的机理和动力学比较复杂。研究认为，甲烷化反应速率很慢，但在镍催化剂存在的条件下，反应速率相当快，且对于一氧化碳和二氧化碳甲烷化可按一级反应处理。甲烷化反应速率随温度升高和压力增加而加快。

当混合气体中同时含有一氧化碳和二氧化碳时，研究表明二氧化碳对一氧化碳的甲烷化反应速率没有影响，而一氧化碳对二氧化碳的甲烷化反应速率有抑制作用，这说明二氧化碳比一氧化碳的甲烷化反应困难。

2. 甲烷化催化剂

甲烷化是甲烷转化的逆反应，因此，甲烷化催化剂和甲烷转化催化剂都是以镍作为活性组分。但两种催化剂也有区别。

第一，甲烷化炉出口气体中的碳氧化物允许含量是极小的，这就要求甲烷化催化剂有很高的活性，而且能在较低的温度下使用。

第二，碳氧化物与氢的反应是强烈的放热反应，要求催化剂能承受很大的温升。

为满足生产要求，甲烷化催化剂的镍含量比甲烷转化高，其质量分数为15%～35%（以镍计），有时还加入稀土元素作为促进剂。为提高催化剂的耐热性，通常以耐火材料为载体。催化剂可压片或做成球形，粒度在4～6mm之间。

通常甲烷化催化剂中的镍都以NiO形式存在，使用前先以氢气或脱碳后的原料气将其还原为活性组分Ni。在用原料气还原时，为避免床层温升过大，要尽量控制碳氧化物的含量在1%以下。还原后的镍催化剂易自燃，务必防止同氧化性的气体接触。而且不能用含有一氧化碳的气体升温，防止在低温时生成毒性物质羰基镍。

硫、砷、卤素是镍催化剂的毒物。在合成氨系统中最常见的毒物是硫，硫对甲烷化催化剂的毒害程度与其含量成正比。当催化剂吸附0.1%～0.2%的硫（以催化剂质量计），其活性明显衰退，若吸附0.5%的硫，催化剂的活性完全丧失。

3. 工艺流程

根据计算，当原料气中碳氧化物含量大于0.5%时，甲烷化反应放出的热量就可将进口气体预热到所需的温度。因此，流程中只要有甲烷化炉、进口气体换热器和水冷却器即可。但考虑到催化剂升温还原以及碳氧化物含量的波动，尚需其他热源补充。按外加热能多少分为两种流程，如图2-27所示。

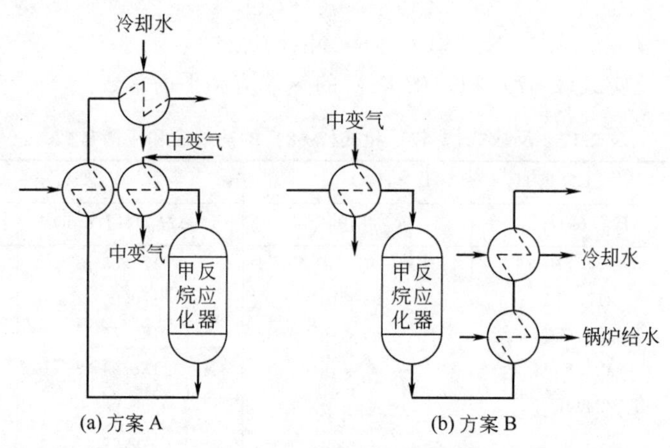

图2-27　甲烷化工艺流程

方案A基本上用甲烷化后的气体来预热甲烷化炉进口气体，热能不足部分由中变气提供。本方案热利用构成闭合回路。但缺点是在开工时，反应尚未进行，进出口气体换热器不能发挥作用，而中变换热器又太小，升温比较困难。方案B则全部利用外加热源预热原料气，出口气体的余热则用来预热锅炉给水。

二、液氮洗涤法

液氮洗涤法是一种深冷分离法，是基于各种气体沸点不同这一特性进行的。一氧化碳具有比氮的沸点高以及能溶解于液态氮的特性。工业上液氮洗涤装置常与低温甲醇脱除二氧化碳联用，脱除二氧化碳后的气体温度为－62～－53℃，然后进入液氮洗涤的热交换器，使温度降至－190～－188℃，进入液氮洗涤塔，出口气中含一氧化碳的体积分数约5×10^{-6}，甲烷的体积分数约1×10^{-6}。该工艺是一种物理吸收法，洗涤液仅为液体氮，溶液组分单纯，洗涤吸收、分离的影响因素少，而且氮气也是氨合成的有效成分，故工艺流程简单，工艺过程容易控制。此法除能很干净地脱除CO外，还可同时脱除原料气中的CH_4、Ar等惰性气体且干燥无水，得到只含惰性气体100×10^{-6}以下的氢氮混合气体，使氢、氮气在合成氨时的消耗量接近理论值，并大大延长了催化剂的寿命。

1. 基本原理

液氮洗工序的工艺原理包括：吸附原理、混合制冷原理及液氮洗涤原理。

(1) 吸附原理　吸附是一种物理现象，不发生化学变化。由于分子间引力作用，在吸附剂表面产生一种表面力。当流体流过吸附剂时，流体与吸附剂充分接触，一些分子由于不规则运动碰撞在吸附剂表面，有可能被表面力吸引，被吸附到固体表面，使流体中这种分子减少，达到净化的目的。

分子筛对极性分子的吸附力远远大于非极性分子，因此，从低温甲醇洗工序来的气体中 CO_2、CH_3OH 因其极性大于 H_2，就被分子筛选择性地吸附，而 H_2 为非极性分子，因此分子筛对 H_2 的吸附就比较困难。被吸附到吸附剂表面上的分子达到了吸附平衡，吸附剂达到了饱和状态，这时每千克吸附剂的吸附量达到最大值，称为静吸附容量（或称为平衡吸附容量）。

在吸附过程中，由于流体的流动速度的影响和出口气体纯度等的要求，并不能使全部吸附剂达到吸附平衡，尚有一部分吸附剂未饱和，这时的吸附容量是单位吸附剂的平均吸附容量，称为动吸附容量。一般情况下，动吸附容量仅为静吸附容量的 0.4～0.6 倍。吸附剂床层的切换时间的确定是根据吸附剂在一定操作条件下的动吸附容量来确定的，如果到了切换时间而不及时切换，出口气体中杂质含量就会超标。因此，必须严格按照设计的要求、定时切换吸附器而进行再生。

(2) 混合制冷原理　在一定条件下，将一种制冷物质压缩至一定压力，再节流膨胀，产生焦耳-汤姆孙效应（J-T 效应）即可进行制冷。科学实践已经证明：将一种气体在足够高的压力下与另一种气体混合，这种气体也能制冷。这是因为在系统总压力不变的情况下，气体在掺入混合物中后分压是降低的，相互混合气体的主要组分（如 H_2 与 N_2、CO 、CH_4、Ar 等）的沸点至少平均相差 33℃，最好相差 57℃，这样更有利于低沸点组分 H_2 的提纯和低高沸点组分的分离，并且能量消耗也低。

液氮洗工序就运用了上述原理。在换热器中用来自液氮洗塔的产品氮洗气，冷却进入本工序的高压氮气和来自低温甲醇洗的净化气；而在氮洗塔中，使净化气和液氮成逆流接触；在此过程中，不仅将净化气中的 CO、CH_4、Ar 等洗涤下来，同时也配入部分氮气。但这部分氮气并不能使出氮洗塔的产品气体中 H_2/N_2 达到 3∶1，因此还有另外一种配氮方式（此配氮过程是在换热器之间完成的），使 H_2/N_2 最终达到 3∶1。同时在整个氮气与净化气体混合的过程中，使 $p(N_2)=5.9MPa$ 配到净化气中，其分压下降为 $p(N_2)=1.3MPa$，产生 J-T 效应而获得了液氮洗工序所需要的绝大部分冷量。

(3) 液氮洗涤原理　液氮洗涤近似于多组分精馏，它是利用氢气与 CO、Ar、CH_4 的沸点相差较大，将 CO、Ar、CH_4 从气相中溶解到液氮中，从而达到脱除 CO、Ar、CH_4 等杂质的目的。此过程是在液氮洗工序的氮洗塔中完成的。由于氮气和 CO 的汽化潜热非常接近，因此可以基本认为液氮洗涤过程为一等温等焓过程。

从表 2-18 可以看出，各组分的临界温度都比较低，氮的临界温度为－147.10℃，从而决定了液氮洗涤必须在低温下进行。从各组分的沸点数据可以看出，H_2 的沸点远远低于 N_2 及其他组分，也就是说，在低温液氮洗涤过程中，CO、Ar、CH_4 容易溶解于液氮中，而原料气体中的氢气，则不容易溶解于液氮中，从而达到了液氮洗涤净化原料气体中 CO、Ar、CH_4 的目的。

由于选择的吸收剂为液氮，且在加压和低温下才可使氮气液化，同时加压和低温下还可提高气体的溶解度，故液氮洗在一定压力、低温条件下操作。

表 2-18 液氮洗工序中涉及的气体有关物性参数

气体名称	大气压下沸点/℃	大气压下汽化热/(kJ/kg)	临界温度/℃	临界压力/atm
CH_4	−161.45	509.74	−82.45	45.79
Ar	−185.86	164.09	−122.45	47.98
CO	−191.50	215.83	−140.20	34.52
N_2	−195.80	199.25	−147.10	33.50
H_2	−252.77	446.65	−240.20	12.76

2. 工艺流程

(1) 工艺气流程　来自低温甲醇洗工序后得到的工艺气中 H_2 的纯度达 99%，还含有微量的 CO_2、CH_3OH 需要脱除干净。工艺气首先进入内装分子筛的吸附器，将工艺气中微量的 CO_2、CH_3OH 脱除干净，出吸附器后的工艺气中，CO_2 和 CH_3OH 的含量均在 1×10^{-6} 以下；然后，工艺气进入冷箱（见图 2-28），在工艺气氮气预冷器及冷却器中与返流的粗合成气、燃料气和循环氢气进行换热，使出冷却器后的原料气温度降至−189℃，进入洗涤塔的下部。在洗涤塔中，上升的原料气与塔顶来的液氮成逆流接触，并进行传质、传热。CO、CH_4、Ar 等杂质从气相冷凝溶解于液氮中，而塔顶排出的氮洗气中的 H_2 与大约 10%的蒸发液氮混合，通过冷却器后，将高压氮气配入到氮洗气中，使 H_2/N_2 达到

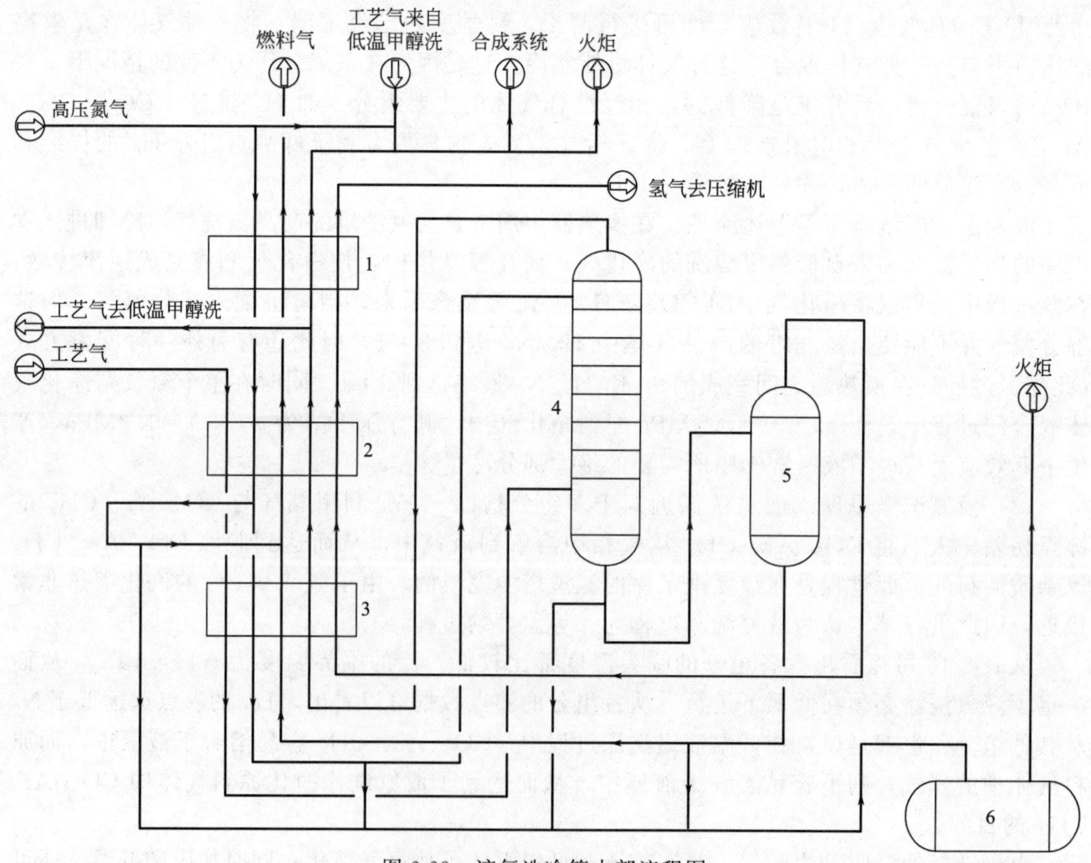

图 2-28　液氮洗冷箱内部流程图

1—高压氮气预冷器；2—工艺气氮气预冷器；3—冷却器；4—洗涤塔；5—循环气闪蒸罐；6—闪蒸罐

3∶1（体积比），配氮后的氮洗气称为粗合成气。在工艺气氮气预冷器内，粗合成气与工艺气、中压氮等物流换热后，出工艺气氮气预冷器温度达−67.3℃，分为两股，一股流量为31021m^3/h，进入高压氮气冷却器，与燃料气、循环氢气一起冷却高压氮气，出高压氮气冷却器后，粗合成气、燃料气、循环氢等均被复热至常温；另一股流量为79783m^3/h，送低温甲醇洗工序交回由工艺气体自低温甲醇洗工序带来的冷量，返回后与高压氮气冷却器出口的粗合成气汇合，经精调后，最后把H_2/N_2为3∶1的合成气送入氨合成工序。

（2）高压氮气流程　进入液氮洗工序的高压氮气，压力为5.9MPa，温度为42℃，流量为29806m^3/h，$O_2 \leqslant 10\times10^{-6}$。它进入冷箱后，在高压氮气冷却器内，被部分粗合成气、燃料气和循环氢气冷却后，温度降到−63.6℃，然后进入工艺气氮气预冷器，被合成气、燃料气和循环氢气进一步冷却，出工艺气氮气预冷器后，高压氮气被冷却到−127.2℃。一股继续在冷却器中被合成气、燃料气和循环氢气再进一步冷却至−188.2℃而成为液态氮，进入氮洗涤塔的上部而作为洗涤液，流量为9602m^3/h；另一股节流进入气体混合器，与氮洗涤塔塔顶来的氮洗气混合，成为H_2/N_2为3∶1的合成气，其流量为20204m^3/h。由于中压氮导入工艺气后其分压降低产生J-T效应（节流效应），提供了液氮洗工序所需的冷量。

（3）燃料气（含CO、CH_4、N_2、H_2混合气）流程　从氮洗塔塔底排出的馏分，流量为5844m^3/h，温度为−193℃，组成为H_2：11.08%、N_2：45.42%、Ar：2.47%、CO：40.09%、CH_4：0.94%，经减压至1.8MPa后进入循环气闪蒸罐中进行气液分离。由循环气闪蒸罐底部排出的液体即燃料气，又经进一步减压至0.18MPa，然后进入冷却器、工艺气氮气预冷器和高压氮气冷却器中进行复热。出高压氮气冷却器后的压力为0.08MPa、温度为30℃，送往燃料气系统；而在装置开车期间送往火炬焚烧。

（4）循环氢气流程　由循环气闪蒸罐顶部排出的气体，流量为480m^3/h，压力为1.8MPa。进入冷却器、工艺气氮气预冷器和高压氮气冷却器中进行复热。出高压氮气冷却器后的压力为1.75MPa，温度为30℃，送往低温甲醇洗工序的循环气压缩机回收利用，提高原料气体中有效组分的利用率，开车时送往火炬。

（5）空分来的补充液氮流程　正常操作时，液氮洗工序不需要补充冷量；开车或工况不稳定时，则需由液氮来补充冷量。

从空分装置引入的液氮，流量为500m^3/h，压力为0.45MPa。它经减压后，压力为0.18MPa，并在冷却器前进入燃料气管线，汇入燃料气中。然后经冷却器、工艺气氮气预冷器和高压氮气冷却器复热，向液氮洗工序提供补充冷量。

分子筛吸附器

（6）分子筛吸附器再生流程　分子筛吸附器有两台，切换使用，即一台运行，另一台再生，切换周期为24h，自动切换，属程序控制。再生用0.45MPa的低压氮气，由空分装置提供；再生氮气的加热由再生气体加热器完成。再生气体加热器为蒸汽加热器，采用3.62MPa的高压蒸汽加热，蒸汽则由高压蒸汽管网供给。再生氮气的冷却系统通过再生气体冷却器完成冷却，所用冷却水来自循环水系统管网。出再生气体冷却器的再生氮气送低温甲醇洗工序的气提塔，作为气提氮气使用。

3. 工艺条件

（1）液氮洗冷量　流程中除考虑回收冷量外，由于开车初期需冷却设备、补充正常操作时从大气漏入的热量以及各种换热器热段温差引起的冷量损失，为此必须补充冷源。提供所需冷量的方法通常有以下几种：

① 利用焦耳-汤姆孙效应，将用作洗涤剂的氮气压缩到足够高的压力（例如20MPa）再

经冷却将其减压到氮洗的操作压力以获得冷量。

② 利用等熵膨胀，把一部分冷却后的高压氮通过膨胀机或膨胀透平使压力降低而制冷。

③ 与氮洗装置联合的空分装置直接将液态氮送入氮洗塔以提供所需的冷量。

冷量平衡主要考虑两个方面：与甲醇洗系统间的冷量平衡、液氮洗装置自身的冷量平衡。

① 与甲醇洗系统间的冷量平衡　甲醇洗系统和液氮洗系统是相互耦合的，低温甲醇洗工序的净化气是低温气体，相当于先给液氮洗系统提供了一部分冷量，为维持系统冷量的平衡，应注意液氮洗系统中返还给甲醇洗系统的合成气所提供的冷量要与来自低温甲醇洗工序的净化气提供的冷量相等。

② 液氮洗装置自身的冷量平衡　液氮洗系统主要是通过流体节流产生的焦耳-汤姆孙效应来提供冷量，液氮洗系统冷量的大小主要取决于高压气压力的大小。如果用的高压氮气压力偏小，虽然系统能耗会降低，但流体节流产出的冷量会偏少，系统冷量会不足，进而导致系统无法正常运行。如果选用的高压氮气压力大，则节流产出的冷量多，但压力偏高则造成能耗的增加，因此选取合适的高压氮气压力是十分必要的。

（2）氢、氮比值　H_2、N_2 比是液氮洗工序重要指标。正常情况下，氮洗塔出塔气中 H_2/N_2 应达到一定的水平，然后再经冷配氮后基本达到工艺要求，热配氮只作微调。H_2/N_2 失调主要表现为 H_2/N_2 高，而且氮气消耗大。氮洗塔塔顶温度决定出塔 N_2 含量，系统冷量充足时，容易出现塔顶温度偏低，甚至低于−197℃，大量液氮进入塔底尾气馏分中，而蒸发进入气相的氮气减少，造成 H_2/N_2 失调。此时配氮量增大，甚至会超过设计用量。

资料扫一扫

原料气净化虚拟仿真实训项目

冷配氮增加影响系统冷量分配，会进一步降低入塔气温度，引起塔顶温度下降。因此，如果 H_2/N_2 失调是由温度低引起的，那么过度调整冷配氮是不合理的，应改变冷量分配，适当提高氮洗塔温度，使塔顶温度达到设计指标范围。

思考与练习

1. 合成氨原料气为何要进行脱硫？脱硫方法可分为哪几类？各类的特点是什么？
2. 氧化锌法脱硫的原理是什么？温度对脱硫过程有何影响？
3. 活性炭法脱硫的原理是怎样的？脱硫后的活性炭如何再生？
4. 什么是湿式氧化法？与中和法相比有何不同？如何选择湿式氧化法的氧化催化剂？
5. ADA 法脱硫及再生的原理是什么？ADA 法脱硫塔为什么容易发生堵塞现象？如何防止？
6. 影响一氧化碳平衡变换率的因素有哪些？如何影响？
7. 一氧化碳变换反应为什么存在最佳温度？最佳温度随变换率如何变化？
8. 铁铬中变催化剂、铜锌低变催化剂、钴钼耐硫变换催化剂的活性组分是什么？通常在什么场合下使用？使用前需进行怎样的处理？
9. 工业生产上变换反应确定温度的原则是什么？
10. 工业生产上通常采用哪些方式使变换反应接近最佳温度？如何正确选用这些方法？
11. 如何提高饱和塔的能量回收效果？
12. 为什么原料气中的二氧化碳必须脱除？常用的脱碳方法主要有几种？
13. 本菲尔特法吸收二氧化碳的原理是什么？再生的原理是什么？
14. 传统的本菲尔特法脱除二氧化碳工艺存在什么问题？应如何改进？
15. 碳酸丙烯酯脱除二氧化碳的常压解吸-空气气提的工艺存在什么问题？应如何改进？
16. 如何正确选择脱碳方法？
17. 原料气的精制有哪几种方法？
18. 甲烷化反应的基本原理是什么？甲烷化反应有哪些特点？

19. 甲烷化催化剂与甲烷转化催化剂有什么相同之处？有什么不同之处？为什么？

20. 热法净化流程由哪几部分组成？冷法净化流程由哪几部分组成？

21. 氧化锌脱硫槽的操作温度为400℃，原料气中的水分分别为10%和50%，试计算硫化氢的最低含量是多少？

22. 半水煤气流量为10000m^3/h，含硫化氢3g/m^3，用ADA溶液脱硫后含硫化氢0.02g/m^3，硫黄回收率90%。试求：

(1) 溶液的循环量；

(2) 溶液中ADA满足载氧体要求的最小含量（g/L）；

(3) 硫黄产量（kg/h）。

23. 变换炉的操作条件为$p=3.0$MPa，$T=460$℃，半水煤气组成如下：

组分	H_2	CO	CO_2	N_2	CH_4	Ar	H_2O	合计
y_i/%	19.29	15.65	5.37	11.14	0.49	0.14	47.92	100

试求反应达平衡时一氧化碳变换率和气体组成（干基）。

24. 变换炉入口含氧为e，出口$e'=0$，试按氧参与反应$2H_2+O_2 = H_2O$修正由进出口干基一氧化碳含量计算变换率的公式。

25. 已知某厂干半水煤气消耗定额为3600m^3/tNH_3，其组成为H_2 39.7%，N_2 22.1%，CO 24.5%，CO_2 12.5%，若最终变换率为90%，变换炉出口气温度为400℃，饱和热水塔自产蒸汽为0.65mol/mol干气，求：

(1) 干变换气中一氧化碳含量及消耗定额；

(2) 变换所需的最小外加蒸汽量，假设变换炉段间无水冷激。

26. 饱和塔出口半水煤气量为6000m^3/h，压力为0.8MPa，饱和度为90%，若饱和塔出口气体温度由110℃提高到130℃，问变换工段每小时蒸汽消耗量可减少多少？

27. 某厂甲烷化炉进口气量为24000m^3/h，气体组成如下：

组分	H_2	N_2	CH_4	Ar	CO	CO_2	合计
y_i/%	74.36	24.13	0.33	0.55	0.43	0.20	100

操作压力为3.15MPa，入口温度为280℃；出甲烷化炉气体中一氧化碳和二氧化碳的含量各为5×10^{-6}；试计算甲烷化炉出口气体温度、气体组成（干基）及气量（原料气进甲烷化系统温度为40℃，不考虑热损）。

第三章 氨的合成

本章教学目标

能力与素质目标

1. 具有设计催化剂升温还原方案的初步能力。
2. 具有工艺计算的初步能力。
3. 具有对氨合成工艺进行改造的初步能力。
4. 具有分析选择工艺条件的初步能力。
5. 具有查阅文献资料的能力。
6. 具有节能减排、降低能耗的意识。
7. 具有安全生产的意识。
8. 具有环境保护和技术经济意识。

知识目标

1. 掌握：氨合成反应的基本原理及氨合成工艺条件的选择和工艺流程分析；氨合成过程的能量分析及余热回收；氨合成系统基本的物料衡算及热量衡算。

2. 理解：氨合成塔的结构特点及并流双套管氨合成塔的基本结构；连续式氨合成塔的床层温度分析及典型冷管式氨合成塔的分析；新型氨合成塔的特点；氨合成催化剂的组成、还原及使用。

3. 了解：氨合成反应的机理及动力学方程；“二气”回收的处理方法。

氨合成的任务是将精制的氢氮气合成为氨，提供液氨产品。它是整个合成氨生产的核心部分。氨合成反应是在较高温度和较高压力及催化剂存在的条件下进行的。因反应后气体中的氨含量一般只有10%～20%，所以，氨合成工艺通常采用循环流程。

第一节　氨合成反应的基本原理

一、氨合成反应的热效应

氨合成反应为

$$\frac{1}{2}N_2+\frac{3}{2}H_2 \xlongequal{} NH_3(g) \qquad \Delta H^{\ominus}_{298}=-46.22kJ/mol \tag{3-1}$$

氨合成反应的热效应不仅取决于温度，而且还和压力及组成有关。

不同温度、压力下，纯氢氮混合气完全转化为氨的反应热可由下式计算：

$$\Delta H_F=38338.9+\left(22.5304+\frac{34734.4}{T}+\frac{1.89963\times10^{10}}{T^3}\right)p+$$
$$22.3864T+10.5717\times10^{-4}T^2-7.08281\times10^{-6}T^3 \tag{3-2}$$

式中 ΔH_F——纯氢氮混合气完全转化为氨的反应热，kJ/mol；

p——压力，MPa；

T——温度，K。

在工业生产中，反应物为氢、氮、氨及惰性气体的混合物。由于高压下的气体为非理想气体，气体混合时吸热，总反应热效应（ΔH_R）应为反应热（ΔH_F）与混合热（ΔH_M）之和。即

$$\Delta H_R=\Delta H_F+\Delta H_M \tag{3-3}$$

表 3-1 给出了氨浓度为 17.6%时系统的 ΔH_F、ΔH_M、ΔH_R。

当气体中氨含量为 y_{NH_3} 时混合热可由内差法近似求得：

$$\Delta H_M=\Delta H^{\ominus}_M\times y_{NH_3}/17.6\% \tag{3-4}$$

式中 $\Delta H^{\ominus}_M$——氨含量为 17.6%时的混合热，kJ/mol。

【例 3-1】 求 $p=30.40MPa$，$T=450℃$，$n_{H_2}/n_{N_2}=3$，$y_{NH_3}=12\%$时的 ΔH_M、ΔH_R。

解 由表 3-1 查得 30.40MPa、450℃时

$$\Delta H^{\ominus}_M=\frac{2742+1193}{2}=1967.5(kJ/kmol)$$

$$\Delta H_F=-\frac{56773+56497}{2}=-56635\ (kJ/kmol)$$

$$\Delta H_M=\Delta H^{\ominus}_M\times y_{NH_3}/17.6\%=1967.5\times12\%/17.6\%$$
$$=1341.5\ (kJ/kmol)$$

$$\Delta H_R=\Delta H_F+\Delta H_M=-56635+1341.5=-55293.5\ (kJ/kmol)$$

表 3-1 由纯 $3H_2/N_2$ 生成 17.6%NH_3 系统的 ΔH_F、ΔH_M、ΔH_R 值

温度/℃	类别	ΔH/(kJ/kmol)				
		0.1013MPa	10.13MPa	20.27MPa	30.40MPa	40.53MPa
200	ΔH_F	−49764	−52963	−57338	−61098	−62647
	ΔH_M	0	1453	5996	9826	11016
	ΔH_R	−49764	−51510	−51342	−51272	−51631
300	ΔH_F	−51129	−53026	−55337	−57518	−59511
	ΔH_M	0	419	2470	5091	7398
	ΔH_R	−51129	−52607	−52867	−52427	−52113
400	ΔH_F	−52670	−53800	−55316	−56773	−58283
	ΔH_M	0	251	1193	2742	4647
	ΔH_R	−52670	−53549	−54123	−54031	−53591
500	ΔH_F	−53989	−54722	−55546	−56497	−57560
	ΔH_M	0	126	356	1193	3098
	ΔH_R	−53989	−54596	−55150	−55304	−54462

二、氨合成反应的化学平衡

式(3-1) 氨合成反应的化学平衡常数 K_p 可表示为：

$$K_p=\frac{p_{NH_3}}{p_{N_2}^{1/2}p_{H_2}^{3/2}}=\frac{1}{p}\times\frac{y_{NH_3}}{y_{N_2}^{1/2}y_{H_2}^{3/2}} \tag{3-5}$$

压力较低时，化学平衡常数可用下式计算：

$$\lg K_p=\frac{2001.6}{T}-2.6911\lg T-5.5193\times10^{-5}T+1.8489\times10^{-7}T^2+3.6842 \tag{3-6}$$

加压下的化学平衡常数不仅与温度有关，而且与压力和气体组成有关。当压力在1.01～101.33MPa下，化学平衡常数可由下式求得：

$$\lg K_p=\frac{2074.8}{T}-2.4943\lg T-\beta T+1.8564\times10^{-7}T^2+I \tag{3-7}$$

不同压力下的 β、I 值如表 3-2 所示。

表 3-2　不同压力下的 β、I 值

压力/MPa	1.01	3.04	5.07	10.13	30.40	60.80
$\beta\times10^5$	0.00	3.40	12.56	12.56	12.56	108.56
I	2.9873	3.0153	3.0843	3.1073	3.2003	4.0553

不同温度、压力下 $n_{H_2}/n_{N_2}=3$ 纯氢氮混合气体反应的 K_p 值见表 3-3。

表 3-3　不同温度、压力下 $n_{H_2}/n_{N_2}=3$ 纯氢氮混合气体反应的 K_p 值

温度/℃	K_p					
	0.1013MPa	10.13MPa	15.20MPa	20.27MPa	30.40MPa	40.53MPa
350	2.5961×10^{-1}	2.9796×10^{-1}	3.2933×10^{-1}	3.5270×10^{-1}	4.2436×10^{-1}	5.1357×10^{-1}
400	1.2450×10^{-1}	1.3842×10^{-1}	1.4742×10^{-1}	1.5759×10^{-1}	1.8175×10^{-1}	2.1146×10^{-1}
450	6.4086×10^{-2}	7.1310×10^{-2}	7.4939×10^{-2}	8.8350×10^{-2}	8.8350×10^{-2}	9.9615×10^{-2}
500	3.6555×10^{-2}	3.9882×10^{-2}	4.1570×10^{-2}	4.7461×10^{-2}	4.7461×10^{-2}	5.2259×10^{-2}
550	2.1320×10^{-2}	2.3870×10^{-2}	2.4707×10^{-2}	2.7618×10^{-2}	2.7618×10^{-2}	2.9883×10^{-2}

三、平衡氨含量及影响因素

已知原始氢氮比为 r，总压为 p，反应平衡时氨、惰性气体的平衡含量分别为 y_{NH_3} 和 y_i，则氨、氢、氮等组分的平衡分压分别为

$$p_{NH_3}=py_{NH_3}$$

$$p_{H_2}=p\times\frac{r}{1+r}(1-y_{NH_3}-y_i)$$

$$p_{N_2}=p\times\frac{1}{1+r}(1-y_{NH_3}-y_i)$$

将各平衡分压代入式(3-5) 得

$$\frac{y_{NH_3}}{(1-y_{NH_3}-y_i)^2}=K_p p\times\frac{r^{1.5}}{(1+r)^2} \tag{3-8}$$

由上式看出，平衡氨含量是温度、压力、氢氮比和惰性气体含量的函数。

1. 温度和压力的影响

当 $r=3$、$y_i=0$ 时，式(3-8) 可简化为

$$\frac{y_{NH_3}}{(1-y_{NH_3})^2}=0.325K_p p \tag{3-9}$$

由上式可知，提高压力、降低温度，$K_p p$ 数值增大，y_{NH_3} 随之增大。不同温度、压力下的平衡氨含量 $y^*_{NH_3}$ 值见表 3-4。

表 3-4　不同温度、压力下的平衡氨含量

温度/℃	$y^*_{NH_3}$					
	0.1013MPa	10.13MPa	15.20MPa	20.27MPa	30.40MPa	40.53MPa
360	0.0072	0.3510	0.4335	0.4962	0.5891	0.6572
380	0.0054	0.2995	0.3789	0.4408	0.5350	0.6059
400	0.0041	0.2537	0.3283	0.3882	0.4818	0.5539
420	0.0031	0.2136	0.2825	0.3393	0.4304	0.5025
440	0.0024	0.1792	0.2417	0.2946	0.3818	0.4526
460	0.0019	0.1500	0.2060	0.2545	0.3366	0.4049
480	0.0015	0.1255	0.1751	0.2191	0.2952	0.3603

2. 氢氮比的影响

图 3-1 给出了 500℃时平衡氨含量与氢氮比的关系。如不考虑组成对化学平衡的影响，$r=3$ 时平衡氨含量具有最大值。若考虑组成的影响，其值在 2.68～2.90 之间。

3. 惰性气体的影响

当氢氮混合气含有惰性气体时，就会使平衡氨含量降低。

氨合成反应过程中，混合气体的物质的总量随反应进行而逐渐减少，起始惰性气体含量不等于平衡时惰性气体含量，惰性气体的含量随反应进行而逐渐升高。

为便于计算，令 $y_{i,0}$ 为氨分解基惰性气体含量，即氨全部分解为氢氮气以后的惰性气体含量，其值不随反应的进行而改变。

由氨合成反应可知，混合气体瞬时摩尔流量 N 与无氨基气体瞬时摩尔流量 N_0 的关系为

$$N=N_0+N_0 y_{NH_3}=N_0(1+y_{NH_3})$$

由惰性气体平衡得　$N y_i=N_0 y_{i,0}$

联立上述两方程得　$y_i=y_{i,0}(1+y_{NH_3})$　(3-10)

将上式代入式(3-8) 得

$$\frac{y_{NH_3}}{[1-y_{NH_3}-y_{i,0}(1+y_{NH_3})]^2}=\frac{r^{1.5}}{(1+r)^2}\times K_p p \tag{3-11}$$

图 3-2 给出了压力为 30.40MPa 时不同温度和惰性气体含量时的平衡氨含量。由图可见，随惰性气体含量提高，平衡氨含量降低。

计算表明，当 $y_{i,0}<20\%$时，不含惰性气体的平衡氨含量 $y^{\ominus}_{NH_3}$ 与相同温度、压力条件下，含有惰性气体的平衡氨含量 y_{NH_3} 有如下近似关系式

$$y_{NH_3}=\frac{1-y_{i,0}}{1+y_{i,0}}\times y^{\ominus}_{NH_3} \tag{3-12}$$

综上所述，提高压力、降低温度和惰性气体含量，平衡氨含量随之增加。由表 3-4 可知，若使平衡氨含量达到 35%，温度为 450℃时，压力应为 30.40MPa；如果温度降低到

360℃，达到上述平衡含量，压力可降至 10.13MPa。由此可见，寻求低温下具有良好活性的催化剂，是降低氨合成操作压力的关键。

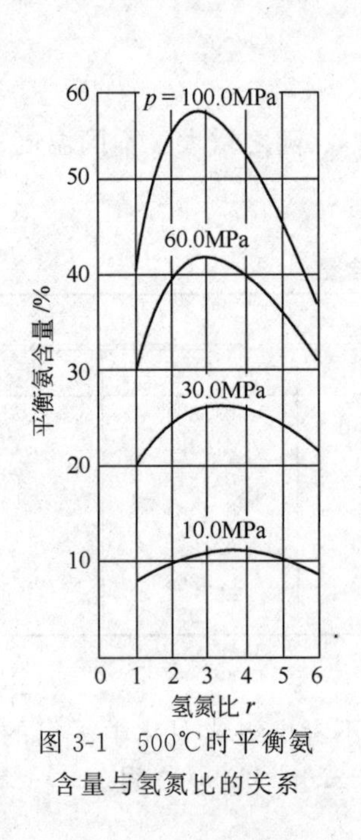

图 3-1 500℃时平衡氨含量与氢氮比的关系

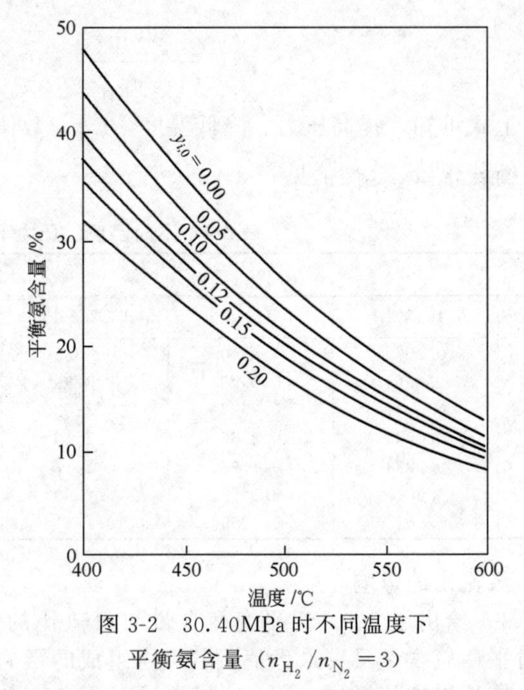

图 3-2 30.40MPa 时不同温度下平衡氨含量（$n_{H_2}/n_{N_2}=3$）

四、氨合成反应速率

1. 机理与动力学方程

氮与氢在铁催化剂上的反应机理，存在着不同的假设。一般认为，氮在催化剂上被活性吸附的为氮原子，然后逐步加氢，连续生成 NH、NH_2 和 NH_3，即 $N_2 \longrightarrow 2N \xrightarrow{+H_2} 2NH \xrightarrow{+H_2} 2NH_2 \xrightarrow{+H_2} 2NH_3$。

1939 年捷姆金和佩热夫根据上述机理，提出以下几点假设：①氮的活性吸附是反应速率的控制步骤；②催化剂表面很不均匀；③吸附态主要是氮，吸附遮盖度中等；④气体为理想气体，反应距平衡不很远。推导出本征动力学方程式如下：

$$r_{NH_3}=k_1 p_{N_2}\left(\frac{p_{H_2}^3}{p_{NH_3}^2}\right)^{\alpha}-k_2\left(\frac{p_{NH_3}^2}{p_{H_2}^3}\right)^{1-\alpha} \tag{3-13}$$

式中 r_{NH_3}——过程的瞬时速率；

k_1，k_2——正逆反应的速率常数；

α——常数，视催化剂性质及反应条件而异。

对工业铁催化剂，α 可取为 0.5，则上式可变为

$$r_{NH_3}=k_1 p_{N_2}\times\frac{p_{H_2}^{1.5}}{p_{NH_3}}-k_2\times\frac{p_{NH_3}}{p_{H_2}^{1.5}} \tag{3-14}$$

k_1、k_2 与平衡常数 K_p 的关系为

$$k_1/k_2=K_p^2 \tag{3-15}$$

式(3-13) 适用于理想气体，在加压下是有偏差的，k_1、k_2 随压力增大而减小。

当反应距离平衡甚远时，式(3-13) 不再适用，特别是当 $p_{NH_3}=0$ 时，$r_{NH_3}=\infty$，这显然是不合理的。因此，捷姆金提出了远离平衡的本征反应动力学方程式

$$r_{NH_3}=k'p_{N_2}^{0.5}p_{H_2}^{0.5} \tag{3-16}$$

1963年，捷姆金等人推导出新的普遍性的动力学方程式。

2. 影响反应速率的因素

（1）压力的影响　若以 $p_i=py_i$ 代入式(3-14)得

$$r_{NH_3}=k_1p^{1.5}\times\frac{y_{N_2}y_{H_2}^{1.5}}{y_{NH_3}}-k_2p^{-0.5}\times\frac{y_{NH_3}}{y_{H_2}^{1.5}}$$

由上式可见，当温度和气体组成一定时，提高压力，正反应速率增大，逆反应速率减小。所以，提高压力净反应速率提高。

（2）氢氮比的影响　由前所述，反应达到平衡时，氨浓度在氢氮比为3时有最大值。然而比值为3时，反应速率并不是最快的。在反应初期，系统离平衡甚远，本征动力学方程可用式(3-16)来表示。设 $y_i=0$，将 $p_{H_2}=p\times\frac{r}{1+r}\times(1-y_{NH_3})$，$p_{N_2}=p\times\frac{1}{1+r}\times(1-y_{NH_3})$ 代入式中得

$$r_{NH_3}=k'p\times\frac{r^{0.5}}{1+r}\times(1-y_{NH_3})$$

在其他条件一定时，改变 r 使 r_{NH_3} 最大的条件是 $\left(\frac{\partial r_{NH_3}}{\partial r}\right)=0$，由此求得 $r=1$ 时，r_{NH_3} 最大，即反应初期的最佳氢氮比为1。随着反应的进行，氨含量不断增加，欲使 r_{NH_3} 保持最大值，最佳氢氮比也应随之增大。

（3）惰性气体的影响　由式(3-13)及式(3-16)均可推出，在其他条件一定的情况下，随着惰性气体含量的增加，反应速率下降。因此，降低惰性气体含量，反应速率加快，平衡氨含量提高。

（4）温度的影响　氨合成反应是可逆放热反应，存在最佳温度，具体值由其组成、压力和催化剂的性质而定。图3-3为A106型催化剂的平衡温度曲线和最佳温度曲线。在一定压力下，氨含量提高，相应的平衡温度和最佳温度下降；压力提高，平衡温度与最佳温度也相应提高。

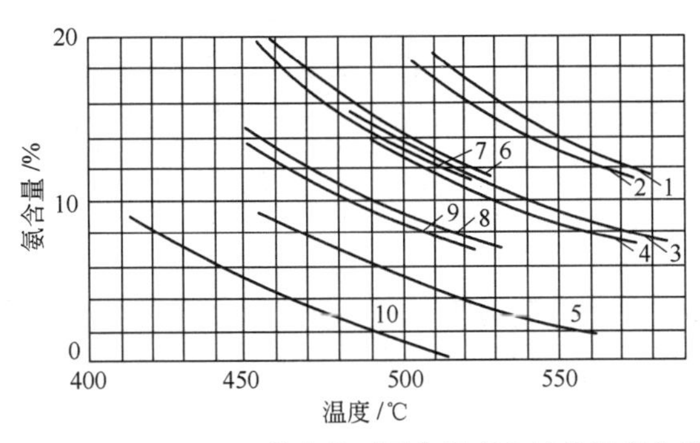

图3-3　$n_{H_2}/n_{N_2}=3$ 的条件下平衡温度和最佳温度曲线

1～5—30.40MPa（$y_{i,0}=12\%$）、30.40MPa（$y_{i,0}=15\%$）、20.27MPa（$y_{i,0}=15\%$）、20.27MPa（$y_{i,0}=18\%$）、15.20MPa（$y_{i,0}=13\%$）的平衡温度曲线；6～10—30.40MPa（$y_{i,0}=12\%$）、30.40MPa（$y_{i,0}=15\%$）、20.27MPa（$y_{i,0}=15\%$）、15.20MPa（$y_{i,0}=18\%$）、15.20MPa（$y_{i,0}=13\%$）的最佳温度曲线

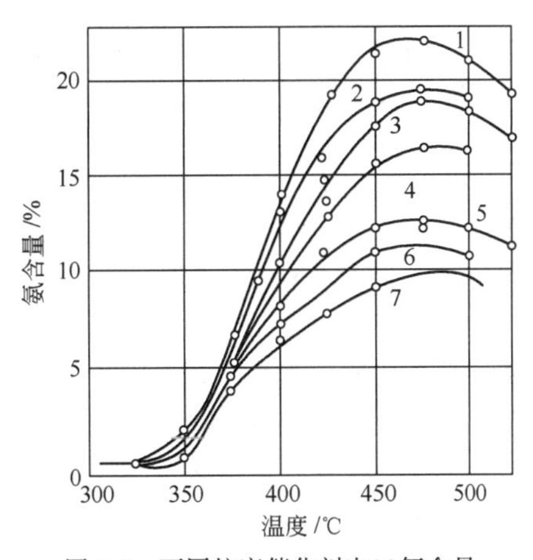

图3-4　不同粒度催化剂出口氨含量与温度的关系（30.40MPa，30000h^{-1}）

1—0.6mm；2—2.5mm；3—3.75mm；4—6.24mm；5—8.03mm；6—10.2mm；7—16.25mm

（5）内扩散的影响　本征反应动力学方程式未考虑外扩散、内扩散的影响。实际生产中，由于气体流量大，气流与催化剂颗粒外表面传递速率足够快，外扩散影响可忽略不计，但内扩散阻力却不容忽略，内扩散速率影响氨合成反应的速率。

图 3-4 为压力 30.40MPa、空速 $30000h^{-1}$ 下，对不同温度及粒度催化剂所测得的出口氨含量。由图可见，温度低于 380℃，出口氨含量受粒度影响较小。超过 380℃，在催化剂的活性范围内，温度越高，粒度对出口氨含量影响越显著。这是因为反应速率加快，微孔内的氨不易扩散出来，使内扩散的阻止作用增大。

由图 3-4 也可看出，采用小颗粒催化剂可提高出口氨含量。但颗粒过小压降增大，且小颗粒催化剂易中毒而失活。因此，要根据实际情况，在兼顾其他工艺参数的前提下，综合考虑催化剂的粒度。

资料扫一扫

中国民族化学工业之父——范旭东

第二节　氨合成催化剂

长期以来，人们对氨合成催化剂做了大量的研究工作，发现对氨合成有活性的金属有 Os、U、Fe、Mo、Mn、W 等。其中以铁为主体并添加有促进剂的铁系催化剂价廉易得，活性良好，使用寿命长，从而获得广泛的应用。

一、催化剂的组成和作用

目前，大多数铁催化剂都是经过精选的天然磁铁矿采用熔融法制备的，其活性组分为金属铁，另外添加 Al_2O_3、K_2O 等助催化剂。其中二价铁和三价铁的比例对催化剂的活性影响很大，适宜的 FeO 含量为 24%～38%（质量分数），$[Fe^{2+}]/[Fe^{3+}]$ 约为 0.5。

Al_2O_3 是结构型助催化剂，它均匀地分散在 α-Fe 晶格内和晶格间，能增加催化剂的比表面积，并防止还原后的铁微晶长大，从而提高催化剂的活性和稳定性。

K_2O 是电子型的助催化剂，能促进电子的转移过程，有利于氮分子的吸附和活化，也促进生成物氨的脱附。CaO 也属于电子型促进剂，同时，它能降低固熔体的熔点和黏度，有利于 Al_2O_3 和 Fe_3O_4 固熔体的形成，还可以提高催化剂的热稳定性和抗毒害能力。SiO_2 的加入虽然有降低 K_2O、Al_2O_3 助催化剂的作用，但起到稳定 α-Fe 晶粒的作用，从而增加了催化剂的抗毒性和热稳定性等。

通常制得的催化剂为黑色不规则的颗粒，有金属光泽，堆积密度为 2.5～3.0kg/L，孔隙率 40%～50%。还原后的铁催化剂一般为多孔的海绵状结构，孔呈不规则的树枝状，内表面积为 $4\sim16m^2/g$。

国内生产的 A 系氨合成催化剂已达到国内外同类产品的先进水平。表 3-5 为国内外主要型号的氨合成催化剂的组成和主要性能。

为了提高氨合成低温催化剂的活性，降低合成塔的操作压力，新型催化剂在不断地进行开发和研制。钌基合成氨催化剂比铁基催化剂活性高 10～20 倍，在压力 5～8MPa 和温度 350～450℃下，合成率达到 20%～22%，生产能力可提高 20%～40%。钌基催化剂的主要特点是高活性、高氨浓度和宽 H_2/N_2 范围，并可在低温和较低压力下操作。

表 3-5　国内外主要型号的氨合成催化剂的组成和主要性能

国别	型号	组成	外形	还原前堆密度/(kg/L)	推荐使用温度/℃	主要性能
中国	A106	Fe_3O_4、Al_2O_3、K_2O、CaO	不规则颗粒	2.9	400～520	380℃还原已不明显，550℃耐热 20h，活性不变

续表

国别	型号	组成	外形	还原前堆密度/(kg/L)	推荐使用温度/℃	主要性能
中国	A109	Fe_3O_4、Al_2O_3、K_2O、CaO、MgO、SiO_2	不规则颗粒	2.7～2.8	380～500，活性优于A106	还原温度比A106低20～30℃，525℃耐热20h，活性不变
	A110 A110-5Q	Fe_3O_4、Al_2O_3、K_2O、CaO、MgO、BaO、SiO_2	不规则颗粒 球形	2.7～2.8	380～490，低温活性优于A109	还原温度比A106低20～30℃，500℃耐热20h，活性不变，抗毒能力强
	A201	Fe_3O_4、Al_2O_3、Co_3O_4、K_2O、CaO	不规则颗粒	2.6～2.9	360～490	易还原，低温活性高，比A110活性提高10%，短期500℃活性不变
	A301	FeO、Al_2O_3、K_2O、CaO	不规则颗粒	3.0～3.3	320～500	低温、低压、高活性，还原温度280～300℃，极易还原
丹麦	KMⅠ	Fe_3O_4、Al_2O_3、K_2O、CaO、MgO、SiO_2	不规则颗粒	2.5～2.9	380～550	390℃还原明显，耐热及抗毒性较好，耐热温度550℃
	KMⅡ	Fe_3O_4、Al_2O_3、K_2O、CaO、MgO、SiO_2	不规则颗粒	2.5～2.9	360～480	370℃还原明显，耐热及抗毒性较KMⅠ略差
	KMR	KM预还原型	不规则颗粒	1.9～2.2	—	全部性能与相应的KM型催化剂相同，在空气中100℃稳定不烧坏
英国	ICI35-4	Fe_3O_4、Al_2O_3、K_2O、CaO、MgO、SiO_2	不规则颗粒	2.6～2.9	350～530	温度超过530℃，活性下降
美国	C73-1	Fe_3O_4、Al_2O_3、K_2O、CaO、SiO_2	不规则颗粒	2.88	370～540	570℃以下活性稳定
	C73-2-03	Fe_3O_4、Al_2O_3、Co_3O_4、K_2O、CaO	不规则颗粒	2.88	360～500	500℃以下活性稳定

二、催化剂的还原和使用

氨合成催化剂在还原之前没有活性，使用前必须经过还原，使 Fe_3O_4 变成 α-Fe 微晶才有活性。还原反应如下：

$$Fe_3O_4+4H_2 = 3Fe+4H_2O \qquad \Delta H^{\ominus}_{298}=149.9kJ/mol \tag{3-17}$$

确定还原条件的原则，一方面使 Fe_3O_4 能充分还原为 α-Fe，另一方面是还原生成的铁结晶不因重晶而长大，以保持有最大的比表面积和活性中心。

1. 还原温度

还原反应是一个吸热反应，提高还原温度有利于平衡向右移动，并且能加快还原速率，缩短还原时间。但还原温度过高，会导致 α-Fe 晶粒长大，从而减少催化剂表面积，使其活性降低。最高还原温度应低于或接近氨合成操作温度。

氨合成催化剂的升温还原过程，通常由升温期、还原初期、还原主期、还原末期、轻负荷养护期五个阶段组成。不同型号的催化剂还原时开始出水温度、大量出水温度、最高还原温度都有所不同，见表3-6。

表 3-6　A 型催化剂还原温度与出水关系

型　号	开始出水温度/℃	大量出水温度/℃	最高还原温度/℃
A106	375～385	465～475	515～525
A109	330～340	420～430	500～510
A110	310～320	约 400	490～500

还原中应尽可能减少同一平面的温差，并注意最高温度不超过允许温度。因此，实际生产中升温与恒温交叉进行。

2. 还原压力

提高压力，提高了氢的分压，加快了还原反应速率。同时，可使一部分还原好的催化剂进行氨合成反应，放出的反应热可弥补电加热器功率的不足。但是，提高压力，也提高了水蒸气的分压，增加了催化剂反复氧化还原的程度。所以，压力的高低应根据催化剂的型号和不同的还原阶段而定。一般情况下，还原压力控制在 10～20MPa。

3. 还原空速

空速越大，气体扩散越快，气相中水汽浓度越低，催化剂微孔内的水分越容易逸出。而催化剂微孔内水分的逸出，减少了水汽对已还原催化剂的反复氧化，提高了催化剂的活性。此外，提高空速也有利于降低催化剂床层的径向温差和轴向温差，提高床层底部温度。但工业生产过程中，受电加热器功率和还原温度所限，不可能将空速提得过高。国产 A 型催化剂要求还原主期空速在 $10000h^{-1}$ 以上。

4. 还原气体成分

降低还原气体中的 p_{H_2O}/p_{H_2} 有利于催化剂还原。为此，还原气体中的氢含量宜尽可能高，水汽含量尽可能低。一般情况下，还原过程中可控制氢含量在 72%～76%之间，任何时候出口气体中的水汽含量不得超过 $0.5\sim1.0g/m^3$ 干气。

在催化剂升温还原阶段，应把升温速率、出水速率及水汽浓度作为核心控制指标。实际生产中，应预先绘制出升温还原曲线图，制订升温还原方案。升温还原图反映在不同阶段的升温速率、恒温时间、操作压力、水汽浓度、气体成分等。操作者根据工况实际发现与指标曲线的差值，并做及时调整，尽量使升温还原的实际操作曲线与指标曲线相吻合，以最大限度地保证催化剂的活性。

催化剂升温还原的终点是以催化剂的还原度来度量的，其定义为已除去的氧量占可除去氧量的百分比。实际生产中，以累计出水量来间接度量。一般要求还原终点的累计出水量应达到理论出水量的 95%以上。

催化剂还原反应可表示为

$$FeO+H_2 \xlongequal{} Fe+H_2O$$

$$Fe_2O_3+3H_2 \xlongequal{} 2Fe+3H_2O$$

若催化剂的质量为 m 千克，铁比为 $A=w_{Fe^{2+}}/w_{Fe^{3+}}$，总铁质量分数为 $T=w_{Fe^{2+}}+w_{Fe^{3+}}$。

FeO 理论出水量

$$x=\frac{M_{H_2O}}{M_{Fe}}\times\frac{TA}{A+1}\times m$$

合成氨催化剂的发展历程

Fe_2O_3 理论出水量

$$y=1.5\times\frac{M_{H_2O}}{M_{Fe}}\times\frac{T}{A+1}\times m$$

催化剂理论出水量

$$m_{理}=x+y=\frac{M_{H_2O}}{M_{Fe}}\times\frac{Tm}{A+1}\times(1.5+A) \tag{3-18}$$

催化剂的还原可在塔外进行，即催化剂的预还原。预还原催化剂不但可以缩短还原时间1/4～1/2，而且能够保证催化剂还原彻底，延长催化剂使用寿命。

氨合成催化剂一般寿命较长，在正常操作下，预期寿命6～10年。催化剂经长期使用后活性会下降，氨合成率降低。这种现象称为催化剂的衰老，其衰老的主要原因是α-Fe微晶逐渐长大，催化剂内表面变小，催化剂粉碎及长期慢性中毒所致。

氨合成催化剂的毒物有多种，如S、P、As、卤素等能与催化剂形成稳定的表面化合物，造成永久性中毒。某些氧化物，如CO、CO_2、H_2O和O_2也会影响催化剂的活性。此外，某些油类以及重金属Cu、Ni、Pb等也是合成催化剂的毒物。

为此，原料气送往合成工段之前应充分清除各类毒物，以保证原料气的纯度。一般大型氨厂进合成塔的原料气中的（$CO+CO_2$）$<10\times10^{-6}$（体积分数），小型氨厂（$CO+CO_2$）$<30\times10^{-6}$（体积分数）。

如上所述，氨合成催化剂的性能对合成氨生产有着直接且重要的影响，不断改进催化剂的性能，开发新型催化剂将具有重要的意义。新型催化剂的研制目前主要从两个方面进行，一方面是从降低催化剂的活性温度并提高催化剂的活性入手。研究发现，加入钴和稀土元素铈等，对降低催化剂的活性温度、提高催化剂的活性效果比较明显。加入钴后，可以起到双活性组分的作用，同时钴的加入可使铁催化剂的结构发生变化，还原态的铁微晶可减小10nm，比表面积增大3～6m^2/g，从而促进催化剂活性的提高。比如我国研制的A201型催化剂，特别是英国的ICI74-1催化剂，操作压力8～10MPa，氨净值达12%～14%。KAAP技术就是当今世界实现工业化的钌基催化氨合成的成熟技术，以石墨化的炭为载体，以$Ru_3(CO)_{12}$为母体的新一代钌基催化剂。江苏宿迁禾友化工有限公司建设的年产20万吨“铁钌接力”低温低压合成氨装置，利用新一代高性能钌基氨合成催化剂及“铁钌接力催化”合成氨成套技术，该装置在反应压力10.5～11.5MPa、钌催化剂床层出口温度410～420℃、氢氮比2.6～2.8、惰性气体含量11%～13%的操作条件下，氨净值达到14.5%～15.5%，装置运行平稳。与传统铁基催化剂合成氨技术相比，具有低反应温度、低反应压力、低氢氮比和高氨净值等优点，节能效果和经济效益显著。另外催化剂外形得以改进，可由原来的非规则形状，加工成球形小颗粒，能有效地降低床层阻力，节省能耗。

第三节　氨合成工艺条件

一、压力

在氨合成过程中，合成压力是决定其他工艺条件的前提，是决定生产强度和技术经济指标的主要因素。

提高操作压力有利于提高平衡氨含量和氨合成速率，增加装置的生产能力，有利于简化氨分离流程。但是，压力高时对设备材质及加工制造的技术要求较高。同时，高压下反应温度一般较高，催化剂使用寿命缩短。

生产上选择操作压力主要涉及功的消耗，即氢氮气的压缩功耗、循环气的压缩功耗和冷冻系统的压缩功耗。图3-5为某日产900t氨合成工段功耗随压力的变化关系。由图可见，提高压力，循环气压缩功和氨分离冷冻功减少，而氢氮气压缩功却大幅度增加。当操作压力在20～30MPa，总功耗较低。

实际生产中采用往复式压缩机时，氨合成的操作压力在30MPa左右；采用蒸汽透平驱动的高压离心式压缩机，操作压力降至15～20MPa。随着氨合成技术的进步，采用低压力的径向合成塔，装填高活性的催化剂，都会有效地提高氨合成率，降低循环机功耗，可使操作压力降至10～15MPa。

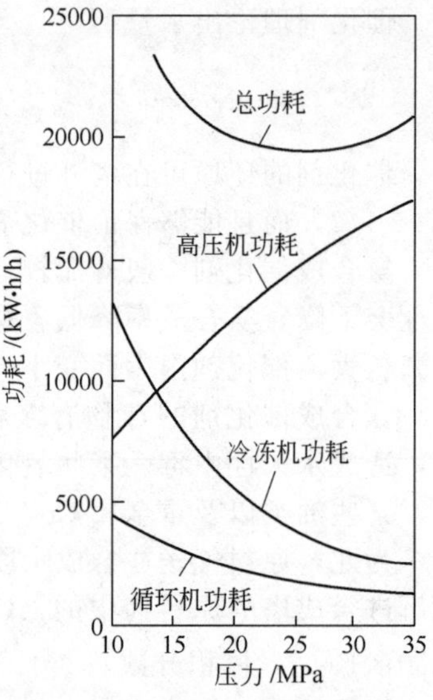

图 3-5　氨合成压力与功耗的关系

二、温度

在最适宜温度下，氨合成反应速率最快，氨合成率最高。关于可逆放热反应温度确定的原则在第二章第二节一氧化碳变换中已作介绍。在此不再赘述。

工业生产中，应严格控制两点温度，即床层入口温度（或零米温度）和热点温度。氨合成的操作温度应视催化剂的型号来确定。

鉴于氨合成反应的最佳温度随氨含量提高而降低，要求随反应的进行，不断移出反应热。生产上按降温方法的不同，氨合成塔内件可分为内部换热式和冷激式。内部换热式内件采用催化剂床层中排列冷管或绝热层间安置中间热交换器的方法，以降低床层的反应温度，并预热未反应的气体。冷激式内件采用反应前尚未预热的低温气体进行层间冷激，以降低反应气体的温度。

资料扫一扫

南京永利铔厂
民族化工的丰碑

三、空间速率

空间速率表示单位时间内、单位体积催化剂处理的气量。表3-7给出了生产强度、氨净值（合成塔进出口氨含量之差）与空速的相对关系。

表 3-7　空速与生产强度、氨净值之间的关系

空间速率/h^{-1}	10000	15000	20000	25000	30000
氨净值/%	14.0	13.0	12.0	11.0	10.0
生产强度(以 NH_3 计)/[kg/(m^3·h)]	908	1276	1584	1831	2015

提高空速虽然增加了合成塔的生产强度，但氨净值降低。氨净值的降低，增加了氨的分离难度，使冷冻功耗增加。另外，由于空速提高，循环气量增加，系统压力降增加，循环机功耗增加。若空速过大使气体带出的热量大于反应放出的热量，导致催化剂床层温度下降，以致不能维持正常生产。因此，采用提高空速强化生产的方法已不被人们所推荐。

一般而言，氨合成操作压力高、反应速率快，空速可高一些；反之可低一些。例如30MPa的中压法氨合成塔，空速可控制在20000～30000h^{-1}；15MPa的轴向冷激式合成塔，其空速为10000h^{-1}。

四、合成塔进口气体组成

合成塔进口气体组成包括氢氮比、惰性气体含量和初始氨含量。

最适宜的氢氮比与反应偏离平衡的状况有关。当接近平衡时，氢氮比为3；当远离平衡时氢氮比为1最适宜。生产实践表明，进塔气中的适宜氢氮比在2.8～2.9之间，而对含钴催化剂其适宜氢氮比在2.2左右。因氨合成反应氢与氮总是按3∶1的比例消耗，所以新鲜气中的氢氮比应控制为3，否则，循环气中多余的氢或氮会逐渐积累，造成氢氮比失调，使操作条件恶化。

惰性气体的存在，无论从化学平衡、反应动力学还是动力消耗，都是不利的。但要维持较低的惰气含量需要大量地排放循环气，导致原料气消耗增高。生产中必须根据新鲜气中惰性气体含量、操作压力、催化剂活性等综合考虑。当操作压力较低、催化剂活性较好时，循环气中的惰性气体含量宜保持在16%～20%；反之宜控制在12%～16%。

在其他条件一定时，降低入塔氨含量，反应速率加快，氨净值增加，生产能力提高。但进塔氨含量的高低，需综合考虑冷冻功耗以及循环机的功耗。通常操作压力为25～30MPa时采用一级氨冷，进塔氨含量控制在3%～4%；而压力为20MPa合成时采用二级氨冷，进塔氨含量在2%～3%；压力为15MPa左右采用三级氨冷，此时进塔氨含量控制在1.5%～2.0%。

第四节　氨的分离及合成工艺流程

一、氨的分离

由于氨合成率较低，合成塔出口气体中氨含量一般在25%以下。因此必须将生成的氨分离出来，而未反应的氢氮气送回系统循环利用。

氨的分离方法有冷凝分离法和溶剂吸收法。目前，工业生产中主要采用冷凝法分离氨。

冷凝法分离氨是利用氨气在高压低温下易于液化的原理进行的。高压下与液氨呈平衡的气相饱和氨含量可近似按拉尔逊公式计算。

$$\lg y_{NH_3}=4.1856+\frac{1.9060}{\sqrt{p}}-\frac{1099.5}{T} \tag{3-19}$$

式中　y_{NH_3}——与液氨成平衡的气相氨含量，%；

p——总压力，MPa；

T——气体的温度，K。

由式(3-19)看出，降低温度、提高压力，气相中的氨含量低。如操作压力在45MPa以上，用水冷却即可使氨冷凝。而在20～30MPa下操作，水冷只能分离出部分氨，气相中尚含有7%～9%的氨，需进一步以液氨作冷冻剂使混合气体降温至－10℃，方可将气相氨含量降至2%～4%。

在冷凝过程中，部分氢氮气和惰性气体溶解其中。冷凝的液氨在氨分离器中与气体分开后经减压送入贮槽。贮槽压力一般为1.6～1.8MPa，由于压力降低，溶解在液氨中的气体大部分在贮槽中又释放出来。工业上称为“贮槽气”或“驰放气”。

二、氨合成工艺流程

氨合成工艺流程虽然不尽相同，但都包括以下几个步骤：氨的合成，氨的分离，新鲜氢氮气的补入，未反应气体的压缩与循环，反应热的回收与惰性气体排放等。

氨合成工艺流程的设计关键在于合理组合上述几个步骤，其中主要是合理确定循环机、新鲜气补入及惰性气体放空的位置以及氨分离的冷凝级数和热能的回收方式。

1. 中压氨合成工艺流程

如图3-6所示，来自合成气压缩机1的气体，温度74.7℃，送入热气气换热器2，与来自高加热器3的出塔气换热，温度升至135℃，被送至氨合成塔4，在氨合成催化剂作用下进行氨合成反应，使出口氨含量升至21.3%，合成塔三个床层进口温度由三条旁路气体控制。出合成塔的合成气在高加热器中将锅炉给水从133℃加热到252.8℃，同时合成气从414.2℃降温至

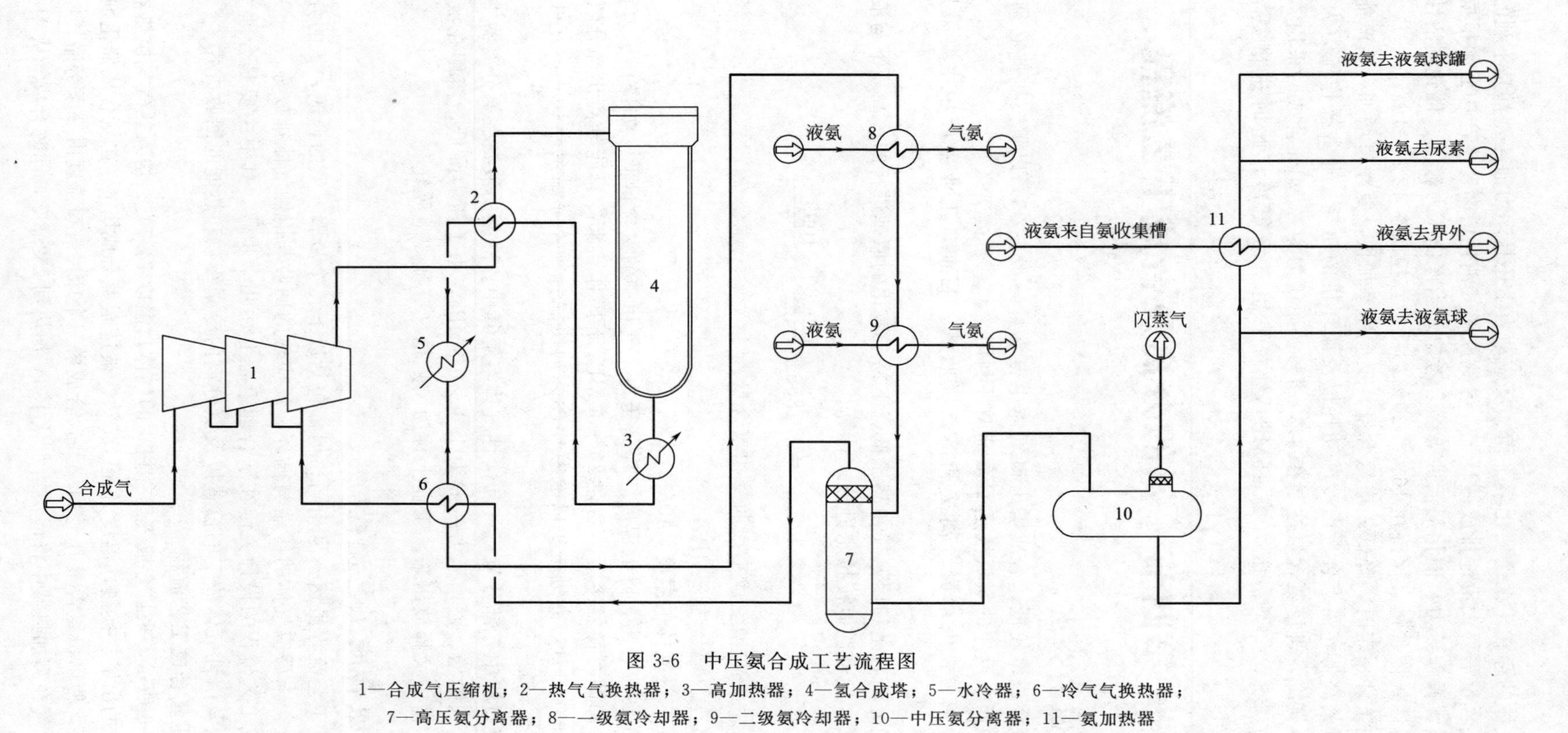

图 3-6　中压氨合成工艺流程图

1—合成气压缩机；2—热气气换热器；3—高加热器；4—氢合成塔；5—水冷器；6—冷气气换热器；
7—高压氨分离器；8—一级氨冷却器；9—二级氨冷却器；10—中压氨分离器；11—氨加热器

150℃，来自高加热器的合成气送至热气气换热器，与来自压缩机的冷入塔气换热降温至85.6℃，送至水冷器5，在此气体进一步冷却至40℃，送至冷气气换热器6，与来自高压氨分离器7的冷循环气换热，降至28.4℃，送至一级氨冷却器8，而后进入二级氨冷却器9完成冷凝。液氨在高压氨分离器中分离出来。从高压氨分离器出来的循环气−10℃送至冷气气换热器冷却合成气回收冷量，从冷气气换热器出来后送至合成气压缩机的循环段。

来自高压氨分离器的液氨降压至约3.0MPa送入中压氨分离器10中，中压氨分离器分离出的一部分液氨经氨加热器11去球罐，另一部分去尿素工段。中压氨分离器的闪蒸气送至压缩机的合成原料气进口加以回收。

2. 凯洛格（Kellogg）大型氨厂氨合成工艺流程

凯洛格氨合成工艺流程，采用蒸汽透平驱动带循环机的离心式压缩机，气体不受油雾的污染，但新鲜气中尚含微量二氧化碳和水蒸气，需经氨冷最终净化。另外，由于合成塔操作压力较低（15MPa），采用三级氨冷将气体冷却至−23℃，以使氨分离较为完全。

图3-7为凯洛格大型氨厂氨合成工艺流程。

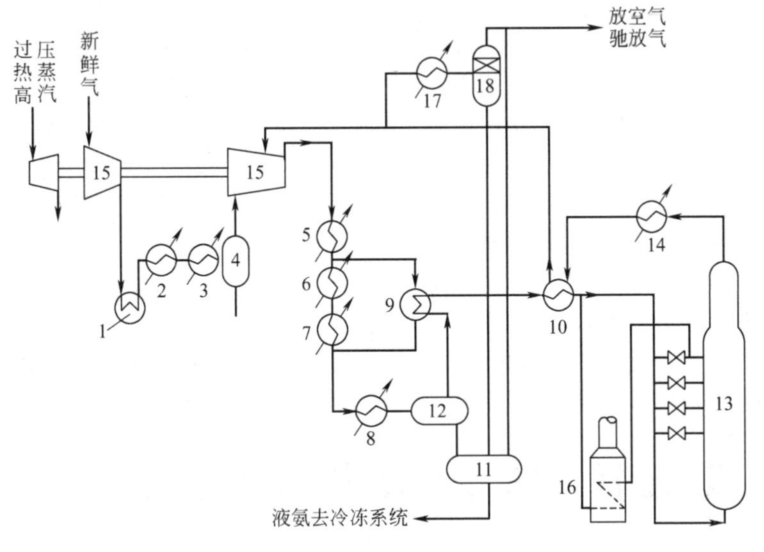

图3-7 凯洛格大型氨厂氨合成工艺流程

1—新鲜气甲烷化气换热器；2,5—水冷却器；3,6～8—氨冷却器；4—冷凝液分离器；9—冷热交换器；10—塔前预热器；11—低压氨分离器；12—高压氨分离器；13—氨合成塔；14—锅炉给水预热器；15—离心压缩机；16—开工加热炉；17—放空气氨冷却器；18—放空气分离器

我国独创的小氮肥企业

高压合成气从水冷却器5出来后，分两路继续冷却。一路约50%的气体通过两级串联的氨冷却器6和7，另一路气体与高压氨分离器12来的−23℃气体在冷热交换器9中换热。两路气体混合后，再经过第三级氨冷却器8，利用在−33℃下蒸发的液氨将气体进一步冷却到−23℃，然后送往高压氨分离器。分离液氨后的气体经冷热换热器和塔前预热器10预热进入冷激式氨合成塔13。合成塔出口气体，首先进入锅炉给水预热器14和塔前预热器10降温后，大部分气体回到离心压缩机15。另一部分气体在放空气氨冷却器17中被氨冷却。经放空气分离器18分离液氨后去氢回收系统。

高压氨分离器中的液氨经减压后进入冷冻系统，驰放气与放空气一起送往氢回收系统。

流程中惰性气体放空设在压缩机循环段之前。此处，惰性气体含量最高，氨含量也最高，但由于放空气中的氨加以回收，故氨损失不大。氨冷凝在压缩机循环段之后进行，可进一步清除气体中夹带的油、二氧化碳、水分等杂质，但循环功耗较大。

三、排放气的回收处理

从合成系统排出的驰放气和放空气在回收了其中的部分氨气后，剩余气体一般作为燃料使用。20 世纪 80 年代以来，为回收排放气中的氢气，成功开发了中空纤维膜分离、变压吸附和深冷分离技术。比较三种分离技术，中空纤维膜分离法显示出明显的优势。中空纤维膜的材料是以多孔不对称聚合物为基质，上面涂以高渗透性聚合物。此种材料具有选择渗透特性，水蒸气、氢、氨和二氧化碳渗透较快，而甲烷、氮、氩、一氧化碳等渗透较慢，这样就能使渗透快者与渗透慢者分离。为获得最大的分离表面，将膜制成中空纤维并组装在高压金属容器中，如图 3-8 所示。膜分离器直径为 10～20cm，长度 3～6m。经回收氨后的驰放气和放空气进入分离器的壳程，由于中空纤维管内外存在压差，使氢气通过膜壁渗入管内，管内的氢气数量不断增加，并沿着管内从下部排出，其他气体在壳程自下往上从分离器顶部移出。

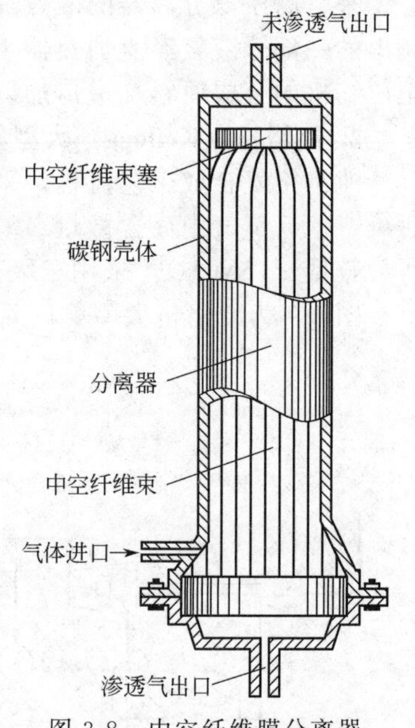

图 3-8 中空纤维膜分离器

变压吸附分离法是利用沸石和分子筛在不同压力下对气体组分的选择性吸附和解吸原理。当排放气通过分子筛床层时，除氢以外的其他气体如氮、甲烷、氩、氨、一氧化碳等都被吸附，而获得纯度达 99.9%以上的氢气。

深冷分离法根据氢和排放气中其他组分的沸点相差较大，在深冷温度下逐次部分冷凝，分离出沸点较高的甲烷、氩及部分氮的冷凝液，而获得含氢 90%的回收气。

第五节 氨合成塔

一、结构特点及基本要求

氨合成是在高温高压条件下进行的，氢氮气对碳钢设备有明显的腐蚀作用。造成腐蚀的原因：一种是氢脆，即氢溶解于金属晶格中，使钢材在缓慢变形时发生脆性破坏；另一种是氢腐蚀，即氢气渗透到钢材内部，使碳化物分解并生成甲烷，甲烷聚积于晶界微观孔隙中形成高压，导致应力集中，沿晶界出现破坏裂纹，有时还会出现鼓泡。氢腐蚀与压力、温度有关，温度超过 221℃、氢分压大于 1.43MPa，氢腐蚀开始发生。在高温高压下，氮与钢中的铁及其他很多合金元素生成硬而脆的氮化物，导致金属力学性能降低。

为合理解决上述问题，合成塔通常都由内件和外筒两部分组成，如图 3-9 所示。

进入合成塔的气体先经过内外筒间的环隙。内件外面设有保温层，而内件与外筒滞气层的存在，大大降低了内件向外筒的散热。因而外筒主要承受高压，而不承受高温，可用普通低合金钢或优质低碳钢制成。在正常情况下，寿命可达 40～50 年。内件虽在

500℃的高温下工作，但只承受高温而不承受高压。承受的压力为环隙气流和内件气流的压差，此压差一般为0.5～2.0MPa。内件用镍铬不锈钢制作，由于承受高温和氢腐蚀，内件寿命一般比外筒短一些。内件由催化剂框、热交换器和电加热器三个主要部分组成。大型氨合成塔的内件一般不设电加热器，由塔外加热炉供热。热交换器承担回收催化剂床层出口气体显热并预热进口气体的任务，大都采用列管式，多数置于催化剂床之下，称为下部热交换器。也有放置于催化剂床之上的，如Kellogg多层冷激式氨合成塔。

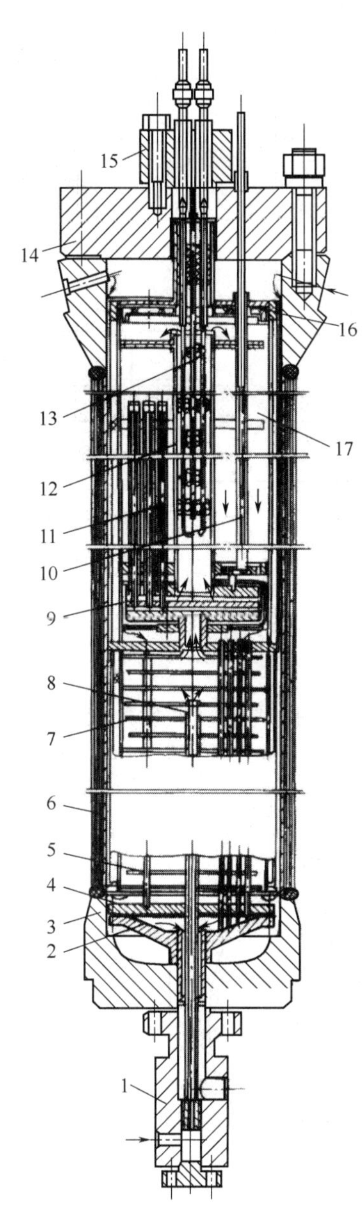

图 3-9 合成塔

1—塔体下部；2—托架；3—底盖；4—花板；5—热交换器；6—外筒；7—挡板；8—冷气管；9—分气盒；10—温度计管；11—冷管（双套管）；12—中心管；13—电炉；14—大法兰；15—头盖；16—催化剂床盖；17—催化剂床

氨合成塔样式繁多，目前常用的有冷管式和冷激式两种塔型，前者属于连续换热式，后者属于多段冷激式。20世纪60年代开发的径向氨合成塔，将传统的塔内气体在催化剂床层中沿轴向流动改为径向流动以减小压力降，降低了循环功耗。中间换热式塔型是当今世界氨合成塔发展的趋向，但其结构较为复杂。

二、连续换热式合成塔

连续换热式合成塔的特点是：在催化剂床层中进行氨合成反应的同时，还与外界进行热量交换。目前，较多采用内冷管式，即在催化剂床层中设置冷管，利用在冷管中流动的未反应气体移出反应热，提高进催化剂床层气体的温度，使反应过程比较接近最佳温度曲线。我国中小型氨厂多采用连续换热式内件，早期为并流双套式冷管，1960年以后开始采用并流三套式冷管和单管式冷管。

1. 几种典型冷管式合成塔的分析

（1）并流双套管　并流双套管式合成塔的结构简图如图3-10所示。入塔气经下部换热器6加热后，经分气盒5将气体送入双套管的内冷管2中，再经外冷管3间环隙向下，气体在环隙内预热，再经分气盒及中心管翻向催化剂层顶端，气体经绝热层进行绝热反应后，进入催化剂床的冷管层4，被冷管环隙气体所冷却。经冷管段反应后的气体，进入下换热器预热入塔气后离开合成塔。

由于内冷管中气体与环隙中气体换热，使进入环隙中气体的温度提高，减小了与催化剂床层的传热温差，致使反应初期冷却段上部排热量与放热量不适应，床层温度持续上升，热点位置下移。到反应后期，由于反应速率降低，放热量相应减少，而环隙中气体温度较高，传热温差减小，放热量与排热量相适应，较接近最佳温度曲线。图3-11为并流双套管式塔催化剂床及轴向温度分布图。由于催化剂床层与双套管环隙中气体间的平均温差小，降低了传热强度，按相同的热量计，要求传热面积增大。冷管传热面积大使其占有了较多的高压空间，容积利用系数低。冷管环隙气体与内冷管气体的换热致使催化剂床进口温度难以提高，影响了绝热段催化剂活性的发挥。

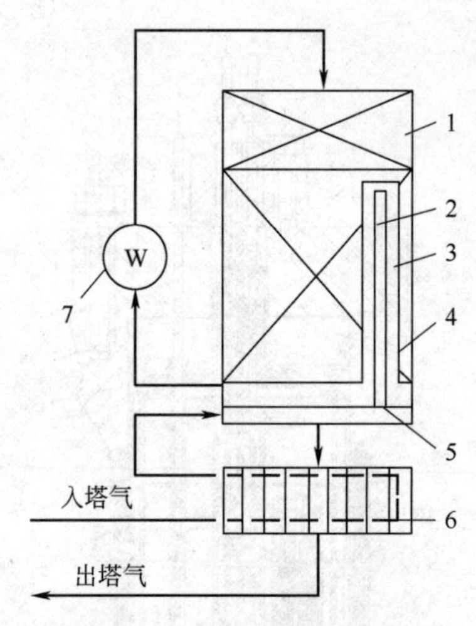

图 3-10　并流双套管式合成塔结构简图（内件气体流向）
1—绝热层；2—内冷管；3—外冷管；4—冷管层；5—分气盒；6—换热器；7—电炉

（2）并流三套管　并流三套管的催化剂床及轴向温度分布如图 3-12 所示。

并流三套管式内件是并流双套管式内件的改进。其结构是在双套管内衬一根薄壁衬管，内衬管与内冷管一端用满焊焊死，使内衬管与内冷管间形成一层很薄的气体不流动的滞气层。由于滞气层良好的隔热作用，冷气体自上而下流经内衬管温升很小，一般为 3～5℃。内冷管只起导管的作用。内外冷管间环隙气体从上到下吸收床层的热量，温度逐渐提高。所以，冷套管顶部催化床层与环隙气体的温度差很大，增强了冷却效果，使反应前期冷管的排热量与反应放热量基本适应；反应后期放热量减少，但传热温差减小，床层温度缓慢下降。整个床层较好地遵循了最佳温度曲线。同时，催化剂床层入口温度较高，能充分发挥催化剂的活性。与双套管并流式内件相比，生产强度提高 5%～10%。但并流三套管仍存在结构复杂，催化剂装填量小，底部催化剂还原不彻底的缺点。

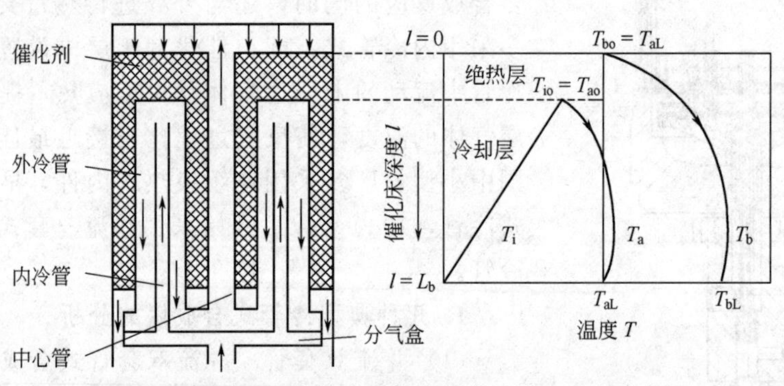

图 3-11　并流双套管式塔催化剂床及轴向温度分布

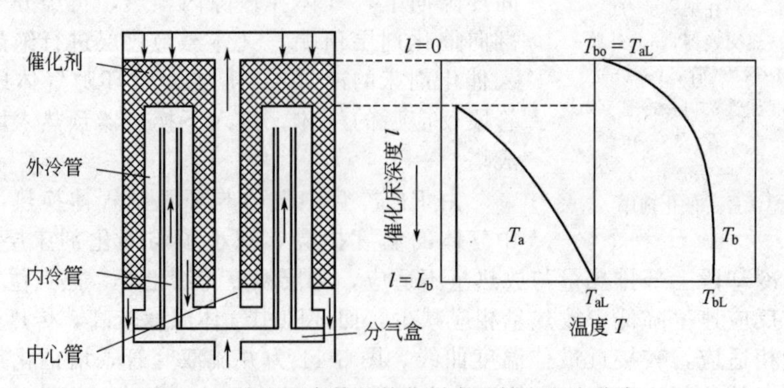

图 3-12　并流三套管的催化剂床及轴向温度分布

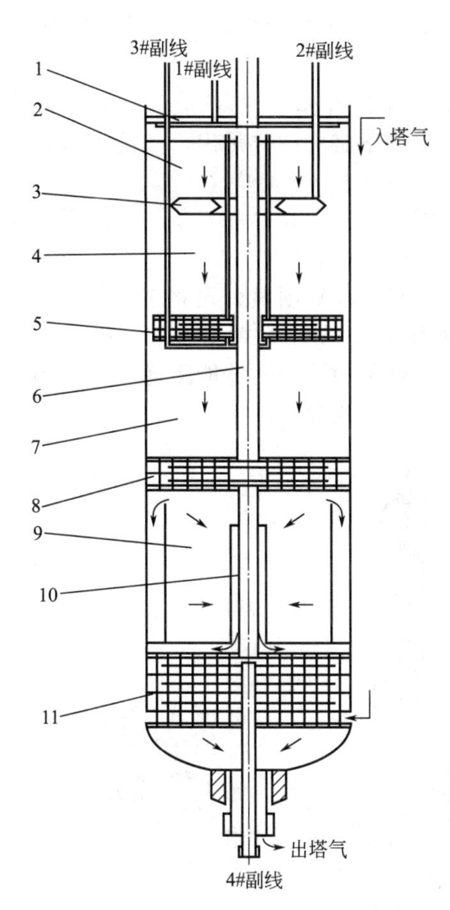

图 3-13 JR 型合成塔内件结构示意图

1—小盖；2—一段催化剂层；3—菱形分布器；4—二段催化剂层；5—上部换热器；6—上中心管；7—三段催化剂层；8—中部换热器；9—四段催化剂层；10—下中心管；11—底部换热器

2. JR 型合成塔

JR 型合成塔内件结构见示意图 3-13。合成塔入口约 100～120℃的气体，经内筒环隙加热到约 150℃左右进入合成塔底部换热器 11 壳程，与反应后的约 450℃的气体进行换热，温度升到 300～320℃后经下中心管 10 进入中部换热器 8 壳程，与三段催化剂层 7 出来的气体换热至约 340～380℃，经上中心管 6 上升进入一段催化剂层 2。出一层气体温度约 480℃，由 2＃冷副线将其降温到 420℃左右，进入二段催化剂层 4 进行反应，温度升到约 475℃进入上部换热器 5 管程，与来自 3＃副线导入的冷气体进行换热，温度降到约 430℃后进入三段催化剂层。出三层温度约 470℃气体，进入中部换热器管程与出底部换热器的气体进行换热，温度降到约 430℃。进入四段催化剂层 9 反应，出四层温度约 450℃气体，进入底部换热器管内与入塔气体换热后，降到 300～320℃离开合成塔进入废热锅炉。

在合成塔内筒小盖上设有气体分布器，由 1＃副线冷气导入合成塔后经其分布均匀以控制一段催化剂层的温度。2＃副线导入的冷气体经菱形分布器 3 分布均匀以控制二段催化剂层温度。3＃副线导入的冷气体进入上部换热器以控制三段催化剂层的温度，冷气体经换热后进入一段催化剂层进行反应。4＃副线导入的冷气体与底部换热器经换热后的气体在下中心管混合进入中部换热器壳程，以控制四段催化剂层的温度。

JR 型合成塔内件的特点：

① 各催化剂层均采用绝热反应，彻底消除了冷管效应；

② 对高径比较大的塔，四段催化剂层采用了轴径向设计，从而降低了塔的阻力；

③ 催化剂混装，采用分层还原，催化剂活性高；

④ 因催化剂层内无冷管，催化剂分层装填均匀，气体不易偏流；

⑤ 各催化剂层均设有调温副线，各层段温度调节方便灵活；

⑥ 由于内件换热流程独特、换热效率高，高压空间利用率大。

三、冷激式氨合成塔

20 世纪 60 年代以后，随着合成氨规模的大型化，氨合成塔直径大大增加，为简化结构，较多采用冷激式内件。图 3-14 为 Kellogg 公司的多层轴向冷激式氨合成塔。

该塔外筒形状为上细下粗的瓶式，在缩口部位密封，以便解决大塔径造成的密封困难。内件包括四层催化剂床、床层间气体混合装置（冷激管和挡板）以及列管换热器。

气体由塔底封头接管进入塔内，向上流经内外筒之间环隙以冷却外筒。气体穿过换热器与上筒体的环行空间，折流向下经换热器加热后流入催化剂床层。气体在每层催化剂床层中进行绝热反应，而在层与层之间由冷激管的孔眼喷出冷激气混合使之降温。气体由第四层催化剂床底部流出，折流向上通过中心管进入换热器管内，换热后经波纹连接管流到塔外。

该塔的优点是：用冷激气调节床层温度，操作方便，而且省去了许多冷管，结构简单，内件可靠性好，合成塔筒体与内件上开设人孔，装卸催化剂不必将内件吊出，外筒密封在缩口处。

但该塔也存在明显的缺点：内件封死在塔内，致使塔体较重，运输和安装均较困难，而且内件无法吊出，造成维修与更换零部件极为困难，塔的阻力也较大。

针对多层冷激式氨合成塔存在的问题，瑞士卡萨里（Casale）制氨公司将 Kellogg 的多层轴向冷激式合成塔改造成为轴径向混合型合成塔。如图 3-15 所示，主要特点如下：①气体流动方式从轴向改为以径向为主的轴径混流方式，使内件阻力下降，节能降耗；②使用活性较高的小颗粒催化剂，颗粒直径为 1.5～3mm，提高了出口氨含量。

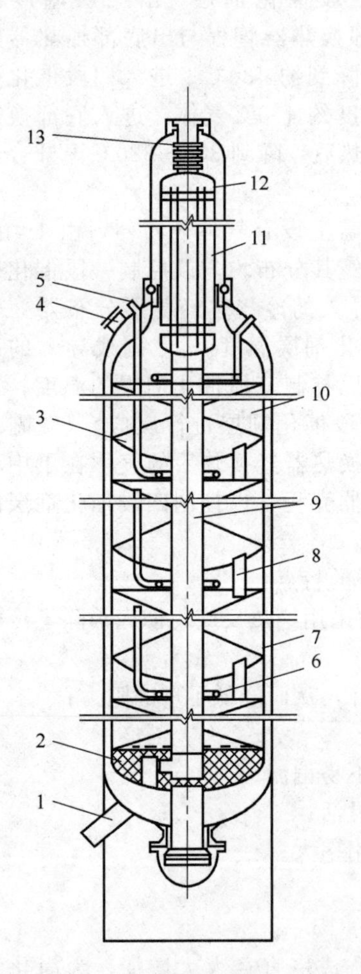

图 3-14　多层轴向冷激式氨合成塔

1—塔底封头接管；2—氧化铝球；3—筛板；4—人孔；5—冷激气接管；6—冷激管；7—下筒体；8—卸料管；9—中心管；10—催化剂床；11—换热器；12—上筒体；13—波纹连接管

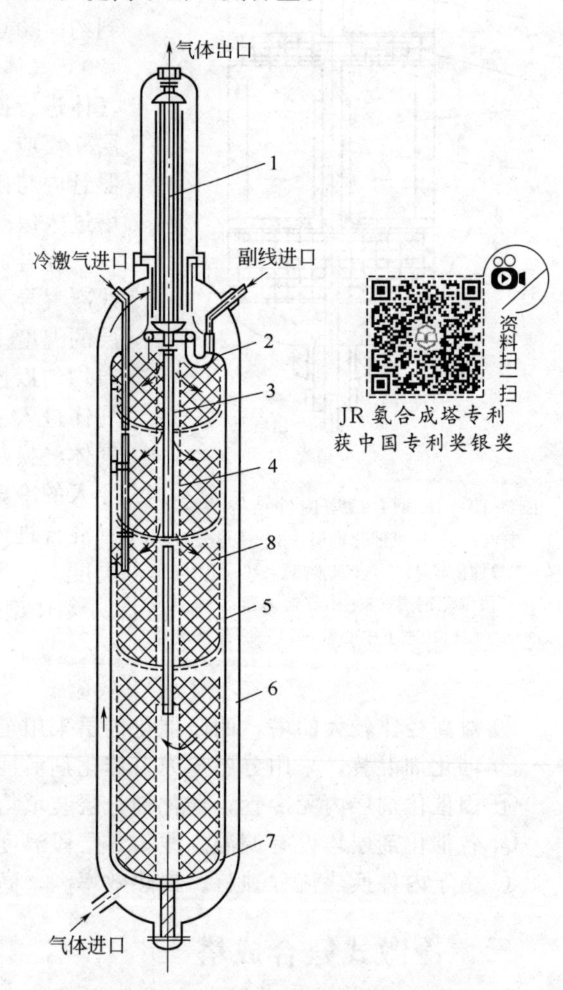

图 3-15　用 Casale 轴径向 4 床层冷激式内件改造 Kellogg 轴向 4 床层塔设备示意图

1—换热器；2—内部壳体；3—中心管（迷宫式密封）；4—催化剂筐筒壁（气体分布器）；5—催化剂筐筒壁；6—外筒；7—底部封头；8—催化剂

资料扫一扫

JR 氨合成塔专利获中国专利奖银奖

由于既采用了高活性小颗粒催化剂，又减小了床层压力降，氨净值由11.1%提高到19%，吨氨节能1.51×10^6kJ。

第六节　氨合成过程的能量分析及余热回收

一、能量分析

氨合成反应的热效应$\Delta H_R^\ominus=-46.22$kJ/mol，如产品为液氨，尚需加上氨的冷凝热，则$\Delta H_R^\ominus=-66.06$kJ/mol。上述热能不能得到全部利用。部分余热通过废热锅炉副产蒸汽和加热锅炉给水，其余部分则由水冷器中的水和氨冷器中的氨带走。

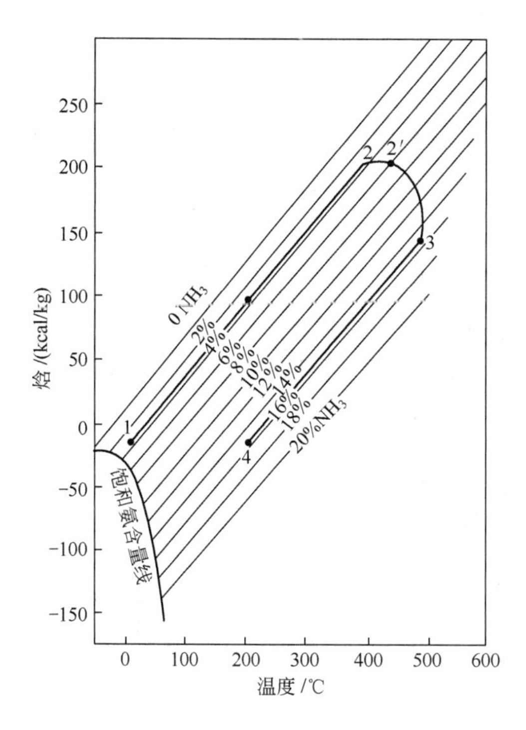

图3-16　氨合成过程在温-焓图上的表示
(1kcal=4.1868kJ)

现以并流三套管为例，在温-焓图上说明氨合成系统气体能量变化的情况。如图3-16所示。该图以0℃为基准，压力为30.40MPa。并规定0℃时含CH_4 5.2%、Ar 9.2%的氢氮混合气的焓值为零。

进塔气体在温度为20℃、氨含量为3.5%的状态（图中1点）进入合成塔，经塔下部换热器及冷管换热后温度升至400℃，预热过程氨含量不变，在图上沿等氨含量线变化到2点。气体进入催化剂床层后，在绝热段进行绝热反应，等焓变化至2′点。进入冷却段后，由于冷管的冷却作用，气体的焓值逐渐下降，至反应终了气体温度为493℃，氨含量为15.5%，如图中3点所示，气体经下部换热器降温至4点后出塔。

氨合成塔为稳流体系，由热力学第一定律可知，$\Delta H=Q+W$，显然$W=0$，若忽略塔的散热损失，则有$Q=0$，$\Delta H=H_4-H_1=0$，即合成塔进口气体的焓值等于出口气体的焓值，1、4两点位于平行于横轴的一条直线上。因此，一旦进塔气体状态确定，出塔气体的焓便为定值。4点的位置可由任一其他状态参数确定，其余状态参数均不可能为独立参变数。

出塔气体的余热回收价值取决于出塔气体温度的高低。出塔气体温度越高，其回收价值越大，所产的蒸汽压力高、数量大。由温-焓图分析可知，当进塔气体的组成一定时，1点的焓值取决于进口气体的温度。进口气体温度提高，1点焓值增加，若出塔氨含量一定，出塔气体温度亦提高。在1点状态已经确定的情况下，若提高出塔气体的温度，也可提高出塔氨含量（或氨净值）。进塔氨含量的高低，也影响出塔气体温度，但通常进塔气体的氨含量变化不大。

综上所述，氨合成塔的出口气体温度主要与进塔气体温度和氨净值有关。

提高合成塔进气温度，最简便的措施是加设换热器，利用合成塔出口气体的余热预热合成塔进口气体。如图3-17所示。该流程既考虑了合成塔外筒对温度的要求，也达到了提高进塔气体温度，从而提高出塔气体温度的目的。为保持合成塔塔壁温度不超高，

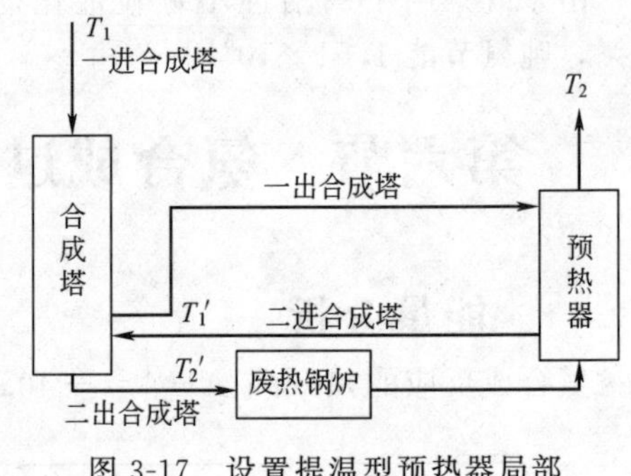

图 3-17　设置提温型预热器局部工艺流程示意

合成塔一进气体的温度为 T_1 经内外筒之间的环隙自上而下，不进入塔内换热器，而是引出塔外进提温型预热器，从而提高二进合成塔气体温度 T'_1 使二次出塔气体温度 T'_2 相应提高。一般情况下 $T'_1 - T_1 = 120 \sim 140℃$，相当于出塔气体温度提高 120～140℃，提高了回收余热的品位。

氨净值的提高一是选择优质合成塔内件，二是在合成塔内件一定的情况下，严格操作条件，保证催化剂的活性，也可达到较高的氨净值。氨净值的提高，不仅提高出塔气体温度，而且增加余热回收量，因为在气体离开余热回收器温度相同的情况下，其焓值随氨净值的增大而减小。余热回收量增大。

二、热能回收的方法

热能回收有两种方式，一种是利用余热副产蒸汽，另一种是用来加热锅炉给水。

如用于副产蒸汽，按锅炉安装的位置又可分两类：塔内副产蒸汽合成塔（内置式）和塔外副产蒸汽合成塔（外置式），内置式副产蒸汽合成塔虽热能利用好，但因结构复杂且塔的容积利用系数低，目前已很少采用。

外置式副产蒸汽合成塔，根据反应气抽出位置的不同分为三种。

（1）前置式副产蒸汽合成塔　抽气位置在换热器之前，反应气出催化剂床即进入废热锅炉换热，然后回换热器，如图 3-18(a) 所示。此法产生的蒸汽压力可高达 2.5～4.0MPa，但设备及管线均承受高温高压，对材质要求高。

（2）中置式副产蒸汽合成塔　抽气位置在Ⅰ、Ⅱ换热器之间，如图 3-18(b) 所示。由于气体温度较前置为低，可产生 1.3～1.5MPa 蒸汽，蒸汽可供变换等工段使用，且对材质的要求不很高。

（3）后置式副产蒸汽合成塔　抽气位置在换热器之后，如图 3-18(c) 所示。由于气体温度较低，只能产生 0.4MPa 左右的低压蒸汽，使用价值低。

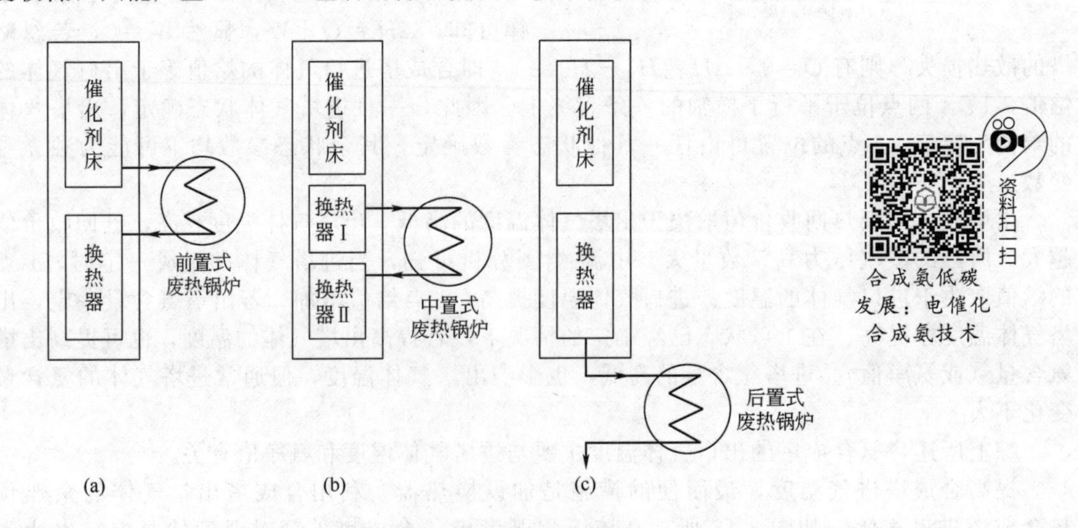

图 3-18　外置式副产蒸汽合成塔示意图

第七节　氨合成塔的操作控制要点——化工生产操作之三

生产操作控制的最终目的，是在安全生产的前提下，强化设备的生产能力，降低原料消耗，使系统进行安全、持续、均衡、稳定的生产。

生产操作中控制的各个指标在生产过程中互相影响又互为条件，如何使工艺指标相对稳定、波动较小，使系统处于安全、稳定的状态，是一件复杂而又细致的工作。操作人员应首先熟悉系统的工艺情况，并熟知生产条件之间的内在联系，当一个条件起了变化，能迅速及时地进行预见性调节。除了通过观看仪表进行操作控制外，还应通过系统中某些现象的变化，正确果断地进行处理，避免操作中事故的发生和扩大。

氨合成塔的操作控制应以氨产量高、消耗低和操作稳定为目的，而操作稳定是实现高产量、低消耗的必要条件。氨合成塔的操作控制最终表现在催化床层温度的控制上，在既定的反应温度下，应始终保持温度的相对稳定。影响温度的主要因素有压力、循环气量、进塔气体成分等。下面将一一讨论。

一、温度的控制

温度控制的关键是对催化床层热点温度和入口温度的控制。

1. 热点温度的控制

对冷管式合成塔，不论是轴向还是径向，其热点温度是指催化床层最高一点的温度。由前述冷管式催化床温度的分析可知，催化床的理想温度分布是先高后低，即热点位置应在催化床的上部。对冷激式合成塔，每层催化剂有一热点温度，其位置在催化床的下部。显然，就其中一层催化剂而言，温度分布并不理想，但多层催化剂组合起来，则显示温度分布的合理性。

虽然，热点温度仅是催化床中一点的温度，但却能全面反映催化床的情况。床层其他部位的温度随热点温度的改变而相应变化。因此，控制好热点温度，在一定程度上就相当于控制好了床层温度。但是，热点温度的大小及位置不是固定不变的，它随着负荷、空速和催化剂的使用时间而有所改变。表 3-8 为 A 系列催化剂在不同使用时期热点温度控制指标。

表 3-8　A 系列催化剂在不同使用时期热点温度控制指标　　单位：℃

催化剂型号	使用初期	使用中期	使用后期
A106	480～490	490～500	500～520
A109	470～485	485～495	495～515
A110	460～480	480～490	490～510
A201	460～475	475～485	485～500

正确控制热点温度的儿点要求。

首先，根据塔的负荷及催化剂的活性情况，应该在稳定的前提下，尽可能维持较低的热点温度。因为热点温度低不仅可提高氨的平衡浓度，还可延长内件催化剂的使用寿命。生产中一般根据催化剂不同使用时期和生产负荷，规定热点温度范围，控制 10℃ 的温差，如 470℃±5℃。这一方面考虑操作中可能会引起的温度波动；另一方面在操作中应根据系统的实际情况来确定床层温度的高低。当压力高、空速大和进口氨含量低的情况下，因为反应不易接近平衡，所以将热点温度维持在指标的上限以提高反应速率。相反，应将热点温度维持在指标的下限，以提高平衡氨含量。

其次，热点温度应尽量维持稳定，虽然规定波动幅度为10℃，但当系统生产条件稳定和勤于调节时，能经常在2～4℃范围内波动，波动速率要小于5℃/15min。因为热点温度稳定，可以控制反应在最适宜条件下进行。但需指出，在控制热点温度的同时，对床层的其他温度点也应密切注意。特别是床层的入口温度。

2. 入口温度的控制

床层入口温度应高于催化剂的起始活性温度。床层入口温度既会影响绝热层的温度，又会影响催化床层的热点温度。这是由于床层顶部的反应速率随入口温度的变化而变化，这种变化会使不同深度床层反应速率相应发生变化，伴随各部位的反应热也有变化，以至整个床层的温度要重新分布。因此，在其他条件不变的情况下，入床层的温度控制了整个床层的反应情况。所以调节热点温度时，应特别注意床层入口温度的变化进行预见性的调节。在催化剂活性好、气体成分正常和压力高的情况下，入口温度可以低一些。反之，入口温度必须较高。

3. 催化床调节温度的方法

催化床层温度是各种条件综合形成的一种相对、暂时的平衡状态，随着生产条件的变化，平衡被破坏，需通过调节在新的条件下建立平衡。因此，操作人员必须善于观察、判断条件的变化趋势，预见性地进行调节，使催化床层温度保持稳定。经常调节催化床温度的手段有：循环量、主副阀、进口氨含量及惰性气体成分等，具体调节方法如下。

(1) 调节塔冷气副阀　开大塔冷气副阀，将增加不经下部热交换器预热的气量，降低进入催化床气体的温度，使催化床的整体温度下降。反之，关小塔副阀，则会提高进入催化床的温度，使催化床的整体温度升高。在正常满负荷生产时，如空速已加足，催化剂层温度有小范围波动时，用副阀调节比较方便。副阀调节不得大幅度波动，更不得时而开大、时而关死。

(2) 调节循环量　当温度波动幅度较大时，一般以循环量调节为主，用塔副阀配合调节。关小循环机副阀，增加循环量，即入塔的空速增加，单位体积的催化床生成的热量小于气体带出的热量，使催化床温度下降；反之，催化床温度升高。

改变入塔氨含量和系统中的惰性气体含量、改变操作压力和使用电加热器等方法，也能调节床层温度。但一般情况下只采用调节循环量和塔冷气副阀两种方法。其他调温方法仅作为非常手段，一般不采用。

在多层冷激式合成塔内，第一层催化床层的温度决定了全塔的反应情况，其温度调节的方法与前述相同，其他各层用控制冷激气量的方法调节，调节迅速方便。

二、压力的控制

生产中压力一般不作为经常调节的手段，应保持相对稳定。而系统压力波动的主要原因是负荷的大小和操作条件的好坏。操作中，系统压力的控制要点如下：

① 必须严格控制系统的压力不超过设备允许的操作压力，这是保证安全生产的前提。当合成操作条件恶化、系统超压时，应迅速减少新鲜气补充量，以降低负荷，必要时可打开放空阀，卸掉部分压力。

② 在正常操作条件下，应尽可能降低系统的压力。这样可以降低循环机的功耗，使合成塔操作稳定。如降低冷凝温度，适当降低惰性气体含量等。但当夏季由于冷冻能力不足，而合成塔能力有富余时，维持合成塔在较高的压力下操作，以节省冷冻量。

③ 在合成塔能力不足的情况下，应将系统压力维持在指标的高限进行生产，以获得最多的氨产量。但这时应特别注意其他条件的变化，及时配合减少新鲜气的补充量，控制压力不超过指标。

④ 有时因新鲜气量大幅度减少，使系统压力降得很低，氨合成反应减少，床层温度难以维持，这时可减少循环量，并适当提高氨冷器的温度，使压力不致过低。生产实践表明，这种方法可使合成塔的温度得到维持。

⑤ 调节压力时，必须缓慢进行，以保护合成塔内件。如果系统压力急剧改变，会使设备和管道的法兰接头以及循环机填料密封遭到破坏。一般规定，在高温下压力升降速率为0.2～0.4MPa/min。

合成氨虚拟仿真实训项目

三、进塔气体成分控制

进塔气体中氨含量越低，对氨合成反应越有利。在气体总压与分离效率一定时，进塔气体中的氨含量主要决定于氨冷器出口气体温度。影响氨冷出口气体温度的主要因素是气氨总管压力和液氨的液位。气氨总管压力低，液氨蒸发温度低，冷却效率高。但总管压力过低，不但要消耗冷量，而且影响氨加工系统的正常操作，因此，一般控制在0.1～0.2MPa。液氨的液位高，冷却效果好，但液位太高蒸发空间减小，冷却效率并不能提高。

氢氮比的波动会对床层温度、系统压力及循环气量等一系列工艺参数产生影响。一般进塔气中的氢氮比控制在2.8～2.9。当进塔气中的氢含量偏高时，容易使反应恶化，床层温度急剧下降，系统压力升高，生产强度下降，此时，可采用减小循环量或加大放空气量的办法及时调整。由氨合成反应的机理可知，由于氮的吸附是反应的控制步骤，增加氮的分压有利于氨的合成反应。当进塔气中的氢含量偏低时，床层温度有上升的趋势。而氢氮反应是按3∶1进行的，氮气过量也会在循环气中越积越多，使操作条件恶化，但其影响要小于氢过量。

循环气中的惰性气体含量与很多因素有关，最主要的是新鲜混合气中的惰性气含量、排放量以及合成系统的工作压力等。增加放空量，惰性气体含量降低，但氢氮气损失增大。在实际生产中，循环气中惰性气体含量的控制与催化剂的活性和操作条件有关。如催化剂活性高、反应好，惰性气体含量可控制高一些，一般为16%～23%。当催化剂活性较差或操作条件恶化时，往往容易造成系统超压，则控制要低一些，一般为10%～14%。

第八节　氨合成系统基本的物料衡算和热量衡算

一、氨合成塔的物料衡算

氨合成塔的物料衡算依据是“质量守恒定律”，对于稳定流动系统有

$$m_{i,1}=m_{i,2} \tag{3-20}$$

$$\sum m_{i,1}=\sum m_{i,2} \tag{3-21}$$

式中　$m_{i,1}$——进入合成塔 i 组分的质量，kg/h；

$m_{i,2}$——离开合成塔 i 组分的质量，kg/h。

氨合成是气体物质的量减少的反应，气体物质的量的减少量应等于生成氨的物质的量。由进出塔气体的物质的量和氨的物质的量平衡得

$$n_{NH_3}=n_1-n_2 \tag{3-22}$$

$$n_{NH_3}=n_2 y_{NH_3,2}-n_1 y_{NH_3,1} \tag{3-23}$$

联立式(3-22)、式(3-23) 求解得：

$$n_{NH_3}=\frac{n_2(y_{NH_3,2}-y_{NH_3,1})}{1+y_{NH_3,1}}$$

$$=\frac{n_2 \Delta y_{NH_3}}{1+y_{NH_3,1}}$$

$$=\frac{n_1 \Delta y_{NH_3}}{1+y_{NH_3,2}} \tag{3-24}$$

式中　n_{NH_3}——合成塔中生成氨的物质的量，kmol/h；

n_1——进合成塔气体的物质的量，kmol/h；

n_2——出合成塔气体的物质的量，kmol/h；

$y_{NH_3,1}$，$y_{NH_3,2}$——进、出塔气体中氨的摩尔分数。

合成塔的生产强度

$$G=\frac{n_{NH_3}}{V_{催}}=\frac{n_2 \Delta y_{NH_3}}{(1+y_{NH_3,1})V_{催}}=\frac{n_1 \Delta y_{NH_3}}{(1+y_{NH_3,2})V_{催}}$$

$$G=\frac{17}{22.4}\times\frac{V_{S,1}\Delta y_{NH_3}}{1+y_{NH_3,2}}=\frac{17}{22.4}\times\frac{V_{S,2}\Delta y_{NH_3}}{1+y_{NH_3,1}} \tag{3-25}$$

式中　G——催化剂生产强度；

$V_{催}$——催化剂的体积，m^3；

$V_{S,1}$，$V_{S,2}$——进、出塔气体的空速。

合成塔进、出塔气体的物质的量和组成的关系如表 3-9 所示。

表 3-9　合成塔进、出塔气体的物质的量和组成的关系

组　分	NH_3	$3H_2+N_2$	CH_4+Ar	气体混合物
进塔气体组成	$y_{NH_3,1}$	$1-y_{NH_3,1}-y_{CH_4+Ar,1}$	$y_{CH_4+Ar,1}$	1
进塔气体物质的量/(kmol/h)	$n_1 y_{NH_3,1}$	$n_1(1-y_{NH_3,1}-y_{CH_4+Ar,1})$	$n_1 y_{CH_4+Ar,1}$	n_1
出塔气体物质的量/(kmol/h)	$n_1 y_{NH_3,1}+n_{NH_3}$	$n_1(1-y_{NH_3,1}-y_{CH_4+Ar,1})-2n_{NH_3}$	$n_1 y_{CH_4+Ar,1}$	$n_1-n_{NH_3}=n_2$
出塔气体组成	$\frac{n_1 y_{NH_3,1}+2n_{NH_3}}{n_1-n_{NH_3}}$	$\frac{n_1(1-y_{NH_3,1}-y_{CH_4+Ar,1})-2n_{NH_3}}{n_1-n_{NH_3}}$	$\frac{n_1 y_{CH_4+Ar,1}}{n_1-n_{NH_3}}$	1

已转化为氨的氢氮气物质的量与进塔气中氢氮气的物质的量之比称为合成率，可由表 3-9 得：

$$\alpha=\frac{2n_{NH_3}}{n_1(1-y_{NH_3,1}-y_{CH_4+Ar,1})}\times 100\%$$

$$=\frac{2n_1\times\frac{\Delta y_{NH_3}}{1+y_{NH_3,2}}}{n_1(1-y_{NH_3,1}-y_{CH_4+Ar,1})}\times 100\%$$

$$=\frac{2n_1\times\Delta y_{NH_3}}{n_1(1-y_{NH_3,1}-y_{CH_4+Ar,1})(1+y_{NH_3,2})}\times 100\% \tag{3-26}$$

出塔气体的组成除用上述公式计算外，也可用以下方法进行计算。

已知，合成塔的入口气体组成分别为 $y_{NH_3,1}$、$y_{H_2,1}$、$y_{N_2,1}$、$y_{CH_4+Ar,1}$，氢氮比为 r，若已知出口气体中的氨含量为 $y_{NH_3,2}$，计算其他组分的组成。

由式(3-10) 得 $y_{i,0}=\dfrac{y_{i,1}}{1+y_{NH_3,1}}$

$$y_{i,2}=y_{i,0}(1+y_{NH_3,2})$$

$$y_{i,2}=\frac{y_{i,1}}{1+y_{NH_3,1}}(1+y_{NH_3,2})$$

$$y_{H_2,2}=\frac{r}{1+r}(1-y_{NH_3,2}-y_{i,2})$$

$$y_{N_2,2}=y_{H_2,2}/r$$

二、氨合成塔的热量衡算

通过对氨合成塔的热量衡算，可得到合成塔进出口温度与氨净值和氨含量之间的关系。根据稳流物系热力学第一定律有：$\Delta H=Q$，即系统与环境交换的热量等于系统的焓变。焓是状态函数，过程的焓变只取决于反应的始终态，而与变化途径无关，为此设计变化途径如下：

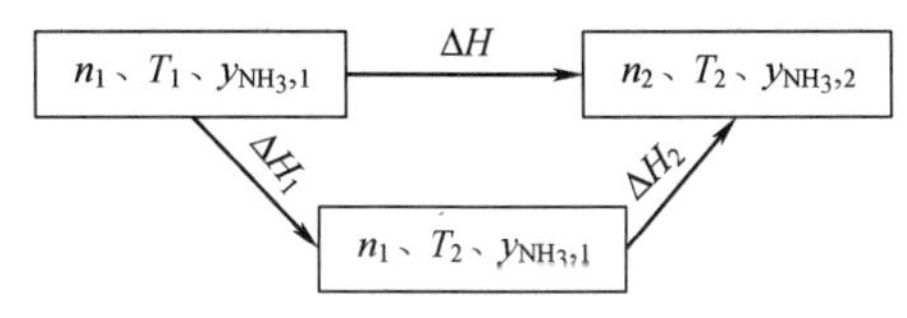

图 3-19 合成塔热量衡算示意图

假设气体由入塔状态变为出塔状态分两步完成。第一步气体组成不变，温度由入塔温度 T_1 升至出塔温度 T_2，其焓变为 ΔH_1；第二步在出塔温度 T_2 下进行等温反应，气体组成发生变化，氨含量由 $y_{NH_3,1}$ 变为 $y_{NH_3,2}$，其焓变为 ΔH_2，如图 3-19 所示。

$$\Delta H=\Delta H_1+\Delta H_2$$

$$\Delta H_1=n_1\bar{C}_{pm,1}(T_2-T_1)$$

$$\Delta H_2=n_{NH_3}\Delta H_{R,2}=\frac{n_1\Delta y_{NH_3}}{1+y_{NH_3,2}}\times\Delta H_{R,2}$$

若不计合成塔散热损失,则 $\Delta H=0$

$$n_1\bar{C}_{pm,1}(T_2-T_1)=-\frac{n_1\Delta y_{NH_3}}{1+y_{NH_3,2}}\times\Delta H_{R,2}$$

$$T_2-T_1=-\frac{\Delta H_{R,2}}{\bar{C}_{pm,1}}\times\frac{\Delta y_{NH_3}}{1+y_{NH_3,2}} \tag{3-27}$$

$$T_2=-\frac{\Delta H_{R,2}}{\bar{C}_{pm,1}}\times\frac{\Delta y_{NH_3}}{1+y_{NH_3,2}}+T_1 \tag{3-28}$$

若考虑合成塔散热损失为 q，则 $\Delta H=-q$

$$T_2=-\frac{\Delta H_{R,2}}{\bar{C}_{pm,1}}\times\frac{\Delta y_{NH_3}}{1+y_{NH_3,2}}\quad\frac{q}{n_1\bar{C}_{pm,1}}+T_1 \tag{3-29}$$

式中 $\bar{C}_{pm,1}$——进合成塔气体在 $T_1\sim T_2$ 之间的平均摩尔恒压热容，kJ/(kmol·℃)；

$\Delta H_{R,2}$——出合成塔温度 T_2 时的反应热，kJ/kmol；

q——合成塔散热损失，kJ/h。

由上述公式可计算出塔气体温度。计算步骤为：先假设一个出口温度 T'_2，然后查得 $\bar{C}_{pm,1}$ 和 $\Delta H_{R,2}$，代入公式解出 T_2，若 T_2 与 T'_2 不相符，则重新假设，直至满足计算精度的要求。

反应的途径也可作另一种假设，在进口温度 T_1 下等温反应到出口气体状态，然后再升温至 T_2。按这种途径推导出的公式与前一种不同，且 $\overline{C}_{pm,1}$ 和 $\Delta H_{R,2}$ 的取值也不同。同学们可自己推导完成。

三、合成回路的物料衡算

将合成工段看作一个系统，进入系统的物料有新鲜气 n_3，离开系统的物料有产品液氨 n_4、放空气 n_5 和驰放气 n_6（忽略产品液氨中溶解的气体）。合成回路物料计算示意见图 3-20。

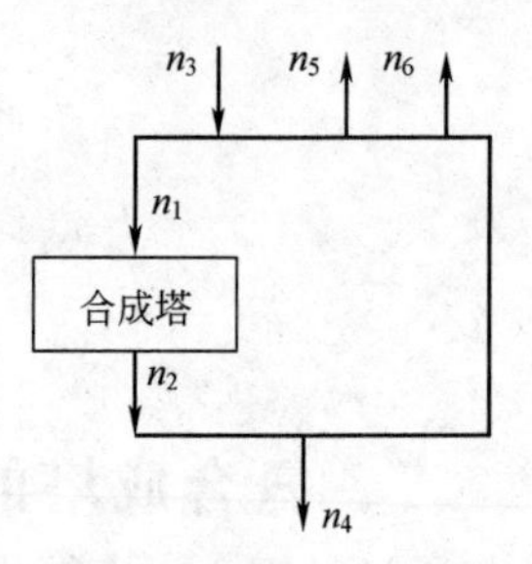

图 3-20 合成回路物料计算示意

根据系统的物料平衡和元素平衡进行计算。

总物料平衡 $n_1=n_2-n_4-n_5-n_6+n_3$

氨平衡 $n_2y_{NH_3,2}-n_1y_{NH_3,1}=n_4-n_5y_{NH_3,5}-n_6y_{NH_3,6}+n_3y_{NH_3,3}$

惰性气体平衡 $n_3(y_{CH_4,3}+y_{Ar,3})=n_5(y_{CH_4,5}+y_{Ar,5})+n_6(y_{CH_4,6}+y_{Ar,6})$

氢平衡 $n_3y_{H_2,3}=n_5y_{H_2,5}+\frac{3}{2}n_5y_{NH_3,5}+n_6y_{H_2,6}+\frac{3}{2}n_6y_{NH_3,6}+\frac{3}{2}n_4$

氮平衡 $n_3y_{N_2,3}=n_5y_{N_2,5}+\frac{1}{2}n_5y_{NH_3,5}+n_6y_{N_2,6}+\frac{1}{2}n_6y_{NH_3,6}+\frac{1}{2}n_4$

联立上述 5 个方程，可求出不同条件下合成回路的物料量。

【例 3-2】 已知进合成塔气体成分：

组分	H_2	N_2	NH_3	CH_4	Ar	合计
y_i/%	61.875	20.625	2.5	9.643	5.357	100

出塔气体氨含量为 15%，当进塔气体为 83℃、操作压力为 30.40MPa，试求出塔气体的温度（忽略热损失）。

解 按 1%的氨净值使气体温度升高 14.8℃估算出口温度

$$T'_2=14.8\times(0.15-0.025)\times100+83=268(℃)$$

查得 $\overline{C}_{pm,1}=31.09\text{kJ/(kmol·℃)}$

$\Delta H_{R,2}=-53033.3\text{kJ/kmol}$（忽略惰性气体的影响）代入式(3-28) 得

$$T_2=\frac{53033.3}{31.09}\times\frac{0.15-0.025}{1+0.15}+83$$
$$=268.4(℃)$$

与假设相符，合成塔出口气体温度为 268℃。

【例 3-3】 已知气体组成（y_i/%）如下：

组分	H_2	N_2	NH_3	CH_4	Ar	合计
新鲜气	73.928	24.642	—	1.100	0.330	100
入塔气	61.875	20.625	2.5	11.538	3.462	100
放空气	54.148	18.062	9.375	14.140	4.275	100
驰放气	19.157	5.267	59.658	14.391	1.527	100

出塔气体氨含量为 16.5%，试计算：

(1) 合成塔出口气体组成及合成率；

（2）若生产1t液氨（忽略液氨中溶解的气体），且驰放气量108.18m^3，计算进、出塔气量，补充的新鲜气量及放空气量。

解　（1）合成塔出口气体组成及合成率

由入塔气体的组成计算无氨基惰性气体的含量

$$y_{i,0}=\frac{y_{i,1}}{1+y_{NH_3,1}}$$

$$y_{CH_4,0}=\frac{0.11538}{1+0.025}\times100\%=11.257\%$$

$$y_{Ar,0}=\frac{0.03462}{1+0.025}\times100\%=3.378\%$$

计算合成塔出塔气体组成

$$y_{i,2}=y_{i,0}(1+y_{NH_3,2})$$

$$y_{CH_4,2}=0.11257\times(1+0.165)\times100\%=13.114\%$$

$$y_{Ar,2}=0.03378\times(1+0.165)\times100\%=3.935\%$$

$$y_{H_2,2}=\frac{3}{4}\times(1-0.13114-0.03935-0.165)\times100\%=49.838\%$$

$$y_{N_2,2}=\frac{1}{3}\times0.49838\times100\%=16.613\%$$

$$合成率\ \alpha=\frac{2\times(0.165-0.025)}{(1-0.025-0.150)\times(1+0.165)}\times100\%=29.133\%$$

合成塔出塔气体组成也可按表3-9中的方法计算。

（2）计算进出合成塔气量、放空气量及新鲜气补充量

由题意得　$n_4=\frac{1000}{17}=58.824(kmol)$

$$n_6=\frac{108.18}{22.4}=4.829\ (kmol)$$

总物料平衡　$n_1=n_2+n_3-n_5-4.829-58.824$

整理得　$n_1=n_2+n_3-n_5-63.653$　（1）

氨平衡　$0.165n_2-0.025n_1=0.09375n_5+4.829\times0.59658+58.824$

整理得　$6.6n_2-n_1=3.75n_5+2468.2$　（2）

惰气平衡　$(0.011+0.0033)n_3=(0.1414+0.04275)n_5+4.829\times(0.14391+0.01527)$

整理得　$n_3=12.878n_5+53.754$　（3）

氢平衡　$n_3\times0.73928=n_5\times0.54148+1.5n_5\times0.09375+4.829\times0.19157+1.5\times4.829\times0.59658+1.5\times58.824$

整理得　$n_3=0.9227n_5+126.451$　（4）

式(3)、式(4) 联立解得

$$n_3=132.062kmol$$

$$n_5=6.081kmol$$

换算成气体体积　$V_3=2958.26m^3$

$$V_5=136.21m^3$$

将计算结果代入式(1)、式(2) 并联立解得

$$n_1=518.283kmol$$

$$n_2=456kmol$$

换算成气体体积 $V_1=11609.5m^3$

$V_2=10214.4m^3$

思考与练习

1. 如何提高平衡氨含量？
2. 氨合成反应的机理是什么？影响反应速率的因素有哪些？如何影响？
3. 氨合成催化剂的活性组分是什么？各种促进剂的作用是什么？
4. 简述氨合成催化剂在使用过程中活性不断下降的原因。
5. 如何选择氨合成的工艺条件？
6. 氨合成工艺流程需要哪几个步骤？为什么？
7. 氨合成塔为什么要设置外筒和内件？
8. 连续换热式的合成塔有何优缺点？如何改进？
9. 三套管并流式氨合成塔的构造是怎样的？有何特点？气体在塔内的流程是怎样的？
10. 如何正确控制与调节氨合成塔催化床层温度？
11. 如何提高氨合成过程余热回收的价值？
12. 分别计算：

(1) 压力为30.40MPa，氢氮比为3，惰性气体含量为0，温度分别为400℃、420℃的平衡氨含量；

(2) 温度为400℃，氢氮比为3，惰性气体含量为0，压力分别为15.20MPa、20.27MPa、30.40MPa的平衡氨含量；

(3) 压力为30.40MPa，氢氮比为3，温度为400℃，惰性气体含量分别为12%、18%、25%时的平衡氨含量。

13. 氨合成操作压力为30.40MPa，反应前气体中的惰性气体含量为15%，氨含量为0，氢氮比为3，催化剂的活化能分别为 $E_1=66989kJ/mol$，$E_2=180032kJ/mol$。试计算当平衡氨含量分别为6%、8%、10%、12%时的平衡温度和最适宜温度，并绘成曲线。

14. 已知合成塔空速为 $20000h^{-1}$，装填催化剂 $2.8m^3$，进塔气体氨含量为3%，惰性气体含量15%，氢氮比为3，进塔气体温度为141℃，出塔气体氨含量为15%。试求：

(1) 催化剂的生产强度和合成塔年产量（以315d计）；

(2) 出塔气体组成及气量；

(3) 合成率；

(4) 出塔气体温度（忽略合成塔热损）。

15. 某合成氨厂的合成塔氨产量为5787kg/h，进塔气体组成为 H_2 62%、N_2 20.4%、CH_4 8.4%、Ar 6.5%、NH_3 2.7%，出塔气体中氨含量为12.6%，合成塔装填催化剂 $2.9m^3$。试求：

(1) 合成塔空速；

(2) 每小时进入合成塔的气量及各组分气量；

(3) 出合成塔气体组成及各组分的气量。

第四章
联醇技术

本章教学目标

能力与素质目标

1. 具有识读和绘制生产工艺流程图的初步能力。
2. 具有分析和选择工艺条件的初步能力。
3. 具有查阅文献资料的能力。
4. 具有节能减排、降低能耗的意识。
5. 具有安全生产的意识。
6. 具有环境保护和技术经济意识。

知识目标

1. 掌握：甲醇合成的反应机理、甲醇精制的机理。
2. 理解：联醇生产技术、甲醇合成与精制工艺、甲醇合成塔。
3. 了解：联醇生产的简要概况和经济意义。

第一节　概　　述

一、甲醇的性质和用途

甲醇（Methanol，Methylalcohol）又名木醇、木酒精、甲基氢氧化物，是一种最简单的饱和醇。化学分子式为 CH_3OH，是一种无色、易燃、易挥发的有毒液体，常温下对金属无腐蚀性（铅、铝除外），略有酒精气味。甲醇能和水以任意比相溶，但不形成共沸物；能和多数常用的有机溶剂（乙醇、乙醚、丙酮、苯等）混溶，并形成恒沸混合物，其物理性质详见表 4-1。

表 4-1　甲醇的物理性质

项目	数值	项目	数值
熔点/℃	−97.8	临界压力/MPa	7.95
沸点/℃	64.8	燃烧热/(kJ/mol)	727
相对密度(水=1)	0.79	燃烧性	易燃
相对密度(空气=1)	1.11	闪点/℃	11℃闭杯 16℃开杯
饱和蒸气压/kPa	13.33(21.2℃)	自燃温度/℃	385
溶解性	溶于水，可混溶于醇、醚等多数有机溶剂	爆炸下限(体积分数)/%	5.5
临界温度/℃	240	爆炸上限(体积分数)/%	44

甲醇是极为重要的有机化工原料，在化工、医药、轻工、纺织及运输等行业都有广泛的应用，其衍生物产品发展前景广阔。目前甲醇的深加工产品已达 120 多种，我国以甲醇为原料的一次加工产品已有近 30 种。在化工生产中，甲醇可用于制造甲醛、醋酸、氯甲烷、甲胺、甲基叔丁基醚（燃料添加剂 MTBE）、聚乙烯醇（PVA）、硫酸二甲酯、对苯二甲酸二甲酯（DMT）、二甲醚、丙烯酸甲酯、甲基丙烯酸甲酯等。

甲醇的主要应用领域是生产甲醛。甲醛可用来生产胶黏剂，主要用于木材加工业，其次是用作模塑料、涂料、纺织物及纸张等的处理剂，其中用作木材加工的胶黏剂约占其消费总量的 80%。

甲醇另外的主要用途是生产醋酸。醋酸消费约占全球甲醇需求的 7%，可生产醋酸乙烯、醋酸纤维和醋酸酯等，其需求与涂料、黏合剂和纺织等方面的需求密切相关。我国醋酸主要消费领域是醋酸乙烯/聚乙烯醇、醋酸酯类、醋酐、对苯二甲酸（PTA）、氯乙酸等。

甲醇不仅是重要的化工原料，而且还是性能优良的能源和车用燃料。甲醇与异丁烯反应得到 MTBE，它是高辛烷值无铅汽油添加剂，亦可用作溶剂。自 1973 年第一套 100kt/a MTBE 生产装置建成投产以来，它已成为世界上仅次于甲醛的第二大甲醇消费大户。甲基叔戊基醚（TAME）也是重要的汽油含氧添加剂。

近些年来，甲醇的利用有了新的途径：甲醇制烯烃、乙二醇、乙醇、芳烃等技术日趋成熟，国内煤化工企业投产了多套甲醇制烯烃、乙二醇装置，为甲醇的加工利用开辟了新路径（见图 4-1）。

甲醇制烯烃工艺是煤基烯烃产业链中的关键步骤，根据目的产品的不同，甲醇制烯烃工艺分为甲醇制烯烃（MTO）、甲醇制丙烯（MTP）。以甲醇为原料，在固定床或流化床反应器中通过甲醇脱水制取低碳烯烃，甲醇蒸气先脱水生成二甲醚，然后二甲醚与原料甲醇的平衡混合物气体脱水继续转化为以乙烯、丙烯为主的低碳烯烃；少量 $C_2 \sim C_5$ 的低碳烯烃由于环化、脱氢、氢转移、缩合、烷基化等反应进一步生成分子量不同的饱和烃、芳烃、烯烃及焦炭。

甲醇合成乙二醇技术，即甲醇与 NO 反应生成亚硝酸甲酯，亚硝酸甲酯在贵金属催化剂上与 CO 进行羰基化反应制取草酸二甲酯，草酸二甲酯再经催化加氢制取乙二醇。

二、联醇的作用和意义

联醇即与合成氨联合生产甲醇，一般联醇生产选择在甲烷化工序之前，以充分利用对合成催化剂有害的毒物 CO 和 CO_2，降低进甲烷化炉的 CO 和 CO_2 含量。一般选用低温、低压的铜基催化剂。联醇可分为低压联醇和高压联醇，高压联醇串联在合成氨生产流程中，兼生产甲醇和气体净化双重作用。高压联醇系统操作压力为 18.0～22.0MPa，以气体净化为

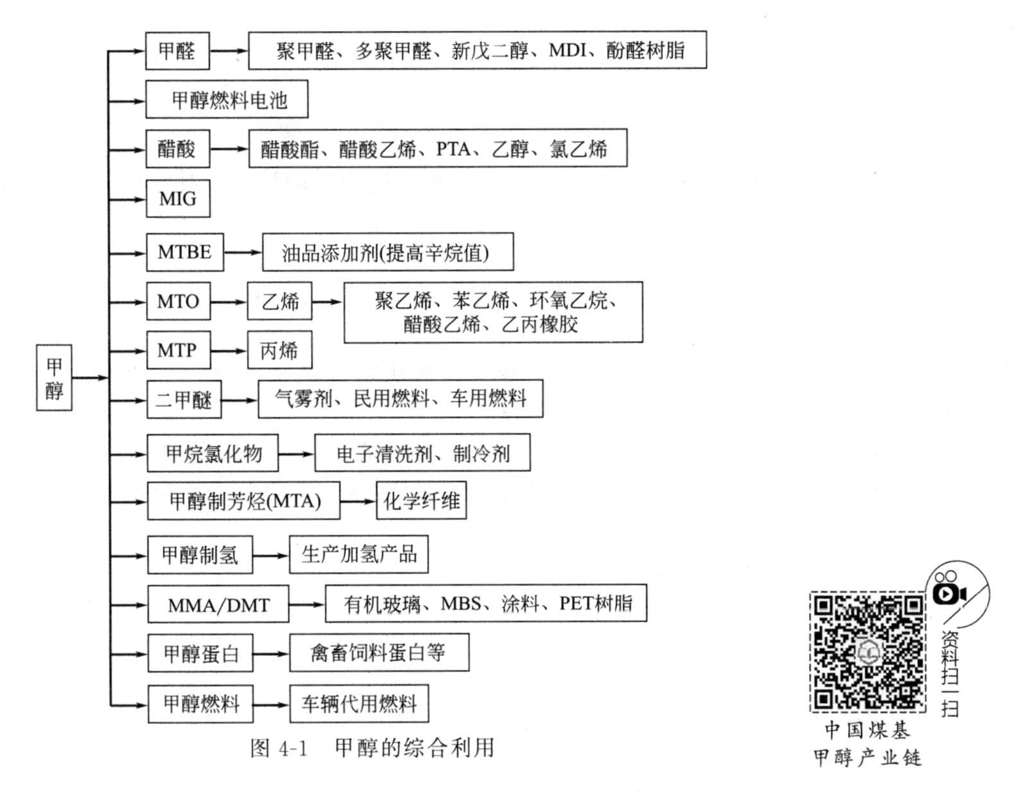

图 4-1　甲醇的综合利用

主、产甲醇为辅，占总产醇量的 15%～20%；低压联醇并联在合成氨生产流程中，操作压力为 5.0～5.5MPa，以产甲醇为主，占总产醇量的 80%～85.9%，并且可以利用甲醇合成的反应热副产 3.9MPa 饱和蒸汽。

联醇生产源于我国氮肥行业，是氮肥企业节能增效、调整产品结构、增强企业抗风险能力的一种生产工艺。联醇生产作为一种投资小、见效快、效益大、风险小的生产工艺得到了很大的发展，也成了我国氮肥企业调整产品结构、寻求企业效益增长的首选工艺。这项技术不仅使合成氨在节能降耗方面有了新发展，同时使化肥厂改变了产品结构，增强了市场应变能力。

第二节　甲醇的合成与精制

一、甲醇的合成

1. 甲醇合成原理和催化剂

(1) 甲醇合成反应

合成塔内发生的主反应：

$$CO+2H_2 \rightleftharpoons CH_3OH \quad \Delta H^{\ominus}_{298}=-102.5kJ/mol$$

$$CO_2+3H_2 \rightleftharpoons CH_3OH+H_2O \quad \Delta H^{\ominus}_{298}=-59.6kJ/mol$$

反应特点：可逆、放热、体积减小。

合成塔内还可能发生的副反应：

$$2CO+4H_2 \rightleftharpoons (CH_3)_2O+H_2O \quad \Delta H^{\ominus}_{298}=-200.2kJ/mol$$

$$CO+3H_2 \rightleftharpoons CH_4+H_2O \quad \Delta H^{\ominus}_{298}=-115.6kJ/mol$$

$$4CO + 8H_2 \rightleftharpoons C_4H_9OH + 3H_2O \quad \Delta H_{298}^{\ominus} = -49.62\text{kJ/mol}$$

$$CO_2 + H_2 \rightleftharpoons CO + H_2O \quad \Delta H_{298}^{\ominus} = 42.9\text{kJ/mol}$$

(2) 甲醇合成的反应机理

甲醇合成反应为气固催化反应过程，其反应机理为：

外扩散→内扩散→吸附→表面反应→脱附→内扩散→外扩散

其中控制步骤为表面反应过程，整个反应过程的速率取决于表面反应的进行速率。

(3) 甲醇合成催化剂

① 锌铬催化剂　锌铬（ZnO/Cr_2O_3）催化剂是一种高压固体催化剂，由德国 BASF 公司 1923 年首先开发研制成功。锌铬催化剂的活性较低，为了获得较高的催化活性，操作温度必须在 350～420℃。为了获取较高的转化率，操作压力必须为 25～35MPa，因此被称为高压催化剂。

锌铬催化剂的特点是：耐热性能好，能忍受温差在 100℃以上的过热过程；对硫不敏感；机械强度高；适用寿命长，适用范围宽，操作控制容易；与铜基催化剂相比较，其活性低、选择性低、精馏困难（产品中杂质复杂）。

由于在这类催化剂中 Cr_2O_3 的质量分数高达 10%，故成为铬污染的重要污染源之一。因铬对人体是有毒的，目前该类催化剂已被淘汰。

② 铜基催化剂　铜基催化剂是一种低温低压甲醇合成催化剂，其主要组分为 $CuO/ZnO/Al_2O_3$(Cu-Zn-Al)，由英国 ICI 公司和德国 Lurgi 公司先后研制成功。低（中）压法铜基催化剂的操作温度为 210～300℃，压力为 5～10MPa，比传统的合成工艺温度低得多，对甲醇反应平衡有利。

其特点是：活性好，单程转化率为 7%～8%；选择性高，大于 99%，其杂质只有微量的甲烷、二甲醚、甲酸甲酯，易得到高纯度的精甲醇；耐高温性差，对硫敏感。

目前工业上甲醇的合成都使用铜基催化剂。

2. 工艺流程

如图 4-2 所示，来自净化温度为 40℃左右的新鲜气进入合成透平压缩机 1 压缩段升压，经压缩段出口冷却器分离水后与合成回路循环气混合，进入循环段压缩至 5MPa 左右（温度 48℃）后送入合成系统。出循环段的合成气先经塔前预热器 2 管间，预热至约 200℃，由顶部进入甲醇合成塔 3。在甲醇合成塔中，CO、CO_2 和 H_2 进行合成反应，生成甲醇和水，放出大量的热，同时也会有少量的有机杂质生成。合成反应器出口反应气体的温度约为 225～260℃，经塔前预热器回收反应热，温度降至 90℃左右，此时有少部分的甲醇冷凝下来。然后再进入水冷器 4 冷却至 40℃以下，此时大部分甲醇可冷凝下来，冷至 40℃以下的气液混合物经甲醇分离器 5 分离出粗甲醇液体。从分离器顶部出来的气体进入醇回收塔 6，和从醇回收塔上部来的软水在塔盘中接触，气体中少量的甲醇被吸收。吸收少量甲醇的稀醇水从醇回收塔底部经减压后进入稀醇中间槽 7，稀醇中间槽的甲醇去精馏工段继续精制。醇回收塔顶部的软水来自软水槽 8 通过醇回收泵 9 打入。

从醇回收塔顶部出来的气体，绝大部分是未反应的合成气及惰性气体。为防止惰性气体在系统中累积，必须将一部分气体排放。排放后的循环气，进入透平压缩机的循环段，继续进行循环。驰放气送去回收利用。

从甲醇分离器底部排出的粗甲醇进入到粗醇中间槽 10，在此减压至 0.3～0.4MPa 并闪蒸出大部分溶解气体。闪蒸气送入燃气总管回收。闪蒸槽出来的粗甲醇送往粗甲醇计量槽。

甲醇合成反应是强放热反应，反应热经甲醇合成塔壳侧的饱和水汽移出。甲醇合成塔管间环隙通过汽包 11 给水泵不断地打入锅炉给水。反应器与汽包通过上升管及下降管相连接，

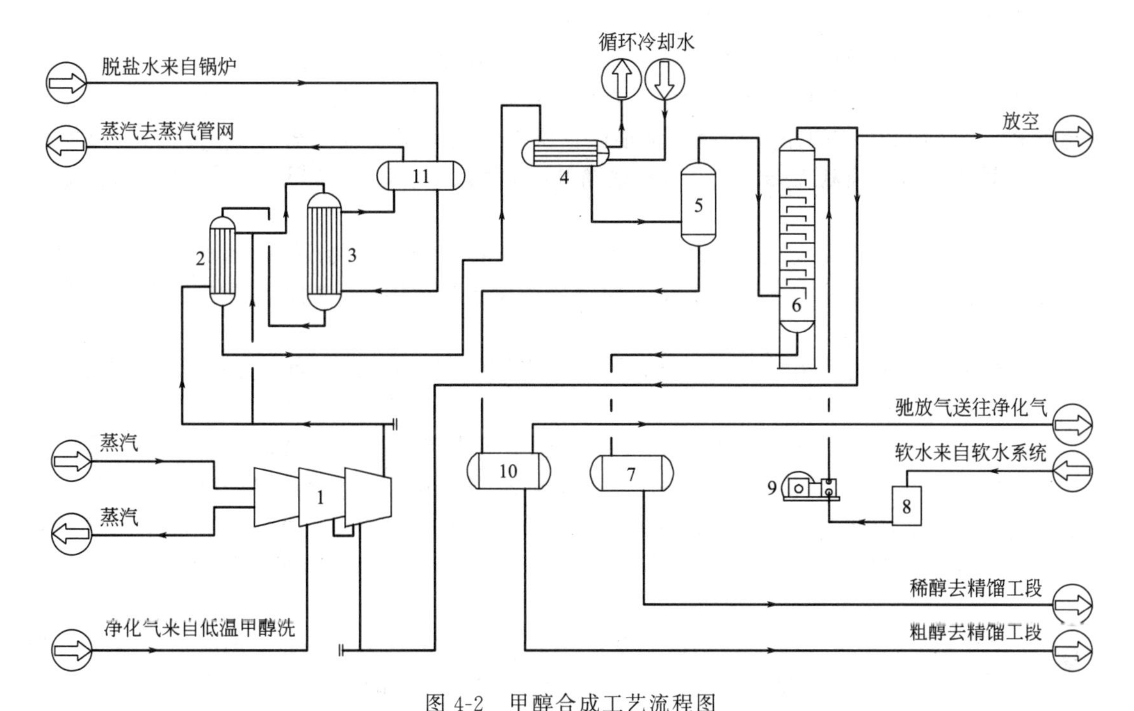

图 4-2 甲醇合成工艺流程图

1—合成透平压缩机；2—塔前预热器；3—甲醇合成塔；4—水冷器；5—甲醇分离器；6—醇回收塔；7—稀醇中间槽；8—软水槽；9—醇回收泵；10—粗醇中间槽；11—汽包

形成一个独立的蒸汽发生系统，汽包和甲醇合成塔为一自然循环式锅炉。甲醇合成反应器壳侧副产 2.5～3.9MPa 的饱和蒸汽，经调节阀减压后，送入蒸汽管网。汽包蒸汽出口管线设有压力控制阀，通过调节蒸汽压力来控制催化剂床层反应温度的恒定。

为控制汽包内炉水的总溶固量及防止结垢，除连续加入少量磷酸盐外，还连续排放部分炉水，排出的汽包废水排入地沟。

合成催化剂的升温加热，靠开工喷射器加入过热蒸汽进行，过热蒸汽的压力为 3.75MPa(G)，温度 425℃。高压蒸汽经开工蒸汽喷射器后，带动炉水循环，使催化剂温度逐渐上升。

合成催化剂使用前，需用合成新鲜气进行还原，还原方程式为：

$$CuO + H_2 \longrightarrow Cu + H_2O$$

催化剂升温还原的载体采用氮气，由开工管线加入合成补充气来调节入塔气的氢气浓度。在合成新鲜气的管线上配备有小阀，便于根据不同的还原阶段控制 H_2 的含量。

还原过程中生成的水分，含少量的催化剂粉末和其他杂质，收集于甲醇分离器中，经计量过滤后，排至污水处理系统。

3. 甲醇合成影响因素

联醇生产由于串联在合成氨生产工艺中，工艺条件的选择不仅要考虑到催化剂特性的要求、反应压力、反应温度、空间速度、有效气体的浓度、合成反应器的结构乃至全系统的热量利用，而且还要做到在这些特定的条件下对合成氨废气 CO、CO_2 充分利用，故联醇生产对于各项工艺指标的选择，受到更多条件的限制。

(1) 温度

从甲醇合成反应的化学平衡来看，温度低对于提高甲醇的产率是有利的，但是从反应的速度来看，提高反应温度能够提高反应速度，所以必须兼顾这两个因素及催化剂，选择最适宜的操作温度。

在实际生产中的操作温度取决于一系列因素。如催化剂、压力、原料气组成、空间速度和设备使用情况等，尤其取决于催化剂。在低、中压合成时，铜催化剂特别不耐热，温度不能超过 300℃，而 200℃以下反应速度又很低，所以最适宜温度确定为 240～270℃。反应初期，催化剂活性高，控制在 240℃，后期逐渐升温到 270℃。

(2) 压力

与副反应相比，主反应是物质的量减少最多而平衡常数最小的反应，因此增加压力对合成甲醇有利。但是增加压力要消耗能量，而且还受设备强度限制，因此需要综合各项因素确定合理的操作压力。

采用铜基催化剂时，由于其活性高，反应温度较低，反应压力也相应降至 5～10MPa。

(3) 原料气的组成

联醇生产的 H_2∶CO 值的控制，既要从合成甲醇来考虑，又要考虑反应后的气体为合成氨生产保持 $n_{H_2}:n_{N_2}=3:1$ 的比值。对于联醇来说，由于甲醇合成以后的气体要保持相当量的氢去参加氨的合成，所以氢是过量的，但是确定联醇生产中氢与一氧化碳的比例必须考虑甲醇产量在总氨产量中所占的比例，也即原料气中的氢在制醇和制氨中如何分配的问题。

CO 含量高不利于温度控制，引起羰基铁在催化剂上的积聚，使催化剂失活，因此一般采用氢过量。H_2 过量可以抑制高级醇、高级烃和还原性物质的生成，提高甲醇的浓度和纯度；氢导热性好，H_2 过量有利于防止局部过热和催化剂床层温度控制，但氢过量太多会降低反应设备的生产能力。

采用铜基催化剂时，H_2 与 CO 比为（2.2～3.0）∶1。原料气中有一定含量的二氧化碳时，可以降低反应峰值温度，二氧化碳可以保护铜基催化剂的活性，延长铜基催化剂的使用寿命。对于低压法合成甲醇，二氧化碳含量（体积分数）为 5%时，甲醇收率最好。此外，二氧化碳的存在也可以抑制二甲醚的生成。

(4) 醇氨比

醇氨比应根据市场需求来调节，醇氨比变化对净化各工序气体组成有影响，并由此带来工艺参数的变化。随着醇氨比的提高，要求甲醇合成所需的一氧化碳含量、二氧化碳含量提高，变换工段负荷降低，变换率降低，变换装置的蒸汽消耗下降。由于少量 CO_2 的存在对甲醇合成有利，因而对脱碳工段的 CO_2 脱除率要求降低。

4. 甲醇合成塔

动画扫一扫

甲醇合成塔

传统甲醇合成塔主要包括 ICI 冷激型甲醇合成塔和 Lurgi 管壳式甲醇合成塔两种。ICI 冷激型甲醇合成塔是针对使用 51-1 型铜基催化剂的时空产率低、催化剂用量大、床层控温困难、催化剂易失活等缺陷而开发的一种绝热型轴向流动的低压合成反应器，其结构简单，由塔体、喷头、菱形分布器等组成。合成气预热到 230～250℃进入反应器，段间用菱形分布器将冷激气喷入床层中间降温。根据规模大小，反应器一般有 3～6 个床层，典型的是 4 个，上面 3 个为分开的轴向流床，最下方为轴-径向流床，在 5MPa、230～270℃条件下合成甲醇。Lurgi 管壳式甲醇合成塔是一种轴向流动的低压反应器，见图 4-3。该反应器采用管壳式结构，操作条件是：压力 5.2～7MPa，温度 230～

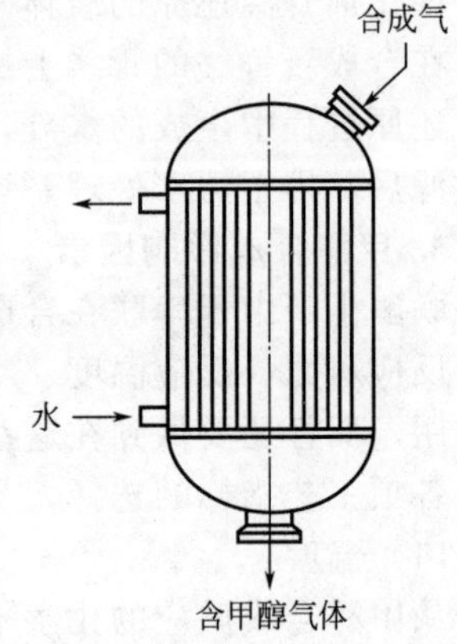

图 4-3 Lurgi 管壳式甲醇合成塔

255℃。反应器内部类似列管式换热器，列管内装催化剂，管外为沸腾水，反应热很快被沸水移走。两种气体分别呈轴向流动。合成塔壳程的锅炉水是自然循环的，通过控制沸腾水的蒸汽压力，可以保持恒定的反应温度。这种合成塔温度几乎是恒定的，从而有效地抑制了副反应，延长了催化剂的使用寿命。

二、甲醇的精制

1. 精制原理

(1) 粗甲醇成分（见表 4-2）

在甲醇合成时，由于合成条件如压力、温度、合成气组成及催化剂性能等因素的影响，在生成甲醇反应的同时，还伴随着一系列副反应。所得产品除甲醇外，还有水、醚、醛、酮、酯、烷烃、有机酸、有机胺、高级醇、硫醇、甲基硫醇和羰基铁等几十种有机杂物，各组分沸点见表 4-3。

表 4-2　粗甲醇的成分组成

组分	组成	组分	组成
粗甲醇 SOR(摩尔分数)/%			
H_2	0.02	CH_4	0.02
N_2	0.027	Ar	0.011
CO	0.002	H_2O	13.306
CO_2	1.176	CH_3OH	85.438
粗甲醇中副产品组分			
乙醇	1600×10^{-6}	甲酸甲酯	280×10^{-6}
正丙醇	700×10^{-6}	异戊烷	50×10^{-6}
正丁醇	350×10^{-6}	正戊烷	50×10^{-6}
异丁醇	40×10^{-6}	正己烷	50×10^{-6}
异戊醇	80×10^{-6}	正庚烷	50×10^{-6}
酮	135×10^{-6}	其他	4600×10^{-6}
二甲醚	400×10^{-6}		

注：SOR 为设备运行初期。

表 4-3　粗甲醇中各组分的沸点

序号	组分	沸点/℃	序号	组分	沸点/℃	序号	组分	沸点/℃
1	二甲醚	−23.7	11	甲醇	64.7	21	异丁醇	107
2	乙醛	20.2	12	异丙烯醚	67.5	22	正丁醇	117.7
3	甲酸甲酯	31.8	13	正己烷	69	23	异丁醚	122.3
4	二乙醚	34.6	14	乙醇	78.4	24	二异丙基酮	123.7
5	正戊烷	36.4	15	甲乙酮	79.6	25	正辛烷	125
6	丙醛	48	16	正戊醇	97	26	异戊醇	130
7	丙烯醛	52.5	17	正庚烷	98	27	4-甲基戊醇	131
8	醋酸甲酯	54.1	18	水	100	28	正戊醇	138
9	丙酮	56.5	19	甲基异丙酮	101.7	29	正壬烷	150.7
10	异丁醛	64.5	20	醋酐	103	30	正癸烷	174

(2) 精馏原理

精馏是根据在相同温度下，同一液体混合物中不同组分的挥发度不同，经多次部分汽化和多次部分冷凝最后得到较纯的组分，实现混合物分离的操作过程。在粗甲醇精制过程中，首先加入碱液来中和微量的有机酸，然后再除去粗甲醇中溶解的气体（如 CO_2、CO、H_2 等）及低沸点组分（如二甲醚、甲酸甲酯）；为了使粗甲醇中与甲醇沸点接近的轻组分易于分离，而采用萃取精馏，即加入萃取剂（甲醇精馏萃取剂是脱盐水），使原料液中轻组分相对挥发度增大而易于分离；最后将甲醇与水和高沸点杂质（如异丁基油）分离，同时获得高纯度的优质精甲醇产品。

2. 工艺流程

如图 4-4 所示，从甲醇合成工段来的粗甲醇，温度 40℃，通过粗甲醇缓冲槽 5，经粗甲醇预热器 13 预热至 65℃左右进入预精馏塔 1。为中和粗甲醇中微量的有机酸，用碱液泵向预塔粗甲醇中加入浓度为 5%（质量分数）的 NaOH 水溶液。预塔再沸器的热源为低压蒸汽。从预精馏塔塔顶出来的气体温度 75℃、压力 0.05MPa，经预塔冷凝器 6 用冷却水冷凝后温度降至 50℃，预塔冷凝器中不凝气进入精冷却器 8 进行二次冷凝，预塔冷凝器冷凝下来的甲醇溶液收集在预塔回流槽 7 内，通过预塔回流泵加压后，作为回流从预塔上部进入到预塔内。精冷却器中不凝气、预塔塔顶少量的驰放气和各塔顶部气体管线上安全阀后的排放气体，均通入液封，用软水吸收甲醇后排放，精冷却器冷凝下来的溶液收集在杂醇储槽内。

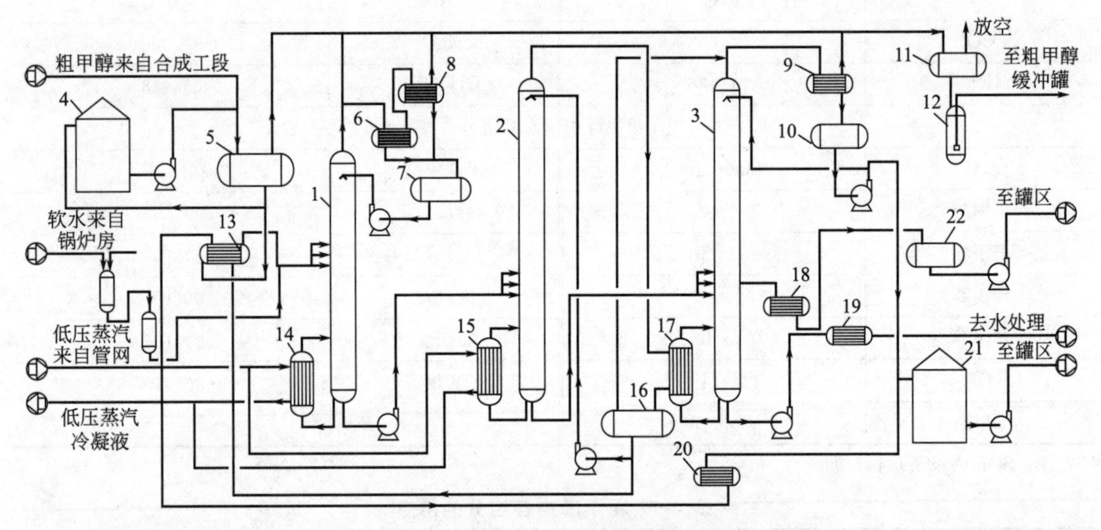

图 4-4 甲醇三塔精馏工艺流程图

1—预精馏塔；2—加压精馏塔；3—常压精馏塔；4—粗甲醇储槽；5—粗甲醇缓冲槽；6—预塔冷凝器；7—预塔回流槽；8—精冷却器；9—常压塔冷凝器；10—常压塔回流槽；11—排放槽；12—排放槽地下槽；13—粗甲醇预热器；14—预精馏塔再沸器；15—加压塔再沸器；16—加压塔回流槽；17—常压精馏塔再沸器；18—杂醇冷却器；19—残液冷却器；20—精甲醇冷却器；21—精甲醇中间槽；22—杂醇储槽

从预塔塔底出来脱除轻组分后的预后甲醇，温度为 85℃，用加压塔进料泵抽出，通过预后粗甲醇预热器用预精馏塔再沸器和加压塔再沸器的蒸汽冷凝液作为热源加热，然后送入加压精馏塔 2。加压精馏塔的操作压力为 0.6MPa，塔底由加压塔再沸器 15 加热，使塔底料液维持在 134℃左右，从甲醇加压塔塔顶出来的甲醇蒸气在常压精馏塔再沸器 17 中冷凝，释放的热量用来加热常压塔中的物料。常压塔再沸器出口的甲醇冷凝液流入加压塔回流槽 16，一部分由加压塔回流泵在流量控制下送回加压塔上部作回流，

另一部分作为成品甲醇，经粗甲醇预热器冷却到大约 40℃，送往精甲醇中间槽 21。控制加压塔塔釜的液面使过剩的产物在 134℃进入常压精馏塔 3。

常压塔底部产物在 107℃和 0.08MPa 条件下，由加压塔顶产物的冷凝热再沸。离开常压塔顶的蒸汽约在 65℃，在常压塔冷凝器 9 冷却到 40℃后送到常压塔回流槽 10，用常压塔回流泵将其中一部分精甲醇液在流量控制下送回常压塔上部作回流，其余部分作为精甲醇产品送入精甲醇计量槽，精甲醇计量槽的精甲醇经分析合格后，通过精甲醇泵送入到成品罐区贮存。

常压塔底的产物主要是水，含有微量的甲醇和高沸点杂质，为防止高沸点的杂醇混入到精甲醇产品中，在常压塔的下部侧线有杂醇采出，温度约 85℃，经杂醇冷却器 18 冷却到 40℃后，靠静压送到杂醇储槽 22，再通过杂醇泵送到成品罐区杂醇储槽贮存。

从常压塔底部排出的残液温度 107℃，压力约 0.08MPa，流入残液槽由残液泵送入污水处理站生化处理。

思考与练习

甲醇精馏多级“热耦合”技术的应用

1. 合成甲醇的主要反应式及影响因素是什么？
2. 分析甲醇合成塔温度急剧上升的原因。
3. 粗甲醇精馏的目的是什么？
4. 甲醇合成塔汽包液位过高或过低的后果是什么？
5. 甲醇分离器液位过高或过低的后果是什么？
6. 粗甲醇精制时，为什么要加入碱液？
7. 预精馏塔加水的目的是什么？
8. 预精馏塔为什么设有两级冷却器？

第二篇　主要的氨加工产品

第五章 尿素

本章教学目标

能力与素质目标

1. 具有分析化工设备工艺条件控制的初步能力。
2. 具有分析选择工艺条件的初步能力。
3. 具有查阅文献资料的能力。
4. 具有节能减排、降低能耗的意识。
5. 具有安全生产的意识。
6. 具有环境保护和技术经济的意识。

知识目标

1. 掌握：氨与二氧化碳合成尿素的基本原理和工艺条件的选择及工艺流程；减压加热法及二氧化碳气提法分离与回收的基本原理和工艺条件的选择。

2. 理解：尿素合成塔的结构特点与操作控制分析；减压加热法及二氧化碳气提法分离与回收的工艺流程；尿素溶液蒸发的基本原理和工艺条件的选择。

3. 了解：尿素的性质、用途和生产方法；尿素溶液的结晶与造粒；尿素溶液加工的工艺流程；典型尿素生产方法的优缺点；尿素生产工艺的改进方向。

第一节 概　　述

一、尿素的性质

尿素（Urea），学名为碳酰二胺，分子式为 $CO(NH_2)_2$，分子量为 60.06。因为在人类及哺乳动物的尿液中含有这种物质，故称尿素。

纯净的尿素为无色、无味、无臭的针状或棱柱状结晶体，含氮量为 46.6%，工业尿素因含有杂质而呈白色或浅黄色。

尿素的熔点在常压下为 132.6℃，超过熔点则分解。尿素较易吸湿，其吸湿性次于硝酸铵而大于硫酸铵，故包装、贮存要注意防潮。尿素易溶于水和液氨，其溶解度随温度升高而增大，尿素还能溶于一些有机溶剂，如甲醇、苯等。

常温时，尿素在水中缓慢地进行水解，最初转化为氨基甲酸铵（以下简称甲铵），然后形成碳酸铵，最后分解为氨和二氧化碳。随着温度的升高，水解速率加快，水解程度也增大，在 145℃以上尿素的水解速率剧增。这点对尿素的生产有实际的影响，故在循环和蒸发工序应予注意。但在 60℃以下，尿素在酸性、碱性或中性溶液中不发生水解。

尿素在高温下可以进行缩合反应，生成缩二脲、缩三脲和三聚氰酸。缩二脲会烧伤作物的叶和嫩枝，故应控制产品中缩二脲的含量。往尿素中加入硝铵，对尿素能起到稳定的作用。尿素的分解和缩合反应如下：

$$2CO(NH_2)_2 = NH_2CONHCONH_2 + NH_3$$

$$NH_2CONHCONH_2 + CO(NH_2)_2 = NH_2CONHCONHCONH_2 + NH_3$$

$$NH_2CONHCONHCONH_2 = (HCNO)_3 + NH_3$$

尿素在强酸溶液中呈现弱碱性，能与酸生成盐类。例如，尿素与硝酸作用生成能微溶于水的硝酸尿素［$CO(NH_2)_2 \cdot HNO_3$］。尿素与盐类相互作用可生成配合物，如尿素与磷酸一钙作用时生成磷酸尿素［$CO(NH_2)_2 \cdot H_3PO_4$］配合物和磷酸氢钙 $CaHPO_4$，即

$$Ca(H_2PO_4)_2 \cdot H_2O + CO(NH_2)_2 = CO(NH_2)_2 \cdot H_3PO_4 + CaHPO_4 + H_2O$$

尿素能与酸或盐相互作用的这一性质，常被应用于复混肥料生产中。

二、尿素的用途

尿素的用途非常广泛，它不仅可以用作肥料，而且还可以用作工业原料以及反刍动物的饲料。

1. 用作肥料

尿素是目前使用的固体氮肥中含氮量最高的化肥，其含氮量为硝酸铵的 1.3 倍、氯化铵的 1.8 倍、硫酸铵的 2.2 倍、碳酸氢铵的 2.6 倍。尿素属中性速效肥料，长期施用不会使土壤发生板结。其分解释放出的 CO_2 也可被作物吸收，促进植物的光合作用。在土壤中，尿素能增进磷、钾、镁和钙的有效性，且施入土壤后无残存废物。利用尿素可制得掺混肥料及复混肥料。

2. 用作工业原料

在有机合成工业中，尿素可用来制取高聚物合成材料，尿素甲醛树脂可用于生产塑料、漆料和胶合剂等；在医药工业中，尿素可作为生产利尿剂、镇静剂、止痛剂等的原料。此外，在石油、纺织、纤维素、造纸、炸药、制革、染料和选矿等生产中也都需用尿素。

3. 用作饲料

尿素可用作牛、羊等反刍动物的辅助饲料，反刍动物胃中的微生物将尿素的胺态氮转变为蛋白质，使动物肉、奶增产。但作为饲料的尿素规格和用法有特殊要求，不能乱用。

尿素产品的质量标准见表5-1和表5-2，该表来自2017年颁布的尿素等级质量标准GB/T 2440—2017。标准分为工业用和农业用尿素质量标准。

表 5-1　农业用（肥料）尿素的要求　　单位：%

项目[①]			等级	
			优等品	合格品
总氮(N)的质量分数		≥	46.0	45.0
缩二脲的质量分数		≤	0.9	1.5
水分		≤	0.5	1.0
亚甲基二脲(以 HCHO 计)的质量分数		≤	0.6	0.6
粒度[②]	*d* 0.85～2.80mm	≥	93	90
	d 1.18～3.35mm	≥		
	d 2.00～4.75mm	≥		
	d 4.00～8.00mm	≥		

① 若尿素生产工艺中不加甲醛，可不做亚甲基二脲含量的测定。

② 指标中粒度项目只需符合四档中任意一档即可，包装标识中应标明粒径范围。

表 5-2　工业用尿素的要求　　单位：%

项目		等级	
		优等品	合格品
总氮(N)的质量分数	≥	46.4	46.0
缩二脲的质量分数	≤	0.5	1.0
水分	≤	0.3	0.7
铁(以 Fe 计)的质量分数	≤	0.0005	0.0010
碱度(以 NH_3 计)的质量分数	≤	0.01	0.03
硫酸盐(以 SO_4^{2-} 计)的质量分数	≤	0.005	0.020
水不溶物的质量分数	≤	0.005	0.040

注：1. 工业用尿素对粒度不作要求，可根据供需双方协议约定参照表5-1"粒度"项目指标在包装标识中明示粒径范围。

2. 工业用尿素在生产工艺中加入甲醛等添加物的应在质量证明书中标明。

三、尿素的生产方法

尿素最早由罗埃尔（Rouelle）于1773年在蒸发人尿时发现，因而获得此名。1828年维勒（Wöhler）在实验室首先用氨和氰酸合成了尿素：

$$HCON + NH_3 \longrightarrow CO(NH_2)_2$$

此后，出现了以氨基甲酸铵、碳酸铵及氰氨基钙（石灰氮）等作为原料的50余种合成尿素方法。但都因原料难得，或有毒性，或因反应条件难以控制，或在经济上不合理，而没有实现工业化生产。

1868年巴扎罗夫（Базаров）提出高压下加热氨基甲酸铵脱水生成尿素的方法。1922年首先在德国法本公司奥堡工厂实现了以 NH_3 和 CO_2 直接合成尿素的工业化生产，从而奠定了现代工业尿素的生产基础。

合成氨生产为 NH_3 和 CO_2 直接合成尿素提供了原料。由 NH_3 和 CO_2 合成尿素的总反应为：

$$2NH_3+CO_2 = CO(NH_2)_2+H_2O \qquad \Delta H<0$$

该反应是放热的可逆反应，其产率受到化学平衡的限制，只能部分地转化为尿素，一般转化率为 50%～70%。因而，按转化物的循环利用程度，尿素生产方法可分为不循环法、半循环法和全循环法三种。20 世纪 60 年代以来，全循环法在工业上获得普遍采用。

全循环法是将未转化成尿素的氨和二氧化碳经多段蒸馏和分离后，全部返回合成系统循环利用，原料氨利用率达 97%以上。全循环法尿素生产主要包括四个基本过程：

① 氨和二氧化碳原料的供应及净化；

② 氨和二氧化碳合成尿素；

③ 未反应物的分离与回收；

④ 尿素溶液的加工。

其示意图如图 5-1 所示。

柴油车用尿素的缘由

全循环法依照分离回收（第三过程）方法的不同可分为：热气循环法、气体分离（选择性吸收）循环法、浆液循环法、水溶液全循环法、气提法和等压循环法等。其中，水溶液全循环法和气提法发展最快。

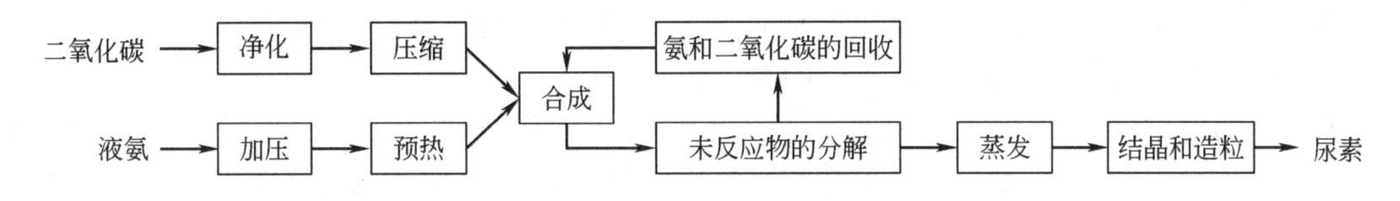

图 5-1　合成尿素生产过程示意图

水溶液全循环法是将未反应的氨和二氧化碳用水吸收生成甲铵或碳酸铵水溶液再循环返回合成系统。根据添加水量的不同又可分为两类：一类是添加水量较多，即 H_2O/CO_2 摩尔比近于 1 者，称为碳酸铵盐水溶液全循环法；另一类是添加水量较少的基本上以甲铵溶液返回系统，称为甲铵溶液全循环法，后者是前者的改进。水溶液全循环法在尿素生产中一直占有重要位置，且在不断改进和发展中。主要有我国的碳酸铵盐水溶液全循环法、荷兰的斯塔米卡邦（Stamicarbon）水溶液全循环法、日本的三井东压水溶液全循环改良 C 法和 D 法、意大利的蒙特卡蒂尼-爱迪生（Montecatini-Edison）水溶液全循环法等。

气提法是利用某一介质在与合成等压的条件下分解甲铵并将分解物返回系统使用的一种方法。按气提介质的不同又可分为：二氧化碳气提法、氨气提法、变换气气提法（由于变换气来自合成氨厂，故又有“变换气气提联尿流程”法之称）。气提法是全循环法的发展，具有热量回收完全，低压氨和二氧化碳处理量较少的优点。此外，在简化流程、热能回收、延长运转周期和减少生产费用等方面也都优于水溶液全循环法，是尿素生产发展的一个方向。具有代表性的气提法流程有：荷兰的斯塔米卡邦（Stamicarbon）二氧化碳气提流程、意大利斯那姆（Snam）氨气提流程、挪威海德鲁（Norsk-Hydro）二氧化碳气提流程、威舍利（Weatherly）氨加惰性气气提流程、意大利的蒙特迪生（Montedison）等压双循环流程及日本三井东压工程公司的 ACES 法流程。但工业上应用最广泛的还是前两种流程。

四、尿素生产的原料

对原料液氨的要求为：氨含量>99.5%（质量分数），水含量<0.5%（质量分数），含

油$<1\times10^{-5}$（质量分数）；对原料二氧化碳气的要求为：CO_2 含量$>98.5\%$（体积分数，干基），H_2S 含量$<15mg/m^3$。

第二节　尿素的合成

一、尿素合成的基本原理

液氨和二氧化碳直接合成尿素的总反应为：

$$2NH_3(l)+CO_2(g) = CO(NH_2)_2(l)+H_2O(l) \qquad \Delta H=-103.7kJ/mol \qquad (5\text{-}1)$$

这是一个可逆、放热、体积减小的反应，其反应机理目前有很多解释，但一般认为，反应在液相中是分两步进行的。首先液氨和二氧化碳反应生成甲铵，故称其为甲铵生成反应：

$$2NH_3(l)+CO_2(g) = NH_4COONH_2(l) \qquad \Delta H=-119.2kJ/mol \qquad (5\text{-}2)$$

该步反应是一个可逆的体积缩小的强放热反应。在一定条件下，此反应速率很快，容易达到平衡。且此反应二氧化碳的平衡转化率很高。

然后是液态甲铵脱水生成尿素，称为甲铵脱水反应：

$$NH_4COONH_2(l) = CO(NH_2)_2(l)+H_2O(l) \qquad \Delta H=15.5kJ/mol \qquad (5\text{-}3)$$

而此步反应是一个可逆的微吸热反应，平衡转化率不是很高，一般为50%～70%。此步反应的速度也较缓慢，是尿素合成中的控制反应。

在工业装置中实现式(5-2) 和式(5-3) 这两个反应有两种方法：一种是在一个合成塔中，相继地进行甲铵生成及甲铵脱水这两个反应，如水溶液全循环法；另一种是将甲铵生成与甲铵脱水这两个反应分别在高压甲铵冷凝器及尿素合成塔这两个不同的设备中进行，如 CO_2 气提法等。采用后一个方案就有可能在高压甲铵冷凝器回收甲铵生成时放出的大量反应热，从而大大降低蒸汽消耗量。

1. 尿素合成反应的化学平衡

在尿素合成反应中，由于转化率不高，为了减少反应后的 NH_3 和 CO_2 处理量，一般是使物料于尿素合成塔中停留较长时间，以使反应接近于平衡状态。反应之后的最终产物分为气液两相。气相中含有 NH_3、CO_2 和 H_2O 以及不参与合成反应的 H_2、N_2、O_2、CO 等惰性气体；液相主要由甲铵、尿素、水以及游离氨和二氧化碳等所构成的均匀熔融液。

(1) 平衡转化率　在工业生产中，通常是以尿素的转化率作为衡量尿素合成反应进程的一种量度。由于实际生产中都是采用过量的氨与二氧化碳反应，因此通常是以二氧化碳为基准来定义尿素的转化率，即

$$尿素转化率=\frac{转化为尿素的\ CO_2\ 物质的量}{原料中\ CO_2\ 物质的量}\times100\%$$

尿素的平衡转化率是指在一定条件下，合成反应达到化学平衡时的转化率。因尿素合成反应体系为多组分多相复杂的混合体系，且偏离理想溶液很大，故其平衡转化率很难用平衡方程式和平衡常数准确计算。通常采用简化法或经验公式来计算，有时采用实测值。常用的几种求取方法，如弗里扎克法、马罗维克法、大冢英二经验公式及我国上海化工研究院半经验公式等，其计算方法可参考相关文献。

(2) 最高平衡转化率　弗里扎克在间歇操作恒容反应器中测定了不同温度下的平衡转化率，计算出了平衡常数 K；马罗维克根据大型尿素合成塔连续操作测得的数据，对平衡常数 K 作了修正，见表5-3。

表 5-3　不同温度下平衡常数 K 的数值

温度/℃	K		温度/℃	K	
	弗里扎克数据	马罗维克数据		弗里扎克数据	马罗维克数据
150	0.80	0.84	180	1.23	1.80
155	—	0.93	185	—	2.05
160	0.92	1.07	190	1.45	2.38
165	—	1.20	195	—	2.73
170	1.07	1.37	200	1.70	3.10
175	—	1.56			

从弗里扎克和马罗维克的平衡常数与温度的关系数据可以看出，平衡常数随着温度的升高而不断增大。早期的研究也认为，只要操作压力足够高（高于甲铵的分解压力），则反应温度越高，平衡转化率越大。并由此认定，合成尿素的反应温度越高越好。但以后的研究证明：当温度升高到某一数值时，平衡转化率出现最大值，以后若继续升高温度，其平衡转化率反而下降。出现这种最高平衡转化率的现象是与压力无关的，即使保持足够高的压力，使反应物系成为单一的液相时，其情况也是如此，图 5-2 中的曲线便呈现出这一特性。当氨碳比（初始反应物中 NH_3/CO_2 摩尔比）a 和水碳比（初始反应物中 H_2O/CO_2 摩尔比）b 一定时，在某一特定温度下存在着一个最高平衡转化率。当 a 增大时，对应于最高平衡转化率的温度趋向于降低，当 b 增大时也使最高平衡转化率出现于温度较低处。

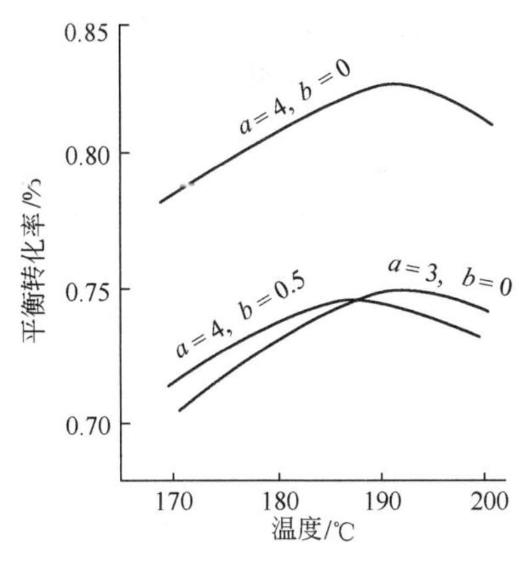

图 5-2　尿素平衡转化率随温度的变化规律

表 5-4 是据大冢英二经验公式求解后得出的在不同氨碳比 a 及水碳比 b 条件下的最高平衡转化率与其所对应的温度。与图 5-2 呈现的趋势一致。

表 5-4　不同条件下的最高平衡转化率

条件		平衡转化率为最高时的温度/℃	最高平衡转化率/%
液相中氨碳比 a	液相中水碳比 b		
3	0	193	74.6
3	0.2	192	70.9
3	0.5	190	65.6
4	0	191.5	82.2
4	0.5	188	74.4
4	1.0	185	66.5
5	0	190	84.3
5	0.5	186.5	79.3
5	1.0	183	73.1

存在最高平衡转化率的原因可从尿素合成反应的甲铵生成和甲铵脱水两个阶段的放热与吸热得到解释。当温度升高时，一方面是因液相中甲铵脱水转化为尿素的数量增加；另一方面是因液相中的甲铵越来越多地分解为游离氨和二氧化碳，即向甲铵生成反应的逆反应方向移动，致使液相中甲铵不断减少。这两个趋向相反的过程就导致在某一温度下出现了最高平

衡转化率。

最高平衡转化率对于工业生产上实现最佳化操作具有指导意义，但确定最佳操作温度时，不仅要考虑化学平衡，还要考虑反应速率及其他问题。

2. 尿素合成的反应速率

从生成尿素的反应机理可知，甲铵脱水是反应的控制阶段。但甲铵脱水反应在气相中不能进行，在固相中反应速率较慢，而在液相中反应速率较快。故甲铵脱水生成尿素的反应必须在液相中进行。甲铵脱水反应速率与温度的关系如图 5-3 所示。由图可看出，反应开始时，在较低温度下，虽然转化率较低，但甲铵熔点较高，因而反应速率缓慢。随着尿素和水的生成，反应速率逐渐加快，其原因是当尿素和水生成时，降低了甲铵的熔点起到自催化的作用。当温度较高时，一开始反应速率就明显加快，因为这时转化率较低，而反应速率较快，但随着转化率的增加，生成水量也在不断增加，反应物浓度逐渐减少，生成物的浓度逐渐增加，逆反应速率越来越大，最后在一定条件下反应达到平衡。

从图 5-3 中还可看出，甲铵脱水生成尿素的速率随着反应温度的增高而增加很快，如在 140℃时，265min 内转化率达到 40%；当温度提高到 200℃时，达到相同的转化率只需 2min，速度增加 130 倍。若保持相同的反应时间，转化温度愈高，转化率也愈高。但在高温下反应时间过长，转化率达到极大值后，迅速下降，这是因为尿素在长时间高温下缩合或水解的缘故。

甲铵脱水反应速率还与氨的过剩量有关。如图 5-4 所示。比较图 5-3 和图 5-4 可以看出，两图的变化规律基本相同，所不同的是，在有过剩氨存在的情况下，即使加热甲铵温度高于 200℃时，转化率也不会随脱水时间的增加而降低。

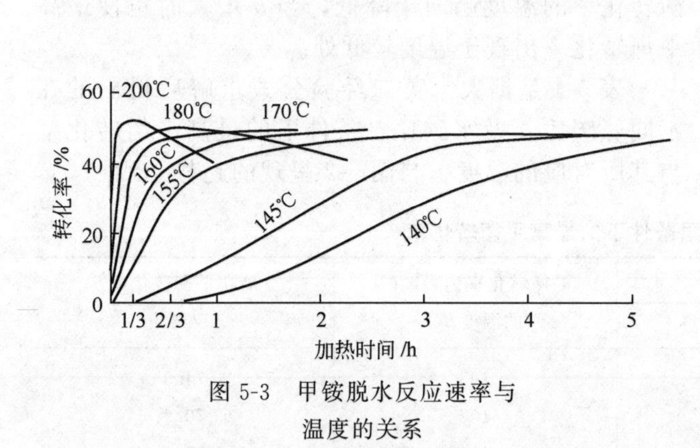

图 5-3　甲铵脱水反应速率与温度的关系

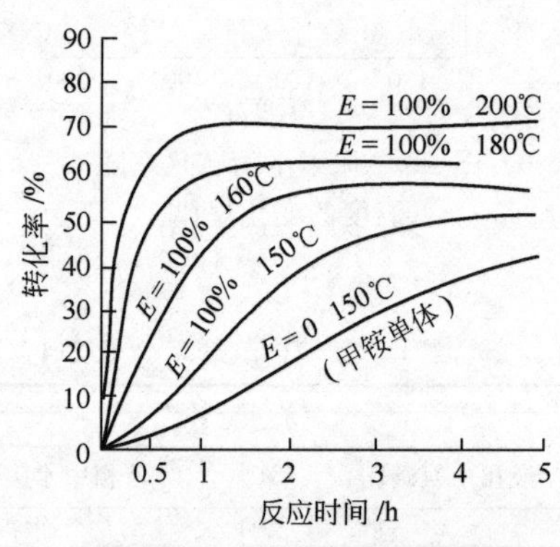

图 5-4　甲铵脱水反应速率与氨的过剩量的关系（E 为氨的过剩量）

图中曲线还说明，在较高温度下，物料在合成塔中的反应，接近平衡状态时所需时间为 40～50min，如果反应时间少于 40min，转化率太低，但过多地增加反应时间也是不利的，故正常生产时物料在塔内的停留时间为 1h 左右。

二、尿素合成的工艺条件

尿素合成工艺条件的选择，不仅要满足液相反应和自热平衡，而且要求在较短的反应时间内达到较高的转化率。根据前述尿素合成的基本原理可知，影响尿素合成的主要因素有温度、原料的配比（氨碳比、水碳比）、操作压力、反应时间等。

1. 温度

尿素合成的控制反应是甲铵脱水，它是一个微吸热反应，故提高温度、甲铵脱水速率加快。温度每升高10℃，反应速率约增加一倍，因此，从反应速率角度考虑，高温是有利的。

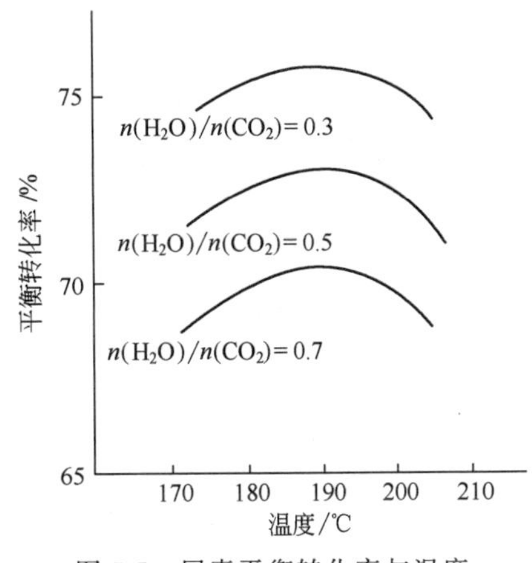

图 5-5 尿素平衡转化率与温度的关系 [$n(NH_3)/n(CO_2)=4$]

由实验或热力学计算表明，平衡转化率开始时随温度升高而增大。若继续升温平衡转化率逐渐下降，所以出现一个最大值（峰值），见图 5-5。由图可知，最高平衡转化率所对应的温度为190～200℃。

由此可以看出，在一定的温度范围内，提高温度，不但可以加快甲铵的脱水速度且有利于提高平衡转化率。

但温度过高会带来不良影响。比如，平衡转化率反而下降，这是因为甲铵在液相中分解成氨和二氧化碳所造成；尿素水解缩合等副反应加剧，其中的缩合反应还会使产品质量下降；合成系统平衡压力增加而使压力相应提高，压缩功耗增大；合成溶液对设备的腐蚀加剧，因而对材料的性能要求提高。

综合以上进行考虑，目前应选择略高于最高平衡转化率时的温度，故尿素合成塔上部为185～200℃；在合成塔下部，气液两相间的平衡对反应温度起着决定性作用，操作温度只能等于或略低于操作压力下物系平衡的温度。

2. 氨碳比

氨碳比是指原始反应物料中 NH_3/CO_2 的摩尔比，常用符号 a 表示。“氨过量率”是指原料中氨量超过化学反应式的理论量的摩尔分数。两者是有联系的，如当原料 $a=2$ 时氨过量率为0%，而 $a=4$ 时，则氨过量率为100%。

经研究表明，NH_3 过量能提高尿素的转化率，因为过剩的 NH_3 促使 CO_2 转化，同时能与脱出的 H_2O 结合成 NH_4OH，使 H_2O 排除于反应之外，这就等于移去部分产物，也促使平衡向生成尿素方向移动。再者，过剩氨还会抑制甲铵的水解和尿素的缩合等有害副反应，也有利于提高转化率。所以，过量氨增多，平衡转化率增大（图 5-6），故工业上都采用氨过量操作，即氨碳比必须大于2。

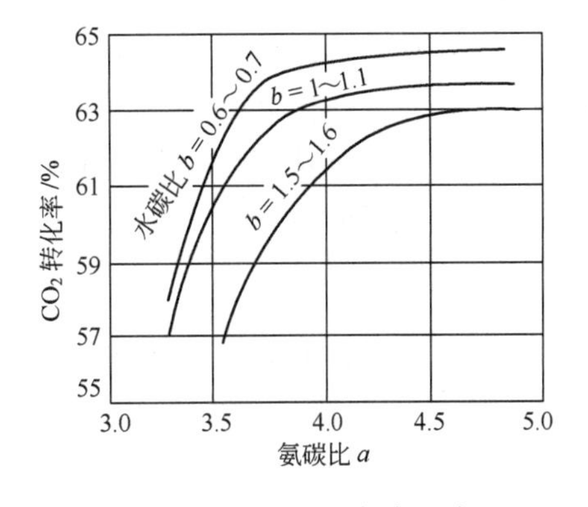

图 5-6 不同氨碳比和水碳比时 CO_2 转化率实测数据

采用过量氨除提高尿素转化率外，还能加快甲铵的脱水速率。因为过量氨脱去了生成尿素时产生的游离水，生成化合态氢氧化铵，降低了水的活度，从而降低了甲铵脱水反应的逆反应速率。

另外，氨过量还有利于合成塔内的自热平衡，使尿素合成能在适宜的温度下进行。氨过量还可减轻溶液对设备的腐蚀，抑制缩合反应的进行，对提高尿素的产量和质量均为有利。

氨碳比对反应物系气液两相的平衡也产生影响。图 5-7 中 ab 连线即为不同温度下的最低平衡压力值的连线。如果选择该范围的 NH_3/CO_2 摩尔比，则采用较低的操作压力就可以达到较高的反应温度，并使 NH_3 和 CO_2 充分地转移到液相中去。最佳氨碳比为2.8～4.2。

由以上分析可以看出：提高氨碳比不仅对提高平衡转化率、加快甲铵脱水有利，且在许多方面利于尿素的生产。但氨碳比也不能过高。过高的氨碳比势必导致氨转化率降低，大量氨在过程中循环，增加回收过程设备的负荷，使能耗增大。$a \geq 4.5$ 时，继续增大 a 对尿素转化率的作用已不显著，过高的氨碳比还会使合成物系的平衡压力提高，而使操作压力增大，压缩原料功耗增加，对设备材料要求相应提高。

工业生产上，通过综合考虑，一般水溶液全循环法氨碳比选择在 4 左右，若利用合成塔副产蒸汽，则氨碳比取 3.5 以下。CO_2 气提法尿素生产流程中因设有高压甲铵冷凝器移走热量和副产蒸汽，不存在超温问题，而从相平衡及合成系统压力考虑，其氨碳比选择在 2.8～2.9。

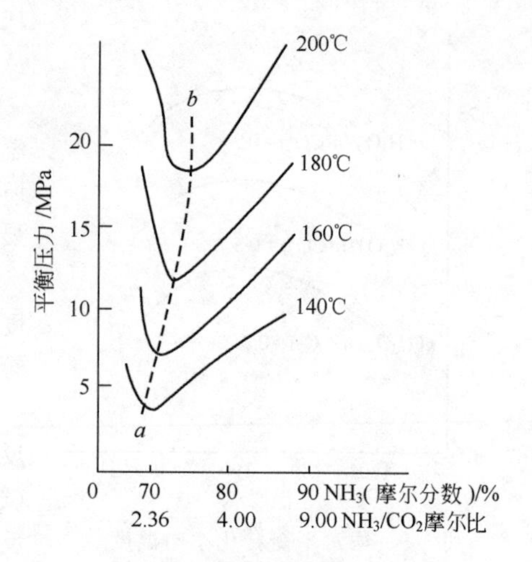

图 5-7 不同温度下 NH_3 与 CO_2 混合物的平衡压力

3. 水碳比

水碳比是指合成塔进料中 H_2O/CO_2 摩尔比，常用符号 b 来表示。水的来源有两方面：一是尿素合成反应的产物；二是现有各种水溶液全循环法中，一定量的水会随同未反应的 NH_3 和 CO_2 返回合成塔中。从平衡移动的原理可知，水量增加，不利于尿素的形成，它将导致尿素平衡转化率下降。事实上，在工业生产中，如果返回水量过多还会影响到合成系统的水平衡，从而引起合成、循环系统操作条件的恶性循环。当然，水的存在，对于提高反应物系液相的沸点是有好处的，特别是在反应开始时能加快反应速率，但从总体上，通过提高水碳比来加快反应速率是利少弊多。在工业生产中，总是力求控制水碳比降低到最低限度，以提高转化率。

水溶液全循环法中，水碳比一般控制在 0.6～0.7；CO_2 气提法中，气提分解气在高压下冷凝，返回合成塔系统的水量较少，因此水碳比一般为 0.3～0.4。

4. 操作压力

尿素合成总反应是一个体积减小的反应，因而提高压力对尿素合成有利，尿素转化率随压力增加而增大。

但合成压力也不能过高，因压力与尿素转化率的关系并非直线关系，在足够的压力下，压力升高，尿素转化率逐步趋于一个定值，而压缩原料的动力消耗增大，生产成本提高，同时，高压下甲铵对设备的腐蚀也加剧。

由于在一定温度和物料比的情况下，合成物系有一个平衡压力，因此，工业生产的操作压力一定要高于物系的平衡压力，以保证物系基本以液相状态存在，这样，才有利于甲铵的脱水反应，有利于气相 NH_3 和 CO_2 转移至液相。

一般情况下，生产的操作压力要高于合成塔顶物料组成和该温度下的平衡压力 1～3MPa。对于水溶液全循环法，当温度为 190℃和 NH_3/CO_2 等于 4.0 时，相应的平衡压力为 18MPa 左右，故其操作压力一般为 20MPa 左右。对于 CO_2 气提法，为降低动力消耗，采用了一定温度最低平衡压力下的氨碳比，参见图 5-7。从图 5-7 可以看出，在 183℃左右，最低平衡压力为 12.5MPa，与之对应的 NH_3/CO_2 为 2.85，故 CO_2 气提法操作压力一般为 14MPa 左右。

5. 反应时间

在一定条件下，甲铵生成反应速率极快，而且反应比较完全，但甲铵脱水反应速率很慢，而且反应很不完全，所以尿素合成反应时间主要是指甲铵脱水生成尿素的反应时间，从甲铵脱水生成尿素的速率曲线图 5-3 和图 5-4 看出，脱水速率随温度升高和氨碳比加大而加快，开始反应速率较快，随转化率的增加而减慢，为了使甲铵脱水反应进行得比较完全，就必须使物料在合成塔内有足够的停留时间。但是，反应时间过长，设备容积要相应增大，或生产能力下降，这是很不经济的。同时，在高温下，反应时间太长，甲铵的不稳定性增加，尿素缩合反应加剧，且甲铵对设备的腐蚀也加剧，操作控制比较困难。同时，反应时间过长，转化率增加很少，甚至不变，见图 5-8。由图 5-8 可以看出，尿素反应时间在 40min 之内，停留时间对转化率有明显的影响，反应时间太短，转化率明显下降。但物料停留时间超过 1h，转化率几乎不再变化。

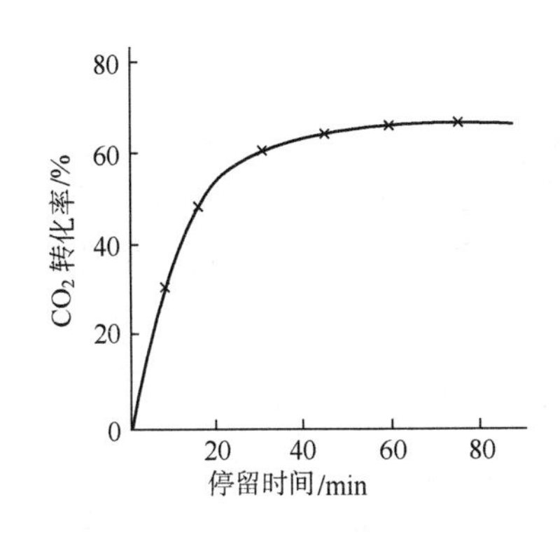

图 5-8　物料在合成塔内停留时间与转化率的关系

压力 22MPa，温度 188℃，$a=4.04$，$b=0.66$

工业上主要考虑，在适宜的温度、压力和物料比等条件下，保证合成塔出口转化率接近平衡转化率。同时考虑有较小的反应设备容积，较大的生产能力等因素来确定反应时间。

对于反应温度为 180～190℃的装置，一般反应时间为 40～60min，其转化率可达平衡转化率的 90%～95%。对于反应温度为 200℃或更高一些的装置，反应时间一般为 30min 左右，其转化率也基本接近平衡转化率。

三、工艺流程

对于不同的生产方法，尿素合成的工艺流程并不相同。水溶液全循环法尿素合成的工艺流程如图 5-9 所示。

由合成氨厂来的液氨（含 NH_3 为 99.8%）经液氨升压泵 1 将压力提高至 2.5MPa，通过液氨过滤器 2 除去杂质，送入液氨缓冲槽 3 中的原料室。一段循环系统来的液氨送入液氨缓冲槽的回流室，其中一部分液氨用作一段循环的回流氨，多余的循环液氨流过溢流隔板进入原料室，与新鲜液氨混合，混合后压力约 1.7MPa 进入高压氨泵 4，将液氨加压至 20MPa，为了维持合成反应温度，高压液氨先经液氨预热器 5，将液氨加热到 45～55℃，然后进入第一反应器 8（也称预反应器）。

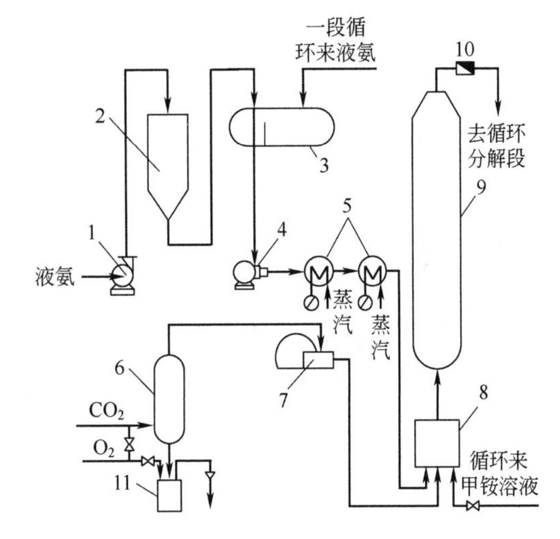

图 5-9　水溶液全循环法尿素合成的工艺流程简图

1—液氨升压泵；2—液氨过滤器；3—液氨缓冲槽；4—高压氨泵；5—液氨预热器；6—气液分离器；7—二氧化碳压缩机；8—第一反应器（预反应器）；9—第二反应器（合成塔）；10—自动减压阀；11—水封

经净化、提纯后的二氧化碳原料气（含 CO_2 98%以上），于进气总管内先与氧混合。加入氧气是为了防止腐蚀合成系统的设备，加入量约为二氧化碳进气总量的 0.5%（体积分数）。混有氧的二氧化碳进入一个带有水封的气液分离器 6，将气体中的水滴除去，然后进入二氧化碳压缩机 7，将气体加压至 20MPa，此时温度为 125℃，再进入第一反应器 8 与液氨和一段循环来的甲铵溶液进行反应，约有 90%的二氧化碳生成甲铵，反应放出的热量使溶液温度升到 170～175℃，进入合成塔 9，使未反应完的二氧化碳在塔内继续反应生成甲铵，同时甲铵脱水生成尿素，物料在塔内停留 1h 左右，二氧化碳转化率达 62%～64%。含有尿素、过量氨、未转化的甲铵、水及少量游离二氧化碳的尿素溶液从塔顶出来，温度为 190℃左右，经自动减压阀 10 降压至

1.7MPa，再进入循环工序。

四、尿素合成塔

合成塔是合成尿素生产中的关键设备之一，由于合成尿素是在高温、高压下进行的，而且溶液又具有强烈的腐蚀性，所以，尿素合成塔应符合高压容器的要求，并应具有良好的耐腐蚀性能。

目前我国采用的合成塔多为衬里式尿素合成塔，主要由高压外筒和不锈钢衬里两大部分构成，不锈钢衬里直接衬在塔壁上，它的作用是防止塔筒体腐蚀。水溶液全循环法不锈钢衬里尿素合成塔的结构如图 5-10 所示。这种合成塔在高压筒内壁上衬有耐腐蚀的 AISI316L 不锈钢或者高铬锰不锈钢，其厚度一般在 5mm 以上。在塔内离塔底 2m 和 4m 处设有两块多孔筛板，其作用是促使反应物料充分混合和减少熔融物的返混。一般在该塔之前要设置一个预反应器，使氨、二氧化碳和甲铵溶液在预反应器混合反应后，再进入合成塔以进行甲铵脱水生成尿素的反应。

图 5-11 是二氧化碳气提法尿素合成塔结构简图。塔内装有约 10 块多孔筛板，塔板的作用在于防止物料返混，两块筛板之间的物料混合很剧烈，因此每段内物料的浓度和温度几乎相等，因而提高了转化率并增加了生产强度。

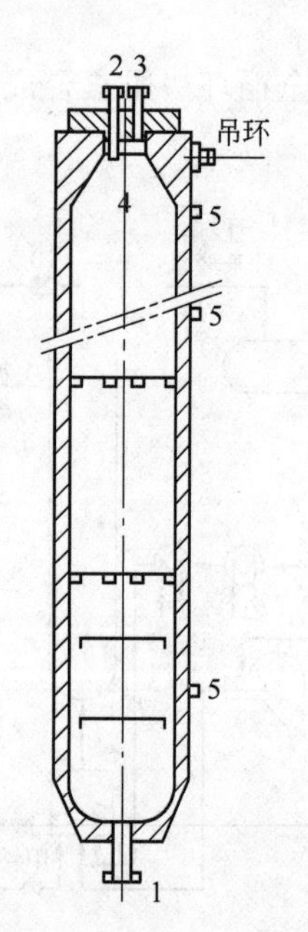

图 5-10　衬里式尿素合成塔

1—进口；2—出口；3—温度计孔；4—人孔；5—塔壁温度计孔

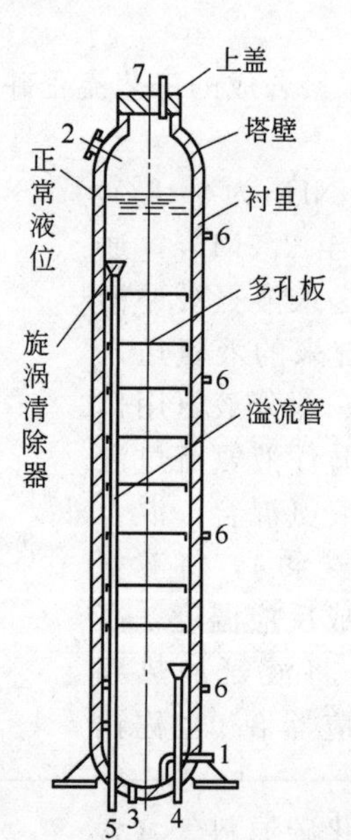

图 5-11　CO_2 气提法尿素合成塔

1—气体进口；2—气体出口；3—液体进口；4—送高压喷射泵的甲铵液出口；5—气提塔的料液出口；6—塔壁温度指示孔；7—液位传送器孔

资料扫一扫

中国氮肥工业的发展

五、尿素合成塔的操作控制分析——化工生产操作之四

化工生产是一个复杂的工艺过程，在各个工序之间，有着密切的影响和联系。化工生产中的每一个步骤，它的工艺条件既可调节，但又互相影响，并不是都可以任意选定。

对于工程技术人员来讲，在制定工艺条件和调节手段时，不但要考虑单个工艺条件对生产的影响，还要综合考虑相互之间的影响，这样制订的工艺条件和调节手段才能保证生产的产品质量好，产量高，消耗低和稳定、安全地持续生产。

尿素合成塔的操作控制是尿素生产的核心。合成塔操作的好坏，将直接影响到全系统的负荷分配和消耗定额。因此，此处以尿素合成塔岗位的操作控制为例分析生产岗位控制参数及调节手段的选定。

由于生产中需要考虑的工艺参数很多，有时各个参数对生产的影响又是相互矛盾的，这就要求抓住主要矛盾，以高产、低耗、稳定安全为目标。

众所周知，尿素合成塔的中心任务就是合成出尿素，因此，尿素转化率的高低是判断合成塔操作好坏的最重要指标之一，并且当转化率发生波动，循环系统必然跟着波动。循环系统波动又会影响到转化率的波动，它们之间相互影响、关系密切。如果控制不好，有可能造成整个生产的恶性循环，所以，合成塔操作中，应首先将尿素转化率控制好。

前面已经介绍，影响转化率的主要因素有：温度、压力、NH_3/CO_2、H_2O/CO_2 及惰性气含量。由于惰性气含量与 CO_2 纯度有关，一般不作为调节手段，进塔 H_2O/CO_2 受中压吸收条件的限制，基本也是固定的。

对于温度、压力和 NH_3/CO_2 这三个参数，合成塔的温度和压力受到设备条件的限制，不允许作较大幅度的改变，同时，它们对转化率的影响也至关重要，因此在生产中把它们规定为控制的目标，以保证足够高的转化率，由于篇幅所限，此处仅以温度调节为例来分析一下影响温度变化的因素，以及调节的原则。

在生产中，合成塔顶和合成塔底都设有温度点，但是合成塔的温度调节主要是控制合成塔顶温度，对一般水溶液全循环法流程而言，要求合成塔顶温度控制在 188～190℃，并尽量保持稳定。合成塔底的温度，一般为 170～175℃，主要由进料条件所决定，也密切影响塔顶的温度。

现在首先来讨论合成塔底、塔顶温度是由哪些因素决定的。

在合成塔底部，进入的物料是气体二氧化碳、液体氨和甲铵溶液，进塔以后，氨和二氧化碳立即反应生成甲铵，放出大量的热，所以塔底温度是由气相的冷凝、溶解和生成甲铵的量来决定的（如果其他条件不变）。由于加入的物料量及比例影响到甲铵生成量及生成速率，而且，加入的物料温度直接影响塔内温度，因此，塔内温度取决于加入物料的状态和比例。塔底生成甲铵量的变化也势必会使塔中部、塔顶部的温度受到影响。

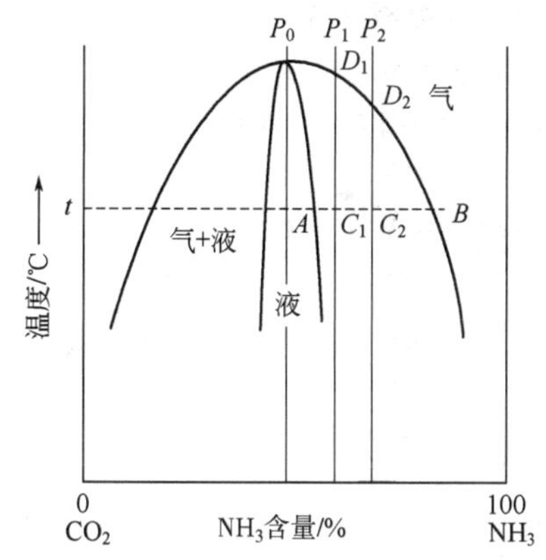

图 5-12　在一定压力下，不同 NH_3/CO_2 混合物的沸点及冷凝图

P_1 组分：沸点为 D_1，在 t℃时液体/气体 $=C_1B/C_1A$

P_2 组分：沸点为 D_2，在 t℃时液体/气体 $=C_2B/C_2A$

P_0 为共沸点

（1）NH_3/CO_2 的影响　图 5-12 是 NH_3/CO_2 二元体系在一定压力下，不同 NH_3/CO_2 混合物的沸点及冷凝图。现在用图 5-12 来说明塔底温度变化情况，以及对塔顶温度的影响。因进入合成塔的 NH_3/CO_2 一般在 4 左右，大于共沸点组分，所以仅讨论富氨侧（图中右侧）的气液平衡关系。

对于氨过量的体系，加入物料的 NH_3/CO_2 增高，则平衡物料的沸点温度将降低，由图 5-12 可以看出，$D_2<D_1$，即塔底的温度要降低。且在同一温度压力条件下，由于 $C_2B<C_1B$，据杠杆规则得知，此时生成的甲铵液相量将减少。

此时塔顶温度的变化又是怎样呢?

由于进塔氨量增加，则过量氨从合成塔内移走的热量也将增加，所以尽管生成甲铵的反应热上移，但是最终的出塔反应液温度还是下降，即合成塔顶的温度也要下降。

（2）加水量的影响　在 NH_3/CO_2 相同时，随着合成塔底加水量的增加，甲铵的冷凝温度将升高，即合成塔底部的温度要上升。气相 NH_3 和 CO_2 冷凝量即生成甲铵的液相量也将增多，上升到塔中部和上部的气相 NH_3 和 CO_2 将有所减少，所以合成塔顶部的温度由于生成甲铵的热量减少而降低。

(3) 氨预热温度的影响　进塔物料温度对塔底、塔顶温度的影响一般指进塔的氨预热温度对塔底、塔顶温度的影响，因为甲铵液温度和二氧化碳温度是由工艺条件决定的，基本上没有多大变化。

当系统负荷及进料组分不变，提高氨预热温度，从热平衡的角度看，输入热量增加，合成塔内温度上升。实际观察到的现象是：合成塔底、塔顶温度均上升，塔底温度没有塔顶温度上升那么明显，那是因为，生成甲铵的反应式(5-2) 的平衡常数随温度上升而下降，即塔底甲铵生成量减少。所以随氨预热温度上升，塔底温度升高，塔底甲铵生成较少，而使生成甲铵的反应上移，增加了中、上部放出的反应热，所以塔底温度上升没有塔顶温度上升明显。

综合上述，合成塔顶、塔底温度的变化，基本上是由进塔的 NH_3/CO_2、H_2O/CO_2 和氨预热温度决定的。因此在生产上一般均以这三个参数来调节合成塔温度，但生产中温度的调节一般还是以 NH_3/CO_2 和氨预热温度调节为主。

最常见的塔底、塔顶温度异常情况及其产生的主要原因一般有下述几种（此处仅是帮助判断，在操作时要综合各项指标，全面考虑）：

塔底温度偏高，塔顶温度偏低——H_2O/CO_2 偏高；

塔底温度偏低，塔顶温度偏高——H_2O/CO_2 偏低；

塔底温度偏高，塔顶温度也偏高——NH_3/CO_2 偏低；

塔底温度偏低，塔顶温度也偏低——NH_3/CO_2 偏高；

塔底温度变化不大，塔顶温度偏高或偏低——塔内热平衡需调整，一般而言，氨预热温度偏高或偏低。

上述从尿素合成塔的任务及提高转化率的重要性出发，考虑操作应保证足够高的转化率，然后根据生产原理和实际，把温度和压力确定为主要控制指标，以温度控制为例，分析了影响温度的因素，再决定调节温度的手段，即，一般用 NH_3/CO_2 和氨预热温度调节尿素合成塔的温度。

需要注意的是虽然生产上把温度和压力确定为主要控制指标，但这绝不是说 NH_3/CO_2 的控制就不重要，它在生产中既影响转化率，又能维持合成塔的自热平衡，并不能无限制地调节。一般而言，只要合成塔的温度、压力和 H_2O/CO_2 符合规定，NH_3/CO_2 也必然在规定范围内。

第三节　未反应物的分离与回收

从尿素合成塔排出的物料，除含有尿素和水外，尚有未转化为尿素的甲铵、过量氨和二氧化碳及少量的惰性气体。

不同的生产方法及合成条件，其合成塔出口溶液的组成见表 5-5。

表 5-5　合成塔出口溶液的组成

生产方法	合成塔出口液组成(质量分数)/%				
	尿素	氨	二氧化碳	水	其他
水溶液全循环法	31.0	38.0	13.0	18.0	少量
全循环二氧化碳气提法	34.5	29.2	19.0	17.2	0.1
全循环改良 C 法	36.1	36.9	10.5	16.4	0.1

为了使未转化的甲铵、氨和二氧化碳重新返回合成系统，首先应将它们与反应产物尿素

和水分离，然后再加以回收，循环使用。

对分离与回收的总要求是：使未转化物料完全回收并尽量减少水分的含量；尽可能避免有害的副反应发生。

工业上采用的分离与回收方法主要有两种，即减压加热法和二氧化碳气提法。

一、减压加热法

1. 分离与回收的基本原理

（1）分离原理　在一定的条件下，甲铵可以分解为氨和二氧化碳，其反应式为：

$$NH_4COONH_2 \rightleftharpoons 2NH_3 + CO_2 \qquad \Delta H > 0 \tag{5-4}$$

分解反应为可逆吸热、体积增大的反应，降低压力或提高温度对甲铵的分解是有利的。溶液中游离氨和二氧化碳的溶解度也随温度升高、压力降低而减小，故减压加热，对氨和二氧化碳的解吸也是有利的。

从理论上讲，合成塔出口的溶液，减压后压力越低、加热温度越高，甲铵分解和游离氨及 CO_2 的解吸越彻底，但是由于副反应和腐蚀等因素的影响，过高的分解温度是不可行的。为了使甲铵分解、氨及二氧化碳的解吸更彻底，最终必须使分解过程在比较低的压力下进行。然而，如果合成反应液的分解过程始终在最低的压力下进行，在技术经济上是不利的。因为在回收工序回收低压力的 NH_3 和 CO_2 混合气体再送回合成工序，必然耗费很多升压的机械能，还要添加大量的水才能将分解出来的 NH_3 和 CO_2 回收下来，而这将导致合成工序水碳比过大、转化率下降。此外，在低压下回收 NH_3 与 CO_2 时，由于其温度低，放出的热量也不好利用。工业生产上为了解决这些矛盾，并保证未转化物全部分解和回收，一般均采用多段减压加热分解、多段冷凝吸收的办法。例如，水溶液全循环法一般采用中、低压两段分解和二段吸收的方法。

采用两段减压加热分离时，第一步将尿素熔融液减压到 1.7MPa 左右，并加热到约 160℃，使之第一次分解，称为中压分解。第二步再减压到 0.3MPa 并加热到约 147℃，使之第二次分解，称为低压分解。

在水溶液全循环法中，经过两次降压分解后，甲铵的分解率已达 97%以上，过量氨的蒸出率可达 98%以上。残余部分再进入蒸发系统减压蒸发，使残余的氨和二氧化碳全部解吸。

生产上通常用甲铵分解率和总氨蒸出率来衡量中压分解或低压分解的程度。已分解成气体的二氧化碳量与合成熔融液中未转化成尿素的二氧化碳量之比称为甲铵分解率。即

$$\eta_{甲铵} = \frac{n_1(CO_2) - n_2(CO_2)}{n_1(CO_2)} \times 100 \tag{5-5}$$

式中　$\eta_{甲铵}$——甲铵分解率，%；

$n_1(CO_2)$——进分解塔尿素熔融液中 CO_2 的量，mol；

$n_2(CO_2)$——出分解塔尿素熔融液中 CO_2 的量，mol。

从液相中蒸出氨的量与合成反应熔融液中未转化成尿素的氨量之比称为总氨蒸出率，即

$$\eta_{总氨} = \frac{n_1(NH_3) - n_2(NH_3)}{n_1(NH_3)} \times 100 \tag{5-6}$$

式中　$n_1(NH_3)$——进分解塔尿素熔融液中 NH_3 的量，mol；

$n_2(NH_3)$——出分解塔尿素熔融液中 NH_3 的量，mol；

$\eta_{总氨}$——总氨蒸出率，%。

（2）回收原理　从尿素熔融液中由甲铵分解出来的氨和二氧化碳，必须通过吸收设备将 NH_3 和 CO_2 冷凝吸收，然后将回收的浓甲铵液和液氨分别用泵送回合成塔中继续使用。把

氨和二氧化碳回收为稀甲铵液和浓甲铵液的过程，是一个伴有化学反应的吸收过程，反应式为：

$$NH_3+H_2O \longrightarrow NH_3 \cdot H_2O \qquad \Delta H<0 \tag{5-7}$$

$$2NH_3+CO_2 \longrightarrow NH_2COONH_4 \qquad \Delta H<0 \tag{5-8}$$

反应为体积缩小的可逆放热反应，提高压力和降低温度对反应有利。

吸收是分解的逆过程，由于分解过程是多段的顺流操作，所以吸收过程采用多段的逆流操作。先在低压吸收塔中用含氨、二氧化碳较少的稀氨水与含氨、二氧化碳较少的气体接触吸收成稀甲铵液，然后在中压吸收塔中再用稀甲铵液去吸收含氨、二氧化碳浓度较高的气体，制得浓甲铵液返回合成塔。逆流操作的优点是返回合成系统水量少，吸收率高，吸收设备的生产能力较大。

2. 分离与回收的工艺条件

(1) 温度的选择

① 分解温度的选择　升高温度，对甲铵的分解和过量氨及二氧化碳的解吸都是有利的。温度对甲铵分解率和总氨蒸出率的影响如图 5-13 所示。由图 5-13 可以看出，在压力一定时，甲铵分解率和总氨蒸出率均随温度升高而增大。

但由图 5-13 也可以看到，当温度为 160℃左右时，甲铵分解率与总氨蒸出率几乎相等，反应接近平衡。当温度高于 160℃以上甲铵分解率和总氨蒸出率在该压力下提高非常缓慢。

此外，温度升高，尿素的水解及缩合等副反应加快，同时，气相中的水分含量增多，而气相含水量的增加，势必使回收液中的水量增多，从而使循环进入合成塔的甲铵液浓度降低，对系统的水平衡不利，而且会使尿素转化率降低。分解温度高，分解出来的气体温度就高，这对于气体的回收是不利的。况且，分解温度过高，甲铵对设备的腐蚀加剧，加热蒸汽和回收时用的冷却水耗量均要增加。

综上所述，分解温度不能太高，在水溶液全循环法合成尿素生产中，中压分解温度一般控制在 160℃左右。

低压分解温度对甲铵分解率和总氨蒸出率的影响如图 5-14 所示。由图 5-14 可见，随温度的升高，甲铵分解率和总氨蒸出率也相应增加，即提高温度有利于低压分解。经中压分解后，尿素熔融液中的尿素和水分含量已大大增加，氨含量也相应减少，如果低压分解温度太高，则必然使尿素的缩合反应和水解反应加剧，因而低压分解温度不能选择太高，一般控制在 147℃左右。

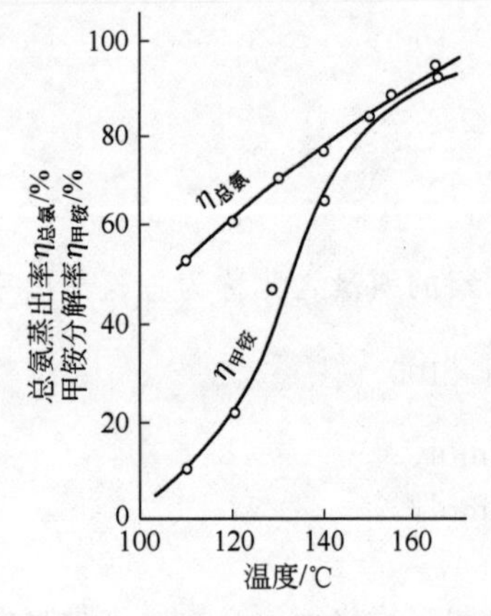

图 5-13　中压分解温度对甲铵分解率和总氨蒸出率的影响（压力 1.7MPa）

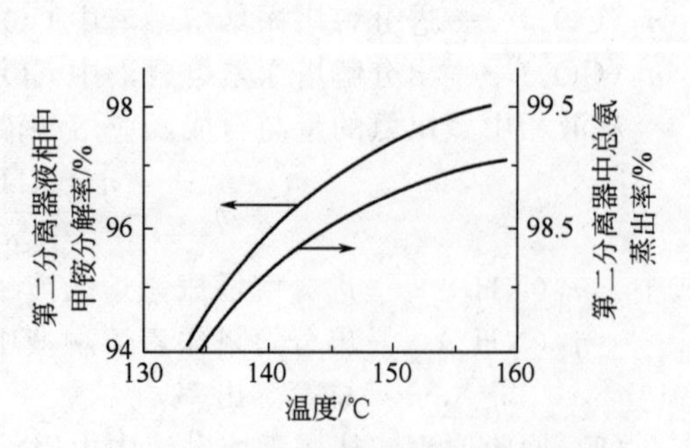

图 5-14　低压分解温度对甲铵分解率和总氨蒸出率的影响（压力 0.3MPa）

② 吸收温度的选择　降低温度对吸收过程是有利的，但温度不能太低，如果操作温度低于溶液熔点，便会有甲铵结晶析出，影响回收过程的顺利进行；在回收过程中既要吸收完全，又要防止甲铵结晶。因此，吸收操作温度必须严格控制，使吸收塔内每个截面上的温度均应在溶液凝固点温度以上，即保持塔内溶液为甲铵的不饱和溶液，以防止甲铵结晶，堵塞管道，造成事故。

在实际生产过程中，中压吸收塔底部温度一般控制在 90～95℃，高负荷时温度控制在下限。

低压吸收过程由于溶液中甲铵浓度较低，即使在较低的温度下，结晶的可能性也很小，故低压吸收时，主要考虑尽可能降低出塔气中 NH_3 和 CO_2 的含量，减少 NH_3 和 CO_2 的损失，一般低压吸收温度选为 40℃左右。

（2）压力的选择　循环系统压力的选择应从中压分解、吸收以及气氨冷凝三方面的条件进行综合考虑。

从甲铵的分解和氨、二氧化碳从溶液中的解吸来看，降低压力是有利的。压力对甲铵分解率、总氨蒸出率和气相含水量的影响如图 5-15 所示。由图 5-15 可以看出，甲铵分解率和总氨蒸出率均随压力的降低而急剧增大，因而降低压力对分解反应和解吸过程都是有利的。

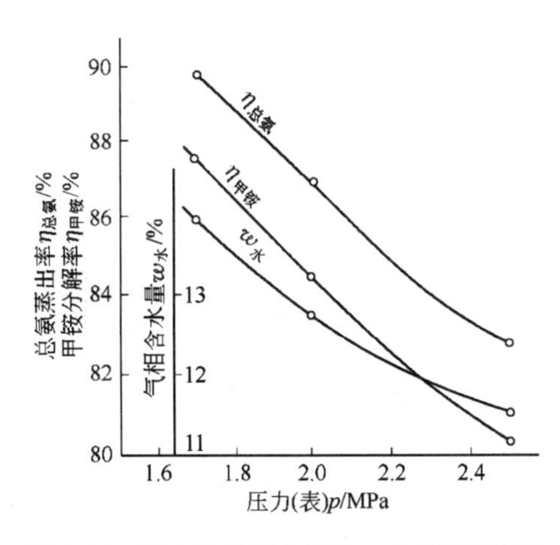

图 5-15　压力对甲铵分解率、总氨蒸出率和气相含水量的影响

然而，在确定中压分解的压力时，必须同时考虑中压吸收的条件。在工业生产中，若中压分解与中压吸收处于同一个压力等级，对简化工艺流程和方便操作是有利的。但是，中压分解与中压吸收在压力选择上又是互相矛盾的。对分解过程来说，压力越低，分解越完全；而对吸收过程来说，压力越高，吸收效果越好。因此，必须权衡利弊，二者兼顾。在水溶液全循环法生产尿素过程中，中压分解出来的气体经过稀甲铵液吸收氨和二氧化碳之后，须在氨冷凝器中将气氨冷凝成液氨，得到的液氨和浓甲铵液返回合成系统循环使用。因此，中压分解的压力就要根据氨冷凝器中冷却水所能达到的冷凝温度来确定。要使气氨冷凝，操作压力至少要大于操作温度下氨冷凝器管内液氨的饱和蒸气压。一般冷却水温度定为 30℃，冷凝器管内外温度差约 10℃，即气氨约在 40℃下冷凝，此时对应的饱和蒸气压为 1.585MPa，故中压分解压力一般选用 1.7MPa。

低压分解出来的气体送往低压吸收工序，用稀氨水吸收成稀甲铵液。因而低压分解压力主要决定于吸收塔中溶液表面上的平衡压力，即操作压力必须大于此平衡压力。而平衡压力又与溶液的浓度和温度有关，通常稀甲铵液面上的平衡压力为 0.25MPa，故低压分解的压力控制在 0.3MPa 左右。

（3）中压吸收液 H_2O/CO_2 的选择　中压吸收液 H_2O/CO_2 的选择，主要应从合成转化率、熔点以及平衡气相中的二氧化碳含量三方面加以考虑。

吸收液中的 H_2O/CO_2 决定了进入合成塔循环液的 H_2O/CO_2。吸收液中的 H_2O/CO_2 增大，则进入合成塔的 H_2O/CO_2 也增大，二氧化碳转化率下降，未反应物回收量增加，循环液量增大，进塔总水量也增大，从而会使转化率下降。因此，降低吸收液的 H_2O/CO_2，对提高转化率有利，但 H_2O/CO_2 不能无限降低，因为 H_2O/CO_2 愈低，吸收液凝固点温度愈高，愈容易析出甲铵结晶，堵塞设备管道。此外，从平衡气相中二氧化碳含量的关系上考虑，吸收液 H_2O/CO_2 也不能无限降低。在一定的压力、温度下，气相二氧化碳浓度随液相中水含量的增加而下降。为了降低气相中二氧化碳浓度，防止甲铵析出结晶，溶液中保持一定 H_2O/CO_2 是必要的。综上所述，一般选择吸收液的 H_2O/CO_2 为 1.8 左右。

3. 分离与回收的工艺流程

水溶液全循环法生产尿素，其分离与回收的工艺流程如图 5-16。从尿素合成塔出来的尿素熔融液（其中含尿素、甲铵、水、过量氨及游离 CO_2，简称尿液）经自动减压阀减压到 1.7MPa 后，进入预分离器 1。在预分离器内进行气液分离，出预分离器的液体温度约 120℃，进入中压分解加热器 2 管内，管外用蒸汽加热，将尿液温度升至 160℃，使溶液中的甲铵分解，过量氨解吸，然后进入中压分解分离器 3 内进行气液分离。溶液再经自动减压阀降压至 0.3MPa，使甲铵再分解，过量氨再次解吸，尿液温度降至 120℃。进入精馏塔 4 的顶部喷淋，与低压分解分离器 6 来的气体逆流接触。由于低压分解分离器来的气体温度较高，使尿液温度上升至 134℃左右，又有部分甲铵分解和过量氨解吸。出精馏塔的尿液进入低压分解加热器 5 的管内，管外用蒸汽加热至 147℃左右，尿液中的甲铵、过量氨再次分解解吸后，进入低压分解分离器 6 内进行气液分离。分离出来的尿液主要含尿素和水，进入蒸发系统进行蒸发、提浓，之后造粒成为产品。

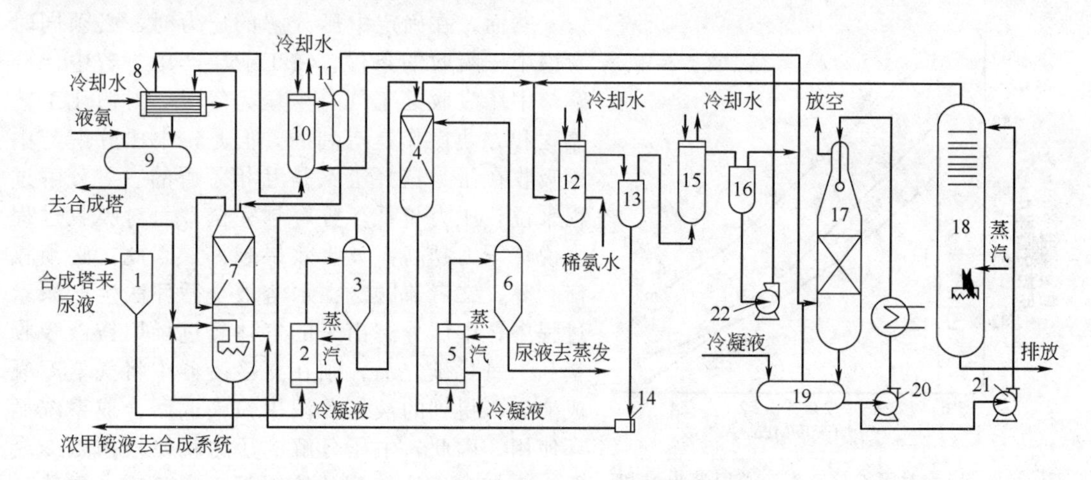

图 5-16 水溶液全循环法分离与回收工艺流程

1—预分离器；2—中压分解加热器；3—中压分解分离器；4—精馏塔；5—低压分解加热器；6—低压分解分离器；7—洗涤塔；8—氨冷凝器；9—液氨缓冲槽；10—惰性气体洗涤塔；11—气液分离器；12—第一甲铵冷凝器；13—第一甲铵冷凝器液位槽；14—甲铵泵；15—第二甲铵冷凝器；16—第二甲铵冷凝器液位槽；17—吸收塔；18—解吸塔；19—冷凝液收集槽；20—吸收塔给料泵；21—解吸塔给料泵；22—第二甲铵冷凝器液位槽泵

由中压分解分离器出来的气体，送往一段蒸发器的下部加热器，温度降低后，部分气体冷凝，未被冷凝的气体温度下降至 120～125℃，再返回中压分解系统与预分离器出来的气体一道进入洗涤塔 7 底部鼓泡段，用低压循环来的稀甲铵液吸收，约有 95%的气态二氧化碳和全部水蒸气被吸收生成浓甲铵液。浓甲铵液经中压甲铵泵加压后返回合成系统。

在鼓泡段未被吸收的气体（主要是气氨）上升到填料段，用液氨缓冲槽 9 来的回流液氨和惰性气体洗涤塔 10 来的稀氨水吸收二氧化碳，将二氧化碳几乎全部除去。由洗涤塔 7 塔顶出来的气氨和惰性气体，其温度约为 45℃，进入氨冷凝器 8，冷凝后的液氨流入液氨缓冲槽 9 的回流室。少部分液氨由回流室出来分两路进入中压吸收塔。大部分回流液氨与合成氨厂来的新鲜液氨混合后去尿素合成系统。氨冷凝器中未冷凝的气氨和惰性气体去惰性气体洗涤塔10，用水冷却，并用第二甲铵冷凝器液位槽16来的稀氨水吸收。稀氨水在惰性气体冷凝器中增浓后，气液一并进入气液分离器11，液体去洗涤塔作吸收剂，气体则进入吸收塔17，进一步回收NH_3后，惰性气体由塔顶放空。循环增浓的稀氨水由解吸塔给料泵21打入解吸塔18解吸，塔下部用蒸汽加热，使氨水分解，解吸液排放。解吸出来的气氨与精馏塔4顶部气体合并进入第一甲铵冷凝器12，用水冷却后，气液进入第一甲铵冷凝器液位槽13，稀甲铵液由甲铵泵14送往中压吸收塔。未冷凝气体进入第二甲铵冷凝器15，用水冷却后，气液进入第二甲氨冷凝器液位槽16，稀氨水由泵打入惰性气体洗涤塔10作吸收剂。未冷凝气体与惰性气体冷凝器出来的气体一并进入吸收塔17，吸收残余NH_3后，惰性气体排放。

二、二氧化碳气提法

气提就是利用一种气体通入尿素合成塔出口溶液中，降低气相中氨或二氧化碳的分压，从而促使液相甲铵分解和过剩氨的解吸。因而气提气可以为氨、二氧化碳或其他惰性气体，如用氨气提叫氨气提法，用二氧化碳气提叫二氧化碳气提法，用合成氨的变换气或合成气气提，统称为联尿法。从世界范围来看，NH_3气提法发展迅速，但从国内来看，CO_2气提法应用较多，所以，这里主要介绍CO_2气提法。

1. 气提法分解甲铵的基本原理

气提过程是一个在高压下操作的带有化学反应的解吸过程。在高压下的物系是非理想体系，由于缺少气液平衡数据，很难进行确切的、定量的分析。但可以借助化学平衡和亨利定律，对气提过程作一般分析。

在气提过程中合成反应液中的甲铵按下式分解为NH_3和CO_2：

$$NH_4COONH_2(l) \rightleftharpoons 2NH_3(g)+CO_2(g) \tag{5-9}$$

这是一个吸热、体积增大的可逆反应，其平衡常数$K_p=p_{NH_3}^{*2}p_{CO_2}^{*}$。只要能够供给热量，降低气相中$NH_3$与$CO_2$中某一组分分压，都可使反应向右进行，以达到分解甲铵之目的。气提法就是在保持合成塔等压的条件下，在供热的同时采用降低气相中NH_3或CO_2（或NH_3与CO_2都降低）分压的办法来分解甲铵的过程。

$$K_p=p_{NH_3}^{*2}p_{CO_2}^{*}=(py_{NH_3})^2py_{CO_2}=p^3y_{NH_3}^2y_{CO_2} \tag{5-10}$$

式中　$p_{NH_3}^{*}$，$p_{CO_2}^{*}$——平衡时气相NH_3和CO_2的分压；

p——总压；

y_{NH_3}，y_{CO_2}——平衡时气相NH_3和CO_2的摩尔分数。

当气相中$NH_3/CO_2=2$（即纯甲铵分解）时，若甲铵的离解压力为p_s，则NH_3的分压为$2/3p_s$，CO_2的分压为$1/3p_s$。故

$$K_p=p_{NH_3}^{*2}p_{CO_2}^{*}=(2/3p_s)^2(1/3p_s)=\frac{4}{27}p_s^3 \tag{5-11}$$

若温度相同，平衡常数K_p应相等，式(5-10)等于式(5-11)

$$p^3y_{NH_3}^2y_{CO_2}=\frac{4}{27}p_s^3$$

或

$$p=\sqrt[3]{\frac{4/27p_s^3}{y_{NH_3}^2y_{CO_2}}}=\frac{0.53p_s}{\sqrt[3]{y_{NH_3}^2y_{CO_2}}} \tag{5-12}$$

纯甲铵在某一固定温度下的离解压力是个常数。在一定温度下，当操作压力小于p，则甲铵完全分解。由式(5-12)得知，当用纯CO_2（或纯NH_3）气提时，y_{CO_2}（或y_{NH_3}）近似为1，相反y_{NH_3}（或y_{CO_2}）的数值趋近于0，故不论用纯CO_2或纯NH_3气提时，都能使p

值无穷大，亦即取任何操作压力都能使甲铵分解。

由此可知：在任何温度下，只要 NH_3 或 CO_2 有任一个组分充分过量，则甲铵的平衡压力可以升到很高，甚至趋于无穷大，这样任何操作压力都一定小于甲铵的平衡压力。因此，从理论上讲，在任何压力和温度范围内，用气提的方法都可以把溶液中未转化的甲铵分解完全。但实际上由于要求过程在一定速度下进行，所以对温度有一定的要求。

在 CO_2 气提法中，由合成塔来的合成反应液在气提塔中沿管内壁呈膜状下流，底部通入足够量的纯二氧化碳气体在管内逆流接触，管外用蒸汽加热。在加热和气提双重作用下，能促使合成反应液中甲铵分解，并使氨从液相中逸出。随着气体在管内上升，气相中的氨碳比虽然不断增加，但仍低于与入塔合成反应液呈平衡的气相的氨碳比。所以，气液相尚未达到平衡，合成反应液中的氨是可以解吸出的。

CO_2 之所以能溶解在液相中，主要是由于与 NH_3 作用生成铵盐的缘故。现在随着液相中 NH_3 浓度减小，CO_2 溶解度也就随之减小，因而尿液中的 CO_2 一定能逸出，故气提剂 CO_2 先溶解后逸出。这就是用 CO_2 气提不仅能提出溶液中的 NH_3 而且还能提出溶液中的 CO_2 之故。

2. 气提循环的工艺条件

(1) 温度　因为甲铵的分解反应，过量 NH_3 及游离 CO_2 的解吸都是大量吸热的过程。所以，在设备材料允许的情况下，应尽量提高气提操作温度，以利于气提过程的进行。但是，温度太高则腐蚀严重，同时加剧副反应的发生，这将影响尿素的产量和质量。工业生产上，气提塔操作温度一般选为 190℃左右。通常用 2.1MPa 的蒸汽加热，以维持塔内温度。

(2) 压力　从气提的要求来看，采用较低的气提操作压力，有利于甲铵的分解和过量氨的解吸，这样能减少低压循环分解的负荷，同时提高气提效率。但是，二氧化碳气提操作是与合成等压的条件下进行的，因为这样有利于热量的回收，同时能降低冷却水和能量消耗。如果气提采用较低的压力，会使尿素合成率降低，从而增大氨和二氧化碳的循环量，同时还会使气提后气体中水含量增加，使返回甲铵液浓度降低，影响合成率。

实际生产中气提塔均采用与尿素合成塔相同的操作压力。

(3) 液气比　气提塔的液气比是指进入气提塔的尿素熔融液与二氧化碳的质量比，它是由尿素合成反应本身的加料组成确定的，不可以任意改变。从理论上计算，气提塔中的液气比为 3.87，生产上通常控制在 4 左右。

液气比的控制是很重要的。当塔内液气比太高时，气提效率显著下降；液气比太低，易形成干管，造成气提管缺氧而严重腐蚀。在生产上，除了控制气提塔总的液气比外，还要严格要求气提塔中的液气均匀分布。

(4) 停留时间　尿素熔融液在气提塔内停留时间太短，达不到气提的要求，甲铵和过量氨来不及分解；但停留时间过长，气提塔生产强度降低，同时副反应加剧，影响产品产量和质量。一般，气提塔内尿液停留时间以 1min 为宜。

3. 气提循环的工艺流程

二氧化碳气提、循环、回收过程的工艺流程如图 5-17 所示。

尿素合成反应液从合成塔 1 底部排出，经液位控制阀流入气提塔 2 的顶部，温度约 183℃，经液体分布器均匀流入气提管内，与气提塔底部进入的二氧化碳气在管内逆流气提，气提塔管外用 2.1MPa 蒸汽加热，将大部分甲铵分解和过剩氨解吸，气提后尿液由塔底引出，经自动减压阀降压到 0.3MPa。由于降压，甲铵和过剩氨进一步分解、汽化，吸取尿液内部的热量，使溶液温度下降到约 107℃，气液混合物进入精馏塔 3，喷洒在鲍尔环填料上，然后尿液从精馏塔填料段底部送入循环加热器 4，被加热至约 135℃时，返回精馏塔下部分离段，在此气液分离，分离后的尿液含甲铵和过剩氨极少，主要是尿素和水，由精馏塔底部

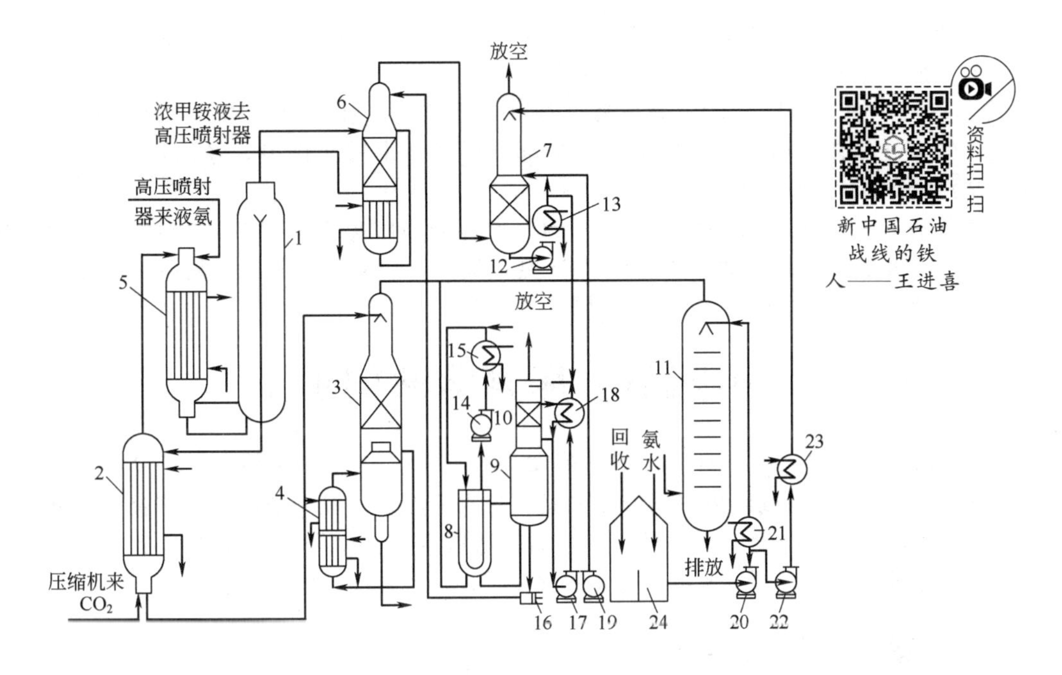

图 5-17　二氧化碳气提、循环、回收过程的工艺流程

1—尿素合成塔；2—高压热交换器（气提塔）；3—精馏塔；4—循环加热器；5—高压甲铵冷凝器；6—高压洗涤器；7—吸收塔；8—低压甲铵冷凝器；9—低压甲铵冷凝器液位槽；10—吸收器；11—解吸塔；12—吸收塔循环泵；13—循环冷凝器；14—低压冷凝循环泵；15—低压循环冷凝器；16—高压甲铵泵；17—吸收器循环泵；18—吸收器循环冷却器；19—闪蒸槽冷凝液泵；20—解吸塔给料泵；21—解吸塔热交换器；22—吸收塔给料升压泵；23—顶部加料冷却器；24—氨水槽

引出，经减压后再进入真空蒸发系统。

气提塔顶部出来的气体（含 $NH_3$40%，$CO_2$60%），进入高压甲铵冷凝器 5 管内，与高压喷射器来的原料液氨和回收的甲铵液反应，大部分生成甲铵，其反应热由管外副产蒸汽移走，反应后的甲铵液及未反应的 NH_3、CO_2 气分两路进入尿素合成塔底部，在此未反应的 NH_3、CO_2 继续反应，同时甲铵脱水生成尿素，尿素合成塔顶部引出的未反应气，主要含 NH_3、CO_2 及少量 H_2O、N_2、H_2、O_2 等气体，进入高压洗涤器 6 上部的防爆空间，再引入高压洗涤器下部的浸没式冷凝器冷却管内，管外用封闭的循环水冷却，使管内充满甲铵液，未冷凝的气体在此鼓泡通过，其中 NH_3 和 CO_2 大部分被冷凝吸收，含有少量 NH_3、CO_2 及惰性气体再进入填料段。由高压甲铵泵 16 打来的甲铵液经由高压洗涤器顶部中央循环管，进入填料段与上升气体逆流相遇，气体中的 NH_3 和 CO_2 再次被吸收，吸收 NH_3 和 CO_2 的浓甲铵液温度约 160℃。由填料段下部引入高压喷射器循环使用。未被吸收的气体由高压洗涤器顶部引出经自动减压后进入吸收塔 7 下部，气体经由吸收塔两段填料与液体逆流接触后，几乎将 NH_3 和 CO_2 全部吸收，惰性气体由塔顶放空。

精馏塔下部分离段出来的气体与喷淋液在填料段逆流接触，进行传质和传热，尿液中易挥发组分 NH_3、CO_2 从液相解吸并扩散到气相，气体中难挥发组分水向液相扩散，在精馏塔底得到难挥发组分尿素和水含量多的溶液，而气相得到易挥发组分 NH_3 和 CO_2 多的气体，这样降低了精馏塔出口气体中的水含量，以利于减少循环甲铵液中的水含量。由精馏塔顶引出的气体和与解吸塔 11 顶部出来的气体一并进入低压甲铵冷凝器 8，同低压甲铵冷凝器液位槽 9 的部分溶液在管间相遇，冷凝并吸收，其冷凝热和生成热靠低压冷凝循环泵 14 和低压循环冷凝器 15 强制循环冷却，然后气、液混合物进入低压甲铵冷凝器液位槽 9 进行分离，被分离的气体进入吸收器 10 的鲍尔环填料层，吸收剂是由吸收塔来的部分循环液和吸收器本身的部分循环液，经由吸收器循环泵 17 和吸收器循环冷却器 18 冷却后喷洒在填料层上，气液在吸收器填料层逆流接触，将气体中 NH_3 和 CO_2 吸收，未吸收的惰性气体由塔顶放空，吸收后的部分甲铵液由塔底排出，经高压甲铵泵 16 打入高压洗涤器作吸收剂。

蒸发系统回收的稀氨水进入氨水槽 24，大部分经解吸塔给料泵 20 和解吸塔热交换器 21，打入解吸塔 11 顶部，塔下用 0.4MPa 蒸汽加热，使氨水分解，分解气由塔顶引出去低压甲铵冷凝器，分解后的废水由塔底排放。

第四节　尿素溶液的加工

尿素溶液经分解、闪蒸后，得到了浓度 70%～75%的尿素溶液，其中 NH_3 和 CO_2 含量总和少于 1%，要得到固体尿素产品，必须将水分除去，根据结晶尿素产品和粒状尿素产品的要求，尿素蒸发浓度也不一样。一般结晶法尿素只需将尿液蒸发浓缩至 80%即可，而在造粒法尿素生产中必须将尿液蒸发浓缩至 99%以上，熔融物方可造粒。

一、尿素溶液的蒸发

1. $CO(NH_2)_2$-H_2O 二元体系相图

(1) 尿素溶液的冷却结晶过程　图 5-18 为 $CO(NH_2)_2$-H_2O 二元体系相图。图中点 a 相当于温度为 95℃，浓度为 75%的尿素溶液的状态点。由图可以看出，当温度降低时，系统状态将由点 a 沿着直线 aa' 向 a' 点移动，系统状态点达到 a_1 点时尿素溶液由不饱和变成饱和，若进一步冷却降温则尿素将析出结晶。当系统状态点到达 a_2 点时的固液比为：

$$\frac{尿素析出量}{尿素溶液量}=\frac{a_2a_2'}{a_2t_{a_2}}$$

可见，随着温度的降低，体系中固液比就越来越大，尿素结晶析出量也会越来越大。但温度的降低不得超过最低共熔点 E 所对应的温度，否则尿素结晶中将有冰同时析出，影响尿素的质量，这是工业生产中不允许的。因此采用冷却结晶的办法受到一定的限制。

(2) 尿素溶液的蒸发过程　尿素溶液的蒸发过程通常是在等温下进行的，从图 5-18 可看出，若对系统状态点 a 的溶液进行等温蒸发时，则从 a 点沿着直线 at_a 向 t_a 点移动，蒸发过程中水分不断排出，尿素溶液浓度逐渐提高，当状态点到达 a_4 时，溶液达到饱和状态，再继续蒸发，析出尿素结晶，最后，当系统状态点达到 t_a 时，全部变成尿素。

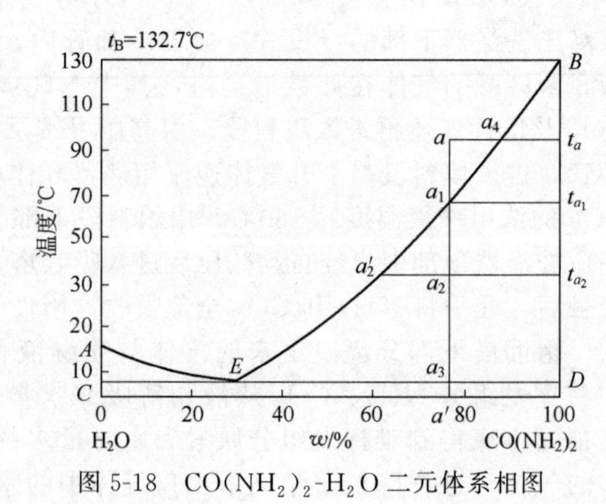

图 5-18　$CO(NH_2)_2$-H_2O 二元体系相图

然而，蒸发过程中，不允许有尿素结晶的析出，否则会影响蒸发过程的正常进行，因此，蒸发温度要高于尿素溶液的结晶温度，同时，蒸发温度较高，可以加快蒸发过程的进行，缩短蒸发时间。但提高温度却会引起尿素溶液副反应的发生，其结果不仅降低尿素的产量，而且还影响产品的质量。所以，为了防止尿素副反应的发生，必须要选取适宜的蒸发条件。

2. 尿素溶液加工过程的副反应及防止

尿素生产中的副反应主要是指尿素的水解和缩合反应，它们在尿素生产各工序中都有可能发生，但在尿液加工过程中尤为显著。在尿液蒸发时，尿素浓度不断提高，而蒸发温度较高且压力较低，故尿素的水解与缩合反应明显加快。

（1）尿素的水解反应　尿素的水解与温度、停留时间和尿素溶液浓度等因素有关。在温度低于 80℃时，尿素水解很慢，超过 80℃，速度加快，145℃以上，有剧增的趋势，在沸腾的尿液中，水解更为剧烈。在一定温度和浓度下，停留时间延长，尿素水解率增加。尿素溶液的浓度对尿素水解也有影响，浓度越低，水解反应越快。

尿素水解的结果将降低尿素的产率，增加消耗定额，因此必须防止。从上面的分析可知，要防止尿素水解，蒸发过程应在尽可能低的温度下进行，并应在很短的时间内完成。

（2）尿素的缩合反应　在尿素生产过程中，缩合反应以生成缩二脲为主。缩二脲的生成率与反应过程的温度、尿素浓度、停留时间和氨分压有关。

在一定的尿液浓度下，缩二脲的生成率随温度的增加而增加，而在一定温度下，随着尿素溶液浓度的增高，缩二脲的生成量也增多，见图 5-19。随着停留时间的延长，缩二脲生成量增多，见图 5-20。前面已述，当氨分压增加，即溶液中氨浓度增大，尿素的缩合反应会逆向进行，缩二脲的生成率就会降低。从以上可以看出，温度高、停留时间长、氨分压低是生成缩二脲的有利条件。

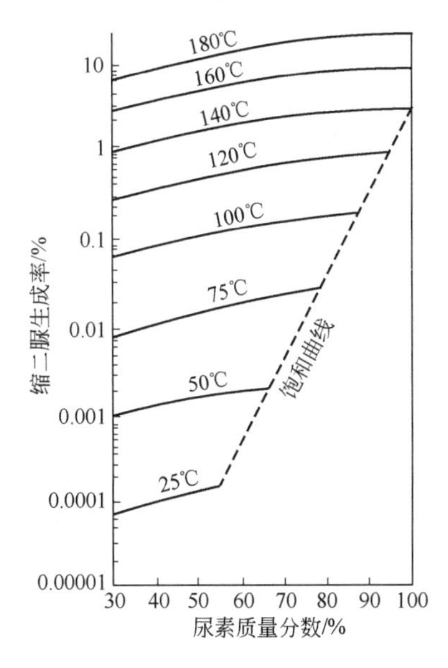

图 5-19　尿液中缩二脲生成率与温度和尿液浓度的关系

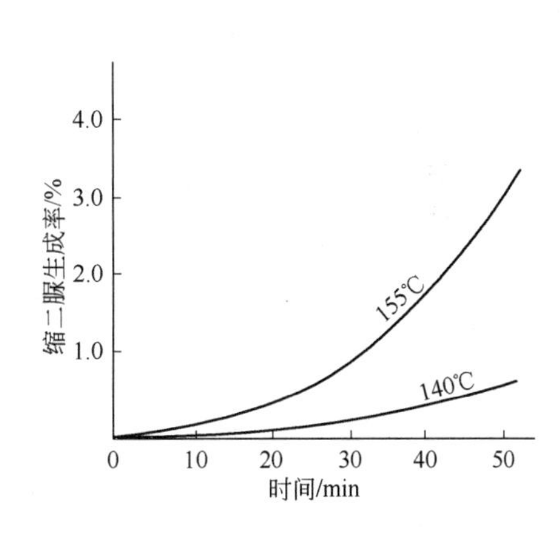

图 5-20　缩二脲生成率与停留时间的关系

在尿液蒸发过程中，溶液处于沸腾状态，温度高，而蒸发后尿液浓度提高，且由于二次蒸汽的不断排出，蒸发室内氨的分压很低，所以最适于缩二脲的生成。因此，蒸发过程应在尽可能低的温度和尽可能短的时间内完成。

3. 蒸发工艺条件的选择

蒸发工艺条件的选择，除了应满足沸腾蒸发的一般要求外，更要尽量减少副反应的发生，以保证尿素的产量和质量。

图 5-21 是 $CO(NH_2)_2$-H_2O 二元体系的组成-温度-密度-溶液蒸气压图。图中除结晶线外，还有温度、蒸气压和密度线。从图中可以看出，尿素溶液的沸点与其浓度和蒸发操作压

力有关。如尿素质量分数为85%时，蒸发操作压力0.1MPa，相对应的沸点为130℃，蒸发压力降到0.05MPa时，相应沸点降为112℃。由此可见，采用减压蒸发可以降低尿素溶液的沸点，防止副反应的发生。但压力的选择必须考虑尿素不致结晶为宜，否则将堵塞蒸发设备的加热管道，影响操作。

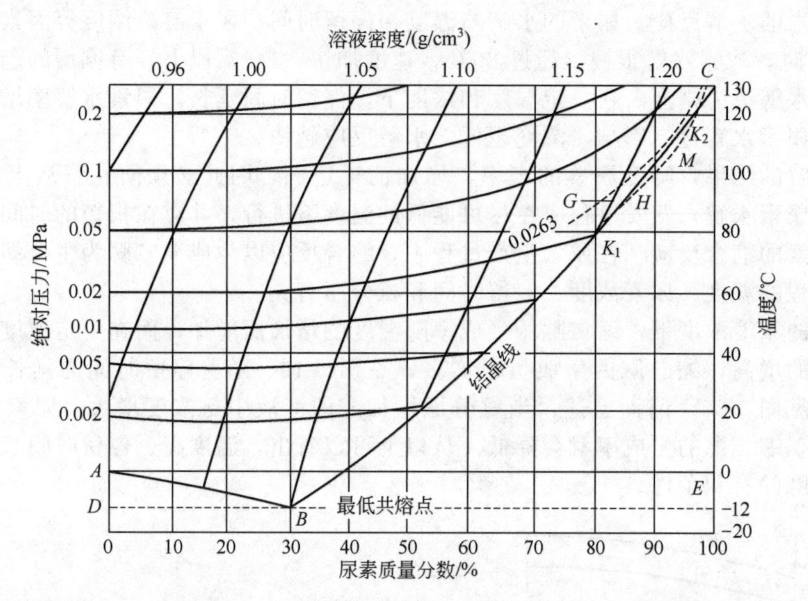

图5-21 $CO(NH_2)_2$-H_2O二元体系的组成-温度-密度-溶液蒸气压图

由图5-21可见，当蒸发操作压力大于0.0263MPa时，沸点压力线位于结晶线之上，不与结晶线相交，说明在这样的压力下蒸发尿素溶液时，不会有结晶析出。但在此压力下，一段蒸发将尿液从75%浓缩至99.7%，虽无结晶析出，但势必将温度提得太高，结果加剧副反应发生。因此，必须将蒸发操作压力降至0.0263MPa以下。当蒸发操作压力小于0.0263MPa时，沸点压力线和结晶线相交，在这样的压力下操作，就可能产生尿素结晶。

据以上分析，实际生产过程中，蒸发过程不能在一个压力段进行，常分为两段。一段蒸发操作主要考虑蒸发出大部分水，同时防止结晶的析出，选择操作压力应稍大于0.0263MPa，为了控制副反应的发生，温度不能过高，选为130℃，尿素质量分数从75%增至95%。二段蒸发是为了制得质量分数为99.7%的尿素熔融液，即要求蒸发掉几乎全部水分。此时，操作压力越低越利于水分的快速蒸发，常控制在0.0053MPa以下。为了使尿素熔融而保持流动性，蒸发温度应高于尿素的熔点温度132.7℃，故控制操作温度在137～140℃。

尿液蒸发过程，除选择温度、压力条件外，还应使过程在尽可能短的时间内完成。

二、尿素的结晶与造粒

固体尿素成品的制取有结晶法和造粒法。目前，国内外大致采用下列几种方法。

① 将尿液蒸浓到99.7%的熔融体造粒成型。此为蒸发造粒法，是目前应用最广泛的方法。产品中缩二脲含量在0.8%～0.9%。

② 将尿液蒸浓到80%后送往结晶器结晶，将所得结晶尿素快速熔融后造粒成型。此为结晶造粒法，用于制造低缩二脲含量（<0.3%）的粒状尿素。全循环改良C法，即为结晶造粒法。

③ 将尿液蒸浓到约 80%后在结晶机中于 40℃下析出尿素，此为结晶法。目前，一般采用的是有母液的结晶法，还有一种无母液的结晶法。

结晶法是在母液中产生结晶的自由结晶过程；造粒法则是在没有母液存在的条件下的强制结晶过程。结晶尿素的优点是纯度较高、缩二脲含量低，故一般多用于工业和配制复合肥料或混合肥料，但结晶尿素呈粉末状或细晶状，不适宜直接作为氮肥施用。造粒法可以制得均匀的球状小颗粒，具有机械强度高、耐磨性能好、利于深施保持肥效等优点，但其缺点是缩二脲含量高。

由于目前大多数尿素工厂都采用造粒塔造粒方法，所以，这里主要讨论熔融尿素的造粒。

尿素造粒塔

尿素的造粒是在造粒塔内进行的，熔融液经喷头喷洒成液滴下落，并与造粒塔底进入的冷空气逆流接触，冷却粒化，整个造粒过程分为 4 个阶段：将熔融尿素喷成液滴；液滴冷却到固化温度；固体颗粒的形成；固体颗粒再冷却至要求的温度。

粒状尿素质量的高低与造粒塔的高度、熔融尿素温度和浓度等因素有关，造粒塔高度的确定主要考虑颗粒形成和冷却两个过程的要求。

为获得高质量的粒状尿素，进入造粒塔的熔融尿素浓度应大于 99%，否则产品水含量增加、机械强度降低、易于破碎，并且造粒过程中颗粒易于附在塔壁上，甚至无法形成颗粒。

尿素在 130℃以上熔融，如果过早快速地降低熔融尿素的温度，会造成早期固化，但温度较高时，可能增加缩二脲的含量。如果降温速度太慢，又可能造成塔下尿素颗粒温度升高，而不固化或黏结的可能，生产中一般控制塔底出来的颗粒尿素约 70℃，水分含量小于 0.5%。

造粒塔内液滴的降温可采用强制通风或自然通风，前者消耗动力，但塔高可降低，后者不消耗动力，但塔较高。

三、尿素溶液加工的工艺流程

图 5-22 为水溶液全循环法粒状尿素的加工工艺流程。低压分解后来的尿液，经自动减压阀减为常压，进入闪蒸槽 1，闪蒸槽内压力为 0.06MPa，它的出口气管与一段蒸发分离器 6 出口管连接在一起，其真空度由一段蒸发冷凝器喷射泵（蒸汽喷射泵）17 产生。由于减压，部分水分和氨、二氧化碳汽化吸热，使尿液温度下降到 105～110℃。出闪蒸槽尿液含量（尿素质量分数）约 74%进入尿液缓冲槽 2，槽内有蒸汽加热保温管线。然后，尿液由尿液泵 3 打入尿液过滤器 4 除去杂质，送入一段蒸发加热器 5。在一段蒸发加热器内，用蒸汽管外加热，使尿液升温至 130℃左右。由于减压加热，部分水分汽化后进入一段蒸发分离器 6，一般蒸发分离器内压力为 0.0263～0.0333MPa，该压力由一段蒸发冷凝器喷射泵 17 产生，气液分离后，尿液含量为 95%～96%进二段蒸发加热器 7，用蒸汽加热至 140℃左右，其压力维持在 0.0033MPa。由于减压加热，残余水分汽化后进入二段蒸发分离器 8 进行气液分离。二段蒸发加热器的真空度靠升压泵和喷射泵 18、20、22 产生。二段蒸发分离器出来的尿液含量为 99.7%，进入熔融尿素泵 9，打入造粒塔 11。造粒喷头 10 将熔融尿素喷洒成液滴，液滴靠重力下降与塔底进入的空气逆流相遇冷却至 50～60℃，固化成粒。颗粒由刮料机 12 刮入皮带运输机 13，送出塔外。

闪蒸槽和一段蒸发分离器出来的气体，进一段蒸发冷凝器 16，用二段蒸发冷凝器来的冷却水冷却，未冷凝气去一段蒸发冷凝器喷射泵 17 排空，冷凝液去收集槽。二段蒸发分离器出来的气体经二段蒸发升压泵 18，入二段蒸发冷凝器 19，部分冷凝，未冷凝气去二段蒸

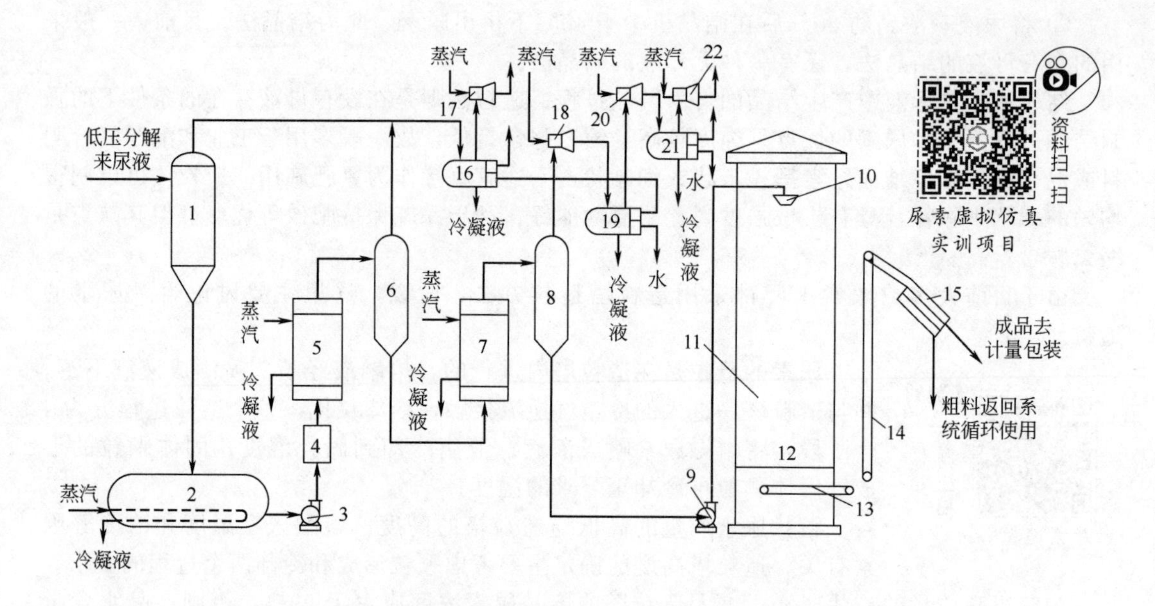

图 5-22　水溶液全循环法粒状尿素加工工艺流程

1—闪蒸槽；2—尿液缓冲槽；3—尿液泵；4—尿液过滤器；5——段蒸发加热器；6——段蒸发分离器；7—二段蒸发加热器；8—二段蒸发分离器；9—熔融尿素泵；10—造粒喷头；11—造粒塔；12—刮料机；13—皮带运输机；14—斗式提升机；15—电振筛；16——段蒸发冷凝器；17——段蒸发冷凝器喷射泵；18—二段蒸发升压泵；19—二段蒸发冷凝器；20—二段蒸发冷凝器喷射泵；21—中间冷凝器；22—中间冷凝器喷射泵

发冷凝器喷射泵 20，打入中间冷凝器 21，用水冷却，未冷凝气体由中间冷凝器喷射泵 22 排空。二段蒸发冷凝器和中间冷凝器的冷凝液，去循环分解系统。

第五节　尿素生产综述

一、典型尿素生产方法的简评

尿素生产工艺流程甚多，目前工业化尿素生产方法，以水溶液全循环法、二氧化碳气提法、氨气提法最为典型。

1. 水溶液全循环法

水溶液全循环法是 20 世纪 60 年代的经典生产工艺。水溶液全循环法的成功为尿素生产的发展作出了重要贡献，不仅使生产能力大大增加，而且使 CO_2 和 NH_3 的消耗大大降低，因此它曾被广泛地采用，在我国，现在仍是最主要的生产工艺。

该法存在的主要问题有以下几点。

① 能量利用率低　尿素合成系统总的反应是放热的，但因加入大量过剩氨以调节反应温度，反应热没有加以利用。

② 一段甲铵泵腐蚀严重　高浓度甲铵液在 90～95℃时循环入合成塔，加剧了对甲铵泵的腐蚀，因此一段甲铵泵的维修较为频繁，这已成为水溶液全循环法的一大弱点。

③ 流程过于复杂　由于以甲铵液作为循环液，因此在吸收塔顶部用液氨喷淋以净化微量的 CO_2，为了回收氨又不得不维持一段循环的较高压力，为此按压力的高低设置了 2～3 个不同压力的循环段，使流程过长、复杂化。

气提法是针对水溶液全循环法的缺点而提出的。该法在简化流程、热能回收、延长运转周期和减少生产费用等方面都较水溶液全循环法优越。

2. 二氧化碳气提法

二氧化碳气提法是20世纪60年代后期开发出的生产工艺，现在已成为世界上建厂最多、生产能力最大的生产方法。它的主要特点如下。

① 采用与合成等压的原料CO_2气提已分解未转化的大部分甲铵和游离氨，残余部分只需再经一次低压加热闪蒸分解即可。这可省去1.8MPa中压分解吸收部分的操作，从而免去了操作条件苛刻、腐蚀严重的一段甲铵泵，缩减了流程和设备，并使操作控制简化。

② 高压冷凝器在与合成等压条件下冷凝气提气，冷凝温度较高，返回合成塔的水量较少，有利于转化率的提高。同时有可能利用冷凝过程生成甲铵时放出的大量生成热和冷凝热来副产低压蒸汽，除气提塔需补加蒸汽外，低压分解、蒸发及解吸等工序都可以利用副产蒸汽，从总体上可降低蒸汽的消耗及冷却水用量。

③ 二氧化碳气提法中的高压部分，如出高压冷凝器的甲铵液及来自高压洗涤器的甲铵液，均采用液位差使液体物料自流返回合成系统，不需用甲铵泵输送，不仅可节省设备和动力，而且操作稳定、可靠。但是，为了造成一定的位差就不得不使设备之间保持一定的位差。因此，需要巨大的高层框架结构来支撑庞大的设备和满足各设备之间的合理布局。由于装置最高点的标高达到76m，也给操作和检修带来不便。

④ 由于采用二氧化碳气提，所选定的合成塔操作压力较低（14～15MPa），因此节省了压缩机和泵的动力消耗，同时也降低了压缩机、合成塔的耐压要求。便于采用蒸汽透平驱动的离心式CO_2压缩机，这对扩大设备的生产能力和提高全厂热能利用十分有利。

⑤ 与其他方法相比，其转化率较低（58%），但由于NH_3/CO_2也较低（2.8～3.0），所以在合成塔出口处尿素熔融液中尿素含量高于其他方法（达34.8%）。这样，在整个流程中循环的物料量较少，因而动力消耗较低。但是较低的氨碳比又使得在高压部分物料对设备的腐蚀比其他方法严重。另外，因氨碳比低、氨量少，故缩二脲生成量略高于其他方法。

3. 氨气提法

氨气提法于20世纪70年代初实现了工业化，虽然最初不如CO_2气提法应用广泛，但现在却有后来居上的趋势，它的主要特点如下。

① 用230℃的气体氨进行气提，使气提系统和中压分解系统的物料含氨量较高，有利于设备耐腐蚀，采用钛材料，可以使气提塔在200℃操作。用氨气作气提气，甲铵分解率可达65%，而且在这样高的氨浓度下，随母液返回的缩二脲在合成塔和气提塔中全部分解，提高了产品质量。

② 二氧化碳有65%直接进入合成塔，而另外35%二氧化碳与气提气一并进入甲铵冷凝器，移出热量后再返回合成塔，这样使合成塔物料维持在190℃。另外，35%二氧化碳进入甲铵冷凝器可以回收较多的反应热。

③ 经过氨气提之后的溶液，又进行三段分解，1.8MPa中压段、0.45MPa低压段及0.08MPa真空段，其所以比二氧化碳气提法多中压分解段，是由于其NH_3/CO_2为3.5，较二氧化碳气提法为高，必须设有1.8MPa分解系统以回收过剩氨，然后液氨又返回系统，否则只靠甲铵液返回合成系统，氨就无法平衡。在各个分解段中，氨含量较高，回收碳铵液的NH_3/CO_2较高，设备的腐蚀较弱，生成缩二脲的倾向较小。

④ 15.5MPa高压甲铵冷凝液，由喷射泵（以高压液氨为驱动液）带入合成塔，可以使操作稳定。厂房标高较低，可减少机械设备投资。

二、尿素生产技术的改进

氨与二氧化碳直接合成尿素，在 20 世纪 50 年代以前发展缓慢，随着尿素生产中一些技术难关的突破，才迅速发展起来，60 年代初期以水溶液全循环法为主，70 年代以二氧化碳气提法居多，80 年代后期氨气提法等发展加快，生产体系向单系列大型化方向发展，目前最大合成尿素装置已超过 2500t/d。随着尿素生产的不断发展，一方面，对于应用广泛的工艺，其专利商针对自己工艺的缺点继续进行改进，以 CO_2 气提法为例，斯塔米卡邦公司经多年研究，近几年来推出了 CO_2 气提新工艺，即尿素 2000＋TM[❶]，通过采用新型高效塔盘、池式冷凝器、减少合成塔的容积、增设液氨为动力的高压氨喷射器等方法，使生产能力增加 35%，主框架由原 76m 降至 38.5m（采用卧式合成塔，可将框架高度降至 22.5m），从而解决了因主框架高而造成的操作、检修不方便和造价高的问题；另一方面，尿素生产工艺的改进主要是围绕如何提高二氧化碳的转化率，减少循环量，降低能量和原料消耗及提高产品质量来进行的。

① 提高二氧化碳转化率　如三井东压全循环改良 C 法，在 200℃高温和 25MPa 的压力下操作，转化率可达 71.7%。美国孟山都环境化学公司（MEC）热循环尿素流程（UTI），采用等温尿素合成塔，其合成单程转化率达 78%。瑞士卡萨利（CASALE）公司提出高效组合尿素工艺（HEC）的专利技术，高压分为 22MPa 和 15MPa 两种压力。高压甲铵冷凝器和第一合成塔操作压力为 22MPa，液氨和 CO_2 先进甲铵冷凝器，后进第一合成塔，H_2O/CO_2 为 0，CO_2 转化率可达 75%。第二合成塔和高压分解器操作压力为 16.5MPa，CO_2 转化率为 61%以上，总 CO_2 转化率可达 70%以上。

② 采用氨气提或双气提法　尿素合成出口溶液采用 CO_2 气提，利于甲铵和过剩氨的分解与回收，如果采用 NH_3 气提，不仅有利于甲铵和 CO_2 的分解，还可以维持液相较高的氨浓度，减少副反应的发生，同时氨的来源比 CO_2 要充足得多，并且 NH_3 气提对设备的腐蚀性相对比 CO_2 气提要小些，材质相应可以降低。

如果尿素合成出口溶液采用双气提分解，即第一气提塔采用 NH_3 气提，第二气提塔采用 CO_2 气提对甲铵、氨、二氧化碳分解均有利，总气提效率高，而低压分解负荷可以减小，同时又能防止副反应进行，提高尿素的产量和质量，如中国某厂对原有水溶液全循环法尿素装置进行技术改造，采用双气提法进行循环分解，其气提效率提高、能耗降低、设备减少、操作简便，而产品产量和质量均有较大提高。

③ 降低能量消耗　如 UTI 流程，由于其单程转化率达 78%，因而降低了循环功耗。流程中 60%的 CO_2 去尿素合成塔、40%的 CO_2 去中压系统，用以提高中压回收系统甲铵液的 CO_2 含量，从而提高甲铵液的凝固点，以利于热回收，因此，不仅减少了蒸汽用量而且降低了 CO_2 的压缩功。该流程中 80%～85%的低位能冷凝反应热得以回收利用，蒸汽消耗少。尿液浓度 88%，可节省蒸发蒸汽的用量。

④ 尿素造粒技术的改进　传统的尿素成粒过程中大多采用塔式造粒，尿素的粒度普遍小于 2.5mm。由于粒度小、强度低，在运输、储存及施肥过程中极易部分粉化，因而施入土壤后迅速溶于水中，氮流失量大，肥效不易长久保持。据统计，施用时约有 50%的尿素在土壤中因挥发、淋溶等原因而损失，即使用作追肥，其氮的流失率也高达 30%～65%。这不仅造成了巨大的经济损失，而且对环境不利。因此，对现有尿素造粒技术进行改造，提高尿素的利用率已成为当务之急。在生产过程中尿素最后成粒时，如何改进生产工艺，直接

---

❶ 尿素 2000＋TM 为斯塔米卡邦公司以原 CO_2 气提法为基础改进后的注册流程。2000 代表 2000 年及生产能力在 2000t/d 以上；＋代表改进；TM 代表注册。

制备成颗粒较大的尿素是解决这一问题的最直接、最有效的方法。大颗粒尿素具有较高的强度，不易粉化，播撒在土壤里可保存较长时间，养分可以缓慢释放。研究表明，大颗粒尿素深施比表施更有利于提高氮的利用率，增产效果更好。并且大颗粒尿素有利于二次加工成掺混肥或包覆肥，与其他肥料配合使用。目前世界上经济发达国家和地区的农用尿素绝大部分是大颗粒尿素。在北美（包括加拿大）尿素总产量的95%为流化床造粒。在欧洲，使用喷淋造粒和流化床造粒的厂家各占一半，其中意大利有80%的尿素是大颗粒产品。可见，大颗粒尿素的使用已成为提高肥效、降低尿素实际使用成本的必然途径。目前，典型的造粒技术主要有挪威海德鲁（Hydro）公司的流化床造粒技术、意大利斯那姆公司的滚筒造粒技术、法国K-T公司的转鼓流化床造粒技术及Tec公司的喷流床造粒技术。

思考与练习

尿素缓释包膜材料的发展

1. 简述尿素生产方法及水溶液全循环法尿素生产的主要过程。画出全循环法合成尿素生产过程示意图。

2. 试述尿素合成反应机理。哪一步为控制步骤？

3. 影响尿素合成反应有哪些因素？如何选择尿素合成的工艺条件？

4. 加快甲铵脱水速率有哪些方法？

5. 简述水溶液全循环法尿素合成的工艺流程。

6. 某尿素厂二氧化碳压缩机流量（标准状态）为$6400m^3/h$，循环甲铵液带入二氧化碳（标准状态）为$3800m^3/h$，试计算该厂尿素合成塔的二氧化碳转化率。

7. 合成塔内设置筛板的目的是什么？

8. 在尿素合成塔中，进塔的NH_3/CO_2、H_2O/CO_2和氨预热温度怎样影响合成塔顶、塔底的温度？

9. 在尿素生产中，为何选择NH_3/CO_2和氨预热温度调节尿素合成塔的温度？

10. 水溶液全循环法操作条件如下：进入合成塔的物料中$NH_3/CO_2=4$，$H_2O/CO_2=0.7$，每$100m^3$ CO_2气体（标准状态）带入惰性气体（标准状态）$5m^3$，反应温度为190℃，压力为20MPa，试分别用四种不同方法计算尿素平衡转化率。

11. 试述减压加热法分离与回收的基本原理。

12. 某厂尿素合成塔出口溶液中$NH_3/U=1.27$，$CO_2/U=0.428$，经预分离和低压分解后，出低压分解塔的尿素溶液中$NH_3/U=0.011$，$CO_2/U=0.007$，试求甲铵分解率和总氨蒸出率。

13. 在水溶液全循环法生产中，影响循环分离与回收有哪些因素？如何选择循环分离与回收的工艺条件？

14. 简述水溶液全循环法循环分离与回收的工艺流程。

15. 什么叫气提法？二氧化碳气提法的原理是什么？

16. 简述二氧化碳气提法的工艺流程及工艺条件的选择。

17. 尿素溶液加工过程有哪些副反应？如何防止？

18. 尿素溶液蒸发过程为什么不在一个压力段进行，而常分为两段？如何选择尿素溶液蒸发的工艺条件？

19. 试述尿素溶液加工的工艺流程。

20. 常见的尿素结晶或造粒方法有哪些？

21. 水溶液全循环法主要存在什么缺点？二氧化碳气提法的特点主要有哪些？

22. 目前尿素生产工艺的改进主要是从哪几个方向来进行的？

第六章 硝酸

本章教学目标

能力与素质目标

1. 具有分析选择生产工艺条件的初步能力。
2. 具有识读和绘制生产工艺流程图的能力。
3. 具有查阅文献资料的能力。
4. 具有节能减排、降低能耗的意识。
5. 具有安全生产的意识。
6. 具有环境保护和技术经济意识。

知识目标

1. 掌握：氨催化氧化的基本原理和工艺条件的选择。
2. 理解：一氧化氮氧化、氮氧化物吸收的基本原理；氨氧化炉的基本结构。
3. 了解：稀硝酸生产的工艺流程；稀硝酸生产尾气治理的方法；浓硝酸的生产。

纯硝酸是无色的液体，其相对密度 1.522，沸点 83.4℃，熔点 −41.5℃，工业产品往往含有二氧化氮，所以略带黄色，硝酸可以和任意体积的水混合，并放出热量。

硝酸是强酸之一，也是强氧化剂。除金、铂及一些稀有金属外，各种金属都能与稀硝酸作用生成硝酸盐，由浓硝酸与盐酸按 1∶3（体积比）组成的混合液称为“王水”，能溶解金和铂。

硝酸是一种重要的化工原料，在各类酸中，产量仅次于硫酸。工业硝酸依 HNO_3 含量多少分为浓硝酸（96%～98%）和稀硝酸（45%～70%）。稀硝酸大部分用于制造硝酸铵、硝酸磷肥和各种硝酸盐。浓硝酸最主要用于国防工业，是生产三硝基甲苯（TNT）、硝化纤维、硝化甘油等的主要原料。生产硝酸的中间产物——液体四氧化二氮是火箭、导弹发射的高能燃料。硝酸还广泛用于有机合成工业；用硝酸将苯硝化并经还原制得苯胺，硝酸氧化苯制造邻苯二甲酸，均可用于染料生产。此外，制药、塑料、有色金属冶炼等方面都需要用到硝酸。

第一节　稀硝酸的生产

目前工业硝酸的生产均以氨为原料，采用催化氧化法。其总反应式为

$$NH_3+2O_2 = HNO_3+H_2O$$

此反应由3步组成，在催化剂的作用下，氨氧化为一氧化氮；一氧化氮进一步氧化为二氧化氮；二氧化氮被水吸收生成硝酸。可用下列反应式表示

$$4NH_3+5O_2 = 4NO+6H_2O$$

$$2NO+O_2 = 2NO_2$$

$$3NO_2+H_2O = 2HNO_3+NO$$

氨催化氧化法能制得45%～60%的稀硝酸。

一、氨的催化氧化

1. 氨催化氧化的基本原理

氨和氧可以进行下列三个反应

$$4NH_3+5O_2 = 4NO+6H_2O \qquad \Delta H=-907.28kJ \qquad (6\text{-}1)$$

$$4NH_3+4O_2 = 2N_2O+6H_2O \qquad \Delta H=-1104.9kJ \qquad (6\text{-}2)$$

$$4NH_3+3O_2 = 2N_2+6H_2O \qquad \Delta H=-1269.02kJ \qquad (6\text{-}3)$$

除此之外，还可能发生下列副反应

$$2NH_3 = N_2+3H_2 \qquad \Delta H=91.69kJ \qquad (6\text{-}4)$$

$$2NO = N_2+O_2 \qquad \Delta H=-180.6kJ \qquad (6\text{-}5)$$

$$4NH_3+6NO = 5N_2+6H_2O \qquad \Delta H=-1810.8kJ \qquad (6\text{-}6)$$

不同温度下，式(6-1)～式(6-4) 的平衡常数见表6-1。

表6-1　不同温度下氨氧化或氨分解反应的平衡常数（$p=0.1013MPa$）

温度/K	K_{p1}	K_{p2}	K_{p3}	K_{p4}
300	6.4×10^{41}	7.3×10^{47}	7.3×10^{56}	1.7×10^{-9}
500	1.1×10^{26}	4.4×10^{28}	7.1×10^{34}	3.3
700	2.1×10^{19}	2.7×10^{20}	2.6×10^{25}	1.1×10^{2}
900	3.8×10^{15}	7.4×10^{15}	1.5×10^{20}	8.5×10^{2}
1100	3.4×10^{11}	9.1×10^{12}	6.7×10^{16}	3.2×10^{3}
1300	1.5×10^{11}	8.9×10^{10}	3.2×10^{14}	8.1×10^{3}
1500	2.0×10^{10}	3.0×10^{9}	6.2×10^{12}	1.6×10^{4}

从表6-1可知，在一定温度下，几个反应的平衡常数都很大，实际上可视为不可逆反应，比较各反应的平衡常数，以式（6-3）为最大。如果对反应不加任何控制而任其自然进行，氨和氧的最终反应产物必然是氮气。欲获得所要求的产物NO，不可能从热力学去改变化学平衡来达到目的，而只可能从反应动力学方面去努力。即要寻求一种选择性催化剂，加速反应式（6-1)，同时抑制其他反应进行。长时期的实验研究证明，铂是最好的选择性催化剂。

氨在催化氧化过程中被氧化的程度，用氨氧化率来表示，是指氧化生成NO的耗氨量与入系统总氨量的百分比率。

氨催化氧化反应为气固相催化反应，包括：反应物的分子从气相主体扩散到催化剂表面；在催化剂表面进行化学反应；生成物从催化剂表面扩散到气相主体等阶段。据研究表

明，气相中氨分子向铂网表面的扩散是整个过程最慢的一步，即过程的控制步骤。诸多学者认为氨的催化氧化反应速率是外扩散控制。该反应速率极快，生产条件下，在10^{-4}s时间内可以完成，是高速化学反应之一。

2. 氨氧化催化剂

目前，氨氧化催化剂有两大类：一类是以金属铂为主体的铂系催化剂，另一类是以其他金属如铁、钴为主体的非铂系催化剂。但对于非铂系催化剂，由于技术及经济上的原因，节省的铂费用往往抵消不了由于氧化率低造成的氨消耗，因而非铂催化剂未能在工业上大规模应用。此处仅介绍铂系催化剂。

(1) 化学组成　纯铂具有催化能力，但易损失。一般采用铂铑合金。在铂中加入10%左右的铑，不仅能使机械强度增加、铂损失减少，而且活性较纯铂要高。由于铑价格更昂贵，有时也采用铂铑钯三元合金，其常见的组成为铂93%、铑3%、钯4%。也有采用铂铱合金，铂99%、铱1%，其活性也很高。铂系催化剂即使含有少量杂质（如铜、银、铅，尤其是铁），都会使氧化率降低，因此，用来制造催化剂的铂必须很纯净。

(2) 形状　铂系催化剂不用载体，因为用了载体后，铂难以回收。为了使催化剂具有更大的接触面积，工业上将其做成丝网状。

(3) 铂网的活化、中毒和再生　新铂网表面光滑而且具有弹性，活性较小。为了提高铂网活性，在使用之前需进行“活化”处理，其方法是用氢气火焰进行烘烤，使之变得疏松、粗糙，从而增大了接触表面积。

铂与其他催化剂一样，气体中许多杂质会降低其活性。空气中的灰尘（各种金属氧化物）和氨气中可能夹带的铁粉和油污等杂质，遮盖在铂网表面，会造成暂时中毒。H_2S也会使铂网暂时中毒，但水蒸气对铂网无毒害，仅会降低铂网的温度。为了保护铂催化剂，气体必须经过严格净化。虽然如此，铂网还是随着时间的增长而逐渐中毒，因而一般在使用3～6个月后就应进行再生处理。

再生的方法是把铂网从氧化炉中取出，先浸在10%～15%的盐酸溶液中，加热到60～70℃，并在这个温度下保持1～2h，然后将网取出用蒸馏水洗涤到水呈中性为止，再将网干燥并在氢气火焰中加以灼烧。再生后的铂网，活性可恢复到正常。

(4) 铂的损失与回收　铂网在使用中受到高温和气流的冲刷，表面会发生物理变化，细粒极易被气流带走，造成铂的损失。铂的损失量与反应温度、压力、网径、气流方向以及作用时间等因素有关。一般认为，当温度超过880～900℃，铂损失会急剧增加。在常压下氨氧化时铂网温度通常取800℃左右，加压下取880℃左右。铂网的使用期限一般约在两年或更长一些时间。

由于铂是高价的贵金属，目前工业上有机械过滤法、捕集网法和大理石不锈钢筐法可以将铂加以回收。捕集网法是采用与铂网直径相同的一张或数张钯-金网（含钯80%，金20%），作为捕集网置于铂网之后。在750～850℃下被气流带出的铂微粒通过捕集网时，铂被钯置换。铂的回收率与捕集网数、氨氧化的操作压力和生产负荷有关。常压时，用一张捕集网可回收60%～70%的铂；加压氧化时，用两张网可回收60%～70%的铂。

3. 氨催化氧化的工艺条件

在确定氨催化氧化工艺条件时首先应保证高的氧化率，因为硝酸成本中原料氨所占比重很大，提高氧化率对降低氨的消耗非常重要。以前氨的氧化率一般为96%左右，随着技术的进步，常压下可达97%～98.5%，加压可达96%～98%。其次，应有尽可能大的生产强度。此外还必须保证铂网损失少，最大限度地提高铂网工作时间，保证生产的高稳定性和安全等。

(1) 温度　在不同温度下，氨氧化后的反应生成物也不同。低温时，主要生成的是氮气，650℃时，氧化反应速率加快，氨氧化率达 90%；700～1000℃时，氨氧化率为 95%～98%；温度高于 1000℃时，由于一氧化氮分解，氨氧化率反而下降。在 650～1000℃范围内，温度升高，反应速率加快，氨氧化率也提高。但是温度太高，铂损失增大，同时对氧化炉材料要求也更高。因此一般常压氧化温度取 750～850℃，加压氧化取 870～900℃为宜。

(2) 压力　由于氨催化氧化生成一氧化氮的反应是不可逆的。因此改变压力不会改变一氧化氮的平衡产率。在工业生产条件下，加压时氧化率比常压时氧化率低 1%～2%。如果要提高加压下的氨催化氧化率，必须同时提高温度。铂网层数由常压氧化用 3～4 层网提高到加压氧化用 16～20 层，氨催化氧化率可达到 96%～98%，与常压氧化接近。同时氨催化氧化压力的提高，还会使混合气体体积减小，处理气体量增加，故提高了催化剂生产强度。比如常压氧化每公斤铂催化剂每昼夜只氧化 1.5t 氨，而在 0.9MPa 压力下可提高到 10t。此外，加压氧化比常压氧化设备紧凑，投资费用少。

但加压氧化气流速度较大，气流对铂网的冲击加剧，加之铂网温度较高，会使铂网机械损失增大。一般加压氧化比常压氧化铂的机械损失大 4～5 倍。

实际生产中，常压和加压氧化均可采用，加压氧化常用 0.3～0.5MPa 压力，但也有采用更高压力的，国外氧化压力有的高达 1MPa。

(3) 接触时间　接触时间应适当。时间太短，氨气来不及氧化，致使氧化率降低；但若接触时间太长，氨在铂网前高温区停留过久，容易被分解为氮气，同样也会降低氨氧化率。

为了避免氨过早氧化，常压下气体在接触网区内的流速不低于 0.3m/s。加压操作时，由于反应温度较高，宜采用大于常压时的气速。但最佳接触时间一般不因压力而改变。故在加压时增加网数的原因就在于此。一般接触时间在 10^{-4}s 左右。

另外，催化剂的生产强度与接触时间有关。在其他条件一定时，铂催化剂的生产强度与接触时间成反比，即与气流速度成正比。从提高设备的生产能力考虑，采用较大的气速是适宜的。尽管此时氧化率比最佳气速（一定温度、压力、催化剂及起始组成条件下，氧化率最大时所对应的气速）时稍有减小，但从总的经济效益衡量是有利的。工业上选取的生产强度（以 NH_3 计）多控制在 600～800kg/(m^2·d)，见图 6-1。

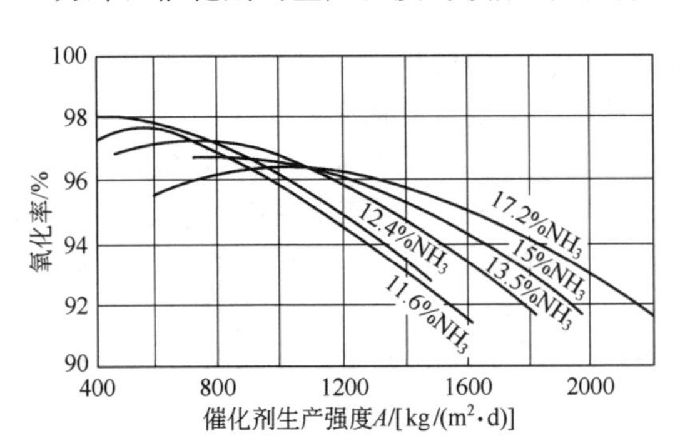

图 6-1　在 900℃时，氧化率与催化剂生产强度、混合气中氨含量的关系

(4) 混合气体的组成　选择混合气体的组成时，最主要是氨的初始组成 c_0。同时还应考虑初始氨含量和水蒸气存在的影响。氨氧化成一氧化氮，理论上的氧氨比可由反应式 $4NH_3+5O_2 \longrightarrow 4NO+6H_2O$ 来确定，即氧氨比为 1.25。

若采用氨-空气混合物，最大氨含量为：

$$NH_3\ 含量=\frac{\frac{21}{1.25}}{100+\frac{21}{1.25}}\times 100\%=14.4\%$$

实践证明，氨浓度为 14.4%（即 $O_2/NH_3=1.25$），氨的氧化率只有 80%左右，而且有发生爆炸的危险。氧含量增加，有利于一氧化氮的生成，但也不能无限制地增加，要增加混合气体中氧含量，加入空气量就多，带入氮气也多，使混合气体中氨浓度下降，炉温下降，生产能力降低，动力消耗增加。当 O_2/NH_3 比值为 1.7～2.0 范围内，氨氧化率最高。此时混合气体中氨浓度为9.5%～11.5%。

混合气体组成对氨氧化率的影响见图6-2。氧化率与氧氨比曲线是根据900℃所得的数据绘制而成。曲线1表示完全按式（6-1）反应进行的理想情况，曲线2表示实际情况。由图6-2可知，当氧氨比值小于1.7时，随着氧氨比增大，氧化率急剧上升。氧氨比大于2时，氧化率随氧氨比增大而增加极小。

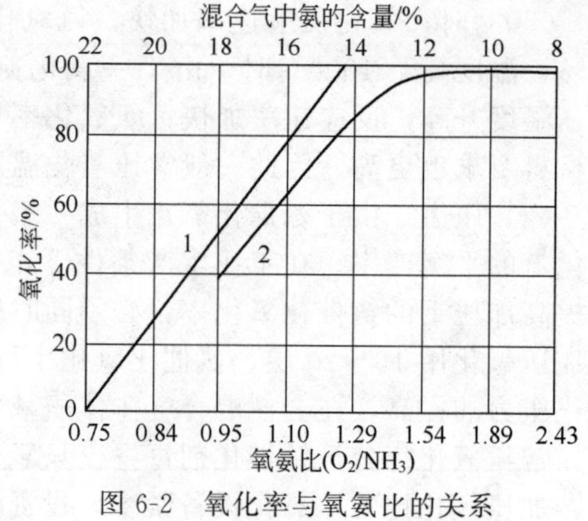

图6-2　氧化率与氧氨比的关系

1—理论情况；2—实际情况

考虑到一氧化氮还要进一步氧化生成二氧化氮，并用水吸收制成硝酸。故在氮氧化物混合气体中必须要有足够的氧，一般在透平压缩机或吸收塔入口补充二次空气。若吸收后尾气中含氧保持在3%～5%，则二氧化氮（NO_2）吸收率最高。这说明控制氨-空气混合气体的组成，不仅要考虑到氧氨化，而且还应考虑到硝酸生产的其他过程。

理论上需氧量由下式可知

$$NH_3+2O_2 = HNO_3+H_2O$$

此时O_2/NH_3比值为2，则混合气体中氨浓度为

$$\frac{\frac{21}{2}}{\frac{21}{2}+100}\times 100\%=9.5\%$$

这说明氨-空气中氨浓度超过9.5%时，透平压缩机入口或吸收塔入口必须补充二次空气。

若不降低氧氨比，又要提高混合气体中氨含量，以满足高氧化率和高生产能力，可采用氨富氧空气混合物。但氨浓度不能超过12.5%～13.0%，否则，就会形成爆炸气体。

（5）爆炸及其防止　氨-空气混合气和其他可燃气体一样，当氨浓度在一定范围内，能着火爆炸。这一范围的上下限称爆炸极限。当氨-空气混合气体中氨浓度大于14%，温度在800℃以上时具有爆炸危险。影响爆炸的因素如下。

① 爆炸前的温度　由表6-2可知，温度增高时，爆炸极限变宽。即温度升高，爆炸危险性增大。

表6-2　氨-空气混合气的爆炸极限

气体火焰方向	爆炸极限(以NH_3计)/%				
	18℃	140℃	250℃	350℃	450℃
向上	16.1～26.6	15～28.7	14～30.4	13～32.2	12.3～33.9
水平	18.2～25.6	17～27.5	15.9～29.6	14.7～31.1	13.5～33.1
向下	不爆炸	19.9～26.3	17.8～28.2	16～30	13.4～32.0

② 混合气体的流向　由表6-2可以看出，气体自上而下通过氨氧化炉时，爆炸极限变窄。

③ 氧含量　由表6-3可以看出，含氧量越高，爆炸极限越宽。

④ 压力　对氨-氧混合气体，压力越高，越易爆炸。如在0.1MPa压力时爆炸极限下限为13.5%，在0.5MPa压力时，为12%。但对氨-空气混合物则压力影响不大，在0.1～1MPa之间，下限均为15%。

表 6-3 NH_3-O_2-N_2 混合气的爆炸极限

NH_3-O_2-N_2 混合气中的氧含量/%		20	30	40	50	60	80	100
爆炸极限(NH_3 含量)/%	最低	22	17	18	19	19	18	13.5
	最高	31	46	57	64	69	77	82

⑤ 容器的表面积与容积之比　比值越大，散热越快，越不易爆炸。

⑥ 可燃气体的存在　可燃气体的存在会增加爆炸威力，例如氨-空气混合气体中有2.2%的氢气，便会使混合气体中氨的着火浓度下限从16.1%降至6.8%。

⑦ 水蒸气的存在　在混合气体中有大量水蒸气存在时，氨的爆炸极限变窄。因此在氨-空气混合气体中加入一定量水蒸气可减少爆炸危险。

综上所述，为防止爆炸，在生产中应严格控制操作条件，设计上应保证氧化炉结构合理，使气流均匀通过铂网。

4. 氨氧化炉

氨氧化炉是氨催化氧化过程的主要设备。对它的基本要求是：氨-空气混合气体能均匀通过催化剂层；为了减少热量损失，应在保证最大接触面积下尽可能缩小体积；结构简单，便于拆卸、检修。过去，氧化炉多采用由上下两个圆锥体和中间为圆柱体组成的炉型。锥体角度一般为67°～70°。

近年来多采用氧化炉-废热锅炉联合机组，可有效地回收热量。其结构如图6-3所示。氧化炉直径为3.0m，采用5张铂-铑-钯网和1张纯铂网，网丝直径0.6mm，每平方厘米孔数为1024，在0.35MPa下操作，氧化率达98%，上段为氧化段，中段为过热段，下段为列管换热器。氨-空气混合气由顶部进入，经气体分布板、铝环和不锈钢环，在铂网上进行反应。氮氧化物经蒸汽过热段、下部列管换热器，本身温度降至240℃左右，由底部排出。上部氧化段与一般锥形炉不同，炉体近似于球形，网上部设置的填料层主要是为了使气流分布均匀。网的支承托架用不锈钢管，炉内设置有电点火器及氢气盘管。该装置生产能力大，铂网生产强度高，设备余热利用好，锅炉部分阻力小，操作方便。

二、一氧化氮的氧化

氨氧化后的NO继续氧化，便可得到氮的高价氧化物NO_2、N_2O_3和N_2O_4。

$$2NO+O_2 \longrightarrow 2NO_2 \qquad \Delta H=-112.6\text{kJ} \tag{6-7}$$

$$NO+NO_2 \longrightarrow N_2O_3 \qquad \Delta H=-40.2\text{kJ} \tag{6-8}$$

$$2NO_2 \longrightarrow N_2O_4 \qquad \Delta H=-56.9\text{kJ} \tag{6-9}$$

上述三个反应都是可逆放热反应，反应后物质的量减少。所以，从平衡角度考虑，降低温度、增加压力，有利于NO氧化反应的进行。

NO氧化的反应速率主要与NO的氧化度[α(NO)]、温度和压力有关。α(NO)增大，反应速率减慢。α(NO)较小时，反应速率减慢的幅度也较小；α(NO)较大时，反应速率减慢的幅度增大。当其他条件不变时，降低温度，可加快反应速率。当其他条件一定，增加压力，可大大加快反应速率。

综上可知，压力高、温度低利于NO的氧化，这也是吸收所需的良好条件。氮氧化物在氨氧化部分经余热回收后，一般可冷却至200℃左右，为了使NO进一步氧化，需将气体进一步冷却，且温度越低越好。但气体中由于含有水蒸气，在达到露点时，水蒸气开始冷凝，会有部分氮氧化物溶解在水中形成冷凝酸。这样降低了气体中氮氧化物浓度，不利于以后的吸收操作。

为了解决这一问题，必须将气体快速冷却，使其中的水分很快冷凝。同时，使NO来不

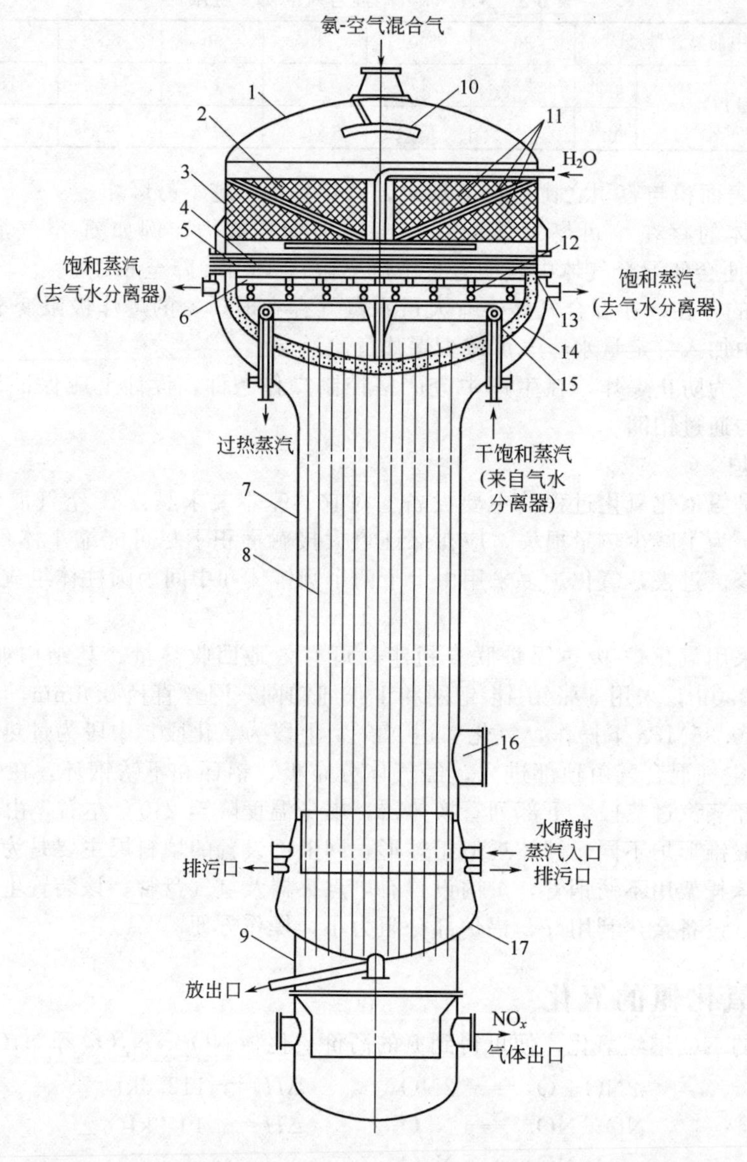

图 6-3　大型氧化炉-废热锅炉联合机组结构

1—氧化炉炉头；2—铝环；3—不锈钢环；4—铂-铑-钯网；5—纯铂网；6—石英管托网架；7—换热器；8—列管；9—底；10—气体分布板；11—花板；12—蒸汽加热器（过热器）；13—法兰；14—隔热层；15—上管板（凹形）；16—人孔；17—下管板（凹形）

及充分氧化成 NO_2，减少 NO_2 的溶解损失。工业上一般采用快速冷却器冷却氮氧化物气体。

经过快速冷却器后，混合气体中大部分水分被除去。此时，就可以进行一氧化氮的氧化，一氧化氮氧化可在气相或液相中进行，故分为干法氧化和湿法氧化两种。

① 干法氧化　将气体送入氧化塔，使气体在氧化塔中有足够的停留时间，从而达到一定的氧化度。氧化可在室温下进行。氧化是一个放热过程，为了强化氧化反应，可采用冷却除去热量。有的工厂不设氧化塔，输送氮氧化物气体的管道就相当于氧化设备。

② 湿法氧化　将气体送入塔内，塔顶喷淋较浓的硝酸，一氧化氮与氧气在气相空间，

液相内和气液界面均能进行氧化反应，大量的喷淋酸可以移走氧化放出的热量，从而加快了氧化速率。当气体中 NO 的氧化度达到 70%～80%时，即可进行吸收制酸操作。

三、氮氧化物的吸收

除一氧化氮外，其他氮氧化物均能与水作用：

$$2NO_2+H_2O \longrightarrow HNO_3+HNO_2 \qquad \Delta H=-116.1kJ \tag{6-10}$$

$$N_2O_4+H_2O \longrightarrow HNO_3+HNO_2 \qquad \Delta H=-59.2kJ \tag{6-11}$$

$$N_2O_3+H_2O \longrightarrow 2HNO_2 \qquad \Delta H=-55.7kJ \tag{6-12}$$

在吸收过程中，N_2O_3 含量极少，因此式（6-12）可以忽略。此外，HNO_2 只有在 0℃以下及浓度极小时才较稳定，在工业生产条件下，它会迅速分解：

$$3HNO_2 \longrightarrow HNO_3+2NO+H_2O \qquad \Delta H=75.9kJ \tag{6-13}$$

综合式(6-10）和式(6-13)，用水吸收氮氧化物的总反应式可概括为：

$$3NO_2+H_2O \longrightarrow 2HNO_3+NO \qquad \Delta H=-136.2kJ \tag{6-14}$$

因此，在氮氧化物的吸收过程中，NO_2 的吸收和 NO 氧化同时交叉进行。由此可见，用水吸收 NO_2 时，只有 2/3 的 NO_2 转化为 HNO_3，而 1/3 的 NO_2 转化为 NO。工业生产中，需将这部分 NO 重新氧化和吸收。

吸收反应式(6-14）为放热的及分子数减少的可逆反应。由化学平衡基本原理，提高压力降低温度对平衡有利。尽管低温、高压有利于硝酸的生成，但受平衡所限，一般条件下，用硝酸水溶液吸收氮氧化物气体，成品酸所能达到的浓度是有一定限制的，常压法制得硝酸的浓度不超过 50%；加压法制得硝酸的浓度不超过 70%。

用水吸收氮氧化物制造稀硝酸可分为常压吸收和加压吸收两种流程。反应中放出的大量热，可采用直接或间接冷却方式除去。在吸收系统的前部，反应热较多，此处要求较大的冷却面积；在吸收系统的后部，反应热较少，相应的冷却设备面积可以小些，以至于在最后可以利用自然冷却来清除热量；对于加压吸收，一般选用 1～2 个吸收塔；常压吸收则要用 6～8 个吸收塔，以保证获得一定浓度的稀硝酸。由于常压法吸收热是靠大量循环酸除去的，若只用一个吸收塔，势必要求塔顶喷淋酸浓度高，硝酸液面的平衡分压较大，相应的尾气中氮氧化物含量增高，致使总吸收度降低。因此，通常总是采用若干个塔来吸收氮氧化物，吸收塔按气液逆流方式组合，即后一个塔的吸收液，经冷却后逐一向前一个塔转移。第一及第二吸收塔为成品酸产出塔。

工业生产中，成品酸浓度越高，氮氧化物溶解量越大，酸呈现黄色。为了减少酸中氮氧化物损失及提高成品酸的质量，需要在成品酸被送往酸库之前，将酸中溶解的氮氧化物解吸出来，这一工序称为“漂白”。

四、硝酸尾气的处理

酸吸收后，尾气中仍含有残余的氮氧化物，含量多少取决于操作压力。如果将尾气直接放空，势必造成氮氧化物损失和氨耗增加，不仅提高了生产成本，而且严重污染大气环境。因此，尾气放空之前必须严格处理。

国际上对硝酸尾气排放标准日趋严格，一般 NO_x 排放浓度不得大于 0.02%（质量分数）。为此，人们对硝酸尾气治理做了大量研究工作，开发了多种治理方法，归纳起来有 3 类，即溶液吸收法、固体吸附法和催化还原法。

1. 溶液吸收法

吸收剂一般用碱的水溶液，其中用得最多的是碳酸钠，此法简单易行、处理量大，适用于含氮氧化物量多的尾气处理。但难以将尾气中氮氧化物降至 0.02%以下。碳酸钠溶液吸

收后，可生成有用的副产品 $NaNO_2$ 和 $NaNO_3$。其反应如下

$$Na_2CO_3 + N_2O_3 \longequal 2NaNO_2 + CO_2 \tag{6-15}$$

$$Na_2CO_3 + 2NO_2 \longequal NaNO_2 + NaNO_3 + CO_2 \tag{6-16}$$

2. 固体吸附法

这种方法是以分子筛、硅胶、活性炭和离子交换树脂等固体物质作吸附剂。其中活性炭的吸附容量最高，分子筛次之，硅胶最低。当吸附剂失效后，可用热空气或蒸汽再生。

此法优点是净化度高，同时又能回收氮氧化物。缺点是吸附容量低。当尾气中 NO_x 含量高时，吸附剂需要量很大，且吸附再生周期短。因此，该方法在工业上未能得到广泛应用。

3. 催化还原法

催化还原法的特点是脱除 NO_x 效率高，并且不存在溶液吸收法伴生副产品及废液的处理问题。气体在加压时，还可以采用尾气膨胀透平回收能量，是目前被广泛采用的硝酸尾气治理方法之一。

催化还原法依还原气体不同，可分为选择性还原和非选择性还原两种方法。前者采用氨作还原剂，以铂为催化剂，将 NO_x 还原为 N_2

$$8NH_3 + 6NO_2 \longequal 7N_2 + 12H_2O \tag{6-17}$$

$$4NH_3 + 6NO \longequal 5N_2 + 6H_2O \tag{6-18}$$

非选择性还原法是在催化剂存在下将尾气中的 NO_x 和 O_2 一同除去。还原气体可采用天然气、炼厂气及其他燃料气，以甲烷为例，其反应为

$$CH_4 + 2O_2 \longequal CO_2 + 2H_2O \tag{6-19}$$

$$CH_4 + 4NO_2 \longequal 4NO + CO_2 + 2H_2O \tag{6-20}$$

$$CH_4 + 4NO \longequal 2N_2 + CO_2 + 2H_2O \tag{6-21}$$

非选择性还原最好的催化剂是钯与铂。

五、稀硝酸生产的工艺流程

目前生产稀硝酸有十多种大同小异的工艺流程，可因操作压力的不同而分为三种类型。

① 常压法　氨氧化和氮氧化物的吸收均在常压下进行。该法压力低，氨氧化率高，铂消耗低，设备结构简单，吸收塔除可采用不锈钢外，也可采用花岗石、耐酸砖或塑料。缺点是成品酸浓度低，尾气中氮氧化物浓度高，需经处理才能放空，吸收容积大，占地多，故投资大。

② 全加压法　氨氧化及氮氧化物吸收均在加压下进行，又可分为中压（0.2～0.5MPa）与高压（0.7～0.9MPa）两种。该法吸收率高，成品酸浓度高，尾气中氮氧化物浓度低，吸收容积小，能量回收率高。但氨在加压下氧化，氧化率略低，铂损失较高。

③ 综合法　该法氨氧化与氮氧化物的吸收在两个不同压力下进行，可分为常压氧化、中压吸收及中压氧化、高压吸收两种流程。此法集中了前两种方法的优点。氨消耗、铂消耗低于全加压法，不锈钢用量则低于中压法。如果采用较高的吸收压力和较低的吸收温度，成品酸浓度一般可达60%，尾气中氮氧化物含量低于0.02%，不经处理即能直接放空。

尽管稀硝酸生产流程很多，衡量一个流程的优劣，应根据实际条件的不同（如规模、成品酸浓度要求、氨原料成本及公用工程费用等），采用不同流程。如美国由于氨价格低，大多采用全加压法以减少设备的投资来补偿由于氨与铂消耗较高而增加的费用。欧洲氨价高，多采用综合法。国内早期多采用常压法，目前主要是综合法和全加压法，本书仅介绍全加压法和综合法。

1. 全加压法稀硝酸生产的工艺流程

全加压法生产稀硝酸的工艺流程如图 6-4 所示。

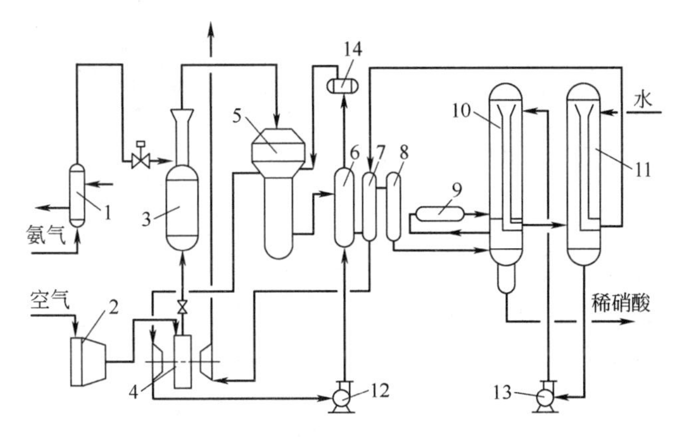

图 6-4 全加压法生产稀硝酸工艺流程

1—氨气预热器；2—空气过滤器；3—素瓷过滤器；4—空气压缩机；
5—氧化炉-废热锅炉联合装置；6—锅炉给水加热器；7—尾气预热器；
8—水冷却器；9—快速冷却器；10—第一吸收塔；11—第二吸收塔；
12—锅炉水泵；13—稀硝酸泵；14—气水分离器

该流程中氨的氧化与酸的吸收都在加压下进行。空气由空气压缩机加压到 0.35～0.4MPa，大部分在文丘里管与氨气混合，另一部分供第一吸收塔下部漂白区脱除成品酸中的氮氧化物用。

氨-空气混合气中氨含量维持在 10%～11%，进入氧化炉-废热锅炉联合装置的上部经铂网催化氧化。氧化炉中装有 6 层铂网，反应温度维持在 840℃左右，氧化后气体经废热锅炉后温度降低。废热锅炉副产蒸汽，供空气压缩机的透平作为动力。

由废热锅炉出来的氮氧化物气体再经水加热器、尾气预热器和水冷却器进一步冷却至 50℃，进入第一吸收塔下部的氧化段，使一氧化氮氧化成二氧化氮，冷却至 50℃的二氧化氮气体在第一吸收塔的吸收段与由第二吸收塔来的 10%～11%稀硝酸逆流接触，生成 50%～55%的稀硝酸。吸收后的气体经尾气预热器换热后送至尾气透平回收能量，然后经排气筒放空。

该流程的特点是：空气过滤器中装填有泡沫塑料，二次净化再用素瓷过滤器，故净化度高；采用大型氧化炉-废热锅炉联合装置，副产 1.4MPa 的饱和蒸汽和 2.5MPa 的过热蒸汽；采用快速冷却器，用液氨使气体迅速冷却到 50℃，然后返回吸收塔，吸收率可达 99%以上；此外还考虑了能量回收问题。

2. 综合法稀硝酸生产流程

常压下氨氧化、加压下酸吸收的综合法生产稀硝酸工艺流程见图 6-5。

空气通过罗茨鼓风机送入水洗涤塔和粗毛呢过滤器，除去机械杂质和化学杂质。来自合成氨系统的气氨，在氨过滤器中除去油污和机械杂质后，在混合器与净化过的空气混合，使氨的浓度在 10.5%～12%。混合后的氨-空气混合气体经纸板过滤器进氧化炉。

温度为 760～800℃的 NO 气体从氧化炉引出后直接进入废热锅炉回收热量，NO 气体被冷却到 180℃，然后在快速冷却器中（气体停留时间为 0.1～0.2s）被冷却到 40℃，随着温度的降低，有少量的 NO 被氧化后溶于水蒸气冷凝液，因而有浓度为 2%～3%的稀硝酸生成，故应随时用酸泵将它送到吸收塔。出快速冷却器的气体，再通过冷却器用水冷却，进一

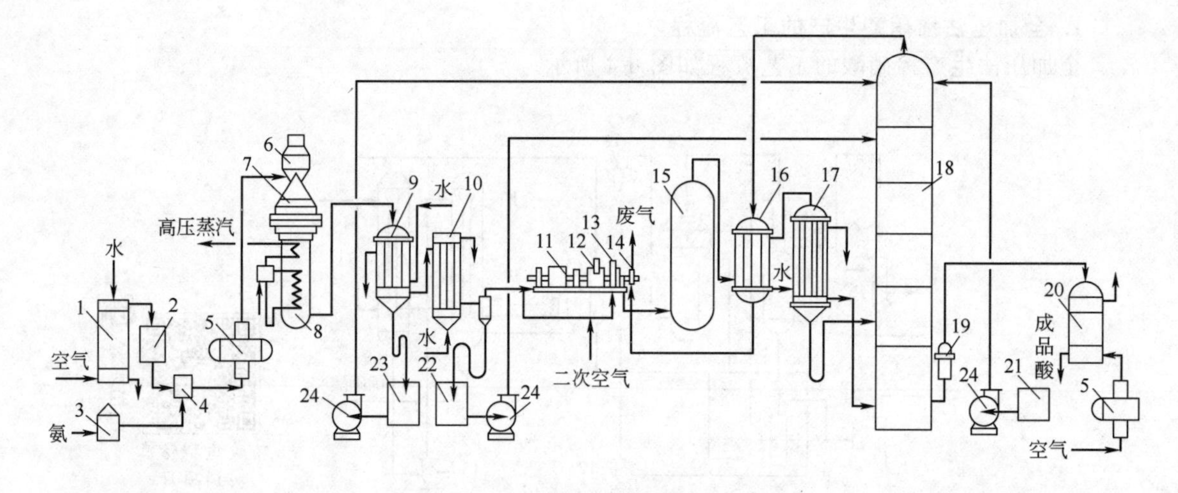

图 6-5 综合法生产稀硝酸工艺流程

1—水洗涤塔；2—呢袋过滤器；3—氨气过滤器；4—氨-空气混合器；5—罗茨鼓风机；6—纸板过滤器；7—氧化炉；8—废热锅炉；9—快速冷却器；10—冷却冷凝器；11—电机；12—减速箱；13—透平压缩机；14—透平膨胀机；15—氧化塔；16—尾气预热器；17—水冷却器；18—酸吸收塔；19—液面自动调节器；20—漂白塔；21—冷凝液贮槽；22—25%～30% HNO_3 贮槽；23—2%～3% HNO_3 贮槽；24—酸泵

步降低气体温度和除去水分。在此，有浓度为 25%～30%的稀硝酸生成，这部分冷凝酸亦用酸泵送到与稀硝酸浓度相应的吸收塔的塔板上。

已冷却到 30℃的气体通过透平压缩机从常压升到 0.34MPa 压力，温度为 120～130℃，然后送入一氧化氮氧化塔，使一氧化氮氧化度达 70%左右。由于大量反应热的产生，使气体温度升高到 200℃，因而须将气体通过尾气预热器和水冷却器加以冷却，再送入吸收塔底部。

生产硝酸所用吸收剂由塔顶部加入，吸收二氧化氮后生成硝酸，经过漂白塔将溶解在酸中的氮氧化物用空气吹出，然后送入成品酸贮槽。

吸收塔顶出来的尾气，压力为 0.255～0.275MPa，经过尾气预热器预热到 160～180℃，送入透平膨胀机，膨胀到 0.0981MPa，此时要回收 30%～35%的能量，最后排入大气。

该流程的特点：常压氧化，加压吸收，产品酸浓度为 47%～53%；采用氧化炉与废热锅炉联合装置，因而设备紧凑，节省管道，可减少热损失，使热量得到充分利用；采用带有透平装置的压缩机，使电能消耗降低；采用泡沫筛板吸收塔，吸收率高，可达 98%；与常压吸收相比较，吸收容积大为减小，因而设备费用降低，但纸板过滤器易烧坏。

第二节 浓硝酸的生产

浓硝酸（HNO_3 浓度高于 96%）的工业生产方法有三种：一是在有脱水剂的情况下，将稀硝酸蒸馏的间接法；二是将氮氧化物、氧和水合成的直接法；三是包括氨氧化，超共沸酸（75%～80% HNO_3）生产和精馏的直接法。

一、用稀硝酸制造浓硝酸

浓硝酸不能由稀硝酸直接蒸馏制取，因为 HNO_3 和 H_2O 会形成二元共沸物。由图 6-6 可知，在 0.1MPa 下，共沸点温度为 120.05℃，硝酸浓度为 68.4%。

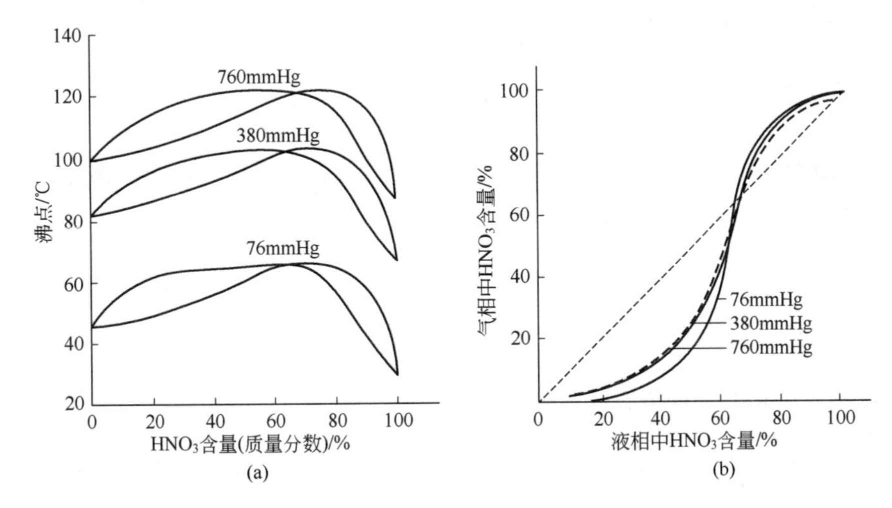

图 6-6 HNO_3-H_2O 系统的沸点、组成与压力的关系

1mmHg＝133.322Pa

也就是说，采用直接蒸馏稀硝酸的方法，最高只能得到 68.4％的硝酸。要想得到 96％以上的浓硝酸，必须借助于脱水剂以形成水-硝酸-脱水剂三元混合物，从而破坏硝酸与水的共沸组成，然后蒸馏才能得到浓硝酸。

对脱水剂的要求是：能显著降低硝酸液面上的水蒸气分压，而其本身蒸气压极小；热稳定性好；不与硝酸发生反应，且易与硝酸分开，以便于循环使用；对设备腐蚀性小；来源广泛，价格便宜。

工业上常用的脱水剂有浓硫酸和碱土金属的硝酸盐。其中以硝酸镁最为普遍。将硝酸镁溶液或浓硫酸加入稀硝酸中，生成 HNO_3-H_2O-$Mg(NO_3)_2$ 或 HNO_3-H_2O-H_2SO_4 的三元混合物，硝酸镁吸收稀硝酸中的水分，使水蒸气分压大大降低。加热此三元混合物蒸馏出 HNO_3，其浓度比共沸组成高许多，因此，可通过精馏制得浓硝酸。

二、直接合成法制浓硝酸

直接合成法是利用液态 N_2O_4 与 O_2 和 H_2O 直接反应来生产浓硝酸，其反应式为

$$2N_2O_4(l)+O_2(g)+2H_2O(l) = 4HNO_3 \qquad \Delta H=-78.9kJ \qquad (6\text{-}22)$$

其生产包括五个基本工艺步骤。

1. 氨的催化氧化

这一过程与稀硝酸生产情况相同，得到含 NO 的混合气体。

2. 氮氧化物气体的冷却和过量水分的除去

制硝酸的总反应式为

$$NH_3+2O_2 = NO+1.5H_2O+0.75O_2 = HNO_3+H_2O \qquad (6\text{-}23)$$

从反应看出，如果不将多余的生成的水分除去，则只能得到 77.8％的硝酸，故应除去多余的水。其方法是将氮氧化物气体经过快速冷却器（停留时间为 0.1～0.3s）以除去大量的水，并使氮氧化物尽量少溶于冷凝液中。

3. 一氧化氮的氧化

一氧化氮的氧化分两步进行，首先是和空气中的氧反应，使氧化度达 90％～93％。未被氧化的一氧化氮和浓硝酸（98％HNO_3）进行湿法氧化，使最终氧化度达 99％，而硝酸浓度降至 70％～75％。

4. 液态四氧化二氮的制备

(1) 用硝酸吸收　由于氮氧化物混合气体中二氧化氮浓度只有10%左右，其分压很低。在加压下直接冷凝制液态四氧化二氮，不仅冷凝效果差，而且能量消耗也高。改进的办法是在冷凝前，先提高混合气体中二氧化氮浓度。

二氧化氮在低温时，在硝酸中有较大的溶解度。工业生产中，用浓硝酸于低温将 NO_2 吸收制得发烟硝酸。

(2) 发烟硝酸中二氧化氮的解吸　将发烟硝酸加热到沸点，溶解在硝酸溶液中的二氧化氮就会被解吸。

(3) 二氧化氮冷凝成液态四氧化二氮　先后用冷却水和低温盐水将解吸出的 NO_2 冷却冷凝，即得到液态 N_2O_4。

5. 由液态四氧化二氮直接合成浓硝酸

直接合成浓硝酸的总反应方程式：

$$2N_2O_4(l)+2H_2O(l)+O_2(g) \longrightarrow 4HNO_3(l) \quad \Delta H=-78.9kJ \tag{6-24}$$

实际上，反应过程与制造稀硝酸相似，由以下步骤构成：

$$N_2O_4+H_2O \longrightarrow HNO_3+HNO_2 \quad \Delta H=-59.2kJ \tag{6-25}$$

$$3HNO_2 \longrightarrow HNO_3+2NO+H_2O \quad \Delta H=79.9kJ \tag{6-26}$$

$$2NO+O_2 \longrightarrow 2NO_2 \longrightarrow N_2O_4 \quad \Delta H=180.3kJ \tag{6-27}$$

要使整个反应向生成硝酸方向进行，从式(6-25)可知，提高压力，降低温度有利；而对反应式(6-26)，提高温度和加强搅拌有利；对反应式(6-27)，提高压力，增加氧浓度和降低温度有利。当氧含量和压力很高时，即使温度很高，对反应式(6-27)影响并不大。同样在高温及有搅拌的情况下，压力对亚硝酸的分解反应影响很小。

综上所述，有利于直接合成浓硝酸反应的条件是提高反应压力，控制一定温度，采用过量四氧化二氮及高纯度的氧，并进行充分搅拌。

工业上一般采用压力为5MPa，温度为70～80℃，N_2O_4/H_2O 为6.82，氧的实际用量与理论用量之比为1.5～1.6。

三、超共沸酸精馏制取浓硝酸

此方法的生产过程主要包括氨的氧化、超共沸酸的制造和精馏三个部分，而此方法与其他方法不同的主要之处是共沸酸的制造。

氨与空气在常压下进行氧化，反应生成的氮氧化物气体被冷却。形成的冷凝酸浓度尽量低于2%。氮氧化物气体经氧化塔与60%硝酸接触，NO被氧化生成 NO_2。硝酸按下式反应分解为 NO_2，从而增加了气体中 NO_2 浓度。

$$2HNO_3+NO \longrightarrow 3NO_2+H_2O$$

然后在氮氧化物气体中加入含 NO_2 的二次空气，并加压到0.6～1.3MPa。这时氮氧化物气体分压较高，在第一吸收塔用共沸硝酸进行吸收，生成80%HNO_3 的超共沸硝酸。氮氧化物气体经第一吸收塔吸收后，残余的 NO_2 经第二吸收塔进一步吸收，尾气经预热、回收能量后排出。由第二吸收塔出来的含有 NO_2 的稀硝酸进入解吸塔，NO_2 在此被二次空气吹出。

超共沸酸用二次空气在解吸塔脱除 NO_2 后，送入精馏塔，在顶部得到浓硝酸，底部为近似共沸酸浓度的硝酸，此酸被循环再浓缩。

资料扫一扫

中国硝酸工业的发展

思考与练习

1. 氨催化氧化过程的反应有哪些？为何要采用催化？

2. 氨催化氧化催化剂有哪些种类？铂催化剂的成分一般有哪些？为何不采用纯铂？
3. 使铂催化剂中毒的物质主要有哪些？
4. 氨催化氧化的温度、压力、接触时间及气体组成是如何确定的？
5. 影响氨-空气混合物爆炸极限的因素有哪些？如何影响？
6. 一氧化氮氧化的反应有哪几个？什么条件有利于一氧化氮的氧化？
7. 氮氧化物吸收的反应有哪几个？什么条件有利于氮氧化物的吸收？
8. 氮氧化物尾气为何要进行处理？有哪些处理方法？
9. 试述全加压法和综合法生产稀硝酸的工艺流程，它们各有什么特点？
10. 生产浓硝酸有哪几种方法？

第三篇　其他典型无机化工产品

第七章
硫酸

本章教学目标

能力与素质目标

1. 具有分析选择生产工艺条件的能力。
2. 具有识读和绘制生产工艺流程图的能力。
3. 具有分析与处理生产中异常现象并排除故障的初步能力。
4. 具有查阅文献资料的能力。
5. 具有节能减排、降低能耗的意识。
6. 具有安全生产的意识。
7. 具有环境保护和技术经济意识。

知识目标

1. 掌握：硫铁矿焙烧的基本原理；炉气净化和干燥的原理及工艺流程；二氧化硫催化氧化的基本原理、工艺条件的选择及工艺流程；三氧化硫吸收工艺条件的选择及工艺流程。

2. 理解：沸腾焙烧工艺条件的选择及工艺流程；沸腾焙烧炉及二氧化硫转化器的基本结构；二氧化硫转化器的操作分析。

3. 了解：硫酸的性质、生产方法；三氧化硫吸收尾气处理的方法。

第一节　概　述

一、硫酸的性质

纯硫酸（H_2SO_4）是一种无色透明的油状液体，相对密度为 1.8269，几乎比水重 1 倍。工业生产的硫酸系指 SO_3 和 H_2O 以一定比例混合的溶液，而发烟硫酸是其中 SO_3 和 H_2O 摩尔比大于 1 的溶液，发烟硫酸由于 SO_3 蒸气压较大、暴露在空气中，释放出的 SO_3 和空气中的水蒸气迅速结合并凝聚成酸雾而得名。

硫酸浓度以所含 H_2SO_4 的质量分数表示，而发烟硫酸浓度以所含游离 SO_3 或总 SO_3 的质量分数表示。

① 结晶温度　浓硫酸中结晶温度最低的是 93.3%硫酸，结晶温度为－38℃。高于或低于这个浓度的结晶温度都要高。特别应当注意，98%硫酸结晶温度是 0.1℃，99%硫酸结晶温度是 5.5℃，这样的产品酸结晶温度较高。所以，冬季生产时要注意保温防冻，以防浓硫酸结晶，必要时调整产品浓度。

② 硫酸的密度　硫酸水溶液的密度随着硫酸含量的增加而增大，于 98.3%时达到最大值，过后则递减；发烟硫酸的密度也随其中游离 SO_3 含量的增加而增大，SO_3（游离）达 62%时为最大值，继续增加游离 SO_3 含量，则发烟硫酸的密度减小。在生产中，可以通过测定硫酸的结晶温度和密度来测定硫酸的浓度。

③ 硫酸的沸点　硫酸含量在 98.3%以下时，它的沸点是随着浓度的升高而增加的。浓度为 98.3%的硫酸沸点最高（338.8℃），而 100%的硫酸反而在较低的温度（279.6℃）下沸腾。当硫酸溶液蒸发时，它的浓度不断增大，直到 98.3%后保持恒定，不再继续升高。发烟硫酸的沸点，随着游离 SO_3 的增加由 279.6℃逐渐降至 44.4℃。

二、硫酸的生产方法

硫酸的工业生产，基本上有两种方法，即亚硝基法和接触法。亚硝基法又可分为铅室法和塔式法。因亚硝基法存在诸多不足，已全部被接触法所取代。

接触法硫酸生产的原料有多种，其中每一种原料的制酸工艺亦有多种，因此接触法制酸的工艺过程种类很多。原料本身和不同原料的工艺过程各具特色，但从化学途径看，不同原料的制酸过程却是相同的。

硫酸是三氧化硫和水化合后的产物，即

$$SO_3 + H_2O \longrightarrow H_2SO_4 \tag{7-1}$$

水很容易获得，SO_3 相对较难，因此制取 SO_3 是制酸的关键。

由于硫黄及硫化物在空气中易于燃烧，同时生成 SO_2，即

$$S + O_2 \longrightarrow SO_2 \tag{7-2}$$

并在此基础上，使 SO_2 催化氧化，即可获得 SO_3，即

$$SO_2 + \frac{1}{2}O_2 \longrightarrow SO_3 \tag{7-3}$$

这就是说，接触法制造硫酸的化学途径由以上式(7-1)～式(7-3) 三个化学反应构成。生产过程包含以下三个基本工序。

第一，由含硫原料制取含二氧化硫气体。实现这一过程需将含硫原料焙烧，故工业上称之为“焙烧”。焙烧是指将矿石或精矿加热而不熔融的冶金（或化学）过程。

第二，将含二氧化硫和氧的气体催化转化为三氧化硫，工业上称为“转化”。

第三，将三氧化硫与水结合成硫酸。实现这一过程需将转化所得三氧化硫气体用硫酸吸收，工业上称为“吸收”。

不论采用何种原料、何种工艺和设备，以上三个工序必不可少，但工业上具体实现它们还需其他辅助工序。

首先，含硫原料运进工厂后需贮存，在焙烧前需对原料加工处理，以达到一定要求。原料贮存和加工成为必要工序。

如若得到的二氧化硫气体含有矿尘、杂质等，为达到催化剂对二氧化硫气体所含杂质的要求，以及避免矿尘堵塞管道设备等，要求在转化前增设对二氧化硫气体净化的工序。

成品酸在出厂前需要计量贮存，应设有成品酸贮存和计量装置。

另外，在生产中排出含有害物的废水、废气、废渣等，需进行处理后才能排放，因而还需设“三废”处理装置。

除三个基本工序之外，再加上原料的贮存与加工，含二氧化硫气体的净化，成品酸的贮存与计量，“三废”处理等工序才构成一个接触法硫酸生产的完整系统。

实现上述这些工序所采用的设备和流程随原料种类、原料特点、建厂具体条件的不同而变化，主要区别在于辅助工序的多少及辅助工序的工作原理。

硫化氢制酸是一典型的无辅助工序的过程，硫化氢燃烧后得到无催化剂毒物的二氧化硫气体，可直接进入后续转化和吸收工序。

硫黄制酸，如使用高纯度硫黄作原料，整个制酸过程只设空气干燥一个辅助工序。

冶炼烟气制酸和石膏制酸，焙烧处于有色冶金和水泥制作过程之中，所得二氧化硫气体含有矿尘、杂质等，因而需在转化前设置气体净化工序。

中国硫酸工业的发展

硫铁矿制酸是辅助工序最多且最有代表性的化工过程。前述的原料加工、焙烧、净化、吸收、“三废”处理、成品酸贮存和计量工序在该过程中均有。通过对硫铁矿制酸过程中各生产环节的深入了解，可举一反三了解其他原料制酸过程。故在本教材中着重阐述硫铁矿制酸。

第二节　硫铁矿制取二氧化硫炉气

一、硫铁矿焙烧的基本原理

1. 焙烧反应

硫铁矿的焙烧，主要是矿石中的二硫化铁与空气中的氧反应，生成二氧化硫炉气。一般认为，焙烧反应分两步进行。

第一步：硫铁矿在高温下受热分解为硫化亚铁和硫。

$$2FeS_2 = 2FeS + S_2 \qquad \Delta H^{\ominus}_{298} = 295.68kJ \tag{7-4}$$

此反应在400℃以上即可进行，500℃时反应显著加快，随着温度升高反应急剧加速。

第二步：硫蒸气的燃烧和硫化亚铁的氧化反应。分解得到的硫蒸气与氧反应，瞬间即生成二氧化硫。

$$S_2 + 2O_2 = 2SO_2 \qquad \Delta H^{\ominus}_{298} = -724.07kJ \tag{7-5}$$

硫铁矿分解出硫后，剩下的硫化亚铁逐渐变成多孔性物质，继续焙烧，当空气大量过剩时，最后生成红棕色的固态物质三氧化二铁。

$$4FeS + 7O_2 = 2Fe_2O_3 + 4SO_2 \qquad \Delta H^{\ominus}_{298} = -2453.30kJ \tag{7-6}$$

综合式(7-4)～式(7-6) 三个反应式，硫铁矿焙烧的总反应式为：

$$4FeS_2 + 11O_2 \Longrightarrow 2Fe_2O_3 + 8SO_2 \qquad \Delta H_{298}^{\ominus} = -3310.08\text{kJ} \tag{7-7}$$

当空气少量过剩时，则生成四氧化三铁，固态物质呈黑色，其反应为：

$$3FeS + 5O_2 \Longrightarrow Fe_3O_4 + 3SO_2 \qquad \Delta H_{298}^{\ominus} = -1723.79\text{kJ} \tag{7-8}$$

综合式（7-4）、式(7-5)、式(7-8）三个反应式，则总反应式为：

$$3FeS_2 + 8O_2 \Longrightarrow Fe_3O_4 + 6SO_2 \qquad \Delta H_{298}^{\ominus} = -2366.28\text{kJ} \tag{7-9}$$

上述反应中硫与氧反应生成的二氧化硫及过量氧、氮和水蒸气等气体统称为炉气；铁与氧生成的氧化物及其他固态物质统称为烧渣。

此外，焙烧过程还有大量的副反应发生。这里值得注意的是，矿石中含有的铅、砷、氟、硒等，在焙烧过程中会生成 PbO、As_2O_3、HF、SeO_2。它们呈气态随炉气进入制酸系统，变成有害杂质。

2. 焙烧速率

硫铁矿的焙烧属于气固相不可逆反应，从热力学观点来看，反应进行得很完全，因而对生产起决定作用的是焙烧速率问题。而硫铁矿焙烧速率不仅和化学反应速率有关，还与传热和传质过程的速率有关。

如上所述，硫铁矿的焙烧反应是分两步进行的，为了提高焙烧的反应速率，应该研究上述反应中哪一步反应是整个过程的控制步骤。根据实验测得的结果，硫化亚铁的焙烧反应速率是整个焙烧过程的控制步骤。

硫化亚铁与气相中氧的反应是在矿料颗粒的外表面及整个颗粒内部进行的。当矿料外表面上的硫化亚铁与氧发生作用后，生成 Fe_2O_3 矿渣层，而氧与矿料内部硫化亚铁继续作用时，就必须通过矿渣层。反应生成的二氧化硫气体，也必须通过氧化铁层扩散出来。随着焙烧过程的进行，氧化铁层越来越厚，氧与二氧化硫所受的扩散阻力也越来越大，这样硫化亚铁的焙烧速率不仅受化学反应本身因素的影响，同时也受扩散过程各因素的影响。硫化亚铁的焙烧过程，温度对反应速率的影响不明显。但增大两相接触表面和提高氧的浓度，对反应速率的影响很大，由此可知，硫化亚铁的焙烧过程是扩散控制。

根据实验测得，FeS_2 的分解速率随温度升高而迅速增大，而改变矿粒大小和气流速率，并不影响 FeS_2 的分解速率，所以 FeS_2 的分解是化学动力学控制。

综上所述，影响硫铁矿焙烧速率的因素有：温度、矿料的粒度和氧的浓度等。

温度对硫铁矿焙烧过程起决定作用，提高温度有利于增大二硫化铁的焙烧速率，同时硫化亚铁燃烧的反应速率也有所增大，所以硫铁矿的焙烧是在较高温度下进行的。但是温度不能过高，因为温度过高会造成焙烧物料的熔结，影响正常操作。在沸腾焙烧炉中，一般控制温度在 900℃左右。

由于硫铁矿的焙烧是属于气固相不可逆反应，因此，焙烧速率在很大程度上取决于气固两相间接触表面的大小，而接触表面的大小又取决于矿料粒度的大小。矿料粒度愈小，单位质量矿料的气固相接触表面积愈大，氧气愈容易扩散到矿料颗粒内部，而二氧化硫也愈容易从内部向外扩散，从而焙烧速率加快。

氧的浓度对硫铁矿的焙烧速率也有很大影响。增大氧的浓度，可使气固两相间的扩散推动力增大，从而加速反应。但采用富氧空气来焙烧硫铁矿是不经济的，工业上用空气中的氧来焙烧，即能满足要求。

3. 沸腾焙烧

硫铁矿的焙烧过程是在焙烧炉内进行的，随着固体流态化技术的不断发展，焙烧炉已由固定床型的块矿炉、机械炉发展成为流化床型的沸腾炉。硫铁矿的沸腾焙烧，就是应用固体流态化技术来完成焙烧反应。流体通过一定粒度的颗粒床层，随着流体流速的不同，床层会呈现固定床、流化床（沸腾床）及流体输送三种状态，这些内容在化工原理课程中已有详尽讨论，此不赘述。需要强调的是，硫铁矿的焙烧，应保持床层正常沸腾；保持正常沸腾取决于硫铁矿颗粒平均直径大小、矿料的物理性能及与之相适应的气流速度。对沸腾焙烧来讲，必须保持气流速度在临界速度与吹出速度之间。

生产中，在决定沸腾焙烧的操作速度时，既要保证最大颗粒能够流态化，又要力图能使最小颗粒不致为气流所带走，这只有在高于大颗粒的临界速度，低于最小颗粒的吹出速度时才有可能。即首先要保证大颗粒能够流态化，在确定的操作气速超过最小颗粒的吹出速度时，被带出沸腾层的最小颗粒还应在炉内空间保持一定的停留时间以达到规定的烧出率（硫铁矿中所含硫分在焙烧过程被烧出来的百分率）。

采用沸腾焙烧与常规焙烧相比，具有以下优点：

①操作连续，便于自动控制；②固体颗粒较小，气固相间的传热和传质面积大；③固体颗粒在气流中剧烈运动，使得固体表面边界层受到不断的破坏和更新，从而使化学反应速率、传热和传质效率大为提高。

但沸腾焙烧也有一定的缺点，如焙烧炉出口气体中的粉尘较多，增加了气体除尘负荷。

二、沸腾焙烧的工艺条件

沸腾焙烧工艺条件主要是控制沸腾层温度、炉气中 SO_2 的浓度、炉底压力。控制沸腾层的温度对保证沸腾焙烧正常操作尤其重要。

电子级硫酸的技术发展

1. 沸腾层温度

沸腾层温度一般控制在 850～950℃，影响温度的主要因素是投矿量、矿料的含硫量以及空气加入量。为使沸腾层温度保持稳定，应使投矿量、矿料的含硫量以及空气加入量尽量固定不变。矿料的含硫量一般变化不大；而调节空气加入量来改变温度，会影响炉气中 SO_2 的浓度，也会造成沸腾层气体速度的变化，进而影响炉底压力。故常用调节投矿量来控制沸腾层温度，当然投矿量的变化会使炉气中 SO_2 浓度和焙烧强度有相应的变化。另外，沸腾层温度受到烧渣熔点的限制，对于含铅或含二氧化硅杂质多的矿料，沸腾层温度应适当控制低些。

2. 炉气中 SO_2 的浓度

空气加入量一定时，提高炉气中 SO_2 的浓度，可以降低 SO_3 的浓度。SO_3 浓度的降低，对净化工序的正常操作和提高设备能力是有利的。而 SO_2 浓度增大，空气过剩量就减少，造成烧渣中残硫量增加，这是不利的。故炉气中 SO_2 浓度一般控制在10%～14%为宜。实际生产中观察烧渣的颜色有助于判断空气过剩量的大小，当空气过剩量大时，烧渣呈红棕色；反之，因有四氧化三铁生成，烧渣呈棕黑色。控制空气过剩量就可使炉气中 SO_2 浓度保持在一定范围内。

3. 炉底压力

炉底压力一般在 8.8～11.8kPa（表压）。炉底压力应尽量维持稳定，压力波动会直接影响空气加入量，随后沸腾层温度也会波动，一般用连续均匀排渣来控制炉底压力稳定。影响炉底压力的因素有：沸腾层高度、矿料密度、矿料平均粒度等。矿料平均粒度大时，炉底压力会升高，反之亦然。投矿量较少时也会引起炉底压力的变化，此时应特别注意维持炉底压力的稳定。当炉内负压大时，炉底压力容易升高，会影响正常排渣，此时不宜随便开大风量，而应采用减少系统抽气量的方法降低炉内负压。

三、沸腾焙烧工艺流程

沸腾焙烧工艺流程比较简单，如图 7-1 所示。矿料先由皮带输送机送到加料贮斗，经圆盘加料器连续加料。矿料从加料口均匀地加入沸腾炉，鼓风机将空气鼓入沸腾炉下部的空气室，炉内进行焙烧反应。焙烧生成的炉气出沸腾炉后先到废热锅炉，炉气在废热锅炉内降温

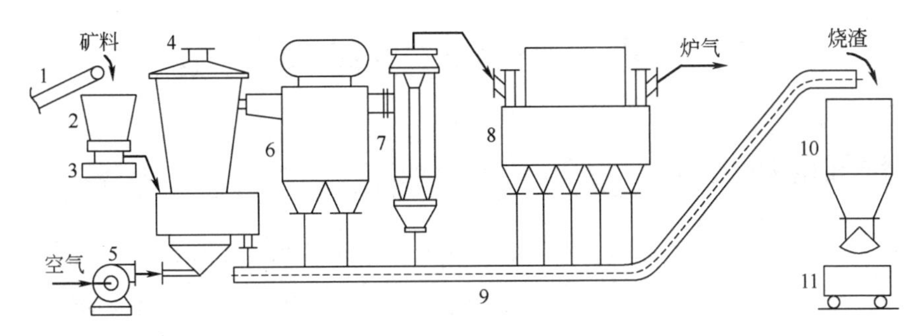

图 7-1 沸腾焙烧工艺流程

1—皮带输送机；2—加料贮斗；3—圆盘加料器；4—沸腾焙烧炉；
5—鼓风机；6—废热锅炉；7—旋风除尘器；8—电除尘器；
9—埋刮板机；10—渣尘贮斗；11—运渣车

（利用炉气的热量产生蒸汽），同时除去一部分矿尘。炉气出废热锅炉再进入旋风除尘器，在此除去大部分矿尘进入电除尘器，经过废热锅炉、旋风除尘器、电除尘器多次除尘，使炉气中矿尘含量（标准状态）降到 0.2～0.5g/m^3，炉气送净化工序进行净化。沸腾炉的烧渣和上述除去的矿尘，均由埋刮板机送到渣尘贮斗，再由运渣车运走。

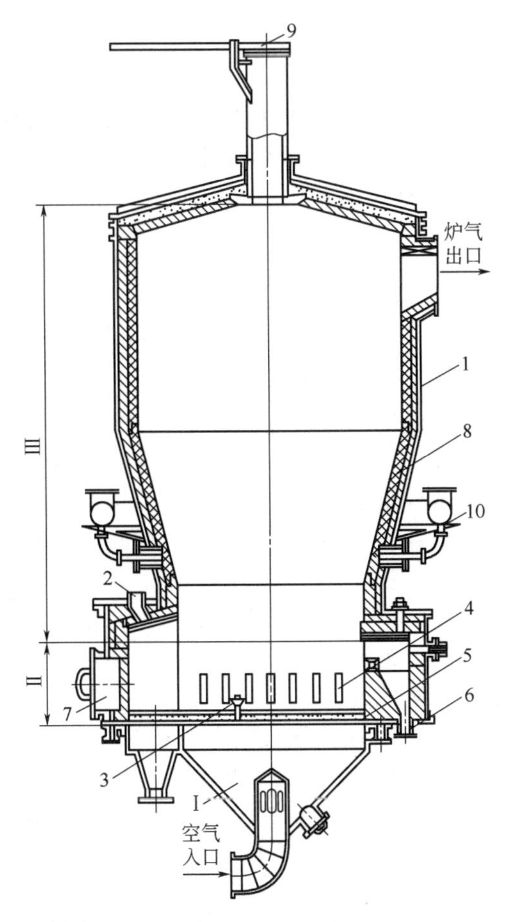

图 7-2 沸腾焙烧炉

1—炉壳；2—加料口；3—风帽；4—冷却器；
5—空气分布板；6—卸渣口；7—人孔；
8—耐热材料；9—放空阀；10—二次空气进口；
Ⅰ—空气室；Ⅱ—沸腾层；Ⅲ—上部燃烧空间

四、沸腾焙烧炉

沸腾焙烧炉的炉体为钢壳，内衬耐火砖，如图 7-2 所示。炉内空间可分为空气室、沸腾层、上部燃烧空间三部分。

空气室也可称为风室，鼓风机将空气鼓入炉内先经空气室，为使空气能均匀经过气体分布板进入沸腾层，空气室一般做成锥形。气体分布板为钢制花板（板上圆孔内插入风帽），其作用是使空气均匀分布并有足够的流体阻力，有利于沸腾层的操作稳定。风帽的作用是使空气均匀喷入炉膛，保证炉截面上没有任何“死角”，同时也防止矿粒从板上漏入空气室。

沸腾层是矿料焙烧的主要空间，炉内温度以此处为最高，为防止温度过高而使矿料熔结，在沸腾层设有冷却装置来控制温度和回收热量。沸腾层的高度一般以矿渣溢流口高度为准。

上部燃烧空间的直径比沸腾层有所扩大，在此加入二次空气，使被吹起的矿料细粒在此空间内得到充分燃烧，以确保一定的烧出率，同时降低气体流速，以减少吹出的矿尘量，减轻炉气除尘的负荷。

第三节 炉气的净化与干燥

一、炉气的净化

1. 炉气净化的目的和要求

硫铁矿经过焙烧得到的炉气中，除含有转化工序所需要的有用气体 SO_2 和 O_2 以及惰性气体 N_2 之外，还含有三氧化硫、水分、三氧化二砷、二氧化硒、氟化物及矿尘等，它们均为有害物质，在进入转化工序之前必须除去。

炉气中的矿尘不仅会堵塞设备与管道，而且会造成后序工序催化剂失活。砷和硒则是催化剂的毒物；炉气中的水分及三氧化硫极易形成酸雾，不仅对设备产生严重腐蚀，而且很难被吸收除去。因此，在炉气送去转化之前，必须先对炉气进行净化，一些物质的含量应达到下述净化指标（均为标准状态）。

砷含量＜$0.001g/m^3$　　水分含量＜$0.1g/m^3$

酸雾含量＜$0.03g/m^3$　　尘含量＜$0.005g/m^3$

氟含量＜$0.001g/m^3$

2. 炉气净化的原理和方法

（1）矿尘的清除　工业上对炉气矿尘的清除，依尘粒大小，可相应采取不同的净化方法。对于尘粒较大的（$10\mu m$ 以上）可采用自由沉降室或旋风分离器等机械除尘设备；对于尘粒较小的（$0.1\sim10\mu m$）可采用电除尘器；对于更小颗粒的矿尘（$<0.05\mu m$）可采用液相洗涤法。

（2）砷和硒的清除　焙烧后产生的 As_2O_3 和 SeO_2，它们具有这样的特性，当温度下降时，它们在气体中的饱和含量迅速下降，因此可采用水或稀硫酸来降温洗涤炉气。当温度降至 50℃时，气体中的砷、硒氧化物已降至规定指标以下。凝固成固相的砷、硒氧化物一部分被洗涤液带走，其余呈固体微粒悬浮在气相中，成为酸雾冷凝中心。

（3）酸雾的形成与清除　炉气净化时，由于采用硫酸溶液或水洗涤炉气，洗涤液中有相当数量的水蒸气进入气相，使炉气中的水蒸气含量增加。当水蒸气与炉气中的三氧化硫接触时，则可生成硫酸蒸气。当温度降到一定程度，硫酸蒸气就会达到饱和，直至过饱和。当过饱和度等于或大于过饱和度的临界值时，硫酸蒸气就会在气相中冷凝，形成在气相中悬浮的微小液滴，称为酸雾。

实践证明，气体的冷却速度越快，蒸气的过饱和度越高，越易形成酸雾。为防止酸雾形成，必须控制一定的冷却速度，使整个过程硫酸蒸气的过饱和度低于临界值。当用水或稀酸洗涤炉气时，由于炉气温度迅速降低，形成酸雾是不可避免的。

酸雾的清除，通常采用电除雾器来完成。电除雾器的除雾效率与酸雾微粒的直径有关。直径越大，除雾效率越高。实际生产中采取逐级增大酸雾粒径逐级分离的方法，以提高除雾效率。增大酸雾粒径，一是逐级降低洗涤酸浓度，使气体中水蒸气含量增大，酸雾吸收水分被稀释，使粒径增大；二是气体被逐级冷却，酸雾同时也被冷却，气体中水蒸气在酸雾微粒表面冷凝而增大粒径。

此外，为了提高除雾效率，还可采用增加电除雾器的段数，在两级电除雾器中间设置增湿塔，降低气体在电除雾器中的流速等措施。

3. 炉气净化的工艺流程

以硫铁矿为原料的接触法制酸装置的炉气净化流程有许多种。20 世纪 50 年代以前，使用机械炉焙烧制气时，国内外普遍采用鲁奇酸洗流程，为与后来发展的各种净化流程区别，称为“标准酸洗流程”。随着沸腾焙烧的应用，入炉矿料粒径小、水分含量大，炉气中三氧化硫含量降低，湿含量及矿尘杂质含量增加，而干式除尘系统的效率未能相应提高，大量矿尘及杂质进入净化系统，使净化系统无法维持原来工艺条件。50 年代后期 60 年代初期，国内外采用了水洗净化流程。有些工厂将原塔式酸洗改为塔式水洗。当时，由于开发采用了一些体积小、效率高的洗涤设备（如文丘里管等）取代了庞大的塔设备，从而出现了多种水洗净化流程。但由于水洗流程有大量污水排放，造成严重环境污染。到 70 年代强调环境保护后，炉气湿法净化朝着封闭型稀酸洗涤方向转变。水洗流程，特别是一次通过式（即用大量水）的水洗流程已被逐渐淘汰。

（1）酸洗流程

①“文泡冷电”酸洗流程　比较典型的酸洗流程有标准酸洗流程、“两塔两电”酸洗流程、“两塔一器两电”酸洗流程及“文泡冷电”酸洗流程。“文泡冷电”酸洗流程是我国自行设计的将水洗改为酸洗的净化流程，此流程如图 7-3 所示。

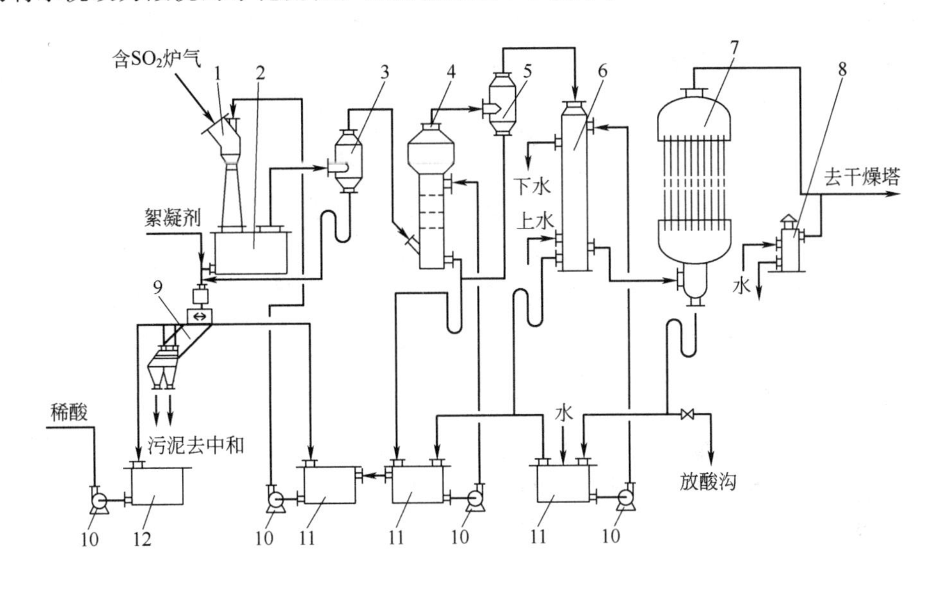

图 7-3 “文泡冷电”酸洗流程

1—文丘里管；2—文丘里管受槽；3,5—复挡除沫器；4—泡沫塔；6—间接冷却塔；7—电除雾器；8—安全水封；9—斜板沉降槽；10—泵；11—循环槽；12—稀酸槽

由焙烧工序来的 SO_2 炉气，首先进入文丘里洗涤器（文丘里管）1，用 15%～20%的稀酸进行第一级洗涤，洗涤后的气体经复挡除沫器 3 除沫后进入泡沫塔 4，用 1%～3%的稀酸进行第二级洗涤。经两级稀酸洗之后，矿尘、杂质被除去，炉气中部分 As_2O_3、SeO_2 凝固为颗粒被除掉，部分成为酸雾的凝聚中心，同时，炉气中的 SO_3 也与水蒸气形成酸雾，在凝聚中心形成酸雾颗粒。两级稀酸洗之后的炉气，经复挡除沫器 5 除沫，进入列管间接冷却塔 6，使炉气进一步冷却，同时，使水蒸气进一步冷凝，并且使酸雾粒径再进一步增大。由间接冷却塔 6 出来的炉气进入管束式电除雾器，借助于直流电场，使炉气中的酸雾被除去，净化后的炉气去干燥塔进行干燥。

文丘里洗涤器 1 的洗涤酸经斜板沉降槽 9，沉降循环酸中的污泥；经沉降后的清液循环使用；污泥自斜板底部放出，用石灰粉中和，与矿渣一起外运。

该流程用絮凝剂（聚丙烯酰胺）沉淀洗涤酸中的矿尘杂质，大大地减少了排污量（每吨酸的排污量仅为 25L），达到封闭循环的要求，故此流程也称“封闭酸洗流程”。

标准酸洗流程是以硫铁矿为原料的经典酸洗流程，由两个洗涤塔、一个增湿塔和两级电除雾器组成，故也称为“三塔两电”酸洗流程。

“两塔两电”酸洗流程与标准酸洗流程相似，只是省去了增湿塔，但所用洗涤酸的浓度较低。

“两塔一器两电”酸洗流程，也是在标准酸洗流程基础上发展起来的，其中的增湿塔用间接冷凝器代替，故称“两塔一器两电”酸洗流程。

② 动力波净化工艺　动力波净化工艺是目前比较先进的一种净化流程，它主要采用动力波洗涤器进行洗涤净化，其净化效率较高，该工艺常见的流程是动力波三级洗涤器净化流程。

动力波净化工艺的关键设备是动力波洗涤器。它是美国杜邦公司开发的气体洗涤设备，1987 年孟山都环境化学公司获得使用此技术的许可，开始应用于制造硫酸过程中的气体净化。

动力波洗涤器有多种形式，已成为一个系列。在此系列中，有两种型号洗涤器——逆喷型和泡沫塔型用于制酸的净化。逆喷型洗涤器的装置简图如图 7-4 所示。洗涤液通过一个非节流的圆管，逆着气流喷入一直立的圆筒中。在圆筒中，工艺气体与洗涤液相撞击，动量达到平衡，此时生成的气液混合物形成稳定的泡沫区，该泡沫区浮在气流中，为一强烈的湍动区域，其液体表面积很大且不断更新，当气体经过该区域时，便发生颗粒捕集、气体吸收和气体急冷等过程。

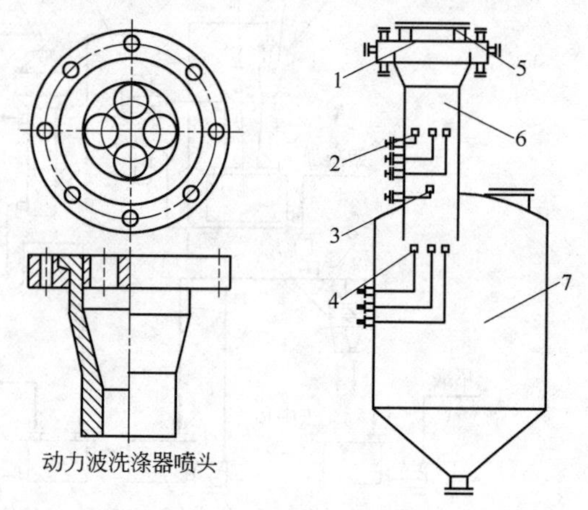

图 7-4　逆喷型洗涤器

1—溢流槽；2,4—一段和二段喷头；3—应急水喷头；5—过渡管；6—逆喷管；7—集液槽

泡沫塔型洗涤器外形与普通有固定挡板的板式塔相同，但塔板开孔率及操作气速相对较大，运行中，在两塔板间的开孔区形成泡沫区。泡沫区中气液接触非常密切，可有效地脱除亚微细粒、冷却气体和多级吸收气体。

图 7-5 为动力波三级洗涤器流程简图。首先，烟气进入一个一级动力波洗涤器，气体在这里急冷降温，酸雾等冷凝，同时除尘，除尘效率可达 90%左右。气体离开一级动力

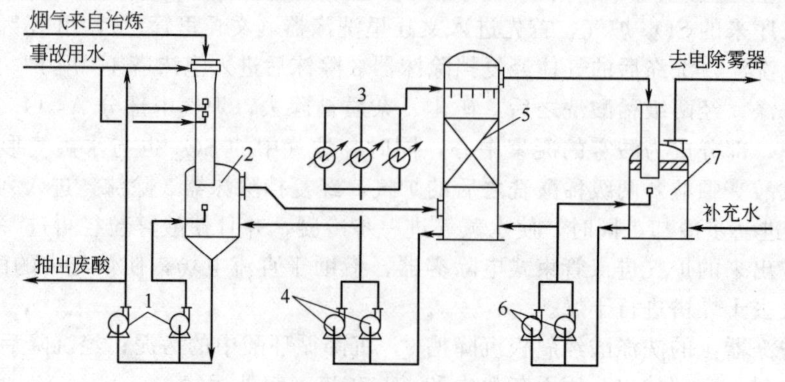

图 7-5　动力波三级洗涤器净化流程

1,6——一级和二级动力波洗涤器泵；2,7——一级和二级动力波洗涤器；3—板式冷却器；4—气体冷却塔泵；5—气体冷却塔

波洗涤器后，进入气体冷却塔进一步冷却（也可用填充塔代替气体冷却塔），同时除尘以及去除砷、硒、氟和酸雾等杂质。在气体冷却塔后设一台二级动力波洗涤器，以脱除残余的不溶性颗粒尘埃及大部分残余酸雾。在该工艺中，只要设置单级电除雾器，就能达到净化要求。

动力波洗涤器的主要优点是没有雾化喷头及活动件，所以运行可靠、维修费用少，逆喷型洗涤器通常可以替代文丘里管或空塔。多级动力波洗涤器组成的净化装置不仅降温和除砷、硒、氟的效率高，而且除雾效率也高于传统气体净化系统，还可减小电除雾器尺寸。

（2）水洗流程

比较常用的水洗流程有下列几种。

①“文泡文”水洗流程　由文丘里管、泡沫塔、文丘里管组成，它具有设备小、操作方便、投资少的优点，但系统压降高。

②“文泡电”水洗流程　用电除雾器代替上述“文泡文”流程中的第二级文丘里管，提高了对酸雾杂质的净化效率，系统压降也比“文泡文”流程要小。

③“文文冷电”水洗流程　由两个文丘里管、冷凝器、电除雾器组成，技术性能和适应能力都较好。

与酸洗流程相比，水洗流程设备少、投资省、净化效果较好，适用于砷、氟和矿尘含量高的炉气净化。缺点是排放大量酸性污水，污水中含砷、硒、氟和硫酸等有害物质，如不经妥善处理会造成严重的公害。此外，炉气中的三氧化硫全部损失，二氧化硫不能全部回收，故硫的利用率低。因此，水洗流程已被逐渐淘汰。

二、炉气的干燥

二氧化硫炉气在经过酸洗或水洗后，已清除了矿尘、砷、硒、氟和酸雾等杂质，但炉气中尚含一定量的水蒸气，如不除去，在转化工序会与三氧化硫生成酸雾而影响催化剂的活性，而且酸雾难以吸收，还会造成硫的损失。炉气干燥的任务就是除去炉气中的水分，使每立方米炉气中的水量小于 0.1g。

浓硫酸具有强烈的吸水性，故常用来作干燥剂。在同一温度下，硫酸的浓度愈高，其液面上水蒸气的平衡分压愈小。当炉气中的水蒸气分压大于硫酸液面上的水蒸气分压时，炉气即被干燥。

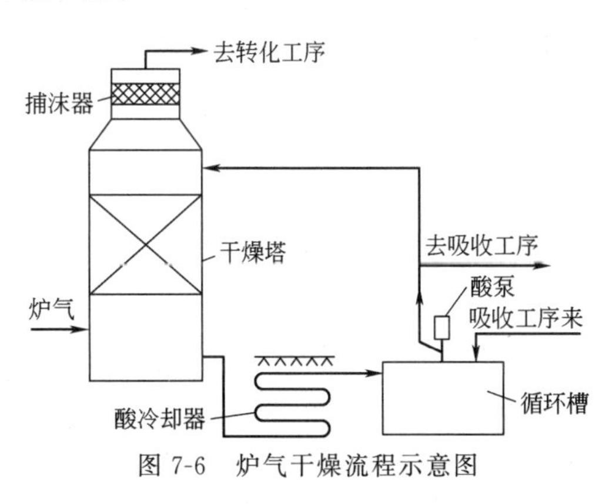

图 7-6　炉气干燥流程示意图

炉气干燥的流程较为简单，如图 7-6 所示。炉气经净化后进入干燥塔，与塔顶喷淋下来的浓硫酸逆流接触，塔内装有填料以使气液接触均匀，炉气中的水分被硫酸吸收。干燥后的炉气经干燥塔顶部的捕沫器除去夹带的酸沫，然后去转化工序。

喷淋酸吸收水分后温度升高，出塔后经淋洒式酸冷却器降温，再进循环槽由酸泵送干燥塔顶进行喷淋。喷淋酸吸收炉气中的水分后被稀释，为维持一定的浓度，需由吸收工序引来 98.3%硫酸，在循环槽与出干燥塔的酸混合。混合后酸量增多，多余的酸需送回吸收工序或作为成品酸送入酸库。

第四节　二氧化硫的催化氧化

一、二氧化硫催化氧化的基本原理

1. 二氧化硫催化氧化反应的化学平衡

二氧化硫氧化为三氧化硫的反应为：

$$SO_2+\frac{1}{2}O_2 = SO_3 \qquad \Delta H_{298}^{\ominus}=-96.24\text{kJ/mol} \tag{7-10}$$

此反应是可逆放热、体积缩小的反应。同时，这个反应，只有在催化剂存在下，才能实现工业生产。

其平衡常数可表示为：

$$K_p=\frac{p^*(SO_3)}{p^*(SO_2)p^{*0.5}(O_2)} \tag{7-11}$$

式中　$p^*(SO_2)$，$p^*(O_2)$，$p^*(SO_3)$——SO_2、O_2 及 SO_3 的平衡分压。

在 400～700℃范围内，平衡常数与温度的关系可用下式表示：

$$\lg K_p=\frac{4905.5}{T}-4.6544 \tag{7-12}$$

平衡常数 K_p 随着温度降低而增大。平衡转化率则反映在某一温度下，反应可以进行的极限程度。

$$x_T=\frac{p^*(SO_3)}{p^*(SO_2)+p^*(SO_3)} \tag{7-13}$$

式中　x_T——反应的平衡转化率。由此不难得出：

$$x_T=\frac{K_p}{K_p+\frac{1}{\sqrt{p^*(O_2)}}} \tag{7-14}$$

若以 a、b 分别表示混合气体中 SO_2、O_2 的初始体积分数或摩尔分数，p 表示系统总压力(MPa)。当 100 体积的混合气反应达平衡时，被氧化的 SO_2 体积为 ax_T，所消耗的氧体积为 $0.5ax_T$；O_2 的剩余体积 $b-0.5ax_T$，平衡时气体混合物的总体积为 $100-0.5ax_T$，故氧的平衡分压可表示为

$$p^*(O_2)=\frac{b-0.5ax_T}{100-0.5ax_T}p \tag{7-15}$$

将式(7-15) 代入式(7-14) 得

$$x_T=\frac{K_p}{K_p+\sqrt{\frac{100-0.5ax_T}{(b-0.5ax_T)p}}} \tag{7-16}$$

式(7-16) 是关于 x_T 的隐含数，可由试差法求解。

当混合气体中 a 为 7.5%，b 为 10.5%时，平衡转化率与温度、压力的关系如表 7-1 所示。

表 7-1　平衡转化率与温度、压力的关系　　单位：%

温度/℃	x_T					
	0.1MPa	0.5MPa	1.0MPa	2.5MPa	5.0MPa	10.0MPa
400	99.20	99.60	99.70	99.87	99.88	99.90
450	97.50	98.20	99.20	99.50	99.60	99.70
500	93.50	96.90	97.80	98.60	99.00	99.30
550	85.60	92.90	94.90	96.70	97.70	98.30
600	73.70	85.80	89.50	93.30	95.00	96.40

而在常压下平衡转化率与起始组成、温度的关系如表 7-2 所示。

据表 7-1 和表 7-2，影响平衡转化率的主要因素如下。

表 7-2　平衡转化率与起始组成、温度的关系

温度/℃	x_T				
	$a=7\%,b=11\%$	$a=7.5\%,b=10.5\%$	$a=8\%,b=9\%$	$a=9\%,b=8.1\%$	$a=10\%,b=6.7\%$
400	0.992	0.991	0.990	0.988	0.984
450	0.975	0.973	0.969	0.964	0.952
500	0.934	0.931	0.921	0.910	0.886
550	0.855	0.849	0.833	0.815	0.779

（1）温度　由表 7-1 和表 7-2 均可看出，当压力、炉气的起始组成一定时，降低温度，平衡转化率可得到提高，这是二氧化硫氧化反应系放热反应所致。温度越低，则平衡转化率越高。

（2）压力　二氧化硫氧化反应是体积缩小的反应，故压力增大可提高平衡转化率。由表 7-1 可知，其他条件不变时，增大压力，平衡转化率也随之增大，但压力对平衡转化率的影响没有像温度对平衡转化率的影响那样显著。

（3）炉气的起始组成　由表 7-2 可知，温度、压力一定时，焙烧同样的含硫原料，因所采用的空气过剩系数不同，平衡转化率也不同。气体的起始组成中，a 越小或 b 越大，平衡转化率越大，反之亦然。

2. 二氧化硫氧化的反应速率

二氧化硫在钒催化剂上氧化是一个比较复杂的过程，其机理尚无定论。

温度对该反应的速率有很大影响。由于该反应是可逆放热反应，所以存在最适宜反应温度。表 7-3 是在一定起始气体组成条件下，对应于不同转化率，该反应的最适宜温度。

表 7-3　在钒催化剂上二氧化硫氧化的最适宜温度

（原始气体成分二氧化硫 7%、氧 11%，压力 101.3kPa）

转化率/%	60	65	70	75	80	85	90	94	96	97
最适宜温度/℃	604	589	574	558	540	520	494	466	446	434

从表 7-3 的数据中可以看出，转化率越低，最适宜温度越高，也就是说，对应一定的起始组成，反应刚开始时，其最适宜温度最高，随着反应的进行，其最适宜温度越来越低。

炉气的起始浓度对该反应速率也有影响，炉气中 SO_2 起始浓度增大，氧的起始浓度则相应地降低，反应速率则随之减慢。为保持一定的反应速率，则希望炉气中 SO_2 起始浓度不要太高。

该反应是一个气固相催化反应，扩散过程对反应速率也有一定影响，特别当温度较高、表面反应速率较大时，扩散的影响就更不可忽视。

扩散的影响又分外扩散的影响和内扩散的影响，外扩散主要由气流速度所决定，实际生产中，二氧化硫气体通过催化剂床层的气流速度是相当大的，故外扩散的影响可忽略不计。

内扩散主要取决于催化剂的内表面结构（或称催化剂孔隙的结构），催化剂的孔道愈细愈长，则扩散阻力愈大，内扩散的影响也愈大。如果催化剂的颗粒较小，反应温度比较低时，这时的阻力主要来自表面反应，内扩散的影响可以不考虑。

3. 二氧化硫氧化催化剂

目前生产中，普遍采用钒催化剂。钒催化剂的活性组分是五氧化二钒。以碱金属（钾、钠）的硫酸盐类作助催化剂，以硅胶、硅藻土、硅酸盐作载体。钒催化剂一般含 V_2O_5 5%～9%，K_2O 9%～13%，Na_2O 1%～5%，SiO_2 50%～70%，并含有少量 Fe_2O_3、Al_2O_3、CaO、MgO 及水分等。

引起钒催化剂中毒的主要毒物有砷、氟、酸雾及矿尘等。

二、二氧化硫氧化的工艺条件

1. 反应温度

SO_2 催化氧化的反应是可逆放热反应。可逆放热反应温度确定的原则可参见第二章第二节。

2. 二氧化硫的起始浓度

若增加炉气中 SO_2 的浓度，就相应地降低了炉气中氧的浓度，这种情况下，反应速率会相应降低。为达到一定的最终转化率所需要的催化剂量也随之增加。因此从减少催化剂用量来看，采用低二氧化硫浓度是有利的。但是，降低炉气中二氧化硫浓度，将会使生产每吨硫酸所需要处理的炉气量增大，这样，在其他条件一定时，就要求增大其他设备的尺寸，或者使系统中各个设备的生产能力降低，从而使设备的折旧费用增加。因此，应当根据硫酸生产总费用最低的原则来确定二氧化硫的起始浓度，根据经济核算得知，若采用普通硫铁矿为原料，对“一转一吸”流程，当转化率为 97.5%时，SO_2 浓度为 7%～7.5%最适宜。若原料改变或具体生产条件改变时，最佳浓度值亦将改变。例如，以硫黄为原料，SO_2 最佳浓度为 8.5%左右；以含煤硫铁矿为原料，SO_2 最佳浓度小于 7%；以硫铁矿为原料的“两转两吸”流程，SO_2 最佳浓度可提高到 9.0%～10%，最终转化率仍能达到 99.5%。

3. 最终转化率

最终转化率是硫酸生产的主要指标之一。提高最终转化率可以减少尾气 SO_2 的含量，减轻环境污染，同时也可提高硫的利用率；但会导致催化剂用量和流体阻力的增加。所以最终转化率也有个最佳值问题。

最终转化率的最佳值与所采用的工艺流程、设备和操作条件有关。一次转化、一次吸收流程，在尾气不回收的情况下，当最终转化率为 97.5%～98%时，硫酸的生产成本最低。如采用 SO_2 回收装置，最终转化率可以取得低些。如采用两次转化、两次吸收流程，最终转化率则应控制在 99.5%以上。

三、二氧化硫催化氧化的工艺流程

二氧化硫氧化的工艺流程，根据转化次数来分有一次转化、一次吸收流程（简称“一转一吸”流程）和两次转化、两次吸收流程（简称“两转两吸”流程）。

“一转一吸”流程主要的缺点是，SO_2 的最终转化率，一般最高为 97%，若操作稳定和完善时，最终转化率也只有 98.5%；硫利用率不够高；排放尾气含 SO_2 较高，若不回收利用，则污染严重。如采用氨吸收法回收，不仅需要增加设备，而且会带来很多问题：如氨的来源、运输、腐蚀问题，以及消耗产品酸等问题。为此，人们为提高 SO_2 转化率，从催化转化反应热力学及动力学中寻找答案，先后开发出“加压工艺”“低温高活性催化剂”及“两转两吸”工艺等技术。但以“两转两吸”最为有效，该工艺基本上消除了尾气危害。

采用两次转化工艺时，催化剂装填段数及其在前后两次转化的分配与最终转化率、换热面积大小有很大关系。其流程的特征，可用第一、第二次转化段数和含 SO_2 气体通过换热器的次序来表示。例如，3+1，Ⅲ、Ⅱ，Ⅳ、Ⅰ流程，是指第一次转化用三段催化剂，第二次转化用一段催化剂；第一次转化前，含 SO_2 气体通过换热器的次序为第Ⅲ换热器（指冷却从第Ⅲ段催化剂床出来的转化气用的换热器）、第Ⅱ换热器；第二次转化前，含 SO_2 气体通过换热器的次序为第Ⅳ换热器、第Ⅰ换热器，如图 7-7 所示。此外，常见的还有 3+1，Ⅳ、Ⅰ，Ⅲ、Ⅱ及 3+1，Ⅲ、Ⅰ，Ⅳ、Ⅱ和 2+2，Ⅱ、Ⅲ，Ⅳ、Ⅰ等流程。

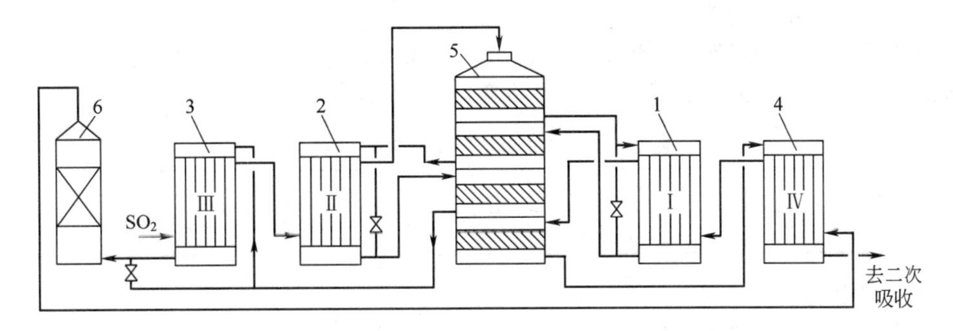

图 7-7　3+1，Ⅲ、Ⅱ，Ⅳ、Ⅰ两次转化流程

1—第一换热器；2—第二换热器；3—第三换热器；4—第四换热器；5—转化器，6—第一吸收塔

Ⅳ、Ⅰ，Ⅲ、Ⅱ这种换热组合流程的优点是：当第一段催化剂活性降低，反应后移，则Ⅱ、Ⅲ换热器能保证第二次转化达到反应温度。

“两转两吸”流程与“一转一吸”流程比较，具有下述优点。

① 最终转化率比一次转化高，可达 99.5%～99.9%。因此，尾气中二氧化硫含量可低达 0.01%～0.02%，是“一转一吸”尾气中二氧化硫含量的 1/10～1/5，减少了尾气危害。

② 能够处理 SO_2 含量高的炉气。以焙烧硫铁矿为例，SO_2 起始浓度可提高到 9.5%～10%，与一次转化的 7%～7.5%对比，同样设备可以增产 30%～40%。

③ “两转两吸”流程多了一次转化和吸收，虽然投资比一次转化高 10%左右，但与“一转一吸”再加上尾气回收的流程相比，实际投资可降低 5%左右，生产成本降低 3%。由于少了尾气回收工序，劳动生产率可以提高 7%。

“两转两吸”流程存在的缺点如下。

① 由于增设中间吸收塔，转化气温度由高到低再到高，整个系统热量损失较大。气体两次从 70℃左右升高到 420℃，换热面积较一次转化大。而且炉气中 SO_2 含量越低，换热面积增加得越多。

② 两次转化较一次转化增加了一台中间吸收塔及几台换热器，阻力比一次转化流程增大 3900～4900Pa。

四、二氧化硫转化器

工业生产中，为了使转化器中二氧化硫氧化过程尽可能遵循最佳温度曲线进行，以获得最佳经济效益，必须及时地从反应系统中移走反应热。

二氧化硫转化（催化氧化）器，通常采用多段换热的形式，其特点是气体的反应过程和降温过程分开进行。即气体在催化床层进行绝热反应，气体温度升高到一定温度时，离开催化床层，经冷却到一定温度后，再进入下一段催化床层，仍在绝热条件下进行反应。为了达到较高的最终转化率，必须采用多段反应，段数愈多，最终转化率愈高，在其他条件一定时，催化剂的利用率愈高。但段数过多，管道阀门也增多，不仅增加系统的阻力，也使操作复杂。我国目前普遍采用的是四至五段式固定床转化器。

1. 绝热操作方程式

对于反应器的绝热操作，操作温度与转化率的关系可由催化床的热量衡算确定。它们之间的关系可由下式表示：

$$T=T_0+\lambda(x-x_0) \tag{7-17}$$

式中 T_0，T——气体混合物在催化床入口及某截面处的温度，K；

x_0，x——催化床入口及某截面处的 SO_2 转化率，%；

λ——绝热温升，K。

一般情况下，λ 为常数，其数值随原料气中 SO_2 的原始含量 a 而变化。对于用空气焙烧硫铁矿得到的混合气体，λ 值随 SO_2 原始含量的变化如表 7-4 所示。

表 7-4 λ 值与 SO_2 原始含量 a 的关系

a/%	4	5	6	7	8	9	10	11	12
λ/K	116	144	171	199	225	252	279	302	324

2. 中间冷却方式

为有效地移去多段转化器每一段产生的热量，在段间多采用间接换热和冷激式两种冷却方式。参见图 7-8。

(1) 间接换热式 间接换热就是使反应前后的冷热气体在换热器中进行间接接触，达到使反应后气体冷却的目的，依换热器安装位置不同，又分为内部间接换热和外部间接换热两种形式。参见图 7-8(a) 及 (b)。

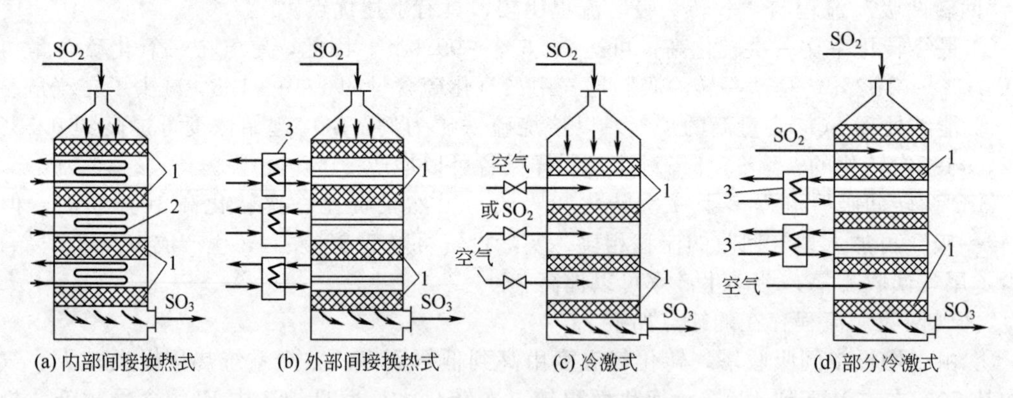

图 7-8 多段中间换热式转化器

1—催化剂床层；2—内部换热器；3—外部换热器

内部间接换热式转化器，结构紧凑、系统阻力小、热损失少，但结构复杂，不利于检修，尤其不利于生产的大型化。而外部间接换热式转化器结构简单，虽然系统管线长，阻力及热损失都会增加，但易于大型化生产。目前在大中型硫酸厂得到广泛应用。

(2) 冷激式 据冷激所用的冷气体不同，分为炉气冷激和空气冷激，见图 7-8(c)。

① 炉气冷激 进入转化系统的新鲜炉气，一部分进入第一段催化床，其余的炉气作冷激用。与间接换热不同，炉气被冷激后，所加入的部分新鲜炉气，使二氧化硫转化率有所下降，要达到相同的转化率，催化剂用量要有所增加，且最终转化率越高，催化剂用量增加越多。

② 空气冷激　是指在转化器段间补充预先经硫酸干燥塔干燥的空气，通过直接换热以降低反应气体的温度。进入转化器的新鲜混合气体全部进入第一段催化床，冷空气是外加的，其冷激量视需要而调节。

采用空气冷激，可达到更高的转化率。但空气冷激只有当进入转化器的气体不需预热且含有较高 SO_2 时才适用。对于硫铁矿为原料的转化工艺，因新鲜原料气温度低，需预热，若采用空气冷激，也只能采用部分空气冷激。见图 7-8(d)。

五、转化器异常现象的分析——化工生产操作之五

影响化工生产的因素很多，随着生产时间的推移，有可能出现一些非正常现象，这就要求技术人员和操作人员综合考虑各方面因素，分析判断原因，以便及时处理。

化工生产的影响因素非常复杂，导致某项工艺指标出现异常的因素可能很多，因此，在分析判断真正的原因时要综合考虑、全面分析，可以采用排除法。即，首先把能引起某项指标出现偏差的可能因素逐个全部找出，然后假定其中之一为导致结果的原因，再从其他角度看是否合理，如不合理，把此原因排除，继续分析其他原因，最后找出真正的原因。

对于转化而言，转化温度是否正常是影响转化能否正常进行的关键因素之一。如果转化器内催化床层各段进出口温度正常，转化运行应该认为是正常；如果各段进出口温度中有一点或几点温度偏离正常值，应该认为转化运行不正常，因为这将影响总的转化率。此时就应寻找原因，进行处理，以使生产恢复正常。

下面是某厂在生产中遇到的实际情况，生产中转化器催化床层温度出现了异常，该实例所采用的工艺流程为两次转化 3＋1，Ⅲ、Ⅱ，Ⅳ、Ⅰ换热流程（参见图 7-7），转化器各段进出口温度如表 7-5 所示。

表 7-5　转化器各段进出口温度　　单位：℃

段　数	正　常　值		异　常　值	
	进口	出口	进口	出口
一段	420	580	420	580
二段	470	520	510	530
三段	430	450	460	470
四段	420	450	420	450

以下是产生这种异常的原因分析。

第二段温度出现异常，进口温度从 470℃经历三四个月逐渐升至 510℃，三段温度也从 430℃升至 460℃。问题出在哪里？难道是转化器一、二段间的隔板漏气？不太可能，因为如果隔板漏了有一部分气体走短路，就会减少换热器Ⅰ的热交换量，而影响四段的进口温度，可事实上四段温度没有变化。是换热器Ⅰ漏气？也不可能，如果换热器Ⅰ漏气，应是 SO_3 向 SO_2 方向漏，即高温气体向低温气体方向漏，四段进口温度就要升高，不可能保持不变，同时，因为有一部分高温 SO_3 气体通过换热器Ⅰ进入二转系统，减少了一转系统的热量，减少了换热器Ⅱ和换热器Ⅲ的热交换量，使一段进口温度难以维持，事实上一段进口温度正常。究竟哪个环节出了问题？通过认真分析，是换热器Ⅳ漏气。换热器Ⅳ漏气，一吸塔出来的 SO_2 气体通过换热器Ⅳ直接进入二吸塔，这不仅减少了换热器Ⅳ的热交换量，同时减少换热器Ⅰ的换热量。而换热器Ⅳ管内外的气量都减少了，且是平衡的，可以维持正常操作。而换热器Ⅰ就不一样，低温的 SO_2 气量减少，高温 SO_3 气量不变，在二氧化硫进入四段温度保持不变时进入二段的温度就会升高，又受平衡转化率的影响，二段的温升反而减少了，影响了二段的正常反应，转化率达不到正常值。进入三段反应，三段温升就要增加，

出口温度升高，从而增加了换热器Ⅲ的换热量，进入换热器Ⅱ的 SO_2 气体温度升高，为了保持一段进口温度不变，只有开大副线阀，以减少换热器Ⅱ的热交换量。换热器Ⅱ的热交换量减少，三段进口温度进一步升高，三段出口温度也进一步升高，最终达到了如表 7-5 中数据所反映的状态。这一过程总的来讲，就是换热器Ⅳ漏气减少了二转系统的热交换量，使部分热量转移到一转系统来，破坏了平衡，既降低了一转的转化率，也降低了二转的实际转化率。此例由于正确的判断，在大修前做了备件，为大修争取了时间。因此，这是一个成功的生产异常分析案例。

催化氧化技术的新应用

第五节 三氧化硫的吸收及尾气的处理

炉气中的二氧化硫经催化氧化生成三氧化硫后，用硫酸水溶液吸收，则可制得硫酸或发烟硫酸。

$$nSO_3 + H_2O \longrightarrow H_2SO_4 + (n-1)SO_3 \qquad \Delta H < 0 \tag{7-18}$$

上式中，当 $n<1$，生成含水硫酸；$n=1$，生成无水硫酸；当 $n>1$，生成发烟硫酸。

硫酸生产中，产品酸通常有：92.5%或98%的浓硫酸，含游离 SO_3 20%或 65%的发烟硫酸。

一、吸收的工艺条件

1. 吸收酸浓度

吸收酸的浓度选择为 98.3% H_2SO_4 时，可以使气相中 SO_3 的吸收率达到最完全的程度。浓度过高或过低均不适宜，见图 7-9。

吸收酸浓度低于 98.3%时，酸液面上 SO_3 的平衡分压较低（趋于 0），但随着酸浓度的降低，水蒸气分压却逐渐增大。当气体中 SO_3 分子向酸液表面扩散时，绝大部分被酸液吸收，其中有一部分与从酸液表面蒸发并扩散到气相主体中的水分子相遇，形成硫酸蒸气，然后在空间冷凝产生细小的硫酸液滴（即酸雾）。酸雾很难完全分离，通常随尾气带走，排入大气。吸收酸浓度愈低，温度愈高，酸液表面上蒸发出的水蒸气量愈多，酸雾形成量愈大，因此，相应的 SO_3 损失也就愈多。

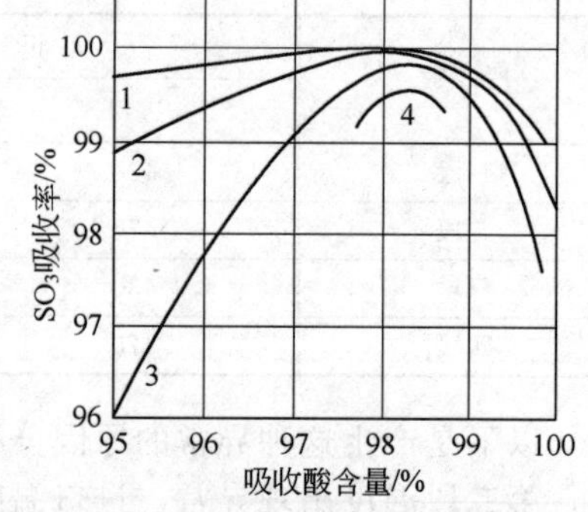

图 7-9 吸收酸浓度、温度对吸收率的影响

1—60℃；2—80℃；3—100℃；4—120℃

吸收酸浓度高于 98.3%时，液面上水蒸气平衡分压接近于零，而 SO_3 的平衡分压较高。吸收酸浓度愈大，温度愈高，SO_3 平衡分压愈大，气相中的 SO_3 不能完全被吸收，使吸收塔排出气体中的 SO_3 含量增加，随后亦在大气中形成酸雾。

上述两种情况都能恶化吸收过程，降低 SO_3 的吸收率，使尾气排放后可见到酸雾。但两种情况所具的特征是有差异的，前者（酸浓度低于 98.3%）是在吸收过程中产生的酸雾，因而，尾气烟囱出口处可见白色酸雾；而后者是在尾气离开烟囱后，尾气中的 SO_3 与大气中的水蒸气结合而形成酸雾，因此，只有尾气离开烟囱一段距离后，才逐渐形成白色酸雾。

2. 吸收酸温度

吸收酸温度对 SO_3 吸收率的影响是明显的。在其他条件相同的情况下，吸收酸温度升高，由于酸液自身的蒸发加剧，使液面上总的蒸气压明显增加，从而降低吸收率。从图 7-10 可以看出，温度愈低，吸收率愈高，因此，从吸收率角度考虑，酸温低好。

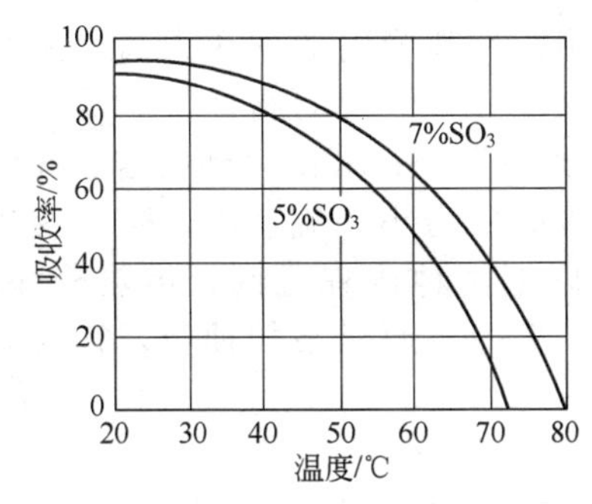

图 7-10 发烟硫酸吸收率与三氧化硫含量及温度的关系

但是，酸温度亦不是控制得越低越好，主要有两个原因：①进塔气体一般含有水分（规定<0.1g/m^3），尽管进塔气温较高，如酸温度很低，在传热传质过程中，不可避免地出现局部温度低于硫酸蒸气的露点温度，此时会有相当数量的酸雾产生。②由于气体温度较高以及吸收反应热，会导致吸收酸有较大温升，为保持较低酸温，需大量冷却水冷却并需增加酸冷却器面积，导致硫酸成本不必要地升高。

在酸液吸收 SO_3 时，如用喷淋式冷却器来冷却吸收酸，酸温度应控制在 60～75℃左右。

近 20 年来，随“两转两吸”工艺的广泛应用，以及低温余热利用技术的成熟，采用较高酸温和进塔气温的高温吸收工艺既可避免酸雾的生成，减小酸冷器的换热面积，又可提高吸收酸余热利用的价值。但要考虑设备和管道的防腐技术，因为酸温度过高，会加剧硫酸对铁制设备和管道的腐蚀。即使采用新型防腐酸冷器亦会出现腐蚀加剧的情况。

3. 进吸收塔气体的温度

在一般的吸收操作中，进塔气体温度较低有利于吸收。但在吸收 SO_3 时，并不是气体温度越低越好。因为转化气温度过低，更容易生成酸雾，尤其是炉气干燥不佳时。当炉气中水分含量（标准状态）为 0.1g/m^3 时，其露点为 112℃，故一般控制入塔气体温度不低于 120℃，以减小酸雾的生成。如炉气干燥程度较差时，则气体温度还应适当提高。

由于广泛采用“两转两吸”工艺以及回收低温热能的需要，吸收工序有提高第一吸收塔进口气温和酸温的趋势，即“高温吸收”工艺。这种工艺对于维护转化系统的热平衡、减小换热面积、节约并回收能量等方面是有利的。

二、吸收工艺流程

1. 吸收流程的配置

浓酸吸收三氧化硫气体，一般在塔设备中进行。吸收三氧化硫系放热过程，随着吸收过程的进行，吸收酸的温度随着增高，为使循环酸的温度保持一定，必须使之通过冷却设备，以除去在吸收过程中增加的热量。每个吸收塔除应有自己的循环酸贮槽外，还应有输送酸的泵。因此，吸收工序的设备应由吸收塔、循环槽、酸泵和酸冷却器等组成。

它们通常可组成以下三种不同的流程，如图 7-11 所示。

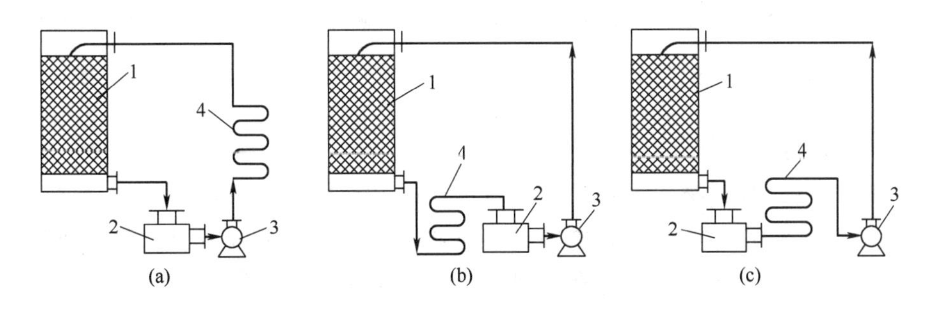

图 7-11 塔、槽、泵、酸冷却器的联结方式图

1—塔；2—循环槽；3—酸泵；4—酸冷却器

图 7-11(a) 流程的特点：酸冷却器设在泵后，酸流速较大，传热系数大，所需的换

热面积较小；干吸塔基础高度相对较小，可节省基建费用；冷却管内酸的压力高，流速大，温度较高，腐蚀较严重；酸泵输送的酸是冷却前的热浓酸，酸泵的腐蚀较严重。图7-11(b) 流程的特点：酸冷却器管内酸液流速小，需较大传热面积；塔出口到酸槽的液位差较小，可能会因酸液流动不畅而造成事故；冷却管内酸的压力小、流速小，酸对换热管的腐蚀较小。图 7-11(c) 流程的特点：酸的流速介于以上两种流程之间，传热较好；冷却器配置在泵前，酸在冷却器管内流动一方面靠位差，另一方面靠泵的抽吸，管内受压较小，比较安全。

2. 吸收的典型工艺流程

生产发烟硫酸时的干燥-吸收流程如图 7-12 所示。转化气经 SO_3 冷却器冷却后，先经过发烟硫酸吸收塔 1，再经 98.3%浓硫酸吸收塔 2。气体经吸收后通过尾气烟囱放空，或者送入尾气回收工序。吸收塔 1 用 18.6%或 20%（游离 SO_3）的发烟硫酸喷淋，吸收 SO_3 后其浓度和温度均有升高。吸收塔 1 流出的发烟硫酸，在循环槽 4 中与 98.3%硫酸混合，以保持发烟硫酸的浓度。混合后的发烟硫酸，经过酸冷却器 6 冷却后，其中一部分作为标准发烟硫酸送入发烟酸库，大部分送入吸收塔 1 循环使用。吸收塔 2 用 98.3%硫酸喷淋，塔底排出酸的浓度和温度也均上升，吸收塔 2 流出的酸在循环槽中与来自干燥塔的 93%硫酸混合，以保持 98.3%硫酸的浓度，经冷却器冷却后的 98.3%硫酸一部分送往发烟硫酸循环槽以稀释发烟硫酸，另一部分送往干燥酸循环槽以保持干燥酸的浓度，大部分送入吸收塔 2 循环使用，同时可抽出部分作为成品酸。

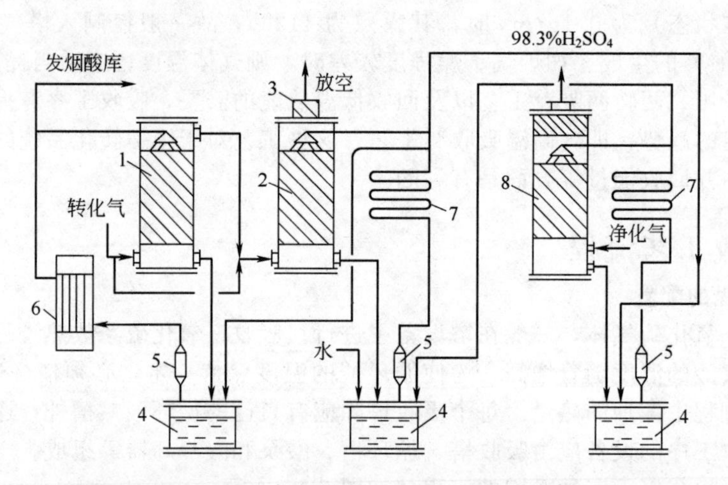

图 7-12　生产发烟硫酸时的干燥-吸收流程

1—发烟硫酸吸收塔；2—浓硫酸吸收塔；3—捕沫器；4—循环槽；5—泵；6，7—酸冷却器；8—干燥塔

该流程的干燥部分，参见图 7-6 的叙述。

三、尾气的处理

硫酸厂尾气中的有害物，主要是 SO_2（0.3%～0.8%）及微量的 SO_3 和酸雾，提高 SO_2 的转化率是减少尾气中 SO_2 含量的根本方法，实际生产中可采用“两转两吸”流程，使 SO_2 转化率达 99.5%以上，不必处理即可排放，而未采用“两转两吸”流程的工厂尾气仍需处理。目前，国内大多数工厂普遍采用氨-酸法处理尾气。

氨-酸法是用氨水吸收尾气中的 SO_2、SO_3 及酸雾，最终生成 $(NH_4)_2SO_4$ 溶液。氨-酸法过程由吸收、分解及中和三个部分组成。

(1) 吸收　氨水吸收 SO_2，先生成 $(NH_4)_2SO_3$ 和 NH_4HSO_3 溶液，其反应如下：

$$2NH_3 \cdot H_2O + SO_2 \longequal (NH_4)_2SO_3 + H_2O$$

$$(NH_4)_2SO_3 + SO_2 + H_2O \longequal 2NH_4HSO_3$$

因 $(NH_4)_2SO_3$ 和 NH_4HSO_3 溶液不稳定，尾气中微量的 O_2、SO_3 及酸雾，会与溶液发生下列反应：

$$2(NH_4)_2SO_3 + O_2 \longequal 2(NH_4)_2SO_4$$

$$2NH_4HSO_3 + O_2 \longequal 2NH_4HSO_4$$

$$2(NH_4)_2SO_3 + SO_3 + H_2O \longequal 2NH_4HSO_3 + (NH_4)_2SO_4$$

$$2NH_3(游离) + H_2SO_4 \longequal (NH_4)_2SO_4$$

$$2NH_3(游离) + SO_3 + H_2O \longequal (NH_4)_2SO_4$$

尾气经吸收后，SO_2 含量符合排放标准，即可放空。

吸收液中的 NH_4HSO_3 浓度随着 SO_2 被吸收而增加到一定浓度时，因吸收能力下降必须补充气氨或氨水，使溶液中 $(NH_4)_2SO_3$ 有所增加。

$$NH_3 + NH_4HSO_3 \longequal (NH_4)_2SO_3$$

填料塔

也就是使 $(NH_4)_2SO_3/NH_4HSO_3$ 的比值保持在适宜范围。

(2) 分解　因补充氨而使吸收液量有所增加，多余的吸收液用 93% 硫酸进行分解，可得到含有一定量水蒸气的纯 SO_2 和 $(NH_4)_2SO_4$ 溶液：

$$2NH_4HSO_3 + H_2SO_4 \longequal (NH_4)_2SO_4 + 2SO_2 + 2H_2O$$

$$(NH_4)_2SO_3 + H_2SO_4 \longequal (NH_4)_2SO_4 + SO_2 + H_2O$$

为使 $(NH_4)_2SO_3$ 和 NH_4HSO_3 分解完全，H_2SO_4 用量要比理论量多 30%～50%。分解出来的 SO_2 气体，用 H_2SO_4 干燥后得到纯 SO_2 气体，工业上可单独加工成液体 SO_2 产品。

(3) 中和　分解过程加入的过量 H_2SO_4 需再用氨水中和：

$$H_2SO_4 + 2NH_3 \longequal (NH_4)_2SO_4$$

使溶液成为硫铵母液，待进一步加工。

从以上过程可以看出，第一步被吸收的 SO_2，在第二步用 H_2SO_4 分解时制得了产品 SO_2，第一步与第三步加入的氨与第二步加入的 H_2SO_4 形成了 $(NH_4)_2SO_4$ 母液。从反应的角度看，生产中相当于利用 NH_3 与 H_2SO_4 反应生成 $(NH_4)_2SO_4$，把尾气中 SO_2 回收下来。

硫酸虚拟仿真实训项目

尾气的处理除了氨-酸法之外，还有碱法、金属氧化物法、活性炭法。

思考与练习

1. 接触法生产硫酸有哪几个基本工序？以硫铁矿为原料，还需要哪几个辅助工序？
2. 写出硫铁矿的焙烧反应，提高焙烧反应速率的途径有哪些？
3. 简述沸腾焙烧炉中沸腾层温度、炉气中 SO_2 的浓度是如何确定的？
4. 沸腾焙烧炉由哪几部分构成？其作用是什么？
5. 简述沸腾焙烧工艺流程。
6. SO_2 炉气净化的目的是什么？除去这些杂质的方法是什么？
7. 简述“文泡冷电”酸洗净化流程。
8. 逆喷型动力波洗涤器的工作原理是什么？该设备有什么优点？
9. 二氧化硫催化氧化反应有什么特点？如何提高 SO_2 的平衡转化率？
10. 转化过程的工艺条件是如何确定的？
11. “两转两吸”转化流程中，“3+1，Ⅳ、Ⅰ，Ⅲ、Ⅱ”流程代表的意义是什么？

12. “两转两吸”流程与“一转一吸”流程比较，它有什么优缺点？

13. 转化器为什么分段操作，中间冷却有哪几种冷却方式？

14. 转化器各段进出口温度见表 7-5。试述为何不是转化器一、二段间的隔板漏气？

15. 吸收三氧化硫时，吸收酸浓度和温度是如何确定的？

16. 吸收工艺流程配置方式有哪几种？试述它们各自的特点。

17. 氨-酸法处理尾气的主要反应有哪些？

18. SO_2 氧化时，若采用常压操作，起始反应温度为 420℃，原料气中 SO_2 浓度为 8%，采用一段钒催化剂催化转化，其转化率可否达到 90%？为什么？请用计算证明。

提示：反应温度与初始温度的关系为

$$T=T_0+199(x-x_0)$$

第八章
磷酸与磷肥

本章教学目标

能力与素质目标

1. 具有分析选择工艺条件的能力。
2. 具有识读和绘制生产工艺流程图的能力。
3. 具有查阅文献资料的能力。
4. 具有节能减排、降低能耗的意识。
5. 具有安全生产的意识。
6. 具有环境保护和技术经济意识。

知识目标

1. 掌握：湿法磷酸和普通过磷酸钙生产的基本原理。
2. 理解：湿法磷酸和普通过磷酸钙生产工艺条件的选择；“二水法”湿法磷酸生产的工艺流程；普通过磷酸钙生产的工艺流程。
3. 了解：稀磷酸的浓缩；重过磷酸钙的生产。

磷酸是由五氧化二磷（P_2O_5）与水反应得到的化合物。一般情况下，磷酸系正磷酸的简称，分子式为 H_3PO_4。纯磷酸在常温下为透明单斜结晶，在空气中易潮解，密度 $1.88g/cm^3$，熔点 42.4℃，含 P_2O_5 72.4%。P_2O_5 结合的水的比例低于正磷酸时可形成焦磷酸（$H_4P_2O_7$）、三聚磷酸（$H_5P_3O_{10}$）、四聚磷酸（$H_6P_4O_{13}$）、偏磷酸（HPO_3）和多聚偏磷酸（$(HPO_3)_n$）等。

磷酸是重要的中间产品，主要用于生产化学肥料、工业磷酸盐、饲料磷酸盐及食品磷酸盐。

磷肥的品种很多，也有多种不同的分类方法。按照磷肥中磷化合物的溶解度不同，分为水溶性、枸溶性和难溶性三类。

水溶性磷肥中 P_2O_5 绝大部分能溶解于水中，这类磷肥一般适用于各种土壤，而且施肥后见效快，即所谓速效肥料。属于这类磷肥的有普通过磷酸钙、重过磷酸钙、富过磷酸钙及磷酸铵类肥料等。

枸溶性磷肥中 P_2O_5 绝大部分能溶解于 2%柠檬酸溶液或柠檬酸铵溶液，而不溶于水。

此类磷肥施入土壤后，经过土壤中酸性溶液、微生物或植物根部分泌液作用后才能被植物吸收利用。属于这类磷肥的有沉淀磷酸钙、钙镁磷肥、脱氟磷肥、钢渣磷肥等。

难溶性磷肥中的磷只有在土壤中经过较长时间的微生物作用后，才能被植物利用一部分。主要有磷矿粉、脱脂骨粉等。

第一节　湿法磷酸

工业上制取磷酸的方法有两种。一种是用强无机酸（主要用硫酸）分解磷矿制得磷酸，称湿法磷酸，又常称萃取磷酸，主要用于制造高效肥料。另一种是在高温下将天然磷矿中的磷升华，而后氧化、水合制成磷酸，称为热法磷酸，主要用于生产工业磷酸盐、牲畜和家禽的辅助饲料。本节主要讨论湿法磷酸。

一、湿法磷酸生产的基本原理

1. 化学反应

湿法磷酸的生产是用硫酸处理天然磷矿［主要成分为 $Ca_5(PO_4)_3F$］，使其中的磷酸盐全部分解，生成磷酸溶液及难溶性的硫酸钙沉淀。

$$Ca_5(PO_4)_3F+5H_2SO_4+5nH_2O \xlongequal{} 3H_3PO_4+5CaSO_4 \cdot nH_2O+HF \tag{8-1}$$

因反应条件不同，反应生成的硫酸钙可能是无水硫酸钙（$CaSO_4$）、半水硫酸钙（$CaSO_4 \cdot \frac{1}{2}H_2O$）或二水硫酸钙（$CaSO_4 \cdot 2H_2O$）。在实际生产中，上述分解反应多数是分两步进行的。

首先是磷矿粉与循环的料浆反应。循环的料浆中含有磷酸且循环量很大，磷矿粉被过量的磷酸分解。

$$Ca_5(PO_4)_3F+7H_3PO_4 \xlongequal{} 5Ca(H_2PO_4)_2+HF \tag{8-2}$$

这一步称为预分解。预分解是防止磷矿粉直接与浓硫酸反应，避免反应过于猛烈而使生成的硫酸钙覆盖于矿粉表面，阻碍磷矿进一步分解，同时也防止生成难于过滤的细小硫酸钙结晶。

接着是磷酸二氢钙与稍过量的硫酸反应。磷酸二氢钙全部转化成磷酸和硫酸钙：

$$Ca(H_2PO_4)_2+H_2SO_4+nH_2O \xlongequal{} CaSO_4 \cdot nH_2O+2H_3PO_4 \tag{8-3}$$

磷矿中所含的杂质能与酸作用，发生各种副反应。碳酸盐被酸分解发生如下反应：

$$2CaMg(CO_3)_2+3H_2SO_4+2H_3PO_4+2nH_2O \xlongequal{} 2CaSO_4 \cdot nH_2O+MgSO_4+Mg(H_2PO_4)_2+4H_2O+4CO_2\uparrow$$

磷矿中的霞石［组成近似为 $(Na \cdot K)_2Al_2Si_2O_8 \cdot RH_2O$］、海绿石（组成不定）和黏土等杂质易被酸分解，反应式为：

$$Fe_2O_3+2H_3PO_4+H_2O \xlongequal{} 2FePO_4 \cdot 2H_2O$$

$$Al_2O_3+2H_3PO_4+H_2O \xlongequal{} 2AlPO_4 \cdot 2H_2O$$

$$SiO_2+6HF \xlongequal{} H_2SiF_6+2H_2O$$

$$K_2O+H_2SiF_6 \xlongequal{} K_2SiF_6+H_2O$$

$$Na_2O+H_2SiF_6 \xlongequal{} Na_2SiF_6+H_2O$$

$$SiO_2 + 2H_2SiF_6 \xlongequal{} 3SiF_4 \uparrow + 2H_2O$$

$$H_2SiF_6 \xlongequal{} SiF_4 \uparrow + 2HF \uparrow$$

气相中的氟，主要以 SiF_4 形式存在，在吸收设备中用水吸收时生成氟硅酸水溶液和胶状的硅酸沉淀：

$$3SiF_4 + (n+2)H_2O \xlongequal{} SiO_2 \cdot nH_2O + 2H_2SiF_6$$

湿法磷酸生产中氟磷灰石和硫酸、磷酸反应以及过量硫酸的稀释都能放出热量，应设法移去。

上述反应之后得到的料浆主要是磷酸和硫酸钙结晶的混合物，固相中还有少量未分解的磷矿和不溶性残渣。磷石膏的量取决于磷矿的组成和生产条件，反应生成的磷酸，必须用过滤的方法与以硫酸钙为主的固相分离才能得到。因此，硫酸钙晶体的形成和晶粒的大小便成为萃取磷酸生产中过滤、洗涤的关键。所以，湿法磷酸的生产方法也常以硫酸钙的形态来命名。

2. 硫酸钙结晶和生产方法分类

前已述及，因反应条件不同，在磷酸水溶液中硫酸钙晶体可以有三种不同的形式存在。二水物硫酸钙（$CaSO_4 \cdot 2H_2O$）只有一种晶型；半水物硫酸钙$\left(CaSO_4 \cdot \frac{1}{2}H_2O\right)$有 α-型和β-型两种晶型；无水物硫酸钙（$CaSO_4$）有三种晶型（无水物Ⅰ、无水物Ⅱ和无水物Ⅲ）。但是，与湿法磷酸生产过程有关的晶型只有二水物、α-半水物和无水物Ⅱ三种。它们的一些物理常数和理论化学组成列于表 8-1。

表 8-1　硫酸钙结晶的某些物理常数及理论化学组成

结晶形态	俗　名	密度 /(g/cm³)	理论化学组成/%		
			SO_3	CaO	H_2O
$CaSO_4 \cdot 2H_2O$	生石膏(或石膏)	2.32	46.6	32.5	20.9
$\alpha\text{-}CaSO_4 \cdot \frac{1}{2}H_2O$	熟石膏	2.73	55.2	38.6	6.2
$CaSO_4$ Ⅱ	硬石膏	2.99	58.8	41.2	0

根据上述硫酸钙的结晶形态，工业上有下述几种湿法磷酸生产方法。

(1) 二水法制磷酸　这是目前世界上应用最广泛的一种方法，有多槽流程和单槽流程，其中又分为无回浆流程和有回浆流程以及真空冷却和空气冷却流程。

二水法所得磷酸一般含 P_2O_5 28%～32%，磷的总收率为 93%～97%。造成磷的总收率不高的原因在于：①洗涤不完全；②磷矿的萃取不完全（通常与磷矿颗粒表面形成硫酸钙膜有关）；③磷酸溶液陷入硫酸钙晶体的空穴中；④磷酸一钙 [$Ca(H_2PO_4)_2 \cdot H_2O$] 结晶层与硫酸钙结晶层交替生长；⑤ HPO_4^{2-} 取代了硫酸钙晶格中的 SO_4^{2-}（有人解释为形成了 $CaSO_4 \cdot 2H_2O$ 与 $CaHPO_4 \cdot 2H_2O$ 的固溶体）；⑥溢出、泄漏、清洗、蒸气雾沫夹带等机械损失。

为了减少除洗涤不完全和机械损失以外的其他因素导致的磷损失，采用了将硫酸钙溶解再结晶的方法，如半水-二水法、二水-半水法等。

(2) 半水-二水法制磷酸　此法特点是先使硫酸钙形成半水物结晶析出，再水化重结晶为二水物。这样，可使硫酸钙晶格中所含的 P_2O_5 释放出来，P_2O_5 的总收率可达 98%～

98.5%，同时，也提高了磷石膏的纯度，扩大了它的应用范围。半水-二水法流程又分为两种：一种称为稀酸流程，即半水结晶不过滤而直接水化为二水物再过滤分离，产品酸质量分数（P_2O_5）为30%～32%；另一种称为浓酸流程，即过滤半水物料浆分出成品酸后，再将滤饼送入水化槽重结晶为二水物，产品酸含P_2O_5 45%左右。

（3）二水-半水法制磷酸　在生产过程中控制硫酸钙生成二水结晶，再使二水物转化为半水物，回收二水物中夹带的P_2O_5，最终结晶以半水物形式析出。此法特点是P_2O_5总收率高（99%左右），磷石膏结晶水少，产品磷酸含P_2O_5 35%左右。

（4）半水法制磷酸　在生产过程中控制硫酸钙结晶以半水物形式析出，可得含P_2O_5 40%～50%的磷酸。该法关键是半水物结晶的钝化，即半水物在洗涤过程中不水化，滤饼短期内不硬结。近年来，在掌握钝化半水物生成机理后，已在工业上建成日产600t P_2O_5的大厂。

3. $CaSO_4$-H_3PO_4-H_2O体系的相平衡

$CaSO_4$-H_3PO_4-H_2O体系平衡相图如图8-1所示。图中实线*ab*是二水物$\rightleftharpoons$无水物的热力学平衡曲线，虚线*cd*代表二水物$\rightleftharpoons$半水物介稳平衡曲线。在曲线*ab*及*cd*所划分的三个区域中，区域Ⅰ内二水物为稳定形式，半水物经过无水物转化为二水物。区域Ⅱ中，无水物是稳定形式，而二水物相对比半水物稳定，因此半水物转化为无水物必先经过二水物。半水物到二水物的转化过程是随磷酸溶液含P_2O_5的量及温度的增高而减慢的，但一般进行较快。*cd*线以上的区域Ⅲ稳定形式仍是无水物，半水物转化为无水物是直接进行的，不经过中间的二水物。从半水物直接到无水物的转化过程随磷酸溶液中P_2O_5含量及温度的增加而加速。由此可见，在区域Ⅰ虽然以二水物为稳定形式，但需要维持磷酸温度很低，要把磷矿粉和硫酸反应放出的大量热移走以维持低反应温度在工业上很难办到。因此，以生成二水硫酸钙为目的的“二水法”萃取磷酸反应条件，必须严格控制在区域Ⅱ。

在含有硫酸的磷酸溶液中，二水物与α-半水物的介稳平衡曲线随硫酸含量的变化如图8-2所示。由图可见，当磷酸溶液中游离硫酸含量增加时，二水物与α-半水物介稳平衡曲线向温度和P_2O_5含量减低的方向移动。由此图可以帮助我们确定α-$CaSO_4 \cdot \frac{1}{2}H_2O$水化成为$CaSO_4 \cdot 2H_2O$的工艺条件。

磷酸虚拟仿真实训项目

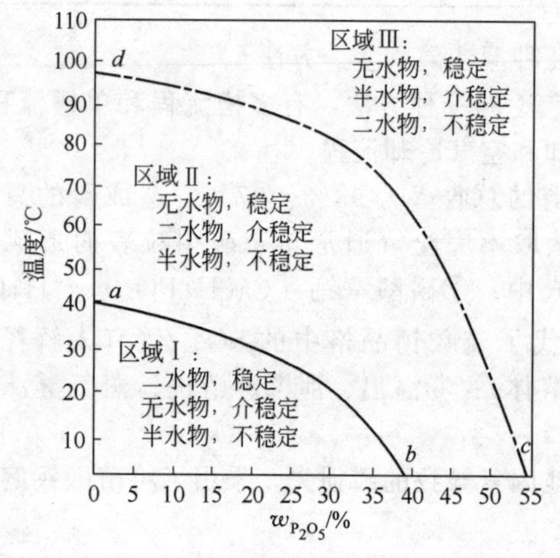

图8-1　$CaSO_4$-H_3PO_4-H_2O体系平衡相图

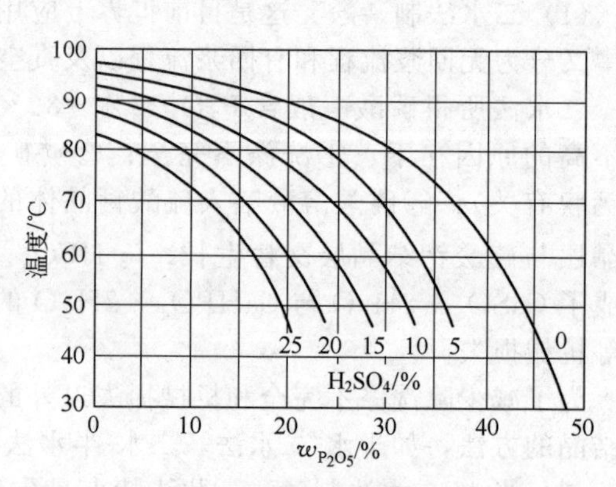

图8-2　在磷酸与硫酸的混合溶液中二水物与α-半水物的介稳平衡

"二水法"萃取磷酸生产过程中，首先析出的是半水硫酸钙，因为它所需的能量最小。析出的半水物在"二水法"萃取磷酸控制的磷酸浓度、温度和游离硫酸浓度的范围内，很快地转化为稳定的二水物结晶；但生产上需要此稳定的二水物结晶是粗大均匀的，因为细小的结晶有较大的表面能，夹带较多的磷酸溶液，难以洗涤，也易造成过滤困难。因此，很有必要了解一下结晶过程。

4. 硫酸钙的结晶

结晶过程都包括晶核的生成和晶粒成长两个阶段。如晶核的生成速率超过成长速率，便得到为数很多的细粒结晶；若晶体的成长速率大于晶核的生成速率，便可得到为数较少的粗粒结晶。因此改变影响晶核生成速率和晶粒成长速率的因素，就能控制晶粒的大小。

晶核是在溶液过饱和状态下形成的。一般来说，晶核形成的多少是随过饱和度的升高而增加的。当过饱和度不大时，晶核只能在已有的表面上生成，如反应物料颗粒表面、结晶器器壁以及溶液中其他固体表面。加入晶种可以人为地控制溶液的过饱和度以减少晶核的生成量。

在等温结晶过程中，随着溶液的过饱和度逐渐减小，结晶过程逐渐减慢，但由于晶体的成长，晶体的总表面扩大了，又可使结晶加快。因此，在整个结晶过程中，结晶速率起初急剧加快，当达到一极大值后才迅速下降。当升高温度时，溶液过饱和度减小，此时结晶的稳定性降低，会导致结晶的晶粒部分溶解。温度急剧降低，会使溶液中过饱和度急剧增加，产生细小结晶。

晶体的成长是一种扩散过程。此过程不仅在垂直于晶体表面的方向上进行，而且还取决于物质结晶面的运动。如晶体在各个方向的成长速率相同，晶体的形状就会是圆的。圆球形晶体的表面能最小，极易过滤洗涤。实际上晶体是多面体，这是由于晶体结构各个部分的成长速率不同。晶体各个部分的成长速率所以不同，是因为对于不同的晶面，溶液的饱和浓度不同，因而溶液的过饱和浓度与晶体表面的饱和浓度差也不相等造成的。

晶粒在成长过程中，有些物质或杂质能够干扰硫酸钙的结晶。它们可以改变晶核形成条件、晶体的长大速率及晶体的外形。经研究得出：一定的温度下，磷酸溶液中稍过量的硫酸根离子将使二水硫酸钙的结晶向晶粒宽的方向进行，而稍过量的钙离子则将使二水硫酸钙的结晶向长的方向进行。稍过量的铁、铝杂质在溶液中呈酸性磷酸盐，将使二水硫酸钙的结晶向晶粒宽的方向进行。而铁的硫酸盐、磷酸盐在磷酸溶液中使磷酸溶液黏度增加，从而使二水硫酸钙的结晶向晶粒长的方向进行。有时某些杂质会吸附到晶面上，遮盖了晶体表面的活性区域，而使晶体成长速率减慢，有时使晶体长成畸形。某些杂质会使溶液变得黏稠，在这种情况下，晶体表面上的扩散受到妨碍，而只能在晶体的凸出部分堆集，使晶体形成针状或树枝状。

硫酸钙的结晶及分离是二水物法磷酸生产中的重要问题，要使二水硫酸钙结晶粗大、均匀而又较稳定，必须控制生产过程中磷酸浓度、温度、过量硫酸、磷矿杂质及溶液的过饱和度并保证足够的停留时间，在有回浆的二水物法萃取磷酸生产中，还必须注意有晶种的回浆量，控制二水物结晶速度，这些都是制定工艺流程、工艺条件及确定相应设备的依据。

二、"二水法"湿法磷酸工艺条件的选择

制造湿法磷酸是由硫酸分解磷矿制成硫酸钙和磷酸，以及将硫酸钙晶体分离和洗净两个主要部分组成。湿法磷酸的生产工艺指标主要是应保证达到最大的 P_2O_5 回收率和最低的硫酸消耗量。这就要求在分解磷矿时硫酸耗量要低，磷矿分解率要高，并应尽量减少由于磷矿颗粒被包裹和 HPO_4^{2-} 取代了 SO_4^{2-} 所造成的 P_2O_5 损失。在分离部分则要求硫酸钙晶体粗大、均匀、稳定，过滤强度高和洗涤效率高，尽量减少水溶性 P_2O_5 损失。根据生产经验，

湿法磷酸制造过程中应选择和控制好下述生产操作条件，以满足工艺指标的要求。

1. 反应料浆中 SO_3 含量

反应料浆中 SO_3 含量对萃取过程的影响十分显著，它是湿法磷酸生产中最重要的指标。适量的 SO_3 含量，会使硫酸钙生成双晶或多到四个斜方六面体的针状结晶，易于过滤和洗涤。SO_3 含量提高后还能减少硫酸钙结晶中 HPO_4^{2-} 对 SO_4^{2-} 的取代作用，从而减少 P_2O_5 的损失；同时还会增加磷酸铁在磷混酸中的溶解度，减少磷酸铁沉淀析出而造成的 P_2O_5 损失。

但要注意过高的 SO_3 浓度也是不行的。SO_3 含量过高，不但增加了硫酸的消耗，降低了产品磷酸的纯度，而且还会使晶型变坏或导致磷矿产生“包裹”，从而降低磷矿的分解率，使磷酸的得率相应降低。

在生产中，由于使用磷矿品位与杂质含量不同，故需要控制的 SO_3 含量范围也有差异，有时差异还很大。因此，最佳的 SO_3 含量范围应通过试验确定。但一般规律是磷矿中杂质（主要指铁、铝、镁）含量愈高，相应的 SO_3 含量范围也愈宽。以国产中品位磷矿为原料、按“二水法”制湿法磷酸时，SO_3 含量的控制范围为 0.03～0.05g/mL。

2. 反应温度

反应温度的选择和控制十分重要。提高反应温度能加快反应速率，提高分解率，降低液相黏度，减小离子扩散阻力。同时又由于溶液中硫酸钙溶解度随温度的升高而增加并相应地降低过饱和度，这些都有利于生成粗大晶体和提高过滤强度。因此，温度过低是不适宜的。

但温度过高也不行。因为过高的反应温度，不但对材料要求提高，而且会导致生成不稳定的半水物甚至生成一些无水物，使过滤困难；同时多数杂质的溶解度随温度升高而加大，势必影响产品的质量。但杂质铁的行为相反，温度升高磷酸铁的溶解度反而降低，可以减少沉淀析出 P_2O_5 的损失。另外，高温条件将增大硫酸钙及氟盐的溶解度，这些钙盐及氟盐在磷酸温度降低的情况下会从溶液中析出，严重时甚至会堵塞过滤系统的磷酸通道，从而缩短清理周期。目前，“二水法”流程的温度一般为 70～80℃，以中品位磷矿为原料时，生产上多趋向于控制其上限温度，温度波动不应超过 1℃。

3. 反应时间

反应时间是指物料在反应槽内的停留时间，主要取决于磷矿的分解速率和石膏结晶的成长时间。石膏结晶长大的时间较磷矿分解需要的时间长，从分解速率看，磷矿岩较磷灰石快，但在温度较高和液相中 P_2O_5 含量不断提高的情况下，即使是磷灰石，分解率要达到 95%以上，也只需 2～3h。但为了石膏结晶的长大还需延长反应时间，一般总的萃取时间为 4～6h。

4. 料浆液固比

料浆的液固比（指料浆中液相和固相的质量比）减小，即料浆里固相含量过高，会使料浆黏度增大，对磷矿分解和晶体长大都不利。同时，过高的固相含量，会增大晶体与搅拌叶的碰撞概率，从而增大二次成核量并导致结晶细小。提高液相含量会改善操作条件，但液固比过大会降低设备生产能力。一般二水物流程液固比控制在（2.5～3）∶1，如果所用矿石中镁、铁、铝等杂质含量高时，液固比应适当提高一些。

5. 回浆

返回大量料浆可以提供大量晶种，并可以防止局部游离硫酸浓度过高，可以降低过饱和度和减少新生晶核量。这样，有可能获得粗大、均匀的硫酸钙晶体。在实际生产操作中，回浆量一般很大，“二水法”流程，回浆倍数可达 100～150。

6. 反应料浆中 P_2O_5 含量

反应料浆中 P_2O_5 含量稳定，保证了硫酸钙溶解度变化不大和过饱和度稳定，从而保证了硫酸钙结晶的形成和成长情况良好。控制反应料浆中磷酸含量的方法在于控制进入系统中的水量，即控制洗涤滤饼而进入系统的水量。一般在“二水法”流程中，当操作温度控制在70～80℃范围内，料浆中 P_2O_5 含量为25%～30%。

7. 料浆的搅拌

搅拌可以改善反应条件和结晶成长条件，有利于颗粒表面更新和消除局部游离硫酸含量过高，对防止包裹现象和消除泡沫起一定作用。但搅拌强度也不宜过高，以免碰碎大量晶体导致二次成核过多。

三、“二水法”湿法磷酸生产的工艺流程

“二水法”湿法磷酸生产工艺流程如图8-3所示。从原料工序送来的矿浆经计量后进入酸解槽5（即萃取槽），硫酸经计量槽1用泵送入酸解槽5，通过自控调节确保矿浆和硫酸按比例加入，酸解得到的磷酸和磷石膏的混合料浆用泵送至过滤机6进行过滤分离。

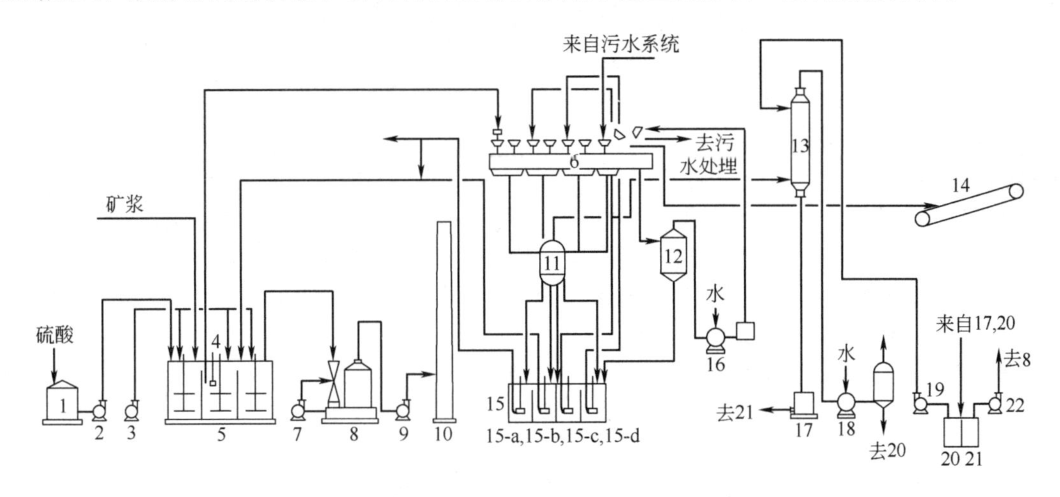

图8-3 “二水法”湿法磷酸生产工艺流程

1—硫酸计量槽；2—硫酸泵；3—鼓风机；4—料浆泵；5—酸解槽；6—盘式过滤机；7—氟吸收液循环泵；8—文丘里吸收塔；9—排风机；10—排气筒；11,12—气液分离器；13—冷凝器；14—皮带运输机；15(15-a,15-b,15-c,15-d)—滤洗液中间槽；16,18—水环式真空泵；17—液封槽；19—冷却水泵；20—冷却水池；21—冷凝水池；22—冷凝水泵

为了控制酸解反应槽中料浆的温度，用鼓风机3鼓入空气进行冷却。酸解槽5排出的含氟气体通过文丘里吸收塔8用水循环吸收，净化尾气经排风机9和排气筒10排空。

过滤所得的石膏滤饼经洗涤后卸入螺旋输送机并经皮带运输机14送至石膏厂内堆放。滤饼采用三次逆流洗涤，冲洗过滤机滤盘及地坪的污水送至污水封闭循环系统。各次滤液集于气液分离器11的相应格内，经气液分离后，滤液相应进入滤洗液中间槽15的滤液格内。滤液磷酸经滤液泵，一部分送到磷酸中间槽贮存，另一部分和一洗液汇合，送至酸解槽5。二洗液和三洗液分别经泵打回过滤机逆流洗涤滤饼。吸干液经气液分离器12进滤液中间槽三洗液格内。水环式真空泵16的压出气则送至盘式过滤机6作反吹石膏渣卸料用。

过滤工序所需真空由水环式真空泵18产生，抽出的气体经冷凝器13用水冷却。从冷凝器13排出的废水经液封槽17排入冷凝水池21后，由冷凝水泵22送至文丘里吸收塔8。

四、湿法磷酸的浓缩

目前，世界上所采用的“二水法”流程生产的湿法磷酸一般含 P_2O_5 28%～32%。在磷

肥生产中常需用浓度较高的磷酸，如制磷酸铵需要含 40%～42% P_2O_5 的磷酸，而制造重过磷酸钙的一些流程则要求含 52%～54%P_2O_5 的磷酸。因此“二水法”制得的磷酸不适于直接用来生产高浓度磷肥产品，必须加以浓缩。

湿法磷酸一般含有 2%～4%的游离硫酸和 2%左右的氟，这种酸具有极大的腐蚀性，特别是在蒸发浓缩的高温条件下腐蚀更为强烈。在浓缩过程中，逸入气相的四氟化硅和氢氟酸亦具有极大的腐蚀性，会腐蚀管道和附属设备。另外，磷酸中含有硫酸钙、磷酸铁、磷酸铝和氟硅酸盐等杂质，会因磷酸中 P_2O_5 含量的提高而析出，黏结在浓缩设备的内壁上，降低设备的导热性能，并引起受热不均，从而产生严重的起泡和酸雾。因此，在磷酸浓缩装置中，那些与酸接触的部位通常采用非金属材料，如用树脂浸渍的石墨制热交换器，管道采用橡胶衬里，也可采用特种耐腐蚀的合金钢制作。

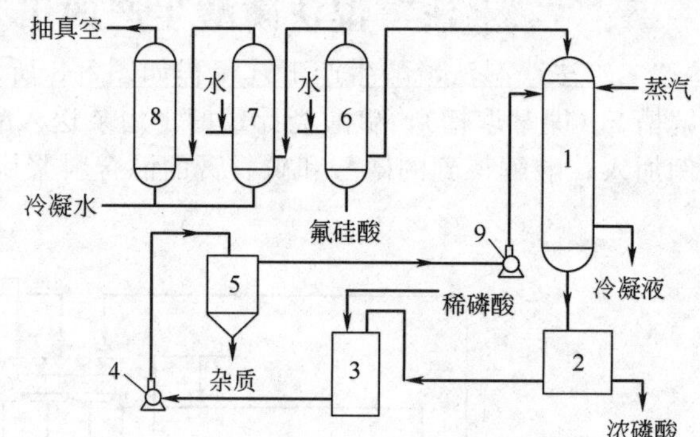

图 8-4　强制循环真空蒸发浓缩磷酸的流程

1—真空蒸发器；2—分配槽；3—混合器；4—酸泵；5—沉降槽；6,7—第一、二冷凝器；8—水沫捕捉器；9—循环泵

图 8-4 所示为强制循环真空蒸发浓缩磷酸的流程。稀酸进入混合器 3 中，与来自分配槽 2 的浓磷酸混合，这时由于磷酸浓度迅速增高，使原来稀磷酸溶液中的杂质大部分析出。然后用酸泵 4 输送至沉降槽 5，让其中的杂质沉降下来并从底部放出。去掉杂质的磷酸清液用循环泵 9 快速送入真空蒸发器 1 中，用蒸汽加热蒸发。蒸发器出来的浓磷酸导入分配槽 2 中，一小部分作为成品浓酸放出，大部分则仍送入混合器中，与稀酸混合循环使用。这样循环、浓缩、析出杂质，取得成品磷酸，构成了连续生产。

第二节　酸法磷肥

磷肥按生产方式不同分为酸法磷肥和热法磷肥两大类。酸法磷肥是用无机酸分解磷矿而制成的磷肥，酸法磷肥多属水溶性速效肥料。热法磷肥是在高温下加入或不加入其他配料以分解磷矿或其他含磷矿物，使其中 P_2O_5 成为枸溶性的有效成分而制成的磷肥。

酸法磷肥主要包括以水溶性 P_2O_5 为主要有效养分的普通过磷酸钙、重过磷酸钙和富过磷酸钙及枸溶性的沉淀磷肥。

普通过磷酸钙（俗称普钙）是用硫酸分解磷矿制得的含有以磷酸一钙和硫酸钙为主体及少量游离磷酸和其他磷酸盐（铁、铝）的磷肥。其有效 P_2O_5 含量一般为 12%～20%。

重过磷酸钙（俗称重钙）是以湿法磷酸或热法磷酸分解磷矿制得的以磷酸一钙为主体，含有少量游离磷酸和其他磷酸盐的磷肥，其有效 P_2O_5 含量一般为普通过磷酸钙的 2～3 倍。

富过磷酸钙是用浓硫酸和稀磷酸的混酸处理磷矿制成的肥料，其有效 P_2O_5 含量在重过磷酸钙与普通过磷酸钙之间，一般为 20%～30%。

沉淀磷肥是以磷酸萃取液（可用硫酸、硝酸或盐酸分解磷矿制得）加石灰乳或石灰石进行中和后析出以磷酸氢钙（$CaHPO_4 \cdot 2H_2O$）为主的一种枸溶性肥料。

热法磷肥主要品种有钙镁磷肥、脱氟磷肥、烧结钙钠磷肥、偏磷酸钙及钢渣磷肥等。

我国热法磷肥生产的主要品种是钙镁磷肥。钙镁磷肥是由磷矿与含氧化镁、氧化钙、二氧化硅的矿物或与含镁盐的矿物，在高温下熔融，再水淬骤冷所制得。它是弱碱性玻璃质肥料，主要成分是磷酸镁和磷酸钙，有效 P_2O_5 含量为 16%～20%，是枸溶性磷肥。

本节只介绍酸法磷肥中的普通过磷酸钙和重过磷酸钙的生产。

一、普通过磷酸钙的生产

普通过磷酸钙简称过磷酸钙，亦称普钙。它是一种灰白色、灰黑色或淡黄色的疏松粉末，其主要成分是水合磷酸二氢钙［$Ca(H_2PO_4)_2 \cdot H_2O$，亦称磷酸一钙］和难溶的无水硫酸钙。

1. 普通过磷酸钙生产的基本原理

(1) 基本反应　普钙是用硫酸分解磷矿粉，经过混合、化成、熟化工序制成的。其主要化学反应：

$$2Ca_5F(PO_4)_3+7H_2SO_4+3H_2O = 3Ca(H_2PO_4)_2 \cdot H_2O+7CaSO_4+2HF \quad (8\text{-}4)$$

实际上，上述反应是分两个阶段进行。第一阶段是硫酸分解磷矿生成磷酸和半水硫酸钙。该反应是在化成室中化成时完成的。

$$Ca_5F(PO_4)_3+5H_2SO_4+2.5H_2O = 3H_3PO_4+5CaSO_4 \cdot 0.5H_2O+HF \quad (8\text{-}5)$$

由于硫酸是强酸，反应温度又高（可达110℃以上），因而这一阶段的反应进行得很快，特别是在反应初期更为剧烈，一般在半小时以内即可完成。随着反应的进行，磷矿不断被分解，硫酸逐渐减少，CO_2、SiF_4 和水蒸气等气体不断逸出，固体硫酸钙结晶大量生成，使反应料浆在几分钟内就可以变稠，离开混合器进入化成室后便很快固化。

“化成”作用，是使浆状物料转化成一种表面干燥、疏松多孔、物理性质良好的固体状物料（又称鲜肥）。固化过程进行得好坏，主要取决于所生成硫酸钙结晶的类型、大小和数量。在正常生产条件下，料浆中首先析出细长形如针状或棒状的半水硫酸钙（$CaSO_4 \cdot 0.5H_2O$）结晶。它们交叉生长、堆积成“骨架”，使大量液相（约占料浆的40%以上）包藏在晶间空隙中，形成固体状物料。在反应条件下，$CaSO_4 \cdot 0.5H_2O$ 在热力学上是一种介稳态形式，最后转变为稳定的无水硫酸钙结晶：

$$2CaSO_4 \cdot 0.5H_2O = 2CaSO_4+H_2O \quad (8\text{-}6)$$

无水硫酸钙是一种细小致密的结晶，不能形成普钙固化的骨架，而且脱出的水会使料浆变稀，更不利于固化。因此，要选择合适的反应条件，使 $CaSO_4 \cdot 0.5H_2O$ 能保持较长的稳定时间，以保证反应物料形成完好的固体结构。磷矿中含有一定量的硅酸盐有利于料浆的固化。因为它们在反应后可以从料浆中析出网状结构的硅凝胶，便于形成骨架。

第二阶段反应是以第一阶段生成的磷酸分解剩余的磷矿粉，只有当硫酸耗尽后，才能发生此反应，生成普钙的主要有效成分磷酸一钙。该阶段反应是在化成的后期开始，以后还要在仓库堆放很长一段时间，生产上又称为“熟化”，经过“熟化”，达到规定指标后才能作为产品出厂。在这个阶段生成的磷酸一钙最初溶解于液相中，当溶液过饱和时，则不断析出 $Ca(H_2PO_4)_2 \cdot H_2O$ 结晶。

磷矿中所含杂质，如方解石、白云石、霞石与海绿石等也同时被硫酸分解并消耗一定量的硫酸：

$$(Ca,Mg)CO_3+H_2SO_4 = (Ca,Mg)SO_4+CO_2\uparrow+H_2O \quad (8\text{-}7)$$

上述反应在第二阶段有磷酸和氟磷酸钙存在时，将转变为磷酸二氢盐：

$$5(Ca,Mg)SO_4+7H_3PO_4+Ca_5F(PO_4)_3 = 5(Ca,Mg)(H_2PO_4)_2+5CaSO_4+HF \quad (8\text{-}8)$$

磷矿中的倍半氧化物（Fe_2O_3、Al_2O_3）也和硫酸反应生成硫酸盐，以后在磷酸和磷酸一钙的介质中转变为中性或酸性磷酸盐：

$$Fe_2O_3+H_2SO_4+Ca(H_2PO_4)_2 = 2FePO_4+CaSO_4+3H_2O \quad (8\text{-}9)$$

$$Al_2O_3+H_2SO_4+Ca(H_2PO_4)_2 = 2AlPO_4+CaSO_4+3H_2O \quad (8\text{-}10)$$

上述反应生成的 $FePO_4$ 与 $AlPO_4$ 料浆固化时，呈 $FePO_4 \cdot 2H_2O$ 与 $AlPO_4 \cdot 2H_2O$ 水

合结晶形式析出，它们均是非水溶性的。这种由水溶性 P_2O_5 转变为非水溶性 P_2O_5 的变化，称为“退化”。由此表明，要减少普钙产品中水溶 P_2O_5 的“退化”现象，就必须对磷矿中的铁、铝含量有一定限制和要求。

(2) 理论硫酸用量　理论硫酸用量是指按化学反应计量每分解 100 份质量的磷矿粉所需质量分数为 100%的硫酸份数。根据磷矿中各组分的化学组成，按化学反应方程式即可计算出理论硫酸用量。

由硫酸分解磷矿生成硫酸钙与 $Ca(H_2PO_4)_2 \cdot H_2O$ 的反应方程式可看出，每 3mol P_2O_5 需消耗 7mol H_2SO_4，所以每份 P_2O_5 消耗硫酸为：

$$7\times98/(3\times142)=1.61(\text{份})$$

同样可计算出，每份 CO_2 耗硫酸量为 2.23 份，每份 Fe_2O_3 耗硫酸量为 0.61 份，每份 Al_2O_3 耗硫酸量为 0.96 份。每份磷矿的硫酸理论用量为矿中所含的 P_2O_5、CO_2、Fe_2O_3、Al_2O_3 消耗硫酸量的总和。即分解磷矿的硫酸理论用量为：

$$1.61\times G(P_2O_5)+2.23\times G(CO_2)+0.61\times G(Fe_2O_3)+0.96\times G(Al_2O_3)$$

(3) CaO-P_2O_5-H_2O 体系相图分析　普钙生产的总反应式表明，在反应过程中析出了大量的硫酸钙，它在普钙液相中的溶解度很小，实际上不影响磷酸钙盐的溶解度。反应过程中形成的 HF，约有一半以 SiF_4 形式逸入气相，其余生成微溶性氟化合物，因此可以不考虑 $CaSO_4$ 与 HF 对平衡的影响，而把这样一个体系近似看成 CaO-P_2O_5-H_2O 三元体系。

图 8-5 示出了 CaO-P_2O_5-H_2O 体系在 80℃时的等温溶解度图。图中纵坐标为 P_2O_5 的质量分数，横坐标为 CaO 的质量分数，坐标原点 O 表示水的组成点。M 为 $Ca(H_2PO_4)_2 \cdot H_2O$ 的组成点（56.30%P_2O_5 及 22.19%CaO）。L 为 $CaHPO_4$ 的组成点。T 为 $Ca_3(PO_4)_2 \cdot H_2O$ 的组成点（43.27%P_2O_5 及 51.25%CaO）。图中有 $Ca(H_2PO_4)_2 \cdot H_2O$、$CaHPO_4$、$Ca_3(PO_4)_2 \cdot H_2O$、$Ca(H_2PO_4)_2 \cdot H_2O+CaHPO_4$ 和 $Ca_3(PO_4)_2 \cdot H_2O+CaHPO_4$ 几个结晶区。

在等温图内，E_1E 线及 EO 线分别为 $Ca(H_2PO_4)_2 \cdot H_2O$ 和 $CaHPO_4$ 的溶解度曲线。交点 E 为两种盐的共饱和点。

$Ca(H_2PO_4)_2 \cdot H_2O$ 的溶解线 OM，不与溶解度曲线相交，可见它是不相称盐，所以磷酸一钙盐在水溶液中易于水解：

$$Ca(H_2PO_4)_2+aq = CaHPO_4+H_3PO_4+aq$$

由图上还可以看出，在低 P_2O_5 含量区域内溶液与 $CaHPO_4$ 成平衡，在 P_2O_5 含量较高时，溶液与 $Ca(H_2PO_4)_2 \cdot H_2O$ 及 $Ca(H_2PO_4)_2$ 成平衡。故生产上只有在 H_3PO_4 含量较高时才能得到 $Ca(H_2PO_4)_2 \cdot H_2O$。

图 8-6 是 CaO-P_2O_5-H_2O 体系多温相图。图上绘出 25℃、40℃、50.7℃、75℃和 100℃的溶解度等温线。由图可以看出，它们都与 80℃下的溶解度曲线相类似。值得注意的是，共饱和点 E 随着温度的升高，向 P_2O_5 含量增加的方向移动，CaO 含量略为减少；随着 $Ca(H_2PO_4)_2 \cdot H_2O$ 溶解度增高，$CaHPO_4$ 的溶解度则有所减少。

过磷酸钙的生成和熟化反应的第二阶段是一个复杂的变化过程。温度从 100℃以上降低到 50℃以下，甚至接近常温。水分大量蒸发，固、液两相发生质和量的变化。所有这些现象要在相图中准确地表示出来是不可能的。但是，我们并不要求这样做，而是希望了解在什么条件下，通过怎样的途径使反应的第二阶段进行得更为彻底。

在进行相图分析之前，先介绍一个概念，叫“复合物相”。复合物相是除了 $CaSO_4$、HF 和未反应的磷灰石以外的所有主要组分。也就是指系统的液相，以及和液相呈平衡的磷酸盐类。更具体地说，在磷灰石溶解过程所生成的 $Ca(H_2PO_4)_2 \cdot H_2O$、$CaHPO_4$ 及其饱和溶液统称为复合物相。

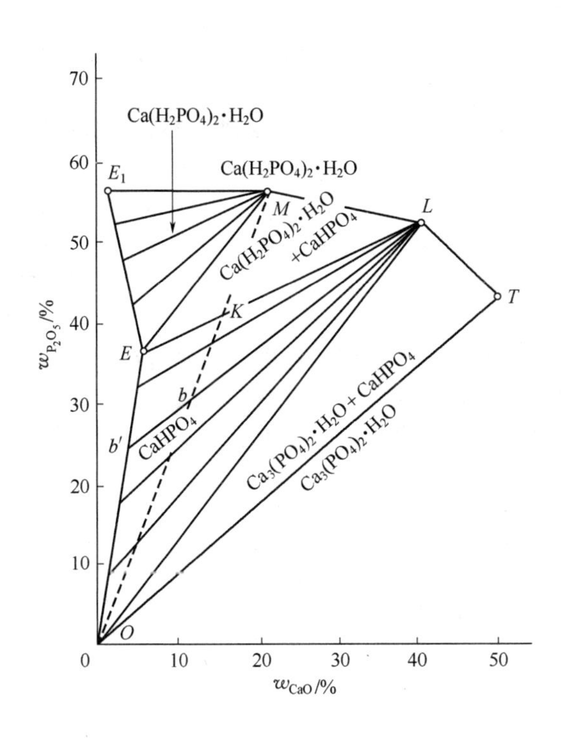

图 8-5 80℃时 $CaO-P_2O_5-H_2O$ 体系的等温溶解度图

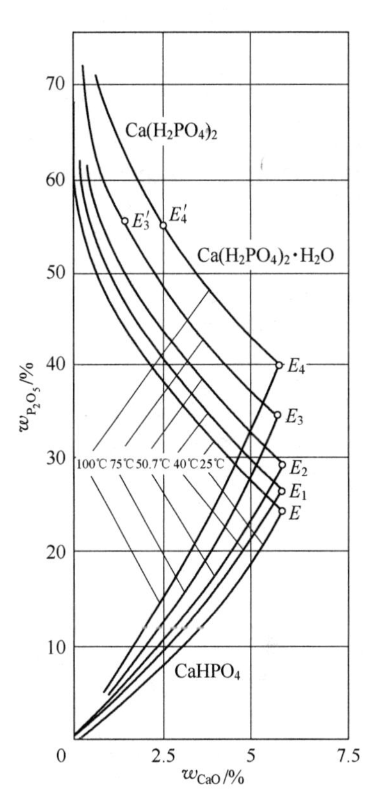

图 8-6 $CaO-P_2O_5-H_2O$ 体系多温相图

图 8-7 中绘出了 100℃和 25℃的两条饱和曲线，$Ca(H_2PO_4)_2 \cdot H_2O$ 的结晶区仅画出一部分，虚线是结晶区的下部边界线。磷灰石的状态点在图外箭头所示的方向，我们近似地用羟基磷灰石代替，因为氟磷灰石在这种相图中无法表示出来。

反应的第二阶段是磷酸分解磷矿粉的过程，也是磷酸盐在磷酸中溶解的过程。因此，过程应从某一磷酸浓度的状态点开始，沿从此点到羟基磷灰石状态点的连线移动。如磷酸浓度为 55%P_2O_5，则为 nS 直线，这条直线称为反应线或溶解线。当溶解进行到 a 点时，如果系统温度是 100℃，则 $Ca(H_2PO_4)_2 \cdot H_2O$ 饱和。继续溶解 $Ca(H_2PO_4)_2 \cdot H_2O$ 析出结晶。当系统点到达 b 点时，系统中 $Ca(H_2PO_4)_2 \cdot H_2O$ 的结晶和溶液的比例（固、液比）可由直线 Nl 上两个线段 bl 和 bN 求出。系统组成点继续变到 c 点时，$Ca(H_2PO_4)_2 \cdot H_2O$ 已析出到最大量。系统的液相由 a 点沿 100℃ 的饱和曲线移动到共饱和点 E。矿粉继续溶解，系统将进入 $Ca(H_2PO_4)_2 \cdot H_2O$ 和 $CaHPO_4$ 及其共饱液的三相区。这时，两种晶体同时析出。这是人们所不希望的。因为 $CaHPO_4$ 的析出，将使产品中水溶性 P_2O_5 含量降低。如果这时

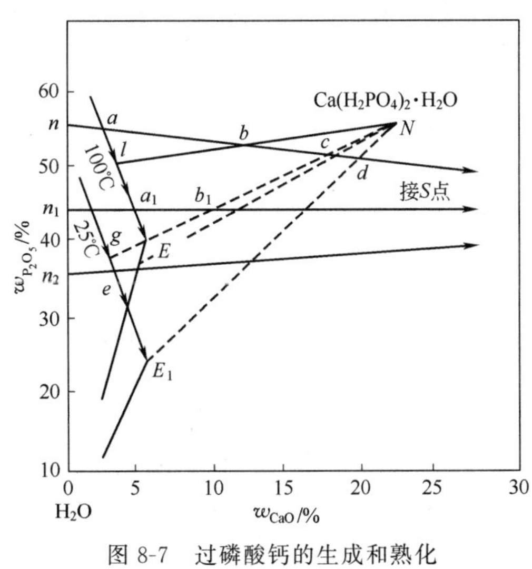

图 8-7 过磷酸钙的生成和熟化过程的基本途径

把温度降低到25℃，则如图中25℃的相区所示，$Ca(H_2PO_4)_2 \cdot H_2O$结晶区下移，便可避免$CaHPO_4$的析出。

如果第一阶段结束时的磷酸浓度为45%P_2O_5，溶解过程沿n_1S直线移动。它只经历了$Ca(H_2PO_4)_2 \cdot H_2O$结晶区的一角。如温度不是及时地从100℃降低，将不可避免地生成一定数量的$CaHPO_4$。如果磷酸的起始浓度低于40%P_2O_5，过程一开始系统点就落在$Ca(H_2PO_4)_2 \cdot H_2O$以外，因此将大量生成$CaHPO_4$。这是生产所不允许的。

通过如上分析可知，磷酸起始浓度和反应温度对过磷酸钙的生成和熟化有重要作用。在较高的磷酸浓度下有利于$Ca(H_2PO_4)_2 \cdot H_2O$的生成和结晶，而不利于副反应的发生。而磷酸浓度又决定于硫酸浓度。所用的硫酸浓度愈高，反应第二阶段开始磷酸浓度就愈高。

反应第二阶段对温度的要求（从平衡角度）显然是低一些更好，尤其在使用低硫酸浓度生产的情况下，熟化过程必须采用低熟化温度，然而，采用较高的硫酸浓度生产时，由于反应温度很高，系统水分少而蒸发散失又多，对难分解矿来说，可能来不及完全分解而使液相干涸，这是需要加以注意的。

总之，对反应第二阶段有两条途径可循：第一是磷酸起始浓度为55%～60% P_2O_5（硫酸浓度为75%以上）时，反应途径如图8-7中ac直线所示，可以采用高温熟化，不扬撒、不翻堆。这样不仅可以简化工艺流程，而且可以提高产品的数量和质量。如果磷酸的起始浓度在50% P_2O_5以下时；其反应途径如图8-7中a_1b_1所示，当系统到达b_1点时就应及时进行降温，并促使水分蒸发，以使结晶过程能继续在$Ca(H_2PO_4)_2 \cdot H_2O$的结晶区进行。

2. 普通过磷酸钙生产的工艺条件选择

（1）硫酸浓度　工艺上要求硫酸浓度尽可能高，其优点：①能加快第一阶段反应的进行。②减少液相量，加剧水分蒸发，使磷酸浓度提高，有利于磷酸二氢钙的生成和结晶，同时也可加快第二阶段反应的进行，缩短熟化时间。可减少产品中水分，相应增加有效P_2O_5含量。③带入产品中水分少，产品物性好。但硫酸浓度也不能过高，否则因反应过快使$CaSO_4 \cdot 0.5H_2O$迅速脱水成细小的无水$CaSO_4$，既不能形成固化骨架，又包裹了未分解的磷矿粉。这样不但降低了磷矿的分解率，而且使产品黏结，物性变坏。硫酸浓度一般采用60%～75%H_2SO_4，对易分解且细度高的磷矿，可取上限。

（2）硫酸温度　提高硫酸温度能加速反应进行，提高磷矿分解率，促进水分蒸发和氟逸出，改善产品特性。但温度过高也会造成类似浓度过高的不良后果。只是影响要小一些。因此，硫酸温度必须和硫酸浓度相配合。硫酸浓度高，温度可低一些。通常是以调节硫酸温度来适应最高的硫酸浓度。一般控制的温度范围为50～80℃。

（3）硫酸用量　分解100份磷矿粉（质量）所需的硫酸量（以100%H_2SO_4计）称为硫酸用量。如前述理论硫酸用量系根据磷矿中P_2O_5、CO_2、Fe_2O_3、Al_2O_3四种组分和硫酸的化学反应进行计算的。也就是磷矿中所含P_2O_5、CO_2、Fe_2O_3、Al_2O_3所消耗的硫酸量的总和。实际硫酸用量常为理论量的100%～110%。生产中由分析产品所含的SO_4^{2-}来计算真实的硫酸用量。

提高硫酸用量可加速磷矿前期反应，提高转化率，并且可以抑制铁、铝的退化作用，缩短熟化期。但随之产品中游离酸含量也增加，须经中和方可使用。而且过高的硫酸用量还会使料浆不易固化。故硫酸用量应选择适当。

（4）磷矿粉细度　硫酸分解磷矿是液固相反应。因此，矿粉越细则反应越快、越完全，料浆迅速变稠，从而大大缩短混合、化成与熟化时间，并获得较高的转化率。粒径小于30μm以下的矿粉将不再受硫酸钙包裹作用的影响。但提高矿粉细度必然会降低粉碎系统的生产能力，增加电耗和成本。一般要求磷矿细度90%～95%通过100目即可。

(5) 搅拌强度　搅拌的作用主要是促进液固相反应，减少扩散阻力，降低矿粉表面溶液的过饱和度。但搅拌强度也不能过高，否则会破坏 $CaSO_4 \cdot 0.5H_2O$ 所形成的骨架，使料浆不易固化，而且还会使桨叶机械磨损加剧。搅拌强度以桨叶末端的线速度表示。立式混合器桨叶采用 5～12m/s，卧式混合器桨叶一般采用 10～20m/s。

(6) 混合及化成时间　混合时间即物料在混合器内的停留时间，可用混合器的有效容积除以单位时间内通过的料浆体积计算而得到。混合时间的长短主要根据磷矿分解的难易程度来确定，一般短的 1～2min，长的 5～8min。最短的如锥形混合器，仅 2s 左右。混合时间不够，料浆分解率低，不易固化。混合时间过长，料浆太稠，流动性变差，使操作发生困难，甚至固化在混合器内。化成时间即料浆进入化成室至变成鲜钙卸出时的停留时间。物料在化成室内温度可高达 110～130℃。降低温度有利于磷酸二氢钙的结晶，因此，化成时间不宜过长。回转化成室一般为 45～60min，皮带化成室 15～20min，以保证料浆正常固化。

(7) 熟化

① 熟化时间　由化成室卸出的鲜钙，一般含有 15%～22%尚未分解的磷矿粉，必须在仓库中堆置一定时间，使半成品中的游离酸同磷矿粉继续进行分解，使第二阶段反应接近完成，这个过程称为熟化。熟化过程在仓库中进行。鲜钙熟化时间，随磷矿类型不同而有较大的差别。易分解矿要 7～10d，难分解矿要 10～15d 或更多。因此，如何缩短熟化期对普钙生产的经济效益有重要影响。

经过第二阶段反应后，磷矿转化率可提高 15%左右，当熟化后期磷矿分解率达到 95%左右，游离酸降至 5%以下（一般每降低 1%游离 P_2O_5，可相应增加有效 P_2O_5 0.43%），磷矿的分解和熟化过程就基本结束。

② 熟化温度　从化成室卸出的物料温度为 80～90℃，对蒸发水分有好处。但实际上，磷矿的种类和成分不同，对于所得鲜钙的熟化温度亦不同。根据矿种的不同，可分为“高温”和“低温”两种。高温熟化，温度控制在 70～80℃，主要适用于含镁高或易分解的磷矿。采用较高硫酸用量时，高温可提高反应速度。生产中高温熟化采取不翻堆、少翻堆或大堆熟化来实现。低温熟化，温度控制在 30～50℃，主要适用于含铁铝较高的磷矿，以避免或减少产品中水溶性 P_2O_5 的退化。低温熟化主要采取扬撒、小堆熟化和增加翻堆次数来实现。

(8) 中和　熟化后期，如果因混合化成工艺条件控制不严，使成品游离酸含量过高（如>5%），产品吸湿性强、物性差，直接施用会损伤农作物，并腐蚀包装及运输设备。因此，需加入一些中和剂进行中和。中和剂可选择能中和游离酸的氨、石灰石、白云石、骨粉、钙镁磷肥、脱氟磷肥、磷矿粉等。以磷矿粉使用最为普遍。用氨中和游离酸又称为普钙的氨化，产品称为氨化普钙。普钙氨化后水分有所下降，不黏结，物性得到显著改善，易于撒布。普钙因氨化而增加了少量氮，从而提高了肥效。如要进一步提高氮含量，可用尿素硝铵的氨溶液来进行普钙的氨化。

3. 普通过磷酸钙生产的工艺流程

普钙的生产工艺可分为稀酸矿粉法和浓酸矿浆法。浓酸矿浆法是中国开发的新工艺。该工艺不直接使用磷矿粉而是使用磷矿浆，也无需设置对材质要求高的浓硫酸稀释冷却器，而是将浓硫酸与磷矿浆（含水约 30%）直接加入混合器。由于该工艺在节能降耗，特别是在改善环境条件方面的优越性，现已在中国得到广泛的应用。现在除个别亲水性强的磷矿（矿浆含水>35%才有流动性）因加入水量太大而影响水平衡外，采用磷矿湿磨和直接使用浓硫酸的浓酸矿浆法流程已占全国普钙生产的绝大部分。该工艺流程见图 8-8。粗碎后的磷矿碎矿经斗式提升机、贮斗、圆盘加料机与由流量计计量后的清水一起进入球磨机。湿磨好的矿浆经振动筛流入带搅拌的矿浆池，再经矿浆泵与 H_2SO_4 一起加入混合器中。出混合器料浆进入回转化成室（或皮带化成室），由胶带输送机送到设置有桥式吊车的熟化仓库。由混合器与化成室排出含氟废气经氟吸收室后放空。吸收制得的 H_2SiF_6 溶液在氟盐反应器与 NaCl 反应后生成 Na_2SiF_6 结晶，经离心机分离，干燥机干燥后得到 Na_2SiF_6 副产品。

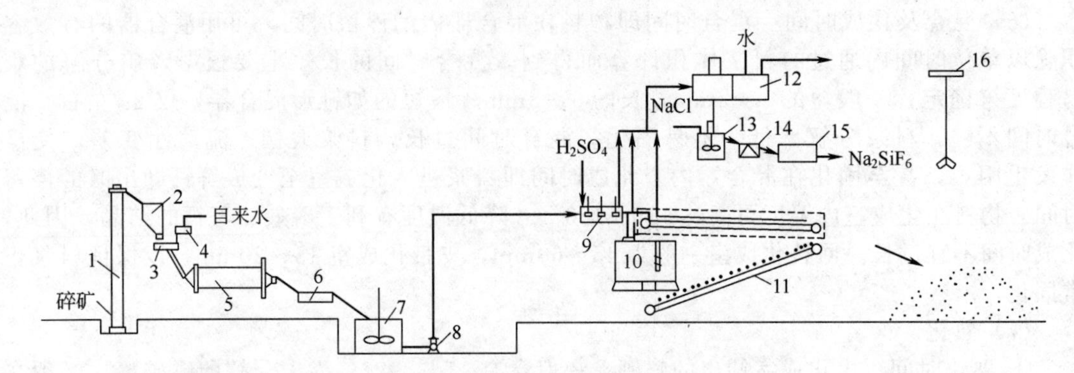

图 8-8　普通过磷酸钙生产流程（浓酸矿浆法）

1—斗式提升机；2—碎矿贮斗；3—圆盘加料机；4—自来水流量计；5—球磨机；6—振动筛；7—矿浆池；8—矿浆泵；9—立式混合器；10—回转化成室；11—皮带化成室；12—氟吸收室；13—氟盐反应器；14—离心机；15—干燥机；16—桥式吊车

二、重过磷酸钙的生产

重过磷酸钙（俗称重钙），缩写为 TSP。重过磷酸钙主要成分是一水磷酸一钙，此外还含有一些游离磷酸。其有效 P_2O_5 为 40%～50%，比普通过磷酸钙高 2～3 倍，有粒状和粉状两种形式。

重钙生产过程的反应机理及物理化学分析均与普钙生产的第二阶段相同，即

$$7H_3PO_4+Ca_5F(PO_4)_3+5H_2O = 5Ca(H_2PO_4)_2\cdot H_2O+HF \quad (8\text{-}11)$$

此外，磷矿中所含杂质也同时被磷酸分解

$$(Ca,Mg)CO_3+2H_3PO_4 = (Ca,Mg)(H_2PO_4)_2\cdot H_2O+CO_2 \quad (8\text{-}12)$$

$$(Fe,Al)_2O_3+2H_3PO_4+H_2O = 2(Fe,Al)PO_4\cdot 2H_2O \quad (8\text{-}13)$$

磷矿中的酸溶性硅酸盐亦被分解成硅酸而与 HF 作用生成 H_2SiF_6 和气态 SiF_4。H_2SiF_6 可进一步加工成氟硅酸盐。

重钙的生产方法主要有化成室法（也称浓酸熟化法）与无化成室法（简称稀酸反料法）。

1. 化成室法

化成室法制造重过磷酸钙的工艺流程如图 8-9 所示。45%～55%P_2O_5 的浓磷酸在圆锥形混合器中与磷矿粉混合，酸经计量后分四路通过喷嘴，按切线方向流入混合器。矿粉经中心管下流与旋流的磷酸相遇，经过 2～3s 的剧烈混合后，料浆流入皮带化成室。重过磷酸钙在短时间内就能固化。刚固化的重过磷

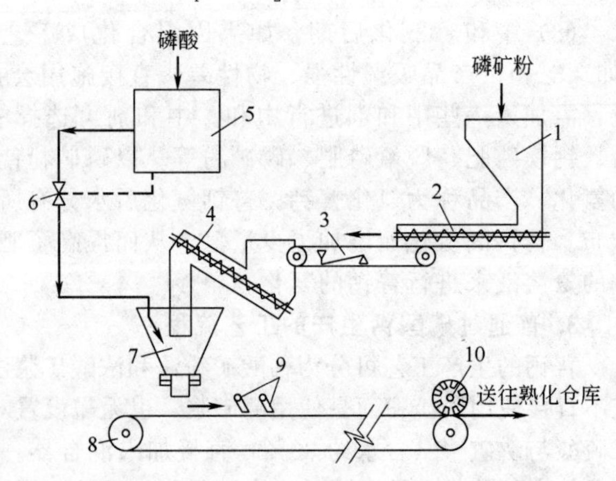

图 8-9　化成室法制造重过磷酸钙工艺流程

1—磷矿粉贮斗；2,4—螺旋输送机；3—加料机；5—转子流量计；6—自动控制阀；7—锥形混合器；8—皮带化成室；9—切条刀；10—鼠笼式切碎机

酸钙被切刀切成窄条，然后通过鼠笼式切碎机切碎，送往仓库堆置熟化。

2. 无化成室法

无化成室法制造重过磷酸钙用含30%～32% P_2O_5（或38%～40% P_2O_5）的磷酸来分解磷矿，制得的料浆与成品细粉混合，再经加热促进磷矿进一步分解而得重过磷酸钙。由于这个方法无明显的化成与熟化阶段，故称无化成室法。

图8-10为无化成室法制造粒状重过磷酸钙工艺流程图。磷矿粉与稀磷酸在搅拌反应器内混合，反应器内通入蒸汽控制温度在80～100℃。从反应器流出的料浆与返回的干燥细粉在双轴卧式造粒机内进行混合并造粒，得到湿的颗粒状物料进入回转干燥炉，用从燃烧室来的与物料并流的热气体加热，使尚未分解的磷矿粉进一步充分反应。干燥炉温度必须控制到出炉物料温度为95～100℃。干燥后成品含水量为2%～3%。

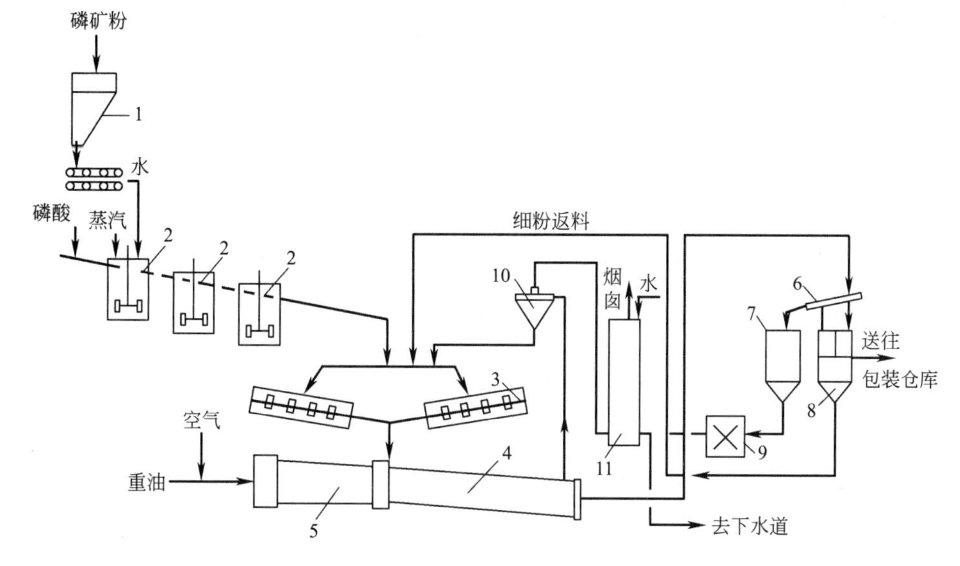

图8-10　无化成室法制造粒状重过磷酸钙的工艺流程

1—矿粉贮斗；2—搅拌反应器；3—双轴卧式造粒机；4—回转干燥炉；5—燃烧室；6—振动筛；7—大颗粒贮斗；8—粉状产品贮斗；9—破碎机；10—旋风除尘器；11—洗涤塔

无化成室流程，需要4.5～10倍成品作为返料，增加了动力消耗和设备容积。此外，对于某些难于分解的磷矿，采用较稀的磷酸，磷矿分解率较低，制得产品的物理性质也欠佳。但由于该流程比较简单，可用稀磷酸生产，不需要庞大的熟化仓库，故近年来发展较快。

重钙产品中游离酸含量比普钙高，故更易吸潮和结块。为了克服此缺点，可将粉状重钙进行中和、干燥并加工成颗粒状。

思考与练习

1. 什么是水溶性磷肥和枸溶性磷肥？试举几例。
2. 写出湿法磷酸生产的化学反应，其生产方法有哪几种？
3. 为什么二水物法磷酸生产条件要控制在图8-1中的 *abcd* 区间，而半水物法要求控制在 *cd* 线以上的区间？
4. 影响二水物结晶的因素有哪些？生产上如何获得粗大结晶？
5. 简述“二水法”磷酸生产中，反应料浆中 SO_3 含量、反应温度及反应时间是如何确定的？
6. 简述“二水法”磷酸生产的工艺流程。

7. 酸法磷肥和热法磷肥主要有什么区别？

8. 普钙生产分哪两个阶段进行，它们各在什么工序完成？写出分步及总反应式。

9. 对于普钙生产，在反应第二阶段，什么条件下可采用高温熟化？什么条件下采用低温熟化？试利用相图进行分析。

10. 普钙生产的工艺条件如何选择？

11. 简述普通过磷酸钙生产的工艺流程（浓酸矿浆法）。

12. 简述无化成室法制造重过磷酸钙的工艺流程。

13. 陕西金家河磷矿的一般组成如下：

组分	P_2O_5	灼失量（以 CO_2 计）	Fe_2O_3	Al_2O_3
含量/%	23.89	12.38	0.8	1.36

求用 100t 磷矿生产过磷酸钙需耗用的硫酸量。

第九章
复合肥料与复混肥料

本章教学目标

能力与素质目标

1. 具有分析选择工艺条件的能力。
2. 具有识读和绘制生产工艺流程图的能力。
3. 具有查阅文献资料的能力。
4. 具有节能减排、降低能耗的意识。
5. 具有安全生产的意识。
6. 具有环境保护和技术经济意识。

知识目标

1. 掌握：磷酸铵生产的基本原理及工艺条件的确定。
2. 理解：复混肥料的混配原则及化学反应；磷酸铵生产的工艺流程、主要设备的基本结构；复混肥料生产的工艺流程。
3. 了解：磷酸铵的性质；复混肥料的生产方法。

复合肥（料）与复混肥（料）曾经有过混用，但复合肥（料）与复混肥（料）从概念上来严格区分是不同的，后者包含前者。本教材采用国家标准《肥料标识　内容和要求》（GB 18382）中的定义。

复混肥料（compound fertilizer）是指氮、磷、钾三种养分中，至少有两种养分标明量的由化学方法和（或）掺混方法制成的肥料，也常常简称为复肥或复混肥。包括复合肥料和掺合肥料。

复合肥料（complex fertilizer）是指氮、磷、钾三种养分中，至少有两种养分标明量的仅由化学方法制成的肥料，是复混肥料的一种。例如，磷酸铵、硝酸磷肥，是仅由化学方法制成的肥料。复合肥料一般都在大、中型工厂进行生产，品种和规格往往有限，较难适应不同土壤、作物的需要，在施用时需要配加一二种单质化肥以调节养分比例。

掺合肥料（blended fertilizer）是指氮、磷、钾三种养分中，至少有两种养分标明量的由干混方法制成的肥料，是复混肥料的一种。掺合肥料也称混合肥料。掺合肥料是将两种或三种单质化肥，或一种复合肥料与一二种单质化肥，通过机械混合的方法制取不同规格即不同养分配比的肥料，以适应农业要求。掺合肥料尤其适合生产专用肥料。

复混肥料一般含有的大量元素有：氮（N）、磷（P）、钾（K），也称总养分；中量元素：钙（Ca）、镁（Mg）、硫（S）等，也称为次要养分；微量元素：硼（B）、锰（Mn）、铁（Fe）、锌（Zn）、铜（Cu）、钼（Mo）或钴（Co）等，也称为微量养分。

复混肥料一般用 $N\text{-}P_2O_5\text{-}K_2O$ 来表示其中营养元素的含量，如 13-14-15 表示复混肥料中含有 N 13%、P_2O_5 14%、K_2O 15%。若复混肥料中含有 N、P、K 以外的其他营养元素，则可以在后面的位置上标注其含量，并加括号注明该元素的符号。如，10-10-10-0.5(MgO)-0.5(ZnO)，是指除含有 N 10%、P_2O_5 10%、K_2O 10%外，还含有 MgO 0.5%、ZnO 0.5%的复混肥料。

复混肥料肥效很高，而且可以根据土壤和作物的不同要求，加工成不同含量的复肥，从而可使作物的增产效果更为显著。复混肥料氮、磷、钾等有效成分含量高，通常在 30%～60%或更多一些，因而包装、运输、贮存、施用成本低，加上制造时原料利用率高和施用方便等优点，故复混肥料产量增长十分迅速。

现在美国、西欧、北欧诸国和日本等国家的化肥消费结构中有 35%～45%的氮素，80%～85%的磷素和 85%～90%的钾素是由复混肥料提供的。

我国从 1959 年开始施用复肥，但直到 21 年后的 20 世纪 80 年代，我国才真正加快了复肥的发展步伐。1980 年全国复混肥料使用量仅 27.3 万吨（纯养分，下同），1985 年达 179.6 万吨，1995 年达到 670.8 万吨，2005 年已达到将近 1046 万吨。复合肥料占总施用量的比例，已由 1980 年的 2%上升到 2005 年的 25%，但与世界发达国家复混肥施用量已占总量 70%以上相比较差距还是很大的。为此，发展高浓、多品种复肥已列为国家今后化肥工业发展的重点之一。因此，我国的复肥工业必将会有更加快速的发展。

第一节　磷　酸　铵

磷酸铵包括磷酸一铵（MAP）$NH_4H_2PO_4$、磷酸二铵（DAP）$(NH_4)_2HPO_4$ 和磷酸三铵（TAP）$(NH_4)_3PO_4$ 三种，是含有磷和氮两种营养元素的复合肥料。

一、磷酸铵的性质

工业上制得的磷酸铵盐肥料实际上是磷酸一铵和磷酸二铵的混合物，以磷酸一铵为主的肥料称为磷酸一铵类肥料，以磷酸二铵为主的肥料称为磷酸二铵类肥料。通常前者营养元素含量为 12-52-0 或 10-50-0；后者营养元素含量为 18-46-0 或 16-48-0。

磷酸三铵不稳定，在常温下就能放出氨而变成磷酸二铵：

$$(NH_4)_3PO_4 \longrightarrow NH_3 + (NH_4)_2HPO_4$$

磷酸二铵较磷酸三铵稳定，但当温度达 90℃时，磷酸二铵亦开始分解放出氨并转变成磷酸一铵：

$$(NH_4)_2HPO_4 \longrightarrow NH_3 + NH_4H_2PO_4$$

磷酸一铵是稳定的，加热到 130℃以上才会分解放出氨而变为焦磷酸（$H_4P_2O_7$），甚至变成偏磷酸（HPO_3）。

因此，三种磷酸铵盐的稳定性顺序为：磷酸一铵＞磷酸二铵＞磷酸三铵。

纯净的磷酸铵盐是白色结晶状物质。它们在水中的溶解度随温度的升高而增大。20℃时 100g 水中能溶解磷酸一铵 40.3g、磷酸二铵 71.0g、磷酸三铵 17.7g，在 25℃时 100g 水中能溶解磷酸一铵 41.6g、磷酸二铵 72.1g、磷酸三铵 24.1g。从数据中可以看出，在水中的溶解度，磷酸二铵最大，磷酸三铵最小。纯的磷酸一铵和磷酸二铵吸湿性小。但磷酸一铵和磷酸二铵的混合物吸湿性稍高，在我国大多数城市夏季是有吸湿性的。

磷酸二铵与氯化钾、硫酸铵、硝酸铵、过磷酸钙或与重过磷酸钙混合时，所得的混合肥料的物理性质良好。

磷酸一铵盐能与过磷酸钙、硫酸铵、硝酸铵、氯化铵和尿素等盐类混合制成肥料，此类肥料具有良好的物理性质，其吸湿性低，且在贮存时不结块。

二、磷酸铵生产的基本原理及工艺条件

1. 生产磷酸铵的化学反应

用氨中和磷酸的化学反应如下

$$H_3PO_4(l)+NH_3(g) \xlongequal{} NH_4H_2PO_4(s) \qquad \Delta H=-134.5kJ \qquad (9\text{-}1)$$

$$H_3PO_4(l)+2NH_3(g) \xlongequal{} (NH_4)_2HPO_4(s) \qquad \Delta H=-215.5kJ \qquad (9\text{-}2)$$

反应程度用中和度来表示，料浆中和度指磷酸的氢离子被氨中和的程度。磷酸第一个氢离子被中和时中和度为 1.0，生成磷酸一铵；磷酸第二个氢离子被中和时中和度为 2.0，生成磷酸二铵。由此可见，中和度实为 NH_3 与 H_3PO_4 的摩尔比。

以湿法磷酸为原料制造磷酸铵时，湿法磷酸中所含的杂质将参加化学反应：

$$H_2SO_4(l)+2NH_3(g) \xlongequal{} (NH_4)_2SO_4(s)$$

$$H_2SiF_6(l)+2NH_3(g) \xlongequal{} (NH_4)_2SiF_6(s)$$

$$H_2SiF_6+6NH_3+(2+x)H_2O \xlongequal{} 6NH_4F+SiO_2 \cdot xH_2O$$

$$CaSO_4 \cdot 2H_2O+H_3PO_4+2NH_3 \xlongequal{} CaHPO_4 \cdot 2H_2O+(NH_4)_2SO_4$$

$$Fe_2(SO_4)_3(s)+2H_3PO_4(l)+6NH_3(g) \xlongequal{} 2FePO_4(s)+3(NH_4)_2SO_4(s)$$

$$Al_2(SO_4)_3(s)+2H_3PO_4(l)+6NH_3(g) \xlongequal{} 2AlPO_4(s)+3(NH_4)_2SO_4(s)$$

$$MgSO_4+H_3PO_4+2NH_3+3H_2O \xlongequal{} MgHPO_4 \cdot 3H_2O+(NH_4)_2SO_4(pH<4)$$

$$MgSO_4+H_3PO_4+3NH_3+6H_2O \xlongequal{} MgNH_4PO_4 \cdot 6H_2O+(NH_4)_2SO_4(pH>4)$$

用氨中和磷酸的所有化学反应都是放热反应，反应热使料浆温度升高，在中和过程中利用中和热，可以蒸发 20%～25%水分。

2. 磷酸铵生产过程的物理化学分析及工艺条件

磷酸铵生产有固体磷铵和液体磷铵之别，而生产固体磷铵则要复杂一些，在生产颗粒状磷铵成品时，以氨中和磷酸得到的料浆必须稳定和易于结晶、造粒，以便制得合格的颗粒成品，同时还要尽可能减少氨的损失，控制中和料浆的流动性即料浆中含水量和含液量的多少是造粒的关键，而料浆的流动性与中和度有密切关系。利用 NH_3-H_3PO_4-H_2O 体系相图，可以对磷酸铵生产过程进行物化分析。

图 9-1 为 75℃时 NH_3-H_3PO_4-H_2O 三元体系相图，图中所讨论的区域主要是磷酸一铵与磷酸二铵的结晶区域。

图 9-1 中 *E* 点代表纯磷酸一铵的饱和溶液组成。*D* 点代表纯磷酸二铵的饱和溶液组成。*C* 点代表同时被磷酸一铵和磷酸二铵共同饱和的溶液组成。*EC* 线是磷酸一铵的溶解度曲线，*DC* 线表示磷酸二铵的溶解度曲线。三角形 *EBC* 是磷酸一铵的结晶区，三角形 *DAC* 则是磷酸二铵的结晶区。*ACB* 是磷酸一铵和磷酸二铵的共同结晶区。

图 9-1 中 *OEB*、*ODA*、*OC* 均为等中和度线。在 *OEB* 线上磷酸的第一氢离子被中和，生成磷酸一铵，在此线上 NH_3 与 H_3PO_4 的摩尔比为 1，其中和度为 1。在 *ODA* 线上磷酸第二个氢离子被中和，生成磷酸二铵，NH_3 与 H_3PO_4 的摩尔比为 2，它的中和度为 2。在 75℃时，水点（*O* 点）与磷酸一铵和磷酸二铵的共饱和点 *C* 的连线 *OC* 的中和度为 1.42。在磷酸一铵（*B* 点）和磷酸二铵（*A* 点）组成点连线 *BA* 上所有点的中和度都在 1～2。将 *BA* 线段等分成 100

份，从水点 O 出发引向 BA 线段的各个等分点的放射线，都是代表该点中和度的等中和度线。

图 9-1 中△BOA 里，将 OB 等分成 100 份，B 点含游离水为零，O 点含水分为 100%。沿 OB 边上各点作平行于 BA 线的平行线，可以得到若干条含水量相等的线，这些线称为等水线。

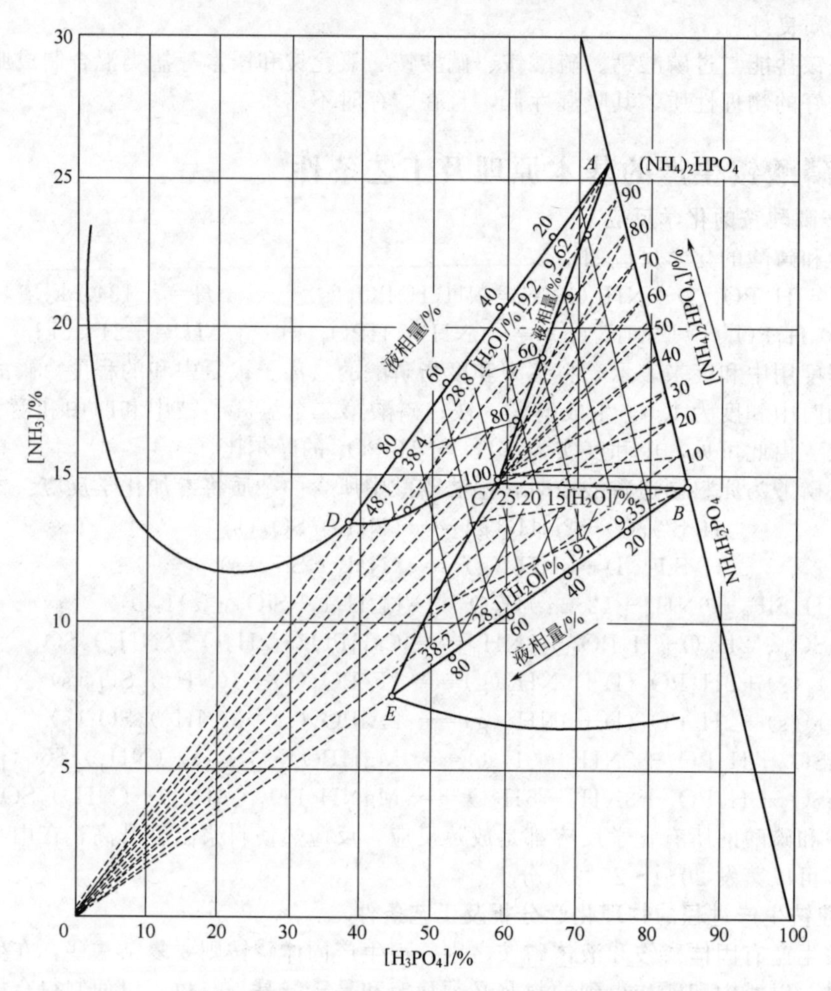

图 9-1　75℃时 NH_3-H_3PO_4-H_2O 三元体系相图

在磷酸一铵结晶区和磷酸二铵结晶区里，可将 EB、DA 线作 100 等分，再沿各个等分点作平行于 EC 和 DC 的平行线，在这些平行线上液相量相等，故称这些线为等液相量线或等液固比线。

等中和度线、等水线、等液相量线可以指导更有效地利用 NH_3-H_3PO_4-H_2O 三元体系相图来分析和讨论生产过程的工艺条件。

图 9-2 是在 0～75℃下 NH_3-H_3PO_4-H_2O 体系的多温图，从图中可以看出，除有磷酸一铵和磷酸二铵两个主要结晶区外还存在有 $(NH_4)_7H_2(PO_4)_3$ 和 $NH_4H_5(PO_4)_2$ 两个较小的结晶区域，随温度的降低，磷酸一铵和磷酸二铵的结晶区扩大，而以磷酸一铵最为显著。

用氨中和磷酸时，系统的组成点，在 NH_3 与给定的初始浓度磷酸组成点的连线上，当中和度一定时，系统的组成点在原始组成的连线与中和度射线的交点上。初始磷酸浓度 35%～45%P_2O_5，中和程度为 1.2～2，在 75℃时，系统组成点均在不饱和区内，但由于氨与磷酸中和是放热反应，在中和过程中系统水分被蒸发，则系统组成点，沿中和度射线向远离水点方向移动，也可以进入磷酸铵的结晶区。从图 9-2 中看出，沿 AB 线操作时，所得固体磷酸一铵的量最多，操作最终温度越低，磷酸一铵的结晶量越多，磷酸浓度越高时，磷酸一铵结晶量越多。而磷酸二铵操作情况也基本类似。

图 9-3 是 75℃磷酸铵料浆在蒸发过程的物相分析图。若生产以磷酸二铵为主体的肥料，中和度应控制在 1.43～2。制得的料浆在蒸发干燥过程中，水分不断排出，系统的复合物相组成点沿中和度线向 AB 线方向移动，由图 9-3 可以看出，当系统复合物相组成点沿中和度线到 Q'时，系统点处于磷酸二铵结晶区内，系统析出的固相为磷酸二铵（A 点），液相点在磷酸二铵溶解度线上的 F 点，当复合物相组成点由 Q'继续蒸发到 K 时，液相组成点由 F 移动到 M 点，固相点不变，再继续蒸发系统到 G 时，液相到达共饱和点 C，这时磷酸一铵已开始饱和，故 G 点为该中和度下，系统单独析出磷酸二铵的最大量点。再蒸发到 S 点时，则有磷酸一铵和磷酸二铵结晶同时析出，其结晶量可由杠杆规则求得，而液相在共饱和点 C 不变。当系统蒸发到达 Q''时，水分全部蒸发干，而得到的只是磷酸二铵和磷酸一铵的混合结晶，不同中和度的溶液蒸发过程与上述类似。

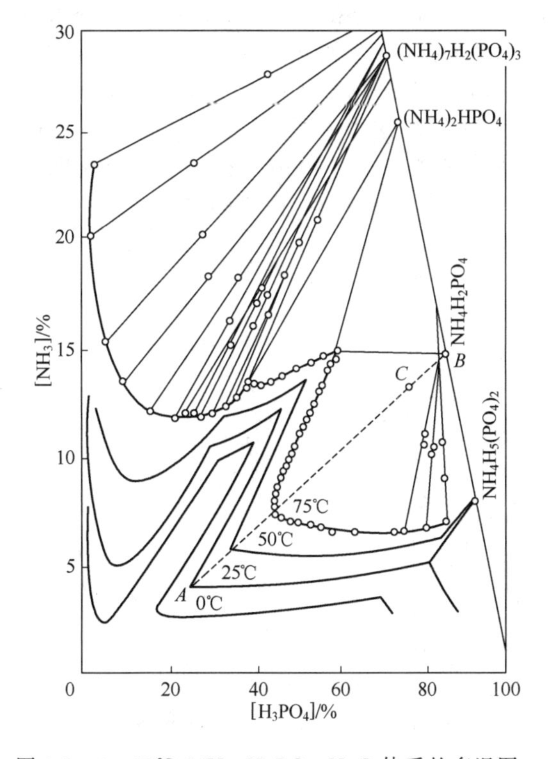

图 9-2　0～75℃ NH_3-H_3PO_4-H_2O 体系的多温图

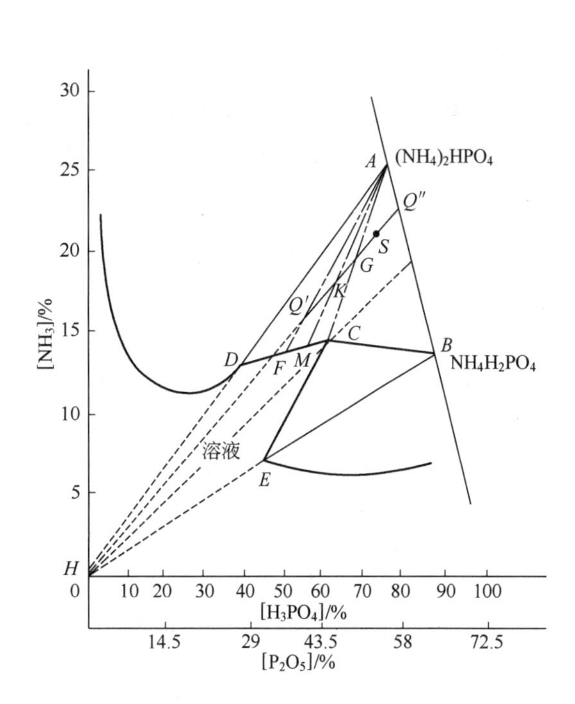

图 9-3　75℃磷酸铵料浆在蒸发过程的物相分析图

在中和过程中，随水分的不断蒸发，液相量相应减少，故液固比值在中和过程中不断降低。系统的液相和固相的质量比，可用杠杆规则进行计算，当复合物组成点在 Q'点时，液相量/固相量$=AQ'/Q'F$，当到达 G 点时，液相量/固相量$=AG/GC$，在水分完全蒸干时的 Q''点，液相量为零，固相磷酸二铵/固相磷酸一铵$=BQ''/AQ''$，可见随蒸发的进行，料浆水分不断减少，液固比降低，而料浆密度增大。

由于料浆的液相含量直接影响造粒和干燥操作，所以在生产磷酸二铵类肥料的操作控制中确定适宜的中和度，必须研究在水分含量一定的条件下中和度和料浆液固比的关系。由图 9-1 可以看出，当温度为 75℃料浆含水 20%时，中和度为 2 则料浆的液相含量为 48%，中和度控制在 1.55 时，料浆的液相含量为 81%，即水分含量为 20%时，若将料浆中和度从

2降到1.55，则液相含量由48%上升至81%。这是由于液相组成点由D向共饱和点C移动时，饱和溶液中溶入的固体量是逐步增加的，所以总的液相含量也随之明显增加，料浆的液固比增大意味着料浆的稠厚度下降，而在干燥造粒过程中采用较稀的料浆就必须增大返料的倍数。因此，中和度控制在接近2时，料浆的液固比最小，干燥造粒过程中使用的返料量最少，这对生产是有利的。

然而，NH_3-H_3PO_4-H_2O体系中氨蒸气分压也影响该生产过程的进行。图9-4是50℃、60℃和75℃时，NH_3-H_3PO_4-H_2O体系的中和度和气相氨分压的关系。气相中NH_3的蒸气分压随中和度增加和温度升高而显著提高，如在75℃时，当溶液的中和度为1.4，则气相中氨蒸气分压为120Pa；当中和度为1.9，氨的蒸气分压为3999.6Pa。当中和度超过1.8以后，气相中氨蒸气分压将急剧上升，氨分压升高，意味着中和操作时，会增大氨的逸出量，在工艺上必须采取氨回收措施避免氨的损失，若要降低气相中氨蒸气分压，应当控制中和度稍低一些，但中和度控制过低，又会使干燥造粒阶段返料量增大。因此，兼顾上述两方面因素，生产磷酸二铵为主体的肥料，中和度控制在1.8左右较为适宜。

由于氨与磷矿中和的化学反应是放热反应，反应热可将随原料磷酸带入的大部分水蒸发，在蒸发水分的同时，氨亦要逸入气相，并在气相中保持一定的氨蒸气分压，若将这样的尾气全部回收，由于大量水蒸气冷凝，给系统带入大量水分，增加了干燥负荷，若不回收则将造成大量氨的损失，因此，在生产上采用多段中和来解决这个矛盾。如采用32%P_2O_5磷酸为原料时用3～4个串联的中和槽，有的则采用预中和槽，或经过预中和、转鼓氨化两个阶段，在中和时满足料浆蒸发水分量最大，而氨蒸气分压又要最小，使氨的损失最小。

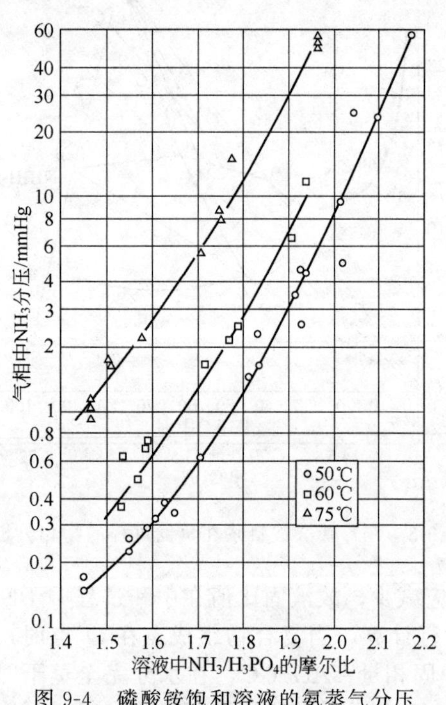

图9-4　磷酸铵饱和溶液的氨蒸气分压（1mmHg=133.322Pa）

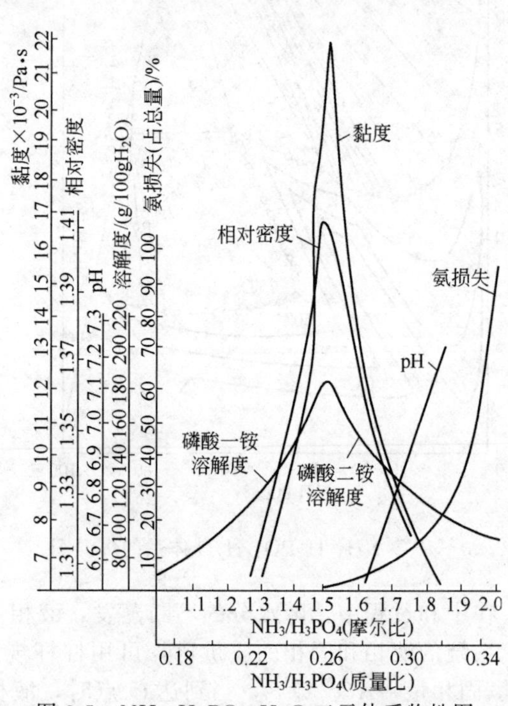

图9-5　NH_3-H_3PO_4-H_2O三元体系物性图

图9-5为NH_3-H_3PO_4-H_2O三元体系的物性图，当中和度为1时，系统饱和溶液的溶解度较小，因而液固比较小，料浆流动性能差，使生产不能正常操作。当中和度增高到1.2～1.3时，系统饱和溶液的溶解度增大，因而液固比随之增大，料浆的流动性能改善，并且此时液相黏度增加不多，气相氨蒸气分压较低，尾气含氨量微小（占总氨量的0.2%～0.3%），氨

损失不大，故一段中和槽中和度多控制在1.2～1.3，随后逐步加大。总的来看，工艺上应选择最终中和度为2最为适当，因此时溶液有最小溶解度，液相量小，有利于造粒干燥，但从体系氨蒸气分压出发，考虑氨损失不得过大，应选择中和度小于2更为合适。工艺上取二者兼顾的办法，采用中和度为1.8左右，并可分次中和，所得含80%的磷酸二铵和20%的磷酸一铵类产品，具体工艺条件根据流程不同和产品不同而异。

三、磷酸铵生产的工艺流程和主要设备

传统的磷酸铵生产方法是先将二水物湿法磷酸浓缩，在预中和槽、管式反应器或加压反应器中进行氨化。所得氨化料浆再行造粒、干燥制粒状磷酸铵，或喷雾干燥制粉状磷酸铵。20世纪70年代苏联所开发出的料浆浓缩法制磷酸铵是直接用二水物湿法磷酸为原料，在中和槽或快速氨化蒸发器中进行氨化，再将中和料浆蒸发浓缩，使含水量从55%～65%降到25%～35%，经喷浆造粒干燥制粒状磷酸铵，或喷雾干燥、流化造粒干燥制粉状磷酸铵。

因此，目前生产磷酸铵的方法主要有两类：料浆浓缩法和浓缩磷酸氨化法。此处介绍两种典型的磷酸铵生产工艺流程及主要设备。

1. 预中和-转鼓氨化造粒法

转鼓氨化法生产磷酸二铵是近年来国内外最流行的工艺方法。该法流程设备简单，设备生产强度高，生产能力也大，但必须使用浓度为36%～45% P_2O_5 的磷酸。

（1）工艺流程　常压预中和-转鼓氨化法生产粒状磷酸二铵类肥料的工艺流程如图9-6所示。

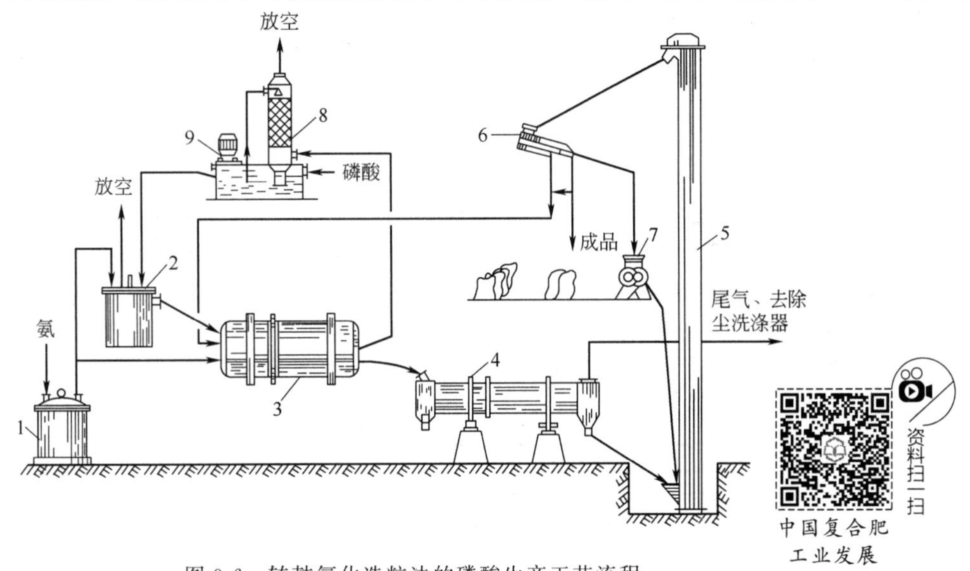

图9-6　转鼓氨化造粒法的磷酸生产工艺流程

1—氨缓冲器；2—预中和槽；3—转鼓氨化器；4—回转干燥炉；5—斗式提升机；
6—筛分机；7—双辊粉碎机；8—洗涤塔；9—液下泵

将浓度为36%～45% P_2O_5 的磷酸加入尾气洗涤液中间贮槽，洗涤尾气后的洗涤液用泵送入预中和槽2，气氨经氨缓冲器1引入预中和槽2一步中和洗涤液中所含的磷酸，预中和度控制在1.3左右，反应热可将料浆温度升高达110～120℃，并可大量蒸发料浆中的水分。此时料浆中和度不很高，气相氨分压很低，尾气可以直接排放，经预中和后的料浆，含有适量的水分，具有良好的流动性，可自动流入特制的转鼓氨化器3中，在转鼓中继续通入气氨或液氨进行氨化中和，料浆与来自筛分机6的细粒返料同时加入转鼓氨化器中，由于转鼓氨化器不断转动，故料浆与干燥返料进行混合造粒，成粒后的湿料进入回转干燥炉4，干燥后

的物料由斗式提升机 5 送入筛分机 6，筛分的合格粒子一部分作为成品，另一部分与细粒子合并作为返料，过粗的颗粒经双辊粉碎机 7 粉碎后返回筛分机，进入转鼓氨化器的干燥返料量为成品量的 2.5～3 倍。

如果采用 40%～45%的 P_2O_5 磷酸作为原料时，从转鼓氨化器出来的物料含水分很少，可不必进行干燥直接进入筛分机，即为无干燥的转鼓氨化工艺流程。

生产中，由于转鼓氨化器放出的尾气中还含有占总氨量 6%～15%的氨，必须加以回收。回收方法通常是在气体洗涤塔中用原料磷酸来吸收其中的氨，然后再将此磷酸送入预中和器。但应注意进入预中和器的磷酸浓度应保持在 38%～42% P_2O_5。

(2) 主要设备　转鼓氨化工艺流程的主要设备是转鼓氨化器。其结构如图 9-7 所示。它是由液压联轴器，直接驱动齿轮或链轮及链条传动的圆筒体转鼓组成，内衬耐腐材料。物料在内进一步中和造粒，滚角一般倾斜 2°左右，装有清理转鼓内壁的自动刮刀，转鼓氨化器内料浆分布采用锯齿形或喷嘴形，埋入料层的氨分布管采用插入形或管形，分布管通常偏离造粒机壁，位于总床层深度的 1/3 处，传统的氨分布器具有相等距离的钻孔，使氨能均匀地通过所有钻孔，转鼓氨化器内物料一般停留 2～7min。

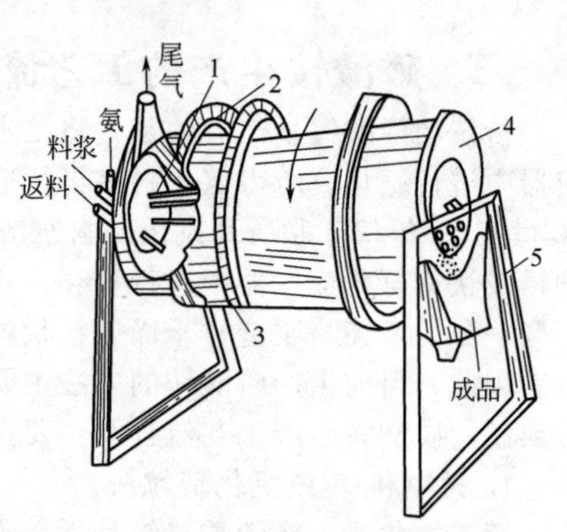

图 9-7　转鼓氨化器

1—刮刀；2—支承滚轮；3—大齿轮；4—转鼓本体；5—钢架

2. 浓缩料浆法

(1) 工艺流程　用含杂质较高的二水物湿法磷酸进行浓缩时，在加热管壁容易形成坚硬致密、难以清除的酸不溶垢层，有时甚至会造成加热管堵塞，使浓缩操作无法进行。但如果先用氨中和磷酸，再浓缩中和料浆，很容易获得含水 25%～35%的磷酸铵料浆，可直接用于喷浆造粒。实践证明，浓缩中和料浆时加热管壁结垢较少，而且也易于用磷酸清洗除掉。

中和料浆浓缩喷浆造粒的工艺流程如图 9-8 所示。含 20%～22%P_2O_5 的稀磷酸首先进入尾气吸收塔 1，吸收喷浆造粒干燥机来尾气中的氨和粉尘。然后再进入中和槽 2 与气氨反应，控制料浆中和度在 1.1～1.2 之间，中和料浆用双效闭路强制循环蒸发浓缩到水含量为

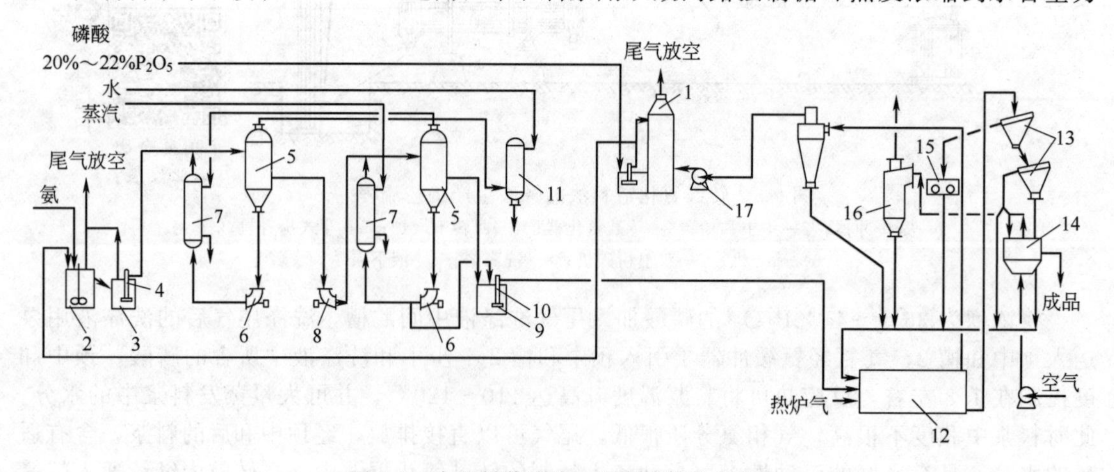

图 9-8　中和料浆浓缩法生产磷酸铵流程

1—尾气吸收塔；2—中和槽；3—蒸发给料槽；4—加料泵；5—闪蒸室；6—循环泵；7—加热器；8—过料泵；9—料浆缓冲槽；10—料浆泵；11—冷凝器；12—喷浆造粒干燥机；13—振动筛；14—沸腾冷却器；15—破碎机；16—除尘器；17—尾气风机

25%～28%，再用料浆泵 10 送到喷浆造粒干燥机 12 的喷嘴，用压缩空气雾化，并涂布在返料上逐步增大成粒，用 400～450℃的炉气干燥，干粒料经振动筛 13 分筛，合格粒料经冷却部分作为成品，部分作为返料，振动筛上大粒料块经破碎机 15 破碎与筛下细粉一起用作返料，一般返料量为成品的 4～6 倍。

喷浆造粒干燥机出来的含氨含尘尾气进入尾气吸收塔内用原料磷酸吸收后排放。

该法主要特点是能够利用杂质含量较高的中低品位磷矿生产出的低浓度磷酸（20%～22%P_2O_5），它为一些品位不高、杂质较多、不易选用的磷矿生产磷酸铵开辟了一条新的利用途径。

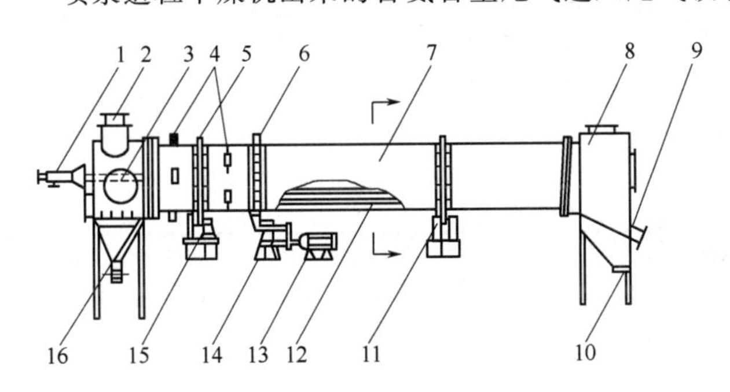

图 9-9 喷浆造粒干燥机

1—喷轮；2—返料接管；3—烟道气接管；4—击锤；5—滚圈；6—大齿轮；7—转筒；8—尾气出口；9—大块物料出口管；10—下料口；11,15—托轮；12—抄板；13—电机；14—减速箱；16—进料箱

（2）主要设备 料浆浓缩喷浆造粒法工艺流程的关键设备是喷浆造粒干燥机，其结构如图 9-9 所示。它主要由喷轮、进料箱、转筒及附属装置等组成。中和料浆与压缩空气同时进入喷轮内部混合喷射雾化，与返料相遇涂布成粒，通入热风在转筒内干燥，转筒设有支承托轮，由转动装置带动缓慢旋转。带有角度的物料由高端运动到低端，过大料块，不能通过筛网，应定期从出料箱下方放出，以防堵塞斗式提升机。尾气由出料箱顶部抽出，送洗涤吸收塔回收氨和粉尘。

第二节 复混肥料的配混与生产

生产上可以用基础肥料（单元或多元复合肥料）制得不同配方、不同总养分含量的各式复肥品种，以适应不同作物品种、不同土壤的特殊需求。除了三大常量元素外，还可以加入硫、钙、镁等中量营养元素及锌、硼、锰、铁、铜、钼等微量元素。此外，还可以有选择地加入除草剂、杀虫剂和植物生长调节剂等。因此，与复合肥料相比，复混肥料具有较大的配方灵活性。

复混肥料的产品规格极多，在美国、日本及欧洲各国和地区，生产与使用品种达上千种，其产量约占肥料总产量的 70%。我国近年来在复混肥的生产上发展很快，中、小规模厂已遍布全国。国内已形成总养分（$N+P_2O_5+K_2O$）大于 40%的高含量、大于 30%的中含量和大于 25%的低含量的系列复混肥料。

国家标准（GB/T 15063—2020）复混肥料规定如表 9-1 所示。

表 9-1 复混肥料（复合肥料）标准（GB/T 15063—2020）规定

项　目		高浓度	中浓度	低浓度
总养分[①]（$N+P_2O_5+K_2O$）/%	≥	40.0	30.0	25.0
水溶性磷占有效磷比率[②]/%	≥	60	50	40
硝态氮[③]/%	≥	1.5		
水分[④]（H_2O）/%	≤	2.0	2.5	5.0
粒度[⑤]（1.00～4.75mm 或 3.35～5.60mm）/%	≥	90		

续表

项目			高浓度	中浓度	低浓度
氯离子[⑥]/%	未标“含氯”的产品	≤	3.0		
	标识“含氯(低氯)”的产品	≤	15.0		
	标识“含氯(中氯)”的产品	≤	30.0		
单一中量元素[⑦](以单质计)/%	有效钙	≥	1.0		
	有效镁	≥	1.0		
	总硫	≥	2.0		
单一微量元素[⑧](以单质计)/%		≥	0.02		

① 组成产品的单一养分含量不应小于4.0%，且单一养分测定值与标明值负偏差的绝对值不得大于1.5%。

② 以钙镁磷肥等枸溶性磷肥为基础磷肥并在包装容器上注明为“枸溶性磷”时，“水溶性磷占有效磷比率”项目不做检验和判定。若为氮、钾二元肥料，“水溶性磷占有效磷比率”项目不做检验和判定。

③ 包装容器上标明“含硝态氮”时检测本项目。

④ 水分以生产企业出厂检验数据为准。

⑤ 特殊形状或更大颗粒（粉状除外）产品的粒度可由供需双方协议确定。

⑥ 氯离子的质量分数大于30.0%的产品，应在包装容器上标明“含氯（高氯）”；标识“含氯（高氯）”的产品氯离子的质量分数可不做检验和判定。

⑦ 包装容器上标明钙、镁、硫时检测本项目。

⑧ 包装容器上标明含铜、铁、锰、锌、硼、钼时检测本项目，钼元素的质量分数不高于0.5%。

一、常见复混肥料的配方体系

复混肥料按其生产过程所采用的主要基础肥料配料品种可划分为十多个体系。有时由于农业、生产工艺、原料来源及经济原因选用较多种基础肥料，则称为综合体系。复混肥料生产体系分类见表9-2。

表9-2 复混肥料生产体系和典型品位一览表

复混肥体系	典型品位(N-P_2O_5-K_2O)
尿素-磷酸一铵-钾盐	28-28-0、23-35-0、19-19-19、27-24-24、23-23-11.5
氯化铵-磷酸一铵-钾盐	20-20-0、15-15-15
尿素-过磷酸钙-钾盐	12-12-0、11-11-5.5、11-9-11
氯化铵-过磷酸钙-钾盐	11-11-0、9-9-9
硫铵-过磷酸钙-钾盐	10-10-0、8-9-8
硝铵-过磷酸钙-钾盐	12-12-0、10-10-10
磷铵-碳铵-钾盐	14-10-0、10-10-10、13-13-0
硫铵-磷铵-钾盐	16-20-0、14-14-14、20-20-0
尿素-氯化铵-硫铵-过磷酸钙-磷铵-钾盐综合体系	13-7-10、12-6-8
尿素-聚磷酸铵清液肥料综合体系	15-28-0、15-25-5
尿素-钙镁磷肥-钾盐	13-7-10、12-6-7

在复混肥料加工工艺和11种肥料体系配料中，存在着相当复杂的化学反应，几乎所有反应都很难用定量来确定。其化学反应的种类和进行程度取决于方法的不同和基础肥料的种类，以及加入的方式等。这些化学反应有的是不利于生产过程和产品质量的，有的则有利于生产过程的运行和有助于提高产品的质量。因此，弄清原料的相配性对复混肥料的生产是至关重要的。

二、复混肥料生产中原料的相配性

不管何种原料，在进入复混肥料制造系统之前，都必须考虑水分、粒度和物理化学的相配性。了解它们之间是否存在化学反应，这些反应可能出现在造粒前的物料混合时，也可能出现在造粒过程中或造粒之后，甚至还可能延伸到成品贮存的全过程中。反应通常伴随着放热、释放出水分，对造粒、干燥、贮存均发生不利的影响，因此必须十分注意并作必要的控制。

根据制得的复混肥料是否存在有效养分损失、物理性质变坏，大致可以把各种原料肥料的相互配合分为“可配性”“不可配性”和“有限可配性”三种情况。表 9-3 列出了常见肥料之间的可配性情况。

表 9-3　肥料配混图

原料肥料	硫铵	硝铵	氯化铵	石灰氮	尿素	普钙	钙镁磷肥	重钙	氯化钾	硫酸钾	磷酸一铵	磷酸二铵	消石灰	碳酸钙
硫铵		△	○	×	○	○	△	○	○	○	○	○	×	△
硝铵	△		△	×	×	○	×	○	△	○	○	○	×	△
氯化铵	○	△		×	△	○	○	○	○	○	○	○	×	△
石灰氮	×	×	×		△	×	○	○	○	○	○	○	○	○
尿素	○	×	△	△		△	○	△	○	○	○	○	△	○
普钙	○	○	○	×	△		△	○	○	○	○	△	×	×
钙镁磷肥	△	×	○	○	○	△		△	○	○	○	○	○	○
重钙	○	○	○	○	△	○	△		○	○	○	△	×	×
氯化钾	○	△	○	○	○	○	○	○		○	○	○	○	○
硫酸钾	○	○	○	○	○	○	○	○	○		○	○	○	○
磷酸一铵	○	○	○	○	○	○	○	○	○	○		○	○	○
磷酸二铵	○	○	○	○	○	△	○	△	○	○	○		×	○
消石灰	×	×	×	○	△	×	○	×	○	○	○	×		○
碳酸钙	△	△	△	○	○	×	○	×	○	○	○	○	○	

注：○—可配性；△—有限可配性；×—不可配性。

在制造复混肥料时，要首先选择具有“可配性”的肥料原料进行混合造粒；其次，对于“有限可配性”的原料组合，可在一定的配比范围内或经过适当处理后再使用，“不可配”的肥料一般是不能同时使用的。

1. 具有“可配性”的肥料

这类肥料在混合时物化性质不发生变化或物料性质比混合前得到改善，其有效成分也不会发生损失。例如，硫酸铵与普钙或重钙混合时，其临界相对湿度比硫酸铵还高，混合后的物料变得疏松、干燥、容易破碎。反应式如下。

$$(NH_4)_2SO_4 + Ca(H_2PO_4)_2 \cdot H_2O + H_2O = 2NH_4H_2PO_4 + CaSO_4 \cdot 2H_2O \quad (9\text{-}3)$$

$$(NH_4)_2SO_4 + CaSO_4 + H_2O = (NH_4)_2SO_4 \cdot CaSO_4 \cdot H_2O \quad (9\text{-}4)$$

反应时将游离水变成结合水，从而改善了混合物的性质，对造粒也有利。

2. 具有“不可配性”的肥料

这类肥料在混合时通常表现为三种情况：一是混合物吸湿点很低，具有明显的吸湿和结块性，物料的物理性质严重变坏。尿素与硝酸铵混合时就是一个典型的例子。二是几种物料混合时，所发生的化学反应使有效养分发生变化。例如，普钙与碳酸钙混合时，发生以下反应。

$$Ca(H_2PO_4)_2 \cdot H_2O + 2CaCO_3 \longrightarrow Ca_3(PO_4)_2 + 2CO_2\uparrow + 3H_2O \quad (9\text{-}5)$$

使过磷酸钙中的水溶性 P_2O_5 变成枸溶性甚至难溶性 P_2O_5。三是肥料原料混合时发生的化学反应导致有效成分损失。例如，硫酸铵与消石灰混合时，发生如下反应：

$$(NH_4)_2SO_4 + Ca(OH)_2 \longrightarrow CaSO_4 + 2NH_3\uparrow + 2H_2O \quad (9\text{-}6)$$

导致氨气逸出，造成氮的损失。

3. 具有“有限可配性”的肥料

这类肥料常用于生产复混肥料的原料。除上述两种情况外，有些属于“有限可配性”。它们之间的配合或经过处理或掌握一定的配比，以及避开某种不适宜的配比而使制得的复混肥料更加安全。

例如，尿素与普钙混合及碳酸氢铵与过磷酸钙混合就属于典型的“有限可配性”。

(1) 尿素与普钙混合　未经氨化的普钙中的游离磷酸、一水磷酸一钙均可与尿素发生加合反应：

$$H_3PO_4 + CO(NH_2)_2 \longrightarrow CO(NH_2)_2 \cdot H_3PO_4 \quad (9\text{-}7)$$

$$Ca(H_2PO_4)_2 \cdot H_2O + 4CO(NH_2)_2 \longrightarrow Ca(H_2PO_4)_2 \cdot 4CO(NH_2)_2 + H_2O \quad (9\text{-}8)$$

上述反应的生成物均具有很大的溶解度。它们吸收空气中的水分而使物料变潮，物性变坏。第二个反应还释放出结晶水，使物料越混越潮湿，甚至变成糊状物而无法造粒。但是，如果采取措施，将普钙在混合前先进行氨化，便可解决它与尿素的相配性问题。

(2) 碳酸氢铵与过磷酸钙混合　对过磷酸钙进行氨化时，为方便起见，通常用固体碳酸氢铵作为中和剂，但是，过量的碳酸氢铵与过磷酸钙混合，不仅没有好处，反而会促使有效 P_2O_5 发生退化，并造成氮的损失。

相混时，首先碳酸氢铵与过磷酸钙中的游离酸和磷酸二氢钙反应：

$$NH_4HCO_3 + H_3PO_4 \longrightarrow NH_4H_2PO_4 + CO_2\uparrow + H_2O \quad (9\text{-}9)$$

$$NH_4HCO_3 + Ca(H_2PO_4)_2 \cdot H_2O \longrightarrow NH_4H_2PO_4 + CaHPO_4 \cdot 2H_2O + CO_2\uparrow \quad (9\text{-}10)$$

第二个反应(9-10) 中水溶性 P_2O_5 变成枸溶性 P_2O_5。随着碳酸氢铵量的再增加，则进一步发生如下反应：

$$NH_4HCO_3 \longrightarrow NH_3\uparrow + CO_2\uparrow + H_2O \quad (9\text{-}11)$$

$$2CaHPO_4 + CaSO_4 + 2NH_3 \longrightarrow Ca_3(PO_4)_2 + (NH_4)_2SO_4 \quad (9\text{-}12)$$

前一个反应(9-11) 中，碳酸氢铵自行分解，造成氨的损失。后一个反应(9-12) 中，枸溶性 P_2O_5 转变成不溶性 P_2O_5，造成有效磷的损失。

试验和生产实践表明，在过磷酸钙的粒度、水分含量相适宜的条件下，碳酸氢铵氨化过磷酸钙时，以 10 份碳酸氢铵和 100 份过磷酸钙相混合比较适宜。如果碳酸氢铵量高达 20 份，则氨损失严重，有效 P_2O_5 也将发生严重的退化。

三、复混肥料的生产方法

复混肥料按其所采用的生产工艺类型，主要归纳为以下 7 种生产方法。

(1) 团粒法　粉状的基础肥料借助于液相（水＋蒸汽＋肥料溶液）黏聚成粒；再借助于外力的挤压成型。我国的基础肥料大部分为粉粒状。该法是我国目前复混肥料加工的主要方法。

(2) 料浆法　在这种工艺中，要造粒的物料是料浆形式，一般是由硫酸、硝酸、磷酸与氨、磷矿粉（或这两种物料以某种形式的结合）进行反应得到的。在某些改进的工艺中，可以在造料过程中把其他固体肥料加入返料中，也有把所要加入的固体肥料溶在料浆中。该过程的特点是化学反应和造粒过程同时进行。也有用磷酸和氨直接反应生成的磷铵料浆和其他固体化肥混合造粒制成 NPK 产品。

(3) 掺合法　把颗粒度和强度接近的基础颗粒肥料（基本彼此间无化学反应）进行一定比例的掺拌混合。

(4) 流体法　分为液体（清液）肥料和悬浮流体肥料两种。

(5) 熔融法　氮素肥料尿素或硝铵和磷铵、钾盐一起熔融后用塔式或油冷方式进行造粒生产 NK 或 NPK 颗粒状复混肥。

(6) 浓液造粒法　该法是团粒法和料浆法的改进，尿素、硝铵以 90%以上的浓溶液进入造粒系统，改善了造粒性能和产品的质量。本法可直接利用尿素、硝铵系统的浓缩液进行联产 NPK 复混肥料。

(7) 挤压法　利用机械外力的作用使粉体基础化肥成粒的一种方法。热稳定性差的基础化肥，如碳酸氢铵和其他基础肥制 NPK 时，都采取此法。

四、复混肥料生产的工艺流程

前已述及，复混肥料的生产方法有多种，而团粒法是我国目前颗粒状复混肥料的主要生产方法，也是国际上采用较普遍的一种生产方法。此处仅介绍团粒法生产复混肥料的典型工艺流程。

团粒法颗粒复混肥料生产的典型工艺流程见图 9-10。袋装或散装的基础肥料在进入生产系统前应尽可能破碎成<20mm 的物料（这对大型工厂利用电子皮带秤计量时能保证计量的稳定性是尤为重要的）。由一台或多台斗式提升机将它们分别提送至各自的贮斗中。用一台斗式的带有电脑控制的电子秤进行各工位的基础肥料的配料，每一批的配料自动卸入中间贮斗，在贮斗的底部由一带调速皮带输送机将物料连续加入破碎机进行粉碎，通常采用卧式链条破碎机，经过粉碎达到一定细度的粉料由一台斗式提升机送至造粒机（转鼓造粒机或圆盘造粒机），通过添加少量水或蒸汽使物料成粒。

农作物的多元营养元素

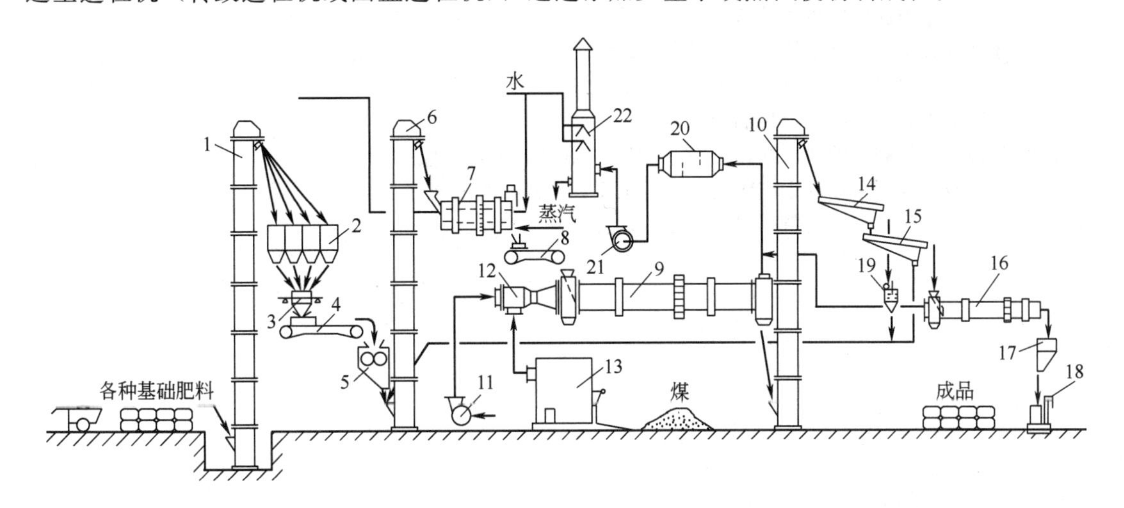

图 9-10　团粒法颗粒复混肥料生产的典型工艺流程

1,6,10—斗式提升机；2—原料贮斗群；3—斗式电子秤；4,8—皮带输送机；5—卧式链条破碎机；7—转鼓造粒机（或圆盘造粒机）；9—干燥机；11—鼓风机；12—引风器；13—燃烧炉；14,15—振动筛；16—冷却器；17—成品贮斗；18—秤；19—大粒破碎机；20—除尘器；21—排风机；22—洗气塔

造粒机卸出的湿物料由一条皮带机送入回转干燥机，由燃烧炉（燃料可以是煤或油、天

然气等）产生的烟道气与湿物料成顺流方式进入干燥机。燃烧供热系统附设一台喷射引风器，其结构和工作原理均和“文丘里管”类似，射流所产生的负压，抽吸热炉气并与喷射冷风混合后进入干燥机的进料端。喷射引风工艺使燃烧炉在负压下操作，能稳定供热工况。用于中小型复混肥料作业的进口炉气温度要根据混肥体系、配方、物料性质等情况而定，一般控制在150～200℃（测试位置进料箱）。

回转干燥机的直径一般为1.2～2.2m，长度为10～18m。筒体进料端设置螺旋形抄板可将湿物料尽快地向筒深移动，减少物料与高温气流的接触时间，防止熔化和减少黏料现象。筒体的中段设置升举式扬料板，将物料撒扬在干燥空间与热气流进行充分的热交换，完成传热传质过程使物料的水分蒸发。颗粒肥料的水分蒸发过程的速度，是受水分从颗粒中心向表层的扩散速度所控制。由于颗粒较为致密，扩散速度较慢，因此要有足够的干燥时间和合适的颗粒度及适当的颗粒与热气流接触表面。物料在干燥机内的停留时间一般为15～30min。干燥筒体的尾部不设抄板为光筒，是为了防止粉尘的散扬，减少尾气带尘。完成热交换的含湿含尘尾气由出料箱尾气管进入除尘器，再由风机引入洗涤系统，经洗气后排空。出干燥机的物料温度为70～90℃，尾气温度为75～95℃。该两项温度指标与产品的水分要求有直接关系。

浮头式换热器

动画扫一扫

板式换热器

干燥后的物料由斗式提升机送筛分系统，筛出的大于4mm的颗粒经破碎后与筛出的小于1.7mm的细粒一起返回造粒系统，合格的颗粒经一台回转冷却器冷却至低于45℃后送包装工段。冷却作用可使滞留在颗粒肥料表层的水汽散逸，防止水汽冷凝，减少结块，克服热物料对包装塑料内袋的损伤，以保证产品的包装质量。

思考与练习

1. 复合肥料、复混肥料和掺合肥料有什么异同点？其养分含量如何表示？
2. 磷酸铵生产的基本化学反应有哪些？
3. 什么叫料浆中和度？生成磷酸一铵和磷酸二铵时其中和度是多少？
4. 试述磷酸铵生产的基本原理及工艺条件。
5. 简述转鼓氨化法和中和料浆浓缩法生产磷酸铵的工艺流程。
6. 氨与磷酸中和过程中主要控制什么？
7. 解释说明原料肥料的“可配性”“不可配性”和“有限可配性”。
8. 复混肥料按其所采用的生产工艺类型，主要分为哪几种生产方法？
9. 简述团粒法颗粒复混肥料生产的典型工艺流程。

第十章 氨碱法制纯碱

本章教学目标

能力与素质目标

1. 具有分析选择工艺条件的能力。
2. 具有识读和绘制生产工艺流程图的能力。
3. 具有碳化塔倒塔操作的初步能力。
4. 具有查阅文献资料的能力。
5. 具有节能减排、降低能耗的意识。
6. 具有安全生产的意识。
7. 具有环境保护和技术经济意识。

知识目标

1. 掌握：石灰石煅烧的基本原理；氨盐水碳酸化过程的基本原理、工艺条件的选择及工艺流程；重碱煅烧的基本原理。

2. 理解：石灰石煅烧的主要设备；盐水的制备与精制方法；精盐水氨化的基本原理、工艺条件的选择及工艺流程；碳化塔的基本结构；真空转鼓过滤机结构及工作原理；重碱煅烧的基本原理及工艺流程；蒸氨的原理、工艺流程及工艺条件。

3. 了解：石灰乳的制备；煅烧炉的基本结构；重质纯碱的制造；纯碱的性质和工业生产方法。

第一节 概　　述

一、纯碱的性质和用途

纯碱即碳酸钠（Na_2CO_3），也称为苏打或碱灰，为无水、白色粉末。分子量 106.00，相对密度 2.533，熔点 851℃，易溶于水并能与水生成 $Na_2CO_3 \cdot H_2O$、$Na_2CO_3 \cdot 7H_2O$ 和 $Na_2CO_3 \cdot 10H_2O$ 三种水合物。微溶于无水乙醇，不溶于丙酮。工业产品的纯度在 99%左右，依颗粒大小、堆积密度的不同，可分为超轻质纯碱、轻质纯碱和重质纯碱，其堆积密度分别为 0.33～0.44t/m³、0.45～0.69t/m³ 和 0.8～1.1t/m³。

纯碱是一种强碱弱酸生成的盐，它的水溶液呈碱性，并能与强酸发生反应，如：

$$Na_2CO_3 + 2HCl \longrightarrow 2NaCl + H_2O + CO_2 \uparrow$$

在高温下，纯碱可分解为氧化钠和二氧化碳，反应式如下

$$Na_2CO_3 \longrightarrow Na_2O + CO_2 \uparrow$$

资料扫一扫

纯碱一词的由来

另外，无水碳酸钠长期暴露于空气中能缓慢地吸收空气中的水分和二氧化碳，生成碳酸氢钠。

$$Na_2CO_3 + H_2O + CO_2 \longrightarrow 2NaHCO_3$$

纯碱是一种重要的基本化工原料，年产量在一定程度上可以反映出一个国家化学工业发展的水平。纯碱的主要用途，是用于生产各种玻璃，制取各种钠盐和金属碳酸盐等化学品；其次用于造纸、肥皂和洗涤剂、染料、陶瓷、冶金、食品工业和日常生活。因此，纯碱在国民经济中占有极为重要的地位。我国是世界上最大的纯碱生产国与消费国。2019 年国内纯碱产能达到 3247 万吨。

二、纯碱的工业生产方法

18 世纪以前，碱的来源依靠天然碱和草木灰。随着欧洲产业革命的进展，需要大量的纯碱。1791 年，法国人路布兰（N. Leblanc）提出用食盐和硫酸反应制取纯碱的方法，但该法原料利用率低、产品质量差、成本高、生产过程不连续等原因，越来越不能满足工业发展的需要，目前已被完全淘汰。1861 年，比利时人索尔维（E. Solvay）提出氨碱法制纯碱，也称索尔维法。该法具有原料来源方便、生产过程连续、成本低、产量高等优点，至今仍在纯碱生产中广泛采用。1942 年，我国著名化学家制碱泰斗侯德榜先生首次提出了联合制碱法完整的工艺路线，因此，这种方法也称“侯氏制碱法”。该法原料利用率高、产品质量好、成本低，是目前工业化生产中采用的主要方法之一。除此之外，还有天然碱加工法等。

1. 路布兰法生产纯碱

该法以食盐、硫酸、煤和石灰石为原料，首先用食盐和硫酸反应生成硫酸钠，而后将无水硫酸钠、石灰石及煤混合后置于反射炉内加热到 950～1000℃，即生成碳酸钠。

2. 氨碱法生产纯碱

索尔维法生产纯碱主要是采用食盐、石灰石、焦炭和氨为原料。

氨碱法的生产过程主要分以下几步进行。

（1）二氧化碳和石灰乳的制备　将石灰石于 940～1200℃在煅烧窑内分解得到氧化钙和 CO_2 气体，氧化钙加水制成氢氧化钙乳液。

（2）盐水的制备和精制　将原盐溶于水制得饱和食盐水溶液。由于盐水中含有 Ca^{2+}、Mg^{2+} 等杂质离子，它们影响后续工序的正常进行。所以盐水溶液必须精制。

（3）氨盐水的制备　精制后的盐水吸氨制备含氨的盐水溶液。

（4）氨盐水的碳酸化　是氨碱法的一个最重要工序，将氨盐水与 CO_2 作用，生成碳酸氢钠和氯化铵，碳酸氢钠浓度过饱和后即结晶析出，从而与溶液分离。这一过程包括了气体的吸收、反应、结晶和传热等，其基本反应可用下面的方程式表示：

$$NaCl + NH_3 + CO_2 + H_2O = NaHCO_3 \downarrow + NH_4Cl$$

（5）碳酸氢钠的煅烧　煅烧的目的是为了分解碳酸氢钠，以获得纯碱 Na_2CO_3，同时回收近一半的 CO_2 气体（其含量约为 90%），供碳酸化使用。

$$2NaHCO_3 = Na_2CO_3 + H_2O + CO_2 \uparrow$$

(6) 氨的回收　碳酸化后分离出来的母液中含有 NH_4Cl、NH_4OH、$(NH_4)_2CO_3$ 和 NH_4HCO_3 等，需要将氨回收循环使用。

3. 联合法生产纯碱和氯化铵

该法主要采用食盐、氨以及合成氨生产过程中所产生的二氧化碳气体为原料，同时生产纯碱和氯化铵肥料，将合成氨和纯碱两大工业联合，故简称“联合制碱”或“联碱”。

4. 天然碱加工法

天然碱加工法采用天然碱矿物为原料，来制取纯碱。天然碱是指含碱的天然矿石及湖水，如倍半碳酸钠（$Na_2CO_3 \cdot NaHCO_3 \cdot 2H_2O$）、碱湖水，其成分为 Na_2CO_3、$NaHCO_3$、NaCl 和 Na_2SO_4 等的混合物。

与人工合成纯碱相比，天然碱的加工工艺流程简单、设备投资少、能耗低，其相对成本可减少 40%左右，故发展前景非常美好。

第二节　石灰石的煅烧与石灰乳的制备

氨碱法生产纯碱，需要大量的 CO_2 和石灰乳，CO_2 用于碳酸化过程，石灰乳供蒸氨及盐水精制使用。因而煅烧石灰石以制取 CO_2 及石灰，再由石灰消化制取石灰乳，就成为氨碱法生产中不可缺少的准备工序。

一、石灰石的煅烧

资料扫一扫

《纯碱制造》打破索尔维公会技术垄断

1. 煅烧反应

石灰石的主要成分为 $CaCO_3$，含量 95%左右，此外尚有 2%～4%的 $MgCO_3$ 及少量 SiO_2、Fe_2O_3 及 Al_2O_3 等，在煅烧过程中的主要反应为：

$$CaCO_3(s) = CaO(s) + CO_2(g) \qquad \Delta H > 0 \qquad (10\text{-}1)$$

石灰石中含有的 $MgCO_3$ 也发生反应：

$$MgCO_3(s) = MgO(s) + CO_2(g) \qquad \Delta H > 0 \qquad (10\text{-}2)$$

通过计算可得，理论上 CO_2 分压达 0.1MPa 时石灰石分解的温度为 907℃。因为在 907℃时石灰石分解速率缓慢，所以实际操作温度要比 907℃高，采用高温可以缩短煅烧时间。但是，提高温度也受到一系列因素的限制，温度过高可能出现熔融或半熔融状态，发生挂壁或结瘤，而且还会使石灰变成坚实不易消化的“过烧石灰”。实践证明，一般煅烧石灰石温度应控制在 940～1200℃范围之内。

石灰石的煅烧是吸热反应，通常靠燃烧焦炭和无烟煤供给热量，其反应为：

$$C(s) + O_2(g) = CO_2(g) \qquad \Delta H < 0 \qquad (10\text{-}3)$$

石灰石煅烧后，产生的气体统称为窑气。窑气中 CO_2 的来源是 $CaCO_3$ 的分解和燃料燃烧的产物，前者为纯 CO_2 气，后者为 CO_2 与 N_2 的混合气。理论上，窑气中 CO_2 含量为 44.2%，但一般在 40%左右。生产上要求燃料在窑中燃烧完全，产生 CO 量要少。因此，在操作中要严格掌握空气用量，以控制窑气中 CO 含量小于 0.6%，O_2 含量小于 0.3%。

产生的窑气必须及时导出，否则将影响反应的进行。在生产中，窑气经净化、冷却后被压缩机不断抽出，以实现石灰石的持续分解。

2. 石灰窑

目前煅烧石灰石大多采用混料竖式窑，其优点是生产能力大，上料下灰完全机械化，窑气浓度高、热利用率高、石灰质量好。石灰窑的结构示意图如图 10-1 所示。窑身用普通砖或钢板制成，内砌耐火砖，两层之间填装绝热材料，以减少热量损失。从窑顶往下可划分三个区域：预热区、煅烧区和冷却区。预热区位于窑的上部，约占总高的1/4，其作用是利用从煅烧区上升的热窑气将石灰石及燃料预热并干燥，以回收窑气余热，提高热效率。煅烧区位于窑的中部，经预热后的混料在此进行煅烧，完成石灰石的分解过程。为避免过烧结瘤，该区温度不应超过1350℃。冷却区位于窑的下部，约占窑有效高度的1/4，其主要作用是预热进窑的空气，使热石灰冷却，这样，既回收了热量又可起到保护窑箅的作用。

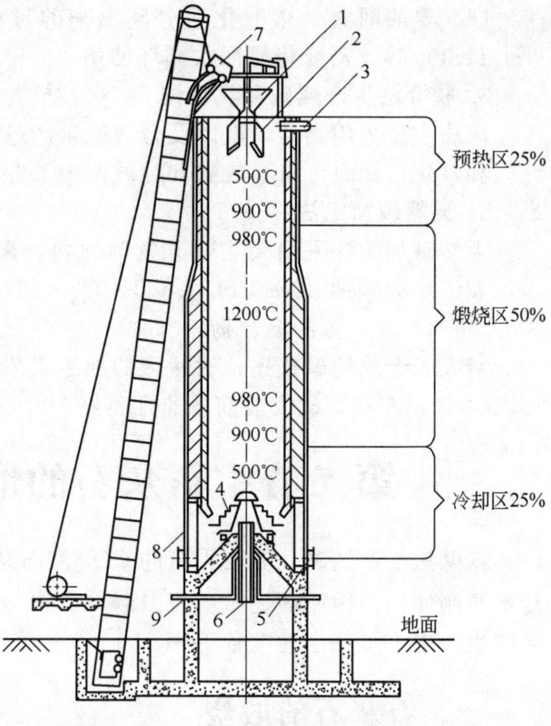

图 10-1　石灰窑结构简图

1—漏斗；2—分石器；3—空气出口；4—出灰转盘；5—四周风道；6—中央风道；7—吊石罐；8—出灰口；9—风压表接管

二、石灰乳的制备

盐水精制及蒸氨所用的不是氧化钙而是氢氧化钙，用少量水仅使氧化钙转化为氢氧化钙时，石灰呈粉末状，这种粉末称为熟石灰，亦称消石灰，这个过程叫作石灰的消化。其化学反应式为：

$$CaO(s)+H_2O(l)=\!=\!=Ca(OH)_2(s) \quad \Delta H<0 \tag{10-4}$$

$$MgO(s)+H_2O(l)=\!=\!=Mg(OH)_2(s) \quad \Delta H<0 \tag{10-5}$$

消石灰的溶解度很小，加入适量的水时，成为氢氧化钙的悬浮液，此悬浮液即称石灰乳。石灰乳稠一些，对生产较有利，但其黏度随稠厚程度而增加，太稠则将沉淀而堵塞管道及设备。石灰乳中悬浮粒子的分散度很重要，粒子小易制成均匀且不易下沉的乳状物，便于运输和使用。影响悬浮粒子大小的因素有石灰的纯度、水量、水温和搅拌强度。石灰中杂质多或过烧会使石灰乳质量降低，消化用水的温度高可以加速消化并呈悬浮粒度较细的粉末，生产上一般采用65～80℃的温水为宜。

第三节　氨盐水的制备

一、盐水的制备与精制

氨碱法生产的主要原料之一是食盐水溶液，由于原料盐都含有杂质及钙镁离子等，所以，为了制备合格的食盐水溶液，除了进行原料盐溶解之外，还要除去钙镁离子及杂质等。

1. 饱和食盐水的制备

纯碱工业常用的原料盐包括海盐、湖盐、岩盐和天然卤水，以海盐最为普遍。氨碱法生产纯碱所用盐水是食盐的饱和水溶液（NaCl浓度为305～310g/L）。除采用地下盐水外，一般工厂多采用将固体原盐溶解制得的粗盐水。其溶解过程在化盐桶内进行。食盐由桶的上部加入，水由桶底送入，由上端溢流出的溶液（粗盐水）即是食盐的饱和溶液。其成分大致如下：

NaCl	300.4g/L	$CaSO_4$	4.81g/L
$CaCl_2$	0.80g/L	$MgCl_2$	0.35g/L

2. 盐水的精制

粗盐水中都不可避免地含有一些杂质，其中最主要的是钙盐和镁盐，其含量虽然不大，但若不除去会对以后的操作造成很大困难。这是因为在吸氨塔中以及以后的碳酸化塔中，氨及二氧化碳会使它们产生沉淀。这些沉淀物沉积于设备及导管的壁上，引起堵塞且降低设备效率。一些杂质还会残留在纯碱成品中而降低产品的纯度。因此，盐水必须经过精制，才能用于制碱。

盐水精制的方法有多种，目前生产中常用的为石灰-碳酸铵法（又称石灰-塔气法）和石灰-纯碱法两种。两法的第一步都是用石灰乳使 Mg^{2+} 成为氢氧化镁析出而除去。

$$Mg^{2+}+Ca(OH)_2 = Mg(OH)_2\downarrow+Ca^{2+} \tag{10-6}$$

除镁后的盐水称为“一次盐水”。其中的 Mg^{2+} 虽然除去了，但却增加了等物质的量的 Ca^{2+}，故需第二步除钙。

石灰-碳酸铵法是以碳化塔顶含 NH_3 及 CO_2 的尾气处理“一次盐水”，以析出溶解度极小的 $CaCO_3$。

$$2NH_3+CO_2+H_2O+Ca^{2+} = CaCO_3\downarrow+2NH_4^+ \tag{10-7}$$

而石灰-纯碱法，是向“一次盐水”中加入 Na_2CO_3 进行除钙。

$$Na_2CO_3+Ca^{2+} = CaCO_3\downarrow+2Na^+ \tag{10-8}$$

除镁所得的沉淀称为一次泥，除钙所得的沉淀称为二次泥。

石灰-纯碱法须消耗最终产品纯碱，但精制盐水中不出现结合氨（即 NH_4Cl），而石灰-碳酸铵法虽利用了碳化尾气，但精制盐水中出现结合氨，对碳化略有不利。

二、精盐水的氨化

精盐水的吸氨操作称为氨化，目的是制备符合碳酸化过程所需浓度的氨盐水，同时起到最后除去盐水中钙镁等杂质的把关作用。盐水吸氨所用的气氨来自蒸氨塔，气氨中还含有少量二氧化碳和水蒸气。

1. 盐水吸氨的基本原理

（1）吸氨化学反应　精制盐水与由蒸氨塔送来的气体发生如下反应

$$NH_3(g)+H_2O(l) = NH_4OH(aq) \qquad \Delta H=-35.2kJ/mol \tag{10-9}$$

$$2NH_3(aq)+CO_2(g)+H_2O(l) = (NH_4)_2CO_3(aq) \qquad \Delta H=-95.0kJ/mol \tag{10-10}$$

此外，气体还与盐水中残余微量 Ca^{2+}、Mg^{2+} 产生少量的沉淀物。

盐水吸氨是一个伴有化学反应的吸收过程，由于液相中溶有游离状态的 NH_3 及 CO_2，且又有 $(NH_4)_2CO_3$ 生成，这样液面上氨的分压一般较同一浓度氨水上方氨的平衡分压有所降低。

（2）原盐和氨溶解度的相互影响　氯化钠在水中的溶解度随温度的变化不大，但在饱和盐水吸氨时，会使氯化钠的溶解度降低。氨溶解得越多，氯化钠的溶解度越小。氨在水中的溶解度很大，但在盐水中有所降低，这就是说氨盐水气相中的氨平衡分压也比纯氨水气相中氨的平衡分压为大。

温度对气氨溶解度的影响与一般气体的影响相同，温度越高溶解度越小。在盐水吸氨过程中，因气相中的 CO_2 溶于液相能生成 $(NH_4)_2CO_3$，故可增大氨的溶解度。

盐水吸氨过程中，由于它们的相互影响、相互制约作用，所以饱和盐水的吸氨量应该控制适宜。否则，氯化钠在液相中的溶解度将因氨浓度的升高而下降，这对制碱过程中钠的利用率及产率是很不利的。

---

❶ NH_4OH、$(NH_4)_2CO_3$、NH_4HCO_3 等在水溶液中受热即分解的铵化合物中的氨称为游离氨；NH_4Cl、$(NH_4)_2SO_4$ 等在水溶液中受热并不分解而必须加入碱后才会分解的铵化合物中的氨称为结合氨或固定氨。

（3）吸氨过程的热效应　吸氨过程在吸氨塔内进行，伴有大量热放出，其中包括 NH_3 和 CO_2 的溶解热、NH_3 与 CO_2 的反应热，以及氨气所带来的水蒸气冷凝热。1kg 氨吸收成氨盐水时释放出的总热量为 4280kJ。这些热量若不从系统中引出，就足以使吸氨塔内温度高达 120℃，结果将会完全失去吸氨作用，反而变成蒸馏过程。所以冷却是吸氨过程的关键。

2. 盐水吸氨的工艺条件

（1）盐水吸氨温度　经冷却至 35～40℃的精制盐水，及已冷却至 50℃的由蒸氨塔出来的含氨气体，两者一起导入吸氨塔进行吸氨操作。由于吸氨是放热过程，所以盐水吸氨必须采用边吸收边冷却的工艺流程。低温不仅对吸氨有利，而且可以减少含氨气体的水蒸气含量，以避免盐水过于稀释。但温度过低会使 $(NH_4)_2CO_3 \cdot H_2O$、NH_4HCO_3、NH_4COONH_2 结晶出来，将设备和管道堵塞。一般来讲，吸氨塔中部温度不得超过 60～65℃。

（2）吸收塔内的压力　为了减少吸氨系统因装置不严密而泄漏气体，以及考虑保护操作环境，加快蒸氨塔内 CO_2 和 NH_3 的蒸出，提高蒸氨塔的生产能力，节约蒸汽用量等因素，吸氨操作一般在减压下进行。减压程度，以不妨碍盐水的下流为限。

（3）$NH_3/NaCl$ 比的选择　按碳酸化反应过程要求，理论 $NH_3/NaCl$ 摩尔比为 1。若 $NH_3/NaCl$ 太高，则会有多余的 NH_4HCO_3 和 $NaHCO_3$ 共同析出，降低了氨的利用率；若 $NH_3/NaCl$ 太低，则又会降低钠的利用率，增加食盐的消耗。生产中一般取 $NH_3/NaCl$ 比为 1.08～1.12，即 NH_3 稍过量，以补偿碳酸化过程中氨的损失。

3. 盐水吸氨的工艺流程

盐水吸氨的工艺流程如图 10-2 所示。精制以后的二次饱和盐水经冷却至 35～40℃后进

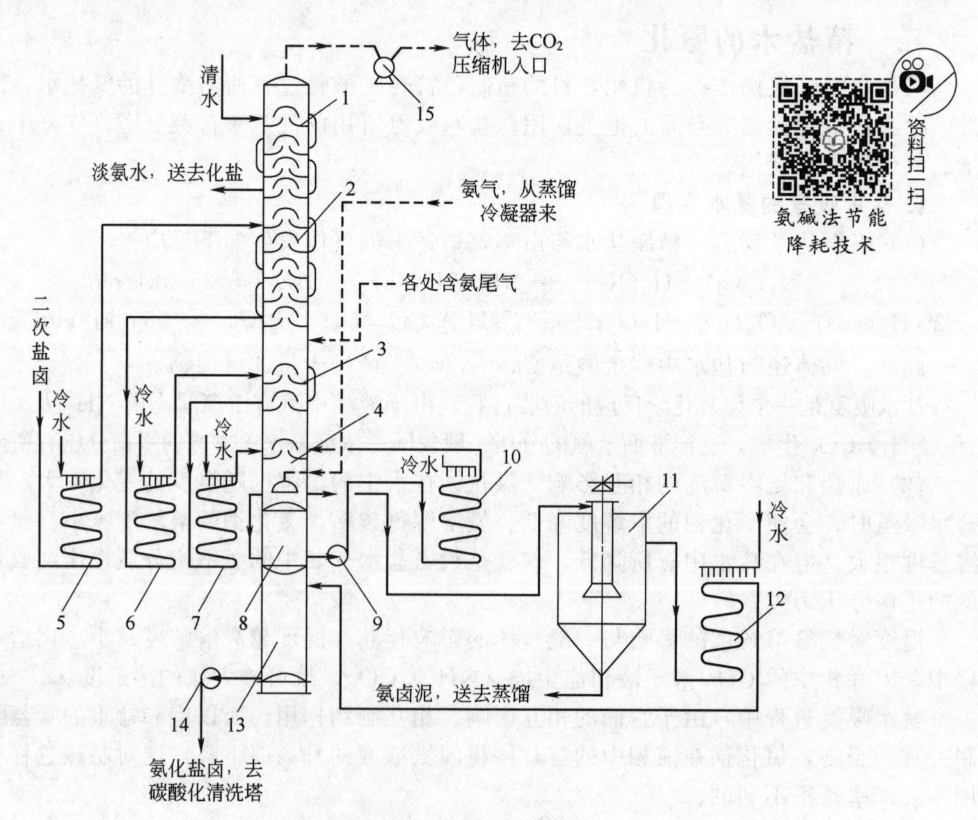

图 10-2　盐水吸氨的工艺流程

1—净氨塔；2—洗氨塔；3—中段吸氨塔；4—下段吸氨塔；5～7，10，12—冷却排管；8—循环段贮桶；9—循环泵；11—澄清桶；13—氨盐水贮桶；14—氨盐水泵；15—真空泵

入吸氨塔，盐水由塔上部淋下，与塔底上升的气氨进行逆流接触，以完成盐水吸氨过程。此时放出大量热，会使盐水温度升高。因此需将盐水从塔中抽出，送入冷却排管6进行冷却后再返回中段吸收塔。同理吸氨后氨盐水从塔中部抽出经过冷却排管7降温后，返回吸收塔下段。由吸收塔下段出来的氨盐水经循环段贮桶8、循环泵9、冷却排管10进入循环冷却吸收，以提高吸收率。

精制后的盐水虽已除去99%以上的钙镁，但难免仍有少量残余杂质进入吸氨塔，形成碳酸盐和复盐沉淀。为保证氨盐水的质量，成品氨盐水经澄清桶11除去沉淀，再经冷却排管12后进入氨盐水贮桶13，经氨盐水泵14将其送往碳酸化系统。

用于精制盐水吸氨的含氨气体，导入吸氨塔下部和中部，与盐水逆流接触吸收后，此尾气由塔顶放出，经真空泵15，送往二氧化碳压缩机入口。

第四节 氨盐水的碳酸化

氨盐水的碳酸化是氨碱法制纯碱的一个中心环节和关键步骤。它同时伴有吸收、结晶和传热等单元操作，各单元操作相互关系密切且互为影响。碳酸化总反应式如下：

$$NaCl+NH_3+CO_2+H_2O \longrightarrow NaHCO_3\downarrow+NH_4Cl \quad (10\text{-}11)$$

碳酸化的目的是为了获得适合于质量要求的碳酸氢钠结晶。此工艺过程，首先要求碳酸氢钠的产率要高，即氯化钠和氨的利用率要高；其次要求碳酸氢钠的结晶质量要好，结晶颗粒尽量大，以利于过滤分离。降低碳酸氢钠粗成品的含水量，有利于重碱的煅烧。

一、碳酸化过程的基本原理

1. 氨盐水吸收二氧化碳过程的反应机理

氨碱法生产纯碱的碳酸化过程与碳酸氢铵生产中用氨水吸收二氧化碳很相似，其区别在于该溶液中存在有氯化钠，因而碳酸化所生成的碳酸氢铵将进一步与氯化钠反应生成碳酸氢钠。

诸多研究学者认为碳酸化过程的反应机理可分为下列三步进行。

(1) 氨基甲酸铵的生成　实验研究证实，当二氧化碳通入浓氨水时，最初总是出现氨基甲酸铵：

$$CO_2+2NH_3 \longrightarrow NH_2COO^-+NH_4^+ \quad (10\text{-}12)$$

这一三分子反应的可能性很小，可视为两个反应过程：

$$CO_2+NH_3 \longrightarrow NH_2COO^-+H^+ \quad (10\text{-}13)$$

$$NH_3+H^+ \longrightarrow NH_4^+ \quad (10\text{-}14)$$

(2) 氨基甲酸铵的水解　上述反应生成的氨基甲酸铵，进一步进行水解反应：

$$NH_2COO^-+H_2O \longrightarrow HCO_3^-+NH_3 \quad (10\text{-}15)$$

(3) 复分解反应析出碳酸氢钠结晶　溶液中 HCO_3^- 积累到一定程度，当碳酸化液中 HCO_3^- 与 Na^+ 的浓度乘积超过碳酸氢钠溶度积时，复分解反应发生而析出碳酸氢钠结晶：

$$Na^++HCO_3^- \longrightarrow NaHCO_3\downarrow \quad (10\text{-}16)$$

或

$$NH_4HCO_3+NaCl \longrightarrow NaHCO_3\downarrow+NH_4Cl \quad (10\text{-}17)$$

这将影响其他离子反应的过程，尤其是氨基甲酸铵水解过程式(10-15)，加快水解反应的进行，致使溶液中游离态的氨增加，从而加快了对二氧化碳的吸收。反应如此连续进行，氨盐水不断吸收二氧化碳气体，溶液又不断产生碳酸氢钠结晶，完成整个碳酸化过程。

2. 氨盐水碳酸化的相图分析

(1) 四元相互体系相图　在无机化工生产中，四元水盐体系（独立组分数为4的水盐体系）主要可分为两类。一类是由具有共同离子的三种盐和水构成的体系，如 $NaCl$-Na_2SO_4-Na_2CO_3-H_2O 体系；另一类是由两种能进行复分解反应的盐和水构成的体系，例如纯碱生产中：

$$NaCl + NH_4HCO_3 \rightleftharpoons NaHCO_3 + NH_4Cl$$

该反应在水溶液中进行，体系内有两个盐对（四种盐），其间由一个化学反应联系着，所以其独立组分数为4，是四元体系。这类四元体系又称为四元相互体系或四元盐对体系，以 Na^+、NH_4^+ // Cl^-、HCO_3^- + H_2O 表示。

在四元相互体系中，若不考虑气相的影响，当没有固相出现时，其最少相数为1，由相律可知，其自由度 $F=C-P+1=4$，即需用四维坐标才能将体系的相平衡关系表达清楚。在三元体系中，由于固定了温度这个变量，所以可以用三角形或平面直角坐标等平面图来充分地表达相平衡关系。在四元体系中，也可以采用同样的方法，即固定温度，设水含量为零，将两个变量固定，再用平面图来表达几种盐之间的相平衡关系。这种相图称为四元相互体系干盐图。

四元相互体系干盐图用正方形表示，盐的浓度用每摩尔总盐中各盐物质的量表示。仍以 Na^+、NH_4^+ // Cl^-、HCO_3^- + H_2O 体系为例，该体系中含4种离子，且因溶液为电中性，阳离子与阴离子总物质的量相等。若设阳离子与阴离子总数都为1mol，即 $M(Na^+)+M(NH_4^+)=M(Cl^-)+M(HCO_3^-)=1mol$，则钠离子的摩尔分数表示为：

$$[Na^+]=\frac{M(Na^+)}{M(Na^+)+M(NH_4^+)}=\frac{M(Na^+)}{M(Cl^-)+M(HCO_3^-)} \tag{10-18}$$

据此，可以类推出 $[NH_4^+]$、$[Cl^-]$ 和 $[HCO_3^-]$ 的表示式，并有 $[NH_4^+]=1-[Na^+]$ 及 $[Cl^-]=1-[HCO_3^-]$ 两式。以横坐标表示阴离子氯离子和碳酸氢根离子的组成，以纵坐标表示阳离子钠离子和铵离子的组成，正方形的四条边分别表示两种阳离子和两种阴离子的比例关系，如图10-3所示。AD 线上的 $[Cl^-]$ 为零，即只有 HCO_3^- 盐；BC 线上各点的 $[HCO_3^-]$ 为零，即只有 Cl^- 盐。同理，DC 线代表 NH_4^+ 盐，AB 线代表 Na^+ 盐。图中的 A 点，其坐标为 $[Cl^-]=0$，$[HCO_3^-]=1.0$，$[Na^+]=1.0$，$[NH_4^+]=0$，故 A 点是纯碳酸氢钠组成点。同理，B 点表示纯氯化钠组成点，C 点与 D 点分别为纯氯化铵、纯碳酸氢铵组成点。正方形的四条边分别表示四个三元体系的两种干盐组成。例如 AB 边是碳酸氢钠与氯化钠两种干盐组成，BC、CD、DA 边类推。若组成点在正方形对角线上，如图中的 N 点、L 点则表示体系由碳酸氢铵与氯化钠及碳酸氢钠与氯化铵混合而成。而 M 点在对角线交点上，则既可视为碳酸氢钠与氯化铵等物质的量混合，也可以视为氯化钠与碳酸氢铵等物质的量混合而成。当组成点在正方形内任意一点时，如图中的 H 点，它在 $\triangle ACD$ 内，因此可以认为是碳酸氢钠、氯化铵与碳酸氢铵混合而成；但同时 H 点也在 $\triangle BCD$ 内，所以也可以认为它是由氯化钠、氯化铵和碳酸氢铵3种盐混合而成。这样看来似乎有些随意性。H 点所示体系中，其4种离子的摩尔分数分别为 $[Cl^-]=0.62$，则 $[HCO_3^-]=0.38$；$[Na^+]=0.25$，则 $[NH_4^+]=0.75$。假设其 HCO_3^- 全部与 NH_4^+ 组合成 NH_4HCO_3，则 $M(NH_4HCO_3)=0.38mol$，剩余的 NH_4^+ 与 Cl^- 结合为氯化铵，则氯化铵的量为 $0.75-0.38=0.37(mol)$，再剩余的 Cl^- 与 Na^+ 结合为氯化钠，氯化钠的量为 $0.62-0.37=0.25(mol)$。这样可以认为 H 点所示体系是由

NH_4HCO_3 0.38mol，NH_4Cl 0.37mol，NaCl 0.25mol 3 种盐组成的。但也可假设 Cl^- 全部与 NH_4^+ 结合成氯化铵，则 H 点体系是由 NH_4Cl 0.62mol，NH_4HCO_3 0.13mol（0.75－0.62），$NaHCO_3$ 0.25mol 3 种盐组成。但不管怎样组合，H 点所示体系中 4 种离子的摩尔分数是相同的。

四元相互体系由于固定温度和水含量两个变量而成为双变量体系，因此四元体系干盐图成为平面相图。欲要表示水含量时，一般可用垂直于正方形的高度来表示。例如图 10-3 中的 L 点，若其中含有 10mol 的水，则自 L 点向上引垂直于干盐图的直线，自 L 点向上取 10 个单位至 L' 点，L' 即表示体系的含水量。其单位可用 mol 水/mol 干盐表示。所以要全面表示出恒温下四元体系的相平衡关系，还需用三维空间立体相图。

四元相互体系恒温立体相图，各文献中较多的是用正四棱柱体表示，如图 10-4 所示。四棱柱的 4 个侧面代表以摩尔干盐（总）为基准的 4 个三元水盐体系。4 个侧面上的 e_1、e_2、e_3 和 e_4 分别为三元水盐体系中的两盐共饱和点；而 p_1 和 p_2 点是在正四棱柱体内即四元水盐体系中的三种盐 A、B、D 与 B、C、D 的三盐共饱和点。正四棱柱的 4 个棱分别表示 4 个二元水盐体系，a、b、c、d 则为 4 种盐单独在水中的溶解度点。

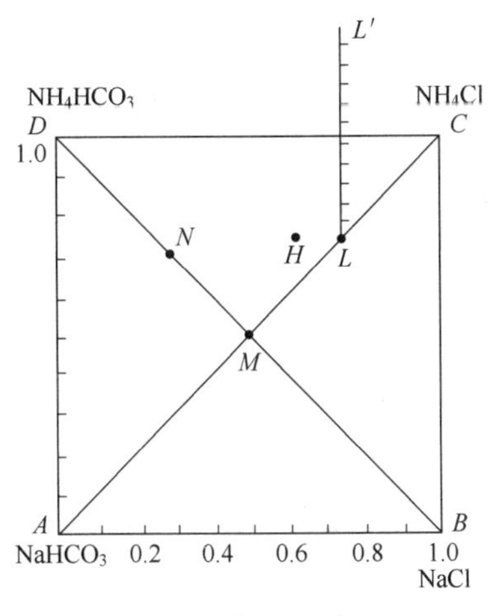

图 10-3 Na^+、NH_4^+//Cl^-、HCO_3^-＋H_2O 干盐图

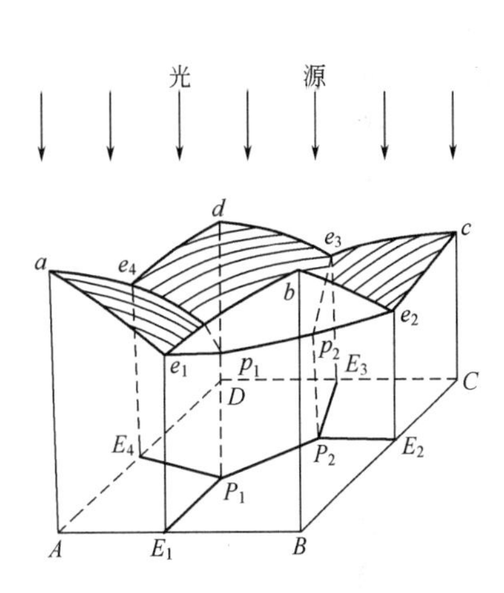

图 10-4 四元相互体系恒温立体相图（示意图）

立体图中有 4 个曲面，分别是对应 4 种盐的饱和曲面，它们之间的交线为相应两种盐的共饱和线。4 个饱和曲面将正四棱柱体分为上下两部分，曲面之上为不饱和溶液区，曲面之下为多相结晶区。对于四元相互体系，恒温下，其相数可为 1～4。根据相图分区原则，可将曲面之下的多相区分成 4 个两相区、5 个三相区与 2 个四相区，即每个饱和曲面下面是 1 个两相区，每 2 个两相区中间夹 1 个三相区，每 3 个三相区之间又插入一个四相区。整个多相区中间无任何空隙。

图 10-4 的恒温立体相图是最简单的，即既没有水合物，也没有复盐出现。即使如此，该图在绘制和应用上仍很不便。为了绘制、应用上的方便，需求得对应的干盐图。

如图 10-4 所示，设立体图上方有均匀光源，将立体图上的 4 个饱和曲面、5 条两盐共饱和线投影到正四棱柱的水平正方形底面上，就形成与该四元相互体系恒温立体相图对应的干盐图。此时 4 种纯盐的溶解度 a、b、c、d 和它们的固相点 A、B、C、D 重合，两盐共饱和点 e_1、e_2、e_3、e_4 投影到 E_1、E_2、E_3、E_4 点上，p_1 和 p_2 点落在 P_1、P_2 点。此时多相结晶区被单盐饱和面所掩盖，所以干盐图上找不到多相区的位置。但凡处于共饱和线上或饱和面上的任一体系，都可以从干盐图上读出其饱和溶液中的离子浓度，并计算出各种盐的相对含量。图中的三盐共饱和点位于 3 个饱和面的交点上，这在干盐图上也得到明确的反映。干盐图中 4 个饱和面的大小，表明了 4 种盐的相对溶解度的不同，即面积越大、溶解度越小。因此为了得到某种盐的结晶，就要选择使这种盐在相图上的饱和面积较其他盐大些的条件。

从图 10-4 中还可以看出 B、D 两种盐有共饱和线，这两种盐的饱和面或结晶区相邻，而 A、C 两种盐没有共饱和线，两盐结晶区被隔开。因此 B、D 两种盐可从体系中共结晶出来，称 B、D 盐对为稳定盐对；而 A、C 两盐不可能共结晶，它们称为不稳定盐对。这反映了复分解反应的趋势是由不稳定盐对向生成稳定盐对的方向进行。

在应用中，不管是立体相图，还是投影得到的干盐图，相图的基本规则，如联结线规则、杠杆规则、向量法则均适用。

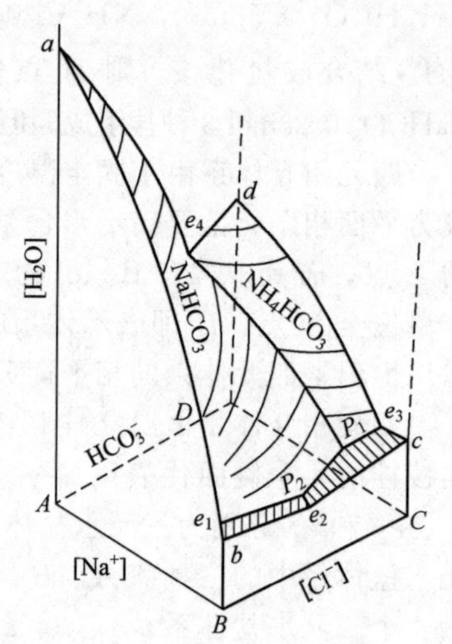

图 10-5　Na^+、NH_4^+//Cl^-、HCO_3^- + H_2O 体系 15℃下的恒温立体相图

(2) Na^+、NH_4^+//Cl^-、HCO_3^- + H_2O 体系恒温立体相图　该体系于 15℃下的恒温立体相图如图 10-5 所示，它是根据表 10-1 的溶解度数据绘制出来的。

表 10-1　Na^+、NH_4^+//Cl^-、HCO_3^- + H_2O 体系 15℃，0.098MPa 时的溶解度

相图中的对应点	液相									固相
	mol 盐/1000g 水				mol/mol 总盐					
	$NaHCO_3$	NaCl	NH_4HCO_3	NH_4Cl	$[Na^+]$	$[NH_4^+]$	$[Cl^-]$	$[HCO_3^-]$	H_2O	
a	1.08				1			1	53.0	$NaHCO_3$
b		6.12			1		1		9.1	NaCl
c				6.64		1	1		8.4	NH_4Cl
d			2.36			1		1	23.4	NH_4HCO_3
e_1	0.15	6.06			1		0.975	0.025	9.05	$NaHCO_3$+NaCl
e_2		4.55		3.72	0.55	0.45	1		6.7	NaCl+NH_4Cl
e_3			0.81	6.40		1	0.89	0.11	7.7	NH_4Cl+NH_4HCO_3
e_4	0.71		2.16		0.25	0.75		1	19.4	$NaHCO_3$+NH_4HCO_3
P_1	0.93	0.51		6.28	0.186	0.814	0.88	0.12	7.2	$NaHCO_3$+NaCl+NH_4Cl
P_2	0.18	4.44		3.73	0.55	0.45	0.98	0.02	6.7	NaCl+NH_4Cl+$NaHCO_3$

和一般的四元相互体系一样，立体图的正方形底表示干盐成分，盐的浓度用离子摩尔分数表示。正方形底的 4 个顶点 A、B、C 和 D 表示 4 种盐碳酸氢钠、氯化钠、氯化铵和碳酸氢铵的固相点，和这 4 个点对应的 a、b、c 和 d 分别表示 4 种盐在水中的溶解度，其中 a 点位置最高，即表示水含量最大，说明碳酸氢钠在水中的溶解度最小。立体图的 4 个侧面是 4 个三元体系相图。立体图体积内的任何一点都属于四元相互体系，它的重要部分是图上的 4 个饱和面，其中碳酸氢钠饱和面最大，说明它的溶解度最小。

(3) Na^+、NH_4^+//Cl^-、HCO_3^- + H_2O 体系等温干盐图　图 10-6 为 Na^+、NH_4^+//Cl^-、HCO_3^- + H_2O 体系恒温立体相图的正投影图，即等温干盐图，其中的阴影部分是为了分析问题而添加的。

由于碳酸化的最终目的是获得 $NaHCO_3$ 结晶，所以应更关注图 10-6 中 $NaHCO_3$ 的饱

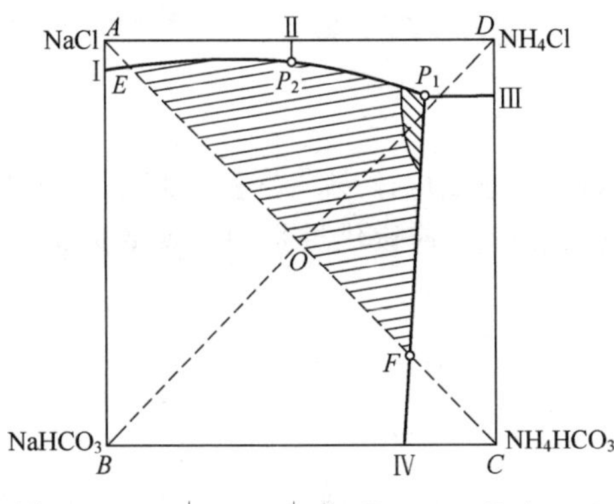

图 10-6　Na^{+}、NH_4^{+} // Cl^{-}、HCO_3^{-} + H_2O 体系恒温立体相图

和面ⅠP_2P_1Ⅳ B。显然原始溶液的组成应落在 AC 线上的 EF 之间，析出 $NaHCO_3$ 以后，液相点应落在以 EP_2P_1F 为极限的区域内。

为了能较多地获得高质量的 $NaHCO_3$ 产物，总是希望碳化后的最终溶液点尽量接近 EP_2、P_2P_1、P_1F，但不能落在共饱和线上。若最终溶液点分别落在 EP_2、P_2P_1、P_1F 线上，则除析出 $NaHCO_3$ 以外，还分别析出 NaCl、NH_4Cl、NH_4HCO_3。这将影响产品纯碱的质量，使产品纯碱中 NaCl 含量增加，并且增大氨的循环量以及氨的损失。

（4）由相图分析原料的利用率　由图 10-6 可知，在碳酸化过程中，可以把氯化钠和碳酸氢铵看作原料，而生产上对原料的利用率都非常关注。工业上一般以钠利用率和氨利用率来作为衡量原料利用率的标准。

钠利用率亦称钠效率，即生成碳酸氢钠结晶的氯化钠占原有氯化钠总量的百分比，并以 $U(\text{Na})$ 表示：

$$U(\text{Na})=\frac{\text{生成 } NaHCO_3 \text{ 固体的物质的量}}{\text{原料氯化钠的物质的量}}=\frac{\text{母液中 } NH_4Cl \text{ 的物质的量}}{\text{母液中全氯的物质的量}}$$

$$=\frac{[Cl^{-}]-[Na^{+}]}{[Cl^{-}]}=1-\frac{[Na^{+}]}{[Cl^{-}]} \tag{10-19}$$

式中　$[Cl^{-}]$，$[Na^{+}]$——碳化最终溶液中相应的离子浓度。

氨的利用率亦称氨效率，即生成氯化铵的碳酸氢铵占原有碳酸氢铵总量的百分比，并以 $U(NH_3)$ 表示：

$$U(NH_3)=\frac{\text{生成 } NH_4Cl \text{ 的物质的量}}{\text{原料 } NH_4HCO_3 \text{ 的物质的量}}=\frac{\text{母液中 } NH_4Cl \text{ 的物质的量}}{\text{母液中全氨的物质的量}}$$

$$=\frac{[NH_4^{+}]-[HCO_3^{-}]}{[NH_4^{+}]}=1-\frac{[HCO_3^{-}]}{[NH_4^{+}]} \tag{10-20}$$

式中　$[NH_4^{+}]$，$[HCO_3^{-}]$——最终溶液中相应的离子浓度。

图 10-7 为钠、氨利用率的图解分析。在图 10-7 中，取 $NaHCO_3$ 结晶区内任意一点 x，则：

$$U(\text{Na})=1-\frac{[Na^{+}]}{[Cl^{-}]}=1-\tan\beta \tag{10-21}$$

$$U(NH_3)=1-\frac{[HCO_3^{-}]}{[NH_4^{+}]}=1-\tan\alpha \tag{10-22}$$

因为 α、β 均小于 45°，所以当 β 减小时，$\tan\beta$ 亦减小，而 $U(\text{Na})$ 则增大。在 $NaHCO_3$ 饱和区内，P_1 点 β 最小，则 $U(\text{Na})$ 最大；而 P_2 点 α 最小，$U(NH_3)$ 则最大。所以在一定温度下，对于钠利用率，$E<P_2<F<P_1$；对于氨利用率，$P_2>E>P_1>F$。

通过相图分析，还可以得出如下结论：当液相由 P_2 移向 P_1 时，$U(\text{Na})$ 逐渐增加，而 $U(NH_3)$ 则逐渐减小；由 P_1 移向 F 时，$U(\text{Na})$ 逐渐减小，

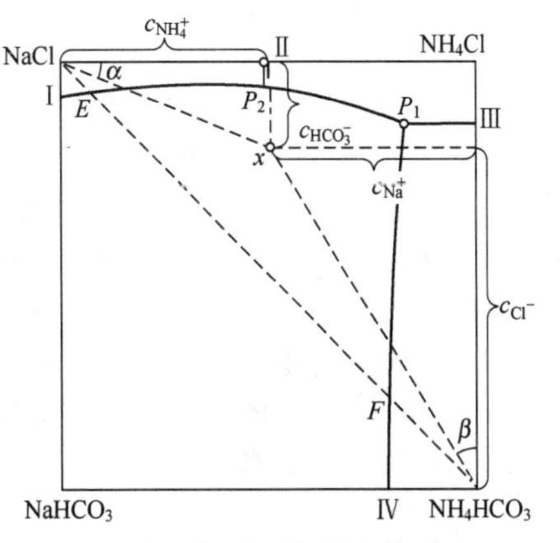

图 10-7　钠、氨利用率图解分析

而$U(NH_3)$仍逐渐减小。由于从P_2到P_1时，$U(Na)$提高了约80%，而$U(NH_3)$仅下降了约10%，且相对而言$U(NH_3)$还不太低，故在生产控制中应以P_1点作为理想的操作点，尽可能使塔底近于平衡的溶液落在P_1点附近。

根据实验数据，当温度变化时，$U(Na)$及$U(NH_3)$亦相应改变。费多切夫得出的结论是：温度在32℃时，$U(Na)=84\%$，这是氨碱法生产纯碱的碳酸化过程中，最高的氯化钠利用率。

二、氨盐水碳酸化过程的工艺条件

1. 碳化度

碳化度即表示氨盐水吸收CO_2的程度，一般以R表示。定义为碳化液体系中全部CO_2物质的量与总NH_3物质的量之比。对于未析出结晶的碳化氨盐水来说，取样液分析计算即可；对于已析出结晶的碳化液来说，由于一部分二氧化碳被氨盐水吸收成为$NaHCO_3$析出，同时液相中还出现等物质的量的结合氨$c(NH_3)$，此$c(NH_3)$可用来间接地表示$NaHCO_3$中的CO_2。因此，悬浮液的碳化度为

$$R=\frac{[CO_2]+c(NH_3)}{T(NH_3)}\times 100\% \tag{10-23}$$

式中　$T(NH_3)$，$c(NH_3)$，$[CO_2]$——碳酸化清液中总氨、结合氨、二氧化碳的摩尔浓度。

R值越大，总氨转变成NH_4HCO_3越完全，NaCl的利用率$[U(Na)]$也就越高。在实际生产中应尽量提高碳化液的碳化度以提高钠利用率。但因受各种条件的限制，实际生产中的碳化度一般只能达到0.9～0.95。

2. 原始氨盐水溶液的适宜组成

由图10-8可知，配料点应在AC线上的EF之间，当配料点分别为S、T、U时，经碳酸化以后，最终溶液点应分别落在R、P_1、V处。由前面讨论，P_1点$U(Na)$最高，此即为在生产中应力求达到的钠利用率。

$$U(Na)=1-\frac{[Na^+]}{[Cl^-]}=1-\frac{0.165}{0.865}=81\%$$

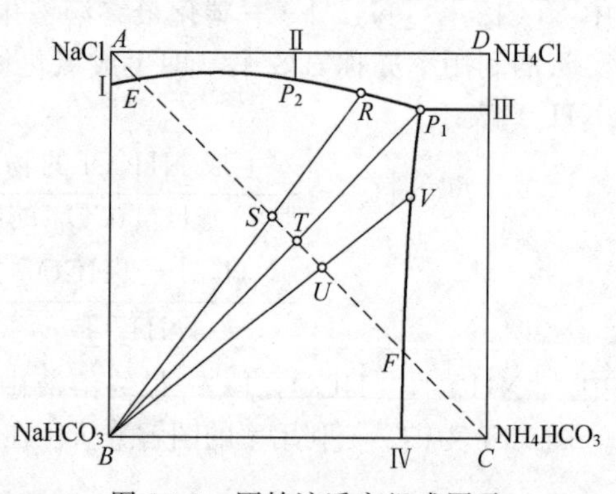

图10-8　原始液适宜组成图示

所谓适宜的理论氨盐水组成，就是在一定的温度和压力下，反应达到平衡，母液组成相当于P_1点时所对应的原始氨盐水组成，亦即钠利用率最高时的原始氨盐水组成。

显然，在同一温度和压力下，由于原始氨盐水的组成不同，最终液相组成亦不同，相应的钠利用率也不同。图10-8中的适宜理论氨盐水组成点为T。T点的组成可以由P_1点的组成推算出来。如已知在25℃、0.1MPa下，P_1点数据以1mol干盐为基准时，Na^+为0.165mol，Cl^-为0.865mol，HCO_3^-为0.135mol，NH_4^+为0.835mol，H_2O为6.450mol。故钠利用率在不考虑氨损失时，该母液对应的氨盐水组成为：

NaCl　　0.865mol　　NH_3　　0.835mol

H_2O　　6.450+0.835=7.285(mol)

(0.835mol为NH_3与CO_2生成NH_4HCO_3所需的化合水)

所以，对应氨盐水每1000g H_2O应含：

$$NaCl=\frac{0.865\times 58.5}{7.285\times 18}\times 1000=385.9(g)$$

$$NH_3=\frac{0.835\times17}{7.285\times18}\times1000=108.3(g)$$

实际生产中，原始氨盐水的组成不可能正好达到 T 点的对应浓度。一方面因为饱和盐水在吸氨过程中被稀释，氯化钠的浓度相应降低（实际饱和盐水吸收来自蒸氨塔的湿氨气）。另一方面，由于要考虑碳化塔顶尾气带氨的损失以及碳化度的不足和 NH_4HCO_3-$NaHCO_3$ 的共析作用，都会使 NH_3/NaCl 升高。因此，实际生产中，一般控制氨盐水中的 NH_3/NaCl＝1.08～1.12。这使得氨盐水中的 NaCl 浓度更低，$NaHCO_3$ 析出率也相应降低，从而降低了钠的利用率。所以，实际生产中，最终的溶液点并不落在点 P_1 而只能落在点 P_1 附近的区域。

3. 碳化温度

温度不仅影响到 $NaHCO_3$ 结晶生成的数量，而且影响到 $NaHCO_3$ 结晶的质量。$NaHCO_3$ 在水中的溶解度随温度降低而减少，所以，低温对生成较多的 $NaHCO_3$ 结晶有利。但 $NaHCO_3$ 容易形成过饱和溶液。

由过饱和溶液中析出碳酸氢钠结晶的情况，与一般结晶过程类似，即过饱和度愈大，结晶速率也愈快，但结晶粒度小、质量差，对过滤煅烧操作不利。根据结晶动力学可知，在同样的过饱和情况下，高温时晶粒生长速率大于晶核生成的速率。所以，在结晶初期维持较高一些的温度（60℃左右），就不至于形成过多的细小结晶。

在氨盐水碳酸化过程中放出大量热，这些热量使液体进塔后由 30℃升高至 60～65℃。由于温度高时 $NaHCO_3$ 溶解度大，故在结晶析出后应逐渐冷却至可能限度，使反应逐渐趋于完全。冷却过程中 $NaHCO_3$ 可不断析出，这样可以得到质量高的结晶，而且产率和氯化钠利用率都很高。

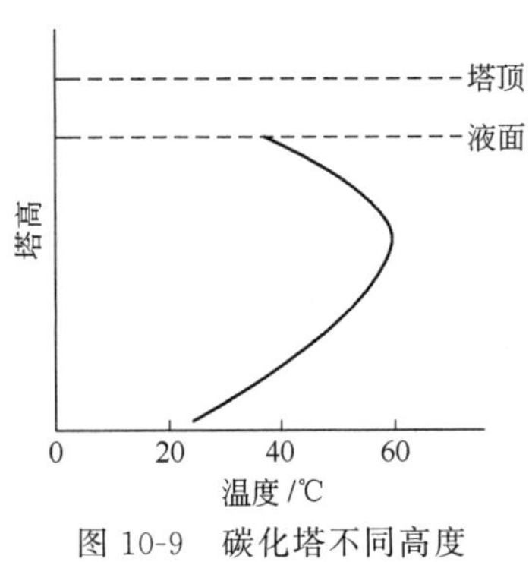

图 10-9 碳化塔不同高度的温度分布

为了保证结晶质量，必须注意冷却速度的控制。在较高温度时，即 60℃条件下应有一段停留时间，以保证有足够的晶种生成。在实际生产过程中，开始降温的速度要慢，使过饱和度保持恒定，或不增加太快。溶液出塔前降温速度可稍快，因为此时碳化度已较大，反应速率慢，不易形成大的过饱和度，加速冷却不致生成细小结晶，反而可增加产率。

从考虑 $NaHCO_3$ 结晶质量出发，要求碳化塔内各层温度的分布如图 10-9 所示，最高反应温度在塔高 2/3 处，为 60～65℃，然后逐渐冷却，到塔底出口为 28～30℃。

三、氨盐水碳酸化工艺流程和主要设备

1. 工艺流程

氨盐水碳酸化工艺流程如图 10-10 所示。

氨盐水碳酸化过程是在碳化塔中进行的。如以氨盐水的流向区分，碳化塔分为清洗塔和制碱塔。清洗塔也称中和塔或预碳酸化塔，氨盐水先流经清洗塔进行预碳酸化，清洗附着在塔体及冷却管壁上的疤垢，然后进入制碱塔进一步吸收 CO_2，生成碳酸氢钠晶体。碳化塔周期性地作为制碱塔或清洗塔，交替轮流作业。

氨盐水用泵 1 注入清洗塔 6a，塔底通过清洗气压缩机 2 及分离器 5 鼓入窑气（含 CO_2 40%～42%），对氨盐水进行预碳酸化并对溶解疤垢过程起搅拌作用。清洗塔内气液逆流接触，清洗液从清洗塔 6a 底部流出，经气升输卤器 9 送入清洗塔 6b 上部，窑气经中段气压缩机 3 及中段气冷却塔 7，送入制碱塔中部；煅烧重碱所得炉气（含 CO_2 90%左右），经下段

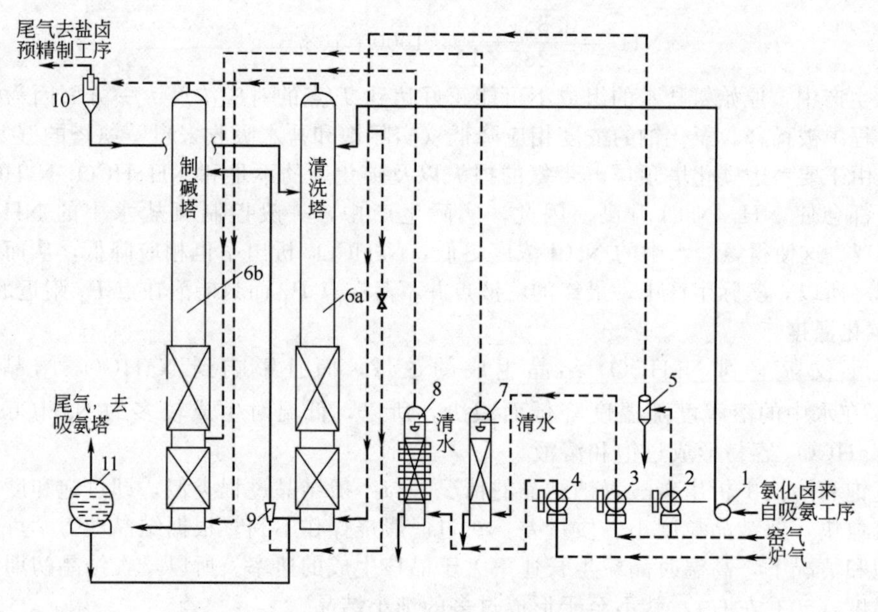

图 10-10　氨盐水碳酸化工艺流程

1—氨盐水泵；2—清洗气压缩机；3—中段气压缩机；4—下段气压缩机；
5—分离器；6a,6b—清洗塔；7—中段气冷却塔；8—下段气冷却塔；
9—气升输卤器；10—尾气分离器；11—倒塔桶

气压缩机 4 和下段气冷却塔 8 送入制碱塔底部。

碳化后的晶浆靠液位送入过滤工序碱槽中。制碱塔生产一段时间后，塔内壁、笠帽、冷却水管等处结疤垢较厚，传热不良，不利结晶。清洗塔则已清洗完毕，此时可倒换使用，谓之"倒塔"。两塔塔顶尾气中含有少量氨及 CO_2，经尾气分离器 10 进行气液分离母液后，尾气送往盐水车间供精制盐水用。

2. 主要设备——碳化塔

碳化塔是氨碱法制纯碱的主要设备，其结构如图 10-11 所示。它是由许多铸铁塔圈组装而成，结构上大致可分为上、下两部分。上部为二氧化碳吸收段，每圈之间装有笠帽形板及略向下倾的漏液板，板及笠帽边缘都有分散气泡的齿以增加气液接触面积，促进吸收（见图 10-12）。塔的下部有 10 个左右的冷却水箱，用来冷却碳化液以析出结晶，水箱中间也装有笠帽。

氨盐水由塔上部进口处加入，其上各段作为气液分离用。中段气以 215.7～255kPa 的压力由冷却段中部进入，下段气以 284.4～323.6kPa 的压力由塔底部进入。碱液由塔底部出口放出，碳化尾气自塔顶放出。

冷却水箱是由若干铁管固定在两端管板上构成的，管内通入冷却水，管数视所需冷却情况而定。底下各圈，在不妨碍悬浮液流过的前提下，应尽量多一些冷却水管，自塔底逐渐向上，每圈中管数逐减，以满足结晶需要。

四、碳化塔的倒塔——化工生产操作之六

在无机化工生产中，氨碱法生产纯碱、联合法生产纯碱及生产碳酸氢铵的工艺过程都有碳化工序，因此，碳化塔的倒塔是属于具有一定共性的操作，下面对此予以简要介绍。

碳化塔在使用过程中，由于结晶的析出，会在塔壁、冷却水管上形成疤块，使塔的有效面积减少，冷却水管的传热系数下降，致使碳化塔温度和出口气二氧化碳含量难以控制，降

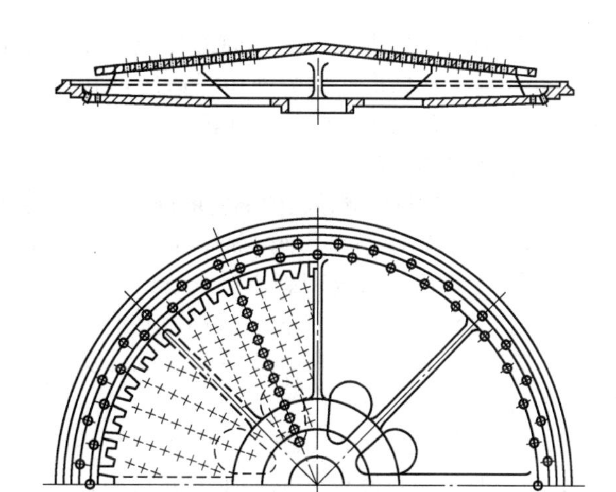

图 10-12　碳化塔笠帽

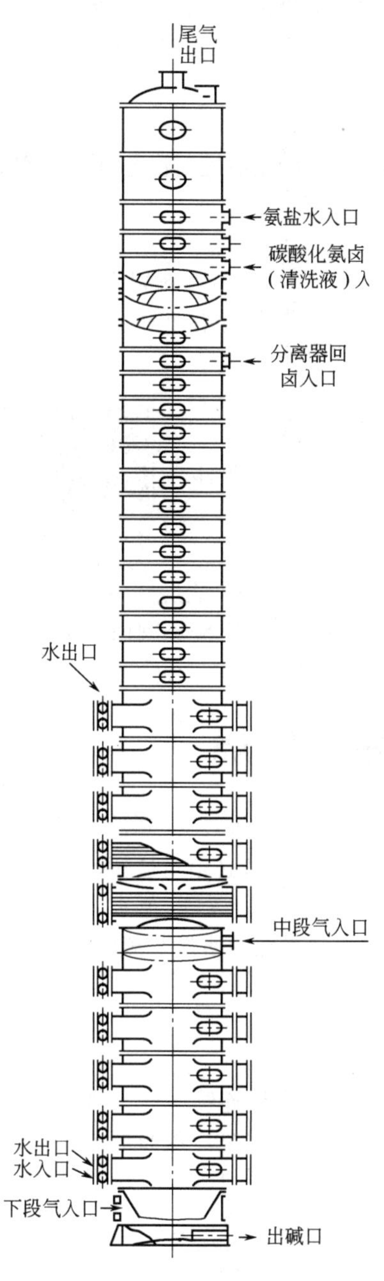

图 10-11　碳化塔组装图

低产量，严重时会造成堵塔，所以碳化塔（也称制碱塔或主塔）和清洗塔（也称副塔）需定期倒换操作。

1. 碳化塔的编组

在大规模生产系统中，常采用“塔组”进行多塔生产与操作。每组中有一塔作为清洗塔，并将预碳化液分配给几个制碱塔碳化制碱。塔的编组有多种形式：二塔组合、三塔组合、四塔组合，最多的有八塔组合。塔组合数的多少和方法原则上应注意：清洗塔能清垢干净，换塔次数少，碳化制碱时间长。当塔的数量一定时，塔的制碱时间和清洗时间比例就不变。例如，五塔一组时，其中四塔制碱、一塔清洗，二者的时间比为 4∶1，如制碱时间为 96h，则清洗时间为 24h，如制碱时间为 80h，则清洗时间为 20h。至于清洗时间的长短须由具体情况而定，清洗时间长，换塔次数少，可以减少投入劳动力及因换塔带来的产量及原料损失（因为换一次塔，总有一段时间出碱不正常，转化率不高），但制碱时间太长，则易发生堵塞。多塔组合与少塔组合比较，塔数越多，制碱与清洗的时间之比就越大，对每个塔来说，制碱时间就越多，塔的利用率也就越高。

由于多塔组合的各塔要轮换清洗与制碱，所以在管线连接上，要求倒塔容易，各种进塔气体管道，都应以倒 U 形高出塔顶，以免停气时塔内液体倒入压缩机内，取出液出口离地 10m 以上，借塔内液体的压力升举并排出。

2. 碳化塔倒塔步骤

（1）准备工作

a. 检查塔下联络管是否畅通，若堵塞，用蒸汽吹开，确保通畅。

b. 适当加大主塔取出量和主塔加液量，适当减少直至停止向副塔加浓氨水。

c. 将清洗液（中和水）改为直接入泵，另一组清洗液走水槽，保证槽内有水。

d. 联系蒸吸、过滤、煅烧、压缩岗位准备倒塔。

（2）压液　当主塔取出液中固液比低于20%，副塔液位降低至符合倒塔要求，主塔停止取出，开启主、副塔底部的液体联通阀，利用两塔之间的压差，将主塔悬浮液压入副塔，直至液位升至正常高度时，停止压液。

（3）倒换气体阀门

a. 开启新主塔进气阀，关闭旧主塔进气阀和旧主塔出气管与旧副塔进气管之间的串联阀；

b. 逐渐开启新副塔出气阀，使两塔出口压力相等；

c. 开新主塔出气管与新副塔进气管之间的串联阀；

d. 迅速关闭新主塔去综合塔（回收塔）出气阀，将新主塔出气串入新副塔。

（4）调整正常　气体阀门调好后，将浓氨水打入新副塔，调节各塔液位至正常高度，调节好冷却水量，恢复正常生产。

倒塔操作应注意以下几点：

a. 倒塔时应尽量减少气量、压力的波动；

b. 倒塔应必须保证原料气合格，如气量较大、原料气成分较高时，倒塔前可在综合塔（回收塔）固定副塔段加适量浓氨水；

c. 倒塔操作迅速准确，在短时间内恢复正常生产；

d. 阀门开关必须正确，如果开关错误，或开关先后顺序、快慢不合规定，将可能引起倒液、超压、原料气超标等事故。倒塔结束后，应检查阀门开关情况、阀门是否漏气，如有漏气，应及时处理。

资料扫一扫

碳酸饮料中的碳酸来源

第五节　重碱的过滤和煅烧

碳化塔取出的晶浆中含有悬浮的固相 $NaHCO_3$，其体积分数为45%～50%，需用过滤的方法加以分离，所得重碱送往煅烧以制纯碱，母液送去蒸氨。过滤时必须对滤饼洗涤，将重碱中残留的母液洗去，使纯碱中含有的NaCl降到最低，洗水宜用软水；以免水中所含 Ca^{2+}、Mg^{2+} 形成沉淀而堵塞滤布。同时，洗水量应控制适当，以保证重碱的质量及减少损失。

一、重碱的过滤

1. 转鼓式真空过滤机

真空过滤的优点是生产能力大、自动化程度高，适合于大规模连续生产。真空过滤的原理是借真空泵的作用将过滤机滤鼓内抽成负压，过滤介质层（即滤布）两面形成压力差，随着过滤设备的运转，母液被抽走，重碱则吸附在滤布上，然后被刮刀刮下，送至煅烧工序煅烧成纯碱。

转鼓真空过滤机主要由滤鼓、错气盘、碱液槽、压辊、刮刀、洗水槽及传动装置所组成。滤鼓多为铸造而成，内有许多格子连在错气盘上，鼓外面有多块箅子板，板上用毛毡作滤布，鼓的两端有空心轴，轴上有齿轮与传动装置相连。滤鼓旋转一周过程中的作用如图10-13所示。

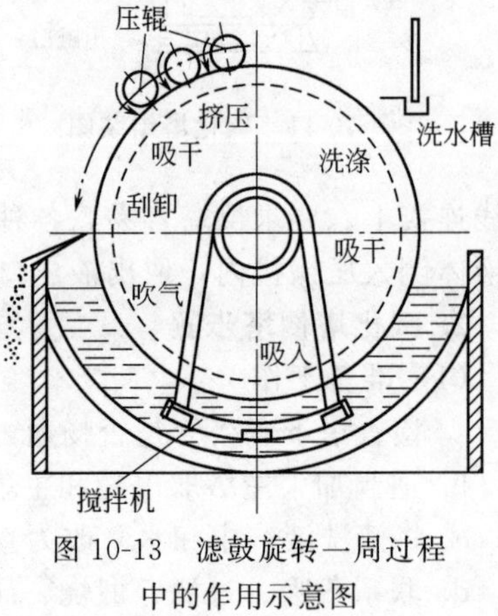

真空过滤机滤鼓下半部约2/5浸在碱槽内，旋转时全部滤面轮流与碱液槽内碱液相接触，滤液因减压而被吸入滤鼓内，重碱结晶则附着于滤布上。滤鼓在旋转过程中，滤布上重碱内的母液逐步被吸干，转至某角度时用洗水洗涤重碱内残留的母液，然后再经真空吸干，吸干的同时有压辊帮助挤压，使重碱内的水分减少到最低

压辊
挤压
洗水槽
吸干
洗涤
刮卸
吸干
吹气
吸入
搅拌机

图10-13　滤鼓旋转一周过程中的作用示意图

限度。滤鼓上的重碱被刮刀刮下，落在重碱皮带运输机上，送到煅烧工序。滤鼓表面尚剩有3～4mm厚的碱层，在刮刀下方被压缩空气吹下，并使滤布毛细孔恢复正常。为了不使重碱在碱槽底部沉降下来，真空过滤机上附有搅拌机。搅拌机跨在滤鼓的空心轴上，通过偏心轮由大齿轮带动转鼓时同时带动。搅拌机在半圆形的碱槽内来回摆动，使重碱不会沉降下来，而使其均匀地附在滤布上。

2. 真空过滤的工艺流程

真空过滤的简要流程如图10-14所示。由碳化塔底部取出的碱液经出碱液槽1流入过滤机的碱槽内，由于真空系统的作用，母液通过滤布的孔隙被抽入转鼓内，而重碱结晶则被截留在滤布上。鼓内的滤液和同时被吸入的空气一同进入分离器5，滤液由分离器底部流出，进入母液桶6，用母液泵7送往吸氨工序，气体由分离器上部出来，经净氨洗涤后排空。

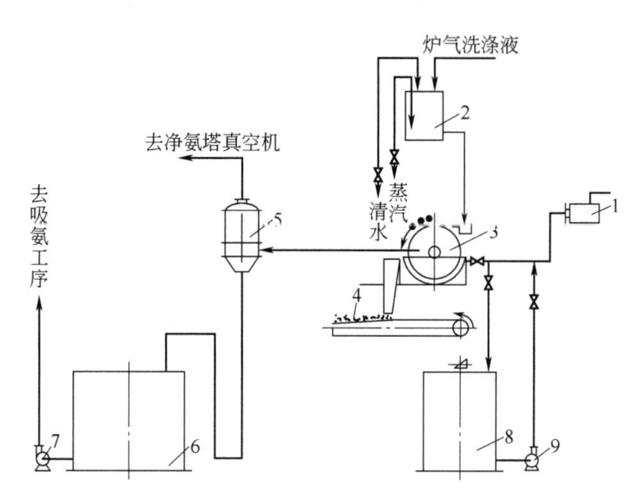

图10-14 真空过滤流程简图

1—出碱液槽；2—洗水高位槽；3—过滤机；4—皮带运输机；5—分离器；6—母液桶；7—母液泵；8—碱液桶；9—碱液泵

滤布上的重碱用来自洗水高位槽2的洗水进行洗涤，经吸干后的重碱被刮刀刮落于皮带运输机4上，然后送往煅烧炉煅烧成纯碱。

二、重碱的煅烧

由过滤后所得的湿重碱经过煅烧即得成品纯碱。同时回收二氧化碳，供氨盐水碳酸化用。生产上对煅烧的要求是成品纯碱中含盐分少，不含未分解的$NaHCO_3$，产生的炉气含二氧化碳浓度高且损失少；还应尽量降低煅烧的能耗。

1. 重碱煅烧的基本原理

重碱为不稳定的化合物，常温下可部分分解变成碳酸钠，升高温度则加速其分解。

$$2NaHCO_3(s) \longrightarrow Na_2CO_3(s) + CO_2\uparrow + H_2O\uparrow \quad \Delta H = 128.5kJ/mol \tag{10-24}$$

平衡常数为：

$$K = p(CO_2)p(H_2O) \tag{10-25}$$

式中 $p(CO_2)$，$p(H_2O)$——CO_2及H_2O的平衡分压。

K值随温度的升高而增大。纯$NaHCO_3$分解时$p(CO_2)$与$p(H_2O)$应相等，即

$$p(CO_2) = p(H_2O) = \sqrt{K} \tag{10-26}$$

$p(CO_2)$及$p(H_2O)$之和称为分解压力，纯$NaHCO_3$的分解压力见表10-2。从表中可见，分解压力随温度的升高而急剧上升。

表 10-2 纯碳酸氢钠分解压力与温度的关系

温度/℃	30	50	70	90	100	110	115
分解压力/kPa	0.8	4.0	16	55	97	167	220

由表 10-2 可知，100～110℃时，分解压力已达 0.1MPa，可使 $NaHCO_3$ 完全分解。

湿重碱在煅烧过程中，除了 $NaHCO_3$ 的分解及游离水分受热变成水蒸气外，还发生如下副反应：

$$(NH_4)_2CO_3 = 2NH_3\uparrow + CO_2\uparrow + H_2O\uparrow \tag{10-27}$$

$$NH_4HCO_3 = NH_3\uparrow + CO_2\uparrow + H_2O\uparrow \tag{10-28}$$

$$NH_4Cl + NaHCO_3 = NaCl + CO_2\uparrow + H_2O\uparrow + NH_3\uparrow \tag{10-29}$$

副反应的发生，不仅增加热能消耗，而且也增大系统中氨的循环量，使纯碱中夹带有氯化钠，影响产品质量。可见，过滤工序中滤饼的洗涤是很重要的。

煅烧时，各物料与时间之间的关系见图 10-15。

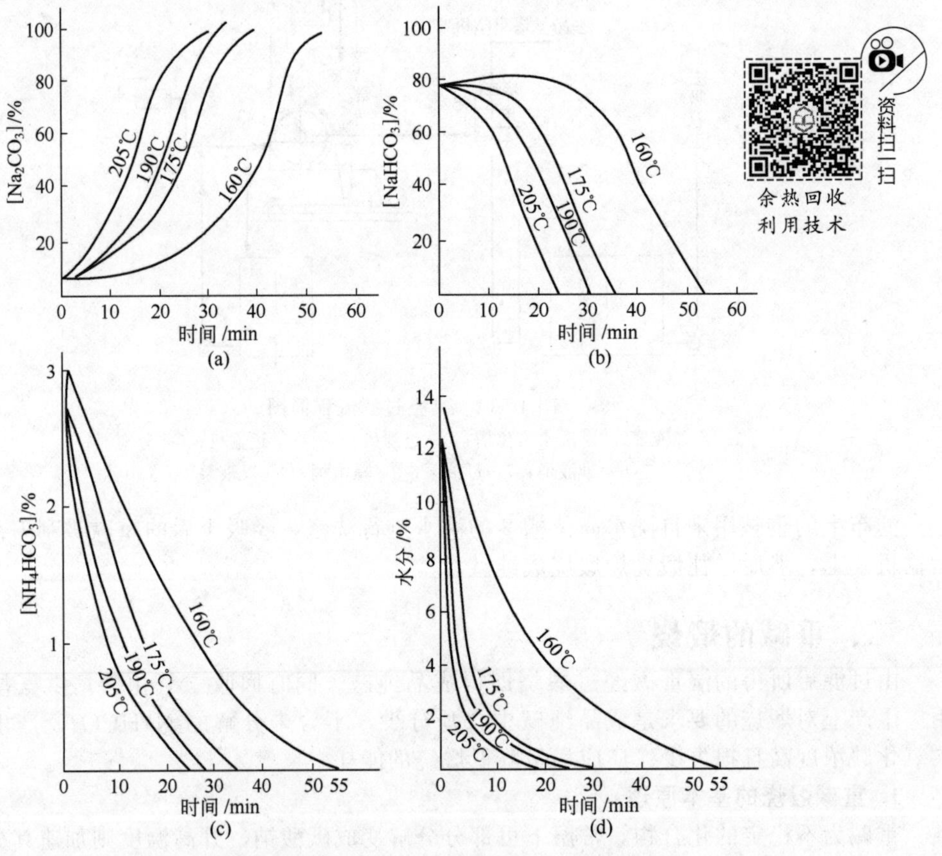

图 10-15 重碱煅烧过程中各物料与时间之间的关系曲线

由图 10-15 可知，反应温度越高，分解速率越快。在温度为 175℃及煅烧 40min 时，$NaHCO_3$［见图 10-15(b)］和 NH_4HCO_3［见图 10-15(c)］均已分解完，水分也几乎蒸发完了。这个煅烧温度和时间为工艺操作的控制条件。

重碱煅烧成为纯碱的效率可用“烧成率”表示。即 100 份质量的重碱，经煅烧以后所得产品的质量份数。烧成率的大小与重碱组成及水分含量有关。理论上纯 $NaHCO_3$ 的烧成率应为 $\frac{M(Na_2CO_3)}{2M(NaHCO_3)}\times 100\% = \frac{106}{168}\times 100\% = 63\%$，实际生产中重碱的烧成率为 50%～60%。

重碱煅烧后，可以得到高浓度的二氧化碳气，称为“炉气”。目前我国生产厂的炉气中二氧化碳含量一般在90%左右。

2. 重碱煅烧的工艺流程

重碱煅烧多采用内热式蒸汽煅烧炉，其煅烧工艺流程如图10-16所示。

重碱由皮带运输机1送入圆盘加料器2（亦称下碱台）控制加碱量，再经进碱螺旋输送机3与返碱和炉气分离器出来的粉尘混合进入蒸汽煅烧炉4。重碱在炉内经中压蒸汽间接加热分解，停留20～40min即由出碱螺旋输送机5自炉内卸出，再经地下螺旋输送机6、喂碱螺旋输送机7、斗式提升机8、分配螺旋输送机9，部分供作返碱，成品则经成品螺旋输送机10、筛上螺旋输送机11和回转圆筒筛12送入碱仓13。

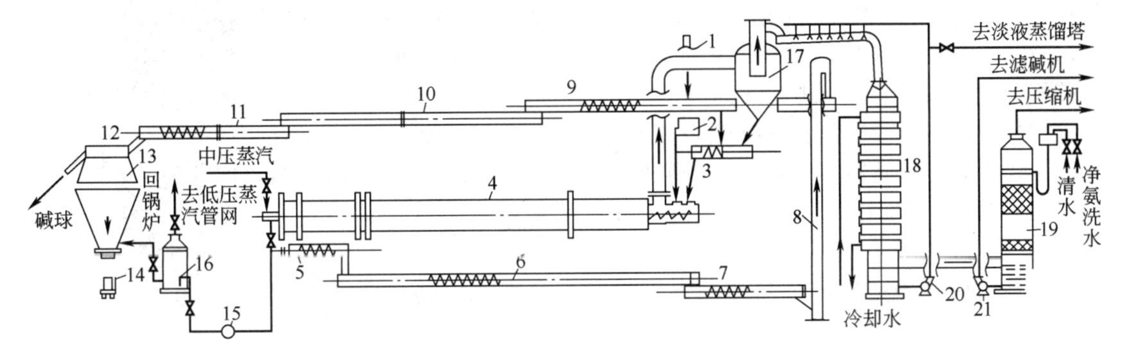

图10-16　重碱煅烧工艺流程

1—重碱皮带运输机；2—圆盘加料器；3—进碱螺旋输送机；4—蒸汽煅烧炉；5—出碱螺旋输送机；6—地下螺旋输送机；7—喂碱螺旋输送机；8—斗式提升机；9—分配螺旋输送机；10—成品螺旋输送机；11—筛上螺旋输送机；12—回转圆筒筛；13—碱仓；14—磅秤；15—贮水槽；16—扩容器；17—分离器；18—炉气冷凝塔；19—炉气洗涤塔；20—冷凝泵；21—洗水泵

重碱在炉中受热分解，产生的炉气（含有CO_2、NH_3、水蒸气及夹带碱尘的混合气体）借压缩机之抽力，由炉气出气筒引出。炉气经炉气分离器17（俗称集灰槽）将其中大部分碱尘回收返回炉内，少量碱尘随炉气进入总管，以循环冷凝液喷淋洗涤之，洗涤后的循环冷凝液与炉气一起自冷凝塔顶进入炉气冷凝塔18，炉气在塔内被由下而上的冷水间接错流冷却。炉气中的水蒸气大部分冷凝成水并吸收大部分氨溶解碱尘，构成所谓冷凝液。冷凝液自塔底用泵抽出，一部分用冷凝泵20送往炉气总管喷淋洗涤炉气，余者送往淡液蒸馏塔。冷却后的炉气由冷凝塔18下部引出，进入炉气洗涤塔19的下部，与塔上喷淋的自来水及吸氨工序来的净氨水逆流接触，洗涤炉气中残余的碱尘和氨，并进一步降低炉气温度。洗涤后的炉气自炉气洗涤塔19顶部引出送二氧化碳压缩机，经压缩后供碳化用。洗水泵21送到过滤机作为洗水。

煅烧重碱用的中压蒸汽由炉尾经进汽排水装置进入炉内加热管，间接加热重碱。冷凝水由炉尾进汽排水装置进入贮水槽15，并自压入扩容器16，在其中闪蒸出二次蒸汽进入低压蒸汽管内，余水则送回锅炉。

我国已研究成功沸腾凉碱新技术用于碱厂技术改造中，可将煅烧后纯碱温度由150℃降到70℃，不仅改善了工人劳动条件，还延长了包装袋使用次数。多功能蒸汽煅烧炉已试制投产，它集自身返碱、自身混料、自身调节料层、自身凉碱于一体，具有投资少、见效快、能耗低、产量高、质量优等特点，同时无结疤、无清洗运转等，每生产1t纯碱仅消耗蒸汽1.4t。

3. 重质纯碱的制造

通常生产的纯碱堆积密度为0.5～0.6t/m^3，称为轻质纯碱或轻灰。这种纯碱所占体积大，不便于包装运输，且在使用过程中飞散损失较多。因此，目前生产中多加工到堆积密度为0.8～1.1t/m^3，这种纯碱称为重质纯碱或重灰。重灰制造的主要方法如下。

（1）水合法　从煅烧炉来的轻灰，温度在150～170℃，用螺旋输送机送入水混机中，同时喷入温度约40℃的水，物料在水混机内停留时间为20min，水混机中发生下列反应：

$$Na_2CO_3 + H_2O \longrightarrow Na_2CO_3 \cdot H_2O \quad \Delta H = -14.105kJ/mol$$

水混机出来的一水碳酸钠进入重灰煅烧炉与低压蒸汽（约1MPa）间接换热，蒸出水分而得重灰。其反应为：

$$Na_2CO_3 \cdot H_2O \longrightarrow Na_2CO_3 + H_2O\uparrow \quad \Delta H = 14.105kJ/mol$$

所得重灰一般相对堆积密度为0.9～1.0，经运输、过筛、粉碎后，送往包装。

（2）机械挤压法　机械挤压法是生产重灰的一种新方法。该法以煅烧炉来的轻灰为原料，用输送设备送入挤压机，挤压机操作压力一般在40.53～45.60MPa，压出碱片厚约1mm，破碎后经筛分，粒度在0.1～1.0mm作为成品，相对堆积密度为1.0～1.1，过大的粒子再回粉碎机，过细粒子再进入挤压机。

蒸发结晶器

真空结晶器

（3）结晶法　结晶法是将煅烧工序送来的轻灰，加入预先存有 Na_2CO_3 溶液的结晶器中，加轻灰的同时加入适量的 Na_2CO_3 溶液。结晶器内维持温度约105℃。这样，轻灰就在结晶器内生成 $Na_2CO_3 \cdot H_2O$ 结晶，其反应与水合法相同。

为移出反应热，维持结晶器的温度稳定，必须抽出部分溶液进行循环冷却。所得浆液，经过滤或离心分离而得 $Na_2CO_3 \cdot H_2O$ 结晶，再经重灰炉煅烧而得重灰。

为了制取均匀粒大的重灰，必须使晶浆在结晶器内有足够的停留时间（一般不少于5min）。此法所得重灰的相对堆积密度为1.25～1.28。

第六节　氨的回收

氨碱法生产中所用的氨是循环使用的，制备1t纯碱所需循环氨量约为0.4～0.5t。加入系统的氨，由于逸散、滴漏等原因而造成损耗，每生产1t纯碱约需补充1.5～3kg氨。因此，如何减少氨的损失和尽力做好氨的回收是一个十分重要的问题，现代氨碱法生产中，一般是将各种含氨的料液收集起来，用加热蒸馏法进行回收。

一、蒸氨的基本原理

含氨料液主要指过滤母液和淡液。过滤母液含有可直接加热分解蒸出的“游离氨”（约25tt[1]），以及需要加石灰乳（或其他碱类物质）使之反应才能蒸出的“结合氨”（亦称“固定氨”，约75tt）。由于料液中还含有二氧化碳，为了避免石灰的不必要损失，故均采用两步进行。先将料液加热以蒸出其中的游离氨和二氧化碳（加热段进行），然后再加石灰乳与结合氨作用，使其变为游离氨而蒸出（石灰乳蒸馏段进行）。

生产中的炉气洗涤液、冷凝液及其他含氨杂水等统称为淡液，其中只含有游离氨，这些淡液中氨的回收比较简单。为了减少蒸氨塔预热段的负荷，目前淡液多与过滤母液分开，使其在淡液蒸馏塔中加热蒸出，并予以回收。

由于含氨料液是含有多种化合物的混合液，所以蒸氨过程中所发生的化学反应也很复杂，现分述如下。

加热段的反应：

---

[1] 纯碱工厂常用的一种单位，称为“滴度”，符号为tt或ti。1tt=1/20mol/L。

$$NH_3 \cdot H_2O \xlongequal{} NH_3\uparrow + H_2O \tag{10-30}$$

$$(NH_4)_2CO_3 \xlongequal{} 2NH_3\uparrow + CO_2\uparrow + H_2O \tag{10-31}$$

$$NH_4HCO_3 \xlongequal{} NH_3\uparrow + CO_2\uparrow + H_2O \tag{10-32}$$

溶解于过滤母液中的 $NaHCO_3$ 和 Na_2CO_3，发生如下反应：

$$NaHCO_3 + NH_4Cl \xlongequal{} NaCl + NH_3\uparrow + CO_2\uparrow + H_2O \tag{10-33}$$

$$Na_2CO_3 + 2NH_4Cl \xlongequal{} 2NaCl + 2NH_3\uparrow + CO_2\uparrow + H_2O \tag{10-34}$$

在调和槽及石灰乳蒸馏段内的反应：

$$Ca(OH)_2 + 2NH_4Cl \xlongequal{} CaCl_2 + 2NH_3\uparrow + 2H_2O \tag{10-35}$$

$$Ca(OH)_2 + CO_2(\text{从加热段来}) \xlongequal{} CaCO_3 + H_2O \tag{10-36}$$

淡液蒸馏的反应类似于母液蒸馏加热段的反应。

二、蒸氨的工艺流程及蒸氨塔

蒸氨工艺流程如图 10-17 所示。蒸氨塔本身包括石灰乳蒸馏段、加热段、分液槽段、精馏段和母液预热段五个部分，如图 10-18 所示。

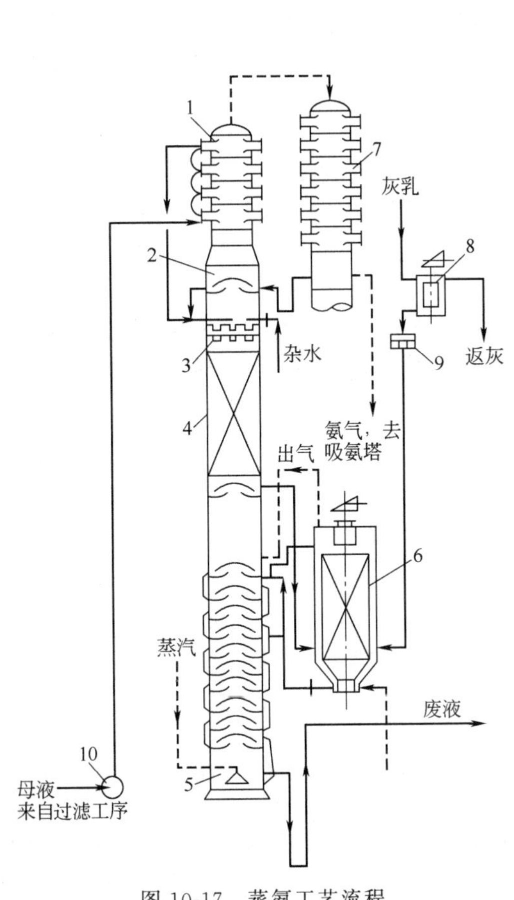

图 10-17　蒸氨工艺流程

1—预热器；2—精馏段；3—分液槽；4—加热段；5—石灰乳蒸馏段；6—预灰桶；7—冷凝器；8—加石灰乳罐；9—石灰乳流堰；10—母液泵

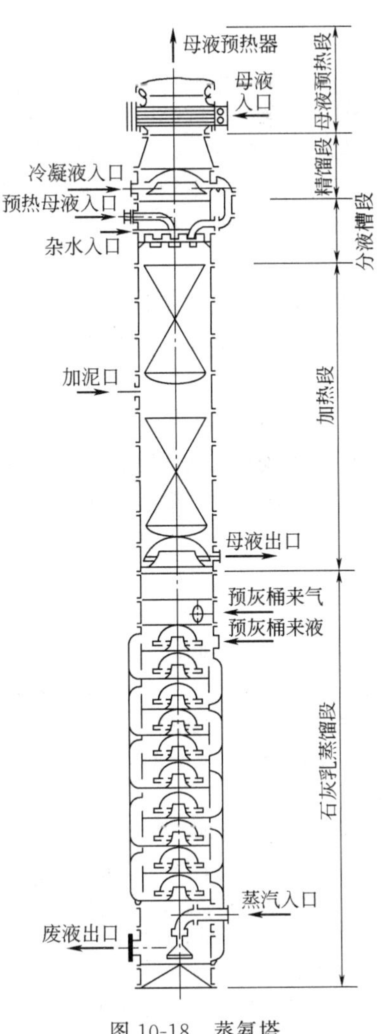

图 10-18　蒸氨塔

来自过滤工序温度为25～32℃的母液经母液泵10打入蒸氨塔母液预热器1的卧式水箱（7～10个组成）内，被管外热气预热，温度升到70℃左右，从预热器最上一层水箱流下，进入塔中部加热段（预热段）4。该段系采用填料或设置“托液槽”，以扩大气液接触表面。母液由上部经分液板加入，与下部来的热气体直接接触，蒸出所含游离氨及二氧化碳，最后剩下只含结合氨和盐的母液。经加热段后，因母液中的结合氨在加热时不能分解，所以先将母液从塔中引出送入预灰桶6，在搅拌情况下与石灰乳均匀混合，将结合氨转变为游离氨，再进入塔下部石灰乳蒸馏段5上部，段内设有10多个单菌帽形泡罩板。母液与塔底进入的蒸汽直接逆流接触，在此99%的氨被蒸出，废液含氨0.028tt以下，由塔底排出。

蒸氨塔各段蒸出的氨气自下上升到预热器，预热母液后气体温度由88～90℃降到65～67℃进入冷凝器7，被冷却水冷却，大部分水汽被冷凝后氨气去吸氨塔。

资料扫一扫

氨碱法制纯碱虚拟仿真实训项目

三、蒸氨的工艺条件

1. 温度

蒸氨需要大量的热，目前都采用直接蒸汽加热。温度和压力不太高的废蒸汽（0.16～0.17MPa，不含冷凝液），由蒸氨塔底直接通入，其量应使塔底维持110～117℃（此时预热段底部温度应达100℃，以尽量除尽游离氨及二氧化碳）。塔顶温度以冷凝器的冷水量来控制，应使送至吸氨系统的气温维持在60～62℃，过高则带水分太多，过低则在管道中会有碳酸氢铵等盐类结晶析出而造成堵塞。

2. 压力

对于蒸氨来说减压是有利的，故塔顶一般略呈负压，真空度约800Pa。这样有利于氨的蒸出，还可减少氨的逸散损失，但生产中应注意保持系统密闭，以防止空气漏入而降低氨气浓度。通常蒸氨塔下部压力与直接蒸汽压力相同。

3. 石灰乳浓度

石灰乳中活性氧化钙浓度的大小对蒸氨过程有影响。灰乳浓度低，稀释了母液使蒸汽消耗增大。灰乳浓度高又使灰乳耗量增加。生产中一般要求灰乳活性氧化钙浓度为160～180tt。

思考与练习

1. 纯碱有哪些工业生产方法？氨碱法的生产过程主要有哪几步？

2. 石灰石煅烧和石灰乳制备的主要化学反应有哪些？

3. 盐水为何要进行精制？盐水精制常用哪两种方法？

4. 在氨盐水中，原盐和氨的溶解度相互之间怎样影响？盐水吸氨过程中，氨盐比及温度如何选择？为什么？

5. 氨盐水碳酸化的任务和对碳酸化的要求各是什么？

6. 氨盐水碳酸化的反应机理由哪几步构成？

7. 四元相互体系干盐图，为何盐的浓度常用离子的摩尔分数表示？若盐的浓度用每摩尔总盐中各盐物质的量表示，其表示式是否唯一？为什么？

8. 图10-6中为何饱和面ⅠP_2P_1ⅣB最大？若想析出$NaHCO_3$，原始溶液的组成应落在哪个区域？

9. 什么是钠利用率和氨利用率？试写出其表示式。据图10-7分析，如何操作才能使钠利用率最高？

10. 什么是碳化度？氨盐水碳酸化过程中，碳化度和碳化温度是如何选择的？

11. 什么是适宜的理论氨盐水组成？实际生产中，原始氨盐水的组成为什么不能正好达到理论氨盐水组成？

12. 试述氨盐水碳酸化的工艺流程。其中的制碱塔和清洗塔为何交替轮流作业？

13. 试述真空过滤机滤鼓旋转一周的工艺过程。

14. 重碱煅烧的主要反应是什么？如何选择煅烧过程的温度？

15. 什么是重碱烧成率？我国生产厂的烧成率一般为多少？

16. 重质纯碱制造有哪几种方法？

17. 蒸氨过程的化学反应有哪些？蒸氨的温度和压力是如何确定的？

18. 蒸氨塔由哪几部分组成？试述母液蒸馏工艺流程。

19. 已知在30℃及0.25MPa下，经碳化以后每摩尔干盐的 P_1 点溶液中含 Cl^- 0.833mol，HCO_3^- 0.167mol，Na^+ 0.146mol，NH_4^+ 0.854mol，H_2O 6.000mol。求以1mol干盐为基准时 P_1 点的钠利用率及所对应的适宜原始氨盐水组成（不计氨损失，以1000g H_2O 为基准）。

第十一章
联合法生产纯碱和氯化铵

本章教学目标

能力与素质目标

1. 具有分析选择工艺条件的能力。
2. 具有识读和绘制生产工艺流程图的能力。
3. 具有查阅文献资料的能力。
4. 具有节能减排、降低能耗的意识。
5. 具有安全生产的意识。
6. 具有环境保护和技术经济的意识。

知识目标

1. 掌握：联合法生产纯碱与氯化铵的基本原理。
2. 理解：制碱与制铵过程的工艺条件；联合制碱的工艺流程。
3. 了解：氨碱法的缺点；联合制碱法的优点。

氨碱法是目前工业制取纯碱的主要方法之一。其优点是：原料易于取得且价廉，生产过程中的氨可循环利用，损失较少，能够大规模连续生产，易于机械化、自动化，可得到较高质量的纯碱产品。但此法也存在一些缺点：原料利用率低，3t 原料只能得到约 1t 产品。尤其是 NaCl 的利用率不高，按费多切夫早期研究，理论上钠的转化率可超过 84%，实际上只有 72%～77%，氯离子则完全没有被利用，故食盐的物质利用率仅有 28%左右，由于原料利用率低，因而碱厂排出大量废液、废渣，严重污染环境，尤其不便在内陆建厂；碳化后的母液中含有大量的氯化铵，需加入石灰乳使之分解，然后，蒸馏以回收氨，这样就必须设置蒸氨塔并消耗大量的蒸汽和石灰，从而造成流程长、设备庞大和能量上的浪费。

由于氨碱法存在上述缺点，使得以此法制得的纯碱产品成本很高，比下面将要讲述的联合法纯碱产品成本高一倍左右。

长期以来，国内外科学工作者不遗余力地寻求合理综合利用的解决办法，提出了一种比较理想的工艺路线是氨、碱联合生产。以食盐、氨及合成氨工业副产的二氧化碳为原料，同时生产纯碱及氯化铵，即所谓联合法生产纯碱及氯化铵，简称“联合制碱”。

早在1938年，我国著名化学家侯德榜就对联合制碱的技术进行了研究，1942年提出了比较完整的联合制碱工艺方法。

联合制碱的流程示意如图11-1所示。如由母液Ⅱ（MⅡ）开始，经过吸氨、碳化、过滤、煅烧即可制得纯碱，这一制碱过程称为“Ⅰ过程”。过滤重碱后的母液Ⅰ（MⅠ）经过吸氨、冷析、盐析、分离即可得到氯化铵。制取氯化铵的过程称为“Ⅱ过程”。两个过程构成一个循环，向循环系统中连续加入原料（氨、盐、水和二氧化碳），就能不断地生产出纯碱和氯化铵。

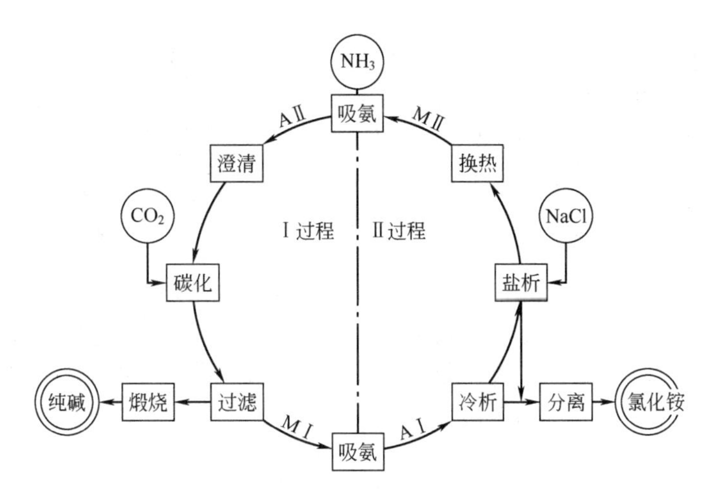

图11-1　联合制碱流程示意图

联合制碱法与氨碱法比较，有下述优点：原料利用率高，其中食盐利用率可达90%以上，不需石灰石及焦炭，节约了原料、能量及运输等的消耗使纯碱和氯化铵的产品成本，比其他生产方法有大幅度的下降；纯碱部分不需要蒸氨塔、石灰窑、化灰机等笨重设备，缩短了流程，建厂投资可省1/4；无大量废液、废渣排出，为在内地建厂创造了条件。

第一节　联合法生产纯碱和氯化铵的基本原理

一、联合制碱法相图分析

1. 联合制碱过程在相图上的表示

联合制碱是一个循环过程，因此，在相图上，该生产过程必然是一闭合路线，见图11-2。

当NaCl、NH_4HCO_3的比例落于相图中接近H点处，而水量又适宜时，将析出$NaHCO_3$固体。母液Ⅰ点沿AH的延长线移动，直到较为接近ⅣP_1或P_1P_2线或P_1点为止；如水量过少，到达ⅣP_1线后就将有NH_4HCO_3共析，如达P_1P_2线就将有NH_4Cl共析，反之，如水量多，由于$NaHCO_3$溶入较多而结晶量减少，母液Ⅰ组成点会落在$NaHCO_3$结晶区内远离P_1点的Q_1点，这样虽然保证了纯度，但收率减少。由于分离出$NaHCO_3$后的母液Ⅰ对$NaHCO_3$是饱和的，所以如不采取措施，将于第二过程析铵时，会有$NaHCO_3$共析而影响纯度。在此阶段中，为了增加$NaHCO_3$的溶解度和降低NH_4Cl的溶解度，应使相图中NH_4Cl结晶区扩大，并缩小$NaHCO_3$结晶区。而母液Ⅰ吸氨可使重碳酸盐变为溶解度大的碳酸盐，从反应来看HCO_3^-已变成了CO_3^{2-}。但为作图方便，有利于

分析问题，仍以 HCO_3^- 作图表示。现令母液Ⅰ所吸氨量用 S 代表，则

$$S=(NH_3/mol)/(干盐/mol)$$

实验研究中，许多数据归纳出的规律见图 11-3。在图中吸氨量用等 S 线示出，可见增加吸氨量虚线上升，扩大了氯化铵结晶区，也即加氨以后，P_1、P_2 点向上移动。另外，降低温度时，碳酸氢钠结晶区缩小，氯化铵结晶区亦扩大，如图 11-4 所示。因此，加氨降温其结果是使 $NaHCO_3$ 结晶区面积收缩，而 NH_4Cl 结晶区面积扩大。设母液Ⅰ组成为靠近 P_1 点的 Q_1 点，吸氨以后成为氨母液Ⅰ，其在图 11-2 中的位置不变，当碳化时由于生成一部分 NH_4HCO_3，系统点移到图 11-2 中的 R，冷却时 NH_4Cl 析出，分离后液相点达到 L，固体 NH_4Cl 经干燥得部分成品，而溶液 L 加入固体 NaCl，到达 M 点。由于盐析作用，再析出部分 NH_4Cl，液固分离后得到母液Ⅱ（Q_2 点），此即为制碱原料液，经吸氨碳化，过程沿 Q_2D 线到系统点 N，反应后制得 $NaHCO_3$ 结晶，液固分离以后得到重碱结晶，母液Ⅰ溶液点又回到 Q_1，所以联碱生产在相图上是一个闭合循环过程，即 $Q_1\rightarrow R\rightarrow L\rightarrow M\rightarrow Q_2\rightarrow N\rightarrow Q_1$。

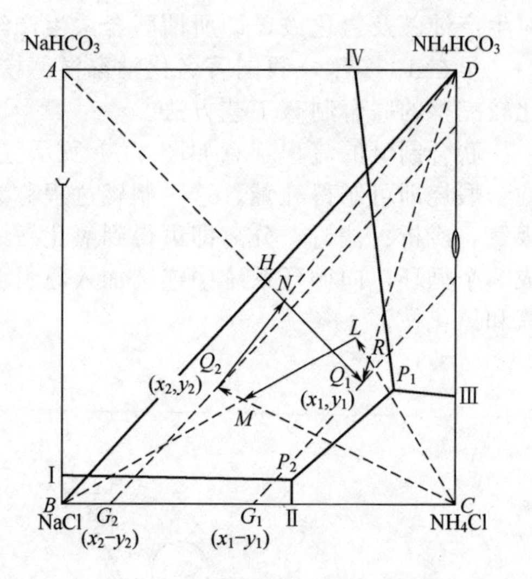

图 11-2 联合制碱生产循环示意相图

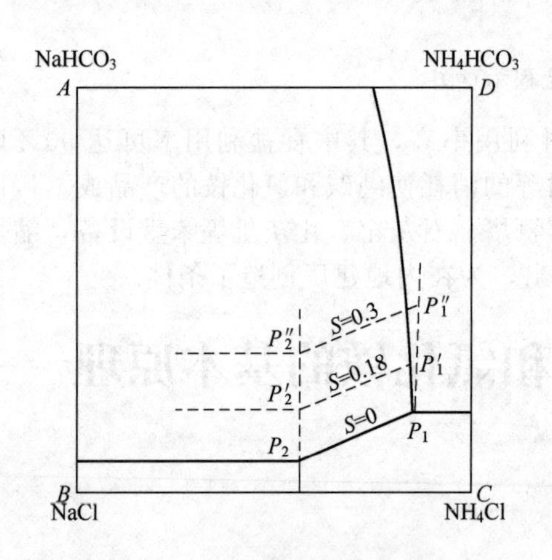

图 11-3 不同的吸氨量对 P_1 与 P_2 点的影响

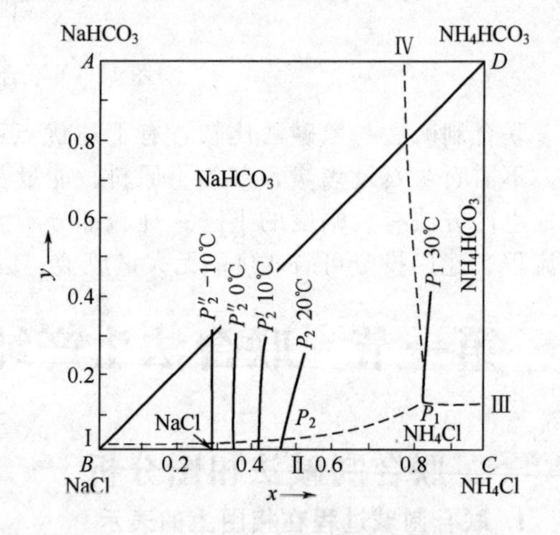

图 11-4 在不同温度及不同氨浓度下的 P_1、P_2 点移动轨迹

2. 单个循环过程最高产量

氨碱法生产中的工艺规程制订是以提高钠利用率为目标的。而在联合法制纯碱中母液闭合循环，从理论上讲，钠和氨的利用率都为 100%，所以联合法制碱过程工艺条件应以如何使每一循环的氯化铵和碳酸氢钠产量最大为标准。

现在以含有 1mol 干盐的母液Ⅱ为基准，讨论第一过程的物料平衡。设含 1mol 干盐的母液Ⅱ加入了 a mol NH_3，c mol CO_2 和 d mol H_2O，产生含有 e mol 干盐的母液Ⅰ和 r mol $NaHCO_3$。

令 x 代表溶液中 $NH_4^+/(NH_4^++Na^+)$；y 代表溶液中 $HCO_3^-/(HCO_3^-+Cl^-)$；m 代

表溶液中 H_2O/(干盐/mol)。

$$\text{则：母液 II}\left\{\begin{array}{ll} NH_4^+ & x_2 \\ Na^+ & 1-x_2 \\ HCO_3^- & y_2 \\ Cl^- & 1-y_2 \\ H_2O & m_2 \end{array}\right\}+a(NH_3)+c(CO_2)+d(H_2O)\longrightarrow$$

$$e\,\text{母液 I}\left\{\begin{array}{ll} NH_4^+ & x_1 \\ Na^+ & 1-x_1 \\ HCO_3^- & y_1 \\ Cl^- & 1-y_1 \\ H_2O & m_1 \end{array}\right\}+r(NaHCO_3) \tag{11-1}$$

对上式进行 Na^+ 衡算：

$$1-x_2=e(1-x_1)+r \tag{11-2}$$

对 Cl^- 衡算：

$$1-y_2=e(1-y_1) \tag{11-3}$$

式(11-2) 与式(11-3) 相减得：

$$y_2-x_2=e(y_1-x_1)+r$$

整理得：

$$r=e(x_1-y_1)-(x_2-y_2) \tag{11-4}$$

r 为每一循环中，含 1mol 干盐的母液 II 所产生的 $NaHCO_3$ 物质的量，r 值的大小代表每一循环产量的大小，所以可以利用式(11-4) 讨论循环产量 r。

由式(11-4) 可知，要使 r 值最大，就要使 $e(x_1-y_1)$ 最大和 (x_2-y_2) 最小，而 (x_1, y_1) 是母液 I 的组成，(x_2, y_2) 是母液 II 的组成，究竟母液 I 与母液 II 具有什么组成时循环产量最大，是可以用相图讨论的。

图 11-2 中未示出低温相图的 P_2 点位置，但它应在 Q_2 点的左上方，若通过 Q_1、Q_2 点分别作与对角线 BD 平行的直线 G_1Q_1 和 G_2Q_2，分别与横轴交于 G_1 与 G_2，则 $BG_1=x_1-y_1$，$BG_2=x_2-y_2$。由图可见，当母液 I 组成为 P_1 点时 (x_1-y_1) 最大，而母液 II 为低温的 P_2 点时 (x_2-y_2) 最小。即第一过程的母液 I 落在 P_1 点，第二过程的母液 II 落在低温的 P_2 点时，循环产量 r 最大。

二、氯化铵的结晶原理

氯化铵结晶工序是联碱生产过程的重要一环。它不单单是生产氯化铵的过程，并且与制碱过程密切联系，相互影响。

氨母液 I 在结晶器中，借冷却作用和加入氯化钠的盐析作用使氯化铵结晶出来，同时获得合乎制碱要求的母液 II 。

1. 冷析结晶原理

母液 I 吸氨后成为氨母液 I ，可使溶液中溶解度小的 $NaHCO_3$ 和 NH_4HCO_3 转化成溶解度较大的 Na_2CO_3 和 $(NH_4)_2CO_3$。所以吸氨母液在冷却时可以防止 $NaHCO_3$ 和 NH_4HCO_3 的共析。应说明的是氯化铵和氯化钠的单独溶解度随温度的变化并不相同。如图 11-5 所示，氯化铵的溶解度是随温度降低而减少的，而氯化钠的溶解度受温度变化的影响不大。16℃时，两者溶解度相等。

图 11-6 示出了氯化铵与氯化钠共同存在于饱和溶液中的情况。在 25℃以下时，NH_4Cl 的溶解度随温度的降低而减小，而 NaCl 的溶解度随温度的降低而增加。所以，将氨母液Ⅰ冷却就可以使 NH_4Cl 单独析出，且纯度较高。冷析温度越低，析出 NH_4Cl 越多。

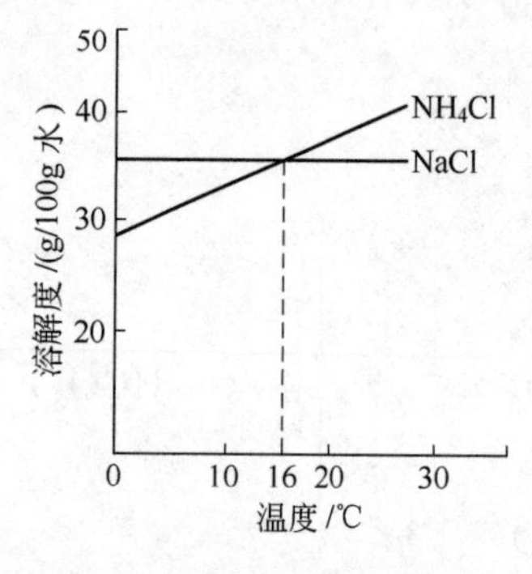

图 11-5　NH_4Cl 与 NaCl 的单独溶解度示意图

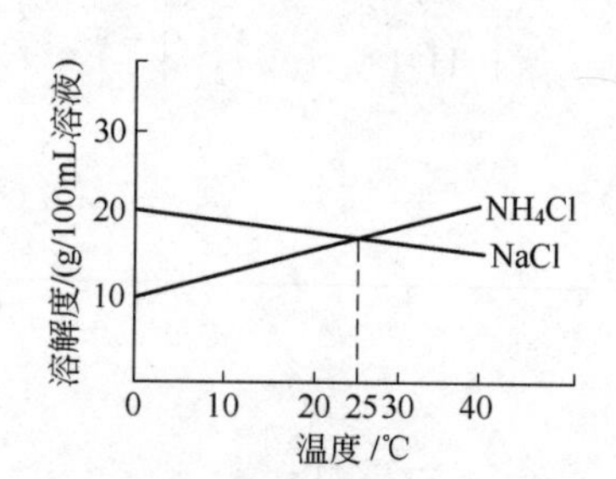

图 11-6　NH_4Cl 与 NaCl 的共同溶解度示意图

2. 盐析结晶原理

由冷析结晶器出来的母液称为半母液Ⅱ，半母液Ⅱ中 NH_4Cl 是饱和的，而 NaCl 并不饱和，将固体洗盐加入半母液Ⅱ中，此时 NaCl 就溶解。由于共同离子效应使得 NH_4Cl 继续析出，这样既出产品又补充了原料盐。

在盐析过程中，氯化铵的结晶热、机械摩擦热及氯化钠带入显热三者之总和，远大于氯化钠的溶解热，所以盐析结晶的温度是升高的，一般比冷析结晶器温度高 5℃左右。

盐析结晶过程中析出氯化铵的量，取决于结晶器内的温度和加入氯化钠的量。温度越低，析出氯化铵越多；在一定的温度下，加入氯化钠越多，氯化铵的产量越大，母液Ⅱ中氯化钠的浓度也越高。在正常操作时，母液Ⅰ中加入氯化钠的量受其在母液中溶解度的限制。

氯化钠在母液Ⅱ中的溶解度与温度有关，母液Ⅱ温度越低，达到平衡时母液Ⅱ中氯化铵含量越低，氯化钠的饱和浓度越大。

实际生产中，由于氯化钠的粒度较大，以及氯化钠在盐析器内的停留时间短；所以，固体氯化钠来不及溶解而混入氯化铵产品中，会降低氯化铵的质量。为了保证氯化铵产品的质量，实际工业生产中控制母液Ⅱ的氯化钠含量为饱和浓度的 95%左右。

3. 氯化铵结晶过程原理

(1) 过饱和度　过饱和度即指溶液过饱和的程度，一般用同一温度下的过饱和溶液浓度与饱和溶液浓度之差表示，或者用同一浓度时的饱和温度与过饱和温度之差表示。过饱和度一般可通过图解和计算两种方法求取。

① 图解法　图 11-7 为氯化铵在氨母液Ⅰ中的溶解度曲线和过饱和度曲线。图中SS 线为溶解度曲线，$S'S'$线为过饱和度曲线。如在温度 t_1 时，对应的饱和溶液浓度为 c_1，过饱和溶液浓度为 c'_1，则溶液过饱和度为 (c'_1-c_1)，其单位可用 tt 或 kg/m^3 表示。生产中，过饱和度常以温度来表示，因温度可直接从温度计读出。用温度表示的某溶液的过饱和度，是指该溶液的饱和温度与过饱和温度之差。例如，在温度 t_3 时，有一浓度为 c'_1 的溶液（图中 A_3 点），由于该溶液不饱和，在开始冷

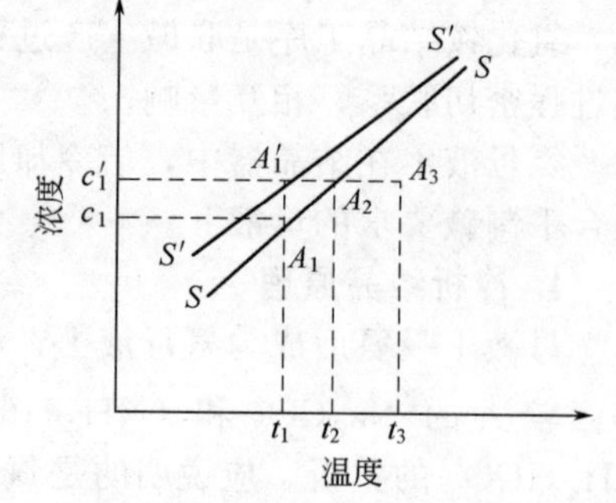

图 11-7　图解法求过饱和度

却时，只有温度下降而无结晶析出，故溶液无浓度变化；过程只沿水平线 $A_3A'_1$ 线向左进行，$A_3A'_1$ 线与 SS 线和 $S'S'$ 线相交于 A_2 和 A'_1，其对应温度为 t_2 与 t_1，t_2 和 t_1 就是溶液 A_3 的饱和温度和过饱和温度，如用温度表示过饱和度，则应为（t_2-t_1）。

用温度表示和用浓度表示的过饱和度，在数值上显然是不相等的。浓度差与温度差两者之比，表示在 t_2 到 t_1 这一温度范围内每降低 1℃所能析出的氯化铵的量。

② 计算法　图解法确定过饱和度虽较简便，但需要做出溶解度和过饱和度曲线图，由于这些图不易准确做出，所以生产中常用计算法求过饱和度。

令
$$\text{稀释倍数}=\frac{\text{主泵循环量}(m^3/h)}{\text{加入母液流量}(m^3/h)}$$

则
$$\text{以浓度表示的过饱和度}=\frac{\text{母液结合氨下降值}(tt)}{\text{稀释倍数}}$$

$$\text{以温度表示的过饱和度}=\frac{\text{氨母液 I 温度}-\text{冷析结晶温度}}{\text{稀释倍数}}$$

（2）结晶的介稳区　过饱和状态是不稳定的，但在一定饱和度内，不经振动、不落入灰尘或投入小粒晶体，又难于析出结晶。只要上述三种情况之一发生都会引起结晶析出，溶液所处的这种状态称为介稳状态。如图 11-7 中 SS 线与 $S'S'$ 线之间的区域称为“介稳区”，在此区域内不析或极少析出新晶核，而原有晶核可以长大。SS 线以下为不饱和区，在此区内，投入晶体便被溶解。$S'S'$ 线以上为不稳区，在此区域，晶核瞬间即可形成。为了制得大粒的结晶，过饱和度应尽量控制在“介稳区”内，尽可能避免在“不稳区”内操作。

（3）影响氯化铵结晶粒度的因素　氯化铵结晶的关键，是如何产生较大的结晶颗粒，便于固液分离。溶液中析出结晶，可分为过饱和的形成、晶核生成和晶核的成长三个阶段。为了得到较大的晶体，必须避免大量析出晶核，并应使一定数量的晶核不断成长。影响结晶粒度的因素有以下几点。

① 溶液成分的影响　溶液的成分是影响结晶粒度的重要因素。实践证明，联碱生产中不同母液具有不同的“介稳区”，如图 11-8 所示。氨母液Ⅰ“介稳区”较宽，母液Ⅱ“介稳区”较窄。母液中氯化钠浓度越小，“介稳区”越宽。盐析结晶器中的母液，氯化钠浓度较大，使氯化铵结晶器“介稳区”缩小，操作容易超出“介稳区”而进入“不稳区”，以致产生大量晶核，所以盐析结晶器氯化铵结晶的粒度比冷析结晶器的氯化铵粒度小。

② 冷却速度的影响　冷却是使氯化铵溶液产生过饱和度的主要手段之一。一般冷却速度快，过饱和度必然有很快增大的趋势。生产中如冷却速度快，就会有较大的过饱和度出现，容易超越介稳区极限而析出大量晶核，不能得到大颗粒晶体。因而冷却速度不能太快。

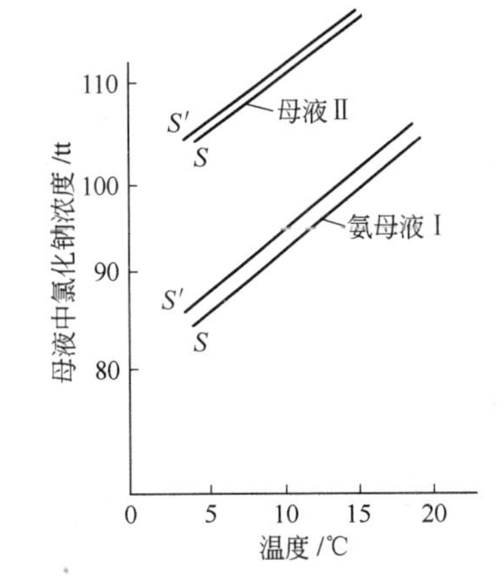

图 11-8　不同母液在不同温度下的“介稳区”

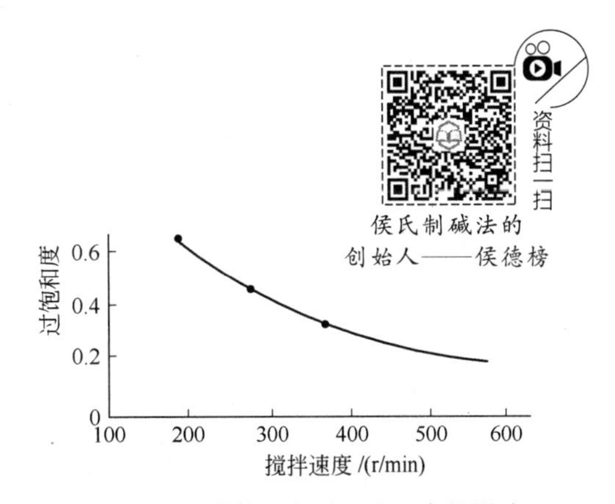

图 11-9　搅拌速度对过饱和度的影响

③ 搅拌速度的影响　适当增加搅拌速度可以降低过饱和度，使其不致超过过饱和极限，从而减少了大量析出晶核的可能，如图 11-9 所示。但过分激烈地搅拌将使“介稳区”缩小，也容易越出“介稳区”极限而生成细晶，同时容易使大粒结晶摩擦、撞击而破碎，所以搅拌速度要适当。

④ 晶浆固液比的影响　母液过饱和度的消失还需要一定的结晶表面积。晶浆固液比高些，结晶表面就大些，过饱和度消失将较完全。这样不仅使已有的结晶长大，而且可以防止过饱和度的积累，减少细晶，故应保持适当的固液比。

⑤ 结晶停留时间的影响　停留时间为结晶器内结晶盘存量与单位时间产量之比。在结晶器内，结晶颗粒停留时间长，有利于结晶颗粒的长大。当结晶器内晶浆固液比一定时，结晶盘存量也一定。因此当单位时间的产量小时，则停留时间就长，从而可获得大颗粒晶体。

第二节　制碱与制铵过程的工艺条件

一、温度

碳化反应是放热的化学反应。降低温度，平衡向生成碳酸氢钠和氯化铵的方向移动，有利于产率的提高。但是，温度过低，反应就非常慢，达到平衡所需的时间很长，影响生产能力。实践证明，对于联碱碳化塔，塔中部（塔高度的 3/5 左右）温度较高，碳化塔中部的温度控制应不使氨和二氧化碳激烈地挥发而被碳化尾气带走；同时还应考虑生产上热量的平衡。因此，最高温度一般不超过 60℃。碳化塔的下部，采用间接冷却的方法降低碳化液的温度。另由实验得知，温度升高时，P_1 点组成的变化如表 11-1 所示。当温度升高时，(x_1-y_1) 增大，此时循环产量 r 增大，故应维持较高的出碱温度为好。但此温度不可过高，否则会使 $NaHCO_3$ 的溶解度增大使产量降低，且二氧化碳和氨的挥发损失增加，造成环境污染。在工业生产中，一般控制碳化塔取出温度在 32～38℃为宜。

制铵过程中，当温度下降时，由图 11-4 可知 P_2 点稍向左移动，不同温度时的 P_2 点组成如表 11-2 所示。

表 11-1　不同温度时 P_1 点组成

温度/℃	P_1 点组成/(mol 离子/mol 干盐)			x_1-y_1
	$[NH_4^+]=x_1$	$[HCO_3^-]=y_1$	$[H_2O]$	
15	0.814	0.120	7.20	0.694
25	0.835	0.135	6.45	0.700
35	0.865	0.144	6.05	0.721

表 11-2　不同温度时 P_2 点组成

温度/℃	P_2 点组成/(mol 离子/mol 干盐)		x_2-y_2
	$[NH_4^+]=x_2$	$[HCO_3^-]=y_2$	
15	0.473	0.146	0.327
10	0.443	0.148	0.295
0	0.350	0.130	0.220

在Ⅱ过程中，当温度降低时，由表 11-2 可知 (x_2-y_2) 减小，式(11-4) 表明此时循环产量 r 增大。但随着 NH_4Cl 结晶温度的降低，冷冻费用亦相应增加，且母液Ⅱ的黏度也升高，致使 NH_4Cl 的分离困难。因此，工业生产中，一般控制 NH_4Cl 的冷析结晶温度应不低于 5～10℃，盐析结晶温度在 15℃左右。

二、压力

制碱过程原则上可在常压下进行，但在碳化过程中，又应以提高压力来强化吸收效果，因而在流程上对氨碱厂含二氧化碳不同的气体出现了不同压力的碳化操作。碳化压力的选择与进入碳化塔的二氧化碳的浓度有关。浓度低可以采用较高压力。例如进入联碱碳化塔的气体，有 1.3MPa、0.7MPa 的变换气；有的厂采用 0.45MPa 的水洗气。其他工序都可在常压下进行。制铵过程是析出结晶的过程，更没有必要加压，故在常压下进行。

三、母液成分

联合法生产纯碱和氯化铵，在母液循环过程中主要控制三个工艺指标，即三个比值，分别称为 β 值、α 值和 γ 值。

天津永利塘沽碱厂

1. β 值

β 值是指氨母液Ⅱ中游离氨［$F(NH_3)$］与氯化钠的浓度之比，用下式表示：

$$\beta=c[F(NH_3)]/c(NaCl)$$

因为制碱过程中的反应是可逆反应，所以提高反应物浓度，可以促使反应向生成物方向进行，即有利于碳酸氢钠与氯化铵的生产。因此在碳化以前，氯化钠应尽量达到饱和，二氧化碳浓度应尽量提高。在此基础上，溶液中游离氨浓度也应适当提高。生产中适当提高 β 值有利于碳酸氢钠的生产，但是也要注意控制 β 值不能过高，因 $F(NH_3)$ 过高，碳化时将出现大量碳酸氢铵结晶，还会有部分氨被尾气和重碱带走，造成氨的损失增大。故要求氨母液Ⅱ中 β 值控制在 1.04～1.12，即略大于理论上 $\beta=1$ 的数值。

2. α 值

α 值是指氨母液Ⅰ中 $F(NH_3)$ 与二氧化碳浓度之比，即

$$\alpha=c[F(NH_3)]/c(CO_2)$$

式中的 $F(NH_3)$、二氧化碳浓度以滴度或摩尔浓度表示。母液Ⅰ的吸氨，其目的在于减少溶液中的碳酸氢根，使之减少到不能因降温而产生碳酸氢钠与氯化铵共析的程度。因此，在母液中游离氨与二氧化碳应有一定的比例关系，即 α 值在一定温度下应有一定的数值。α 值过低，重碳酸盐将与氯化铵共同析出，影响产品纯度，或者因二氧化碳分压过高使二氧化碳逸出。反之，若 α 过高，即二氧化碳浓度低，虽可略微提高氯化铵的产量，但氨损失增大，同时恶化作业环境。一般情况下母液Ⅰ含二氧化碳量因碳化过程工艺条件不变可视为定值，而 α 值则与氯化铵结晶温度有关，如表 11-3 所示。

表 11-3 氨母液Ⅰ的适当 α 值

结晶温度/℃	20	10	0	−10
α 值	2.35	2.22	2.09	2.02

由表 11-3 可知，结晶温度越低，要求维持的 α 值越小，即在一定的二氧化碳浓度下要求的吸氨量则越少。

3. γ 值

γ 值是指母液Ⅱ中钠离子浓度［$c(Na^+)$］与固定氨浓度［$c(NH_3)$］之比，即

$$\gamma=c(Na^+)/c(NH_3)$$

此值标志着加入氯化钠的多少。加入氯化钠越多，由于同离子效应，则母液Ⅱ中结合氨浓度越低。γ 值越大，单位体积溶液的氯化铵产率也越大。但氯化钠的加入量受其溶解度的

限制，加盐过多，多余的盐易带入氯化铵产品中，影响产品纯度。γ值过低，氯化铵产率低。母液Ⅱ中最大的钠离子饱和浓度与盐析结晶器温度的关系，实验测得如表 11-4 所示。

表 11-4　钠离子饱和浓度与 NH_4Cl 析出温度的关系

盐析温度/℃	10	11	12	13	14
Na^+ 饱和浓度/tt	77.3	76.7	76.1	75.5	74.9

在实际生产中，为了在提高氯化铵产率的同时又能够避免过量的氯化钠混杂于产品中，必须注意控制γ值在一定范围内。根据生产实践，当盐析结晶器溶液温度为 10～15℃时，γ值一般控制在 1.5～1.8。

第三节　联合制碱法的工艺流程

联合制碱法有多种流程，其中冷析法按析出氯化铵温度的不同有深冷法（－10～－5℃）与浅冷法（5～15℃）之分。由于加入原料（吸氨、加盐、碳化）的次数不同，又有两次吸氨与一次吸氨、两次加盐与一次加盐、两次碳化与一次碳化等不同的工艺流程。中国的联合制碱生产，一般采用一次碳化、两次吸氨、一次加盐和冰机制冷的方法。

联合法制碱的生产流程如图 11-10 所示，其第一过程与氨碱法相似。

母液Ⅱ进入喷射吸氨器 1 吸氨。喷射吸氨器可以垂直安装也可以水平安装。由于在联合法中以合成氨厂等的纯氨气为原料，几乎没有尾气，所以吸氨后不必另加气液分离器。吸氨后进入氨母液Ⅱ桶 3 贮存，然后用氨母液Ⅱ泵 4 送入清洗塔 5 进行预碳酸化，再转入制碱塔 7 制碱。从预碳酸化塔和制碱塔顶部出来的尾气，进入气液分离器 11 将夹带的氨盐水回收，返回制碱塔中。尾气然后进入尾气洗涤塔 12，用淡液吸收其中的微量氨，氨增浓后的淡液也用作真空过滤机的洗水。

制碱塔 7 出来的重碱悬浆自压进入出碱槽 8，然后进入真空过滤机 9 过滤，得到的粗重碱送出煅烧。重碱母液与真空气体一起进入气液分离器 11，母液经 U 形管自流入母液Ⅰ桶 15，用母液Ⅰ泵 16 送往第二过程，真空气体经过滤净氨塔 13 洗涤后，再由真空泵 14 放空。

氨母液Ⅰ经喷射吸氨器 17 吸氨后，温度由 30～35℃升高到 40～45℃称为热氨母液Ⅰ，进入热氨母液Ⅰ桶 18，用热氨母液Ⅰ泵 19 送入母液换热器 20。母液换热器共 5 台，其中的第一台为水冷却器，后面 4 台串联与冷母液Ⅱ换热。冷却后的氨母液Ⅰ温度接近结晶临界点进入冷氨母液Ⅰ桶 21，由冷氨母液Ⅰ泵 22 送往氯化铵结晶器进行结晶。

NH_4Cl 结晶是分冷析和盐析两步完成的。从简化流程和节省冷冻量来看，应该将两步合在一起完成。但这样做时，NH_4Cl 的过饱和度很大，而介稳结晶区又很窄，因此冷却器很易结疤堵死，无法连续工作。如果采用先冷析而后再盐析，在冷析结晶器 23 中约析出全部 NH_4Cl 的 1/3 后，再送入盐析结晶器 24 中，加入 NaCl 进行盐析时，温度虽稍有回升，过饱和度稍有下降，使 NH_4Cl 结晶的最终温度达到 15℃。由于盐析结晶器不再设置冷却器，也就避免了在冷却器表面上 NH_4Cl 结疤的问题。

依氯化铵晶体的流向，冷析-盐析流程又可分为并料取出和逆料取出两种流程，图 11-10 中所表示的是并料取出流程。现在就它的晶浆的流向说明如下。

冷氨母液Ⅰ由泵 22 送入冷析结晶器 23 中，与自外冷器 32（液氨蒸发制冷）中回来进入分配箱上的循环母液一起流入冷析结晶器的中央循环管内，下行至器底，再折回向上穿过悬浆层，使晶体生长，而溶液中的 NH_4Cl 过饱和度也随之消失。如此周而复始地循环，成长后的晶体经晶浆取出管取出，在第二增稠器中增稠。在冷析结晶器中冷析后的母液称为半

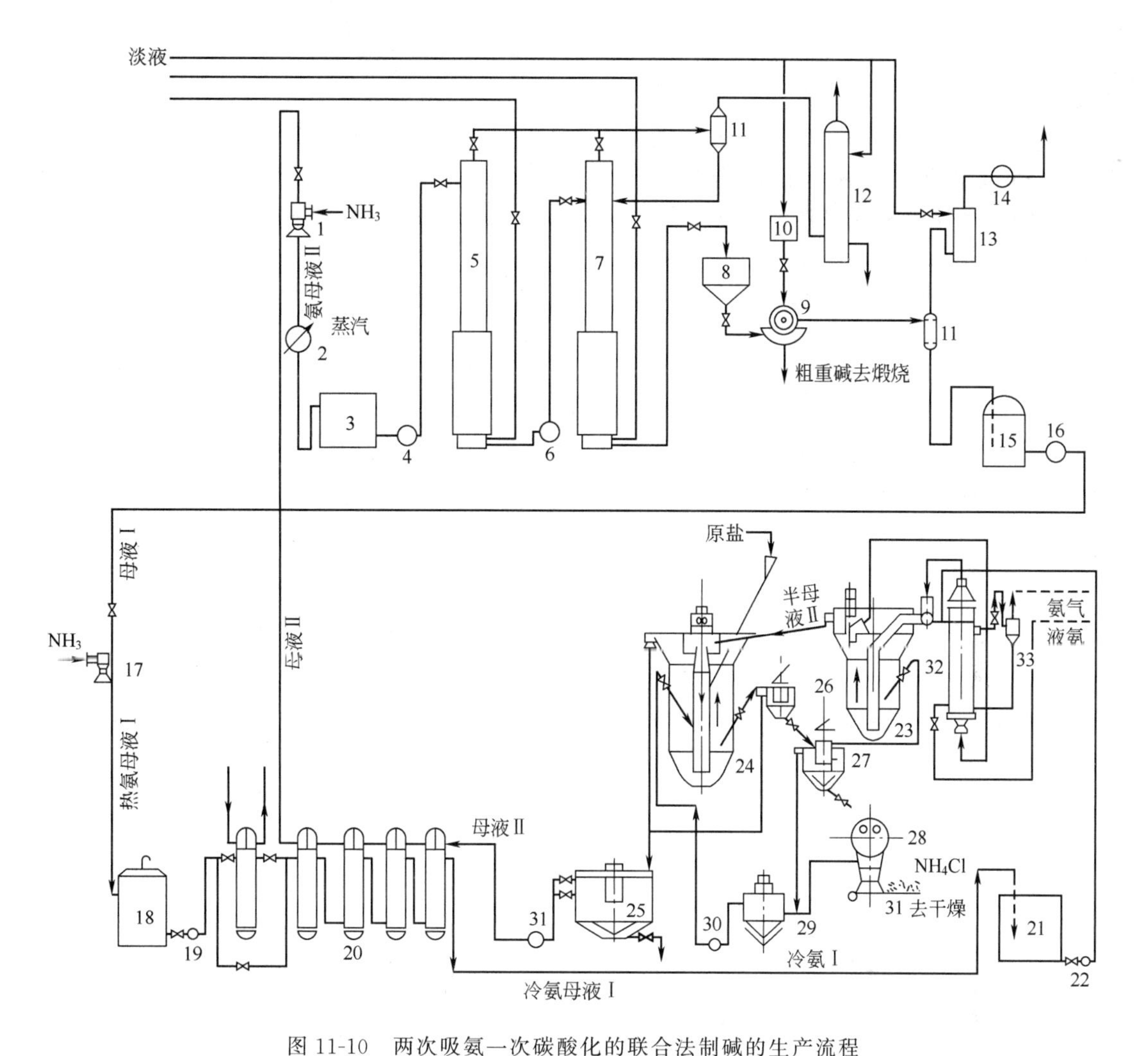

图 11-10　两次吸氨一次碳酸化的联合法制碱的生产流程

1—喷射吸氨器；2—预热器；3—氨母液Ⅱ桶；4—氨母液Ⅱ泵；5—清洗塔；6—倒塔泵；7—制碱塔；8—出碱槽；9—真空过滤机；10—洗水桶；11,33—气液分离器；12—尾气洗涤塔；13—过滤净氨塔；14—真空泵；15—母液Ⅰ桶；16—母液Ⅰ泵；17—喷射吸氨器；18—热氨母液Ⅰ桶；19—热氨母液Ⅰ泵；20—母液换热器；21—冷氨母液Ⅰ桶；22—冷氨母液Ⅰ泵；23—冷析结晶器；24—盐析结晶器；25—母液Ⅱ桶；26—第一增稠器；27—第二增稠器；28—离心分离机；29—滤液桶；30—滤液泵；31—运铵皮带；32—外冷器

母液Ⅱ，依靠位差自动流入盐析结晶器 24 的中心循环管顶部入口处，借轴流泵的驱动在中心循环管内往下流动，原盐及 NH_4Cl 滤液在中心循环管的中部加入中心管中，晶浆在中心循环管底部流出，经过悬浮的晶浆段和澄清段，又进入中心循环管的顶部入口，如此溶液一边循环、NaCl 一边溶解、NH_4Cl 一边结晶。成长后的晶浆经取出管流入第一增稠器 26，盐析结晶器与第一增稠器溢流的清液即为母液Ⅱ，收集于母液Ⅱ桶 25 中，经母液换热器 20 换热后返回第一过程。第一增稠器的底流为 NH_4Cl 浓浆，流入第二增稠器 27，与冷析结晶器的出口晶浆一起增稠。其底流用离心分离机 28 过滤，滤饼 NH_4Cl 用运铵皮带 31 送去干燥，第二增稠器的溢流液与离心机的滤液一起进入滤液桶 29，用滤液泵 30 送回盐析结晶器 24。

在这一流程中，氯化铵晶体是分别由冷析结晶器和盐析结晶器取出的，这就是并料取出流程名称的由来。该流程中，第一增稠器的增稠晶浆中夹带着母液Ⅱ和过剩的固体盐，再送至第二增稠器与进入的冷析晶浆一起增稠。所以第二增稠器是混合结晶增稠器。在这里冷析晶浆中夹带的半母液Ⅱ，将过剩的固体 NaCl 溶解，使盐析晶浆得到净化，使氯化铵产品中 NaCl 量下降。增稠后的冷析和盐析晶浆一并过滤，混合结晶增稠器的溢流和离心分离机的滤液是母液Ⅱ和半母液Ⅱ的混合液，共同进入滤液桶经泵送回盐析结晶器的中央循环管，流到盐析结晶器的晶床层与固体 NaCl 相遇，未反应的半母液Ⅱ得以充分利用。但是半母液Ⅱ被母液Ⅱ冲稀，溶解 NaCl 的能力下降。并料流程在冷析结晶器中可以得到粒度较大、纯度较高的精制氯化铵，能满足一般工业用途的要求。如果要进一步提高质量，还可在离心分离机 28 上用稀盐酸洗涤滤饼，将其中的 Na_2CO_3、$(NH_4)_2CO_3$、NH_4OH 等碱性物质，以及 NaCl 冲洗去一部分，使氯化铵的质量略有提高。

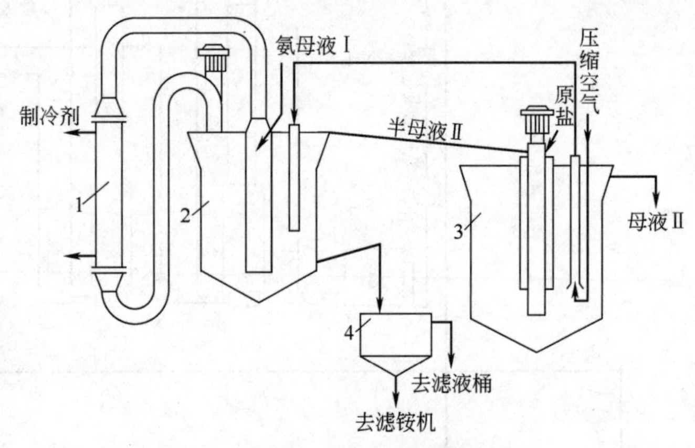

图 11-11　逆料流程简图

1—外冷器；2—冷析结晶器；3—盐析结晶器；4—稠厚器

逆料流程如图 11-11 所示。它是将盐析结晶器的结晶借助于晶浆泵或气升设备送回冷析结晶器的晶床中去，而产品全部从冷析结晶器中取出。半母液Ⅱ则由冷析结晶器溢流到盐析结晶器去，经加盐再析出一部分氯化铵结晶。因在盐析结晶器中，即使氯化钠过量，仍可在冷析结晶器中溶解，故加盐量可接近饱和。在盐析结晶器上部溢流出来的母液Ⅱ，送去与氨母液Ⅰ换热。

对此晶浆逆向流动的流程，近年来，我国已经取得了良好的试验和使用效果。它具有三个特点。

第一，由于盐析结晶器中的结晶送到冷析结晶器的悬浮层内，其中掺杂的固体洗盐在钠离子浓度较低的半母液Ⅱ中，可得到充分的溶解。与并料流程相比，总的产品纯度可以提高。但在并料流程中，在冷析结晶器可得到粒度较大、质量较高的“精铵”，而逆料流程则不能制取“精铵”。

第二，逆料流程对原盐的粒度要求不高，不像并料流程那样严格，而仍能得到合格产品。可使盐析结晶器在接近氯化钠饱和浓度的条件下进行操作，盐析结晶器的控制也较容易掌握。

资料扫一扫

侯氏制碱法艰难试验研究过程

第三，由于盐析结晶器允许在接近氯化钠饱和浓度的条件下进行操作。因此，可提高 r 值，使母液Ⅱ的结合氨含量降低，从而提高了产率，母液的摩尔体积可以减小。

思考与练习

1. 氨碱法的主要优缺点是什么？联合制碱法与氨碱法比较，有什么优点？
2. 试画出联合制碱的示意流程。
3. 联合制碱过程在相图上是如何循环的？
4. 扩大氯化铵结晶区的措施有哪些？利用图 11-3 和图 11-4 分析。
5. 制碱循环过程中，最高产量与哪些因素有关？从相图上看碳化最终母液点应落在什么位置较好？
6. 什么是冷析结晶氯化铵？什么是盐析结晶氯化铵？各自基于什么原理？
7. 影响氯化铵结晶的因素有哪些？怎样才能获得颗粒较大的氯化铵结晶？
8. 联合法生产纯碱中，温度和母液成分是如何确定的？
9. 简述联合制碱法生产工艺流程。

第十二章
电解法生产烧碱

本章教学目标

能力与素质目标

1. 具有分析选择工艺条件的能力。
2. 具有识读和绘制生产工艺流程图的能力。
3. 具有查阅文献资料的能力。
4. 具有节能减排、降低能耗的意识。
5. 具有安全生产的意识。
6. 具有环境保护和技术经济意识。

知识目标

1. 掌握：电解过程的基本定律、电流效率、理论分解电压、超电压、槽电压等重要概念；离子交换膜法电解特点及基本原理。

2. 理解：离子交换膜的性能和种类；盐水的制备原理与工艺；电解碱液蒸发的原理及工艺。

3. 了解：烧碱的各种工业生产方法及氯碱工业的特点；各种电解槽的基本结构。

第一节　概　　述

电解法生产烧碱在制得烧碱的同时，还可联产氯气和氢气，而氯气又可进一步加工成盐酸、聚氯乙烯、农药等其他化工产品。故电解法生产烧碱也称氯碱工业。

一、电解法生产烧碱简介

电解法生产烧碱，根据电解槽结构、电极材料和隔膜材料的不同分为隔膜法、水银法和离子交换膜法。

隔膜法电解是利用多孔渗透性的隔膜材料作为隔层，把阳极产生的氯气与阴极产生的氢氧化钠和氢气分开。

水银法的电解槽由电解室和解汞室组成。以汞作为阴极，钠离子放电还原为金属钠，并与汞作用生成钠汞齐。钠汞齐从电解室排出后，在解汞室中与水作用生成氢氧化钠和氢气。因为在电解室中产生氯气，在解汞室中产生氢氧化钠溶液和氢气，这就解决了将阳极产物和阴极产物隔开的关键问题。水银法的优点是电解槽流出溶液产物中 NaOH 浓度较高，其质量分数可达 50%，不需蒸发增浓；产品质量好，含盐低，盐含量的质量分数约 0.003%。但水银是有害物质，应尽量避免使用，因此水银法已逐渐被淘汰。

离子交换膜法是应用化学性能稳定的全氟磺酸阳离子交换膜，用离子膜将电解槽的阳极室和阴极室隔开。由于离子膜的性能较好，不允许氯离子透过。该法所得烧碱纯度高，投资小，对环境污染小。因此，离子膜法制烧碱是氯碱工业的发展方向。三种电解方法的比较见表 12-1。

表 12-1　三种电解方法的比较

项　　目	隔膜法	水银法	离子交换膜法
投资	1	0.9～1	0.75～0.85
能耗	1	0.85～0.95	0.75～0.8
运转费用	1	1.00～1.05	0.85～0.95
NaOH 浓度(质量分数)/%	10～12	50	32～35
50%NaOH 中含盐量(质量分数)/%	1	0.003	0.003

二、氯碱工业的特点

氯碱工业除原料易得、生产流程较短外，主要有以下三个特点。

(1) 能耗高　氯碱工业的主要能耗是电能，其耗电量仅次于电解法生产铝。目前，国内的生产水平为：隔膜法每生产 1t 100%的烧碱需耗电约 2580kW·h、蒸汽 5t，总能耗折合标准煤约为 1.815t。所以如何提高电解槽的电解效率和碱液热能蒸发利用率，采用节能新技术具有重要意义。

(2) 氯与碱的平衡　电解法制碱得到的烧碱与氯气的产品的质量比恒定为 1∶0.88，但一个国家或一个地区对烧碱和氯气的需求量随着化工产品生产的变化而变化。若氯气用量较小时，通常以氯气需求量来决定烧碱产量，以解决氯气的储存和运输困难的问题。而对于石油化工和基本有机原料发展较快的发达国家，因氯气用量过大，而出现烧碱过剩的矛盾。所以烧碱和氯气的平衡始终成为氯碱工业发展中的矛盾问题。

(3) 腐蚀和污染严重　氯碱工业的产品烧碱、氯气、盐酸等均具有强腐蚀性，生产过程中所使用的石棉汞、含氯废气都可能对环境造成污染。因此，防止腐蚀、保护环境一直都是氯碱工业努力改进的方向。

资料扫一扫
中国氯碱工业发展

三、氯碱工业生产的基本过程

氯碱生产过程的核心部分是电解工序，各种生产方法的不同之处在于电解工艺的区别。除了电解过程之外，氯碱生产过程还应包括盐水的精制和烧碱、氯气与氢气三种产品的处理加工系统。图 12-1 为氯碱厂的主要组成示意图。

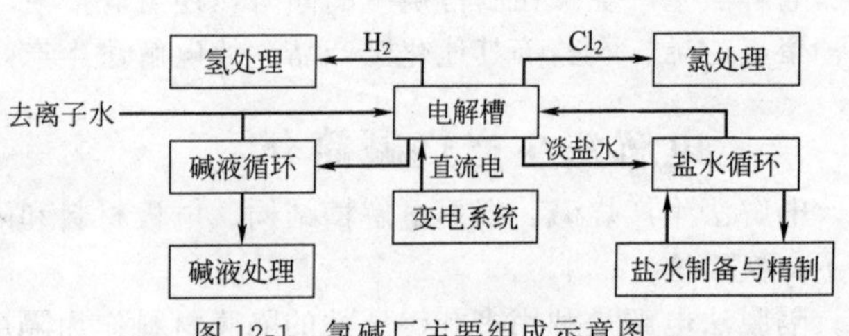

图 12-1　氯碱厂主要组成示意图

第二节　电解法制烧碱的基本原理

一、电解过程的基本定律

电解过程是电能转变为化学能的过程。当以直流电通过熔融态电解质或电解质水溶液时，产生离子的迁移和放电现象。

1. 法拉第第一定律

电解过程中，电极上所析出的物质的量与通过电解质的电量成正比，即与电流强度及通电时间成正比。

$$G=KQ=KIt \tag{12-1}$$

式中　G——电极上析出物质的质量，g 或 kg；

Q——通过的电量，A·s 或 A·h；

K——电化当量；

I——电流强度，A；

t——通电时间，s 或 h。

由上式可知，如果要提高电解生成物的产量，则要增大电流强度或延长电解时间。

2. 法拉第第二定律

当直流电通过电解质溶液时，电极上每析出（或溶解）一电化学当量的任何物质，所需要的电量是恒定的，在数值上约等于 96500 库仑，称为 1 法拉第（用 F 表示）。

即　1F=96500C=96500A·s=26.8A·h

利用法拉第第二定律，就可计算出通过 1A·h 电量时，在电极上所析出物质的质量。该数值即为法拉第第一定律中的电化当量 K。当电解食盐水溶液时，1A·h 的电量理论上可生成

$$K_{Cl_2}=35.46/26.8=1.323(g)$$

$$K_{H_2}=1.008/26.8=0.0376(g)$$

$$K_{NaOH}=40.01/26.8=1.492(g)$$

电解时，根据电流强度、通电时间及运行电解槽数和电解质的电化当量，可计算出该物质在电极上的理论产量。

二、电流效率

实际生产过程中，由于在电极上不可避免地发生一系列的副反应及电损耗，所以电量不能完全被利用，实际产量比理论产量低。两者之比称为电流效率，用 η 表示。

$$\eta=\frac{G_{实际产量}}{G_{理论产量}}\times 100\%$$

电流效率是电解生产中很重要的技术经济指标。电流效率越高，电流损失越小，同样的电量获得的电解产物越多。现代氯碱厂，电流效率一般为 95%～97%。

三、槽电压及电压效率

1. 理论分解电压 $E_{理}$

电解过程发生所必需的最小外加电压称为理论分解电压。它在数值上等于阴阳两极的可逆平衡电位之差。

$$E_{理}=\varphi_{阳}-\varphi_{阴}$$

阴阳两极的电极电位可由能斯特方程求得

$$\varphi=\varphi^{\ominus}+\frac{RT}{nF}\ln\frac{a_{\text{氧化态}}}{a_{\text{还原态}}} \tag{12-2}$$

25℃时

$$\varphi=\varphi^{\ominus}+\frac{0.0592}{n}\lg\frac{a_{\text{氧化态}}}{a_{\text{还原态}}} \tag{12-3}$$

式中 φ——平衡电极电位，V；

$\varphi^{\ominus}$——标准平衡电极电位，V；

n——电极反应中的得失电子数；

$a_{\text{氧化态}}$，$a_{\text{还原态}}$——与电极反应相对应的氧化态和还原态物质的活度。

【例 12-1】 试计算 NaCl 水溶液的理论分解电压。已知进入阳极室的食盐水溶液的质量浓度为 265g/L，阴极电解液中含 NaOH 为 100g/L、NaCl 为 190g/L，氯气、氢气的压力均为 101.3kPa。采用石墨为阳极，钢丝网为阴极。

资料扫一扫

《危险化学品企业特殊作业安全规范》简介

解 电极反应：

阳极 $2Cl^- \longrightarrow Cl_2+2e^-$

阴极 $2H^+ +2e^- \longrightarrow H_2$

由能斯特方程得

$$\varphi_{Cl_2/Cl^-}=\varphi^{\ominus}_{Cl_2/Cl^-}+\frac{RT}{2F}\ln\frac{p_{Cl_2}/p^{\ominus}}{c^2_{Cl^-}}$$

$$\varphi_{H^+/H_2}=\varphi^{\ominus}_{H^+/H_2}+\frac{RT}{2F}\ln\frac{c^2_{H^+}}{p_{H_2}/p^{\ominus}}$$

$$\varphi^{\ominus}_{Cl_2/Cl^-}=1.3583V \quad \varphi^{\ominus}_{H^+/H_2}=0V$$

$$p_{H_2}/p^{\ominus}=1 \quad p_{Cl_2}/p^{\ominus}=1$$

阳极 $c_{Cl^-}=265/58.4=4.54(mol/L)$

阴极 $c_{OH^-}=100/40=2.5(mol/L)$ $c_{H^+}=K_w/c_{OH^-}=1\times10^{-14}/2.5=0.4\times10^{-14}(mol/L)$

$$\varphi_{Cl_2/Cl^-}=1.3583+\frac{0.0592}{2}\lg\frac{1}{4.54^2}=1.319(V)$$

$$\varphi_{H^+/H_2}=+\frac{0.0592}{2}\lg(0.4\times10^{-14})^2=-0.852(V)$$

$$E_{\text{理}}=\varphi_{\text{阳}}-\varphi_{\text{阴}}=1.319+0.852=2.171(V)$$

2. 超电压 $E_{\text{超}}$

由于实际电解过程并非可逆，存在浓差极化、电化学极化，使电极电位偏离平衡时的电极电位。其偏离平衡电极电位的值称为超电压。

超电压的大小与电极反应的性质、电流密度、电极材料等电解条件有关。Cl_2、H_2、O_2 在不同材料的电极上和不同电流密度下的超电压见表 12-2。

表 12-2 超电压（Cl_2、H_2、O_2）与电极材料和电流密度的关系（298.15K）

电极产物		H_2(1mol/L H_2SO_4)			O_2(1mol/L NaOH)			Cl_2(NaCl 饱和溶液)		
电流密度/(A/m²)		10	1000	10000	10	1000	10000	10	1000	10000
超电压/V	海绵状铂	0.015	0.41	0.048	0.40	0.64	0.75	0.0058	0.028	0.08
	平光铂	0.24	0.29	0.68	0.72	1.28	1.49	0.008	0.054	0.24
	铁	0.40	0.82	1.29	—	—	—	—	—	—
	石墨	0.60	0.98	1.22	0.53	1.09	1.24	—	0.25	0.50
	汞	0.70	1.07	1.12	—	—	—	—	—	—

超电压（过电位）虽然消耗一部分电能，但在电解技术上有很重要的应用。由于过电位的存在，使电解过程按着人们预先的设计进行。阳极上发生的是氧化过程，电极电位越低越易失电子。因此，仅从标准电极电位来看，Cl^- 是不可能在 OH^- 前先在阳极上放电，即阳极上 OH^- 放电并放出氧气，但由于过电位的存在，使得在阳极上获得的是氯气而不是氧气。

3. 槽电压 $E_{槽}$

电解时电解槽的实际分解电压称为槽电压。槽电压不仅要考虑理论分解电压和超电压，还要考虑电流通过电解液以及电极、接点、导线等的电压降。所以，槽电压应为理论分解电压 $E_{理}$，超电压 $E_{超}$，电解液的电压降 $E_{液}$ 和电极、接点、导线等的电压降 $\sum E_{降}$ 之和。

$$E_{槽}=E_{理}+E_{超}+E_{液}+\sum E_{降} \tag{12-4}$$

槽电压总是高于理论分解电压。理论分解电压与槽电压的比称为电压效率。

$$电压效率=E_{理}/E_{槽}\times 100\%$$

显然提高电压效率的一个很重要的措施是降低槽电压，这可通过选择和研制新型阴阳极材料、隔膜材料、调整极间距，选择适宜的电解质溶液的温度和浓度、适宜的电流密度等来降低槽电压。一般氯碱厂的电解槽的电压效率在 60%～65%。

第三节　离子交换膜法电解

离子交换膜法电解食盐水的研究始于 20 世纪 50 年代，由于所选择的材料耐腐蚀性能差，一直未能获得实用性的成果，直到 1966 年美国杜邦（DuPont）公司开发了化学稳定性好的全氟磺酸阳离子交换膜，即 Nafion 膜后，离子交换膜法电解食盐水才有了实质性进展。日本旭化成公司于 1975 年在延岗建立了年产 4 万吨烧碱的电解工厂。

离子交换膜法制烧碱与传统的隔膜法、水银法相比，有如下特点。

（1）投资省　离子膜法比水银法投资节省 10%～15%，比隔膜法节省 15%～25%。目前国内离子膜法投资比水银法或隔膜法反而高，其主要原因是目前离子膜法制碱技术和主要设备均从国外引进，因此整个成本较高。随着离子膜制碱技术和装置国产化率的提高，其投资成本会逐渐降低。

（2）出槽的碱液浓度高　目前出槽的 NaOH 溶液浓度（质量分数）为 30%～35%，预计今后出槽浓度将会达到 40%～50%。

（3）能耗低　目前离子膜法制碱吨碱直流电耗 2200～2300kW·h，比隔膜电解法可节约 150～250kW·h。总能耗同隔膜电解法制碱相比，可节约 20%～25%。

（4）碱液质量好　离子膜法电解制碱出槽碱液中一般含 NaCl 为 20～35mg/L，质量分数为 50%的成品 NaOH 中含 NaCl 一般为 45～75mg/L，质量分数为 99%的固体 NaOH 含 NaCl$<100\times10^{-6}$，可用于合成纤维、医药、水处理及石油化工等方面。

（5）氯气、氢气纯度高　离子膜法电解所得氯气纯度高达 98.5%～99%，含氧 0.8%～1.5%，含氢 0.1%以下，能够满足氧氯化法聚氯乙烯生产的需要，也有利于液氯的生产；氢气纯度高达 99.99%，对合成盐酸和 PVC 生产提高氯化氢纯度极为有利。

（6）无污染　离子膜法电解可以避免水银和石棉对环境的污染。离子膜具有较稳定的化学性能，几乎无污染和毒害。

离子膜法电解虽具上述诸多优点，但也存在如下缺点。

① 离子膜制碱对盐水质量的要求远远高于隔膜法，因此要增加盐水的二次精制，即增加设备的投资费用。

② 离子膜本身的费用也非常昂贵，容易损坏。目前，国内尚不能制造，需要精心维护、精心操作。

一、离子膜法制碱原理

离子膜法制碱与隔膜法制碱的根本区别在于离子膜法的阴极室和阳极室是用离子交换膜隔开。离子交换膜是一种耐腐蚀的磺酸型阳离子交换膜，它的膜体中有活性基团，活性基团是由带负电荷的固定离子（如—SO_3^{2-}、—COO^-）和一个带正电荷的对离子（如 Na^+）组成。磺酸型阳离子交换膜的化学结构式为：

$$R—SO_3^{2-}—H^+(Na^+)$$

由于磺酸基团具有亲水性能，而使膜在溶液中溶胀。膜体结构变松，从而造成许多微细弯曲的通道，使其活性基团的对离子（Na^+）可以与水溶液中同电荷的 Na^+ 进行交换并透过膜，而活性基团的固定离子（SO_3^{2-}）具有排斥 Cl^- 和 OH^- 的能力，从而获得高纯度的氢氧化钠溶液。图 12-2 为离子交换膜示意图。

离子膜法电解制碱原理如图 12-3 所示。饱和精盐水进入阳极室，去离子纯水进入阴极室。由于离子膜的选择渗透性仅允许阳离子 Na^+ 透过膜进入阴极室，而阴离子 Cl^- 却不能透过。所以，通电时，H_2O 在阴极表面放电生成氢气，Na^+ 与 H_2O 放电生成的 OH^- 合成 NaOH；Cl^- 则在阳极表面放电生成氯气逸出。电解时由于 NaCl 被消耗，食盐水浓度降低为淡盐水排出，NaOH 的浓度可通过调节进入电解槽的去离子纯水量来控制。

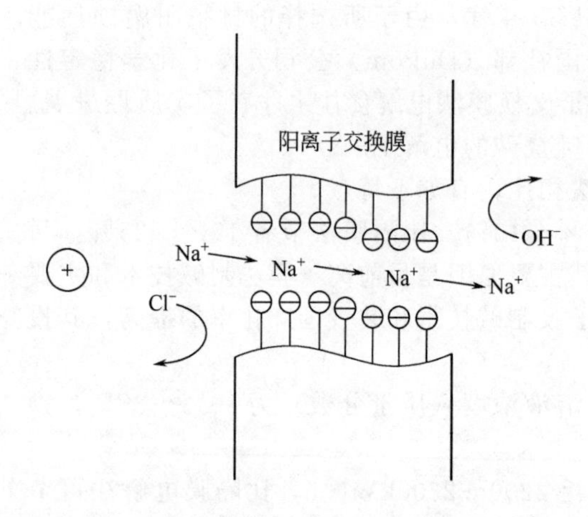

图 12-2　离子交换膜示意图

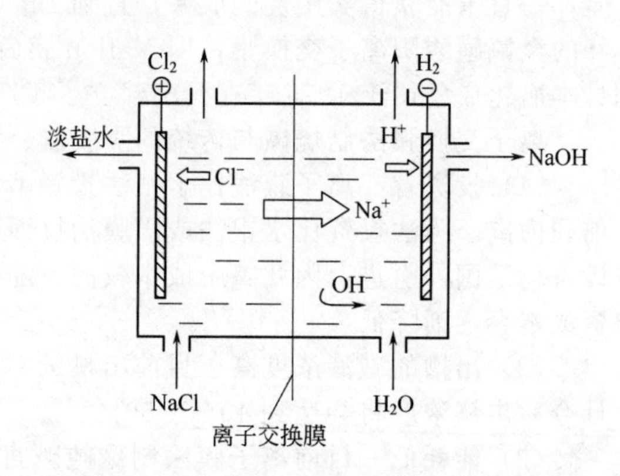

图 12-3　离子膜法电解制碱原理示意图

二、离子交换膜的性能和种类

1. 离子交换膜的性能

离子膜法氯碱生产的工艺中对离子膜的要求如下。

① 高度的物理和化学稳定性。氯碱电解条件恶劣，阳极侧是强氧化剂氯气、次氯酸根及酸性溶液。阴极侧是高浓度 NaOH，电解温度 85～90℃。在这样的条件下，离子膜应不被腐蚀、氧化，始终保持良好的电化学性能，并具有较好的机械强度和柔韧性。

② 具有较低的膜电阻，以降低电解能耗。

③ 具有很高的离子选择透过性。离子膜只能允许阳离子通过，不允许阴离子 OH^- 及 Cl^- 通过，否则会影响碱液的质量及氯气的纯度。

④ 具有较低的价格。

离子交换膜的性能由离子交换容量（IEC）、含水率、膜电阻这三个主要特性参数决定。

离子交换容量（IEC）以膜中每克干树脂所含交换基团的物质的量表示。含水率是指每克干树脂中的含水量，以百分率表示。膜电阻以单位面积的电阻表示，单位是 Ω/m^2。

上述各种特性相互联系又相互制约。如为了降低膜电阻，应提高膜的离子交换容量和含水率。但为了改善膜的选择透过性，却要提高离子交换容量而降低含水率。

2. 离子交换膜的种类

根据离子交换基团的不同，离子交换膜可分为全氟磺酸膜、全氟羧酸膜以及全氟羧酸磺酸复合膜。以下分别简述三种膜的特点。

(1) 全氟磺酸膜　全氟磺酸膜的主要特点是酸性强、亲水性好、含水率高、电阻小、化学稳定性好。由于磺酸膜固定离子浓度低，对 OH^- 的排斥能力小，致使 OH^- 的返迁移数量大，因此，电流效率＜80%，且产品的 NaOH 浓度＜20%。因可在阳极液内添加盐酸中和 OH^-，所以氯气质量好。

(2) 全氟羧酸膜　全氟羧酸膜是一种弱酸性和亲水性小的膜，含水率低，且膜内的固定离子浓度较高，因此，产品的 NaOH 浓度可达 35%左右，电流效率可在 96%以上。其缺点是膜的电阻较大。

(3) 全氟羧酸磺酸复合膜　全氟羧酸磺酸复合膜是一种性能比较优良的离子膜。使用时较薄的羧酸层面向阴极，较厚的磺酸层面向阳极，因此兼有羧酸膜和磺酸膜的优点。由于 R_f—COOH 的存在，可阻止 OH^- 返迁移到阳极室，确保了高的电流效率，电流效率可达 96%。又因 R_f—SO_3H 层的电阻低，能在高电流密度下运行，且阳极液可用盐酸中和，产品氯气含氧低，NaOH 浓度可达 33%～35%。

三、离子交换膜电解槽

目前，工业生产中使用的离子膜电解槽形式很多，不管是哪一种槽型，每台电解槽都是由若干电解单元组成，每个电解单元由阳极、离子交换膜与阴极组成。

动画扫一扫
离子交换膜电解槽

按供电方式的不同，离子膜电解分为单极式和复极式两大类，如图 12-4 所示。对一台单极式电解槽而言，电解槽内的直流电是并联的，因此，通过各个电

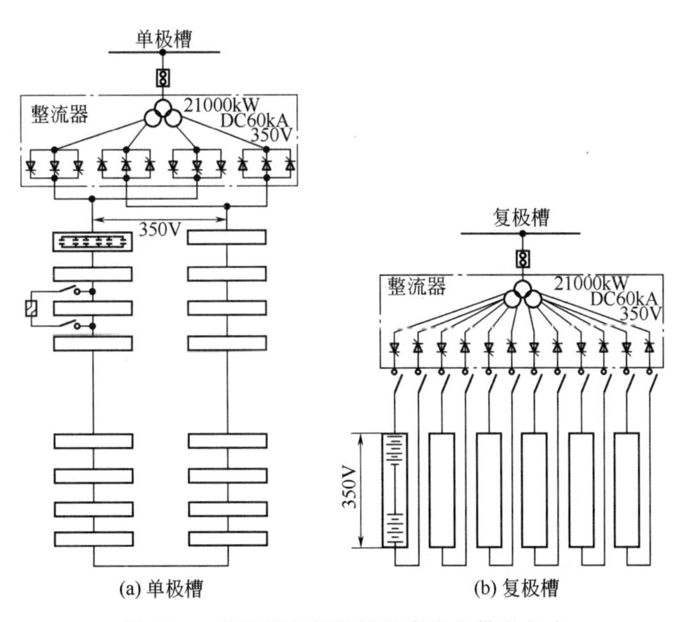

(a) 单极槽　(b) 复极槽

图 12-4　单极槽与复极槽的直流电供电方式

解单元的电流之和就是通过这台单极电解槽的总电流。而各个电解单元的电压是相等的。而复极式电解槽则相反，槽内各电解单元的直流电路都是串联的，各个单元的电流相等，电解槽的总电压是各个电解单元的电压之和，所以每台复极式电解槽都是低电流、高电压运转。

单极槽与复极槽各有优缺点。其特性比较如表 12-3 所示。

表 12-3 单极槽与复极槽特性比较

单 极 槽	复 极 槽
单元槽并联，因此供电是高电流、低电压； 电解槽之间要有连接铜排，耗用铜量多，且有电压损失 30～50mV； 一台电解槽发生故障，可以单独停下检查，其余电解槽仍可继续运转； 电解槽检修拆装比较烦琐，但每个电解槽可以轮流检修； 电解槽厂房面积大； 电解槽的配件管件的数量较多； 设计电解槽时，可以根据电流的大小来增减单元槽的数量	单元槽串联，因此供电是低电流、高电压，电流效率高； 电解槽之间不用连接铜排，一般用复合板或其他方式，电压损失 3～20mV； 一台电解槽发生故障，需停下全部电解槽才能检修，影响生产； 电解槽检修拆装比较容易； 电解槽厂房面积小； 电解槽的配件管件的数量较少，但一般复极槽需要油压机构装置； 单元槽的数量不能随意变动

目前世界上的离子膜电解槽类型很多，美国的 MGC 电解槽和日本的旭化成复极式电解槽是较为典型的。

1. MGC 电解槽

MGC 电解槽由 5 个部件组成：端板、拉杆、阳极盘、阴极盘、铜电流分布器，其装配图如图 12-5 所示。该槽在阳极与弹性阴极之间安放离子膜。阳极盘与阴极盘的背面有铜电流分布器，将串联铜排连接在铜电流分布器和连接铜排上。整台电解槽由连接铜排支撑。连接铜排下面是绝缘和支座。每台电解槽的阳极和阴极不超过 30 对。

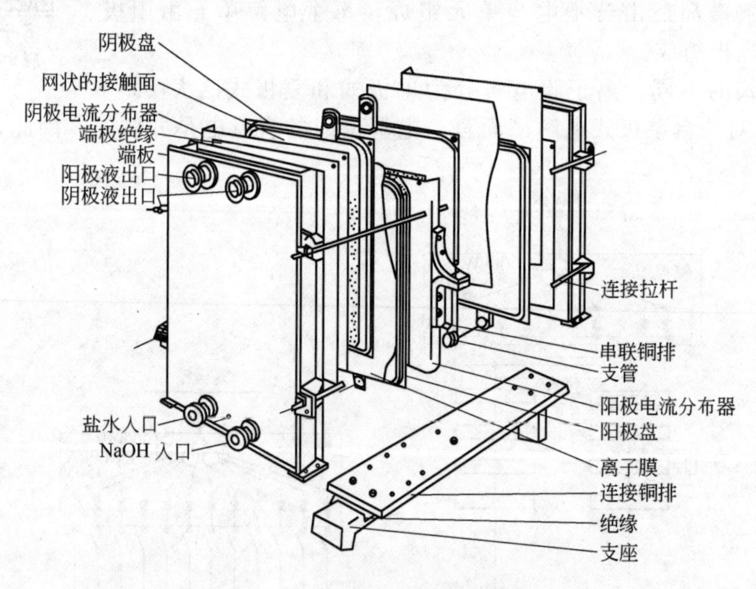

图 12-5 MGC 电解槽装配图

2. 旭化成复极式电解槽

旭化成复极式电解槽是我国最早引进、使用较广泛的离子膜电解槽。该槽是板框压滤机式，98 支单元槽依靠一段的油压装置紧固密封，如图 12-6 所示。该槽阴、阳极液的进口均在单元槽的下部，出口均在上部。为减少气泡效应，在单元槽的上部均装有阴极堰板和阳极堰板。为防止电化腐蚀，阳极侧密封面的阳极液进出口管均有防电化腐蚀的涂层。单元槽框有两种结构形式。

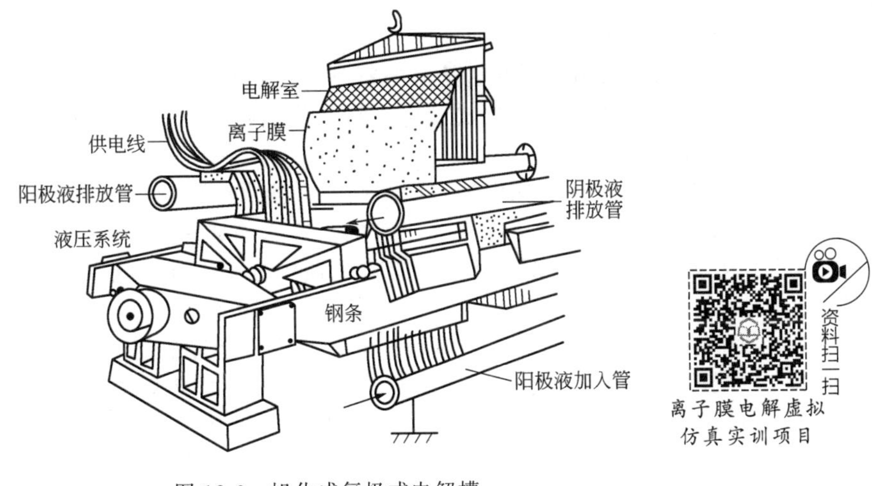

图 12-6　旭化成复极式电解槽

四、离子交换膜法电解的技术经济指标

以某厂离子交换膜为例，生产 1t NaOH（100%）其消耗定额为：

原盐（100%NaCl）	1480kg	离子膜	$0.01m^2$
直流电	2100kW·h	动力电	50.17kW·h
高纯度盐酸（31%）	135.5kg	蒸汽	665kg

第四节　盐水的制备与电解产品的后加工

一、盐水的制备

工业原盐溶为盐水后，其中所含的杂质 Ca^{2+}、Mg^{2+}、SO_4^{2-} 和机械不溶杂质对电解是十分有害的。不溶性的机械杂质会堵塞电解槽上的微孔，降低隔膜的渗透性，恶化电解槽的运行。而钙盐和镁盐会与电解液中的物质起反应，生成沉淀物质，不仅消耗了 NaOH，而且也会堵塞电解槽碱性侧隔膜的孔隙，降低隔膜的渗透性，SO_4^{2-} 过高会加剧石墨电极的腐蚀，缩短电极的使用寿命。因此，食盐水必须经过精制后才能进入电解槽。

1. 盐水精制原理

生产中，采用添加过量的 Na_2CO_3 和 NaOH 除去 Ca^{2+}、Mg^{2+} 杂质，为了控制 SO_4^{2-} 的含量，一般采用加入氯化钡的方法。其加入顺序及化学反应为：

先加入　$$Ca^{2+} + CO_3^{2-} \longrightarrow CaCO_3\downarrow$$

后加入　$$Mg^{2+} + 2OH^- \longrightarrow Mg(OH)_2\downarrow$$

$$Ba^{2+} + SO_4^{2-} \longrightarrow BaSO_4\downarrow$$

对于不溶性的机械杂质，主要通过澄清过滤的方法除去。为加速沉降，多采用高效有机高分子絮凝剂。目前，普遍采用的是聚丙烯酸钠。隔膜电解采用上述盐水精制方法，即可达到要求，一般盐水中的 Ca^{2+}、Mg^{2+} 可降到 10mg/L 以下。

若采用离子膜交换法电解，对盐水的质量要求更高。在用上述方法对粗盐水进行一次精制后，还需进行二次精制。进行二次精制时，将一次精制后的盐水首先通过微孔烧结碳素管过滤器过滤，然后通过二至三级的阳离子交换树脂处理，使 Ca^{2+}、Mg^{2+} 可降到 20～30μg/L。

2. 盐水精制工艺流程

（1）隔膜法盐水的精制　隔膜法盐水的精制主要包括以下步骤。

① 原盐溶化　原盐的溶解在化盐桶中进行，化盐用水来自洗盐泥的淡盐水和蒸发工段的含碱盐水。

② 粗盐水的精制　在反应桶内加入精制剂除去盐水中的钙镁离子和硫酸根离子。

③ 混盐水的澄清和过滤　从反应桶出来的盐水含有碳酸钙、氢氧化镁等悬浮物，经过加入凝聚剂预处理后，在重力沉降槽或浮上澄清器中分离大部分悬浮物，最后经过过滤成为电解用的精盐水。

图 12-7 为隔膜法盐水精制的工艺流程。原盐经皮带运输机送入溶盐桶 1，用各种含盐杂水、洗水及冷凝液进行溶解。饱和粗盐水经蒸汽加热器 3 加热后流入反应槽 4，在此加入精制剂烧碱、纯碱、氯化钡除去 Ca^{2+}、Mg^{2+} 及 SO_4^{2-}。然后进入混合槽 5 加入助沉剂（苛化淀粉或聚丙烯酸钠）聚沉，并自动流入澄清桶 6 中分离已沉降下的物质。从澄清桶出来的精盐水溢流到盐水过滤器 7 中（自动反洗式砂滤器）。出来的精盐水由加热器加热到 70～80℃，送入重饱和器 9 中，在此蒸发析出精盐使盐水的浓度达到 320～325g/L 的饱和浓度。饱和精盐水经进一步加热后送入 pH 调节槽 10，加入盐酸调整到 pH 值为 3～5，送入进料盐水槽 11，再用泵经盐水流量计分别送入各台电解槽的阳极室。

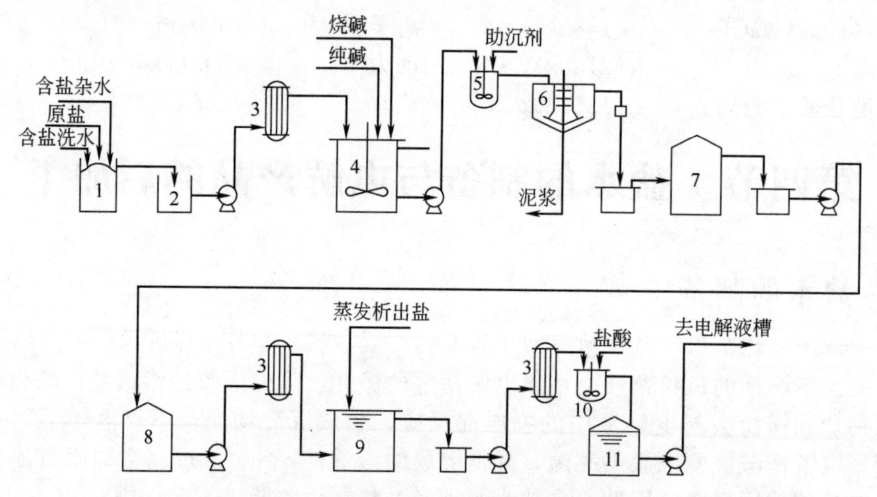

图 12-7　隔膜法盐水精制的工艺流程

1—溶盐桶；2—粗盐水槽；3—蒸汽加热器；4—反应槽；5—混合槽；6—澄清桶；7—过滤器；8—精盐水贮槽；9—重饱和器；10—pH 调节槽；11—进料盐水槽

（2）离子膜法的二次盐水精制　离子膜电解法对盐水质量要求较高，进入电解槽的盐水必须在隔膜电解法盐水精制的基础上增加盐水的二次精制工序。盐水二次精制时，将一次精制后的盐水首先通过微孔烧结碳素管过滤器过滤，然后通过二至三级的螯合树脂吸附与离子交换，最后达到离子交换膜电解工艺盐水的质量要求。如图 12-8 所示。

为彻底除去盐水中的游离氯和次氯酸盐，一般加入微量的亚硫酸钠或硫代硫酸钠。

碳素管过滤器的工作过程：用泵将盐水和 α-纤维素配制成悬浮液送到过滤器中，并且不断循环，使碳素管表面涂上一层均匀的 α-纤维素，叫作预涂层，然后把一次盐水送入过

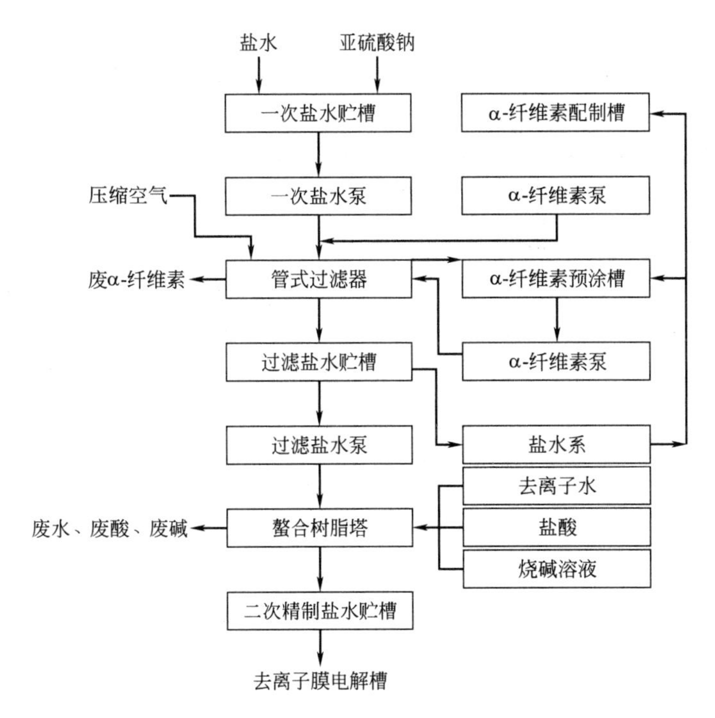

图 12-8　盐水二次精制的工艺流程框图

滤器，同时把一定量的 α-纤维素送入过滤器。目的是利用 α-纤维素在水中的分散性，使过滤器生成的泥饼在返洗时碎成小块剥落。过滤器使用一段时间后，洗下的 α-纤维素用压缩空气吹除弃之。

螯合树脂塔使用一段时间后需再生，再生一般采用盐水置换，去离子水返洗，盐水再生，去离子水洗，以氢氧化钠使氢型树脂转换成钠型，再以去离子水洗，盐水置换。

二、电解产品的后加工

1. 电解碱液蒸发

电解碱液蒸发的主要目的，一是提高碱液的浓度，使其达到成品碱液浓度的要求；二是把电解碱液中未分解的氯化钠和烧碱分离开。氯化钠在氢氧化钠水溶液中的溶解度随着氢氧化钠含量的增加而明显减少。通过蒸发，碱液中的水分大量蒸出，使碱液浓度提高，氯化钠在碱液中的溶解度急剧下降，并结晶分离出来。

不同电解方法的电解液中氢氧化钠含量有很大差别。水银法电解一般出解汞塔时，电解碱液中氢氧化钠的含量已达 50%左右，因此水银法电解不必进行碱液的蒸发浓缩。而离子交换膜法得到的电解碱液，其氢氧化钠含量在 32%～35%，可作为高纯度烧碱使用，也可根据需要进行蒸发浓缩。但隔膜法电解碱液中的氢氧化钠含量为 11%～12%，氯化钠含量为 16%～18%，必须进行蒸发浓缩，将电解液中的氢氧化钠含量提高到 50%左右，同时分离出电解液中的氯化钠。

目前，氯碱厂的蒸发工序均以蒸汽为热源，流程按碱液和蒸汽的走向分为逆流蒸发和顺流蒸发两大类，按蒸汽利用的次数分为双效、三效、四效等多效蒸发。蒸发工序的主要技术经济指标是汽耗。国内多数小型氯碱厂多采用双效顺流流程。蒸发 1t 10%～12%的隔膜法电解液浓缩至 30%需耗蒸汽 4.5t，如浓缩至 42%则需耗蒸汽 5.5t。图 12-9 为三效顺流部分强制循环蒸发工艺流程。

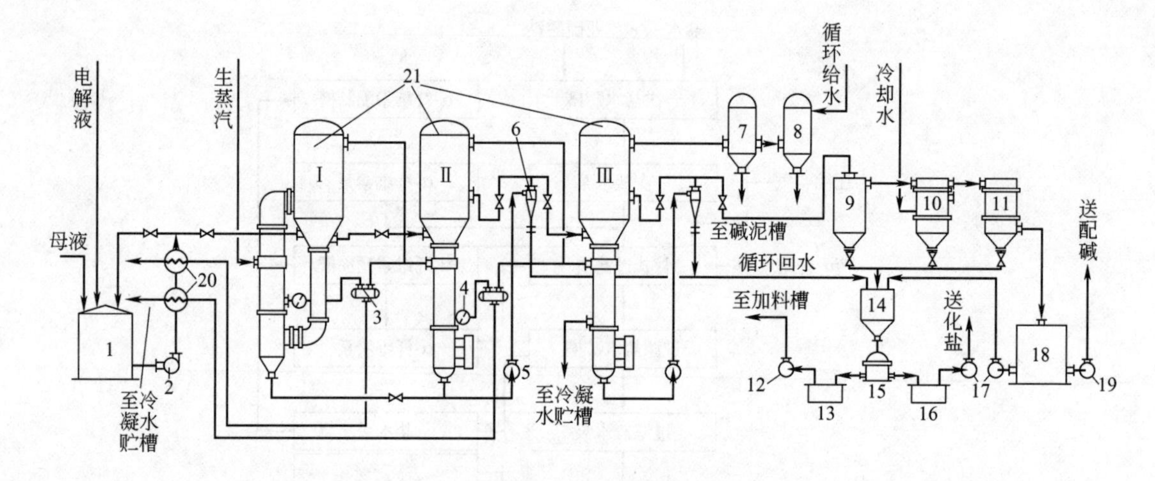

图 12-9　三效顺流部分强制循环蒸发工艺流程

1—电解液贮槽；2—加料泵；3—汽水分离器；4—强制循环泵；5—过料泵；6—旋液分离器；7—捕沫器；8—大气冷凝器；9—浓碱高位槽；10—碱液冷却器；11—中间槽；12—母液泵；13—母液槽；14—碱泥泵；15—离心分离机；16—盐水回收槽；17—回收盐水泵；18—澄清桶；19—打碱泵；20—预热器；21—蒸发器

加料泵 2 将电解液送入预热器 20 被一效冷凝水预热后，进入一效蒸发器自然循环加热蒸发。二效、三效蒸发器用轴流泵强制循环加热蒸发。浓缩后的碱液靠压差和过料泵 5 作用下依次流至下一效。三效蒸发后浓缩碱液排入贮槽，并冷却至 25～30℃。澄清后 42%的碱液作为成品出厂。

二效、三效蒸发结晶出来的盐浆，分别经旋液分离器 6 增稠后，经离心分离机 15 分离出氯化钠的结晶，母液分别送二效、三效，固体盐用蒸汽冷凝水溶解为含氯化钠 270g/L 左右的含碱盐水送化盐工序。

蒸汽的走向为生蒸汽进一效蒸发器，一效、二效产生的二次蒸汽分别供给二效、三效加热用。三效产生的二次蒸汽经大气冷凝器 8 用真空抽出，并用水冷却。

为满足用户的特殊要求，以及方便运输和贮存，需对蒸发工序送出的液碱进一步浓缩除去水分生产固体烧碱。固碱的生产主要有间歇法锅式蒸煮和连续膜式法蒸发两种方法，间歇法由于劳动强度大、热利用率低，新建厂很少采用，而多采用连续膜式法生产工艺。

膜式法生产固碱是使碱液与加热源的蒸发传热过程在薄膜传热状态下进行。这种过程可在升膜或降膜情况下进行，一般采用熔盐进行加热。

膜式法生产固碱分为两个阶段。

① 碱液从 45%～50%的浓度浓缩至 60%，这可在升膜蒸发器也可在降膜蒸发器中进行。加热源采用蒸汽或双效的二次蒸汽，并在真空下进行蒸发。

② 60%的碱液再通过升膜或降膜浓缩器，以熔融盐为载热体，在常压下升膜或降膜将 60%的碱液加热浓缩成熔融碱，再经片碱机制成片状固碱。

2. 氯气、氢气的处理

从电解槽出来的湿氯气和湿氢气，温度为 70～90℃，并为水蒸气所饱和。湿氯气对钢铁及大多数金属具有强烈的腐蚀性，但干燥的氯气腐蚀性却较小。所以湿氯气必须除水干燥，才便于生产和使用。氢气的纯度虽然很高，但含有大量的碱雾和水蒸气，也需要进行处理。

氯气处理常用的方法是先将气体冷却，使大部分水汽冷凝而除去，然后用干燥剂进一步除水以达到氯气干燥的目的。干燥剂通常采用浓硫酸。中小型厂采用的泡沫干燥塔流程干燥后的氯气含水量为 3×10^{-4} 左右。大型厂的填料塔串联干燥流程可使干燥后氯气的含水量达 5×10^{-5} 左右。图 12-10 为中小型厂采用的氯气处理流程。

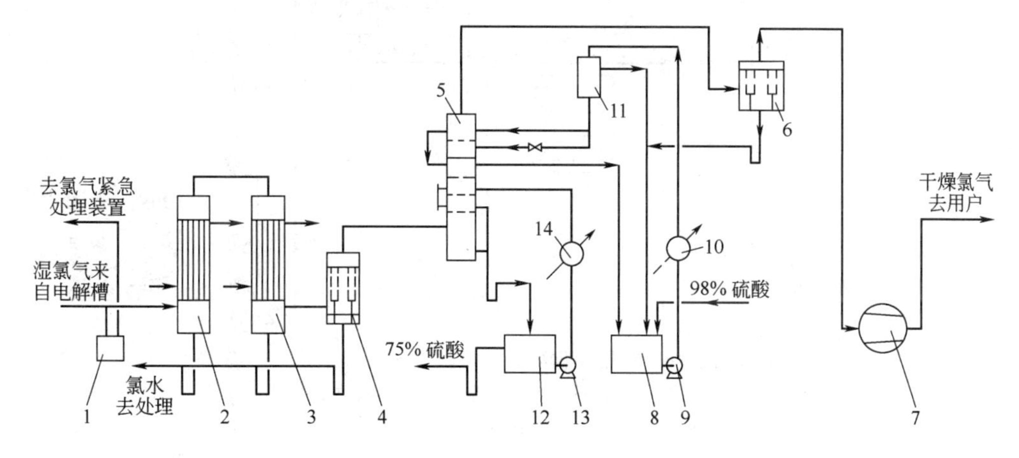

图 12-10 氯气处理流程

1—安全水封；2—第一钛管冷却器；3—第二钛管冷却器；4—湿氯除雾器；5—氯气泡沫干燥塔；6—硫酸除雾器；7—氯气透平压缩机；8—浓硫酸贮槽；9—浓硫酸循环泵；10—浓硫酸冷却器；11—浓硫酸高位槽；12—稀硫酸贮槽；13—稀硫酸循环泵；14—稀硫酸冷却器

来自电解槽 70～85℃ 的湿氯气进第一钛管冷却器 2，以冷却水间接冷却至 40℃ 以下，进入第二钛管冷却器 3，用冷冻盐水使氯气温度降至 12～15℃。经丝网湿氯除雾器 4 去除雾滴后，进入泡沫干燥塔与硫酸逆流鼓泡使其脱水。从塔顶出来的干燥氯气经硫酸除雾器 6 除去酸雾。由氯气透平压缩机 7 以 0.15～0.2MPa 的压力送出。

氢气的处理较为简单。来自电解槽的湿氢气经一热交换器冷却降温至 50℃ 左右后进入氢气洗涤塔，除去大部分固体杂质及水汽后，经罗茨鼓风机升压后送至用户。

3. 氯气的液化

氯气的液化有两个目的，一是液化后可制取高纯度的氯气，二是液化后体积大大缩小，便于远距离输送。

显然，氯气的液化与温度和压力有关。高压低温易于液化。工业上常采用以下三种方法：

(1) 高温高压法　氯气压力在 1.4～1.6MPa 之间，液化温度为常温；

(2) 中温中压法　氯气压力在 0.3～0.4MPa 之间，液化温度控制在 −5℃；

(3) 低温低压法　氯气压力≤0.2MPa，液化温度＜−20℃。

生产方法的选择主要根据不同的要求。如果为了降低冷冻量的消耗，可采用中温中压法和高温高压法。但其安全技术要求高，设备和管线必须符合高压氯气的要求。如果从液氯的质量和安全考虑则以低温低压为宜。一般中小型厂采用纳氏泵输送氯气，其压力小于 0.2MPa，因此宜采用低温低压法。而大型厂使用透平压缩机，其压力一般在 0.3～0.4MPa，所以宜采用中压法。至于高压法国内很少使用。

4. 盐酸的生产

盐酸的生产可分为气态氯化氢的合成和水吸收氯化氢两个阶段。图 12-11 为绝热吸收法制取盐酸的工艺流程。

氢气经过阻火器 1 后与原料氯气或液氯进入合成炉 2 下部的套管燃烧混合器，氯气进入内管，氢气进环隙管间。进炉氢气和氯气的配比为 (1.05～1.1)∶1 (摩尔比)。将氢气点燃

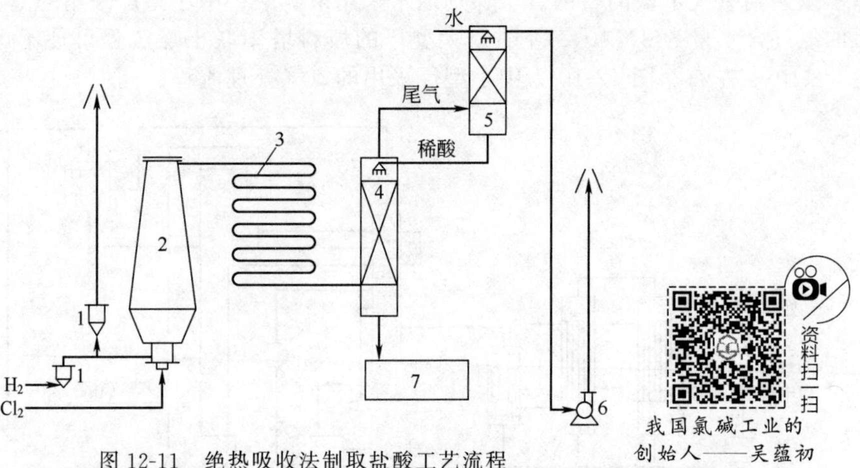

图 12-11　绝热吸收法制取盐酸工艺流程

1—阻火器；2—合成炉；3—冷却塔；4—绝热吸收塔；
5—尾气吸收塔；6—鼓风机；7—盐酸贮槽

后，使其在氯气中均衡燃烧，生成氯化氢气体，反应温度一般可达到 700～800℃。由于炉体散热，温度降到约 450℃进入空气冷却塔 3，继续被冷却到 130℃进入绝热吸收塔 4 与自塔顶进入的水逆流接触，生成的盐酸从塔底排出，再经冷却器，冷却至常温，流入盐酸贮槽 7。

思考与练习

1. 什么是超电压？它的存在对生产有何利弊？

2. 离子交换膜法电解与隔膜法相比有什么特点？

3. 离子交换膜法电解，为什么要对盐水进行二次精制？

4. 试述二次盐水精制的质量标准，如盐水中的 Ca^{2+}、Mg^{2+} 含量偏高对离子膜有何影响？

5. 试述离子交换膜法制碱原理。

6. 碱液蒸发的主要目的是什么？

7. 试述氯气液化的目的及方法。

8. 用能斯特方程计算工业电解食盐水溶液阳极 OH^- 的放电电位，并与 Cl^- 的放电电位比较，会得出什么结论？

9. 一台石墨阳极隔膜电解槽，通入 6400A 的电流，电解一昼夜获得电解液 1830L，计算其电流效率。

10. 某隔膜电解槽，若通入电流 6300A，试计算理论上电解一昼夜 Cl_2、H_2、NaOH 的产量。

第十三章
无机精细化学品生产

本章教学目标

能力与素质目标

1. 具有分析选择工艺条件的能力。
2. 具有识读和绘制生产工艺流程图的能力。
3. 具有查阅文献资料的能力。
4. 具有节能减排、降低能耗的意识。
5. 具有安全生产的意识。
6. 具有环境保护和技术经济意识。

知识目标

1. 掌握：无机精细化学品的分类及研究范畴；钛白粉和纳米超细碳酸钙生产原理、工艺条件控制及参数确定。

2. 理解：无机精细化工在发展国民经济中的作用；各类常见精细化学品的性质、用途和生产方法；钛白粉和纳米超细碳酸钙生产的工艺流程组织。

3. 了解：无机精细化工现状和发展趋势；钛白粉和纳米超细碳酸钙的性质和用途。

第一节　概　　述

一、无机精细化学品的定义、分类及研究范畴

无机精细化工是精细化工当中的无机部分，是指精细化工当中无机精细化学品的生产。无机精细化工在整个精细化工大家族中，相对而言起步较晚、产品较少。然而，近几年来崛起的趋势越来越明显，无论是门类还是品种都在以较快的速度增长；并且对其他部门或化工本身的科技发展起着不可替代的作用。近年来在生命科学、信息科学和材料科学三大前沿科学发展过程中，无机精细化工产品提供了更多的新型功能材料，为人们的工作和生活条件迅速现代化提供了越来越多的产品。

多年来，尽管在农业、医药和日常生活中都要消耗大量的多种无机盐，但无机盐工业一

直主要是作为基础原料工业而生存和发展的。由于精细化工的兴起，才使无机盐工业由过去单纯原料性质转变成为原料-材料工业。特别是随着无机功能材料品种日益增多，以及对国民经济各部门的作用越来越大，从而引起人们的普遍重视。无机精细化工产品按功能进行分类，可分为无机精细化学品和无机精细材料两大类。

从化学结构来看，无机精细化学品除单质外，可分为如下类别，包括无机过氧化物、碱土金属化合物、硼族化合物、氮族化合物、碳族化合物、硫族化合物、卤族化合物、过渡金属化合物、锌族化合物以及金属氢氧化物等。许多无机精细化学品在近代科技领域中获得广泛的应用。由这些物质出发进一步制造的许多精细无机产品已成为当代科技领域中不可缺少的材料。

从应用方面来看，无机精细材料已被开发应用的主要有高性能结构材料（精细陶瓷）、纤维材料、能源功能材料、阻燃材料、微孔材料、超细粉体材料、电子信息材料、涂料和颜料、水处理材料、试剂和高纯物等。无机精细材料是近年科技发展中展现的一个新领域，从应用角度而言，可以概括为工程材料（即结构材料）和功能材料两大类。

无机精细化工属于精细化工范畴，但又与精细化工有所区别。它包括为医药、兽药、农药、染料、颜料、涂料、感光材料、磁性记录材料、印刷油墨、香精香料、化学试剂、催化剂、气雾剂、胶黏剂、表面活性剂、洗涤剂、造纸化学品、汽车化学品、皮革化学品、油田化学品、电子化学品、信息化学品、饲料、食品、电镀液、水处理剂、选矿剂、制冷剂、工业清洗剂等精细化学品配套的原料及添加剂，也包括各类助剂（如纺织助剂、印染助剂、塑料助剂、橡胶助剂、高分子聚合助剂、农药用助剂、油品添加剂等）、功能性树脂、生物化工产品以及各类中间体等。如用作农药的硫酸铜，用于涂料的二氧化钛，用于颜料的铁系、铬系金属化合物，用于饲料添加剂的各种矿物质，用于催化剂的各种金属氧化物等。在以前无机精细化学品很少作为产品直接供应给最终用户。

无机精细化工也属高科技范畴。它可以改变下游产品的性能，提高其品质，增加产品的附加值，降低其生产成本。品种多、产量大、用途广、涉及面宽是传统无机盐产品的特点。而对无机精细化工产品，则要求更加专业化、功能化、系列化、精细化。不仅如此，无机精细化工产品在传统产品中的应用，也正改变着它原有的形象。如超微细碳酸钙在塑料、橡胶行业中的应用，起着填充、补强双重作用，降低了制品的生产成本，还增强了制品的功能，提高了制品的品质，增加了制品的附加值。这些都表明，无机精细化工产品不再仅是“味精”，而成为各行业不可缺少的主要原材料。可以讲，发展高新技术离不开无机精细化工产品。

无机精细化工产品生产技术日趋成熟，生产方法多样化，主要分为气相法、液相法和固相法三大类型。气相法制得的产物具有纯度高、颗粒细、分散性好而且易于控制等优点。但是，气相法要求原料纯度高，而且生产成本和能耗高，对设备材质要求高，一般较少采用；液相法制备无机精细化工产品，原料获得方便、成本低廉、能耗较低，产品性能随用途可自行调节，使用范围广。液相法包括均相沉淀法、水热法、溶胶-凝胶法、微乳液法、仿生合成法、相转变法、喷雾反应法等。固相法是以固体为原料，经高温加热反应，易于制得单分散颗粒。但是，固相法要求原料纯度高，而且能耗高，一般不宜采用。

综上所述，无机精细化工是精细化工中的重要组成部分，它的主要贡献不在于合成更多的新的无机化合物，而是采用众多的、特殊的、精细的工艺技术，或对现有的无机物在极端的条件下进行再加工，从而改变物质的微结构，产生新的功能，满足高新技术的各种需求。

二、无机精细化工的作用、现状及发展趋势

1. 无机精细化工在发展国民经济中的作用

无机精细化工是国民经济的重要组成部分，目前不仅已找不到不使用无机精细化工产品

的工业部门，而且由于各工业部门的技术水平不断提高，对无机精细化工产品的品种要求愈来愈多、质量要求愈来愈高。据有关部门统计，我国无机精细化工（包括部分无机盐原料）在国民经济各行各业中所起的作用是相当可观的。例如，用于纺织印染工业的有 100 多种，它们广泛用于合成纤维原料制造的多种催化剂，印染工业用的多种漂白剂、染料的助溶剂，以及脱浆剂、媒染剂、助染剂、拔染剂、防染剂等；用于医药工业的也有 100 多种，它们可以直接用于制成片剂和针剂，有些用作消毒剂、杀菌剂、造影剂，还有大量用于西药配方成分等；用于日用品工业的更是大大超过 100 种，它们有的用于合成洗涤剂的主要成分，有的用于食品的添加剂、保鲜剂、杀菌剂，有的用于家庭使用的脱臭剂、清洗剂，有的用于自来水的消毒剂、沉淀剂等；用于造纸工业的有七八十种；用于电子工业，仅一台彩色电视机就需七八十种。由此可见无机精细化工在现代化建设各个部门中的重要作用。随着我国现代化建设的蓬勃发展和人民生活水平的日益提高，可以预料，一定还会需要越来越多的、各种各样的无机精细化工产品。

开发无机精细化工产品，可使原来的低档产品变为高档产品，不仅可以显著提高经济效益，而且可以提高产品在国际市场上的竞争能力。

2. 我国无机精细化工发展现状

改革开放以来，随着国民经济现代化进程的加快，国内无机精细化工得到了空前的快速发展，无机精细化工产品的作用越来越突出。目前，我国无机精细化工生产企业有 1000 多家，生产能力占无机盐产品总产能的 10%左右，产品品种 700 多种，年产值 300 亿元左右。无机盐产品精细化率已达 35%左右。相当数量的无机精细化工产品在国际市场上占有重要地位。无机精细化工的发展，促进和带动了我国无机盐行业的发展，具体体现在以下方面。

首先是生产水平不断提高。近年来我国无机精细化工生产企业的生产水平和专业化水平不断提高，装置规模不断扩大，基本上满足了国内消费的需要。特别是食品及饲料添加剂、水处理剂及电子化学品生产企业规模、产量、销售额都得到迅速提高。如钡盐和锶盐产量居世界第一，年出口量占世界总贸易额的 50%左右。锰、钨、钼、锆、锡、锑、稀土等无机精细化学品在世界贸易中也占有举足轻重的地位。与此同时，我国无机精细化工的技术水平也有很大的提高。主要表现：一是自主技术水平不断提高；二是引进技术带动了相关行业技术水平的提高。

其次是产品结构得到初步改善，新品种增加较快。无机精细化工在产量大幅度提高的同时，产品的品种、档次也发生了很大的变化，较大程度地满足了国内外市场的需要。如造纸工业用的专用碳酸钙、氯酸钠、低铁硫酸铝，水处理用的聚合硫酸铝、聚合硫酸铁、聚合氯化铝、二氧化氯，电子配套用的高纯过氧化氢、六氟磷酸锂、钴酸锂、锰酸锂、镍酸锂、高纯碳酸钡、碳酸锶、氧化铅、硅酸铅、碳酸钾、氧化锌、高纯氧化铁、球形高活性氢氧化镍，与精细陶瓷配套的氧化锆、碳化硼、氮化硼、氧化钴、氧化铋、高纯纳米级氧化铝、二氧化硅，以及一大批为食品、饲料、医药、农药、染料等精细化工配套的产品，成为近年我国无机盐行业发展的新热点。

3. 无机精细化工的发展趋势

① 无机精细化学品的比重逐步增大。为了适应世界经济的发展，发达国家积极采取措施，调整产品结构，大力发展无机精细化工行业。其主要原因：一是精细化工产品节省资源，附加值高，技术密集；二是消费水平的提高，为无机精细化工产品提供了广阔的市场。

② 新技术、新材料不断涌现，应用范围也越来越广。21 世纪，人类面临资源与能源、环境与健康、食品与营养等重大问题，精细化工也将围绕这些主题发展。现代生物工程、新

材料、信息化产业将为无机精细化工的发展提供有力的支持。生产高质量、多品种、专用或多功能的无机精细化学品，研究开发增加功能、节能降耗、减少污染及相应配套的应用技术，将是无机精细化工产品发展的基础。进行分子设计的计算机技术和组合化学技术、膜分离技术、超临界萃取技术、超细粉体技术、分子蒸馏技术等，都进一步得到应用。最引人注目的是纳米材料和纳米技术。纳米材料有着与普通材料完全不同的性能。如纳米铜强度为普通铜的 5 倍；纳米氧化锆比普通品有 400%的塑性变形；通用的氮化硅陶瓷是无极性的，而纳米氮化硅却有电极性和压电效应等。作为 21 世纪的战略材料和新技术，纳米材料和纳米技术的最终目标是实现微型化，是当今世界各国高科技竞争的热点之一。这些技术的应用，将进一步促进无机精细化工产品向高档化、精细化、复合化、功能化方向发展，成为“绿色”化工产品。在日益饱和的无机化工产品市场，研发高性能产品、拓展新的应用领域，对于无机精细化工的发展至关重要。

③ 技术壁垒不断加强，竞争将会更加激烈。随着全球经济一体化进程的进一步加快，国际竞争也将日益剧烈。发展无机精细化工已经成为世界无机化工的发展趋势，也是竞争的焦点。国外许多大型化工企业也把提高无机精细化工率作为企业经营的战略目标，以提高其竞争能力。发达国家在与发展中国家争夺无机精细化工市场的过程中，由于其劳动力成本高、环保要求严格，只能在技术水平上体现其优势。因此，发达国家在不断加强技术壁垒，某些无机精细化工产品的生产技术只掌握在少数或个别公司手里，市场占有率很高，几乎完全被垄断。

三、无机精细化学品简述

1. 碳族化合物精细化学品

(1) 白炭黑　白炭黑是微细粉末状或超细粒子状无水及含水二氧化硅或硅酸盐类的通称，平时所称的白炭黑为水合二氧化硅（$SiO_2 \cdot nH_2O$），高纯者 SiO_2 含量达 99.8%，其中 nH_2O 是以表面羟基的形式存在的，质轻，原始颗粒粒径一般小于 0.0003mm，为高度分散的无定形粉末或絮状粉末，具有很高的电绝缘性、多孔性和吸水性，相对密度为 2.319～2.653，熔点为 1750℃，能溶于苛性碱和氢氟酸，不溶于水和酸（氢氟酸除外），耐高温不分解，不燃，无味无臭。内表面积大，在生胶中有较大的分散力。经表面改性处理的憎水性白炭黑易溶于油，用于橡胶和塑料等作为补强填充剂，都会使其产品的机械强度和抗撕指标显著提高。由于制造方法不同，白炭黑的物化性质、微观结构均会有一定差异，故其应用领域和应用效果也不同。

白炭黑的用途很广，且不同产品具有不同的用途，概述如下：用作合成橡胶的良好补强剂，其补强性能仅次于炭黑，若经超细化和恰当的表面处理后，甚至优于炭黑。特别是制造白色、彩色及浅色橡胶制品时更为适用。用作稠化剂或增稠剂，合成油类、绝缘漆的调合剂，油漆的退光剂，电子元件包封材料的触变剂，荧光屏涂覆时荧光粉的沉淀剂，彩印胶版填充剂，铸造的脱模剂。加入树脂内，可提高树脂防潮和绝缘性能。填充在塑料制品内，可增加抗滑性和防油性。填充在硅树脂中，可制成耐 200℃以上高温的塑料。在造纸工业中用作填充剂和纸的表面配料。还有用作杀虫剂及农药的载体或分散剂，防结块剂以及液体吸附剂和润滑剂等。

(2) 纳米超细碳酸钙　纳米超细碳酸钙是 20 世纪 80 年代发展起来的一种新型超细固体材料，粒径在 1～100nm。由于纳米级碳酸钙粒子的超细化，其晶体结构和表面电子结构发生变化，产生了普通碳酸钙所不具有的量子尺寸效应、小尺寸效应、表面效应和宏观量子效应，在磁性、催化性、光热阻和熔点等方面与常规材料相比显示出优越的性能，将其填充在橡胶、塑料中能使制品表面光艳、伸长度好、抗张力高、抗撕力强、耐弯曲、抗龟裂性能好，是优良的白色补强材料，在高级油墨、涂料中具有良好的光泽、透明、稳定、快干等特性。

我国碳酸钙资源丰富，分布广泛。而碳酸钙作为一种优质填料和白色颜料，广泛应用于橡胶、塑料、造纸、涂料、油墨、医药等许多行业，这使得碳酸钙在精细化工中用量逐年上升。

2. 磷酸盐精细化学品

磷酸盐是无机盐工业中重要的产品系列，化合物品种达120种以上。随着科学技术的发展，磷酸盐正从肥料转向功能材料。磷酸盐及其制品的应用遍及国民经济的各个部门，乃至人类的衣食住行中。

近年来，特种磷酸盐、高纯磷酸盐、功能磷酸盐等，在尖端科技、国防工业等方面得到进一步推广应用。出现了较多的新型磷酸盐，如磷酸盐电子材料、磷酸盐光学材料、磷酸盐太阳能电池材料、磷酸盐传感元件材料，以及人工生物材料、催化剂、离子交换剂等。由于磷酸盐不断地向更多产业部门渗透，特别是尖端科技和新兴产业部门，使磷酸盐这一古老工业，面貌焕然一新。

磷酸盐精细化学品的产品划分为六大系列，分别为磷酸钠盐、磷酸钾盐、磷酸铵盐、磷酸钙盐、特种磷酸盐和混合离子磷酸盐，这里只介绍聚磷酸铵和氯化磷酸三钠两种产品。

（1）聚磷酸铵　早年对聚磷酸铵的研究主要用作肥料。近10多年来加强了聚磷酸铵功能的开发研究，现已大量用于饲料、液体洗涤剂和离子交换剂等；高聚合度的聚磷酸铵大量用作塑料、纤维、木材、橡胶、纸张中的阻燃剂。

从分子结构看，聚磷酸铵是由—P—O—P—链连接而成的长链化合物。按其链上氢被氨取代的程度（氨化程度）和链长可以表示成几种通式。一般认为分子式为（NH_4）$_{n+2}P_nO_{3n+1}$，$n \geqslant 50$；当n很大时则可认为是（NH_4PO_3）$_n$。

（2）氯化磷酸三钠　氯化磷酸三钠是由磷酸三钠和含氯化合物作用，生成带结晶水的复盐，或称水合氯化磷酸盐。它是一种兼有磷酸三钠的洗涤去污性能和次氯酸钠漂白、杀菌及消毒性能的非常理想的无毒、高效、快速清洗消毒剂。

氯化磷酸三钠为棒状条形的结晶复盐，纯品为无色透明结晶体，工业品外观为白色针状结晶或白棉糖状的粉末，易吸潮、易结块、产品稳定性差。有文献介绍经X射线分析研究确定，其分子式为$Na_3PO_4 \cdot \frac{1}{4}NaOCl \cdot 12H_2O$，分子量为396.8。按理论化学量计算，其中$Na_2O$ 26.5%，P_2O_5 18.6%，活性氯（有效氯）2.22%～2.33%。由于生产方法和结晶条件不同，结晶形式及组成不一定完全相同。

3. 钛化合物精细化学品

（1）钛酸钡　钛酸钡又称偏钛酸钡，分子式为$BaTiO_3$，分子量为233.19，熔点约为1625℃，密度为6.08g/cm^3，浅灰色结晶体，有毒，可溶于浓硫酸、盐酸及氢氟酸，不溶于稀硝酸、水及碱。根据不同的钛钡比，除有$BaTiO_3$外，还有$BaTi_2O_5$、$BaTi_3O_7$、$BaTi_4O_9$等几种化合物，其中$BaTiO_3$实用价值最大。钛酸钡有五种晶型，即四方相、立方相、斜方相、三方相和六方相，室温下最常见的是立方晶型。

钛酸钡具有高介电常数及优良的铁电、压电和绝缘性能，是电子工业关键的基础材料，是生产陶瓷电容器和热敏电阻器等电子陶瓷的主要原料，在电子工业上应用十分广泛，被誉为“电子工业的支柱”。由于电子元器件朝着高可靠性、大容量、微型化的方向发展，对电子陶瓷用钛酸钡粉体的质量要求越来越高，1995年4月1日，电子工业部发布了《电子陶瓷用钛酸钡粉体产品材料规范》，它是钛酸钡粉体生产厂在控制、检测和判断钛酸钡粉体产品质量时的技术依据，对提高我国电子陶瓷用钛酸钡粉体质量起着促进作用。随着微电子技术的发展，电子工业要求陶瓷粉料具有高纯、超细（纳米级）、粒度分布均匀等特点。$BaTiO_3$ 粉体尺寸的大小、晶体结构、分布状况等因素直接影响功能陶瓷的性能，尤其是当 $BaTiO_3$ 粉体尺寸达到纳米级时，材料的性能将发生很大的变化。因此，制备均一、无团聚、细小的 $BaTiO_3$ 纳米粉体是提高功能陶瓷性能的主要方法之一。

（2）钛白粉　钛白粉为商品名，化学名称为二氧化钛，通称为钛白，其分子式为 TiO_2，分子量为 79.9。钛白粉无毒，化学性质稳定，在常温下几乎不与其他物质反应，对氧、氨、二氧化硫、二氧化碳、硫化氢都稳定，不溶于水、脂肪、有机酸、盐酸和硝酸，微溶于碱和热硝酸。能溶于氢氟酸生成氟钛酸，在长时间煮沸的情况下，溶于浓硫酸生成硫酸钛或硫酸氧钛，能溶于碱，与强碱（氢氧化钠、氢氧化钾）或碱金属碳酸盐熔融，可转化为可溶于酸的钛酸盐。

钛白粉具有折射率高、消色力强、遮盖力大、耐候性好、分散性强、光泽好、物理与化学性能稳定等许多优异的特性，是电子、化工、轻工和冶金等各项工业中不可缺少的原料之一，钛白粉具有广泛的应用前景。

4. 硼化物精细化学品

含硼化合物的精细化工产品广泛应用于日用化工、医药、轻纺、玻璃、陶瓷（釉）、搪瓷、冶金、机械、电子、建材、石油化工及军工等各部门的学科领域中。随着科学技术和工业生产的飞跃发展，消费量在不断扩大和增长。

许多硼化合物（如 KBO_2、CaB_4O_7、B_2O_5、$Al_2O_3 \cdot B_2O_3$）可以用作硅酸盐涂料或磷酸盐涂料的固化剂；氮化硼是超硬、耐高温、耐腐蚀材料；改性偏硼酸钡是一种新型的防锈颜料，还有防霉、防粉化、耐热等优良性能；低水合硼酸锌是无机添加型阻燃剂，具有热稳定性高、粒度细及无毒等优点；硼氢化钠、硼氢化锂是很好的贮氢材料；过硼酸钠广泛用于洗涤助剂，以及消毒剂、杀菌剂、媒染剂、脱臭剂等。

金属硼化物具有许多独特性能。硼能与多种金属形成硼化物，不仅熔点高、硬度大，而且有良好的导电性。如硼化钙、硼化锶和硼化钡都具有极好的耐热性、低密度及高强度等性能，广泛用于轻质耐热合金、热阴极及高温热电偶材料。硼化铝具有良好的耐热性、半导体及吸收中子能力较强，已用于制造半导体及原子反应堆材料。硼化钼、硼化钨具有较好的耐热性及较高的导热能力，可做精密铸型材料及耐热合金。硼化钛、硼化锆具有较高的强度及耐磨性，可作为金属切削工具、钻头及喷嘴材料等。

碳化硼最吸引人的性质是重量轻、具有抵抗穿甲弹穿透热压涂层或整体防层的能力。作为军舰和直升机等的陶瓷涂层，在现代战争中发挥了独特作用。

（1）过硼酸钠　过硼酸钠的用途很广，常用作士林染料显色的氧化剂，织物的漂白和脱脂，及用作消毒剂和杀菌剂，也用作媒染剂、洗涤剂、脱臭剂、电镀溶液的添加剂、分析试剂、有机合成聚合剂以及制造牙膏、化妆品等。作为一种优良的漂染剂，用于天然纤维的漂染，性能温和对织物的损伤小；用于羊皮和毛皮的漂白时，还有脱臭作用。以它作为掺合剂的合成洗衣剂用量少、去垢效果好，洗过的织物富有光泽。随着洗衣机的普及以及日益严格的环保条例的制定，对合成洗涤剂提出了新的要求，这些都为优良的活性氧载体——过硼酸钠提供了广泛的市场。

（2）硼酸锌　低水合硼酸锌的结构式为 $2ZnO \cdot 3B_2O_3 \cdot 3.5H_2O$，是无机添加型阻燃剂。由于热稳定性高，粒度细及无毒，在无机阻燃剂中广泛应用。

目前工业生产低水合硼酸锌的主要方法是硼砂-锌盐法，即以硼砂和硫酸锌为原料，在水溶液中搅拌加热合成。操作是先将硫酸锌和水加入反应器配成溶液，升温，搅拌下投入硼砂和氧化锌，在高于 70℃温度下保温搅拌反应 6～7h，然后冷却、过滤，用温水洗涤滤饼，再于 100～110℃干燥得成品。反应式为：$3.5ZnSO_4+3.5Na_2B_4O_7+0.5ZnO+10H_2O$ ══ $2(2ZnO\cdot3B_2O_3\cdot3.5H_2O)+3.5Na_2SO_4+2H_3BO_3$。

5. 钨、钼化合物

钨、钼化工产品是冶金工业、电器和电子工业、化学工业以及玻璃、陶瓷工业重要的中间体和原材料。钨、钼氧化物是对比度高、色彩鲜艳、观察角大、工作电压低、能适应大规模集成电路、价格比液晶低的电化学显色材料，发达国家积极开发高纯度（在五个九以上）的钨、钼氧化物，以适应信息开发技术的需要。

（1）二硫化钨　二硫化钨通常写作 WS_2，已经发现组成在 $WS_{1.862}$～$WS_{2.30}$ 之间的样品是均质的。二硫化钨为灰色、柔软而光滑的固体粉末，具有六方晶系层状结晶结构，莫氏硬度 1.0～1.5，摩擦系数 0.01～0.15，抗压强度高达 2060MPa，具有半导体的导电性。二硫化钨具有在各种表面上生成黏着、松散、连续薄膜的能力，并在高温、高负荷及高真空条件下显示出极好的润滑性能。二硫化钨是新型固体润滑剂，可以干粉、悬浮液、涂膜或气溶胶形式使用。产品有各种含二硫化钨的粉剂、水剂、油剂、油膏、锂基润滑脂等。

（2）钼酸锌　白色无毒防锈颜料的主要成分是钼酸锌或碱式钼酸锌，被称为是新一代无公害防锈颜料，很有发展前途。钼酸锌为白色粉末，纯品虽然也可作为防锈颜料用，但由于水解度高（可以通过处理改善），更重要的是价格太高，难以推广应用。因此，一般以钼酸锌或碱式钼酸锌为主，加入一些碳酸钙，或沉淀硫酸钡、滑石粉、二氧化硅，制成白色钼酸盐复合型的防锈颜料。该类颜料可以释放钼酸离子，能吸附在钢铁表面同亚铁离子形成复合化合物，在大气中氧的作用下，使亚铁离子转变为高铁离子，由于复合物不溶于水，从而形成保护膜阻止钢铁进一步锈蚀。

6. 锂化合物

早年，锂主要应用在医药方面。随着对锂各种性能的进一步研究，应用范围越来越广，如化学工业、冶金工业、陶瓷工业、制铝工业、空调工业、原子能工业等。用锂片作阴极的锂电池，能源密度相当于锰电池的 10 倍。氢化锂用作轻便的氢源；溴化锂和氯化锂易吸收碳酸、氨、烟、水分，可用于净化和调节空气，溴化锂还用作吸收式冷冻机的冷媒；氢氧化锂主要用作润滑油、电池电解液、催化剂、二氧化碳吸收剂等。铌酸锂箔制成的表面弹性波滤波器是彩电的重要元件，不仅可使滤波器的组成部件大幅度减少，而且稳定性显著提高。锂及其化合物是核能源的极其重要的材料，在核聚变反应堆中要求有一定数量的锂和锂的化合物（如 $LiAlO_2$、$LiBeF_3$ 等）作为载热体、冷却剂、氚的增殖剂、中子吸收剂。

（1）碳酸锂　碳酸锂是金属锂和各种锂化合物的原料，主要用于制备各种锂化学品及炼铝工业；也用于电视机显像管添加剂、耐热玻璃、多孔玻璃及镇静剂等。高纯碳酸锂是磁性材料、光学仪器、电介质等电子工业的必需品。

碳酸锂的生产与原料来源有关。目前用于提取锂盐的原料有两类，一类是固体矿物，如锂辉石，含氧化锂最高可达 8%；另一类是液体矿物，如盐湖卤水、矿泉及井卤中，其含量高者也仅有千分之几。针对不同的原料可以采用不同的方法。对于液体原料，可以选用磷酸盐沉淀-离子交换法或溶剂萃取法。对于固体原料，可以选用硫酸盐焙烧法、氯化物焙烧处理法以及硫酸分解法等。

（2）溴化锂　溴化锂是高效的水汽吸收剂和空气湿度调节剂。采用溴化锂作空调冷冻机的吸收剂，高浓度（54%～55%）的溴化锂水溶液蒸汽压力非常低，是最有效的吸收剂；此种空调设备的主要优点是机械构造简单、运转费用低、没有震动噪声。在有机合成中溴化锂用作氯化氢的脱除剂。在医药方面用作催眠剂和镇静剂。另外，还用作天然纤维（如人发、羊毛等）的膨胀剂，电解过程中的电解质，以及用作摄影材料、化学试剂等。

7. 氟化物精细化学品

精细无机氟化物主要包括氢氟酸、氟盐、特种含氟气体（如六氟化硫、三氟化氮、五氟化碘、六氟化钨等产品）等产品。无机氟化物的第一大应用市场是金属冶炼，占总消耗量的75%；其次是玻璃、研磨、氟化剂等市场，约占23%；军工特种产品、电子产品约占2%。近几年我国的无机氟化物如无水氟化氢、有水氢氟酸、氟化铝、冰晶石、氟化铵等产品已有较大量的出口，另外无机氟化物中的氟化盐除主要用于电解铝行业外，还广泛应用于磨料磨具、其他金属冶炼、陶瓷和烟花爆竹等行业。

(1) 六氟化硫　六氟化硫（sulfur hexafluoride）的分子式为SF_6，分子量为146.05。惰性、非燃烧气体，在常温常压下无色、无臭、无味且无毒、无腐蚀性。20℃时的密度为$2.162kg/m^3$，是空气的5倍左右。熔点－50.5℃，升华温度为－63.8℃。

六氟化硫为正方八面体，其中心为硫原子，正八面体的各顶点为氟原子，属完全对称型结构，分子无偶极矩，通常在500℃以上时仍有很好的热稳定性，有很高的介电强度和良好的灭弧性能，介电常数不因频率而变化，导电性良好。化学性质很稳定。微溶于水、乙醇及乙醚，可溶于氢氧化钾，不与氢氧化钠、液氨、盐酸及水起化学反应；300℃以下干燥环境中与铜、银、铁、铝不反应；500℃以下对石英不起作用；250℃时与金属钠反应，在－64℃液氨中发生反应；室温下易与二甲基乙二醚作用；与硫化氢混合加热则分解；200℃时，在特定的金属存在下略分解，如钢及硅钢能促使其缓慢分解。

六氟化硫拥有卓越的电绝缘性、灭弧特性。在相同条件下，其绝缘性分别为空气和氮气的5倍和2.5倍，成为目前国际上最普遍采用的第三代绝缘冷却介质，被广泛应用于高压开关中用作灭弧和大容量变压器绝缘材料，如断路器、高压变电器、高压传输线、互感器等，也可用于粒子加速器及避雷器中。利用其化学稳定性好和对设备不腐蚀等特点，在冷冻工业上可用作冷冻剂（操作温度－45～0℃）。由于对α粒子有高度的停止能力，还用于放射化学。此外还作为一种反吸附剂从矿井煤尘中置换氧。总之，六氟化硫广泛应用于金属冶炼、航空航天、医疗、气象、化工等，电子级高纯六氟化硫是一种理想的电子蚀刻剂，广泛应用于微电子技术领域。但是六氟化硫会破坏臭氧层，正在逐渐被淘汰。

(2) 三氟化氮　三氟化氮的分子式为NF_3，分子量为71.0，熔点为－206.8℃，沸点为－129℃，临界温度为－39.25℃。在常温下是无色、无味、低毒、透明的气体。高纯NF_3几乎没有气味，但商业用NF_3由于有痕量活性氟，因而具有刺激性气味。三氟化氮是一种毒物，其主要危害是由呼吸道吸入而中毒。

NF_3是一种热力学稳定的强氧化剂，几乎不溶于水，加水分解的反应速率也非常慢，且在200℃以下难以分解。大约在350℃时，它的反应活性相当于氧，在高温下，NF_3能与许多元素反应产生氟原子，可用于火箭推进剂的氧化剂。随着微电子工业的飞速发展，NF_3作为一种干气体蚀刻剂，被发达国家广泛应用在半导体生产过程中，由于NF_3加工微电子产品具有不产生沉积物的优越性，因此在芯片和显示器加工业中其用途越来越广泛。

NF_3由于其反应性，在等离子工艺中既可作为淀积PECVD氮化硅源气体，又可在蚀刻氮化硅时作为腐蚀气体。它亦可作为一种气体清洗剂，用于半导体芯片生产的化学气相沉积室和液晶显示器面板中。尤其将其用在化学气相沉积室的清洗中，可使生产率提高30%，排放物减少90%，且操作简便，所以迅速被人们认可。虽然由呼吸道吸入NF_3会使人中毒，但它没有化学致变活性。

除了上述介绍的无机精细化学品外，还有无机纳米材料、精细陶瓷、功能材料和新型复合材料等，这里不对其进行详述。

第二节 钛白粉的生产

一、钛白粉的性质和用途

钛白粉的性质和纯二氧化钛的性质既有内在联系，又有较大的不同。二氧化钛中非钛杂质含量越低就越纯，而钛白粉中 TiO_2 含量不一定越高越好。二氧化钛是多晶型化合物，自然界中存在三种结晶形态：金红石型、锐钛型和板钛型。不同相 TiO_2 的物理化学性质不同，板钛型不稳定，尚没有工业用途。金红石型和锐钛型都属于四方晶系，金红石和锐钛型 TiO_2 广泛应用于日用化工、冶金、陶瓷等行业，但因晶型不同，所以有不同的晶体习性。金红石型钛白的性能在诸方面都优于锐钛型钛白的性能。20 世纪 80 年代，世界钛白产量中，金红石型钛白占总产量的 75%，锐钛型钛白占总产量的 25%，但我国金红石型钛白的产量至今仍很小。钛白是无机颜料中重要的白色颜料品种，其消费量占白色颜料总消费量的 95.5%。

纳米 TiO_2 颗粒的细微变化，其表面积与体积的比例增大，物质内部的原子和物质表面的原子所处的晶体场环境不同，导致粒子的体积效应，使粒子中包含的原子数减少，能带中间级增大，纳米材料的电磁、热等物质性能发生变异，因而纳米 TiO_2 具有许多的独特性能。纳米 TiO_2 具有折射率高、消色力强、遮盖力大、耐候性好、分散性强、光泽好、物理与化学性能稳定等许多优异的特性，是电子、化工、轻工和冶金等各项工业中不可缺少的原料之一，如表 13-1 所示，钛白粉具有广泛的应用前景。

表 13-1 纳米 TiO_2 的性能及应用

性能	应用领域
光学性能	高档轿车涂料、感光材料、化妆品、食品包装、红外线反射膜、隐身涂层
电学性能	导电材料、太阳能电池、电磁波吸收、气体传感器、湿度传感器
磁学性能	磁记录材料、吸波材料
热学性能	精细陶瓷(电子陶瓷)、皮革鞣剂
力学性能	陶瓷、塑料、农用塑料薄膜
化学活性	农药、医药、光催化剂、除臭剂、催化剂载体、环境工程
流动性	树脂油墨的着色剂、固体润滑剂的添加剂

二、硫酸法生产钛白粉

目前世界上工业化生产钛白粉主要有两条工艺路线，一是硫酸法，早在 20 世纪 20 年代就实现了工业化；二是氯化法，20 世纪 50 年代实现工业化生产，其制造技术和生产至今仍为发达国家的少数大公司所垄断。我国目前主要用硫酸法工业化生产方法。硫酸法就是用硫酸和含钛矿物反应生产钛白的方法。该法工艺已经定型，和氯化法相比，设备和操作比较简单，建厂投资较低，原料价廉易得。该法的主要缺点是产生大量的废物，每生产 1t 钛白粉副产 3t 硫酸亚铁和 8t 20%的稀硫酸。

1. 硫酸法生产钛白粉的基本过程

(1) 酸解　酸分解是利用热浓硫酸与钛铁矿粉反应，使钛铁矿各组分转化成可溶性的硫酸盐的过程，所得产物为钛液。

$$FeTiO_3 + 2H_2SO_4 \longrightarrow TiOSO_4 + FeSO_4 + 2H_2O$$

$$FeTiO_3 + 3H_2SO_4 \longrightarrow Ti(SO_4)_2 + FeSO_4 + 3H_2O$$

(2) 钛液沉淀　酸解钛液置入沉淀槽，加入助沉淀剂 0.1%AMPAM（改性氨甲基聚丙烯）、氧化锑或 FeS 静置沉降，沉降温度为 60℃±3℃，沉降反应方程式为：

$$Sb_2O_3+3H_2SO_4 = Sb_2(SO_4)_3+3H_2O$$

$$FeS+H_2SO_4 = FeSO_4+H_2S\uparrow$$

$$Sb_2(SO_4)_3+3H_2S = Sb_2S_3\downarrow+3H_2SO_4$$

（3）结晶、亚铁分离　澄清的钛液中主要存在 $Ti(SO_4)_2$ 和 $TiOSO_4$ 及 $FeSO_4$。要制得纯净的钛白粉，必须将 $FeSO_4$ 从钛液中分离出来，分离方法目前有冷冻结晶法和真空结晶法。冷冻结晶在冷冻罐中进行，真空结晶在真空结晶罐中进行。

（4）钛液的控制过滤和钛液的浓缩　钛液中的胶体杂质在沉降中难以被除尽，在水解过程前应进一步除去，一般采用板框压滤机进行严格的控制过滤（精滤）。经亚铁分离和精滤后的钛液为稀钛液，需经过浓缩，一般采用薄膜浓缩或真空浓缩。

（5）水解　钛液水解是可溶性的硫酸钛和硫酸氧钛在晶种诱导下，转化成水合二氧化钛，俗称偏钛酸的过程，水解的目的是制取符合一定组成或粒子大小的偏钛酸。水解反应如下：

$$Ti(SO_4)_2+H_2O = TiOSO_4+H_2SO_4$$

$$TiOSO_4+2H_2O = TiO(OH)_2\downarrow+H_2SO_4$$

（6）偏钛酸的净化（水洗与漂洗）　水解得到的偏钛酸浆液尚含有大量的游离硫酸及硫酸亚铁、少量的其他金属盐。净化的目的是采用过滤的方法分离出偏钛液。国内主要采用真空叶滤机法和板框压滤机法。

（7）盐处理和过滤　在洗净的偏钛酸浆液中加入某些盐处理剂，促进 TiO_2 晶型转化，降低煅烧温度，提高产品性能。用途不同的钛白粉，盐处理剂也不同，例如采用碳酸钾和磷酸作为盐处理剂的盐处理过程的反应为：

$$K_2CO_3+H_2SO_4 = K_2SO_4+H_2O+CO_2\uparrow$$

$$Fe(OH)_3+H_3PO_4 = FePO_4\downarrow+3H_2O$$

（8）煅烧　煅烧是在热的作用下，水合二氧化钛转变成二氧化钛的过程。煅烧在回转窑中进行，其反应式表达如下：

$$TiO_2\cdot xSO_3\cdot yH_2O \xrightarrow{200\sim300℃} TiO_2\cdot xSO_3+yH_2O\uparrow$$

$$TiO_2\cdot xSO_3 \xrightarrow{500\sim800℃} TiO_2+xSO_3\uparrow$$

中国涂料工业泰斗——陈调甫

2. 硫酸法生产钛白粉工艺条件的讨论

（1）钛铁矿的质量要求　硫酸法钛白粉生产对钛铁矿的要求主要有以下几方面。

① 钛的含量高。钛的含量高，不仅从每吨矿中可得更多的产品，同时也提高了设备的单产能力，而且可以避免多用硫酸来酸解那些不必要的杂矿，从而降低硫酸的单耗，还可以减少生产过程中的杂质含量，使净化工作易于进行。

② 钛成分的酸溶性要好。酸溶性不好，就不能与硫酸发生反应，金红石矿含钛虽然很高，但它的酸溶性不好，溶不出来，留存在残渣中损失掉，钛成分高也无用。另外，钛铁矿的酸解活化能值高，酸解反应也使酸解率降低。

③ Fe_2O_3 的含量要少。矿中的三氧化二铁含量高，酸解反应中放热量大而且反应剧烈，以致常出现冒锅现象，使得浸取的钛液稳定性下降，甚至出现早期水解，大大影响了酸解和沉降的效果以及钛液的质量。

④ 其他。危害杂质的含量少，S 含量 0.02%，P 含量 0.02%，矿粉的细度 45μm，筛孔筛余物 1.5%，矿粉水含量 1.5%，因为太湿会使磨细的矿粉黏成团，既降低了粉碎设备的生产能力，又使酸解反应不能有效地进行。

（2）硫酸的用量　钛铁矿的主要化学组成是偏钛酸亚铁 $FeTiO_3$，它是一种弱酸弱碱盐，能与强酸反应并能进行得较完全。工业生产中是采用过量的浓硫酸来生产的，主要是因为：第一，每一个化学反应要完全有效地进行，反应物完全接触，如果浓硫酸太少，则不能将钛矿完全湿润，导致反应不完全；第二，按照化学反应规律，增加主反应的硫酸用量，可以提高酸解反应的速度及酸解率；第三，反应生成的硫酸氧钛在一定条件下会发生水解反应。

$$TiOSO_4 + 3H_2O \xlongequal{} Ti(OH)_4 \downarrow + H_2SO_4$$

要避免钛液的水解，保证溶液中有足够的有效酸来抑制钛液的水解。但硫酸的用量也不是越多越好，工业生产证明，当钛液比例增加到 6∶1（摩尔比）时，酸解率仅提高 6%～7%。

（3）反应时间　如图 13-1 所示，在相同的反应温度下，随着反应时间的延长，参加反应的 TiO_2 量增加。当反应时间小于 24h 时，参加反应的 TiO_2 量随着反应时间的延长增长很快，即生产的 $TiOSO_4$ 的量增加很快，当时间继续延长时，生成的 $TiOSO_4$ 的量增加非常缓慢，反应基本趋于平衡，考虑成本因素，反应时间确定为 24h 较合理。

（4）反应温度的影响　一般情况下，开始时物料需适当加热，以引发酸解反应。随着反应温度的升高，参加反应的 TiO_2 量逐渐增加，反应越剧烈、越完全，酸解率越高，但是酸解反应是放热反应，使反应温度迅速上升，在温度为 130℃时发生转折，当温度大于 130℃时，会使反应过于猛烈而发生冒锅或早期水解，参加反应的 TiO_2 量会有所减少，酸解率降低，如图 13-2 所示。这是因为反应温度过高，在 TiO_2 表面形成一层硫酸盐，阻碍其内部继续溶解，温度小于 60℃，反应时间过长，反应不剧烈，容易生成难溶性的固体物，酸解率也降低，所以反应温度以 130℃为宜。

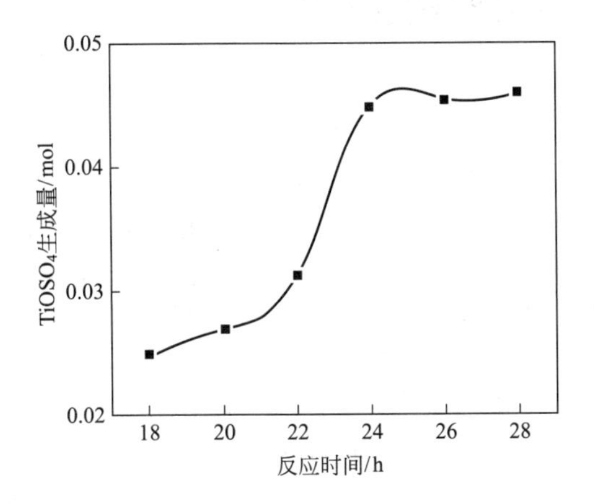

图 13-1　反应时间与 $TiOSO_4$ 生成量的关系

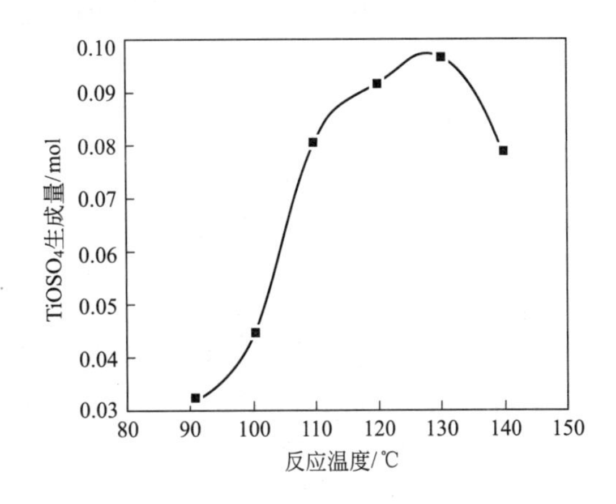

图 13-2　反应温度与 $TiOSO_4$ 生成量的关系

3. 硫酸法生产钛白粉的工艺流程

用热浓硫酸分解经精选粉碎过的钛铁矿，并用铁屑作还原剂制得钛、二价铁及其他伴生金属的硫酸盐混合溶液，俗称钛液。用氧化锑、硫化铁或 AMPAM 作助沉剂去掉钛液中的大部分机械杂质及部分硅、铝、钨等高价金属盐，用间接冷却的办法使钛液中的二价铁盐呈七水硫酸亚铁结晶析出并用真空抽滤的方法分离，再以木炭粉作助滤剂的板框压滤机除尽钛液中的机械杂质和胶体杂质。用减压蒸发法提高钛液的浓度得浓钛液，然后再在以正钛酸胶体为晶核的诱导下，将浓钛液加压热水解生成水合二氧化钛，俗称偏钛酸。然后通过两次减压水洗，净化偏钛酸。加磷酸和碳酸钾进行盐处理，盐处理后的偏钛酸经转鼓脱水，煅烧制得粗颗粒二氧化钛。经粉碎、包装即得锐钛型钛白粉。再经后处理可得金红石型钛白粉。生产工艺流程如图 13-3 所示。

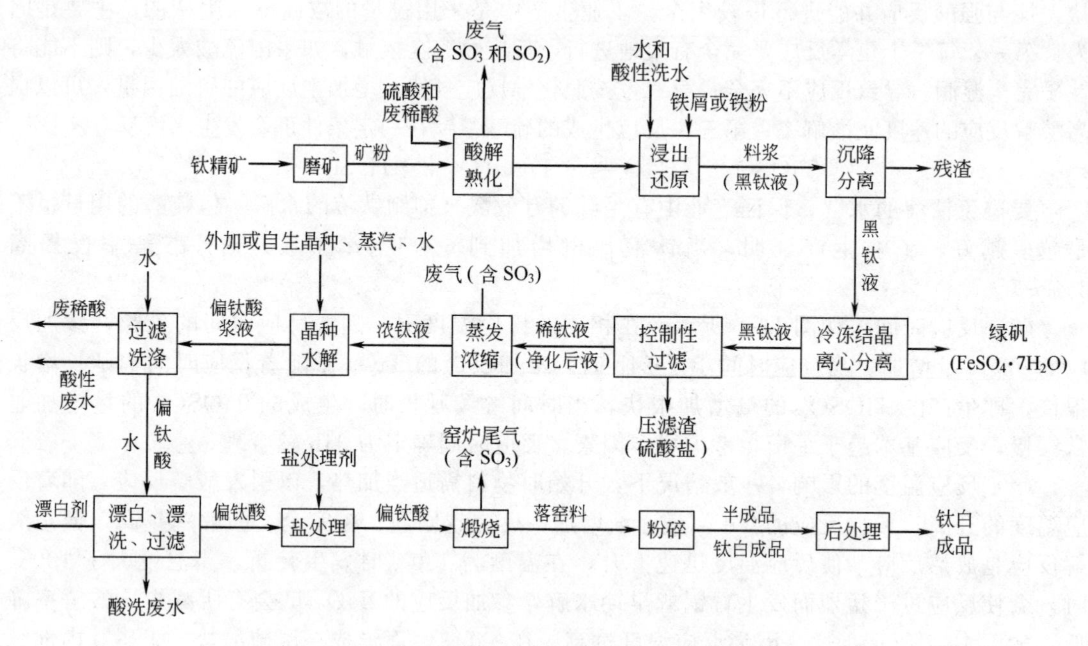

图 13-3　硫酸法生产钛白粉工艺流程示意图

第三节　纳米超细碳酸钙的生产

一、概述

纳米超细碳酸钙是 20 世纪 80 年代发展起来的一种新型超细固体材料，粒径在 1～100nm 之间。由于纳米级碳酸钙粒子的超细化，其晶体结构和表面电子结构发生变化，产生了普通碳酸钙所不具有的量子尺寸效应、小尺寸效应、表面效应和宏观量子效应，在磁性、催化性、光热阻和熔点等方面与常规材料相比显示出优越的性能，将其填充在橡胶、塑料中能使制品表面光艳、伸长度好、抗张力高、抗撕力强、耐弯曲、抗龟裂性能好，是优良的白色补强材料，在高级油墨、涂料中具有良好的光泽、透明、稳定、快干等特性。

我国碳酸钙资源丰富，分布广泛，优质矿床遍及全国各地。而碳酸钙作为一种优质填料和白色颜料，广泛应用于橡胶、塑料、造纸、涂料、油墨、医药等许多行业。这使得 $CaCO_3$ 在精细化工中用量逐年上升。因此，纳米碳酸钙从一出现就表现出产品的广泛适用性和旺盛的市场需求。

关于超细碳酸钙的研究、开发和生产，一直受到国内外的重视。由于在生产中用机械粉碎法很难得到粒径如此小的碳酸钙，所以一般都采用化学合成法制取。日本在超细碳酸钙的研制、生产、应用方面目前处于国际领先地位，现已能生产出纺锤形、立方形、针形、球形、链锁形和无定形等不同形态及表面改性的品种达 50 余种。美国着重于超细碳酸钙在造纸和涂料工业上的应用，英国则主要从事填料专用超细碳酸钙的研制，近年来英国在汽车专用塑料用碳酸钙中占垄断地位。我国从 20 世纪 80 年代开始进行超细碳酸钙的研究，虽然已经研制、生产出了几种不同型号的超细碳酸钙产品，但总体上看还处于品种少、数量低、生产工艺及设备比较落后的水平，高档超细碳酸钙产品目前仍主要依靠进口，因此，加强研制和开发新的高档超细碳酸钙产品，既是橡胶、塑料、造纸等工业的迫切要求，也是我国碳酸钙工业发展的重要目标。

二、纳米碳酸钙的性能与分类

纳米碳酸钙是指其粒度在0.01～0.1μm的产品。其与普通重质$CaCO_3$相比，具有以下特点：

① 粒子细，平均粒径为40nm，是普通轻质$CaCO_3$粒径的1/10；

② 比表面积大，比普通轻质$CaCO_3$大近8倍；

③ 粒子晶形为立方体状，部分连接成链状，具有类结构性，与纺锤状的轻质$CaCO_3$和无规则的重质$CaCO_3$不同；

④ 表面经过活化处理，活化率高，具有不同的功能和作用；

⑤ 白度高，适宜作浅色制品，pH值呈弱碱性。

纳米碳酸钙的晶形主要有立方、针形、球形、片状、链状和无定形，根据表面改性情况的不同，纳米碳酸钙衍生的品种较多。如日本"白燕华"系列有50余种产品，我国生产的纳米碳酸钙也有10余个品种。表13-2列出了几种主要的纳米碳酸钙产品的应用领域。

表13-2 几种纳米碳酸钙产品的应用领域

项目	粒径/nm	晶型	表面处理	项目	粒径/nm	晶型	表面处理
橡胶	<100	链状或针状 立方或球形	有或无 有	塑料 油墨	40～100 30～50	立方或球形 立方或球形	有 有

三、纳米碳酸钙的生产方法

纳米$CaCO_3$的制备分为物理法和化学法两种。物理法是指从原材料到粒子的整个制备过程没有化学反应发生的制备方法，即对$CaCO_3$含量高的天然石灰石、白垩石进行机械粉碎而得到$CaCO_3$产品的方法。但是用机械粉碎到100nm以下是相当困难的，因其表观密度比化学法制备的要大，故称重质$CaCO_3$。化学法主要指碳化法，是工业生产纳米碳酸钙的主要方法，是指将精选的石灰石煅烧，得到氧化钙和窑气，使氧化钙消化，并将生产的悬浮氢氧化钙在高速剪切力作用下粉碎，多级旋液分离除去颗粒及杂质，得到一定精度的精制氢氧化钙悬浮液，然后通入CO_2气体，加入适当的晶型控制剂，碳化至终点，得到要求晶型的$CaCO_3$浆液，再脱水、干燥、表面处理，得到纳米$CaCO_3$产品。

其生产工艺流程如图13-4所示。

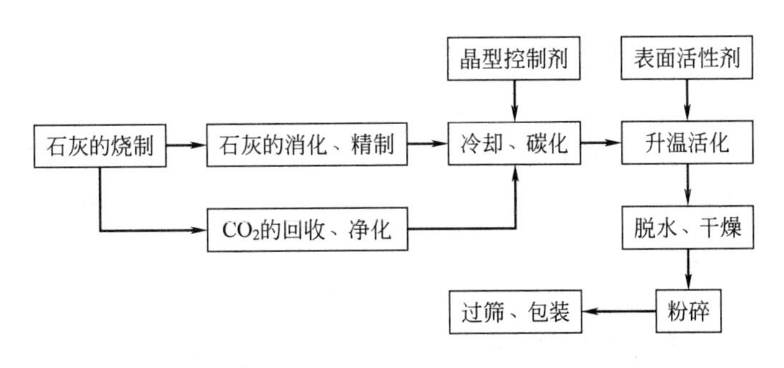

图13-4 纳米碳酸钙生产工艺流程图

碳化法是目前实现纳米碳酸钙工业化生产的主要方法。碳化法以天然碳酸钙（石灰石）为原料，通过煅烧、消化、碳化、干燥等工艺制成碳酸钙，碳化是整个生产工艺的核心。碳化法根据采用的技术、工艺不同，又分为间歇碳化法、连续喷雾分步碳化法、超重力反应结晶法。关于三种工艺简介如下。

1. 间歇碳化法

传统的轻质碳酸钙生产是将石灰石原料煅烧，得到氧化钙和二氧化碳（窑气）。消化氧化钙，经旋液分离，除去杂质，得到一定浓度的精制氢氧化钙悬浮液。通入二氧化碳气体，碳化至终点。把碳酸钙浆液进行脱水、干燥得到碳酸钙产品。传统的鼓泡碳化法，反应温度不能控制，气液接触面积小，反应速率慢，$CaCO_3$ 晶形的生成和生长不易控制。1998 年，中科院固体物理研究所与铜化集团合成氨厂合作，对传统的鼓泡碳化法进行了技术改进，开发了纳米碳酸钙制备技术并通过鉴定。

利用间歇碳化法制备纳米级碳酸钙，需要强化反应条件的控制，加强原料的细化和精制、反应物浓度控制，采取强制搅拌、低温碳化等措施。加入适当的添加剂，抑制生成碳酸钙晶粒的长大，形成各种不同的晶型。采用干燥前的液相包覆改性和喷雾干燥工艺，可以减轻晶粒间的吸附团聚，提高产品的外观质量，也提高了纳米碳酸钙的分散性能，为产品应用创造了有利条件。固体物理所采用该法，利用合成氨废气（CO_2）研制的纳米碳酸钙产品平均粒径为 38nm，粒径分布窄，粒径和晶型可控，产品的分散性能较好。

间歇碳化法设备投资少、操作简单，目前工业上采用的较多，缺点是不能连续化生产，生产效率低。目前采用该法生产纳米碳酸钙的有广东广平化工实业有限公司和辽宁本溪助剂厂，它们先后从日本引进了超细碳酸钙生产线。广东广平化工实业有限公司生产的白燕华 CC、白燕华 CCR、白燕华 DD 等几个品种（5kt/a），平均粒径达到 40nm。上海华明超细碳酸钙有限公司（8kt/a）、北京化工建材厂（2kt/a）、浙江湖州（＜3kt/a）等单位，其超细碳酸钙产品的粒径在 90nm 左右。

2. 连续喷雾分步碳化法

喷雾碳化法采用两段或三段连续碳化工艺，其局部流程图如图 13-5 所示。即石灰乳经 1＃碳化塔碳化得到反应混合液，然后喷入 2＃碳化塔碳化制得最终产品，或再喷入 3＃碳化塔进行三段碳化得到最终产品。由于碳化过程分段进行，因此可对晶体的成核和生长过程分段控制，从而更易控制晶体的粒径、晶型。通过控制喷雾液滴直径、氢氧化钙浓度、碳化塔内的气液比、反应温度、各段的碳化率等条件，即可制得不同粒径的纳米碳酸钙产品。

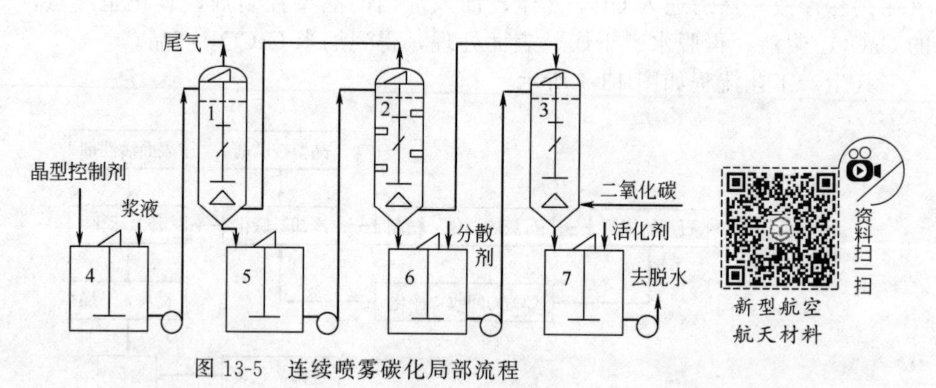

图 13-5　连续喷雾碳化局部流程

1—1＃碳化塔；2—2＃碳化塔；3—3＃碳化塔；4—精浆槽；5,6—料液槽；7—熟料槽（活化槽）

与间歇碳化法相比，该法不需要降温。连续喷雾多段碳化法适应于规模生产，生产能力大且生产效率高。湖南资江氮肥厂 5kt/a 的超细碳酸钙生产线采用该工艺，其产品粒径在 100nm 左右。

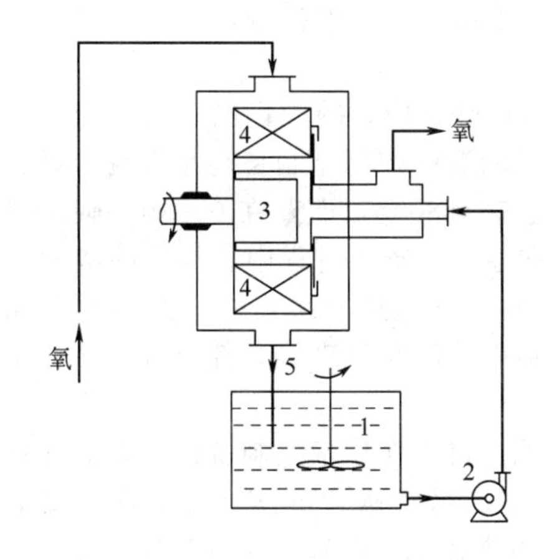

图 13-6 超重力碳化反应部分工艺流程示意图

1—搅拌釜；2—循环泵；3—液体分布器；4—旋转床转子；5—排液口

3. 超重力反应结晶法

超重力反应结晶法是北京化工大学研究开发的新技术，该技术的特点是：碳化反应在超重力反应器（旋转填充床反应器）中进行，高速旋转的填料将氢氧化钙浆液剪切成微细的液滴、液丝和液膜，强大的离心力使碳酸钙晶粒一旦形成就脱离氢氧化钙浆液，无法继续长大，从而获得粒度小、分布均匀的高质量的纳米粉体产品，克服了常规反应沉淀法固有的技术缺点。其碳化反应部分工艺流程如图 13-6。利用该法制备的纳米碳酸钙，产品平均粒度在 30nm，分布较窄，达到了国际领先水平。广东广平化工实业有限公司采用该技术，新建成一条 3kt/a 超重力法纳米碳酸钙生产线。原国家计委示范工程项目：内蒙古乌海市蒙西高新材料股份有限公司 3kt/a 超重力法纳米碳酸钙项目一期工程业已投产。安徽巢东水泥股份有限公司与新加坡合作，投资 7000 多万元的 30kt/a 超重力 4nm 碳酸钙生产线一期工程目前正在建设之中。

四、纳米碳酸钙的主要生产工艺控制

1. 石灰消化与精制

（1）消化

① 热水消化　应尽量提高消化温度，一般消化用水应高于 50℃，必要时增加热水消化装置。

② 消化水质　必须采用洁净的清水进行消化，严格控制铁和非碳酸钙悬浮物含量，不能使用脱水工序的滤液进行消化，以避免滤液中带入大量的碳酸钙晶种，在碳化中形成较大的一次粒径，影响产品质量。可采用粗浆精制过程中产生的洗渣液水消化，既可回收部分石灰，又可提高消化水的温度。

（2）精制

① 旋液分离　尽量使用多级旋液分离器精制工艺对粗浆进行处理，同时使用振动筛过筛，可以明显提高精浆的质量。

② 过筛　由于纳米碳酸钙生产过程中对生浆浓度控制较低，其密度一般为 1.050～1.080g/cm^3，过筛相对容易，因此应提高筛网目数，最后一级振动筛可采用 300 目筛网。

2. 碳化与制冷

（1）碳化工序　碳化法生产纳米碳酸钙过程的反应式如下：

$$CO_2(g) = CO_2(aq)$$

$$CO_2(aq) + OH^- = HCO_3^-$$

$$HCO_3^- + OH^- = CO_3^{2-} + H_2O$$

碳化反应是制备纳米碳酸钙最关键的步骤。碳化反应的物理化学环境决定反应的过程特征和所制备的纳米碳酸钙的形态和粒径，然而对整个过程的认识至今尚未有统一的观点。朱跃斌等根据对 $Ca(OH)_2$ 和 CO_2 特性的研究，发现整个过程的速率取决于 CO_2 的传质速率和化学反应速率，而上述化学反应速率较快，因此总的过程由传质扩散控制。Wachis 等认为，$Ca(OH)_2$ 碳化阻力在气液相界面的气相一侧，CO_2 的气膜传质阻力是碳化反应过程的控制步骤。而 Juvekar 等认为，$Ca(OH)_2$ 的碳化反应是伴有快速反应的 CO_2 吸附过程，起

始阶段界面的 CO_2 气膜传质阻力可以忽略，$Ca(OH)_2$ 的溶解是过程的控制步骤。同时，该反应体系存在着晶体成核与晶体生长的竞争。

（2）碳酸钙晶型和粒径的影响因素分析　碳化反应是放热反应，碳酸钙的一次粒径主要是由碳化初始温度和过程温度控制的，低温碳化以及精确的温度控制是制备高品质纳米碳酸钙的必要条件。从消化工序来的 $Ca(OH)_2$ 悬浮液温度为 50～80℃，而要在 0～30℃碳化制得 0～100nm 的纳米碳酸钙，必须通过制冷设备来降温和控温。碳化过程中悬浮液的浓度及黏度，CO_2 的浓度、分压、流量及单位面积通气量，液相中气泡持有率，添加剂的种类和添加量，反应器的不同以及碳化前是否引入晶种和碳化后熟化陈化处理等，都会对粒径和晶型产生影响。

① 温度　碳化温度对纳米碳酸钙的粒度有重要的影响。目前在技术上制备纳米碳酸钙只要能实现低温碳化，就可以制得 0.1μm 以下的纳米碳酸钙。低温碳化的实质是：在低温下 $Ca(OH)_2$ 和 CO_2 在水中的溶解度增大，提高了结晶所需的过饱和度（见表 13-3 和表 13-4）。

表 13-3　不同温度下 $Ca(OH)_2$ 在水中的溶解度

温度/℃	溶解度/[g $Ca(OH)_2$/100g 饱和溶液]	温度/℃	溶解度/[g $Ca(OH)_2$/100g 饱和溶液]
0	0.185	60	0.116
10	0.176	70	0.104
20	0.165	80	0.092
30	0.153	90	0.081
40	0.140	100	0.071
50	0.128		

表 13-4　不同温度下 CO_2 在水中的溶解度

温度/℃	溶解度/(cm^3/g)	温度/℃	溶解度/(cm^3/g)
0	1.79	25	0.75
5	1.42	30	0.67
10	1.19	35	0.59
15	1.02	40	0.53
20	0.88		

在碳化结晶初期提高溶液中 [Ca^{2+}] 和 [CO_3^{2-}]，使结晶所需的过饱和度增加，即提高了成核速率，随着初级成核产生的晶核数量的增加，使产品粒径向微细化方向发展。碳化温度一般控制在 30℃以下，最佳碳化温度为 20℃，当温度低于 10℃时，$CaCO_3$ 晶核的形成速率下降，而晶体的生长速率相对增大，生成 2～5nm 的立方形晶体；温度为 8～16℃，表面为晶核形成速率与晶体生长速率的竞争，得到粒径为 0.21～21nm 的晶体，在 16～30℃范围内，得到粒径小而分布均匀的 $CaCO_3$ 晶体。当温度大于 30℃时，得到类似锤形的粗大颗粒。

氢氧化钙溶液的碳化反应是多相放热反应，碳化温度的高低对碳酸钙颗粒的大小影响较大。碳化反应开始后，反应液中同时存在碳酸钙粒子的成核与碳酸钙晶体的成长两个过程，当反应温度较低时，核的形成速率下降，而晶体的生长速率相对增大，成核速率大于结晶生长速率，有利于形成细小、均匀和完整的 $CaCO_3$ 微晶；当反应温度较高时，表现为晶核形成速率与晶体成长速率的竞争，此范围得到的 $CaCO_3$ 颗粒的粒径分布较宽，在晶体形状上既具有立方形，也存在着纺锤形。当反应温度很高时，晶体的成核速率小于结晶生长的速率，有利于晶体的长大，此时形成的晶体颗粒粗大，类似纺锤形；另外，当反应温度较高时，$CaCO_3$ 微晶的布朗运动加快，不但微晶间相互碰撞的频率增加，而且碰撞时的动能也大大增加。这样，微晶克服相互间势能而聚集，进而相互融合成大晶体的趋势明显增大。虽然低温对纳米碳酸钙的生成有利，但是，碳化温度过低，会导致碳化过程中溶液的黏度增大，影响了碳化反应的进行，增加了动力和能源消耗，加大了设备投资，并且延长了反应时间，不利于工业放大。因而工业上制备纳米级碳酸钙的最佳温度应为 10～15℃。

② 氢氧化钙悬浮液浓度及黏度

a. 浓度的影响。浓度超过 12%（质量分数）以上，溶液中 [Ca^{2+}] 过高，在碳化过程中有利于晶体形成，容易造成大晶体的产生，使粒径分布不均。因为结晶成长速率 G 也是过饱和度的函数，结晶成核与成长是连续发生的。

$$G=K_g \Delta c^g$$

式中 K_g——常数；

Δc——物质的饱和浓度；

g——成核指数。

另外 [Ca^{2+}] 的增高，从反应动力学角度分析，有利于提高整个碳化反应的速率，产生大量反应热，在反应器中形成的“微团尺寸”中温度较高，使实际的结晶温度远远超过生产控制中的检测温度，从而造成大颗粒晶体的产生，使产品的品质恶化。从图 13-7、图 13-8 可知：当浓度低于 6%时，碳化反应初始，由于溶液中 [Ca^{2+}] 较低，使成核速率降低，且浓度太低，会使产品的能耗增高。

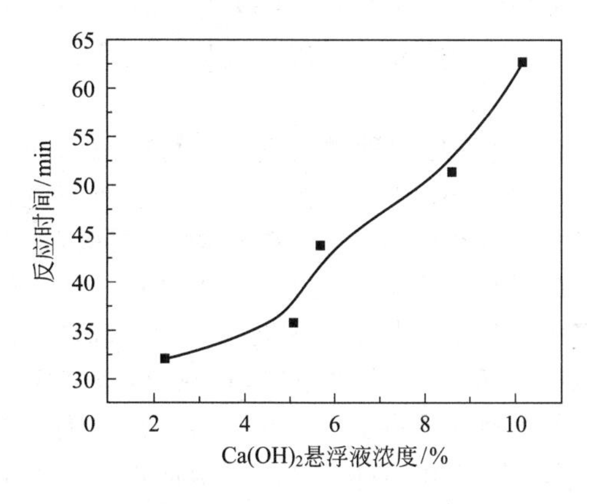

图 13-7 反应时间随 $Ca(OH)_2$ 浓度的变化曲线

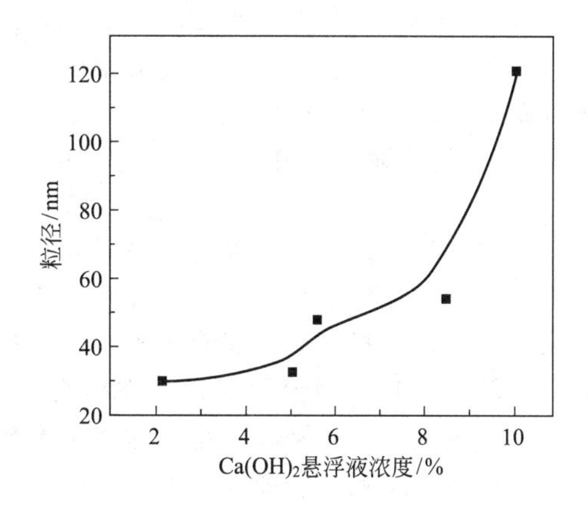

图 13-8 碳酸钙平均粒径随 $Ca(OH)_2$ 浓度的变化曲线

b. 黏度的影响。氢氧化钙黏度与石灰的活性以及悬浮液的浓度有密切的关系，同时又是温度的函数，溶液的黏度过高会使碳化反应过程中液膜传质的阻力增加，CO_2 的溶解度降低，影响到晶体的成核速率，因此在生产控制过程中应设法降低 $Ca(OH)_2$ 悬浮液的黏度。

③ CO_2 的浓度、分压、流量

a. CO_2 浓度对反应时间的影响。由图 13-9 可知，随着混合气体中 CO_2 浓度的增加，反应到达终点所需要的时间减少。这是由于随着混合气体中 CO_2 浓度的增加，气液界面上 CO_2 平衡浓度增加，CO_2 由气相向液相的传质速率随之增加，CO_2 气体与 $Ca(OH)_2$ 悬浮液的宏观反应速率加快，直接导致了反应时间的减少。

b. CO_2 浓度对 $CaCO_3$ 平均粒径的影响。CO_2 浓度越大，生成的 $CaCO_3$ 产品的平均粒径越小。这说明高浓度的 CO_2 对减小碳酸钙粒径是极为有利的。随着 CO_2 体积分数的增大，生成的 $CaCO_3$ 产品的平均粒径逐渐减小这一现象是由以下两点原因造成的。首先，随着 CO_2 浓度的增加，CO_2 由气相向液相的传质速率增加，CO_2 与 $Ca(OH)_2$ 悬浮液的宏观反应速率加快，液相中生成的 $CaCO_3$ 过饱和度增加，反应中瞬间产生大量晶核，导致了

$CaCO_3$ 微晶的粒度变小。此外，由图 13-10 可知，随着 CO_2 浓度的增加，碳化反应达到终点的时间相对缩短，这就意味着 $CaCO_3$ 微晶的生长时间变短，这样对 $CaCO_3$ 微晶的粒子细化也有所帮助。

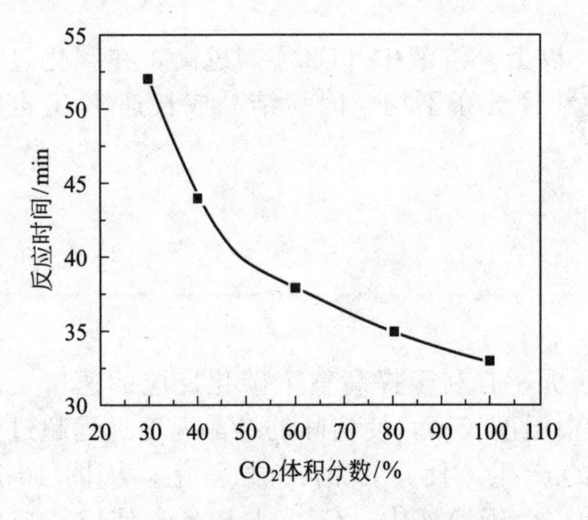

图 13-9 反应时间随 CO_2 浓度的变化曲线

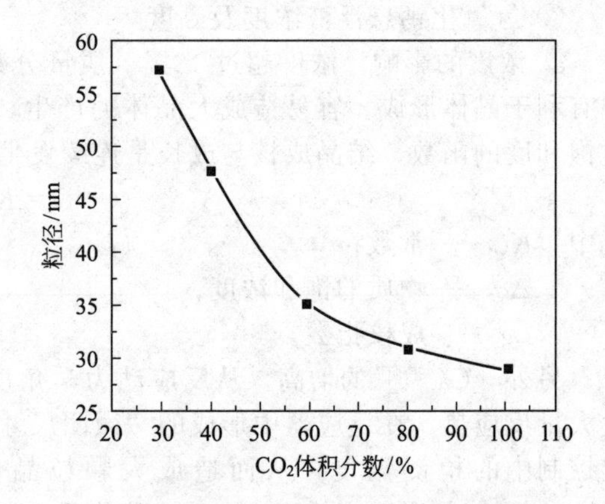

图 13-10 碳酸钙平均粒径随 CO_2 浓度的变化曲线

实质上是 CO_2 在溶液中溶解度的变化，它直接影响溶液中 $[CO_3^{2-}]$ 的大小，而 $[CO_3^{2-}]$ 越高，则晶体成核速率也越高。故提高 CO_2 气体浓度、分压、流量，以及良好的气体分布均有利于纳米碳酸钙的生产。

④ 添加剂的种类与用量　晶型控制的关键因素就是添加剂种类的选择，目前添加剂主要是以可溶性的 Al^{3+}、Zn^{2+}、Mg^{2+}、Na^{+} 等为主。根据双电层原理，静电作用使带电粒子周围吸附一层反离子层，并在该离子层外吸附另一层异性带电离子，这样离子之间因静电排斥作用使相互碰撞概率减少，大晶粒难生成，产品的粒径均匀。但工业生产中可变因素较多，晶体形状形成机理尚未完全了解，一般通过实验选择不同晶型的不同添加剂。添加剂的用量一般较少，其作用较为明显。添加剂种类很多，一般分为无机添加剂和有机添加剂两类，无机添加剂有无机酸和碱金属盐等，有机添加剂为有机磷酸类、多羧酸等。添加剂的加入量受多种因素影响，一般取 0.2～3.0g/L。添加剂可在碳化前和碳化过程中加入，添加剂对颗粒形态和大小影响十分复杂，目前只能通过试验选择添加剂，选择适当的添加剂可以改变粒子成核速率，提高晶核在某些方向的生长能力，抑制在其他方向的生长，进而得到一定形状和大小的碳酸钙粒子，例如在 15℃的碳化液中加入三乙醇胺或乙二醇可以得到粒径为 80～100nm 的球状碳酸钙，加入焦磷酸钠可得到针状碳酸钙，加入硫酸盐可生产小于 100nm 的立方形碳酸钙。

⑤ 不同反应器类型

a. 鼓泡碳化塔。结构简单，操作方便，在整个轻质碳酸钙行业使用广泛，很多纳米碳酸钙生产厂家都采用该设备。一定的搅拌强度使溶液中微晶颗粒碰撞概率增加，不易形成大颗粒的晶体，有利于超细粒子的产生，也有利于 CO_2 气体在反应器的分布。但鼓泡碳化塔内气体分布情况稍差，气泡就变大，CO_2 气体吸收率会降低；碳化塔内极易结垢，对设备的要求较高，设备维修、清洗均很困难，能耗也较高。

b. 喷雾碳化塔。比较先进的碳化反应器，其特点为：以液体作为分散相进入气液传质反应，大大增加了气液接触面积，使反应较为剧烈，反应初期易形成大量晶核，可在较高温度下生产纳米碳酸钙，是一种较为理想的生产纳米碳酸钙的工业装置。但由于喷嘴雾化问题难以解决，该工艺国内仅有几家使用。

⑥ 晶种的引入　晶种的引入对颗粒的粒径影响十分明显，在纳米碳酸钙生产过程中应

尽量避免或减少有晶种带入尚未碳化的 $Ca(OH)_2$ 悬浮液中，因为碳化初始阶段若有晶种存在，结晶就会以有些晶种作为晶核进一步结晶，最终形成粒径较大的晶体，在碳化前引入的晶种数量越多，产生的大颗粒晶体也越多，使最终产品粒径分布不均匀。制备纳米碳酸钙过程中加入不同种类、不同量的添加剂，可以控制碳酸钙粒子的形态和大小，促进晶体成核，抑制晶体生长。

3. 活化

（1）活化机理　表面改性理论有以下几种。

① 化学键理论　认为偶联剂含有两种化学官能团，一种可以与填料表观质子形成化学键，另一种与聚合物分子键合，导致较强的界面结合，提高填充复合界面性能。

② 表面浸润理论　认为液态树脂对被粘物的良好浸润对复合材料的性能有重大的影响，如果能将填料完全润湿，那么树脂对高能表面的物理吸附能高，将提高与有机树脂内聚强度的粘接强度。

③ 可变形理论　认为偶联剂改性填料表面可择优成为吸收树脂中的配合剂，相间区域的不均衡固化可能导致一个较偶联剂在聚合物与填料之间的单分子层厚得多的树脂层，即变形层，它能松弛界面应力，防止界面裂缝的扩展，从而改善界层的结合强度。

（2）活化作用　纳米级碳酸钙作为高档改性改质添加剂，在橡胶、塑料等行业应用越来越普遍。其晶体粒径非常小（100nm 以下），表面能极大，对其表面进行活化处理后，能降低表面能，使其在液相中具有良好的分散性，在粉体状态下即使是团状粒子，颗粒间结合力也较弱，易解聚分散。

（3）活化工艺条件控制

① 活化温度　升温活化是传统的活化工艺，既可提高活性剂的溶解度，又有利于活化过程中的化学吸附，但较高温度下活化剂的溶解性能好，物理过程中脱附趋势增加，降低了表面活性剂的吸附量，影响产品的活化效果。可采用先升温活化，然后将物料冷却到室温，再进行压滤脱水，先加快化学吸附再提高物理吸附量，以提高颗粒表面活性剂吸附层厚度。根据不同的活性剂选择不同的活化温度，一般控制在 50～80℃为宜。

② 浆液浓度　从生产成本方面考虑，浆液浓度越高越好，但 $Ca(OH)_2$ 悬浮液的浓度越高，其黏度越高，增加搅拌混合的负荷，活性剂在液相中分散困难，不利于碳酸钙颗粒对活性剂的吸附。浓度过低时，水溶液中溶解性活性剂的相对浓度降低，颗粒表面的吸附厚度会减少，压滤脱水时流失也较多，生产中浆液的质量分数一般控制在 8%～12%。

③ 搅拌速度与活化时间　从理论与实际情况上看，搅拌强度越高，活化时间越短，活化效果越好，因此提高搅拌速度明显提高了活化效果，将转速提高到 100r/min 以上较为适宜。

④ 浆液的 pH 值　对 $Ca(OH)_2$ 悬浮液 pH 值的控制可以通过碳化工序终点的碳化率调节，为保证 pH 值<7，就必须保证碳化率达到 100%，并略微过碳化，将会产生如下反应：

$$CaCO_3 + CO_2 + H_2O \xlongequal{} Ca(HCO_3)_2$$

悬浮液中 Ca^{2+} 的浓度增加，pII 值进一步降低，使 $CaCO_3$ 颗粒表面带正电荷，有利于阴离子表面活性剂的吸附，但延长碳化时间将使 CO_2 的损耗增加。

第四节　新型无机精细化工材料

无机精细化工材料是指用作新材料的无机精细化学品，是以基本化学工业生产的初级或次级化学品进行深加工而制取的具有特定功能、特定用途、品种规格多、附加值高、技术密集的一类化工产品。

无机精细化工材料一般具有不燃、耐候、轻质、高强、高硬、抗氧化、耐高温、耐腐蚀、耐摩擦以及一系列特殊的光、电、声、热等独特功能。

一、概述

无机材料主要包括精细陶瓷材料、纤维材料、阻燃材料、微孔（多孔）材料以及新型的电功能材料、磁功能材料、光功能材料、超导功能材料、纳米储氢材料、新型记录记忆材料、无机膜、纳米颗粒催化剂、无机颜料材料、智能材料、纳米药物载体材料等。本节重点介绍精细陶瓷材料与纳米材料。

1. 纤维材料

无机纤维是以天然矿物质为原料经物理或化学方法加工制成的仍属于无机物质的化学纤维材料，具有重量轻、耐高温、热稳定性好、热导率低、比热容小及耐机械振动等优点。主要品种有玻璃纤维、碳纤维、石英玻璃纤维、硼纤维、陶瓷纤维、金属纤维等。目前无机纤维材料已在冶金、机械、石油、化工、电子、船舶、交通运输及轻工等工业部门得到广泛的应用，并用于宇航及原子能等尖端科学技术。

无机纤维材料涵盖金属纤维材料和无机非金属纤维材料。金属纤维材料是指由金属材料制成的具有细长形态及有一定可挠性的纤维材料，将无机纤维或者织物直接与其他材料（如树脂、水泥）复合在一起使用。无机非金属纤维材料包括碳纤维、多晶难熔氧化物纤维（陶瓷纤维）、玻璃纤维、硼纤维、玄武岩纤维、光学晶体纤维以及多晶难熔碳化物、氮化物和硼化物纤维。

无机纤维的材料主要有二氧化硅、氧化铝、硅酸铝、二氧化钛、石墨、硼、碳化硼、碳化硅以及氧化硅等，制造方法主要有化学气相沉淀法、溶胶-凝胶法、化学反应-前驱体法、晶体生产法、熔融纺丝法等。

2. 无机阻燃材料

为了降低合成材料的易燃性，防止火灾事故，往往采用将合成材料中添加阻燃剂的方法。阻燃剂可分为有机和无机两类。无机阻燃剂绝大部分是添加型阻燃剂，有以下特点：多数的无机阻燃剂无毒，不产生腐蚀性气体，热稳定性好，不挥发，不析出，有持久的阻燃效果，价廉，有广泛的原料来源。目前国内无机阻燃剂主要有锑化合物阻燃剂、铝化合物阻燃剂、硼化合物阻燃剂、钼化合物阻燃剂。

3. 微孔（多孔）材料

微孔材料具有多孔（微孔和多孔）结构，主要用于无机催化剂及载体、无机吸附剂、无机离子交换剂、无机分离膜等材料，具有很广泛的用途。

具有多孔结构的物质有很多，天然物质如天然沸石、腐殖质、木质素、活性白土等；人造物质有活性炭、无机离子交换剂、无机催化剂及载体、多孔陶瓷、微孔玻璃、分子筛、活性氧化铝、钛酸锂、氧化锆、钛和锆的各种磷酸盐等物质。

4. 无机膜精细化学材料

无机膜（陶瓷、玻璃、金属及其复合材料膜）作为一类新型膜材料与已经广泛商品化的高聚物膜相比，具有以下优点：化学稳定性好，耐酸碱；热稳定性好，高温操作时不易分解；抗菌性能优异，不易被细菌降解；力学性能好，可在高压下操作以获得比较高的渗透率；洁净无毒；抗积垢易再生，易于进行表面修饰等。无机膜过程及其相应技术（催化膜反应器和生物膜反应器）在化工、食品、医药、生物技术和环境治理等许多部门都得到越来越广泛的应用，是近年来发展起来的一个引人注目的高新技术产业。

无机膜可分为多孔质膜（以无机陶瓷膜为代表）和非多孔质膜（以钯合金膜为代表）。多孔质无机膜采用化学提取（蚀刻）法、固态粒子烧结法、溶胶-凝胶法等方法制取。金属陶瓷复合膜一般用化学镀、CVD、热解、溅射等方法在多孔陶瓷支撑体表面上沉积金属薄膜，经焙烧处理而形成金属陶瓷复合膜，可降低金属用量和厚度，提高分离效果。

5. 电子信息材料

信息存储材料广泛应用于信息型社会人们日常生活和工业生产领域中。与以传统纸张为材料的印刷方法相比，使用各种感光材料、磁性材料、磁记录材料的光、电、磁记录方法具有速度快、质量高、价格低的优点。

感光材料指在可见光或其他射线的照射下，能够发生变化，并经一定的处理能够得到固定影像的材料。感光材料包括银盐感光材料和非银盐感光材料两大体系。银盐感光材料中的光敏物质是卤化银。

磁性材料是利用磁场可以使之磁化的所有材料。根据其保持磁性强度的能力-矫顽力的强弱，磁性材料可粗略分为软磁和硬（永）磁两类。目前用于信息记录的磁性材料主要是各种磁粉。常见的磁粉包括 $\gamma\text{-}Fe_2O_3$ 磁粉、含钴氧化铁磁粉、二氧化铬磁粉等。

无机精细化工材料向多功能化、复合化、智能化和生态平衡化及低成本、高可靠性方向发展；在结构材料方面，向着高韧性、高比强、高耐磨、抗腐蚀、耐高温的方向发展；在功能材料方面，主要向有更优异功能特性的单晶、多晶、非晶态及纳米材料发展，并向高效能、高可靠、高灵敏和多功能、智能化、功能集成化的方向发展。

新材料发展和高科技发展紧密联系。目前，迅速发展的电子工业、空间科学技术、高能电池、太阳能利用等领域，对材料性能提出了各种新的要求。因而在传统无机材料基础上发展出了高温材料、高强材料、电子材料、光学材料以及激光、铁电、压电等材料。

未来新材料的发展方向是各种材料相复合。今后，多学科交叉的各种复合材料将越来越占据材料工业基础的主导地位；复合材料可克服无机材料脆性的弱点，并可具有高弹性模量、低密度、高韧性。

二、精细陶瓷材料

资料扫一扫

精细陶瓷的发展

1. 精细陶瓷材料分类

陶瓷是由粉状原料成型后，在高温作用下硬化而形成的制品，是多晶、多相（晶相、玻璃相和气相）的聚集体，陶瓷材料是无机非金属材料中的一个重要部分。

精细陶瓷是指采用高度精选的原料，具有精确控制的化学组成，按照便于控制的制造技术加工的，便于进行结构设计，并具有优异特性的一类新型陶瓷。精细陶瓷是具有耐磨、耐高温、耐腐蚀、高硬度，且具特殊的力学、光学、热学、化学、电学、磁学和声学等各种特性和功能的材料，是目前应用极为广泛的无机精细材料。

精细陶瓷与传统陶瓷相比，在原料上突破了传统陶瓷以黏土为主要原料的界限，精细陶瓷一般以氧化物、氮化物、硅化物、硼化物、碳化物等为主要原料。由于精细陶瓷的原料是纯化合物，其性质的优劣由原料的纯度、配比和工艺决定。在制备工艺上，广泛采用真空烧结、保护气氛烧结、热压、热静压等手段。在性能上，精细陶瓷具有不同的特殊性质和功能，如高强度、高硬度、耐腐蚀、导电、绝缘以及在磁、电、光、声、生物工程各方面具有的特殊功能，从而使其在高温、机械、电子、宇航、医学工程各方面得到广泛的应用。

精细陶瓷按用途，可分成结构陶瓷（或工程陶瓷）和功能陶瓷（或电子陶瓷）。结构陶瓷是以力学性能为主的一大类陶瓷，是指高机械强度、耐磨损、抗腐蚀和高温稳定性良好的材料。如特别适用于高温条件应用的则称为高温结构陶瓷。由于结构陶瓷具有耐高温，硬度、刚度、强度高，耐磨、耐腐蚀等优点，可用于制造陶瓷切削刀具、陶瓷机械零件、陶瓷热机及人工骨骼、牙齿等生物陶瓷材料等。功能陶瓷主要利用材料的电、磁、光、声、热和力等性质及其耦合效应，应用于特种电气的材料、磁性材料、光学材料、化工材料和生物材料等，在制造集成电路基极，各种传感器、电容器等方面得到了应用。

精细陶瓷按化学组成可分成氧化物类和非氧化物类。氧化物类又可分为氧化物（如氧化铝、氧化锆等）和含氧酸（如钛酸钡、铁酸锶、铁酸钡等），一般作功能陶瓷用；非氧化物类主要包括碳化物（碳化硅、碳化钨、碳化钛）、氮化物（氮化硅、氮化钛等）、硼化物（如硼化钛），一般作工程陶瓷用。

功能陶瓷常见的陶瓷种类有电介质陶瓷、铁电陶瓷、压电陶瓷、半导体热敏陶瓷、半导体气敏陶瓷、半导体湿敏陶瓷、半导体压敏陶瓷；结构陶瓷常见的陶瓷种类有氧化锆陶瓷、碳化硅陶瓷、氮化硅陶瓷、Ti_3SiC_2 陶瓷。

2. 精细陶瓷的制备工艺

精细陶瓷制备工艺包括粉体制备、成型和烧结三个步骤。目前，国内外精细陶瓷常用的成型方式可分为模压成型、塑性成型、浇注成型及其他成型方式。

成型方法和技术的选择是根据制品的性能要求、形状、产量和经济效益等因素决定的。

（1）成型前的原料处理

① 原料煅烧　原料煅烧的目的：去除原料中易挥发的杂质，化学结合和物理吸附的水分、气体、有机物等，从而提高原料的纯度；使原料颗粒致密得以使晶体长大，这样可减少在以后烧结中的收缩，提高产品合格率；完成同质异晶的晶型转变，形成稳定的结晶相，如 β-Al_2O_3 煅烧成 α-Al_2O_3。

② 原料的混合　在精细陶瓷的制备中常常需要使用两种以上的原料，或者加入一些微量添加剂，这就需要混合。混合的好坏直接影响到产品的性能。特别是被混合物料的密度、配料比相差悬殊，或物料性质十分特殊时，就增加了混料的难度。混合可以干混也可湿混。湿混的介质可以是水、酒精或其他有机溶剂。混合可在各类球磨机、混料机中进行。球磨机则除了混合外，还可附加以磨细功能，甚至使被混合物料之间发生“合金化”。

③ 塑化　在物料中加入塑化剂使物料具有可塑性的过程。在传统陶瓷中，黏土本身就是一种很好的塑化剂，而无需另加塑化剂。但精细陶瓷粉末往往不具有塑性，因此成型前需加入一定的塑化剂。塑化剂由黏结剂、增塑剂和溶剂三种物质组成。选择塑化剂要根据成型方法、物料性质、制品性能要求、塑化剂的价格以及烧结时塑化剂是否能排除及排除温度范围来决定。

④ 制粒　为了获得良好的烧结性能和提高产品的最终性能，常常需要选用极细的原料粉。但粉末愈细，流动性愈差，这不仅不利于自动压制，而且粉末不能均匀地填充模腔的每一个角落。同时，粉末细，松装密度小，装模体积大。为此，成型前常常需要制粒。常用的制粒方法可分为三类：普通制粒法、压块制粒法和喷雾制粒法。

（2）主要成型方法　陶瓷成型过程的实质是使陶瓷粉料均匀而尽可能致密地充满所设计好的空间，以便形成一个均匀密实并且具有一定强度的坯体。从减少收缩和变形的目标考虑，要求素坯中固相含量尽量高，固相各处分布均匀，素坯中空隙的大小和分布均匀一致。

① 钢模压制　模压成型时，通过模冲对装在钢模内的粉末施加压力，压制成一定尺寸和形状的瓷坯，卸压后，坯块从阴模中脱出，一般采用的压力为 40～100MPa，该法一般适用于形状简单、尺寸较小的制品。同时，钢模压制容易实现自动化，但用单向加压成型因压力不均匀难以保证质量。

② 等静压制　等静压成型是对粉末（或颗粒）施加各向同性的压力，一边压缩一边成型的方法，因此需要用适当的弹性体材料制成模型，使流体压力均匀作用于所谓模型表面，故称静水压成型或静压成型。在常温下成型时，称冷等静压成型；在几百度到 2000℃温度

内成型时，称为热等静压成型。

③ 凝胶注模成型法　凝胶注模成型的基本原理与过程：首先将陶瓷粉末分散于含有有机单体和交联剂的水溶液或非水溶液中，制备出低黏度、高固相体积分数的浓悬浮体（>50%），然后加入引发剂和催化剂，将悬浮体注入非孔的模型中，在一定温度条件下，引发有机单体聚合成三维网络凝胶结构，从而导致浆料原位凝固成型为坯体。坯体脱模经干燥后强度很高，可进行机加工。此工艺显著的优点：坯体均匀，坯体密度高，坯体强度高，可以净尺寸成型复杂形状的零部件。

④ 薄膜成型法　现代技术需要许多薄而平坦的陶瓷零件，如集成电路基板、电容器和混合电路，以上成型法无法满足这些要求，因此必须发展新的成型技术。膜成型技术有流延成型和轧制成型等。

流延成型是将由原料粉末、有机粉末、有机黏合剂类、增塑剂、悬浮剂、溶剂或水构成泥浆在流延中以一定厚度涂于输送带上，通过干燥使溶剂蒸发而成坯带的方法。由于粉浆中加入黏合剂、增塑剂，因而具有能进行切片、层合加工的性能。该技术已用于生产集成电路片、电容器、电阻和传感器等方面。

轧制成型是在球磨机中，将粉末、黏结剂、可塑剂和溶剂混合，粉碎之后，将泥浆在转筒干燥器中干燥成薄片状，然后在辊压机上一边加热（通常用蒸汽或电），一边进行均匀混炼，再进行脱气和延压，制成所需厚度再经精轧而成薄片。一般经对辊多段辊压，可制得成型密度高（可达理论密度的70%～75%）而均匀的坯带，其技术要求与流延法相同，重要的是选择黏结剂和可塑剂。要不断调整粉末流出密度，使之保持一致。该技术主要用于铁氧体、电子陶瓷及原子能所需的陶瓷薄板的生产。

（3）烧结方法　烧结的实质是粉末坯块在适当的环境或气氛中受热，通过一系列物理、化学变化，使粉末颗粒间的黏结（相互接触）发生质的变化，形成预期矿物组成的显微结构，达到固定的外形和所要求的性能。烧结过程中，不同陶瓷的反应情况是不同的。普通陶瓷以及滑石质工业瓷，在烧结阶段会有液相生成，所以这类陶瓷的烧成属于有液相参与的烧结过程。精细陶瓷（如含95%以上的 Al_2O_3 刚玉瓷和锆钛酸铅等）烧结时没有液相或只有10%以下的液相参与反应，它的烧结主要为颗粒间的扩散传质作用，少量液相存在起促进烧结、改善显微结构的作用。即使在有液相的情况下（如氧化铍瓷和锆钛酸铅），有组分的蒸发和凝聚作用，但烧结仍以固相反应为主。固相烧结的驱动力主要来源于坯料的表面能和晶粒界面能。在高温下，坯中粉料颗粒释放表面能形成晶界，由于扩散、蒸发、凝聚等的传质作用，发生晶界移动和晶界的减少以及颗粒间气孔的排除，从而导致小颗粒减少、大颗粒兼并。由于许多颗粒同时长大，一定时间后必然相互紧密堆积成多个多边形聚合体，形成坯的组织结构。

精细陶瓷常用的烧结方法如下：

① 普通烧结　传统陶瓷多半在隧道窑中烧结，而精细陶瓷主要在电炉中烧结，包括管式炉、立式炉、箱式炉、电阻炉、感应炉、瓷管炉等。采用一定的气氛（如氢、氩、氮等）或真空中进行。对难烧结的陶瓷材料，常常添加一些烧结助剂，以降低烧结温度。例如在 Al_2O_3 的烧结中添加少量的 TiO_2、MgO 等，在 Si_3N_4 烧结中添加 MgO、Y_2O_3、Al_2O_3 等，这些添加剂都能大大降低烧结温度。

降低粉末粒度是促进烧结的重要措施。因为粉末愈细，表面能愈高，烧结愈容易。烧结温度的降低不仅使生产更易进行，节约能源，而且会改善产品性能。

② 热压烧结法（HP法，包括高温等静压法 HIP）　是同时给予热和压力而进行烧结的方法。其原理与只以粒子表面能或晶界能作驱动力的常压烧结法相比，由于从外部施加压力而增强了驱动力，因此效率高，产品能致密化，能在时间更短、温度更低的条件下烧结，可

以制得晶粒细微的致密烧结体。

③ 微波烧结法　此法是基于材料本身的介质损耗而发热。此外，介质的渗透度也是一个重要参数，微波吸收介质的渗透深度大致与波长同数量级，所以除特大物体外，一般用微波都能做到表里一致、均匀加热。微波使物质内部快速加热，可克服物料的冷中心，易于自动控制和节能。因此，微波在陶瓷材料制备中得到广泛应用。

三、纳米材料

纳米科学是研究结构尺度在1～100nm范围内物质所特有的现象和功能的科学。在纳米量级内，物质颗粒的尺寸已经接近原子大小，这时量子效应已开始影响到物质的结构和性能，产生表面效应、体积效应、量子尺寸效应和宏观量子隧道效应。具有代表性的无机纳米材料为富勒烯、碳纳米管、石墨烯等无机精细化工材料。

1. 纳米微粒的基本概念及性能

纳米微粒是指颗粒尺寸为纳米量级的超细微粒，它的尺寸大于原子簇，小于普通的微粒。通常把仅包含几个到数百个原子或尺度小于1nm的粒子称为簇，它是介于单个原子与固体之间的原子集合体。

纳米材料指的是纳米结构按一定方式堆积或一定基体中分散形成的宏观材料，由极细晶粒组成，纳米结构为至少一维尺寸在1～100nm区域的结构，经压制、烧结或溅射而成的凝聚态固体，可以是晶态的、准晶态的或是无定形的。按纳米晶体结构形态划分为四类：零维纳米晶体（量子点），即纳米尺寸超微粒子，如纳米团簇、纳米微粒、人造原子等；一维纳米晶体，即在一维方向上晶粒尺寸为纳米量级，如纳米厚度的薄膜或层片结构（量子膜），如纳米碳管、纳米纤维、纳米同轴电缆等；二维纳米晶体，即二维方向上晶粒尺寸为纳米量级（所谓的量子线），如纳米薄膜和纳米相材料等；三维纳米晶体，指晶粒在三维方向均为纳米尺度（即指的纳米晶体材料）。由于极细的晶粒，大量处于晶界和晶粒内缺陷的中心原子以及其本身具有量子尺寸效应、小尺寸效应、界面与表面效应和宏观量子隧道效应等，纳米材料与同组成的微米晶体（体相）材料相比，在催化、光学、磁性、力学等方面具有许多奇异的性能。

无机纳米材料主体是无机物质，具有高强度和高韧性；高热膨胀系数、高比热容和低熔点；奇特磁性；极强的吸波性；高扩散性等特殊性能。利用纳米材料的特殊性能制成的各种无机非金属材料将在日常生活和高科技领域内具有广泛的应用前景。例如纳米SiO_2光学纤维对波长大于600nm的光的传输损耗小于10dB/km，此值比SiO_2体材料的光传输损耗小许多；作为光存储材料时，纳米材料的存储密度明显高于体材料；将纳米硅基陶瓷粉涂在飞机上，可以成功避开雷达的监测；采用超细镍粉作火箭燃料，燃烧效率可提高1倍。

制备纳米材料的方法有：化学气相沉积法、物理气相沉积法、机械合金法、液相化学合成法、超声波辐射法。

当小粒子尺寸进入纳米量级（1～100nm）时，其本身具有小尺寸效应、界面与表面效应、宏观量子隧道效应、量子尺寸效应，因而展现出许多特有的性质，在催化、滤光、光吸收、医药、磁介质及新材料等方面有广阔的应用前景。

（1）小尺寸效应　当超微粒子尺寸与电子的德布罗意波长相当或更小时，周期性的边界条件将被破坏；非晶态纳米微粒表面层附近原子密度减小，导致光吸收、磁性、内压、热阻、化学活性、催化活性及熔点等均与普通粒子不同，这就是纳米粒子呈现的小尺寸（体积）效应。

（2）界面与表面效应　固体的表面原子和内部原子所处的环境是不一样的，因为内部原子被其他原子所包围，而表面原子只是在它的一边存在着内部原子，其他边则为真空或其他物质的原子。因此，表面原子的集合会呈现与内部原子的集合不同的性能。对于半径为r的球状超微粒子，其表面积 $S=4\pi r^2$，体积 $V=4\pi r^3/3$，所以颗粒的比表面积 σ_F 为

$$\sigma_F=\frac{S}{V}=\frac{3}{r}\propto\frac{1}{r}$$

粒径越小，表面积越大。若颗粒为非球形时，σ_F 更大。

半径为 r 的球状粒子，由边长为 a 的立方体原子组成，则比表面原子数 ε 为

$$\varepsilon=\frac{4\pi r^2 a}{\frac{4\pi r^3}{3}}=3\frac{a}{r}=3\frac{1}{\frac{r}{a}}$$

比表面原子数 ε 与 r/a 成反比，随着粒子尺寸的减小，界面原子数增多，无序度增加，同时晶体的对称性变差，其部分能带被破坏，因而出现了界面效应。纳米粒子由于尺寸小、表面积大，导致位于表面的原子占有相当大的比例。这些表面原子一遇见其他原子便很快结合，使其稳定化，这是纳米微粒活化也极其不稳定的根本原因。这种表面原子活性就是表面效应。

（3）宏观量子隧道效应　纳米粒子具有的贯穿势垒的能力称为隧道效应。近年来人们发现一些宏观量，如微粒的磁化强度、量子相干器中的磁通量以及电荷等亦有隧道效应，这种穿越宏观系统势垒而产生的变化称为宏观量子隧道效应（MQT）。目前已证实超微粒子在低温下确实存在 MQT，MQT 与量子尺寸效应一起，决定了微电子器件进一步微型化的极限。当微电子器件进一步细微化时，必须要考虑上述的量子效应。

不但纳米微粒具有许多独特的性质，而且由它构成的二维薄膜以及三维固体也表现出不同于常规薄膜和块状材料的性质。例如由纳米颗粒构成的纳米陶瓷在低温下出现良好的延展性，纳米 TiO_2 和纳米 CaF_2 块体都出现良好的塑性。

2. 富勒烯

富勒烯（Fullerene）是一种完全由碳组成的中空分子，形状呈球形、椭球形、柱形或管状，是碳的第七种同素异形体，此外还有无定形碳（炭黑和碳）、石墨、金刚石、碳纳米管、石墨烯和石墨炔，是五元环和六元环构成的封闭笼状分子原子团簇的统称（见图 13-11）。富勒烯 C_{60} 材料具有较好的稳定性、催化性能、超导性、生物相容性、抗氧化性，在光学、电子超导体、新材料、传感器、物理和化学分离、生物、医学、电化学等不同领域有较为广泛的用途。

富勒烯的前世今生

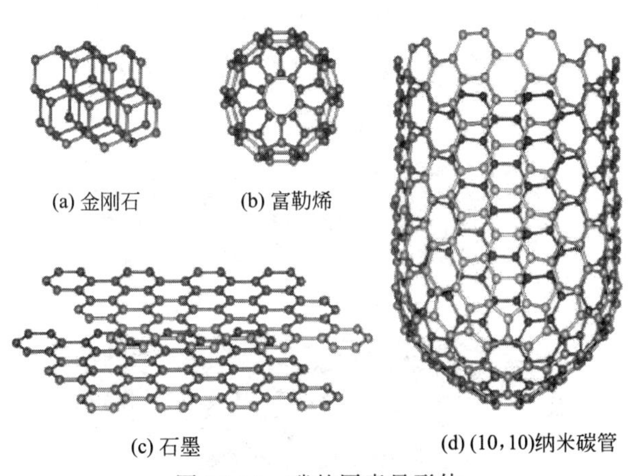

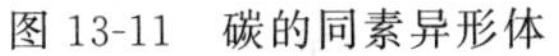

图 13-11　碳的同素异形体

图 13-12　富勒烯 C_{60}、C_{70} 结构

(1) 富勒烯结构　1985 年，Kroto、Curl 和 Smalley 等发现，在大功率脉冲激光蒸发石墨的气相实验中，会自发形成一种稳定的、由 60 个碳原子组成的全碳分子 C_{60}，并提了由 12 个五元环和 20 个六元环组成的足球结构分子模型（见图 13-12）。

单层笼状富勒烯 C_{60} 具有 60 个顶点，32 个面（20 个正六边形，12 个正五边形）；直径约 0.7nm，空腔 0.36nm；对称性高，仅次于球对称；每个碳原子完全等价。

(2) 富勒烯的化学反应　富勒烯既可以作为主体也可以作为客体。作为主体，它们具有插入行为，这和石墨烯相似；也可以把物种（如氮和金属）包结在它们闭合的腔内。作为客体，它们代表一个大的缺电子模板，能与富 π 电子化合物和大环化合物形成包结分子体系，从而获得许多具有优良光性能、磁性能的纳米功能材料。

① 富勒烯的主体化学　C_{60} 的空穴约为 7Å（1Å=0.1nm），足够大，至少可以包结单原子。较大的富勒烯，例如 C_{70} 和 C_{82}，不止能包结一个原子，甚至能包结一个小分子。很显然，诸如 C_{60} 的包含五元环和六元环的封闭结构分子没有一个足够大的入口，在正常的化学反应条件下，甚至连单个原子都不能通过。富勒烯包合物指定为 $M@C_x$（M 通常为金属原子，C_x 是指富勒烯，$x=60$、70、74、82 等），是在合成富勒烯的过程中，在金属原子蒸气存在下或高能双能分子碰撞下，通过笼闭合而产生的。金属离子或含金属的离子簇内嵌入富勒烯碳笼形成的内嵌金属富勒烯，以其种类丰富、结构多样成为内嵌富勒烯的主要研究对象。内嵌富勒烯不但具有富勒烯碳笼的物理化学性质，还兼具其内嵌原子或团簇的磁性、光致发光、量子特性等诸多优异特性。

② 富勒烯客体化学　作为客体，富勒烯代表一个大的缺电子模板，可以与富 π 电子化合物和大环化合物形成包结分子体系。富 π 电子化合物有四硫富瓦烯、碗烯、二茂铁、芘、卟啉、晕苯和酞菁带状多共轭体系等衍生物，大环化合物有低聚物、氮杂杯芳烃、杯芳烃、环糊精、柔性大环等衍生物。

3. 碳纳米管

碳纳米管以其独特的结构、优良的力学性能和独特的物理化学性质在计算机微电子、航空航天等领域发挥着重要作用。例如，由碳纳米管和有机复合材料制成的吸波材料已成为国家第五代隐形战斗机的组成部分。

碳纳米管是由碳的石墨平面结构沿着一定轴线卷曲而成的筒状结构，随着管轴方向的不同、卷筒的螺旋角不同和直径的变化（图 13-13），碳纳米管的电学性能可分别显现出金属、半导体和绝缘体的性质。由于形成碳纳米管的原子层数不同，可分为单壁和多壁碳纳米管。

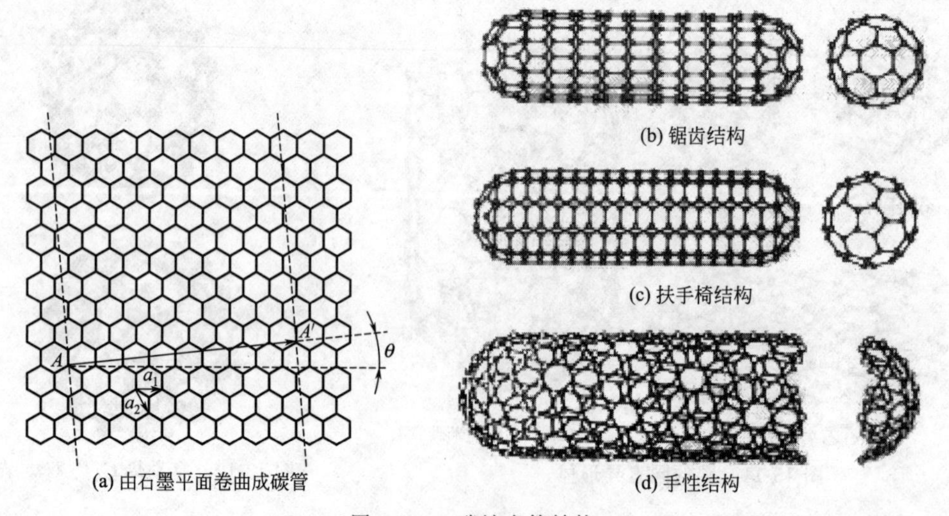

图 13-13　碳纳米管结构

4. 石墨烯

石墨烯是碳原子通过 sp^2 杂化而堆积形成的单层碳原子层，是优良的二维蜂窝状晶格结构的碳材料，每个碳原子通过 σ 键与相邻的 3 个碳原子相连，凭借超高比表面积、高电子传输率和高力学性能而受到广泛关注。

石墨烯是目前世界上已知的最薄、最坚硬、最有韧性的新型材料。石墨烯的厚度仅为一个碳原子层的厚度（约 0.34nm），而其弹性模量可达 1100GPa，断裂强度可达 130GPa，比钢铁高 100 倍；石墨烯具有极高的比表面积（$2600m^2/g$）和高阻隔性能；石墨烯具有极高的电子迁移率 [高达 $2\times10^5cm^2/(V\cdot s)$] 和高导热性能 [约 5000 $W/(m\cdot K)$]。石墨烯这些独特的电子和物理特性，使其在高分子复合材料、能量储存、超级电容器、纳米器件和太阳能电池等领域有着巨大的应用前景。

固定床

目前石墨烯的制备方法主要有机械剥离法、液相超声剥离法、化学气相沉积（CVD）法和还原氧化石墨烯法等。

还原氧化石墨烯法指通过强酸和强氧化剂对石墨进行氧化，在石墨表面引入羟基、环氧基团和羧基等含氧基团，同时扩大石墨层间距、降低石墨层间的相互作用，制备出氧化石墨烯（GO）；再通过高温或化学的方法对 GO 进行还原，去除 GO 表面的含氧基团，从而制备石墨烯。该方法制备的 GO 含有大量的含氧基团，如羟基、环氧基团和羧基，其中羟基和环氧基团主要分布在 GO 的表面，而羧基主要分布在 GO 边缘。

目前，GO 的还原方法主要有热还原法、溶液热还原法和化学还原法。热还原法是指在惰性气体保护下，将 GO 升温至 230℃左右以去除大部分含氧基团，实现 GO 的热还原。但是，热还原在去除石墨烯中含氧基团的同时会导致石墨烯重新堆积，因此还原产物通常是石墨结构而非预期的石墨烯结构。只有升温速率足够快、温度足够高时才能获得石墨烯结构。溶液热还原法是将 GO 分散在溶剂中，然后对整个溶液进行热处理。溶液中 GO 表面含氧基团更容易脱除，所以处理温度降低，且可抑制石墨烯片层的重新堆叠。

思考与练习

1. 无机精细化工产品的定义、分类及研究范畴是什么？
2. 简述无机精细化工在发展国民经济中的作用。
3. 试述我国无机精细化工产品发展趋势。
4. 简述我国无机精细化学品的种类及生产方法。
5. 钛白粉有哪几种类型？钛白粉作为白色颜料有何优异性能？
6. 硫酸法生产钛白粉的主要过程如何？并写出化学反应方程式。
7. 试分析和确定硫酸法生产钛白粉的工艺条件。
8. 试述硫酸法生产钛白粉的工艺流程。
9. 纳米碳酸钙和普通碳酸钙相比，有何特点？
10. 试简述纳米碳酸钙的碳化原理。
11. 试分析纳米碳酸钙晶型与粒径的工艺影响因素。
12. 试简述纳米碳酸钙的生产工艺流程。
13. 无机精细化工材料一般具有哪些特殊性能？
14. 常用的无机阻燃剂有哪几种？
15. 精细陶瓷的主要原料有哪些？
16. 按纳米晶体结构形态划分，纳米材料可分为哪四类？
17. 碳的七种同素异形体分别是什么名称？
18. 目前石墨烯的制备方法主要有哪几种？

参考文献

[1] 廖巧丽，米镇涛．化学工艺学．北京：化学工业出版社，2001.

[2] 陈五平．无机化工工艺学：上.3版．北京：化学工业出版社，2002.

[3] 陈五平．无机化工工艺学：中.3版．北京：化学工业出版社，2001.

[4] 陈五平．无机化工工艺学：下.3版．北京：化学工业出版社，2001.

[5] 程桂花．合成氨.2版．北京：化学工业出版社，2016.

[6] 郑永铭．硫酸与硝酸．北京：化学工业出版社，1998.

[7] 张世明．化学肥料．北京：化学工业出版社，1998.

[8] 文建光．纯碱与烧碱．北京：化学工业出版社，1998.

[9] 王小宝．无机化学工艺学．北京：化学工业出版社，2000.

[10] 曾之平，王扶明．化工工艺学．北京：化学工业出版社，1997.

[11] 汪寿建，等．氨合成工艺及节能技术．北京：化学工业出版社，2001.

[12] 赵育祥．合成氨生产工艺．北京：化学工业出版社，1998.

[13] 程殿彬．离子膜制碱生产技术．北京：化学工业出版社，1998.

[14] 张成芳．合成氨工艺与节能．上海：华东化工学院出版社，1988.

[15] 方度，等．氯碱工艺学．北京：化学工业出版社，1990.

[16] 赵忠祥．氮肥生产概论．北京：化学工业出版社，1995.

[17] 张志明，冯元琦，等．新型氮肥——长效碳酸氢铵．北京：化学工业出版社，2000.

[18] 徐静安．生产工艺技术．北京：化学工业出版社，2000.

[19] 王向荣．化肥生产的相图分析．北京：化学工业出版社，1981.

[20] 泸州天然气化工厂尿素车间．尿素生产工艺．北京：石油化学工业出版社，1978.

[21] 崔恩选．化学工艺学.2版．北京：高等教育出版社，1990.

[22] 泸州化工专科学校，等．无机物工艺学：下．北京：化学工业出版社，1981.

[23] 于遵宏，等．大型合成氨厂工艺过程分析．北京：中国石化出版社，1993.

[24] 朱丙辰．化学反应工程.3版．北京：化学工业出版社，2001.

[25] 杨春升．小型合成氨厂生产操作问答．北京：化学工业出版社，1998.

[26] 梅安华．小合成氨厂工艺技术与设计手册．北京：化学工业出版社，1995.

[27] 上海吴泾化工厂．氨的合成工艺与操作．北京：石油化学工业出版社，1976.

[28] 向德辉，刘惠云．化肥催化剂实用手册．北京：化学工业出版社，1992.

[29] 曾繁芯．化学工艺学概论．北京：化学工业出版社，1998.

[30] 王尚第，孙俊全．催化剂工程导论．北京：化学工业出版社，2001.

[31] 袁一，胡德生．化工过程热力学分析法．北京：化学工业出版社，1985.

[32] 朱裕贞，等．现代基础化学．北京：化学工业出版社，2001.

[33] 张双全．煤化学．北京：中国矿业大学出版社，2015.

[34] 郭树才，等．煤化工工艺学．北京：化学工业出版社，2016.

[35] 李建锁．焦炉煤气制甲醇技术．北京：化学工业出版社，2015.

[36] 张昭，等．无机精细化工工艺学．北京：化学工业出版社，2019.

[37] 刘德峥．精细化工生产工艺学．北京：化学工业出版社，2007.

[38] 王庭富．21世纪合成氨的展望．化工进展，2001（8）：6-8.

[39] 赵增泰．硫酸技术的新发展．硫酸工业，1999（2）：3-8，60.

[40] 申屠华德．转化温度异常分析．硫酸工业，1998（1）：46-47.

[41] 李琼玖，杜世权，廖宗富，等．建国60年合成氨尿素工业发展历程与展望．化肥设计，2009，47（2）：1-6.

[42] 蒋德军．合成氨工艺技术的现状及其发展趋势．现代化工，2005（8）：9-14，16.

[43] 汪家铭．我国合成氨煤制气技术现状及发展前景．河南化工，2006（12）：7-10.

[44] 冯元琦．关于中国化肥发展之管窥．化肥设计，2009，47（1）：10-13，29.

[45] 陈致泰．中小化肥厂可持续发展的途径．中氮肥，2008（6）：1-5.

[46] 蒋德军，张骏驰，庞睿．世纪之交世界合成氨和尿素技术进展综述．当代石油石化，2006（6）：31-37，2.

[47] 程治方．我国煤化工技术及相关装备产业化状况及发展前景综述．石油和化工设备，2009，12（5）：4-9.

[48] 张超林．我国硫酸工业的发展趋势．化工进展，2007（10）：1363-1368.

[49] 张龙银．怎样看待入世5年来我国的硫酸工业——从我国硫酸工业现状看今后几年的发展趋势．硫酸工业，2008

(2)：6-10.
[50] 郭景芝．栉风沐雨三十年——有感于改革开放中的中国硫酸工业．硫酸工业，2008（6）：1-5.
[51] 许秀成．再议“我国复混肥行业现状及发展机遇”．磷肥与复肥，2008（1）：1-5.
[52] 王兴仁，张福锁，刘全清，等．试论我国复混肥料的发展方向．磷肥与复肥，2005（2）：5-8.
[53] 刘自珍，钱永纯，赵国军．我国氯碱工业节能技术的进展与发展方向．氯碱工业，2007（5）：1-6，9.
[54] 张文雷．中国氯碱工业现状及新经济环境下的发展对策．石油和化工设备，2009，12（2）：4-8.
[55] 中国氯碱工业协会．中国烧碱和聚氯乙烯行业发展现状及2009年技术工作重点．中国氯碱，2009（1）：1-5.
[56] 刘自珍．国内外离子膜法烧碱技术装备及其发展动向．中国氯碱，2009（11）：1-6.
[57] 丁顺建．进一步提高我国纯碱工业科技发展水平．纯碱工业，2008（2）：3-5.
[58] 王月娥．近年来我国纯碱工业技术进展．纯碱工业，2005（6）：14-17.
[59] 刘宏，刘雁．无机精细化学品生产技术．北京：化学工业出版社，2008.
[60] 龚家竹．钛白粉生产工艺技术进展．无机盐工业，2003（6）：5-7.
[61] 姚庆明，柴立平，李强，等．我国钛白粉工业的现状与发展．化工科技市场，2007（9）：1-5.
[62] 李大成，周大利，等．我国硫酸法钛白粉生产工艺存在的问题和技改措施．现代化工，2000（8）：28-31.
[63] 李娟．硫酸法钛白生产中水解工艺的优化及其对成品质量的影响．钛工业进展，2004（3）：40-43.
[64] 李明，李玉芳．纳米碳酸钙的生产工艺及改性技术进展．精细化工原料及中间体，2007（12）：14-18.
[65] 魏绍东．纳米碳酸钙制备技术的研究进展．材料导报，2004（2）：133-135.
[66] 欧阳藩，朱谦．材料化工在材料科学与产业化中的地位和作用．化工进展，1994（4）：1-8.